| 纺织服装高等教育“十二五”部委级规划教材

纤维和纺织品测试技术（4版）

XIANWEI HE FANGZHIPIN CESHI JISHU

◎ 李汝勤 宋钧才 黄新林 主编

東華大學出版社
·上海·

内容提要

本书编写由浅入深，系统地阐明了纤维和纺织品测试的基本原理，对国内外发展的纤维和纺织品的新测试方法和典型仪器进行介绍，包括：纤维长度、细度、卷曲、热收缩、成熟度、异形度和纤维结构分析测试；纱线细度、强力、捻度、毛羽、不匀和疵点测试；纺织品颜色、光泽、抗弯刚度、悬垂性、抗折皱性、热湿传递、透气性、阻燃、色牢度、混纺比以及防紫外线、抗静电、抗菌、防螨、防虫蛀、生态和安全等性能测试。

本书是一本内容较为完整的纺织测试技术书籍，涉及较广泛的基础专业知识，并与多门学科交叉，可供纺织院校学生、研究生作为教材，也可供生产企业、测试中心、检验机构和研究单位的专业技术人员阅读参考。

图书在版编目(CIP)数据

纤维和纺织品测试技术/李汝勤，宋钧才，黄新林主编. —4版.
—上海：东华大学出版社，2015.3
ISBN 978-7-5669-0729-5

Ⅰ.①纤… Ⅱ.①李… ②宋…③黄… Ⅲ.①纺织纤维—测试技术②纺织品—测试技术 Ⅳ.①TS101.92

中国版本图书馆CIP数据核字(2015)第024413号

责任编辑 张 静
封面设计 魏依东

出　　版：东华大学出版社（地址：上海市延安西路1882号　邮政编码：200051）
本社网址：http://www.dhupress.net
天猫旗舰店：http://dhdx.tmall.com
营销中心：021-62193056　62373056　62379558
印　　刷：江苏南通印刷总厂有限公司
开　　本：787 mm×1 092 mm　1/16
印　　张：24
字　　数：600千字
版　　次：2015年3月第4版
印　　次：2021年4月第3次印刷
书　　号：ISBN 978-7-5669-0729-5
定　　价：79.00元

4 版前言

纤维和纺织品的生产，在国民经济和人民生活中占有重要地位。随着纤维工业的迅速发展，纤维和纺织品日益丰富多彩，品种不断增加，性能不断改善。服用纺织品不但要有外观美感、风格和穿着舒适性，而且要符合生态安全要求。装饰用和产业用纺织品的需求量也在增加，对纺织品的阻燃、抗静电、隔热等性能提出了新的要求。为了生产品质优良的纺织品和研究开发新型纺织纤维材料，纤维和纺织品地结构与性能的测试十分重要。

随着科学技术的进步，测试技术有了很大发展。新的测试方法、新型传感器及计算机技术的应用，使纺织测试技术发展到了一个崭新的阶段，出现了不少自动化程度高、数据处理能力强、结构精密的测试设备。由于纤维和纺织品的结构性能是多方面的，纺织测试仪器的种类十分繁多，如果能深入了解仪器的结构原理和测试技术的基本要求，在使用过程中更好地把握仪器的性能，在教学、生产和科学研究中就能更好地发挥其作用。

纤维和纺织品的测试，不仅和纺织、化纤和服装工业有关，还和轻工业、建筑业、农业和畜牧业有关，与商品贸易中的质量验收和定价有关，与军用被服、特种纺织品和航天服研究有关，与纺织院校教学科研的关系也很密切。纤维和纺织品测试在国民经济、科学技术和国防工业等领域中的应用是十分广泛的。

本书在编写中由浅入深，系统地阐明了纤维和纺织品测试的基本原理，对国内外发展的新的测试方法和典型仪器进行介绍，使其既有理论又有应用实践，既有广度又有深度。在前 3 版的出版基础上，本书第 4 版根据教学和研究工作的实践要求，对多章内容进行修改和补充。

本书是一本内容较为完整的纺织测试技术书籍，涉及较广泛的基础专业知识，并与多门学科交叉，可作为高等院校纺织专业教材使用，也可供生产企业、测试中心、检验机构和研究单位的专业技术人员阅读参考。

为了提高学生使用教材进行学习的直观效果，本书第 3 版随书附加 DVD 光盘，除了提供便于教师讲课的各章 PPT 外，重点提供反映测试技术发展的四部分内容的实际操作录像，包括：(1)新纤化学纤维测试系统；(2)乌斯特棉纤维测试系统；(3)生态纺织品测试技术；(4)纤维结构分析技术。本书第 4 版不再附赠光盘，相关内容可从东华大学出版社官网(www. dhu-press. net)下载。

本书由李汝勤教授、宋钧才研究员级高级工程师、朱浩教授、陈跃华教授、刘若华博士、纪峰博士和黄新林博士编写。全书由李汝勤教授(博导，获国务院政府特殊津贴)、宋钧才研究员级高级工程师(获国务院政府特殊津贴)和黄新林博士三位主编负责定稿。

纺织教育界著名专家学者陈人哲教授对本书进行了认真、仔细的审校，在此表示感谢。同时对在本书编写和影像材料制作中提供帮助的单位和个人表示感谢。

由于纺织测试技术发展迅速，编者水平有限，本书在编写中有不当之处，望读者批评指正。

编者

2014. 11

目 录

第一章 测量方法与误差

第一节 概 述

科学技术日益发展，不论是基础学科还是应用科学研究，都离不开测试仪器。在工农业生产、医疗卫生事业，以及人们生活的各个领域，普遍使用仪器进行检验和测量。仪器可以帮助人的感官，使人们突破生理上的限制，深入认识客观事物的本质和规律，以便对生产过程进行监督和控制，最终生产出质量优良的产品。

仪器有许多分类方法：根据其作用分，有测量仪器、计数与积算仪器、转换与放大仪器、指示仪器、记录仪器和控制仪器等；根据其原理不同，可以分为力学类、光学类、电学类和化学类仪器等；根据应用范围不同，可以分为通用仪器和专用仪器。

在纺织检验和科学研究中，所用仪器种类很多，如：纤维有长度、细度、卷曲、热收缩和纤维力学、光学、电学、热学性质的测试；纱线有细度、强力、捻度、均匀度、纱疵、毛羽的测试；织物有厚度、耐磨、色泽、风格、热湿传递、透气透水和阻燃、抗静电、染色牢度的测试等。由此可见，在纺织科学技术领域，测试仪器的应用是十分广泛的。

纤维和纺织品在检验中采用两种方法：一种是感官检验法，主要根据检验人员的目光和触觉进行判断，或把试样与标准样品进行比较评定。这种方法简单迅速，但所得结果与检验人员的感觉和经验有关，带有主观因素的影响，检验人员之间可能存在系统偏差。另一种是仪器检验法，可以进行客观评定并能得到测量结果的数字指标，但一种仪器所测结果往往只代表被测对象的某一项性质，而不能对被测对象进行综合性评定。实际应用要根据被测对象的测试精度要求和实际可能性进行选择。随着测试技术的进步，采用仪器进行检验则是发展的趋势。

在对产品质量的监控中，需抽取一定数量样品在实验室内进行试验，根据试验结果对生产工艺进行调整。这样的过程有时要反复多次，才能达到稳定的产品质量，控制周期较长。另一种方法是在生产现场将仪器直接装在机台上，对半成品或成品的质量进行连续测量，可以及时提供产品质量信息，称为在线检测。在线检测方法的进一步发展，是将测量所得信号直接通过自动控制系统对机器进行调节，如纺纱工艺过程中梳棉机和并条机的自调匀整装置等。

用于纺织测试的仪器，大部分属于测量和计数两大类。虽然由测量仪器与计数仪器所得的结果都是数字，但这两种数字的意义却有本质上的不同，因此对这些不同数据应做不同的取舍。

所谓计数，意味着测量结果的不连续的分隔。它的每一个被计数字都是非常严格而确定的。也就是说，计数仪器上所反映的每位数字都是明确肯定的。

测量则是把被测对象与规定作为单位的同类量做比较的过程，测量结果以被测量与测量单位的比值表示出来。所以测量仪器上所得到的数字，它的最后一位是估计出来的，是包含有误差的。这些测量数字的有效位数，要看所用仪器的精密程度而定。用作比较被测量的设备和装置,称为测量仪器。按给定准确程度复制出来的测量单位器件,称为量具。

测量的基本方法可以分为两类:直接读数法和比较测量法。

当被测量直接由测量仪器指示出来,仪器的刻度就是被测量的值,这种方法称为直接读数法,如用电表测量电压、用强力仪测量纤维强力等。

当被测量与标准量进行比较而决定其大小时,称为比较测量法,主要包括以下三种方法:

1. 零位法

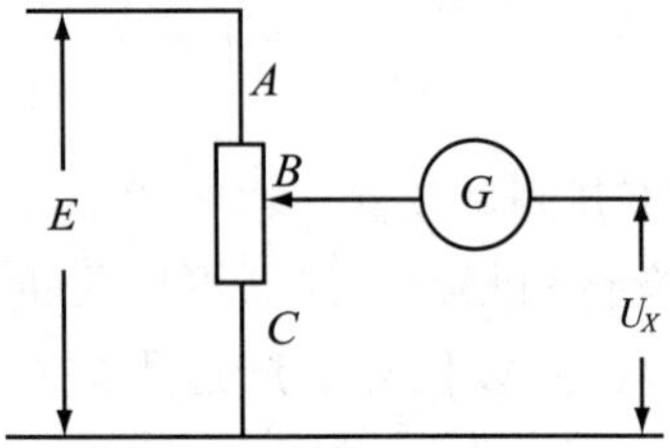

图 1-1 零位法测量原理

在测量时,被测量对仪器的作用或效应由另一已知标准量的作用或效应平衡,使仪器指示为零值。图 1-1 为零位法测量电压的示意图。标准电源电压 E 加在电位器 AC 两端,电位器上滑臂位置的改变,可以改变 BC 两端的电压 U_{BC}。当加入被测电压 U_X 时,移动电位器滑臂使 $U_{BC}=U_X$,则检流计 G 的读数为零,这时滑臂在电位器上所指出的数值,便是被测量 U_X 的大小。

零位法是一种较为精确的测量方法,其测量准确程度与零位检测器的灵敏度有关。检流计愈灵敏,测量结果误差愈小。天平称重时,用砝码与物体的质量比较,也属零位法。

2. 替代法

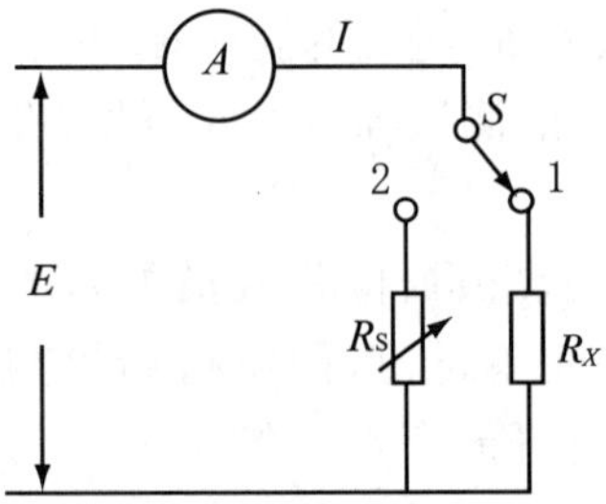

图 1-2 替代法测量原理

用已知标准量代替被测量,使仪器指示值不发生改变,称为替代法。这时已知标准量的大小就等于被测量。图 1-2 是替代法测量电阻的示意图。E 为电源电压,R_X 为被测电阻,R_S 是标准电阻,其阻值可连续调节。测量时先将开关 S 拨向 1,电路与 R_X 接通,电流表 A 上读得电流数为 I_1。然后将开关 S 拨向 2,调节标准电阻 R_S 的阻值,使电流表 A 的读数与 I_1 相同,由此可得 $R_X=R_S$。

替代法测量电阻阻值时,测量结果的准确程度取决于标准电阻的准确度,与电源电压是否准确无关。

3. 桥式法

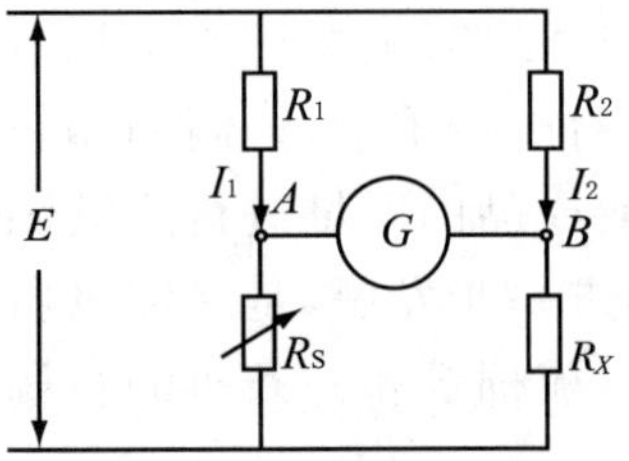

图 1-3 桥式法测量原理

图 1-3 所示为桥式法测量电阻的原理。R_1、R_2 为固定阻值电阻,R_X 为被测电阻,R_S 为已知标准电阻,R_S 的阻值可以连续调节。测量时在电桥一臂放入被测电阻 R_X,调节标准电阻阻值 R_S,使电桥 A 点和 B 点的电位相等,电桥处于平衡状态,检流计 G 的读数为零。

电桥平衡时有如下关系:

$$I_1R_S=I_2R_X \tag{1-1}$$

$$I_1R_1=I_2R_2 \tag{1-2}$$

式中:I_1 和 I_2 分别为流经电阻 R_1、R_S 和 R_2、R_X 的电流。

由以上两式可得:

$$\frac{R_S}{R_1}=\frac{R_X}{R_2}$$

$$R_X=R_S\frac{R_2}{R_1} \tag{1-3}$$

若 $R_1=R_2$，则：　　$R_X=R_S$

若 $R_2=10R_1$，则：　　$R_X=10R_S$

若 $R_2=0.1R_1$，则：　　$R_X=0.1R_S$

由此可见，桥式法是零位法的一种特殊形式，电阻测量范围可由 R_2 和 R_1 的比值决定。

实际测量中应用较多的是直接读数法，因为它测量简单，所需时间短。零位法所费时间较长，但所得结果较为准确。

然而，不论怎样测量，都只能做到一定的准确程度。随着科学技术的发展，这种准确度会愈来愈高，但测量结果仍不会完全是被测对象的真值，只是真值的近似反映。测量结果的准确度通常用测量误差来表示。误差愈小，测量就愈准确。如果能掌握那些不可避免的测量误差产生的原因及其规律，就有可能加以改善而达到一定的测量准确性。

第二节　测量误差

上面已经提到，任何一种测量总是有误差的，即使采用最准确的仪器进行测量，所得结果也永远不会是被测量的真值，而只是它的近似值。测量误差是由各种各样的原因产生的，要完全掌握并消除一切测量误差的来源是不可能的。此外，经验告诉人们，不同来源的误差在测量过程中出现的方式也是各不相同的。

测量值 x 减去真值 x_0，所得差值称为测量的绝对误差 Δx，以下式表示：

$$\Delta x=x-x_0 \tag{1-4}$$

要知道绝对误差的大小，首先要求知道真值 x_0。而事实上，真值 x_0 是不知道的。一般可以预先掌握仪器测量误差范围 Δx，再由测量值 x 估计真值所在的区间。仪器的误差范围 Δx 的大小，是用量具或高一级准确度的仪器进行校核后得到的。

绝对误差不能用作误差大小的相对比较，因而要有相对误差概念。相对误差 r 是绝对误差 Δx 与真值 x_0 的比值，一般以百分率表示，其表示式为：

$$r(\%)=\frac{\Delta x}{x_0}\times 100$$

由于真值无法得到，可以近似地以测量值 x 代替分母中的真值 x_0，对计算结果的影响不大，可得：

$$r(\%)=\frac{\Delta x}{x}\times 100 \tag{1-5}$$

测量误差按其来源可以分为以下几种：

(1)测量方法与仪器误差。仪器设计所依据的理论不完善，或假设条件与实际测量情况不一致所造成的误差，以及由于仪器结构不完善、仪器校正与安装不良所造成的误差。

(2)环境条件误差。测量环境条件变化，如温湿度改变、电磁场影响、外来机械振动、电源干扰等所产生的误差。环境温湿度变化还会引起试样本身的物理机械性质的变化。

(3)人员操作误差。由于试验人员操作方法不规范所造成的误差,包括读数时的视差等。

(4)试样误差。纺织材料的被测对象总体是极大的,要测量出全部总体性质的真值是不可能的。由于总体中个体性质的离散性,取样方法不当、取样代表性不够和试验个体数不足等,都会产生试样误差。

由于仪器结构上的原因,可能出现的误差有以下几种:

(1)零值误差。仪器零点未调好,测量结果在整个范围内的绝对误差为一常数,如图1-4所示。横坐标为被测量值,或称输入量。纵坐标为仪器指示值,或称输出量。A为理想情况下两者的关系,B为存在零值误差时的情况。

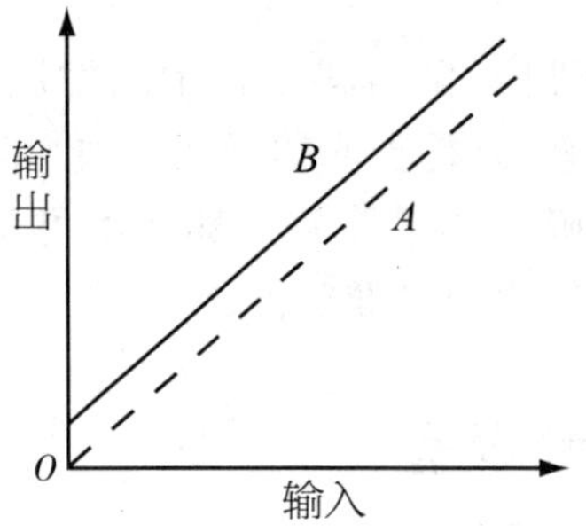

图1-4 零值误差

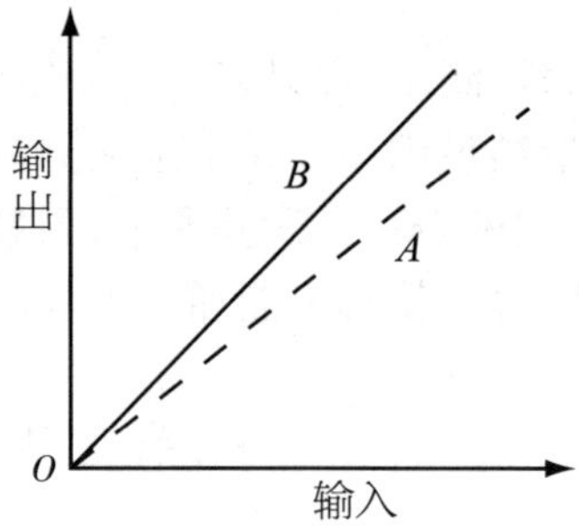

图1-5 校准误差

(2)校准误差。仪器刻度未校准,指示结果系统偏大或偏小,相对误差为一常数,如图1-5所示,A为理想情况下输出量与输入量之间的关系,B为存在误差的情况。

(3)非线性误差。仪器输入量与输出量之间不符合直线转换关系,如图1-6所示,A为理想线性转换关系,B为存在非线性误差的情况。

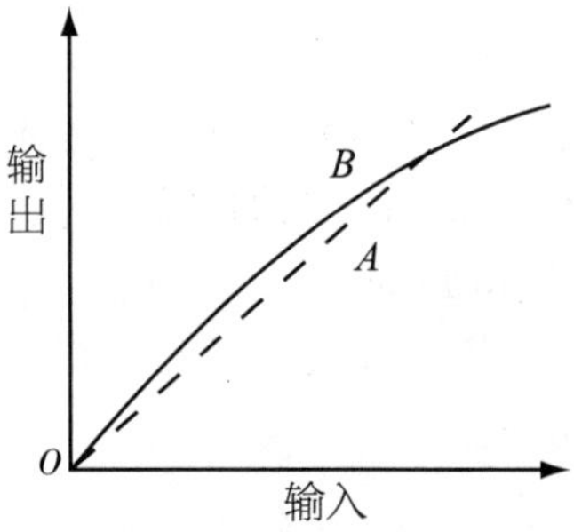

图1-6 非线性误差

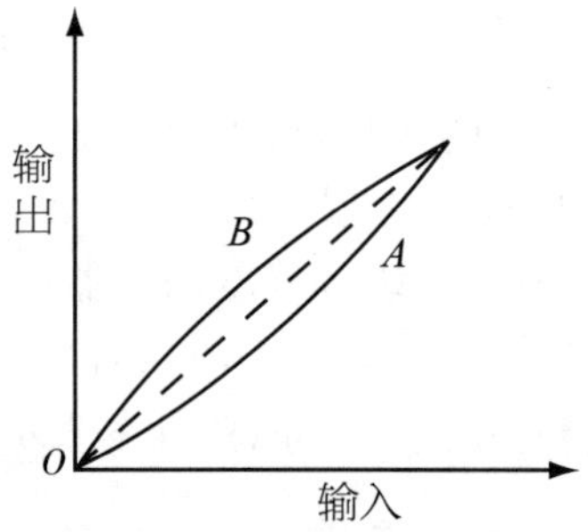

图1-7 迟滞误差

(4)迟滞误差。仪器输入量由小到大和由大到小,在同一测量点仪器输出量的差异;或是仪器进程示值与回程示值之间的差异,简称进回程差。如图1-7所示,A为进程曲线,B为回程曲线。

(5)示值变动性。对同一被测对象进行多次重复测量,其测量结果的不一致性。

此外,不同温度条件下仪器性能的变化,以及在相同测量条件下仪器性能随时间的变化,也都会使测量结果产生误差。

以上各种误差尽管来源和表现形式有所不同,但就其性质来说,可以分为以下三大类:

(1)系统误差。指在测量过程中保持恒定或遵循某种变化规律的误差,如前所说的仪器零值误差、校准误差等。

(2)随机误差。指对同一被测对象进行多次重复测量，测量结果不一致的误差。其特点是对每一次测量结果，其误差出现的大小和正负都是随机的，但多次测量结果误差的分布仍符合一定的统计规律。进行多次重复测量取其平均，可减小随机误差，并可对能出现的误差范围进行估计。

(3)粗大误差。又称疏忽误差，是指明显地歪曲了试验结果的误差。测量过程中由于失误或异常试样所造成的误差，明显超出规定条件下预期的误差。测试结果出现异常值，偏离被测对象的正确数值甚大，需要根据一定的法则进行处理。

系统误差有其一定的规律性，可采用以下方法加以消除：

(1)校正值法。预先对系统误差进行研究，掌握系统误差的规律，以确定相应校正方法。如仪器刻度不准，可预先用量具或准确度较高一级的仪器进行校核，得出测量范围内各测量点的误差校正值。环境温度对测量对象的影响，可乘以温度修正系数加以消除。棉纤维的部分测试项目还可以用国际校准棉花标样或国家所颁发的标样进行测试校准，在测量结果中乘以修正系数。或用标准样品在仪器上测试，同时输入标准样品数据，利用仪器内部计算机进行软件校准。

(2)正负误差补偿法。进行两次测量，使系统误差在测量结果中出现一次为正值、一次为负值，取两次测量结果的平均，使结果与系统误差无关。

例如天平称量时，如果天平两臂的长度不完全相等，称物平衡时砝码质量与物体质量之间就有一定误差。若将物体和砝码左右盘交换放置，取两次读数的平均，使正负误差相消，就可得到物体的真实质量。

(3)替代法。将被测量 X 用已知标准量 A 置换，使置换后的仪器指示值或平衡状态保持不变，则有 $X=A$。

上例中若天平两臂的长度不等，可以采用替代法。先将质量为 P 的物体放在天平的右盘上，左盘放上质量为 m 的微细物体或砝码，使天平达到平衡。设天平左臂长度为 l_1，右臂长度为 l_2，则有：

$$ml_1=Pl_2 \tag{1-6}$$

移去右盘中被称物体，放入质量为 Q 的砝码，使天平恢复原平衡状态，则有：

$$ml_1=Ql_2 \tag{1-7}$$

由式(1-6)和式(1-7)可知，$P=Q$，与天平两臂长度是否相等无关，消除了天平不等臂误差。

第三节　仪器的静态和动态特性

一、仪器的静态特性

仪器的静态特性，是指被测量不变或缓慢变化时，仪器所表现的特性。

描述仪器静态特性，有如下一些指标：

(1)测量范围。仪器在误差允许条件下的测量值范围。

(2)灵敏度。单位被测量变化所引起的仪器读数的变化，称为仪器的灵敏度，以 S 表示。

$$S=\frac{\Delta a}{\Delta A} \tag{1-8}$$

式中：Δa 为指针位移或仪器读数变化；ΔA 为被测量的变化。

例如天平称盘中加放 1 mg 砝码所引起的指针偏移量，称为天平的灵敏度，单位为“分度/mg”。

有时用感量表示天平灵敏度，其数值为 S 的倒数，单位为“mg/分度”，又称为天平的分度值：

$$感量=\frac{1}{S}=\frac{\Delta A}{\Delta a} \tag{1-9}$$

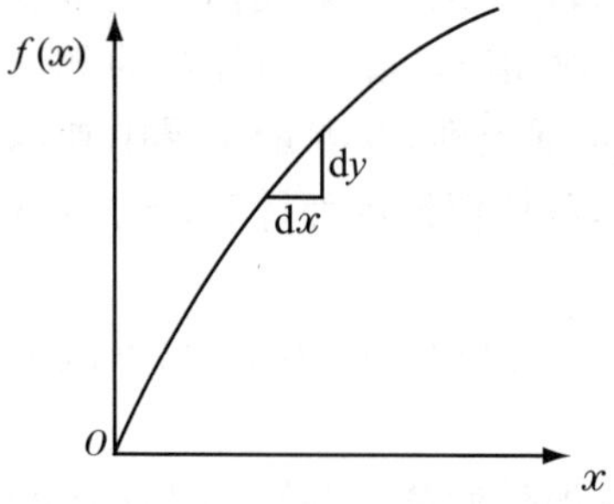

图 1-8　非线性转换时的灵敏度

测试系统的输入量与输出量为线性关系时，灵敏度为一常数，等于转换直线的斜率。测试系统的输入量与输出量为非线性关系时，如图 1-8 所示，灵敏度等于曲线在被测点的斜率。已知输入量与输出量的转换函数为 $f(x)$，则灵敏度 S 为：

$$S=\frac{dy}{dx}=\frac{d}{dx}f(x) \tag{1-10}$$

(3)准确度。仪器测量结果与被测对象真值之间的接近程度，称为仪器的准确度。它是仪器系统误差与随机误差的综合反映，有时也称为精确度。仪器准确度用它的误差范围表示。

(4)精密度。仪器在规定条件下对被测量进行多次测量，所得结果之间的一致程度，称为精密度。它表示测量中随机误差的大小。仪器的精密度用它的示值变动误差表示。

(5)稳定性。在规定条件下，仪器保持其性能不变的特性，称为仪器的稳定性。通常，稳定性是对时间而言的，反映经过较长时间仪器性能的变化。

(6)可靠性。指仪器在规定条件和时间内，保持能完成规定功能的能力。仪器出现故障的概率愈小，可靠性愈高。仪器可靠性是由组成仪器各部件的故障率和使用寿命决定的。

二、仪器的动态特性

仪器的动态特性，是指仪器对快速变化的被测信号的响应能力。

例如用摆锤式强力仪进行纺织材料拉伸试验时，由于仪器的强力刻度标尺是在静力平衡条件下标定的，慢速拉伸试样时摆锤运动所产生的惯性误差可以忽略；但在快速拉伸试验时，摆锤加速运动产生的惯性误差会使强力指示值明显偏小，造成测量结果不准确。

一般的仪器或测试系统，可由图 1-9 所示的 3 个部分，即传感器、信号处理单元和指示记录装置组成。测试系统的动态特性，是它所组成部分的动态特性的总的表现。

图 1-9　测试系统的组成

传感器是一种能量转换器，可以将一种被测物理量转换为其他形式的物理量，多数情况下转换为电量。常用传感器有电阻式传感器、电容式传感器、光电式传感器等。传感器的动态特性常用它的频率响应来表示。

信号处理单元包括测量放大、信号变换电路等。电路中的电容、电感等具有记忆能力的元件参数，对测试系统的动态特性有很大影响。如电容式均匀度试验仪，加入电阻、电容所组成的低通滤波电路，可以消除纱条不匀信号中的高频成分，抑制短片段不匀，使记录的纱条不匀曲线明显地表示出纱条长片段不匀变化。

指示记录装置中各运动部件的质量和弹性，是决定指示和记录部分动态特性的重要因素。记录仪器的种类很多，有笔式记录仪、光电振子录波仪、阴极射线示波器等，动态响应特性各不相同，使用者可根据被测对象的变化频率加以选择。

仪器或测试系统动态特性的测试方法有如下两种：

(1)阶跃信号响应法。在仪器或测试系统输入端送入阶跃信号 $x(t)$，该系统输出信号$y(t)$随时间而变化的情况如图 1-10 所示。

图 1-10　阶跃信号响应法测量系统的动态特性

理想测试系统输入端加上阶跃信号，其前沿快速上升，输出信号也是阶跃的。非理想测试系统由于存在惯性和阻尼，输出信号前沿以一定斜率上升，然后逐渐趋向稳定值。

(2)频率响应法。在仪器或测试系统输入端加以振幅不变的正弦信号，当信号频率发生变化时，输出信号与输入信号振幅比的变化如图 1-11 所示。

图 1-11　频率响应法测量系统的动态特性

若 X 是输入交变信号的振幅，Y 是输出交变信号的振幅，当输入信号频率的变化时，理想测试系统输出信号与输入信号振幅比 Y/X 为一常数。一般测试系统往往只在某一段频率范围内输出信号与输入信号的振幅比 Y/X 保持不变，输出信号与输入信号之间存在一定相位移。因此，可以用输出信号与输入信号的振幅比和频率的关系，即系统的幅频特性，以及输出信号与输入信号之间的相位移和频率的关系，即系统的相频特性，来表示测试系统的动态特性。

各种仪器或测试系统的阶跃响应特性和频率响应特性各不相同，可以根据其动态响应的特点划分为以下几种：

(一)零阶测试系统

如图 1-12 所示，在弹簧一端加以作用力 x，弹簧产生伸长变形位移 y。把作用力 x 看作系统输入量，弹簧位移 y 看作系统输出量，若忽略弹簧的运动惯性，则有：

$$y=kx \tag{1-11}$$

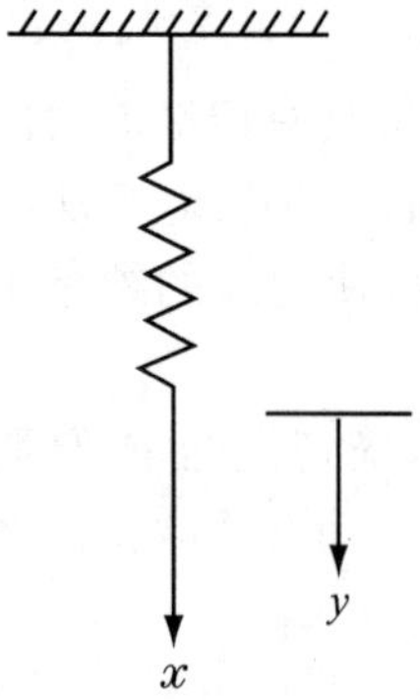

图 1-12　零阶测试系统

式中：k 为常数，与弹簧受力后的变形能力有关。

零阶测试系统的输出信号大小正比于输入信号，且与信号频率无关。在测量电路中，由电阻所组成的电路是零阶测试系统。

在零阶测试系统中，以 y 和 x 的比值 k 表示系统的特性，称为系统的灵敏度：

$$k=\frac{y}{x} \tag{1-12}$$

(二)一阶线性测试系统

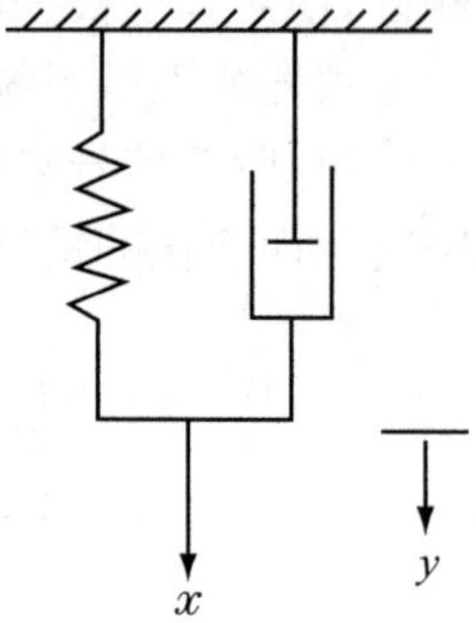

图 1-13　一阶线性测试系统

由弹簧和阻尼器所组成的系统如图 1-13 所示。该系统的数学方程式为：

$$a\frac{\mathrm{d}y}{\mathrm{d}t}+by=cx \tag{1-13}$$

式中：a，b，c 为常数。

上述数学方程式为一阶常系数线性微分方程，该系统属一阶线性测试系统。

以上方程式经过变换，可以写成：

$$\frac{a}{b}\frac{\mathrm{d}y}{\mathrm{d}t}+y=\frac{c}{b}x \tag{1-14}$$

或

$$\tau\frac{\mathrm{d}y}{\mathrm{d}t}+y=kx \tag{1-15}$$

式中：$\tau=\frac{a}{b}$ 为系统的时间常数；$k=\frac{c}{b}$ 为系统的灵敏度。

一阶线性测试系统的动态响应如下。

1. 阶跃信号响应

若输入信号是单位阶跃信号，其振幅为 1。为归一化起见，设系统灵敏度 $k=1$，则一阶线性测试系统的微分方程解为：

$$y=1-\mathrm{e}^{-t/\tau} \tag{1-16}$$

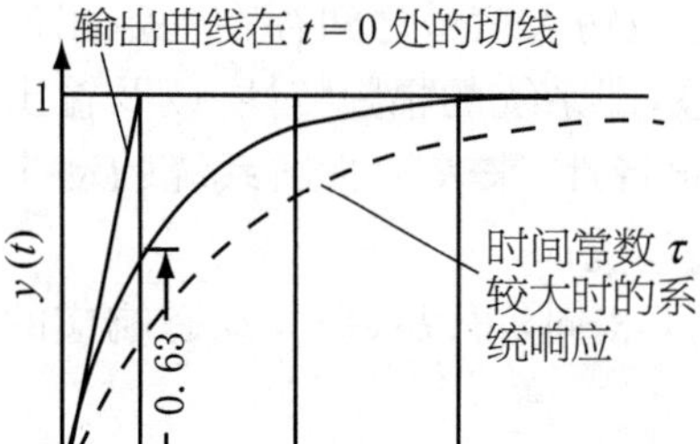

图 1-14　一阶线性系统的阶跃响应

系统输出信号和时间关系为一指数曲线，如图 1-14 所示。由指数曲线特性可知，时间常数 τ 愈小，曲线达到最终稳定值所需时间愈短。

由式(1-16)可知，当 $t=\tau$ 时的输出信号为：

$$y=1-\frac{1}{\mathrm{e}}=0.63$$

因此，时间常数 τ 就是输出信号达到稳定值的 0.63 倍时所需的时间。

对式(1-16)求导数，可得：

$$\frac{\mathrm{d}y}{\mathrm{d}t}=\frac{\mathrm{e}^{-t/\tau}}{\tau} \tag{1-17}$$

当 $t=0$ 时，有：

$$\left(\frac{\mathrm{d}y}{\mathrm{d}t}\right)_{t=0}=\frac{1}{\tau} \tag{1-18}$$

也就是说，如果从曲线起点作切线，与输出信号达稳定值的水平线相交交点所对应的时间，就是时间常数 τ。

2. 频率响应特性

若一阶线性测试系统的输入信号为 $x=X\cos\omega t$，其中 X 为输入信号的振幅，ω 为信号的角频率，则一阶线性测试系统的微分方程解为：

$$y=Y\cos(\omega t-\phi) \tag{1-19}$$

式中：$Y=\dfrac{kX}{\sqrt{1+(\omega\tau)^2}}$ 为输出信号振幅；$\phi=-\arctan\omega\tau$ 为输出信号与输入信号的相位移。

取 $k=1$ 进行归一化，输出信号振幅与输入信号振幅之比为：

$$\frac{Y}{X}=\frac{1}{\sqrt{1+(\omega\tau)^2}} \tag{1-20}$$

一阶线性系统的频率响应特性曲线如图 1-15 所示。上图为振幅频率响应曲线，下图为相位频率响应曲线。

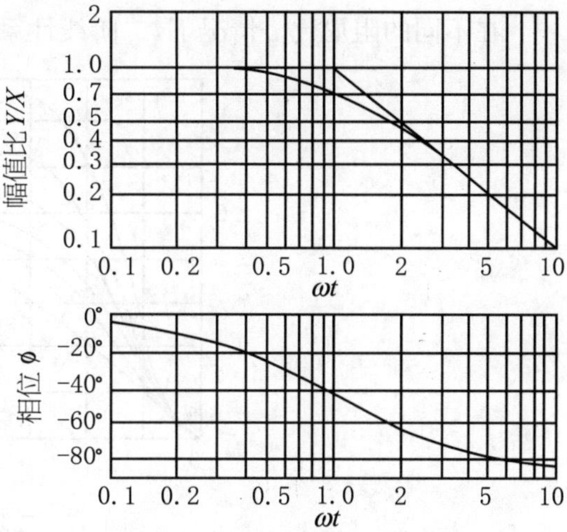

图 1-15 一阶线性系统的频率响应

(三)二阶线性测试系统

由弹簧、阻尼器、质量等元件所组成的系统，称为二阶线性测试系统，如图1-16所示。该系统的数学方程式为：

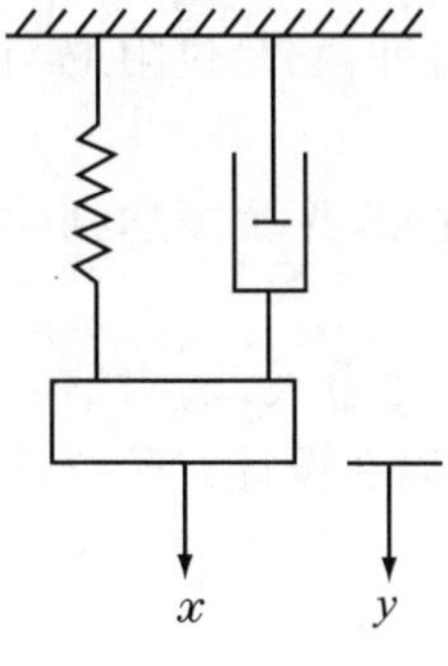

图 1-16 二阶线性测试系统

$$a\frac{\mathrm{d}^2y}{\mathrm{d}t^2}+b\frac{\mathrm{d}y}{\mathrm{d}t}+cy=ex \tag{1-21}$$

式中：a,b,c,e 均为常数。

该数学方程式为二阶常系数线性微分方程，系统称为二阶线性测试系统。方程式经过变换得：

$$\frac{\mathrm{d}^2y}{\mathrm{d}t^2}+\frac{b}{a}\frac{\mathrm{d}y}{\mathrm{d}t}+\frac{c}{a}y=\frac{e}{a}x \tag{1-22}$$

写成标准形式的方程式为：

$$\frac{\mathrm{d}^2y}{\mathrm{d}t^2}+2\zeta\omega_n\frac{\mathrm{d}y}{\mathrm{d}t}+\omega_n^2y=k'x \tag{1-23}$$

式中：$\omega_n=\sqrt{\dfrac{c}{a}}$ 为系统的固有振荡频率；$\zeta=\dfrac{b}{2\sqrt{ac}}$ 为系统的阻尼比；$k'=\dfrac{e}{a}$ 为常数。

1. 阶跃信号响应

当输入信号为单位阶跃信号和 $k=1$ 时,二阶线性系统微分方程式的解为:

当 $\zeta<1$ 时:

$$y=1-\frac{e^{-\zeta\omega_n t}}{\sqrt{1-\zeta^2}}\sin(\sqrt{1-\zeta^2}\omega_n t+\phi) \tag{1-24}$$

式中:ω_n 为系统无阻尼自振频率;$\phi=\sin^{-1}\sqrt{1-\zeta^2}$。

当 $\zeta=1$ 时:

$$y=1-(1+\omega_n t)e^{-\omega_n t} \tag{1-25}$$

当 $\zeta>1$ 时:

$$y=1-\frac{1}{2\sqrt{\zeta^2-1}}\left[(\zeta+\sqrt{\zeta^2-1})e^{(-\zeta+\sqrt{\zeta^2-1})\omega_n t}-(\zeta-\sqrt{\zeta^2-1})e^{(-\zeta-\sqrt{\zeta^2-1})\omega_n t}\right] \tag{1-26}$$

在不同的阻尼比 ζ 情况下,二阶线性系统的阶跃响应曲线如图 1-17 所示。

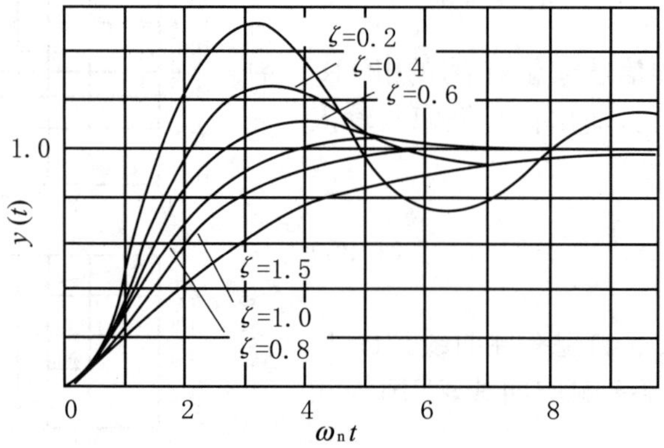

图 1-17 二阶线性系统的阶跃响应

当 $\zeta<1$ 时,系统为欠阻尼工作状态,输出信号为阻尼衰减振荡,其振荡频率为:

$$\omega_d=\sqrt{1-\zeta^2}\omega_n \tag{1-27}$$

当 $\zeta=1$ 时,系统为临界阻尼工作状态,系统输出曲线不存在振荡和过冲,它是过阻尼与欠阻尼工作状态的转折点。

当 $\zeta>1$ 时,系统为过阻尼工作状态,系统输出曲线不存在振荡和过冲,并缓慢达到输出稳定值。

由此可见,阻尼比 ζ 的大小,直接影响输出信号到达稳定值的过程。ζ 愈大,输出信号到达稳定值所需的时间愈长;但 ζ 过小时,输出信号会产生振荡和过冲。所以在设计二阶线性系统时,一般取 $\zeta=0.6\sim0.7$ 为佳。

2. 频率响应

当二阶线性系统的输入为正弦信号时,其微分方程的解为:

$$\frac{Y}{X}=\frac{k}{\sqrt{\left[\left(1-\frac{\omega}{\omega_n}\right)^2\right]^2+\left[2\zeta\left(\frac{\omega}{\omega_n}\right)\right]^2}} \tag{1-28}$$

式中:X 为输入正弦信号振幅;Y 为输出正弦信号振幅;ω 为输入信号角频率;k 为系统静态灵敏度。

当 $k=1$ 时，上式转换为以下标准形式：

$$\frac{Y}{X}=\frac{1}{\sqrt{\left[1-\left(\frac{\omega}{\omega_n}\right)^2\right]^2+\left[2\zeta\left(\frac{\omega}{\omega_n}\right)\right]^2}} \tag{1-29}$$

输出信号与输入信号的相位差为：

$$\phi=\arctan\frac{2\zeta\left(\frac{\omega}{\omega_n}\right)}{1-\left(\frac{\omega}{\omega_n}\right)^2} \tag{1-30}$$

二阶线性系统的频率响应特性如图 1-18 所示。上图为系统的幅频特性，下图为系统的相频特性。系统的无阻尼自振角频率 ω_n 和阻尼比 ζ 是决定二阶线性系统动态特性的主要参数。要使系统具有较高的频率响应范围，就要求系统固有自振频率高，同时选择阻尼比 ζ 为 0.7 左右，使幅频特性曲线的平坦部分最宽，此时的阻尼比称为最佳阻尼比。在此阻尼比下，输入信号频率在系统固有振荡频率的 65%范围内，信号振幅误差小于 3%。

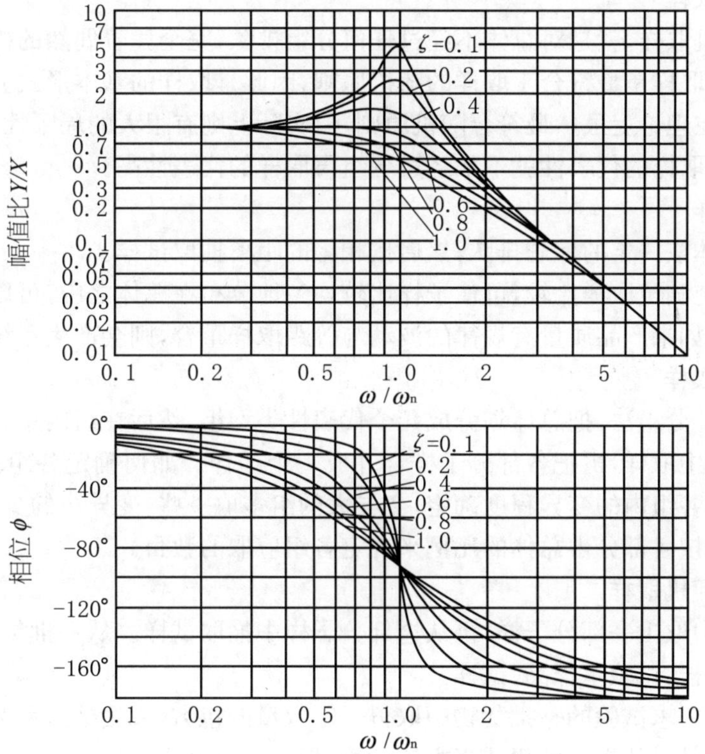

图 1-18 二阶线性系统的频率响应

第四节 试样误差

对于纺织材料的各种测量，实际上都只能限于全部材料中极微小的一部分。一般情况下，被测对象的总体总是大得不可能对它的全部进行试验。另外，有些试验如强力试验是破坏性试验。因此,一般都是从被测对象总体中抽取子样进行试验。

子样试验的结果是否能够,以及能在多大程度上代表被测对象总体的特征,取决于试样量大小和取样方法。

纺织材料中个体性质之间一般表现有很大的差异,试样量愈大,即试样中所含个体数愈多,所测结果就愈接近总体的试验结果。需要多大的试样量才能达到试验结果所需要的可信程度,可以用统计方法确定。然而,不管所取试样量有多大,所用仪器如何准确,如果取样方法本身缺乏代表性,其试验结果也是不可信的。因此,测量与试验结果是否准确,取决于仪器误差和试样误差的综合结果。

一、取样方法

取样的目的是既要从总体中抽取一部分代表总体的子样,又要使取样误差最小,就必须遵守随机的原则,即所要抽取的各个部分的抽中与不抽中的机会相同,不受取样人的主观影响。这种取样一般称为随机取样。

具体的取样方法可分为以下四种:

(一)纯随机取样

又称简单随机取样,就是对总体不经过任何分组排队,完全凭着偶然的机会从中抽取。从理论上讲,纯随机取样是最符合于取样的随机原则,因此是取样的基本形式。

纯随机取样在理论上虽然最符合随机原则,但实际上则有很大的局限性,尤其当总体的变异较大时,纯随机取样的代表性就不如经过分组再取样的代表性高。

(二)等距取样

是指先把总体按一定的标志排队,然后按相等的距离抽取试样。

等距取样与纯随机取样比较,可使子样比较均匀地分布在总体之中,可以使子样具有较好的代表性。但是,如果产品质量有规律的波动与等距取样重合,则会产生系统误差。

(三)代表性取样

是指运用统计分组法,把总体划分成几个代表性类型组,然后在组内用纯随机取样或等距取样,分别从各组中取样,再把各部分子样合并成一个子样。如何确定各组取样的数目,有两种方法:一种是按各组内的变异程度确定,变异大的组多取一些,变异小的少取一些,没有统一的比例;另一种是按各部分占总体的比例来确定各组应取的数目。

(四)阶段性随机取样

是指从总体中取出一部分子样,再从这部分子样中抽取试样。从一批货物中取得试样,可分为三个阶段:批样、试验室样品、试样。

(1)批样。从要求试验的整批货物中取得一定数量的包数(或箱数),称为批样。

(2)试验室样品。从批样中用适当方法缩小,形成试验室样品。

(3)试样。从试验室样品中按一定的方法取得进行各项物理、化学性能试验的样品,称为试样。

二、试验次数的确定

从纺织材料总体中,按照一定方法取出代表性子样后,子样中的个体数目仍然相当大,不可能将子样中所有个体一一进行测试。究竟子样中个体试验次数如何确定,才能使试验结果的子样平均数与总体平均数没有大的误差，需要用统计方法加以分析。

从总体中抽取的随机子样，它们的平均数所形成的分布属常态分布。这一分布的标准差用 SE 表示，称为标准误差：

$$SE=\frac{\sigma}{\sqrt{n}} \tag{1-31}$$

式中：σ 为总体的标准差；n 为子样中个体试验数。

子样平均数的标准误差 SE 愈大，说明子样平均数的离散性愈大，即子样平均数与总体平均数可能发生较大的差异，子样试验结果的准确性就低。SE 值由总体标准差 σ 和子样中个体试验数决定，当总体标准差 σ 一定时，SE 与子样中个体试验次数 n 的平方根成反比。试验次数愈多，试验结果平均值愈接近总体平均值。

在计算标准误差 SE 时需要知道总体的标准差 σ。实际上，σ 通常是不知道的，只知道子样的平均数与子样的标准差。通常可以用子样的标准差来估计总体的标准差，其计算公式如下：

$$\sigma=\sqrt{\frac{\sum_{i=1}^{n}(x_i-\overline{x})^2}{n-1}} \tag{1-32}$$

式中：x_i 为试验结果单值；$\overline{x}$为子样试验结果平均值；n 为子样中个体试验次数；σ 为总体估计标准差。

若子样很大，一般当 $n\geqslant 50$ 时，子样平均数和子样标准差很接近总体平均数和总体标准差，可用下面的近似公式来求总体估计标准差：

$$\sigma=\sqrt{\frac{\sum_{i=1}^{n}(x_i-\overline{x})^2}{n}} \tag{1-33}$$

在实际试验时，从总体中取出一个子样，设其平均数为$\overline{x}$，由上述公式求得总体估计标准差 σ 和子样平均数的标准误差后，可按照下式来估计子样平均数与总体平均数之间可能产生的误差范围：

$$\Delta=|\overline{u}-\overline{x}|=t\frac{\sigma}{\sqrt{n}} \tag{1-34}$$

式中：$\overline{u}$为总体平均数；$\overline{x}$为子样平均数；n 为子样试验次数；Δ 为子样平均数与总体平均数之间可能产生的误差范围；t 为分布值，由置信概率水平和试验次数决定。

在 95％置信概率水平时，t 与 n 的函数关系见表 1-1。

表 1-1　t 值表

n	t	n	t	n	t	n	t
4	3.18	12	2.20	20	2.09	28	2.05
5	2.78	13	2.18	21	2.09	29	2.05
6	2.57	14	2.16	22	2.08	30	2.04

续表

n	t	n	t	n	t	n	t
7	2.45	15	2.14	23	2.07	31～40	2.03
8	2.36	16	2.13	24	2.07	41～60	2.01
9	2.31	17	2.12	25	2.06	61～120	1.99
10	2.26	18	2.11	26	2.06	121～230	1.97
11	2.23	19	2.10	27	2.06	>230	1.96

由子样平均数 $\overline{x}$来估计总体平均数 $\overline{u}$可能发生的区间为：

$$\overline{u}=\overline{x}\pm t\frac{\sigma}{\sqrt{n}} \tag{1-35}$$

从$\left(\overline{x}-t\frac{\sigma}{\sqrt{n}}\right)$至$\left(\overline{x}+t\frac{\sigma}{\sqrt{n}}\right)$的区间称为置信区间，$\left(\overline{x}-t\frac{\sigma}{\sqrt{n}}\right)$和$\left(\overline{x}+t\frac{\sigma}{\sqrt{n}}\right)$称为置信界限，$t\frac{\sigma}{\sqrt{n}}$又称为置信区间的半宽值。

若某一试验的保证误差 Δ 的要求已知，即子样平均数$\overline{x}$与总体平均数$\overline{u}$的允许偏差一定，可由下式求出子样所需试验的个体数目：

$$n=\left(\frac{t\cdot\sigma}{\Delta}\right)^2 \tag{1-36}$$

或：

$$n=\left(\frac{t\cdot CV}{E}\right)^2 \tag{1-37}$$

式中：CV 为变异系数，等于 $\sigma/\overline{x}$；E 为允许偏差率，等于 $\Delta/\overline{x}$；n 为达到保证误差所需的试验次数。

允许偏差率 E 一般要根据试验项目的要求和实际条件来确定，既要使误差较小，又要用较少的人力、物力和时间。一般试验取 $E=\pm3\%$左右；在要求误差小的场合，如公量检验，E 取$\pm0.5\%$；样品性质离散性大的项目，如羊毛纤维强力试验，E 取$\pm4\%$或$\pm5\%$。置信概率水平一般取 95%，要求高的场合用 99%，要求低的场合用 90%。

确定 t 值要考虑单侧有限和双侧有限两种情形。双侧有限用于考虑试样平均值在一定的置信概率下是否与总体平均值相同，子样平均值可能大于也可能小于总体平均值；在考虑有些项目的允许偏差率时，要求试验结果子样平均数大于某个指定标准值，此时确定所需要的试验次数采用单侧有限 t 值。

当子样内试验次数足够大时，计算试验次数 n 在不同置信概率下的 t 值见表 1-2。

表 1-2　不同置信概率下的 t 值

置信概率	t(双侧有限)	t(单侧有限)
90%	1.645	1.282
95%	1.960	1.645
99%	2.576	2.326

在双侧有限情况下，不同 E 值和置信概率水平 P 值时的试验次数 n 的计算公式见表 1-3。

表 1-3 不同 E 值和 P 值时的试验次数 n 的计算公式

E \ n \ P	90%	95%	99%
0.5%	$10.824CV^2$	$15.368CV^2$	$26.544CV^2$
1.0%	$2.706CV^2$	$3.842CV^2$	$6.636CV^2$
2.0%	$0.676CV^2$	$0.960CV^2$	$1.659CV^2$
3.0%	$0.301CV^2$	$0.427CV^2$	$0.737CV^2$
4.0%	$0.169CV^2$	$0.240CV^2$	$0.415CV^2$
5.0%	$0.108CV^2$	$0.154CV^2$	$0.265CV^2$

例如 ASTM D1577 纺织纤维线密度试验方法中，振动仪法的试验次数由下式决定：

$$n=\frac{t^2\cdot CV^2}{E^2}=\frac{1.96^2\cdot CV^2}{3^2}=0.427CV^2$$

式中：所取置信概率水平为 95%；双侧有限情况下 t 值确定为 1.96；允许偏差率 E 取 ±3%。

CV 值一般根据试样以往的大量试验结果进行估计，当 CV 值未估计时，可先指定一个试验次数 n，根据 n 次试验结果求得 CV 值，然后代入式(1-37)求得值 n'，如果 $n'<n$ 则认为试验结果可以，如果 $n'>n$ 则需要补做 m 次试验。m 的值按下式计算：

$$m=t^2\cdot\frac{CV^2}{E^2}-n \tag{1-38}$$

第五节 异常值处理和试验方法精密度估计

一、异常值的判断和处理

在试验结果数据中，往往发现个别数据比其他数据明显过大或过小，这种数据称为异常值。异常值的出现可能是被试验总体固有随机变异性的极端表现，它属于总体的一部分；也可能是由于试验条件和试验方法的偏离所产生的后果；或是由于观测、计算、记录中的失误所造成的，它不属于总体。

异常值的处理方式有以下几种：

(1)异常值保留在样本中，参加其后的数据分析。

(2)允许剔除异常值，即把异常值从样本中排除。

(3)允许剔除异常值，并追加适宜的测试值计入。

(4)在找到实际原因后修正异常值。

指定作为检出异常值的统计检验显著性水平 α，称为检出水平。指定作为判断异常值为高度异常的统计检验的显著性水平 α^*，称为剔除水平。

判断异常值首先应从技术上寻找原因，如技术条件、观测、运算是否有误，试样是否异常。

如确信是不正常原因造成的,应舍弃或修正,否则可以用统计方法判断。对于检出的高度异常值,应舍弃;一般检出异常值,可根据问题的性质决定取舍。

在允许检出异常值个数大于1的情况下,可重复使用判断异常值的规则,即若检出一个异常值判断为应剔除的数据,将异常值除去后余下的测定值继续检验,直到不能检出异常值,或检出的异常值个数超过上限为止。

除特殊情况外,剔除水平一般采用1%或更小,而不宜采用大于5%的值。在选用剔除水平的情况下,检出水平可取5%或再大些。

判断样本中的异常值,可能有以下几种情况:

(1)上侧情形。根据以往经验,异常值都为高端值。

(2)下侧情形。根据以往经验,异常值都为低端值。

(3)双侧情形。异常值是在两端都可能出现的极端值。

上侧情形及下侧情形统称为单侧情形。

应该规定样本中检出异常值的个数上限。当超过这个上限时,此样本的代表性应做慎重研究和处理。

国际上通用的异常值检验方法有奈尔(Nair)检验法、格拉布斯(Grubbs)检验法、狄克逊(Dixon)检验法,以及偏度-峰度检验法。这些方法都是常态分布样本异常值的判断方法,判别前先将测量值由小到大排列为 $x_1,x_2,x_3,\cdots,x_{n-1},x_n$,其中 x_1 为最小值,x_n 为最大值。

(一)奈尔检验法

奈尔检验法适合于经过长期经验累积,已知试样总体标准差 σ 的情况。本法可以重复使用,剔除1个以上的异常值。

1. 上侧情形检验法

计算统计量:

$$R_n=(x_n-\overline{x})/\sigma \quad (1-39)$$

式中:$\overline{x}$为试样平均值;x_n 为最大值;σ 为总体标准差。

确定检出水平 α 后,在表1-4中查出 n 和 α 所对应的 $R_{1-\alpha}$ 值。若 $R_n>R_{1-\alpha}$,则判断 x_n 为异常值。

表1-4 奈尔检验法的临界值表

n	90%	95%	97.5%	99%	99.5%	n	90%	95%	97.5%	99%	99.5%
—	—	—	—	—	—	31	2.668	2.892	3.100	3.356	3.538
—	—	—	—	—	—	32	2.679	2.903	3.111	3.366	3.543
3	1.497	1.738	1.955	2.215	2.396	33	2.690	2.914	3.121	3.376	3.557
4	1.696	1.941	2.163	2.431	2.618	34	2.701	2.924	3.131	3.385	3.566
5	1.835	2.080	2.304	2.574	2.764	35	2.712	2.934	3.140	3.394	3.575
6	1.939	2.184	2.408	2.679	2.870	36	2.722	2.944	3.150	3.403	3.584
7	2.022	2.267	2.490	2.761	2.952	37	2.732	2.953	3.159	3.412	3.592
8	2.091	2.334	2.557	2.828	3.019	38	2.741	2.962	3.167	3.420	3.600
9	2.150	2.392	2.613	2.884	3.074	39	2.750	2.971	3.176	3.428	3.608

续表

n	90%	95%	97.5%	99%	99.5%	n	90%	95%	97.5%	99%	99.5%
10	2.200	2.441	2.662	2.931	3.122	40	2.759	2.980	3.184	3.436	3.616
11	2.245	2.484	2.704	2.973	3.163	41	2.768	2.988	3.192	3.444	3.623
12	2.284	2.523	2.742	3.010	3.199	42	2.776	2.996	3.200	3.451	3.630
13	2.320	2.557	2.776	3.043	3.232	43	2.781	3.001	3.207	3.458	3.637
14	2.352	2.589	2.806	3.072	3.261	44	2.792	3.011	3.215	3.465	3.644
15	2.382	2.617	2.834	3.099	3.287	45	2.800	3.019	3.222	3.472	3.651
16	2.409	2.644	2.860	3.124	3.312	46	2.808	3.026	3.229	3.479	3.657
17	2.434	2.668	2.883	3.147	3.334	47	2.815	3.033	3.235	3.485	3.663
18	2.458	2.691	2.905	3.168	3.355	48	2.822	3.040	3.242	3.491	3.669
19	2.480	2.712	2.926	3.188	3.374	49	2.829	3.047	3.249	3.498	3.675
20	2.500	2.732	2.945	3.207	3.392	50	2.836	3.053	3.255	3.504	3.681
21	2.519	2.750	2.963	3.224	3.409	55	2.868	3.084	3.284	3.532	3.708
22	2.538	2.768	2.980	3.240	3.425	60	2.897	3.112	3.311	3.557	3.733
23	2.555	2.784	2.996	3.256	3.440	65	2.924	3.137	3.335	3.580	3.755
24	2.571	2.800	3.011	3.270	3.455	70	2.948	3.160	3.357	3.601	3.775
25	2.587	2.815	3.026	3.284	3.468	75	2.970	3.181	3.377	3.620	3.794
26	2.602	2.829	3.039	3.298	3.481	80	2.991	3.201	3.396	3.638	3.812
27	2.616	2.843	3.053	3.310	3.493	85	3.010	3.219	3.414	3.655	3.828
28	2.630	2.856	3.065	3.322	3.505	90	3.028	3.236	3.430	3.671	3.843
29	2.643	2.869	3.077	3.334	3.516	95	3.045	3.253	3.446	3.635	3.857
30	2.656	2.881	3.089	3.345	3.527	100	3.061	3.268	3.460	3.699	3.871

在给出剔除水平 α^* 后，在表 1-4 中查出 n 和 α^* 所对应的 $R_{1-\alpha^*}$ 值。若 $R_n > R_{1-\alpha^*}$，则判断 x_n 为高度异常。

2. 下侧情形检验法

计算统计量：

$$R'_n = (\overline{x} - x_1)/\sigma \tag{1-40}$$

式中：$\overline{x}$为试样平均值；x_1 为最小值；σ 为总体标准差。

与上侧情形相似，以 R'_n 代替 R_n，判断最小值是否为检出异常值或高度异常值。

3. 双侧情形检验法

计算出上述 R_n 与 R'_n 值，确定检出水平 α，在表 1-4 中查出 n 和 $\alpha/2$ 所对应的 $R_{1-\alpha/2}$。当 $R_n > R'_n$，且 $R_n > R_{1-\alpha/2}$ 时，则判断 x_n 为异常值；当 $R'_n > R_n$，且 $R'_n > R_{1-\alpha/2}$ 时，判断 x_1 为异常值。

在给出剔除水平 α^* 的情况下，用同法判断 x_n 或 x_1 是否为高度异常。

(二)格拉布斯检验法

本法适合于未知总体标准差，检出异常值的个数不超过 1 的情形。

1. 上侧情形检验法

计算统计量：

$$G_n=(x_n-\overline{x})/S \tag{1-41}$$

式中：$\overline{x}$和 S 分别为样本平均值和标准差；x_n 为最大值，

$$S=\left[\frac{1}{n-1}(\sum x^2-n\overline{x}^2)\right]^{1/2}$$

确定检出水平 α，由表 1-5 查出 n 和 α 所对应的 $G_{1-\alpha}$。当 $G_n>G_{1-\alpha}$时，判断最大值 x_n 为异常值。

在给出剔除水平 α^* 的情形下，由表 1-5 查出 n 和 α^* 所对应的 $G_{1-\alpha^*}$。当 $G_n>G_{1-\alpha^*}$ 时，判断最大值 x_n 为高度异常。

2. 下侧情形检验法

计算统计量：

$$G'_n=(\overline{x}-x_1)/S \tag{1-42}$$

式中：x_1 为最小值。

与上侧情形相似，以 G'_n 代替 G_n，判断最小值是否为异常值和高度异常。

3. 双侧情形检验法

计算出上述 G_n 与 G'_n，确定检出水平 α，由表 1-5 查出 n 和 $\alpha/2$ 所对应的 $G_{1-\alpha/2}$。当 $G_n>G'_n$，且 $G_n>G_{1-\alpha/2}$时，判断 x_n 为异常值；当 $G'_n>G_n$，且 $G'_n>G_{1-\alpha/2}$时，判断 x_1 为异常值。

在给出剔除水平 α^* 的情况下，用同法判断 x_n 或 x_1 是否为高度异常。

表 1-5　格拉布斯检验法的临界值表

n	90%	95%	97.5%	99%	99.5%	n	90%	95%	97.5%	99%	99.5%
3	1.148	1.153	1.155	1.155	1.55	24	2.467	2.644	2.802	2.987	3.112
4	1.425	1.463	1.481	1.492	1.496	25	2.486	2.663	2.822	3.009	3.135
5	1.602	1.672	1.715	1.749	1.764	26	2.502	2.681	2.844	3.029	3.157
6	1.729	1.822	1.887	1.944	1.973	27	2.519	2.698	2.859	3.049	3.178
7	1.828	1.938	2.020	2.097	2.139	28	2.534	2.714	2.876	3.068	3.199
8	1.909	2.032	2.126	2.221	2.274	29	2.549	2.730	2.893	3.085	3.218
9	1.977	2.110	2.215	2.323	2.387	30	2.563	2.745	2.908	3.103	3.236
10	2.036	2.176	2.290	2.410	2.482	35	2.628	2.811	2.979	3.178	3.316
11	2.088	2.234	2.355	2.485	2.564	40	2.682	2.866	3.036	3.240	3.381
12	2.134	2.285	2.412	2.550	2.636	45	2.727	2.911	3.085	3.292	3.435
13	2.175	2.331	2.462	2.607	2.699	50	2.768	2.956	3.128	3.336	3.483
14	2.213	2.371	2.507	2.659	2.755	55	2.801	2.992	3.166	3.376	3.524
15	2.247	2.409	2.549	2.705	2.806	60	2.837	3.025	3.199	3.411	3.560
16	2.279	2.443	2.585	2.747	2.852	65	2.866	3.055	3.230	3.442	3.592
17	2.309	2.475	2.620	2.785	2.932	70	2.893	3.082	3.257	3.471	3.622

续表

n	90%	95%	97.5%	99%	99.5%	n	90%	95%	97.5%	99%	99.5%
18	2.335	2.504	2.651	2.821	2.968	75	2.917	3.107	3.282	3.496	3.648
19	2.361	2.532	2.681	2.854	2.894	80	2.940	3.130	3.305	3.521	3.673
20	2.385	2.557	2.709	2.884	3.001	85	2.961	3.151	3.327	3.543	3.695
21	2.408	2.580	2.733	2.912	3.031	90	2.981	3.171	3.347	3.563	3.716
22	2.429	2.603	2.758	2.939	3.060	95	3.000	3.189	3.336	3.582	3.736
23	2.448	2.624	2.781	2.963	3.087	100	3.017	3.207	3.383	3.600	3.754

(三)狄克逊检验法

本法可以重复使用,检出1个以上的异常值。

1. 单侧情形检验法

计算统计量 D 和 D',计算公式与 n 有关。

(1)$n=3\sim7$:

$$D=\frac{x_n-x_{n-1}}{x_n-x_1};D'=\frac{x_2-x_1}{x_n-x_1} \tag{1-43}$$

(2)$n=8\sim10$:

$$D=\frac{x_n-x_{n-1}}{x_n-x_2};D'=\frac{x_2-x_1}{x_{n-1}-x_1} \tag{1-44}$$

(3)$n=11\sim13$:

$$D=\frac{x_n-x_{n-2}}{x_n-x_2};D'=\frac{x_3-x_1}{x_{n-1}-x_1} \tag{1-45}$$

(4)$n>13$:

$$D=\frac{x_n-x_{n-2}}{x_n-x_3};D'=\frac{x_3-x_1}{x_{n-2}-x_1} \tag{1-46}$$

确定检出水平 α,由表1-6查出 n 和 α 所对应的 $D_{1-\alpha}$ 值。检验高端时,若 $D>D_{1-\alpha}$,判断 x_n 为异常值;检验低端时,若 $D'>D_{1-\alpha}$,判断 x_1 为异常值。

在给出剔除水平 α^* 的情形下,用同法判断 x_n 或 x_1 是否为高度异常。

表1-6 狄克逊检验法的临界值表

n	90%	95%	99%	99.5%	n	90%	95%	99%	99.5%
3	0.886	0.941	0.988	0.994	17	0.438	0.490	0.577	0.605
4	0.679	0.765	0.889	0.926	18	0.424	0.475	0.561	0.589
5	0.557	0.642	0.780	0.821	19	0.412	0.462	0.547	0.575
6	0.482	0.560	0.698	0.740	20	0.401	0.450	0.535	0.562
7	0.434	0.507	0.637	0.680	21	0.391	0.440	0.524	0.551
8	0.479	0.554	0.683	0.725	22	0.382	0.430	0.514	0.541
9	0.441	0.512	0.635	0.677	23	0.374	0.421	0.505	0.532

续表

n	90%	95%	99%	99.5%	n	90%	95%	99%	99.5%
10	0.409	0.477	0.597	0.639	24	0.367	0.413	0.497	0.524
11	0.517	0.576	0.679	0.713	25	0.360	0.406	0.489	0.516
12	0.490	0.546	0.642	0.675	26	0.354	0.399	0.486	0.508
13	0.467	0.521	0.615	0.649	27	0.348	0.393	0.475	0.501
14	0.492	0.546	0.641	0.674	28	0.342	0.387	0.469	0.495
15	0.472	0.525	0.616	0.647	29	0.337	0.381	0.463	0.489
16	0.454	0.507	0.595	0.624	30	0.332	0.376	0.457	0.483

2. 双侧情形检验法

计算上述 D 和 D' 值，确定检出水平 α，由表 1-7 查出 n 和 α 所对应的 $\widetilde{D}_{1-\alpha}$ 值。当 $D>D'$，且 $D>\widetilde{D}_{1-\alpha}$ 时，判断 x_n 为异常值；当 $D'>D$，且 $D'>\widetilde{D}_{1-\alpha}$ 时，判断 x_1 为异常值。

在给出剔除水平 α^* 的情形下，用同法判断 x_n 或 x_1 是否为高度异常。

表 1-7　双侧狄克逊检验法的临界值表

n	95%	99%	n	95%	99%
3	0.970	0.994	17	0.529	0.610
4	0.829	0.926	18	0.514	0.594
5	0.710	0.821	19	0.501	0.580
6	0.628	0.740	20	0.489	0.567
7	0.569	0.680	21	0.478	0.555
8	0.608	0.717	22	0.468	0.544
9	0.564	0.672	23	0.459	0.535
10	0.530	0.635	24	0.451	0.526
11	0.619	0.709	25	0.443	0.517
12	0.583	0.660	26	0.436	0.510
13	0.557	0.638	27	0.429	0.502
14	0.586	0.670	28	0.423	0.495
15	0.565	0.647	29	0.417	0.489
16	0.546	0.627	30	0.412	0.483

(四)偏度-峰度检验法

本法可重复使用，检出 1 个以上的异常值。

1. 单侧情形——偏度检验法

计算偏度统计量：

$$b_s=\frac{\sqrt{n}\sum_{i=1}^{n}(x_i-\overline{x})^3}{\left[\sum_{i=1}^{n}(x_i-\overline{x})^2\right]^{3/2}}=\frac{\sqrt{n}\left[\sum_{i=1}^{n}x_i^3-3\,\overline{x}\sum_{i=1}^{n}x_i^2+2n(\overline{x})^3\right]}{\left[\sum_{i=1}^{n}x_i^2-n\,\overline{x}^2\right]^{3/2}} \tag{1-47}$$

确定检出水平 α，由表 1-8 查得 n 和 α 所对应的 $b'_{1-\alpha}$。对上侧情形，当 $b_s>b'_{1-\alpha}$ 时，判断

最大值 x_n 为异常值；对下侧情况，当 $-b_s>b'_{1-\alpha}$ 时，判断最小值 x_1 为异常值。

在给出剔除水平 α^* 的情况下，用同法判断 x_n 或 x_1 是否为高度异常。

表 1-8 偏度检验法的临界值表

n	95%	99%	n	95%	99%
8	0.99	1.42	40	0.59	0.87
9	0.97	1.41	45	0.56	0.82
10	0.95	1.39	50	0.53	0.79
12	0.91	1.34	60	0.49	0.72
15	0.85	1.26	70	0.46	0.67
20	0.77	1.15	80	0.43	0.63
25	0.71	1.06	90	0.41	0.60
30	0.66	0.98	100	0.39	0.57
35	0.62	0.92	—	—	—

2. 双侧情形——峰度检验法

计算统计量：

$$b_k=\frac{n\sum_{i=1}^{n}(x_i-\overline{x})^4}{\left[\sum_{i=1}^{n}(x_i-\overline{x})^2\right]^2}=\frac{n\left[\sum_{i=1}^{n}x_i^4-4\,\overline{x}\sum_{i=1}^{n}x_i^3+6\,\overline{x}^2\sum_{i=1}^{n}x_i^2-3n\,\overline{x}^4\right]}{\left[\sum_{i=1}^{n}x_i^2-n\,\overline{x}^2\right]^2} \tag{1-48}$$

确定检出水平 α，由表 1-9 查出 n 和 α 所对应的 $b''_{1-\alpha}$。当 $b_k>b''_{1-\alpha}$ 时，判断离开平均值最远的测定值为异常值。在给出剔除水平 α^* 的情况下，用同法判断高度异常值。

表 1-9 峰度检验法的临界值表

n	95%	99%	n	95%	99%
8	3.70	4.53	40	4.05	5.02
9	3.86	4.82	45	4.02	4.94
10	3.95	5.00	50	3.99	4.87
12	4.05	5.20	60	3.93	4.73
15	4.13	5.30	70	3.88	4.62
20	4.17	5.38	80	3.84	4.52
25	4.14	5.29	90	3.80	4.45
30	4.11	5.20	100	3.77	4.37
35	4.08	5.11	—	—	—

二、试验方法的精密度估计

对被测对象进行多次测量，所得结果的一致程度，称为精密度。精密度可以用重复性和再现性表示。

重复性是指在同一实验室内，由同一操作者，在相同试验条件和较短时间间隔内，用同一仪器机台与试验方法，对同一试样进行试验结果的一致性。按统计方法计算的重复性数值以

r 表示。

再现性是指在不同实验室内，由不同操作者、不同仪器机台，用同一试验方法，对同一试样进行试验结果的一致性。按统计方法计算的再现性数值以 R 表示。

通过一定的方法确定了某试验项目的试验方法精密度 r 和 R 后，在日常测试中，试验人员对同一子样做两次测定，实验结果的差值应小于 r；两个实验室对同一子样各做一次测定，实验结果的差值应小于 R。

每个实验室和水平的组合称为精密度试验的一个单元。由 p 个实验室进行 q 个水平的试验，每个试验单元包括 n 个重复试验结果，如表 1-10 所示。

表 1-10　p 个实验室、q 个水平试验的数据

实验室＼水平	1	2	…	j	…	q
1						
2						
i				x_{ijk}		
⋮						
p						

由于涉及统计检验和重复性 r、再现性 R 的计算，都是在某一个水平上分别进行。为简便起见，现仅就其中一个水平的试验结果进行分析，所得数据列成表格，如表 1-11 所示。表中，实验室序数 $i=1,2,3,\cdots,p$；实验室内试样试验的重复序数 $k=1,2,3,\cdots,n$。然后计算各实验室所得结果的平均值 $\overline{x}_i$ 和方差 S_i^2：

$$\overline{x}_i=\frac{\sum_{k=1}^{n_i}x_{ik}}{n_i} \tag{1-49}$$

$$S_i^2=\frac{\sum_{k=1}^{n_i}(x_{ik}-\overline{x}_i)^2}{n_i-1} \tag{1-50}$$

式中：$\overline{x}_i$ 为第 i 个实验室测试结果的平均值；S_i^2 为第 i 个实验室测试结果的方差；x_{ik} 为第 i 个实验室的第 k 个测试结果；$i=1,2,\cdots,p$；$k=1,2,\cdots,n$。

表 1-11　某一水平下各实验室的试验结果列表

重复数＼实验室	1	2	…	i	…	p
1	x_{11}	x_{21}		x_{i1}		x_{p1}
2	x_{12}	x_{22}		x_{i2}		x_{p2}
⋮						
k				x_{ik}		
⋮						
n	x_{1n}	x_{2n}				x_{pn}
平均值	$\overline{x}_1$	$\overline{x}_2$		$\overline{x}_i$		$\overline{x}_p$
方　差	S_1^2	S_2^2		S_i^2		S_p^2

当重复数 n 为 2,即每个子样只做两次试验,$n_i=n=2$ 时,可采用极差平方 W_i^2 代替方差 S_i^2:

$$W_i^2=(x_{i1}-x_{i2})^2 \tag{1-51}$$

式中:W_i 为第 i 个实验室两次重复测试结果的极差。

试验方法的精密度估计,按以下步骤进行:

(一)异常值检验与处理

在进行 r 和 R 的计算以前,先要对试验数据进行异常值检验。一般用格拉布斯法检验实验室内每一单元内测试结果中的异常值;用科克伦(Cochron)法检验各实验室方差中的异常值;用格拉布斯法或狄克逊法检验各实验室平均值中的异常值。判别时都采用双侧检验。格拉布斯法和狄克逊法前已述及,现介绍异常方差检验方法中的科克伦方差检验法。

对于某一水平,p 个实验室所得到的 p 个 S_i 值,找出其中最大值 $S_{\max}$,并求取 p 个 S_i^2 之和,计算以下统计量:

$$C_{(p,n)}=\frac{S_{\max}^2}{\sum_{i=1}^{p}S_i^2} \tag{1-52}$$

当 $n=2$ 时,用极差法计算:

$$C_{(p,n)}=\frac{W_{\max}^2}{\sum_{i=1}^{p}W_i^2} \tag{1-53}$$

式中:$W_{\max}^2$ 为极差平方中的最大者;$\sum_{i=1}^{p}W_i^2$ 为 p 个极差平方之和。

科克伦方差检验的临界值见表 1-12。其中,p 为方差个数,即实验室个数;n 为重复测定次数;0.01 和 0.05 为显著性水平 α 的两种概率,用 $C_{0.01(p,n)}$ 和 $C_{0.05(p,n)}$ 表示,分别代表异常值的剔除水平和检出水平。若 $C_{0.05(p,n)}<C_{(p,n)}\leqslant C_{0.01(p,n)}$,检验结果为异常值;若 $C_{(p,n)}>C_{0.01(p,n)}$,检验结果为高度异常。

检查出异常值和高度异常值后,需调查一下能否从技术上的差错得到解释。当能以一种合理的原因解释,该数据可以修正或剔除;当未能从技术上找到差错原因,保留异常值而剔除高度异常值。

剔除 1 个异常值后,继续用科克伦法检验余下的 $p-1$ 个单元的方差,依此类推,直至检验结果无异常值为止。

(二)重复性 r 值的计算

若各实验室的重复次数相同时,重复性方差 S_{r}^2 可以用下式算得:

$$S_{\mathrm{r}}^2=\frac{1}{p}\sum_{i=1}^{p}S_i^2 \tag{1-54}$$

式中:S_i 为各实验室测试值的方差;p 为实验室个数。

重复性方差 S_{r}^2 实际上代表室内方差的平均。

当 $n=2$ 时,可用极差平方 W_i^2 来计算重复性方差,因为 $W_i^2=2S_i^2$,所以:

$$S_{\mathrm{r}}^2=\frac{1}{2p}\sum_{i=1}^{p}W_i^2 \tag{1-55}$$

用下列公式计算重复性 r 值：

$$r=f\cdot\sqrt{2}\cdot\sqrt{S_r^2}=2.83\sqrt{S_r^2} \tag{1-56}$$

式中：f 为与自由度有关的系数，ISO 5725 规定 $f=2$。

表 1-12　科克伦最大方差检验的临界值

p	$n=2$		$n=3$		$n=4$		$n=5$		$n=6$	
	1%	5%	1%	5%	1%	5%	1%	5%	1%	5%
2	—	—	0.995	0.975	0.979	0.939	0.959	0.906	0.937	0.877
3	0.993	0.967	0.942	0.871	0.883	0.798	0.834	0.746	0.793	0.707
4	0.968	0.906	0.864	0.768	0.781	0.684	0.721	0.629	0.676	0.590
5	0.928	0.841	0.788	0.684	0.696	0.598	0.633	0.544	0.588	0.506
6	0.883	0.781	0.722	0.616	0.626	0.532	0.564	0.480	0.520	0.445
7	0.838	0.727	0.664	0.561	0.568	0.480	0.508	0.431	0.466	0.397
8	0.794	0.680	0.615	0.516	0.521	0.438	0.463	0.391	0.423	0.360
9	0.754	0.638	0.573	0.478	0.481	0.403	0.425	0.358	0.387	0.329
10	0.718	0.602	0.536	0.445	0.447	0.373	0.393	0.331	0.357	0.303
11	0.684	0.570	0.504	0.417	0.418	0.348	0.366	0.308	0.332	0.281
12	0.653	0.541	0.475	0.392	0.392	0.326	0.343	0.288	0.310	0.262
13	1.624	0.515	0.450	0.371	0.369	0.307	0.322	0.271	0.291	0.246
14	0.599	0.492	0.427	0.352	0.349	0.291	0.304	0.255	0.274	0.232
15	0.575	0.471	0.407	0.335	0.332	0.276	0.288	0.242	0.259	0.220
16	0.553	0.452	0.388	0.319	0.316	0.262	0.274	0.230	0.246	0.208
17	0.532	0.434	0.372	0.305	0.301	0.250	0.261	0.219	0.234	0.198
18	0.514	0.418	0.356	0.293	0.288	0.240	0.249	0.209	0.223	0.189
19	0.496	0.403	0.343	0.281	0.276	0.230	0.238	0.200	0.214	0.181
20	0.480	0.389	0.330	0.270	0.265	0.220	0.229	0.192	0.205	0.174
21	0.465	0.377	0.318	0.261	0.255	0.212	0.220	0.185	0.197	0.167
22	0.450	0.365	0.307	0.252	0.246	0.204	0.212	0.178	0.189	0.160
23	0.437	0.354	0.297	0.243	0.238	0.197	0.204	0.172	0.182	0.158
24	0.425	0.343	0.287	0.235	0.230	0.101	0.197	0.166	0.176	0.149
25	0.413	0.234	0.278	0.228	0.222	0.185	0.190	0.160	0.170	0.144

(三)再现性 R 值的计算

可用下列公式计算再现性 R 值：

$$R=f\cdot\sqrt{2}\cdot\sqrt{S_L^2+S_r^2}=2.83\sqrt{S_L^2+S_r^2}=2.83\sqrt{S_R^2} \tag{1-57}$$

式中：S_L^2 为室间方差；S_r^2 为重复性方差；S_R^2 为再现性方差。

当各实验室的重复次数相同，都等于 n 时，室间方差 S_L^2 可由下式计算：

$$S_L^2=S_{\bar{x}}^2-\frac{S_r^2}{n} \tag{1-58}$$

式中：$S_{\bar{x}}^2$ 为各实验室间平均值的方差。

在以上计算中，当 S_L^2 为负值时，取 $R=r$。

（四）重复性和再现性的应用

重复性和再现性是衡量相应条件下试验方法精密度的定量指标。当它被确定后，就用它来衡量在相应条件下试验结果精密度是否达到要求。

1.衡量实验室内精密度是否达到要求

（1）两个重复测定值比较时，其容许差为重复性 r。若两次测定值之差小于容许差，测定精密度合格，取平均值为最终值；若两次测定值大于或等于容许差，要查原因复测。

（2）一组重复测定最大值和最小值之差，其容许差为 $r\times\frac{K_n}{2.83}$。K_n 值与测定值个数 n 有关，见表 1-13。

表 1-13　K_n 值表

n	2	3	4	5	6	7	8	9	10	15	20
K_n	2.83	3.40	3.74	3.98	4.16	4.32	4.44	4.55	4.65	5.00	5.24

若试验结果小于容许差，测定结果合格，取该组平均值为最终值；若试验结果大于或等于容许差，测定精密度不合格，其中至少有一个测定值为异常值，可用异常值检验方法检查并去除异常值后，重新衡量。

（3）同一实验室内，在重复性条件下，进行两组测试，第一组进行 n_1 次测试，第二组进行 n_2 次测试，两组平均值之间的容许差为：

$$容许差=r\sqrt{\frac{1}{2n_1}+\frac{1}{2n_2}} \tag{1-59}$$

若 n_1 和 n_2 均为 1，上式简化为 r。

2.衡量实验室间精密度是否达到要求

（1）两实验室各做一次测定，其结果差值小于容许差 R，则精密度合格，取两值的平均值为最终值；其结果差值大于或等于容许差 R，则测定精密度不合格，要重做测定。

（2）两个实验室各重复测定两次，首先进行室内精密度检验，合格后，得到两实验室平均值容许差为：

$$容许差=\sqrt{R^2-\frac{r^2}{2}} \tag{1-60}$$

若试验结果小于容许差，则测定精密度合格，取 $\bar{x}_1$ 与 $\bar{x}_2$ 的平均值为最终值；若试验结果大于容许差，则不合格，要查原因并重做测试。

（3）两个实验室各重复测定 n_1、n_2 次，首先进行室内精密度检验，合格后，得到两平均值容许差为：

$$容许差=\sqrt{R^2-r^2\left(1-\frac{1}{2n_1}-\frac{1}{2n_2}\right)} \tag{1-61}$$

(4)用标准样衡量实验室测定结果是否符合要求时,同一实验室对标准样重复测定 n 次,首先进行室内精密度检验,合格后,将平均值与标准值比较,其容许差为:

$$容许差=\frac{1}{\sqrt{2}}\sqrt{R^2-r^2\left(\frac{n-1}{n}\right)} \tag{1-62}$$

第六节　测量结果的不确定度

一、不确定度的概念

任何测量过程都不可避免地存在误差。误差来自各方面的因素,有测量方法和仪器误差、环境条件变化误差、人员操作误差和试样误差等。因此对测量结果作出综合评定时,除了所得测量值外,还需要有一个用以说明测量值确定程度的参数,即不确定度。用标准差 S 表示测量值的不确定度,称为标准不确定度。各种不同误差来源产生的标准不确定度可以分为两类,即A类标准不确定度和B类标准不确定度。能用统计分析方法对一系列测量值计算出标准差的,称为A类标准不确定度;用不同于以上方法得出标准差的,称为B类标准不确定度。在评定B类标准不确定度时,往往以人的经验判断假设其概率分布的性质来估算标准差。A类标准不确定度分量和B类标准不确定度分量可以按变异相加原理合成为测量值标准不确定度。除此以外,将标准差乘以包含因子 k,用标准差的倍数 kS 表示的不确定度,称为扩展不确定度。用"测量值±扩展不确定度"表示在一定置信水平下被测量真实值可能存在的区间,包含因子数值与置信水平有关。因此,一个完整测量结果的表示就包含测量值和不确定度。不确定度是经过合理估算而赋予测量值的一个附加参数,用来表示测量结果的分散性。

二、标准不确定度

(一)A类标准不确定度

1. 贝赛尔法

经测量得到一系列测量值 $x_i(i=1,2,3,\cdots,n)$,可计算平均值$\overline{x}$和标准差 $S(x)$:

$$\overline{x}=\frac{1}{n}\sum_{i=1}^{n}x_i \tag{1-63}$$

$$S(x)=\sqrt{\frac{\sum_{i=1}^{n}(x_i-\overline{x})^2}{n-1}} \tag{1-64}$$

可以计算平均值的标准差 $S(\overline{x})$:

$$S(\overline{x})=\frac{S(x)}{\sqrt{n}} \tag{1-65}$$

用平均值的标准差 $S(\overline{x})$作为测量值的A类标准不确定度。

2. 极差法

经测量得到一系列测量值 $x_i(i=1,2,3,\cdots,n)$,测量值中最大值与最小值之差 R 称为极差，标准差 $S(x)$ 按下式计算：

$$S(x)=\frac{R}{c} \tag{1-66}$$

式中：系数 c 与 n 的关系见表 1-14。

表 1-14 极差法中系数 c 与 n 的关系

n	2	3	4	5	6	7	8	9
c	1.13	1.64	2.06	2.33	2.53	2.70	2.85	2.97

一般在测量数较小时采用极差法。

(二)B 类标准不确定度

B 类标准不确定度，可根据经验累积数据，技术说明书、检定证书或其他文件资料得到的仪器准确度级别、最大允许误差、扩展不确定度，以及环境条件变动和操作人员引起的误差或不确定度资料，按以下情况处理：

(1)已知扩展不确定度 U 及包含因子 k，两者相除可得标准不确定度 $u(x)$。

(2)已知扩展不确定度 U 及置信水平 P，考虑在接近正态概率分布的情况下，按表 1-15 求得 P 所对应的包含因子 k，由扩展不确定度 U 除以 k 求得标准不确定度 $u(x)$。

表 1-15 正态分布下置信水平 P 与包含因子 k 的关系

P	50%	68.27%	90%	95%	95.45%	99%	99.73%
k	0.67	1	1.645	1.96	2	2.576	3

(3)其他情况下，例如，已知仪器的最大允许误差根据经验假设属某一类分布，按表 1-16 求得包含因子 k，将仪器最大允许误差除以包含因子 k 得到标准不确定度 $u(x)$。

表 1-16 不同分布的包含因子 k

分布类别	P	k	分布类别	P	k
正态	99.73%	3	矩形(均匀)	100%	$\sqrt{3}$
三角	100%	$\sqrt{6}$	反正弦	100%	$\sqrt{2}$
梯形 $\beta=0.71$	100%	2	两点	100%	1

(三)测量值的标准不确定度

直接被测对象的测量值往往包含若干个 A 类标准不确定度 s_i 和 B 类标准不确定度 u_i $(i=1,2,3,\cdots,n)$。若各分量互相独立不相关，测量值的标准不确定度按变异相加原理，由各标准不确定度分量的“方和根”计算而成：

$$u=\sqrt{\sum_{i=1}^{n}s_i^2+\sum_{i=1}^{n}u_i^2} \tag{1-67}$$

三、合成标准不确定度

如果测量结果由若干个测量对象的直接测量值经过计算而得，称为间接测量。间接测量

结果 N 与各直接测量值 $x,y,z,\cdots$ 之间存在函数关系，以 $N=f(x,y,z,\cdots)$ 表示。若各直接测量值独立不相关，其标准不确定度分别为 $u_x,u_y,u_z,\cdots$，则间接测量结果的合成标准不确定度 u_c 可用不确定度传递公式计算：

$$u_c=\sqrt{\left(\frac{\partial f}{\partial x}\right)^2 u_x^2+\left(\frac{\partial f}{\partial y}\right)^2 u_y^2+\left(\frac{\partial f}{\partial z}\right)^2 u_z^2+\cdots} \tag{1-68}$$

即间接测量结果的合成标准不确定度，可以由各直接测量值的标准不确定度乘以函数对各测量值自变量的偏导数求"方和根"而得到。以上公式适用于函数表达式为和差形式的情况。

当函数表达式为积和商，或含和差的积和商时，为使运算简化起见，可以先将函数两边同时取自然对数，求其"方和根"，得到间接测量结果的合成相对标准不确定度：

$$\frac{u_c}{N}=\sqrt{\left(\frac{\partial \ln f}{\partial x}\right)^2 u_x^2+\left(\frac{\partial \ln f}{\partial y}\right)^2 u_y^2+\left(\frac{\partial \ln f}{\partial z}\right)^2 u_z^2+\cdots} \tag{1-69}$$

所得结果乘以 N，即可得到合成标准不确定度的绝对值。常用函数的不确定度传递公式见表 1-17。

表 1-17　常用函数的不确定度传递公式

函数表达式	测量不确定度传递公式
$N=x\pm y$	$u_c=\sqrt{u_x^2+u_y^2}$
$N=xy$ 或 $N=\frac{x}{y}$	$\frac{u_c}{N}=\sqrt{\left(\frac{u_x}{x}\right)^2+\left(\frac{u_y}{y}\right)^2}$
$N=cx$	$u_c=cu_x$
$N=x^{1/c}$	$\frac{u_c}{N}=\frac{1}{c}\frac{u_x}{x}$
$N=\frac{x^a y^b}{z^c}$	$\frac{u_c}{N}=\sqrt{a^2\left(\frac{u_x}{x}\right)^2+b^2\left(\frac{u_y}{y}\right)^2+c^2\left(\frac{u_z}{z}\right)^2}$
$N=\ln x$	$u_c=\frac{u_x}{x}$

四、扩展不确定度

标准不确定度可以代表测量值的分散性和不确定的程度。而测量结果一般以被测对象的最佳估计值±扩展不确定度来表示，用以说明被测对象真实结果所在的置信区间。扩展不确定度 U 等于合成标准不确定度乘以包含因子 k。包含因子 k 的选择与所要求的置信水平有关。

一般情况下，较为简单的做法是选择 $k=2\sim3$，可取 $k=2$ 或 $k=3$，分别相当于正态概率分布置信水平 95%和 99%的取值。测量结果中给出扩展不确定度 U 和包含因子 k 值。

第二章　纤维长度、卷曲和热收缩测试

第一节　纤维长度测量概述

纤维长度是决定纺纱性能的重要因素，它与纺纱工艺密切相关，是确定纤维品质所必须检验的项目。

纤维在充分伸直状态下的长度，称为伸直长度，即一般所指的纤维长度。各种纤维在自然伸展状态都有不同程度的弯曲或卷缩，它的投影长度为自然长度，如图 2-1 所示。图中 L 为纤维伸直后两端间的距离，即纤维伸直长度；L_1 为未伸直纤维两端间的距离，即纤维自然长度。

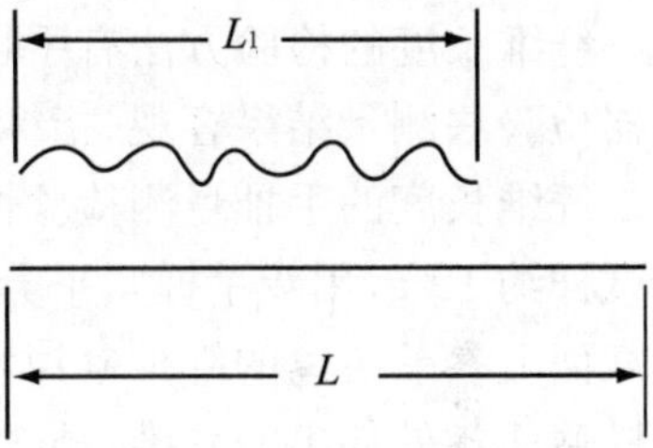

图 2-1　纤维的自然长度与伸直长度

纤维自然长度 L_1 与纤维伸直长度 L 之比，称为纤维的伸直度。羊毛和化学纤维的卷曲率也由它们的自然长度与伸直长度计算。纤维网或纱条中纤维的伸直度，对产品均匀性有较大影响。

各种纺织纤维由于品种和来源不同，其长度分布是非常复杂的。天然纤维的长度受品种和生长条件的影响。棉纤维的长度较短，细绒棉一般在 33 mm 以下，长绒棉一般小于 50 mm，长度超过 50 mm 的为超长绒棉。羊毛的长度较长，一般长度在 50 mm 以上，最长可达 300 mm。

纤维长度可用集中性指标如主体长度或平均长度来表示。实际上，纤维长度很不均匀，品种之间的差异很大，即使同一棉籽上的纤维或同一头羊身上的羊毛，长度也不一样。化学纤维的长度可以加工成等长的或不等长的。等长化学纤维在丝束切断时由于张力不匀或开松时纤维受到损伤，也会产生约 10%的长度不匀。纤维长度不匀可用整齐度表示。长度整齐度对纺织加工和产品质量都有影响。棉纤维所含短纤维率有时比主体长度对成纱质量的影响还大。

化学短纤维可以进行纯纺或混纺，而大量应用是与天然纤维或其他种类的化学纤维混纺。化学纤维的切断长度要根据加工机台形式，以及与它混纺的纤维长度来确定。与棉混纺的化学纤维长度选用 35～38 mm，称为棉型化纤。毛纺机台上加工的化学纤维长度与羊毛长度相近，粗梳毛纺为 64～76 mm，精梳毛纺为 76～114 mm，称为毛型化纤。也有与绢丝或苎麻混纺的，切断长度更长。利用现有棉纺机台或化纤专纺设备加工长度为 51～76 mm 的各种化学纤维纯纺或混纺，称为中长纤维纺，用于加工仿毛型产品。

纤维长度与纱线质量的关系十分密切，纤维长度愈长时，纤维间接触面积愈大，纱线受外力时纤维不易滑脱，可提高纱线强力。但纤维长度达到一定数值以后，长度的增加对成纱强力的影响渐趋减小。棉纤维长度较短，长度对成纱强力的影响较显著。毛纤维长度较长，长度对毛纱质量的影响不及羊毛细度，但对成纱条干、毛粒、毛羽等有影响。化学纤维在机台允许的条件下，长度可适当取长一些。

在保证成纱具有一定强力的前提下，纤维长的可以纺制较细的纱线。长度在 25 mm 以下的粗绒绵,一般只能纺 30 tex 以上的中粗纱。29 mm 左右的细绒棉可以纺 10 tex 的纱。如果要纺 10 tex 以下的细纱,必须使用长绒棉,最长的长绒棉可以纺 3 tex 的纱。纺制线密度小的化学纤维纱线可以通过改变纤维长度和细度来达到。

成纱的条干均匀度也与纤维长度有关。纤维短且长度整齐度差时,牵伸过程中大量短纤维成为浮游纤维,使细纱条干恶化。原棉中短纤维率高于 15%时,成纱强力显著下降。

如果所要求的成纱强力一定,用较长纤维纺纱时,细纱的捻系数可以取得较低,使生产效率提高,纱中纤维头尾露出少,成纱表面光洁。

纤维长度与纺纱工艺的关系十分密切。所谓棉纺系统、毛纺系统或中长纤维纺纱系统,都是对纤维长度而言的。同一纺纱系统中,各道工序的工艺参数选择,如清棉机打手形式、梳棉机给棉板长度、细纱机牵伸机构罗拉隔距,以及是否采用精梳工艺等,都与纤维长度有关。

纤维长度的检验方法有手扯目测与仪器检验两种。手扯目测法检验速度快,测量简单;而仪器检验法测量结果客观,指标较齐全。

纤维长度的手扯目测检验由棉花分级人员进行。其方法为:从棉样中抽取有代表性的纤维试样约 10 g,用双手握紧平分,缓缓撕成两半;然后将右手中的半截重叠到左手中合并,右手将截面上参差游离的纤维拿掉,使截面平整;再用右手的食指与拇指的第一关节,扯取左手中棉样截面各处伸出的纤维,顺次缓缓扯出,形成适当的棉束;然后用左手拇指与食指整理右手中的棉束,去掉游离纤维、纤维束和丝束,用左手拇指与食指,扯取右手中棉束各部伸出的纤维,直到棉束平整均匀、纤维伸直平行、棉束一端整齐为止。

将制作好的棉束放置在黑绒板上,用钢尺在棉束两端划测量线,切取点以不露黑绒板为宜。测量线位于棉束厚度变化率最大处。显然,用手扯法所得长度不是纤维的平均长度,而接近纤维的主体长度。

用手扯法测量纤维长度时,还可通过手感目测来估计原棉的成熟度。将棉样握紧,然后慢慢放松,放松过程中可以感觉到棉花的弹性大小。弹性大而有膨胀感的棉花成熟度好,弹性小而感觉死板的棉花成熟度差。手扯法还可估计原棉的强力,用食指和拇指夹取一小束纤维,双手拉断纤维束来感觉拉力大小,听取断裂声音,并观察断裂端形态。原棉强力高,拉断时费的力大,断裂声长而清晰,断裂端不整齐;反之,原棉强力低,拉断时费的力小,断裂声短促而弱,断裂端整齐。

手扯目测法检验具有检验量大、面广、速度快的优点,但测量结果有赖于分级人员的个人判断,带有主观因素影响。为了减小检验者之间的个人误差,必须根据标准棉样对分级人员的检验操作方法作定期校核。

用仪器测量纤维长度,有以下几种方法:

(1)单根纤维的长度测量。

(2)将纤维试样整理成一端平齐的纤维束,作纤维排列分布图和纤维长度根数分布;或进行长度分组称重,求取各项长度指标。

(3)随机夹取纤维试样束,测量纤维量与伸出夹持线长度之间的关系,得到照影机曲线。

纤维长度指标分集中性指标和离散性指标两类。集中性指标表示纤维长度的平均性质,离散性指标表示纤维不匀情况。长度指标有很多种,有些指标专用于某一种纤维。不同试验方法和试验仪器所给出的指标,有时会有不同的含义。更为清晰地表示纤维长度的方法是长度分布图。长度分布图有三种:长度频率分布、长度累积频率分布和随机夹持纤维试样的照影机曲线。三者之间存在一定的数学关系。频率分布和累积频率分布又可分为两大类:一类是以根数为单位进行计数的,称为纤维长度根数频率分布和纤维长度根数累积频率分布;另一类是以质量为单位进行计量的,称为纤维长度质量频率分布和纤维长度质量累积频率分布。相应的长度指标为根数平均长度、根数长度变异系数和质量平均长度、质量长度变异系数。

第二节 单根纤维长度测量

一、单根纤维长度测量方法

将纤维逐根伸直,测量其单根长度的方法,称为单根纤维长度测量法。这种方法化费的时间较多,但能得到准确的测量结果,得出纤维长度根数分布,充分表达出纤维长度的不匀程度。

单根纤维长度测量,要求在纤维束中一根一根地抽出纤维,试样的抽取必须严格地按照规定方法进行。用镊子夹取纤维时,镊子接触纤维的一点,一根纤维被夹持的概率与纤维长度成正比。因此,随机从纤维束中夹取的单根纤维试样必定偏长,所取试样不是随机试样,而是按长度加权的偏差试样,与均匀须条截面所包含的纤维长度分布情况相同。

抽取无偏差试样的方法很多,一种常用的方法是方端法。将纤维须条铺成薄而均匀的纤维层,放置在黑绒板上,再以玻璃板覆盖。玻璃板一边和须条的中心线垂直,须条右端伸出玻璃板的长度应大于最长纤维的 2 倍。用镊子将右端伸出玻璃板的纤维逐根抽出,抽纤维时在玻璃板上加适当压力,注意不带动其他纤维,直至须条端线与玻璃板一边完全重合为止,如此操作制成第一次一头齐的条子;接着将玻璃板左移 2 mm 的距离,露出新的纤维须头,再一次将所有露出纤维抽去并丢弃;在制成第二次一头齐后,用同样方法进行第三次一头齐的操作。此后,试样就可准备用于纤维取样了。将玻璃板从新的伸出端再左移 2 mm,在纤维层整个宽度内均匀取出 150 根纤维,取 3 根条子共 450 根纤维,用于单根纤维长度测量。

还有一种简便的方法,是将纤维试样横向铺在绒板上,用镊子逐根抽取单根纤维,但每 10 根纤维中有 9 根要置于一旁,只有第 10 根纤维留作下一步试验用。这种方法又称为等距取样法,同样能得到无偏差试样的效果。

按上述方法取得纤维试样,处于无张力的情况下,在标准大气环境中调湿,然后进行单根纤维长度测量。

单根纤维长度测量有以下方法:

(一)手工法

1. 石蜡油玻璃板法

在有刻度的玻璃板上,均匀地涂上一层石蜡油,下面衬以黑色或与纤维颜色反差大的绒板。纤维张紧伸直后由于石蜡油的作用黏附在玻璃板上,并保持伸直状态,把纤维移到适当位置,即可在玻璃板的刻度上读出纤维的长度。本方法适用于 2 dtex 以下的较细纤维。

2. 夹镊法

用两把常闭镊子,当手掀压时钳口张开,钳口宽度不超过 0.5 mm。将单根纤维放在和纤维有反衬色的绒板上,用一把镊子夹持纤维一端,同时用另一把镊子夹持纤维另一端,夹持时要确保刚好能看到纤维的两个端点露出镊子的钳口。将左手所持镊子的纤维露出端与长度尺零线对齐,右手握持镊子将纤维拉直至卷曲消失,然后将右手镊子钳口纤维端点在长度尺上读得纤维长度。一种用于单根纤维长度测量的专用齿形直尺如图 2-2 所示。

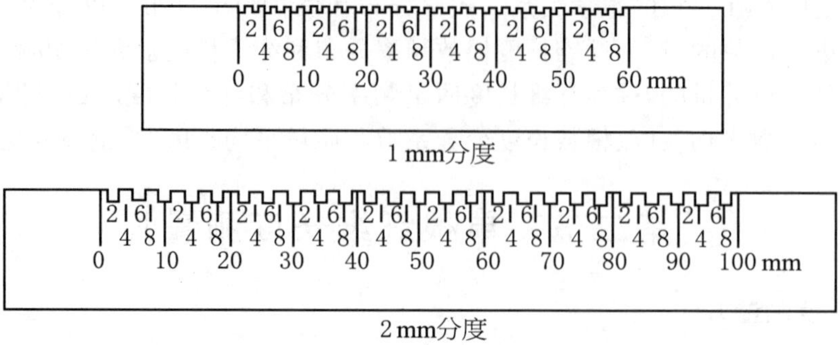

图 2-2　齿形刻度尺

(二)仪器法

图 2-3 所示的仪器使测量单纤维长度的自动化程度进一步提高,试验速度加快。仪器的基本原理和前述的相同。镊子 7 夹取的一根待测纤维 1,由导板 2、压板 3 与垫块 4 之间引出,使纤维有一定的张力,并将检测丝 5 抬起。镊子尖端放在滚筒 6 的螺旋沟槽中,滚筒以一定速度转动,镊子沿滚筒轴向做等速移动。当纤维后端脱离压板时,托持的检测丝下落,接通电开关和继电器,使滚筒停止转动,用镊子尖端在停止的位置处触动琴键 8,记下该处的纤维长度。如此测量一定根数的纤维后,各琴键的记录形成所测纤维的长度根数分布。琴键宽度为长度分组的组距。

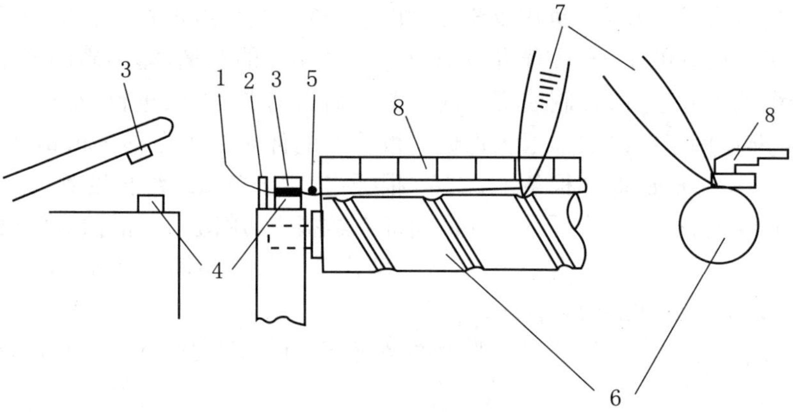

图 2-3　羊毛长度自动测量仪器

二、纤维长度根数分布

单根纤维测量结果数据很多,应进行分组整理,计算纤维长度平均值与变异系数,作出纤维长度根数分布图。

对于纤维长度的单值,可以将它们按一定长度组距分成若干组,以直方图形式表示出来,如图 2-4 所示,称为纤维长度根数分布图。横坐标为纤维长度,纵坐标为某一长度组对应的纤维根数。每组的长度最大值和最小值称为组的上限与下限,上下限之差为组距,上限与下限的中间值为组中值。图中表示某组中值为 l 的纤维长度

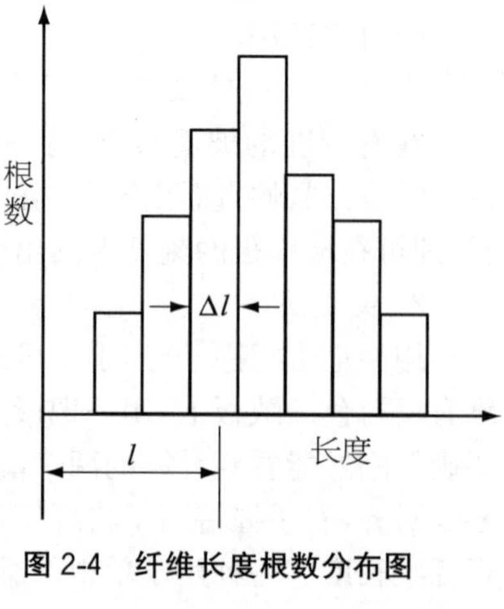

图 2-4　纤维长度根数分布图

组，组距为 Δl，组下限与组上限长度分别为 $l-\frac{\Delta l}{2}$ 和 $l+\frac{\Delta l}{2}$。分组后各组中的单个值都看作组中值。对正好落在组上限的值，通常归入该组内。

由 k 组长度组成的纤维长度根数分布，可以由下式计算纤维根数加权平均长度或简称根数平均长度：

$$H=\frac{n_1l_1+n_2l_2+\cdots+n_kl_k}{n_1+n_2+\cdots+n_k}=\frac{\sum_{i=1}^{k}n_il_i}{\sum_{i=1}^{k}n_i} \tag{2-1}$$

式中：l_i 为第 i 组纤维长度的组中值；n_i 为第 i 组纤维的根数。

纤维长度根数分布的标准差按下式计算：

$$S_H=\sqrt{\frac{\sum_{i=1}^{k}n_i(l_i-H)^2}{\sum_{i=1}^{k}n_i}} \tag{2-2}$$

变异系数为：

$$CV_H(\%)=\frac{\sqrt{\frac{\sum_{i=1}^{k}n_i(l_i-H)^2}{\sum_{i=1}^{k}n_i}}}{H}\times 100 \tag{2-3}$$

置信区间的半宽值为：

$$C=t\frac{S_H}{\sqrt{n}} \tag{2-4}$$

式中：t 为系数，95%置信概率水平下的 t 值与 n 值的关系见第一章表 1-1；$n=\sum_{i=1}^{k}n_i$。

如果置信区间的半宽值超过规定的误差范围，需增加试验根数。

国际化学纤维标准化局(BISFA)对化学纤维单根长度测量分组组距的建议如下：

(1)1 mm 组距，用于名义长度 60 mm 及以下的正切纤维。

(2)2 mm 组距，用于名义长度 60 mm 以上的正切纤维。

(3)5 mm 组距，用于斜切纤维或牵切纤维。

对于正切纤维，应用上述计算公式时，需要对原根数分布进行修正，去除少于被测纤维总根数 1%的各组，得到长度根数分布的中央部分，以符合随机分布规律。

对于羊毛纤维，通常以 5 mm 组距进行分组。

第三节 梳片式和罗拉式长度测量仪

梳片式和罗拉式长度测量仪都是用梳片整理纤维，使之成为伸直平行且一端平齐的纤维束。然后，将纤维由长到短排列成图，或按一定长度组距分组称重，求取纤维各项长度指标。

一、梳片式纤维长度测量仪

将一束试样按长度分组,最简单的仪器为梳片式长度仪。梳片式长度仪有几种形式,分别适用于棉、麻或毛纤维。不少国家采用梳片式仪器作为标准仪器。这些仪器的基本结构都相同,主要部分为等距离平行排列的梳片。梳片的梳针向上,各块梳片能够下落。为了较好地控制纤维,仪器上装有上梳片。上梳片的针尖向下,放置的位置与下梳片平行,各上梳片分插在各下梳片之间。上、下梳片的针尖同时穿透纤维片,以加强对纤维的控制。

最早使用的梳片式长度测量仪的原理如图 2-5 所示。试验时将上梳片自工作区移开,把整理平直的纤维束放置在梳片上的右端 A 处,用压叉将纤维束压入梳针内,从露出的一端逐次抽出部分纤维,叠放到梳片的另一端 B 处,形成一端平齐的纤维束。压上上梳片,转过仪器,在纤维不平齐的一端使部分下梳片下落,以露出适量的纤维,将纤维逐根抽出,在黑绒板上按纤维长短排成纤维排列图,如图 2-6 所示。

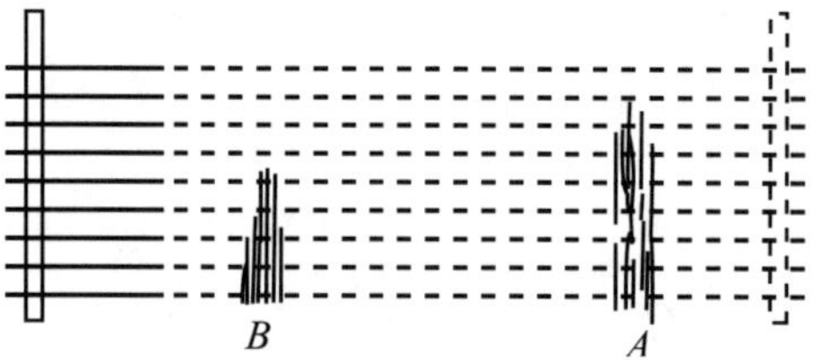

图 2-5　梳片式长度测量仪原理图

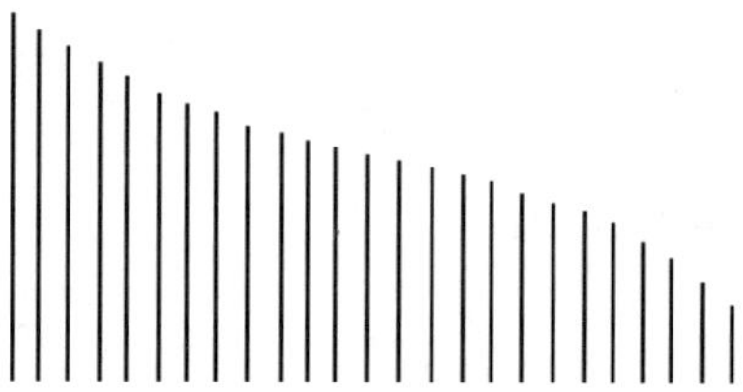

图 2-6　纤维排列图

图 2-7 所示为双列梳片式纤维长度测量仪,用于棉纤维。其结构与上述梳片式长度仪相似,但下梳片分成两列,因而操作更为方便。仪器左右各有 15 个相互平行的梳片,梳片间距离为 3.18 mm。

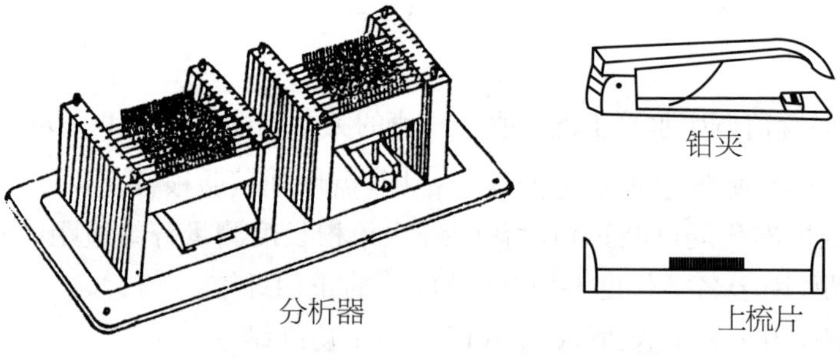

图 2-7　双列梳片式纤维长度测量仪

纤维经梳片梳理伸直平行而成为一端平齐的纤维束后,按长度分组并称重,得出纤维各组长度的质量,由此可以作出纤维长度质量分布图和纤维长度质量累积分布图,再计算出相应的综合指标。

用于分析羊毛和麻纤维长度的梳片式仪器,其结构原理也与前述仪器相似。但由于羊毛长度较长,仪器的梳片尺寸、梳片的间距和长度分组的组距较大,一般使用的组距为 10 mm。

用梳片式仪器选分纤维时,操作者要有熟练的操作技术,每次试验所需的时间较长。与手排纤维图相比较,称重法的操作较为方便。

二、罗拉式纤维长度测量仪

罗拉式纤维长度测量仪是选分纤维长度的另一类仪器。先把纤维整理成一端平齐，使其从罗拉钳口送出，平齐的一端在前，结果较短的纤维先脱离罗拉钳口的控制；然后用钳夹将脱离控制的纤维分别加以收集和称重。由这种仪器可以得出纤维长度质量分布。

用该仪器测量长度时，试样首先经过引伸器制成棉条，再从中取出一束纤维，排成一端整齐并按长短次序自下而上分层重叠的纤维束，就可以放入罗拉式长度测量仪器进行分析。罗拉式长度测量仪的原理如图 2-8 所示。纤维束开始放入时，整齐端距皮辊 2 及罗拉 3 的中心线的距离为 9.5 mm。皮辊 2 上加有 70 N 的压力。罗拉的周长为 60 mm。在罗拉的一端装有 60 个齿的蜗轮 4，当手柄 5 转 1 周时，蜗杆 6 使罗拉 3 和皮辊 2 回转1/60周，试样向前吐出 1 mm。用钳夹 1 夹住棉片，向外抽引，结果不受罗拉控制的纤维被钳夹带出。手柄每转一转或两转抽引纤维一次，因此可将纤维按 1 mm 或 2 mm 组距进行分组，分别称重。由实验得出，当按 2 mm 组距分组时，每组中长度符合本组长度的纤维质量仅占 46%，其中有上一次未被抽尽的较短的纤维，也有一部分较长的纤维被带着抽出。钳夹的夹持力应该随时进行校验。在计算综合指标之前，须对各组称得质量进行修正，得出各组的真实质量。所用修正公式如下：

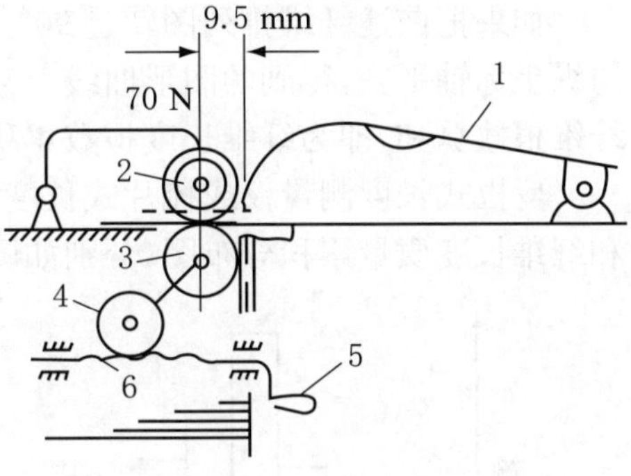

图 2-8 罗拉式长度测量仪原理图

$$g_L = 0.17\ g_{l-2} + 0.46\ g_l + 0.37\ g_{l+2} \tag{2-5}$$

式中：g_L 为第 L 组纤维修正后的质量；g_l 为第 L 组纤维修正前的质量；g_{l-2} 为短于 g_l 组 2 mm 一组纤维修正前的质量；g_{l+2} 为长于 g_l 组 2 mm 一组纤维修正前的质量。

三、纤维长度根数累积分布和纤维长度质量分布

用梳片式长度仪整理纤维，将纤维由长到短排列在黑绒板上，并使各纤维的一端都位于同一水平基线上，得到纤维排列图。

可以用透明纸覆盖于黑绒板纤维排列图的上面，用笔将曲线轮廓描下，得到的分布曲线如图 2-9 所示。由该分布图，通过作图法可得纤维有效长度。

有效长度作图法如下：

$$OQ = \frac{1}{2}OA = PP'$$

$$OK = \frac{1}{4}OP$$

$$KS = \frac{1}{2}KK' = RR'$$

$$OL = \frac{1}{4}OR$$

LL'为有效长度

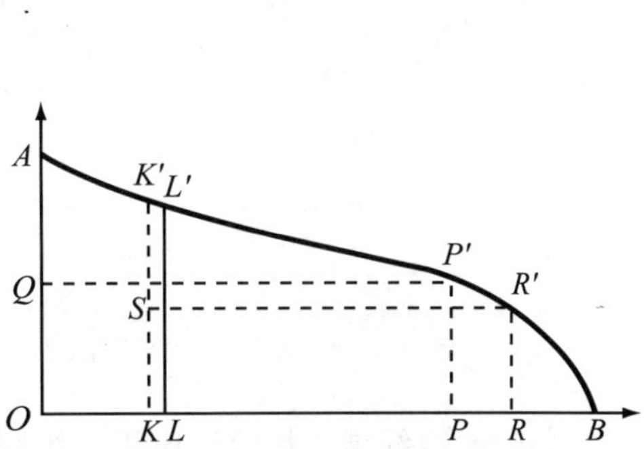

图 2-9 纤维排列图分析

从物理意义上说，纤维有效长度是略去短于有效长度一半长度的短纤维后，纤维长度根数分布的上 1/4 位长度，它与纤维的主体长度和手扯长度有较好相关。

由图 2-9 还可求得：

$$短纤维百分率(\%)=\frac{RB}{OB}\times 100$$

如果把前述纤维排列图转过 90°。纤维由长到短从横坐标轴开始向上排列，并使整理一端与纵坐标轴平齐，得到的图形曲线上某点的纵坐标为纤维长度大于相应横坐标长度 l 的所有纤维根数总和，即为纤维长度根数累积分布图。

罗拉式长度测量仪或梳片式长度测量仪采用分组称重法，可以得到纤维长度质量分布图和纤维长度质量累积分布图，分别如图 2-10 和图 2-11 所示。

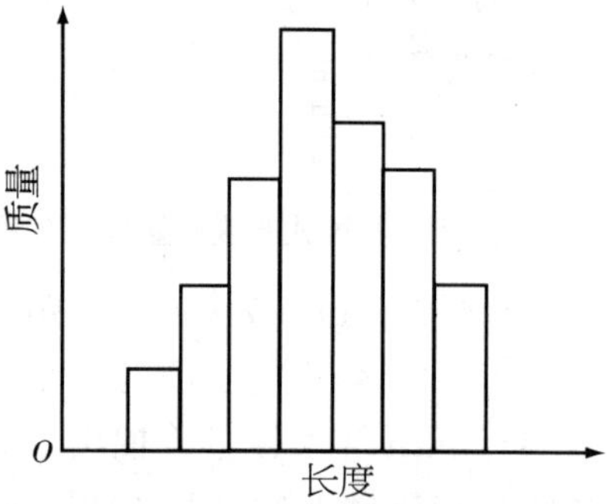

图 2-10　纤维长度质量分布图

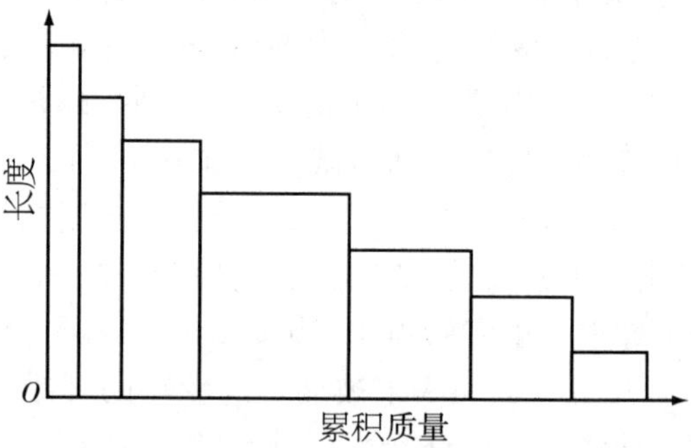

图 2-11　纤维长度质量累积分布图

纤维长度质量分布图的纵坐标代表某一长度组的纤维质量。如果将图 2-11 转过 90°，纤维长度质量累积分布图的纵坐标代表纤维长度大于某长度的纤维质量之和。图中纤维质量也可用质量百分率表示，称为纤维长度质量频率分布图和纤维长度质量累积频率分布图。

可以用下式来计算 k 组纤维的质量加权平均长度，简称质量平均长度：

$$B=\frac{g_1l_1+g_2l_2+\cdots+g_kl_k}{g_1+g_2+\cdots+g_k}=\frac{\sum_{i=1}^{k}g_il_i}{\sum_{i=1}^{k}g_i} \tag{2-6}$$

式中：l_i 为第 i 组纤维长度的组中值；g_i 为第 i 组纤维的质量。

纤维长度质量分布的标准差和变异系数为：

$$S_B=\sqrt{\frac{\sum_{i=1}^{k}g_i(l_i-B)^2}{\sum_{i=1}^{k}g_i}} \tag{2-7}$$

$$CV_B(\%)=\frac{\sqrt{\frac{\sum_{i=1}^{k}g_i(l_i-B)^2}{\sum_{i=1}^{k}g_i}}}{B}\times 100 \tag{2-8}$$

各长度组纤维质量等于该组纤维根数、长度和纤维线密度的乘积，即 $g_i=n_il_i\rho_l$。若纤维粗细均匀，线密度 ρ_l 相等，上式可写成：

$$B=\frac{\sum_{i=1}^{k}(n_il_i)l_i}{\sum_{i=1}^{k}(n_il_i)}=\frac{\sum_{i=1}^{k}n_il_i^2}{\sum_{i=1}^{k}(n_il_i)} \tag{2-9}$$

$$CV_B(\%)=\frac{\sqrt{\dfrac{\sum_{i=1}^{k}(n_il_i)(l_i-B)^2}{\sum_{i=1}^{k}(n_il_i)}}}{B}\times 100 \tag{2-10}$$

纤维根数平均长度 H 与纤维质量平均长度 B 之间存在一定数学关系，这可由式(2-3)进行推导：

$$CV_H=\frac{\sqrt{\dfrac{\sum_{i=1}^{k}n_i(l_i-H)^2}{\sum_{i=1}^{k}n_i}}}{H}=\frac{\sqrt{\dfrac{\sum_{i=1}^{k}n_il_i^2}{\sum_{i=1}^{k}n_i}-H^2}}{H}$$

$$CV_H^2=\frac{\sum_{i=1}^{k}n_il_i^2}{(\sum_{i=1}^{k}n_i)H^2}-1$$

$$(1+CV_H^2)H=\frac{\sum_{i=1}^{k}n_il_i^2}{(\sum_{i=1}^{k}n_i)H}=\frac{\sum_{i=1}^{k}n_il_i^2}{\sum_{i=1}^{n}n_il_i}=B \tag{2-11}$$

由此可见，B 总是大于 H，并且与纤维长度根数的变异系数 CV_H 有关。在数值上，B 是 H 的$(1+CV_H^2)$倍。

使用罗拉式长度测量仪进行棉纤维长度的分组称重，除了计算质量平均长度、长度变异系数外，还可计算纤维的主体长度、品质长度和短纤维率。

主体长度为纤维长度质量分布中最重一组的长度，但不等于最重一组长度的组中值，还要考虑与最重一组相邻的两长度组的质量，用下面所述方法计算：

图 2-12 表示纤维主体长度的求取方法。设 L_x 为最重一组长度组的组中值，L_m 为主体长度，x 为主体长度 L_m 到最重一组下限的距离，k 为组距，a 为最重一组与相邻的长度较短一组的质量差，b 为最重一组与相邻的长度较长一组的质量差。若最重一组长度组的组中值为 L_x，则主体长度 L_m 为：

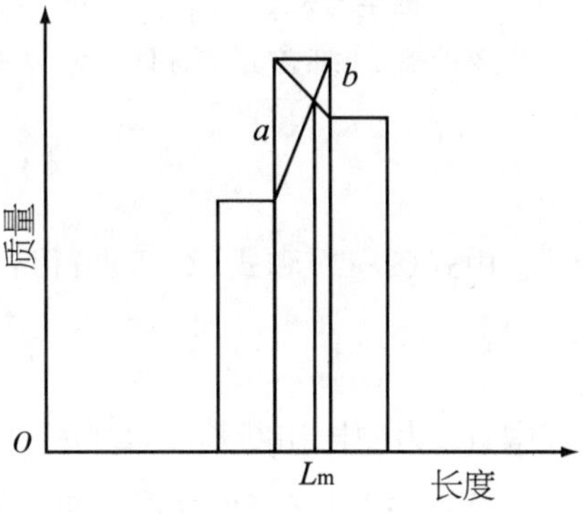

图 2-12 纤维主体长度的求取方法

$$L_m=(L_x-0.5k)+\frac{ka}{a+b}$$

$$=\frac{k(g_x-g_{x-k})}{(g_x-g_{x-k})+(g_x-g_{x+k})}+(L_x-0.5k) \tag{2-12}$$

式中：$(L_x-0.5k)$为最重一组长度组的下限值；g_x 为最重一组的纤维质量；g_{x-k}，g_{x+k}为与最重一组相邻的两组的质量。

上述主体长度计算主要用于棉纤维。羊毛和麻有时也用主体长度,定义为最重一组的相邻四组(组距 10 mm)的纤维质量加权平均长度。

品质长度是长度大于主体长度的各组纤维的质量平均长度。计算时最重一组的质量取主体长度至最重一组长度上限之间的纤维质量。品质长度 L_p 的计算如下(组距 2 mm):

$$L_p = L_x + \frac{2g_{x+2} + 4g_{x+4} + \cdots}{g_y + g_{x+2} + g_{x+4} + \cdots} \quad (2\text{-}13)$$

式中:g_{x+2},g_{x+4},…为比主体长度所在组长的各组纤维质量;g_y 为最重一组中长于主体长度的一部分的纤维质量。

$$g_y = g_x \times \frac{(L_x + 0.5k) - L_m}{k}$$

四、切断称重法

在求取化学短纤维平均长度时,采用切断称重法。先将纤维排成长纤维在下,短纤维在上,一端平齐,宽约 25 mm 的纤维束。用夹子夹住纤维束整齐一端,先用稀梳,再用密梳,从纤维束尖端开始,逐步靠向夹子根部梳理多次,梳去游离纤维。再用夹子将不整齐一端夹住,整齐端露出夹子处 20 mm 或 30 mm,梳去短纤维。梳下的游离纤维置于绒板上进行整理,用镊子细心解开扭结纤维,长于短纤维界限的仍归入纤维束中。超长纤维应取出称重,然后归入纤维束中。纤维名义长度在 51 mm 以下的短纤维界限为 20 mm,名义长度在 51 mm 以上的为 30 mm。

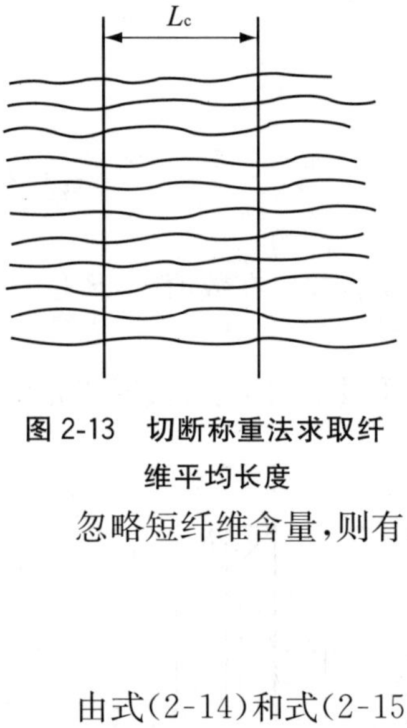

图 2-13 切断称重法求取纤维平均长度

用切断器切取已梳过纤维束的中段,切断长度为 L_c,称得质量为 W_c。切纤维时整齐一端距刀口 5~10 mm,要保持纤维束平直并与刀口垂直,如图 2-13 所示。然后称取两端纤维束质量 W_t。

忽略短纤维含量,则有:

$$W_c = L_c \cdot n \cdot \rho_l \quad (2\text{-}14)$$

$$W_0 = \overline{L} \cdot n \cdot \rho_l \quad (2\text{-}15)$$

由式(2-14)和式(2-15)可得:

$$\overline{L} = L_c \cdot \frac{W_0}{W_c} = L_c \cdot \frac{(W_c + W_t)}{W_c} \quad (2\text{-}16)$$

式中:L_c 为中段切断长度;$\overline{L}$为纤维根数平均长度;W_c 为中段纤维质量;W_t 为纤维两端质量;W_0 为总质量;n 为纤维总根数;ρ_l 为纤维线密度。

考虑短纤维含量,设 L_s 为短纤维界限,L_{ss}为最短纤维长度,n_s 为短纤维根数,n_c 为中段纤维根数,W_s 为短纤维质量,纤维长度累积根数分布如图 2-14 所示,则有:

$$W_0 = \overline{L} \times n \times \rho_l \quad (2\text{-}17)$$

$$W_c = L_c \times n_c \times \rho_l \quad (2\text{-}18)$$

$$W_s = \overline{L}_s \times n_s \times \rho_l \quad (2\text{-}19)$$

式中:$\overline{L}_s$ 为短纤维平均长度,$\overline{L}_s = (L_s + L_{ss})/2$;$n$ 为总根数,$n = n_c + n_s$。

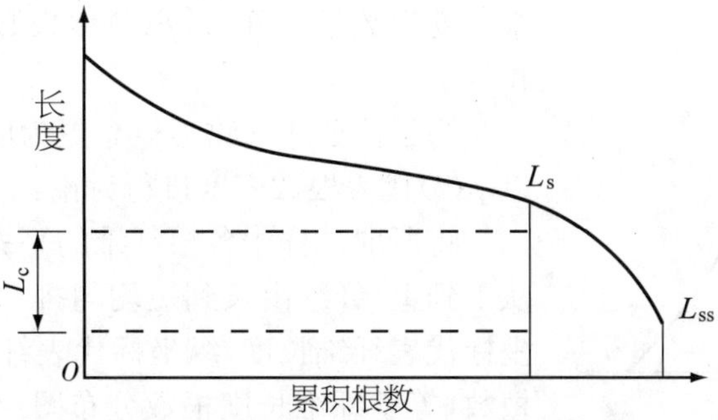

图 2-14　考虑短纤维含量的切断称重法

经过换算可得：

$$n_s=\frac{W_s}{\overline{L}_s\cdot\rho_l}=\frac{W_s}{\frac{L_s+L_{ss}}{2}\cdot\rho_l}=\frac{2W_s}{(L_s+L_{ss})\cdot\rho_l} \tag{2-20}$$

$$\overline{L}=\frac{W_0}{n\rho_l}=\frac{W_0}{(n_c+n_s)\rho_l}=\frac{W_0}{\frac{W_c}{L_c}+\frac{2W_s}{L_s+L_{ss}}} \tag{2-21}$$

采用切断称重法，取纤维数量要适宜。取样过多，纤维整理时卷曲不能完全拉直；取样太少，纤维易拉伸。一般棉型短纤维取 30～40 mg，中长型取 50～70 mg，毛型取 100～150 mg。

第四节　光电式长度测量方法与仪器

一、纤维长度照影仪曲线

1940 年美国赫脱尔（Hertel）在前人关于棉条中纤维被握持的理论曲线的基础上，提出了纤维长度照影仪曲线的理论，并研究创制出光电式长度仪，又称纤维长度照影仪。最早一代的纤维长度照影仪，试验时利用两把梳子，反复梳取棉样后放在机架上，光线透过经过梳理的纤维须条而投射到光电管上，经光电转换后，仪器作出照影仪曲线，由曲线求出纤维的平均长度、上半平均长度和整齐度。以后经过几代产品的发展，该仪器在棉纤维检验中得到了广泛的应用。虽经过多次改进，但它的基本原理仍然是用梳子或梳齿夹随机夹取纤维，测量伸出夹持线的纤维长度与纤维量分布。这种分布与纤维排成一端平齐的长度分布之间有一定的数学关系。由于取样和整理纤维所花费时间大为减少，可以快速得到试验结果。现将赫脱尔关于纤维长度照影仪的理论说明于下：

如果将纤维长度根数分布直方图的组距逐渐减小，纤维长度根数分布直方图将趋向于连续曲线。为了使纤维长度根数分布曲线的纵坐标高度不随组距大小而变化，取根数密度 $p(l)$ 作为纵坐标，如图 2-15 所示。图中，纤维在 l 和 $(l+dl)$ 之间的曲线下面积 $p(l)dl$，代表纤维长度在 $l\sim(l+dl)$ 范围内出现的根数；长度在 $l_1\sim l_2$ 之间的纤维根数，为 $l_1\sim l_2$ 之间的曲线下面积，等于 $\int_{l_1}^{l_2}p(l)dl$。若以 s 代表最短纤维长度，w 代表最长纤维长度，则积分 $\int_s^w p(l)dl$ 为整个曲线下图形面积，为纤维总根数 N。

若以 $p(l)dl$ 代表长度在 $l\sim(l+dl)$ 范围内纤维根数占总根数的百分率，所得曲线即为纤

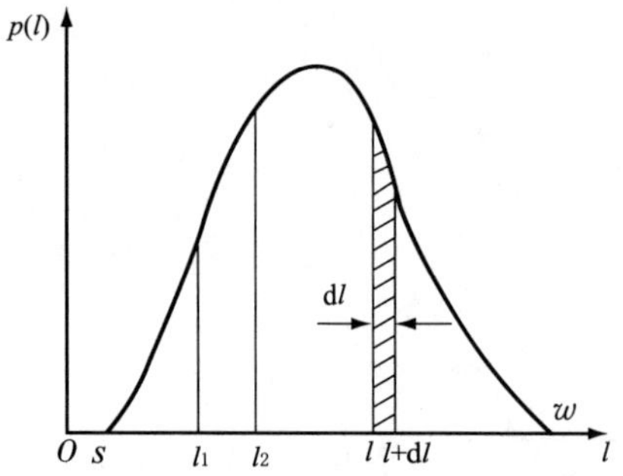

图 2-15　纤维长度根数分布图

维长度根数频率分布，$p(l)$为根数频率密度，曲线下总面积等于 1。

为了使公式的物理概念更为明确起见，以下推导中仍以 $p(l)$代表根数密度进行讨论：

将所取试样中各根纤维的平齐端置于垂直方向坐标，从下到上，纤维由长到短均匀排列，如图 2-16(b)所示，横坐标代表纤维长度，纵坐标代表纤维长度在 l 以上的累积根数，等于纤维长度根数分布图$p(l)$中纤维长度 l 以上曲线所包含的面积，称为纤维长度根数累积分布。若以根数百分率表示，就是纤维长度根数累积频率分布。

$$q(l)=\int_l^w p(l)\mathrm{d}l \tag{2-22}$$

当 $l=0$ 时，有：

$$q(0)=\int_0^w p(l)\mathrm{d}l=\int_s^w p(l)\mathrm{d}l=N \tag{2-23}$$

式中：N 为纤维总根数。

取 l 从 0 到 w 之间曲线 $q(l)$的积分，即 $q(l)$曲线下的总面积 $\int_0^w q(l)\mathrm{d}l$，数值上等于高度为 $q(0)=N$、底边为纤维根数平均长度 L 的矩形面积，即：

$$\int_0^w q(l)\mathrm{d}l=LN \tag{2-24}$$

图 2-16(b)所示的曲线 $q(l)$中，从纤维长度为 l_1 取一束纤维 $\mathrm{d}q(l)$，将该纤维束随机夹持，左端伸出长度不小于 l 的概率，即夹持点落在 l 右侧的概率，等于$\frac{l_1-l}{l_1}$；或等于$\mathrm{d}q(l)$在 l 右侧的面积与整个 $\mathrm{d}q(l)$面积之比。由此推得，全部试样随机夹持后，左端伸出长度不小于 l 的概率，为曲线 $q(l)$以下 l 右侧的面积与 $q(l)$曲线下整个面积之比，即：

$$\frac{\int_l^w q(l)\mathrm{d}l}{\int_0^w q(l)\mathrm{d}l}$$

纤维随机夹持，左端伸出长度不小于 l 的根数为：

$$\frac{\int_l^w q(l)\mathrm{d}l}{\int_0^w q(l)\mathrm{d}l}\times N=\frac{\int_l^w q(l)\mathrm{d}l}{L}$$

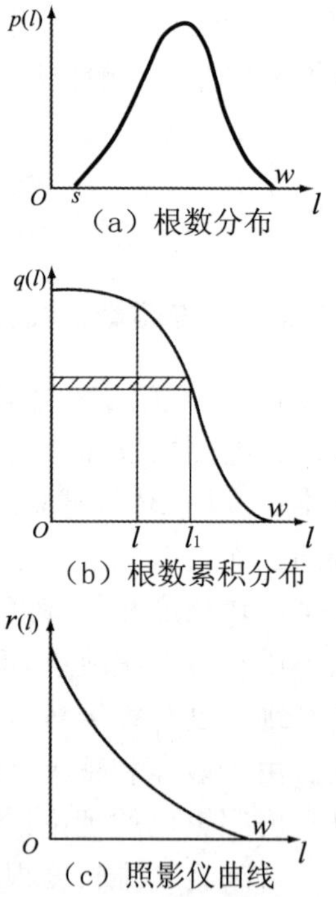

图 2-16　纤维长度分布图

上式中，分母 L 为一常数，分子 $\int_l^w q(l)\mathrm{d}l$ 是伸出长度 l 的函数，取：

$$r(l)=\int_l^w q(l)\mathrm{d}l=\int_l^w\int_l^w p(l)\mathrm{d}l\mathrm{d}l \tag{2-25}$$

上式即为照影仪曲线的数学表达式，其曲线如图 2-16(c)所示。$r(l)$为纤维长度根数累积分布曲线 $q(l)$的一次积分，等于纤维长度根数分布曲线 $p(l)$的两次积分，曲线的斜率为：

$$\frac{\mathrm{d}}{\mathrm{d}l}r(l)=-q(l) \tag{2-26}$$

当 $l=0$ 时，　$r(0)=\int_0^w q(l)\mathrm{d}l=NL$ (2-27)

$$\left[\frac{\mathrm{d}}{\mathrm{d}l}r(l)\right]_{l=0}=-q(0)=-N \tag{2-28}$$

由图 2-17 可见，从 $l=0$ 处作曲线 $r(l)$的切线，与横坐标相交于 C 点，则有：

$$\left[\frac{\mathrm{d}}{\mathrm{d}l}r(l)\right]_{l=0}=\frac{-r(0)}{OC}=\frac{-NL}{OC} \tag{2-29}$$

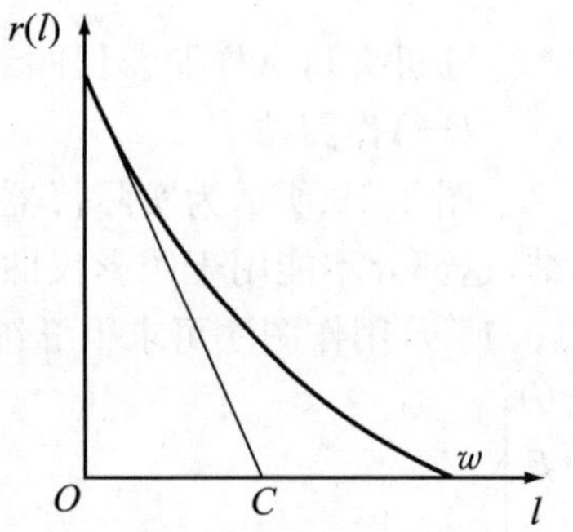

图 2-17　作图求纤维平均长度的方法

由式(2-28)和式(2-29)可得：

$$OC=L$$

由照影仪曲线起始点作切线，与横坐标相交于 C 点，OC 就是纤维的根数加权平均长度。

若长度短于 l_1 的纤维被忽略，在图 2-18 中，$q(l)$从$l=l_1$处即 N'_1 点开始呈一水平线，与纵轴相交于 N_1 点，ON_1 为长度长于 l_1 的纤维累积根数。图中 $ON_1N'_1w$ 为长度长于 l_1 的纤维所占面积，$NN_1N'_1$ 为长度短于 l_1 的纤维所占面积。假设纤维粗细均匀，纤维所占面积与纤维所占质量成正比。

在图 2-18 中，若长度短于 l_1 的纤维被忽略，则相应于 $q(l)$从 $l=l_1$ 到 $l=0$ 为水平线时，$r(l)$为斜率不变的直线。从 $r(l)$上 $l=l_1$ 处作曲线的切线，与横坐标相交于 D 点，与纵坐标相交于 B 点，OD 为略去长度短于 l_1 的纤维后试样的纤维根数加权平均长度，OB 等于长于 l_1 的纤维在 $q(l)$图中所占的面积，AB 为短于 l_1 的纤维在 $q(l)$图中所占的面积。假设纤维粗细均匀，$\frac{OB}{OA}$为长于 l_1 的纤维所占质量比，$\frac{AB}{OA}$为短于 l_1 的纤维所占质量比。若 l_1 为设定短纤维限，例如 $l_1=12.7$ mm，理论上，$\frac{AB}{OA}$即为 12.7 mm 以下纤维的质量百分率；实际中，由于梳夹随机夹取试样时，梳夹根部的须丛分布不是理想随机夹持分布，由此推得短纤维质量百分率尚存在一定误差。

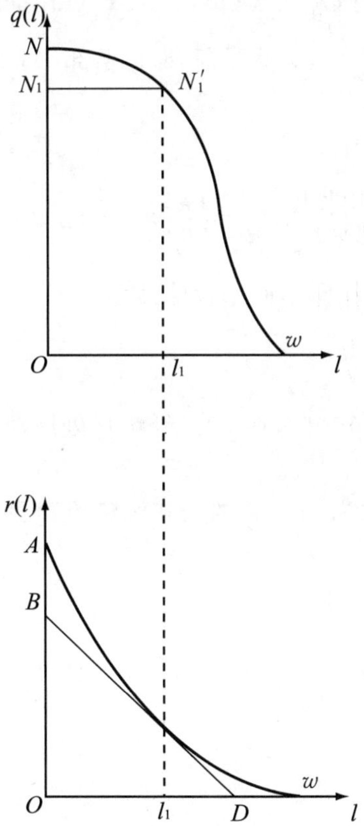

图 2-18　忽略 l_1 以下短纤维的长度分布图

若 $r(l)$图上选取 l_1 所作曲线切线与纵坐标交点 OB 恰为 OA 的一半，即 $OB=\frac{OA}{2}$，此时短于 l_1 的纤维质量恰好等于长

于 l_1 的纤维质量。换言之，如果在 $r(l)$ 图的纵坐标上取 B 点并令 $OB=\frac{OA}{2}$，从 B 点处作曲线的切线与横坐标相交于 D 点，OD 即为去除占总纤维质量一半的较短的纤维后余下的质量占一半较长纤维的根数加权平均长度，或者说 OD 是占总质量一半的长度较长部分的纤维根数加权平均长度，称为上半部平均长度。

二、照影仪曲线的长度指标

随机夹持试样照影仪曲线长度指标的求取有两种方法。

(一)作图法

图 2-19 所示为实际仪器所测照影仪曲线。由于梳夹抓取纤维试样时，根部纤维弯曲纠结，这部分不能用于照影仪曲线的测量。实际曲线测量起始点 A 离开梳夹距离为 3.81 mm (0.15″)，用作图法可求得纤维平均长度、上半部平均长度、整齐度三个指标。

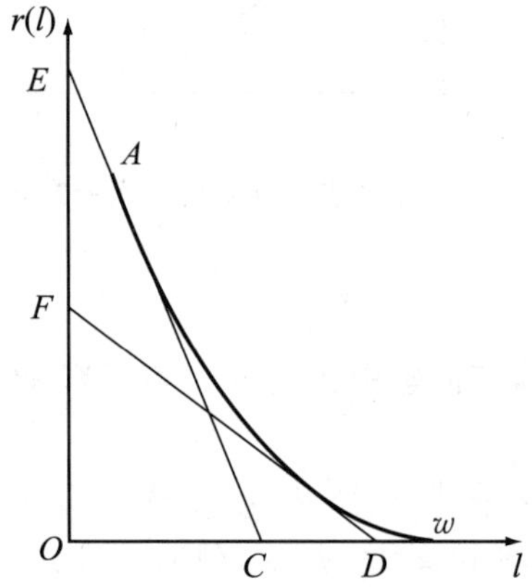

图 2-19 作图法求纤维长度指标

1. 平均长度(ML)

从照影仪曲线起始测量点 A 作该曲线的切线，与横坐标相交于 C 点，OC 即为纤维的平均长度。

2. 上半部平均长度(UHML)

从照影仪曲线起始测量点 A 作曲线的切线，与纵坐标相交于 E 点，取纵坐标上一点 F，使 $OF=\frac{1}{2}OE$，再从 F 点作曲线的切线，与横坐标相交于 D 点，OD 就是纤维上半部平均长度。

3. 整齐度指数(UI)

$$\text{整齐度指数}(\%)=\frac{\text{平均长度}}{\text{上半部平均长度}}=\frac{OC}{OD}\times 100 \quad (2\text{-}30)$$

现代仪器中，作图法求上述指标，由计算机程序自动完成，并打印出照影仪曲线。

(二)跨距长度法

跨距长度的物理意义是：

(1)50%跨距长度(50%SL)，是以起始测量点的纤维量作为 100%，在 50%纤维量处所对应的纤维伸出夹持线的长度。

(2)2.5%跨距长度(2.5%SL)，是以起始测量点的纤维量作为 100%，在 2.5%纤维量处所对应的纤维伸出夹持线的长度。

(3)整齐度(UR)定义为 50%跨距长度与 2.5%跨距长度之比，即：

$$\text{整齐度}(\%)=\frac{50\%\text{跨距长度}}{2.5\%\text{跨距长度}}\times 100 \quad (2\text{-}31)$$

三、光电式纤维长度仪

(一)纤维长度照影仪

纤维长度照影仪早期由美国 Spinlab 公司研制的产品为 530 型，以后该产品改进为 630 型和 730 型，其原理基本相似。

1. 纤维取样器

纤维取样器如图 2-20 所示，有一个半圆周表面开有许多圆孔的圆筒，将大约 25g 棉样放入其内，用手压紧，使纤维从圆孔中突出。将取样梳夹放入可绕圆筒表面回转的梳夹架中，当梳夹架回转时，梳夹上的针齿就勾取突出在小圆孔外的纤维。大圆筒的另一半圆周外表面覆有一层针布，当勾有纤维的梳夹经过针布表面时，梳夹上的纤维得到有效梳理，使纤维基本上平行伸直。取下梳夹，放入照影仪试样架，由刷子进一步刷理纤维，并剔除纤维中的杂质和纤维结。

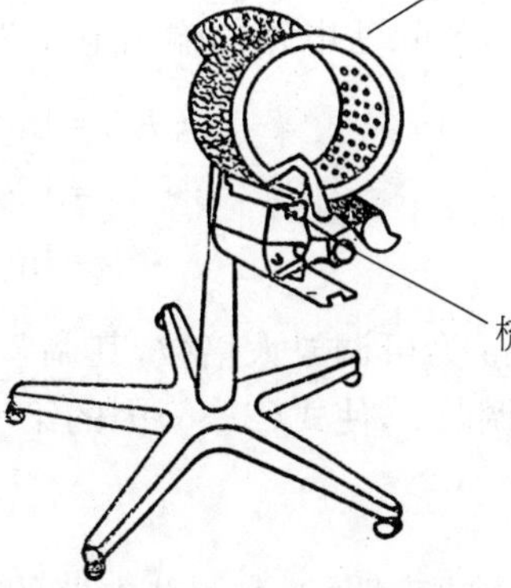

图 2-20 纤维取样器

2. 纤维长度照影仪主机

仪器测量原理如图2-21所示。照影仪光学部分由白炽灯光源 1、集光镜 2、平面型透镜 3、下透镜 4、上透镜 5、扇形透镜 6 及导光纤维束 7 等组成。12 V、5 W 线状钨丝灯泡由 10 V 直流稳压电源供电，光束经过较长的平面型透镜引向仪器前部，再经过反射由下透镜向上照射试样 8，透射光经上透镜折向扇形透镜，最终汇集于光电管 P_a 上。上透镜和扇形透镜安装在导光室内，并与试样室的盖板相连。当试样室的盖板打开时，整个导光室一起向上抬起，使上下透镜分开，以便梳子装入试样架。试样室的盖板关上后，试样即处于上下透镜之间的空隙中。另外，从光源出发，有一束导光纤维把光直接引向光电管 P_b，构成比较光路。这两条光路为准确测量试样的纤维量提供了必要的条件。

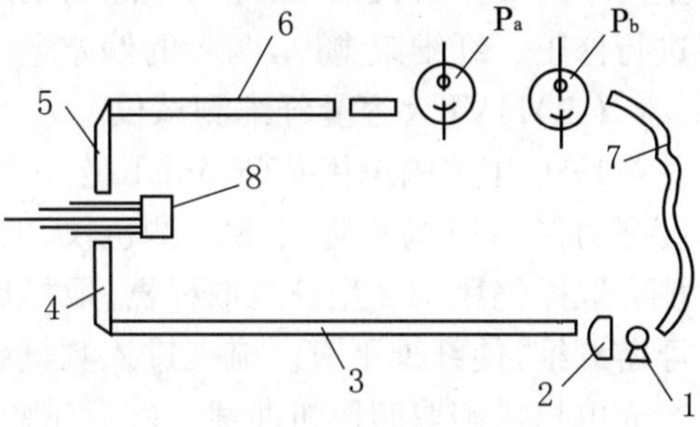

图 2-21 纤维长度照影仪光路部分

梳子放入试样架后，盖上试样室的盖板，微动开关导通，步进电动机通过丝杆带动试样前进，试样在上下透镜间接受光束的扫描。当测量结束或在测量过程中抬起试样室的盖板时，另一只微动开关导通，步进电动机反转，使试样架退回起始位置。步进电动机以四相四拍方式工作，丝杆的螺距为 2.54 mm，试样架每次测量移动的距离约为 60 mm。利用步进电动机精确定位的特性，可对输入步进脉冲计数，以获得梳子移动距离的信号即试样的伸出长度信号。

由光源发出的两路光，分别到达光电管 P_a 和 P_b 后，得到测量和比较两个光电量信号 E_a 和 E_b。为了补偿纤维量与纤维透光量之间的近似负指数关系，以及消除光源亮度波动和光电管老化等因素对测量结果的影响，用对数除法电路对 E_a 和 E_b 进行对数除法运算，使得到的结果接近于试样的伸出长度分布曲线。上述内容用数学公式表达为：

$$I = I_0 e^{-kr(l)} \tag{2-32}$$

式中：I 为试样的透射光；I_0 为入射光；k 为纤维材料的吸收系数；$r(l)$ 为试样不同伸出长度处的纤维相对量，即照影仪曲线。

$$E_a = Ia\varepsilon_a = I_0 e^{-kr(l)} a\varepsilon_a \tag{2-33}$$

$$E_b = I_0 b\varepsilon_b \tag{2-34}$$

式中：a，b 分别为测量光路和比较光路的损耗系数；ε_a，ε_b 分别为测量光电管和比较光电管的转换系数。

对数除法电路的输出电压为：

$$\begin{aligned} E_0 &= \ln(\alpha E_b / E_a) \\ &= \ln(\alpha I_0 b \varepsilon_b / I_0 e^{-kr(l)} a \varepsilon_a) \\ &= \ln(\alpha b \varepsilon_b / a \varepsilon_a) + \ln(1 / e^{-kr(l)}) \end{aligned} \tag{2-35}$$

式中：α 为可调放大倍数，其调节装置安装在面板上，即零位调节器。

调节 α，使式(2-35)中的第一项为零，则：

$$E_0 = kr(l) \tag{2-36}$$

上式表明，对数除法电路的输出信号与伸出长度分布曲线相一致。

由于纤维较厚时，多层纤维内部及表面存在光的反射和折射，纤维透光量与纤维量之间不呈简单的负指数关系，因此对数除法电路输出的信号仍与实际试样的伸出长度分布不相等，需进行修正。纤维束愈厚，两者的偏差愈大。

(二)HVI 大容量纤维测试仪

1980 年美国思彬莱(Spinlab)公司推出了 HVI 800 型大容量纤维测试仪，由 810 纤维长度强力仪、820 马克隆仪、830 测色仪、835 杂质仪和 840 控制仪等组成。810 纤维长度强力仪梳夹取样仍用 192 型纤维取样器，取样后将梳夹放在测试台上，操作人员用刷子刷去须丛上的浮游纤维，使纤维平直。梳夹进入测量装置时，在负压气流吸引下伸直平行地进入测试缝，进行光电扫描测取照影机曲线。然后试验须丛自动回复到恒量点位置，被一对夹持器夹住并拉伸至断裂，进行强力试验，求得 2.5%和 50%跨距长度和整齐度比、断裂比强度等。820 马克隆仪用气流法测试纤维的马克隆值，试样质量为 7～10 g。830 测色仪采用 12.5 V 卤素灯为光源，电压为 10 V，试样放在玻璃测试窗上，用手压住试样，光源 45°照射到测试窗反射后，经滤色片和光电传感器测试反射光三刺激值坐标中的 Y 和 Z 值，再由计算机换算成反射率(Rd)和黄色深度(+b)。835 杂质仪由图像处理方法对试样进行图形分析，测取试样表面杂质面积百分率和 0.25 mm 以上杂质数量。HVI 大容量纤维测试仪第一次将长度和强力这两项原来较为复杂费时的测量合并在一起，用同一整理好的试样依次完成两项不同性能指标试验，大大节省了以往人工试验的试样准备时间，是一个十分重要的创新。与大容量纤维测试仪相对应，该公司生产销售的测量纤维单项性能指标的单台仪器称作低容量纤维测试仪。

1984 年 Spinlab 公司推出改进的 HVI 900 型大容量纤维测试仪，与 HVI 800 型相比，有以下改进：用毛刷梳理器自动梳理刷平梳夹纤维须丛；将测色仪与杂质仪合并为一台仪器，同时测量纤维颜色和杂质；另外用气动压板以 44.58 N(4.54 kgf)恒力压棉样代替人工手压棉样；同时增加了预测纺纱性能 22 英支环锭纺缕纱强力和 8 英支转杯纺纱的品质指标。

1991 年瑞士乌斯特(Uster)公司并购 Spinlab 公司后，推出了 HVI 900A 型大容量纤维测试仪，其主要特点为：第一次将原来手工半自动的 192 型取样器改为全自动的双滚筒式取样器，操作人员只要把两份棉样分别放入两个圆筒内，仪器便能自动完成梳夹取样、梳刷、长度光电扫描和断裂比强度测试，大大降低了试验人员劳动强度和缩短试验时间；另外，在原有测试基础上增加了短纤维指数和 SCI 纺纱一致性指数两个指标，SCI 纺纱一致性指数可以预测成纱性能。该仪器还新增加两个测试项目，用近红外吸收光谱测取棉纤维成熟度和含糖率，但是测试结果欠准确，在以后的仪器产品中取消了该装置。

在以上研究的基础上，1999 年 Uster 公司又推出了 HVI Spectrum 型测试仪，2002 年推出了 HVI Classing 型测试仪，2004 年推出了 HVI 1000 型测试仪。HVI Spectrum 型测试仪的主要特点是梳夹取样采用平板式自动取样梳刷系统，测量部分的白炽灯光源改为氙灯光源，稳定性和耐用性好；新增测试指标有成熟度指数和棉花回潮率，成熟度指数由断裂比强度、断裂伸长率和马克隆值三项指标进行相关估算，其结果与 AFIS 的成熟度比及显微镜法相吻合；仪器在颜色和杂质组件的气动加压机构上装有电阻回潮传感器，通过对棉花试样施加固定压力测得回潮率，可利用回潮率对棉纤维强度测试结果进行修正。马克隆值试验试样量为8.5～11.5 g。另外，该系统附有荧光度仪和棉结仪，供用户选购。HVI Classing 型测试仪结构与 HVI 900A 型相近，长度强力仪采用双圆筒式自动取样器进行梳夹须丛的自动夹取和梳刷，仪器指标也包括成熟度指数和回潮率，但没有纺纱一致性指数 SCI，主要用于棉花快速分级。HVI 1000 型测试仪的长度强力测试部分采用圆筒式自动取样器，有单圆筒和双圆筒两种，除了仪器传动部分和软硬件结构作了较大改进和速度提高外，在长度强力测试部分增加了六个安全传感器，防止试验人员的手位于自动取样器处时关闭取样器门。

HVI 1000 型测试仪的测试结果指标包括：马克隆值（Mic），成熟度指数（Mat），上半部分平均长度（UHML），平均长度（ML），整齐度指数（Unf），短纤维指数（SFI），断裂比强度（Str），断裂伸长率（Elg），反射率（Rd），黄色深度（＋b），色级（C Grade），杂质面积（Tr Area），杂质粒数（Tr Count），叶屑等级（Leaf Grade），回潮率（Moist）。选用 720 棉结仪和 380 荧光度仪可以测试棉结数和荧光度指标。

值得注意的是，从 1999 年 Uster 公司推出的 HVI Spectrum 型测试仪开始，以后的 HVI Classing 型测试仪、HVI 1000 型测试仪的棉纤维长度指标都取消了跨距长度指标，而重新开始采用照影机曲线作图法所得的上半部平均长度、平均长度和整齐度指数的指标。在照影机前期发展阶段，由于照影机曲线作图不便和易产生误差，自 230 照影机开始的数字照影机，只测取棉纤维须丛光电扫描过程中两个点的跨距长度而不测取曲线全过程，得到与纺纱工艺有一定相关的长度指标，使测试简化。但随着测试技术和计算机科学技术的发展，求取试样须丛光电扫描的照影机曲线全过程，以及曲线作图已可达到快速完善的程度，因此具有更加明确的物理含义，以及与纺织工艺关系更加紧密的上半部平均长度、平均长度、整齐度指数的长度指标重新采用，符合事物发展的科学性。

（三）自动取样器与纤维长度强力测试

建立在随机夹持纤维试样基础上的纤维长度测量，首要的步骤是实现梳夹对试样的抓取，梳夹夹紧闭合，对梳夹上的须丛梳理以去除浮游纤维，并使纤维试样平直平行等一系列的动作的自动化。HVI 纤维大容量测试仪的自动取样器有两种形式。

1. 平板式自动取样器

图 2-22 所示为简化示意图，棉花试样放在测试板 3 上，上压块 2 向下压试样使纤维突出测试板上的孔眼，梳夹 1 在下方移动扫过测试板抓取试样，制得待测纤维须丛后，再经分梳辊 4、毛刷 5 进行梳理、刷毛整理。整理后的纤维须丛自动进入长度强度测试单元 6 进行测试，测试完毕，废样由锡林除去。

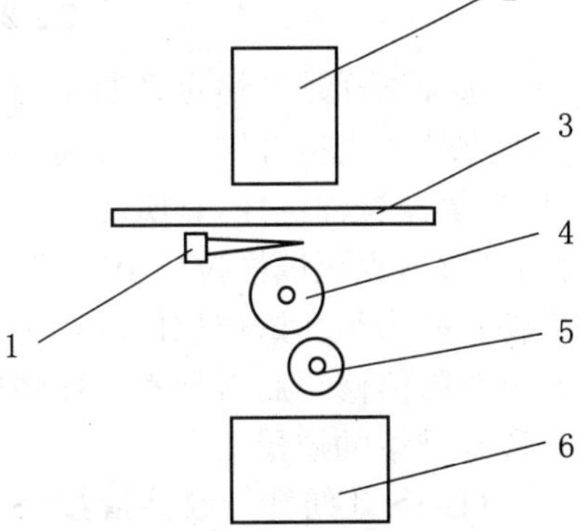

图 2-22 平板式自动取样示意图

HVI Spectrum 测试仪梳夹取样采用该种类型的自动取样器。

2. 圆筒式自动取样器

如图 2-23 所示，该装置共有两个取样圆筒，将棉花试样放入取样器圆筒 2 和 3 内，关闭取样器门，圆筒内琴键式加压板压向棉样，梳夹 5 和 4 由气缸活塞顶起打开，圆筒逆时针转动，其上的橡胶刮板去除前次测试留在梳夹上的剩余纤维。圆筒再顺时针转动，梳夹抓取从取样器圆筒孔洞中露出的棉纤维然后自动关闭。取样器圆筒继续转动，梳夹上的须丛经圆筒表面的针布梳理，然后梳夹移至毛刷台前方由毛刷辊对试验须丛进行梳刷使之平直，再进入测试台前方由长度强力单元 1 进行测试。

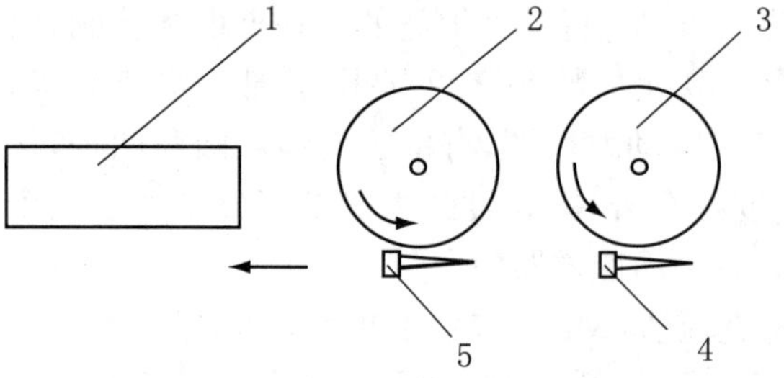

图 2-23 圆筒式自动取样示意图

纤维长度强力测试原理如图 2-24 所示。仪器由长度光电测量系统和试样强力测试系统两部分组成。试验开始时，梳夹上的纤维须丛首先接受光束的扫描，发光二极管发出的光信号透过纤维须丛由光敏电路接收，经测量电路和参比电路的光电转换对数除法数据处理后，得到须丛试样各位置与纤维量成正比的相应电压变化，经 A/D 模数转换后由计算机绘制出纤维长度照影机曲线，根据曲线求得纤维平均长度、上半部平均长度、整齐度指数和短纤维指数含量等指标。

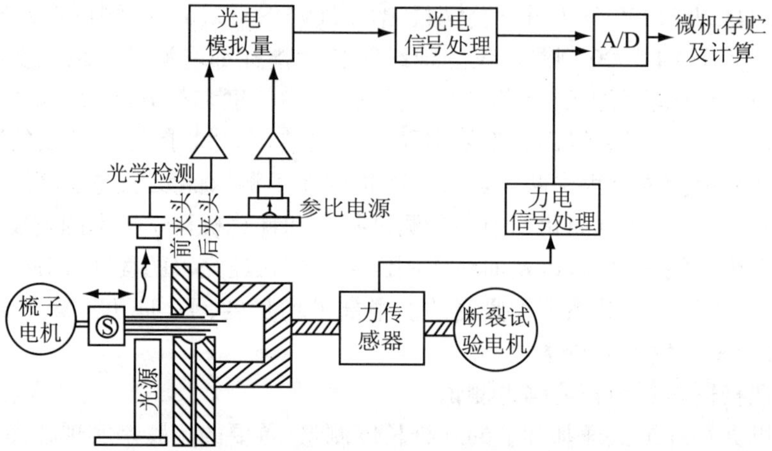

图 2-24 HVI 纤维长度强力测试结构原理图

选择试样须丛恒定光通量位置作为测量纤维束强力测试的夹持点，以隔距为 3.2 mm 的一对夹持器夹持纤维。前夹持器不动，后夹持器通过与之相连的测力传感器，由步进电机带动，以等速拉伸试样，其所受的力转换成的电压经 A/D 模数转换后，由计算机软件绘制负荷—伸长曲线，直至试样拉伸至断裂。纤维断裂强力是指须丛试样拉伸至断裂过程中最大的力，断裂伸长率为须丛试样拉伸过程中最大力所对应的伸长百分率。由断裂强力经纤维束光学质量与马克隆值修正后得到断裂比强度。所谓光学质量是指由夹持器间纤维须丛遮光量所估算的该段纤维束的质量。

(四)SCI 纺纱一致性指数(Spinning Consistency Index)与校准棉样

纺纱过程中纱线质量取决于原棉性能、纺纱设备和纺织工艺条件，当纺纱设备和工艺条件一定时，已知原棉的各项性能可以估算预测纺纱过程的成纱质量。HVI大容量测试仪可测多项纤维性能指标，综合这些指标可得到反映原棉性能对成纱质量影响的一个指标，即为SCI纺纱一致性指数。该指标是基于美国海岛棉和陆地棉的年平均数据作为参考，由实验数据所得多元线性回归方程如下：

$$SCI=2.9Str+49.17Len-9.32Mic+4.74UI+0.65Rd+0.36\times(+b)-414.67 \quad (2\text{-}37)$$

式中：Str为断裂比强度(gf/tex)；Mic为马克隆值；Rd为反射率(%)；+b为黄色深度；Len为上半部平均长度(inch)；UI为整齐度指数(%)。

HVI仪器的校准棉样，原来曾采用ICC国际校准棉样，现用HVICC校准棉样。两种校准棉样均为美国农业部所制作，前者提供气流仪马克隆值、卜氏零隔距强度、卜氏1/8英寸隔距断裂比强度、斯特洛断裂比强度和伸长率、2.5%跨距长度和整齐度；后者提供马克隆值及标准差、断裂比强度及标准差、上半部平均长度及标准差、长度整齐度指数及标准差。

(五)Premier ART 纤维自动测试仪

印度普莱米尔(Premier)电子有限公司生产的Premier ART纤维自动测试仪，类似于Uster公司的HVI Spectrum型纤维大容量测试仪，测试棉花的五大项目。该仪器由长度/强度模块(以下简称LS)、颜色/杂质模块(C/T)和马克隆模块(M)组成，Premier ART NEP棉结测定仪为任选组件。这里仅介绍长度/强度和颜色/杂质测试，其他项目在有关章节中介绍。

仪器内部放置两套LS模块、两套C/T模块和一套M模块。仪器中部有两个托盘，托盘下面为两个C/T模块的测试窗口。操作人员分别将试样置入两个托盘后，启动仪器运转，两个C/T模块分别对棉样加压并测定棉样的C/T值，然后由导轨自动将两个托盘送至仪器LS模块的取样位置上，此时托盘下面为多孔金属板。仪器首先对棉样加压，梳夹在多孔金属板下方自动抓取棉纤维，然后对梳夹上的纤维须丛进行刷平整齐，分别送入LS模块的测试窗口内，进行长度、强度各项指标的测试。若梳夹抓取纤维总量超出规定范围，需重新抓取试样。测试结束后两个托盘自动移至仪器中部位置，由操作人员取下剩余棉样，换上新棉样，继续测试。仪器内部的剩余纤维由气流吸管吸至集棉箱内。

第五节 电容式长度测量方法与仪器

采用电容测量转换原理的纤维长度测量系统，可配用两种取样器，分别用于毛型长纤维和棉型短纤维。

电容式纤维长度仪的工作原理是：先将纤维用自动取样器制成一端平齐的纤维束试样，然后夹入试样架的塑料薄膜内，送入电容传感器，测出试样的长度与相对截面(根数)的变化曲线，即纤维试样的长度截面(根数)累积频率曲线；再经计算机算出纤维长度截面(根数)分布直方图、质量分布直方图、长度质量累积频率曲线及照影仪曲线；另外再计算出若干长度指标，并由打印机打印出曲线图及部分指标。

整套仪器由下面几个部分组成：

(一)纤维自动取样器

取样器由往复运动的针床、自动纤维夹子、存放试样的载样针床、压样器等部件组成，如图2-25所示。

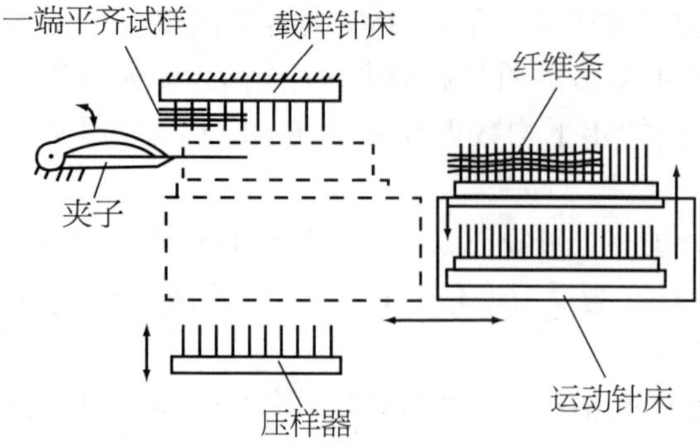

图 2-25 取样器工作原理图

操作时,先将纤维试样制成纤维条,置于取样器的运动针床上。运动针床由可动的梳片组成,前面的梳片在针床往复一定次数后,会受凸轮的控制自动落下,同时针床后部的梳片通过凸轮机构往上推入针床。这样,嵌在针床内的纤维条就会逐渐前移并露出纤维头端,以便夹子的夹取。整个针床可以在导轨内往复运动。当针床向前移动到夹子钳口处时,夹子自动把露出针床梳片的纤维夹住。针床向后退回时,被夹住的纤维就被抽拔出来。此时,在拔出纤维下方的压样器向上运动,把这部分纤维推入载样针床,夹子同时松开,至此便完成一个往复。经多次往复循环后,就可在载样针床内得到一端平齐的纤维束试样。为了取得无偏试样,开始夹取的一段纤维条内的纤维应丢弃不用。

(二)电容式长度仪主机

将制成的一端平齐的试样从载样针床移放到测量主机试样架的两层薄膜之间。按动启动按钮后,试样架自动进入机内,薄膜及试样通过测量电容,测出试样内纤维量的变化。测量结束后,试样架退出。主机面板上有一组按钮,根据需要可从面板的显示屏上读出长度指标,也可由打印机按选定的打印格式打印出所需要的长度分布图及相应的长度指标。

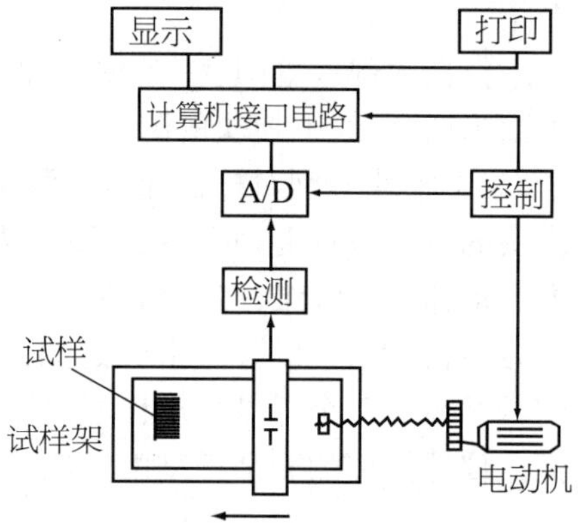

图 2-26 电容式长度仪工作原理框图

测量主机的主要结构及工作原理框图如图 2-26 所示。试样架由步进电动机通过高精度丝杆传动,当纤维束进入测量电容的极板后,由测量电路得到与纤维量成正比的模拟电信号,再经 A/D 转换成与纤维量成正比的数字信号,送入计算机接口。驱动步进电动机的步进信号同时送入计算机,代表长度量。由计算机计算出纤维长度指标和各种长度分布图。测量过程中,测量电容扫描采样 1 200 个点,与步进电动机的脉冲同步。当量程开关放在长纤维档时,每两个脉冲之间的步长为 1/4 mm,整个扫描的长度区间为 300 mm;当量程开关放在短纤维档时,每两个脉冲之间的步长为1/8 mm,这时的测量区间为 150 mm。试样的质量约为 2.5 g。

(三)打印机

打印机可打印出三种图表及相应的长度指标,如图 2-27 所示。

(1)长度截面(根数)频率直方图及长度截面(根数)累积频率分布图如图 2-27(a)所示。可打印出纤维根数平均长度 H、根数长度变异系数 CV_H、一定长度以下纤维含量的百分率,以及一定百分率纤维量所对应的纤维长度。

(2)照影仪曲线如图 2-27(b)所示。可打印出一定百分率纤维量所对应的纤维长度,即跨距长度。

(3)长度质量频率直方图及长度质量累积频率分布如图 2-27(c)所示。可打印出质量平

均长度 B、质量长度变异系数 CV_B、一定长度以下纤维量的百分率，以及一定百分率纤维量所对应的纤维长度值。

打印机根据输出要求有六种打印格式。打印出部分列表数据和部分长度分布图，或打印全部列表数据和全部长度分布图。另外，通过计算机还可将测试数据存入磁盘，计算由几种不同纤维原料混合后的长度分布，预测混配棉的最后结果。

采用该仪器进行长度测试时应注意：

(1)当取样机工作一定时间后，若夹子钳口的衬垫磨损，会使试样的整齐端恶化，需更换衬垫。

(2)由于试样纤维的含湿量变化会影响测量结果的准确性，要对试样纤维进行调湿平衡处理。

(3)为了保证仪器的稳定性，要定期用仪器所附的塑料校正块校验仪器测量结果的准确性。

(4)在使用中，试样架上的塑料薄膜会产生静电，要定期用抗静电剂擦拭薄膜。

此外，取样次数即纤维须丛的数量与测试结果也有关系。

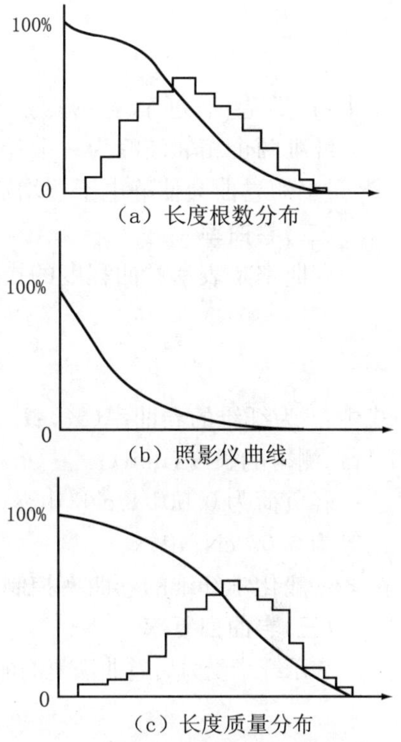

图 2-27　输出曲线

第六节　纤维卷曲性能测试

卷曲可以使短纤维纺纱时增加纤维之间的摩擦力和抱合力，使成纱具有一定的强力。卷曲还可提高纤维和纺织品的弹性，使手感柔软，突出织物的风格。同时卷曲对织物的抗皱性、保暖性和表面光泽都有影响。天然纤维中，棉具有天然转曲，羊毛具有天然卷曲。一般合成纤维表面光滑，纤维摩擦力小、抱合差，纺纱加工困难，所以在后加工时要用机械、化学或物理方法，使纤维具有一定卷曲。机械加卷曲早期用齿轮法，由于波纹太大，纤维卷曲效果不好，现已少用。目前机械加卷曲的主要方法为填塞法，即将丝束推入卷曲匣内，丝束出口处用反压顶住，强迫纤维弯折，形成二维空间的平面卷曲。维纶经热空气和热水处理时产生卷曲，称热风卷曲和热水卷曲。用两种原液或聚合物而位于一根纤维的两侧，它们的收缩性能不同，经成形或热处理后，两侧应力不同而形成卷曲，这种卷曲可表现为三维空间的立体卷曲。化纤长丝由普通丝经加弹处理，属另一种加卷曲方式，但加弹处理的目的不是为了纺织加工的需要，而是为了改变纺织品的风格，使其具有质地厚实、手感丰满、外观有绒感等特点，改善了纤维的使用性能。本节主要讲述短纤维卷曲测试方法。

一、卷曲指标与计算

(一)卷曲数

卷曲数为纤维挂轻负荷时单位长度内的卷曲个数，轻负荷采用 0.001 8 cN/dtex。其计算式如下：

$$J_n = \frac{J_A}{2 \times 2.5} \tag{2-38}$$

式中：J_n 为卷曲数(个/cm)；J_A 为纤维在 25 mm 内全部卷曲峰和卷曲谷的个数。

纤维两个相邻波峰为一个卷曲，卷曲个数影响纺纱时的抱合力和摩擦系数；但卷曲不宜太多，过多的卷曲会使静电干扰增加、牵伸困难。一般化学纤维的卷曲数为 4～6 个/cm。

(二)卷曲率

卷曲率是表示卷曲程度的指标，与卷曲数和卷曲波深度有关：

$$J(\%) = \frac{L_1 - L_0}{L_1} \times 100 \tag{2-39}$$

式中：J 为纤维的卷曲率(%)；L_0 为纤维在轻负荷下测得的长度(mm)；L_1 为纤维在重负荷下测得的长度(mm)。

轻负荷为 0.001 8 cN/dtex。重负荷：涤纶、腈纶为 0.075 cN/dtex；维纶、锦纶、丙纶、氯纶等为 0.05 cN/dtex。

一般化学纤维的卷曲率控制在 10%～15%。

(三)卷曲回复率

表示纤维受力后卷曲恢复的能力，是反映卷曲牢度的指标：

$$J_w(\%) = \frac{L_1 - L_2}{L_1} \times 100 \tag{2-40}$$

式中：J_w 为纤维的卷曲回复率(%)；L_2 为纤维在重负荷下保持 30 s 后释放，经 2 min 回复，再在轻负荷下测定的长度(mm)。

化学纤维的卷曲回复率一般为 70%～80%。

(四)卷曲弹性率

$$J_d(\%) = \frac{L_1 - L_2}{L_1 - L_0} \times 100 \tag{2-41}$$

式中：J_d 为纤维的卷曲弹性率(%)。

纤维卷曲测量时的长度变化如图 2-28 所示。

二、纤维卷曲的检验方法

(一)放大镜法

这是检验纤维卷曲弹性最简单的一种方法，用放大镜直接观测纤维在不同负荷下的长度变化情况。取卷曲良好的单根纤维，用胶水黏在 25 mm 长的空心纸框上，待胶水干后，将黏有纤维的纸框剪开，根据纤维的名义纤度，确定纸片的质量，这代表轻负荷。将挂有轻负荷的纤维挂在垂直并带有毫米标尺的架子上，用放大镜读取 25 mm 内的卷曲数，并测量纤维长度 L_0；根据名义纤度加上重负荷，用放大镜读取纤维长度 L_1；除去重负荷 2 min 后加轻负荷，用放大镜读取纤维回弹的长度 L_2；再根据上面的计算公式计算纤维卷曲

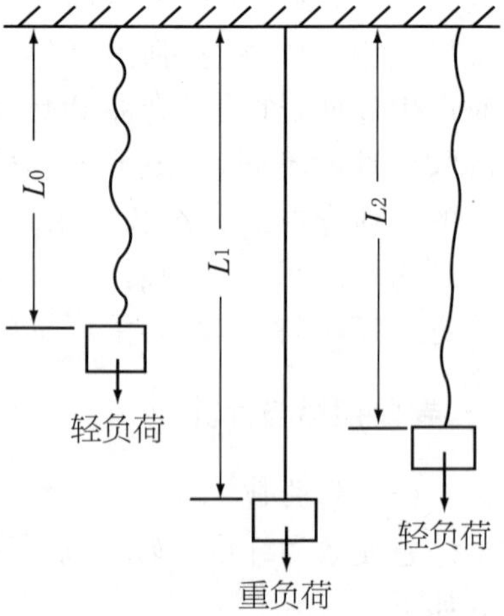

图 2-28　卷曲性能测定时的长度变化

弹性的各项指标。

(二)投影法

投影法是在放大镜法的基础上向前发展了一步。通过光电和透镜的放大系统，将纤维的影像投影在屏幕上，能更清楚地观察纤维卷曲的情况，更精确地测量纤维受负荷后的尺寸变化。化纤卷曲数仪能方便地在投影屏上显示化纤卷曲形态，可由操作者点数，并打印出结果。

(三)Y362 型卷曲弹性仪

测量纤维卷曲弹性时用扭力天平的平衡力对纤维加载轻负荷和重负荷，步进电机传动下夹持器升降，计数输入步进电机的脉冲数进行长度测量。测量纤维卷曲数是在轻负荷条件下，通过放大镜由人工目光点数 25 mm 中纤维的卷曲波数。

(四)XCP-1 型纤维卷曲弹性仪

这是由上海新纤仪器公司发展的纤维卷曲弹性测试仪器。采用图像处理技术检测纤维 25 mm 长度内的卷曲数，减小人工点数纤维卷曲数的不确定性，实现纤维卷曲测试的自动化。由高精度测力传感器测试纤维所受的轻负荷和重负荷，测力范围为$(0\sim2\ 000)\times10^{-3}$ cN，力值分辨率为1×10^{-3} cN，试样夹持长度 20 mm，下夹持器行程 40 mm，长度分辨率 0.01 mm。仪器工作原理如图 2-29 所示。

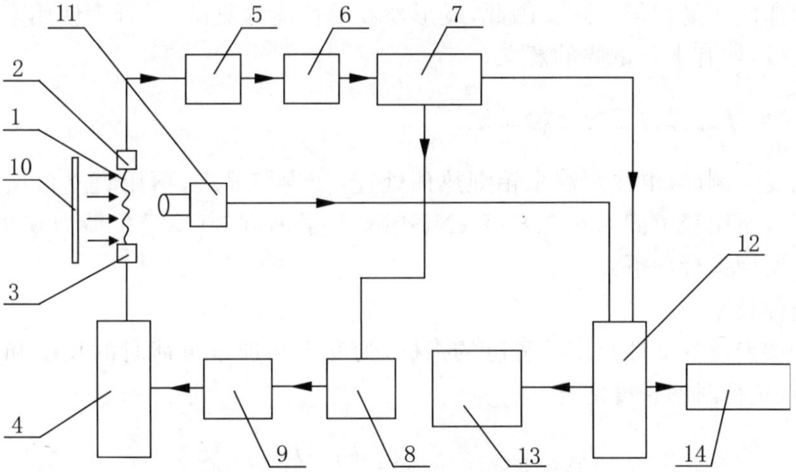

图 2-29 XCP-1 型纤维卷曲弹性仪结构原理图

试验时，首先根据纤维线密度设定轻负荷和重负荷；然后用镊子将纤维试样 1 松弛地夹入上夹持器 2 和下夹持器 3 之间；按启动按钮，控制器 7 发出脉冲，通过脉冲分配器 8，驱动步进电机 9 带动传动装置 4，使下夹持器下降而拉伸纤维试样；通过测力传感器 5、放大器 6，将纤维试样所受的力送至控制器 7；当拉伸纤维的力值达到设置的轻负荷时，仪器记取试样初始长度 L_0，由摄像头 11、照明装置 10 和计算机 12 所组成的图像测试系统通过显示屏 13 显示纤维试样卷曲图形，自动计数纤维卷曲数。

以上测试过程完成后，下夹持器继续下降拉伸纤维试样，当力值达到所设置的重负荷时，仪器记取试样伸直长度 L_1，由 L_0 和 L_1 即可计算纤维卷曲率。如果还需测试卷曲弹性率，则纤维试样在承受重负荷情况下，下夹持器停止 30 s 后回升原位，松弛状态下停止 2 min，再次下降拉伸纤维试样至轻负荷，记取试样的回复长度 L_2。由所得 L_0、L_1 和 L_2 计算纤维弹性卷曲率。最后由打印机 14 打印测试结果。

测试纤维卷曲时，光源照射纤维试样发出散射光，在黑色背景上呈现明亮的卷曲波形，通过软件计数卷曲数。光源发射的光束相对于摄像头和操作者呈一定角度倾斜，使光线不直接进入摄像头，也不使试验者眼睛操作时受到光线刺激。另外，通过下夹持器手柄可在水平面内转动纤维试样，至纤维卷曲呈现最大波幅投影时计数。

XCP-1A 型纤维卷曲弹性仪是 XCP-1 型纤维卷曲弹性仪的升级型，力值分辨率为 0.1×10^{-3} cN，其精度远高于旧式扭力天平仪器的测力精度，特别有利于轻负荷设定的判别。

第七节　变形丝卷缩性能测试

化纤长丝通过变形加工而具有卷曲或圈结形态，制成的织物具有丰满、蓬松、保暖性好等特点，有的还具有一定的伸缩弹性。除了喷气变形加工形成的圈结外，其余变形(包括假捻、刀口、填塞箱等方法)形成的卷曲，视承受张力和加热条件不同，而呈现不同的卷曲和紧缩。

变形丝的卷缩率的大小和蓬松度的高低，对织物的工艺设计和成品质量均有密切关系。如用于袜类和内衣类的变形丝，要求织物尺寸的伸缩余地大，故卷缩率要高；而用于外衣类织物的变形丝，因为织物要求外观挺括、尺寸稳定，卷缩率和蓬松度要低些。此外，还要求每批丝的卷缩伸长和弹性回复均匀一致。因此，变形丝卷缩性能的测试，对合理使用变形丝和提高变形丝织物的质量，均有十分重要的意义。

一、紧缩伸长率与紧缩弹性回复率检验法

采用单根复丝测试，电热恒温水箱湿热预处理，使卷缩显现，再用直立量尺进行不同负荷下的长度测量。所用轻负荷为 0.008 82 cN/ dtex，加载时间 30 s；重负荷为 0.98 cN/ dtex，加载时间 30 s。所用指标如下：

(一)紧缩伸长率

表示变形加弹丝的弹性及卷缩程度的指标，为变形丝加重负荷时的长度和加轻负荷时的长度之差，与轻负荷时的长度之比：

$$紧缩伸长率(\%)=\frac{L_1-L_0}{L_0}\times100 \tag{2-42}$$

式中：L_0 为样丝加轻负荷时的初始长度(cm)；L_1 为样丝加重负荷时的长度(cm)。

(二)紧缩弹性回复率

表示变形丝弹性及卷缩稳定性的指标，为变形丝加重负荷时的长度与去除重负荷再加轻负荷时的回复长度之差，对重负荷时的长度与轻负荷时的初始长度之差的百分率：

$$紧缩弹性回复率(\%)=\frac{L_1-L_2}{L_1-L_0}\times100 \tag{2-43}$$

式中：L_2 为样丝去除重负荷 2 min 后的长度(cm)。

具体检验步骤如下：

(1)从每筒(绞)试样中剪取 30～40 cm 保持卷缩状的样丝 2 根，以自然状态放入恒温水箱的格子盘内，按规定温度热水处理 30 min。

(2)将样丝取出，放于脱脂纱布上沥干，再放入(45±2)℃低温烘箱中预调湿 1 h，然后将样丝放在标准试验条件下达到吸湿平衡。

(3)将样丝逐根夹在直立量尺的上端夹持器的零位处，在样丝末端加轻负荷张力夹，30 s 后在标尺 20 cm 处做一红印记号，即为初始长度 L_0。

(4)加重负荷张力夹，使样丝消除卷缩达到伸直状态，停 30 s 后观察样丝上的红印记号在标尺上的位置，记录其长度 L_1，即为卷缩消失后的样丝长度。

(5)取下重负荷张力夹，使样丝慢慢回缩，2 min 后加轻负荷张力夹，30 s 后观察红印记号在标尺上的位置，记录其长度 L_2，即为回复后长度。每批试验次数不少于 30 次。

为了提高测试精度，减轻操作时劳动强度，可使用变形丝卷缩弹性测试仪。该仪器每次同时可测试 5 个试样，用可控硅调速自动加减负荷，采用电动打印记号。仪器除可用于测试变形丝的紧缩伸长率与紧缩弹性回复率以外，尚可用于切取一定长度的样丝，测定长丝的细度。

测试变形丝的卷缩性能以前，要进行样丝的湿热预处理，这是因为直接从卷装上取出的变形丝的卷缩，不能代表变形丝的真正卷缩特性。变形丝卷绕成卷装时经受一定张力，在卷装上又长期处于紧张状态，原来的卷曲部分消失。但是，一旦条件许可，这部分潜在的卷缩将重新显现，使变形丝的卷缩性恢复到原来变形加工时的水平。使潜在卷缩重新显现的过程，称为卷缩的显现。

卷缩显现的条件是松弛热处理，要加热到纤维的玻璃化温度以上，使纤维的分子链的活动性加强，以便回复卷缩。同时，样丝须松弛，使卷缩有回缩可能。卷缩的回复程度与松弛热处理的条件有关，只有处理条件一致，所得结果才能比较稳定。涤纶变形丝处理温度为(90±2)℃，锦纶变形丝处理温度为(60±2)℃，丙纶丝处理温度为(70±2)℃，时间均为 30 min。

为了正确进行试样松弛热处理，样丝应在规定温度或低于规定温度 2～3 ℃时放入，从达到规定温度时开始计时。温度要严格控制，时间要正确掌握。样丝在热水中处理时要单根平放，不要互相纠缠，取出后平放在脱脂纱布上沥干，不要挤压。

二、卷缩率测试法

卷缩率采用小绞试样测试，可用德国 Textechno 公司制造的 Texturmat 变形丝卷缩仪检验。仪器由主机、计算机控制系统、绞丝架、测长器、恒温烘箱等组成。加热介质采用干热空气，涤纶和锦纶(120±3)℃，腈纶(80±3)℃，丙纶(60±3)℃，醋酸纤维(100±3)℃。加热时间 10 min。仪器可一次同时测试 30 个丝绞，测长机绕制丝绞时张力为 0.1 cN/dtex，绕制丝绞总线密度为 2 500 dtex，绕制圈数与单丝线密度有关：

$$\text{绕制圈数}=\frac{2\,500}{2\times\text{单丝线密度}} \tag{2-44}$$

试验方法如下：

将丝筒放在取样架上，调节绕丝张力，按计算圈数制取丝绞，打结后轻轻取下，挂在丝绞架上，再挂上 2.5 cN 砝码，连同丝绞架一起放入烘箱热处理 10 min，时间从达到规定温度时算起。再将丝绞连同丝绞架在标准试验条件下平衡 30 min，此时，试样仍承受 0.001 cN/dtex 负荷。然后放在自动变形丝卷缩特性测定仪中进行自动测试。测试程序见表 2-1。

表 2-1　变形丝卷缩特性测试程序表

测试程序	1	2	3	4	5
荷重(cN)	500	2.5	25	2 500 涤 5 000 锦	2.5
加载时间	10 s	10 min	10 s	10 s	20 min
绞丝长度	L_g	L_z	L_f	—	L_b

上述程序进行完毕，由计算机自动计算和打印出计算结果的单值和统计值：

$$卷缩率\ CC(\%)=\frac{L_g-L_z}{L_g}\times 100 \tag{2-45}$$

$$卷曲模量\ CM(\%)=\frac{L_g-L_f}{L_g}\times 100 \tag{2-46}$$

$$卷曲稳定度\ CS(\%)=\frac{L_g-L_b}{L_g-L_z}\times 100 \tag{2-47}$$

第八节　纤维热收缩率测试

纺织品一般要经过纺织、印染、后整理等工艺，经受一系列湿热和干热处理，其长度的收缩率是一项重要检验指标。

化学纤维是线型或支链型的高分子聚合物，在加工过程中已经过多次的拉伸和热定形，大分子间的取向和结晶已达到一定的程度。但由于大分子间还有一定的内应力，当纤维遇干热和湿热时，会改变原来大分子间的取向度与结晶状态，有序排列的分子链段松弛，发生链折叠和重结晶现象，使纤维产生不可逆的收缩。这种收缩叫作纤维的热收缩。

各种化学纤维的热收缩的温度和热收缩率是不同的，甚至同一种纤维，因加工的工艺条件不同，其收缩率也有差异。这样，在生产中，如果把热收缩率差异较大的化学纤维混纺和交织，则在印染加工过程中，会造成纱线收缩不一，致使布面产生疵点。合成纤维的热收缩性能主要从湿热和干热收缩两个方面考核。对具有一定吸湿性的纤维，如锦纶，它的湿热收缩率远大于干热收缩率。对于吸湿性低的纤维，如涤纶，它的干热收缩率远大于湿热收缩率。温度的高低也影响纤维的收缩率，如氯纶纤维在 70 ℃热水中就开始收缩，在 100 ℃沸水中的收缩率可达 50%以上。维纶在沸水中的收缩率可达 5%以上。所以，对不同的合成纤维，应根据不同的后加工要求，选择相应的热处理温度、时间和热收缩方法来考核纤维的热收缩性能。涤纶短纤维干热处理温度为 180 ℃，时间 30 min。量取收缩前后的长度，即可计算出热收缩率：

$$热收缩率(\%)=\frac{L_0-L_1}{L_0}\times 100 \tag{2-48}$$

式中：L_0 为试样处理前长度；L_1 为试样处理后长度。

一、化学短纤维热收缩测试

化学短纤维热收缩可用热收缩仪测试，测量单根纤维干热或湿热处理前后长度的变化。XH-1 型纤维热收缩测试仪是上海新纤仪器公司研发的图像法化学纤维热收缩率测试仪器。

该仪器由摄像装置逐根依次读取试样圆筒架上所挂纤维加热前和加热后的长度变化，自动计算纤维平均热收缩率和变异系数，由计算机通过显示屏监视测试过程并自动打印测试结果。仪器结构精密，应用图像处理技术，测量快速，仪器故障率低。热收缩率测量范围 0～25%，热收缩率测量误差≤±0.1%，上下夹持器间距 20 mm，圆筒架可测试样 35 根。仪器结构和工作原理如图 2-30 所示。

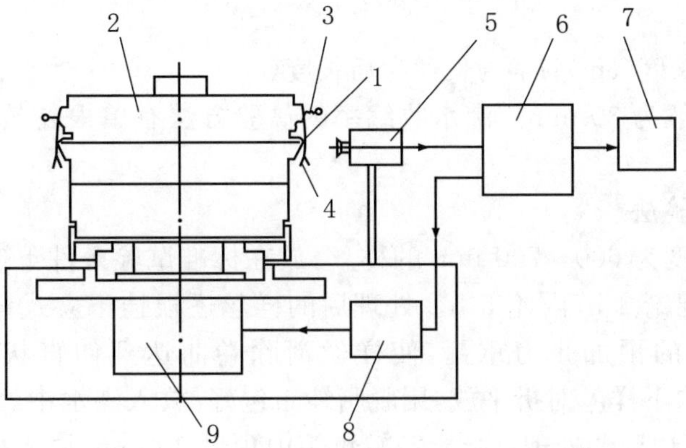

图 2-30　XH-1 型纤维热收缩测试仪原理图

纤维试样 1 的一端为试样圆筒架 2 上的上夹持器 3 所夹持，试样下端悬挂张力夹 4。通过摄像头 5 采集纤维试样长度信息并进入计算机 6，通过测量纤维加热前后的长度变化计算纤维热收缩率，由打印机 7 打印测试结果。

试样圆筒架沿圆周装有 35 个试样，由计算机 6 发出脉冲信号，经脉冲分配器 8 送入步进电机 9，带动试样圆筒架转动，摄像头 5 对试样圆筒架上的纤维试样依次进行长度测量。试样圆筒架的起始测量位置处装有一个计量标准块，用于仪器测量值的标定。仪器测量分辨率为 0.01 mm。仪器测量时，试样圆筒转动一周得到 35 个测试结果数据。实际热收缩率按规定取 30 个试样的测试结果的平均值，多余 5 个试样数据作为必要时剔除异常值后的补充数据。仪器采用封闭式机箱，可以避免环境光线强弱对测试结果的影响。

仪器采用标准块进行自动校准。标准块装在试样圆筒架的起始位置测量处。在启动测试纤维长度运行程序以前，要求测试人员先关闭传动试样圆筒架部分的定位开关，用手自由转动试样圆筒架，使其下部转盘上的标记刻度与机座定位指针相对齐，然后合上定位开关接通电路，此时摄像头正好对准标准块。启动测试程序后，摄像装置首先读取标准块对应的像素数，得到单个像素对应的标准长度。然后以此为基础，将摄像装置随后读取的纤维像素数换算成相应的长度值。

XH-1 型纤维热收缩仪试验时，为使收缩率测量准确可靠，应注意以下问题：

(1)所选烘箱要有足够的功率和良好的加热恒温性能。筒子放入烘箱内的位置对测试结果有较大影响，操作时筒子安放在靠近烘箱内的温度传感器部位。筒子放入烘箱后，轻轻关上烘箱门，待温度升至 180 ℃时，才开始计时，加热时间 30 min。一个烘箱内只能放一个筒子，由于放两个筒子时间长，烘箱关门后温度下降很多，再回升至 180 ℃所花时间长，热收缩率会偏小。

(2)纤维所加张力应保持所有纤维试样都伸直至卷曲消失；对于卷曲较大的纤维，要适当提高其张力，以免影响测试结果。

二、长丝热收缩率检验方法

化纤长丝热收缩率测量一般采用沸水收缩检验，测量化纤长丝经沸水处理前的长度和处理后的长度，即可计算沸水收缩率：

$$沸水收缩率(\%)=\frac{L_0-L_1}{L_0}\times 100 \tag{2-49}$$

式中：L_0 为长丝煮前长度(cm)；L_1 为长丝煮后长度(cm)。

沸水处理时间一般为 30 min。沸水收缩率的试验方法有单根复丝试验法和小绞试验法两种。

(一)单根复丝试验法

从样筒上剪取长度为 600～700 mm 的样丝，放在标准试验条件下进行平衡处理，最少平衡时间：涤纶为 2 h；锦纶 3 h；丙纶 5 h。处理后的样丝逐根挂于立式量尺上，丝的下端挂以(1.0±0.2) cN/ tex 的预加张力重锤，使样丝消除卷曲达到伸直状态，30 s 后在零点与 500 mm 处作标记。取下样丝对折平放，用脱脂纱布包好，放入沸水中处理 30 min 后，取出样丝并沥干水分，经 1 h 预调湿处理，(45±2)℃烘箱内预烘 30 min，放入标准试验条件下平衡，一般最少平衡时间规定为：涤纶 2 h；锦纶 4 h；丙纶 3 h。将试样挂于立式量尺上，丝的下端挂上原来的预加张力重锤，30 s 后准确测量每根样丝煮后的收缩长度。单根复丝试验法适用于变形丝的测试。

(二)小绞试验法

用周长为 1 m 的纱框测长器，绕取 25 m 长度的样丝，成为一小绞，放在标准试验条件下进行煮前平衡，丝绞消除卷绕张力而自然回缩。然后逐绞挂在立式量尺上，并且挂以(0.5±0.1)cN/ tex 预加张力重锤，30 s 后准确测量其煮前长度。把各丝绞扭成“8”字形，再对折使之形成四层圈状，按顺序用纱布包好，放在沸水中煮 30 min。取出后水平放置，压干水分，打开纱布，按顺序平放，在晾网架上经 1 h 预调湿平衡，在标准试验条件下进行煮后平衡，再将干燥后的丝绞逐绞挂在立式量尺上，挂上预加张力重锤，30 s 后测量煮后收缩长度，计算沸水收缩率。小绞试验法适用于牵伸丝。

三、XHL-1 型化纤长丝热收缩测试仪

XHL-1 型化纤长丝热收缩测试仪是上海新纤仪器公司研发的化学纤维长丝热收缩率测试仪器，适用于化纤长丝的干热收缩率或沸水收缩率测试。仪器由测力装置依次读取试样圆筒架上化纤长丝在一定张力下加热前和加热后长度的变化，自动计算试样的平均热收缩率和变异系数。由计算机控制操作过程，并自动显示和打印测试结果。仪器热收缩率测试范围 0～20%，长度测量误差≤0.1 mm，长度测量分辨率 0.01 mm，绞纱长度 250 mm；力值测量范围 0～1 000 cN，力值测量误差≤±1%，力值分辨率 0.1 cN；试样数 20 只。

仪器采用绞丝法测试牵伸丝热收缩率。测试时将绞丝置于上下挂钩之间，上挂钩向上移动至一定位置后绞丝逐渐拉伸至设定张力，测得绞丝加热前长度；然后测试装置返回原位，试样筒转动至下一根试样测试位置。仪器依次测量试样筒一周最多 20 个绞丝的加热前长度。然后取下试样筒对绞丝进行干热或沸水处理，经环境平衡后再测取各绞丝试样加热后长度，求取单个绞丝试样的热收缩率和测试结果统计值。

仪器结构原理如图 2-31 所示。测试绞丝 1 挂于试样圆筒架的上挂钩 2 和下挂钩 3 之间，上挂钩盘 4 被上限制器 5 支撑，测试绞丝 1 由于下挂钩盘 6 的自重而下垂，下挂钩盘的重力为 2.5 cN，在此状态下绞丝所受力或称为轻负荷。

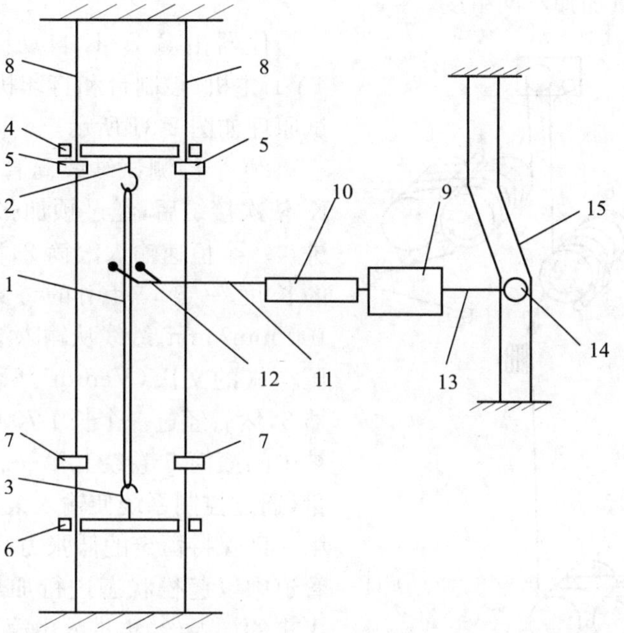

图 2-31　XHL-1 型化纤长丝热收缩测试仪结构原理图

试验开始时，测力架 9 从仪器下限起始位置处开始上升，测力传感器 10 的一端通过连杆 11 与丝叉 12 相连，另一端通过连杆 13 与滚柱 14 相连，滚柱 14 置于斜槽导轨 15 中。当测力架 9 上升时，滚柱 14 由于斜槽导轨 15 的引导作用，通过连杆，使与测力传感器 10 相连的丝叉 12 从机内向外伸出，逐渐插入上挂钩盘 4 与绞丝 1 的空隙之间。当丝叉 12 向上移动至上挂钩盘 4 底部相接触时，开始通过上挂钩盘 4 和两根金属导丝 8 带动测试绞丝 1 和下挂钩盘 6 上移。当下挂钩盘 6 上移至与下限制器 7 接触时停止移动，上挂钩盘 4 继续上移则在测试绞丝内部产生张力。当测试绞丝张力逐渐增加至预置标准张力（0.05 cN/dtex）时，仪器自动测试绞丝长度，即测试绞丝在标准张力下的长度，此时测力传感器所受力值为测试绞丝标准张力值和上挂钩盘重力之和（上挂钩盘重力为 5 cN）。所测绞丝长度在未加热处理前为加热前长度，加热处理后为加热后长度，由两者之差计算化纤长丝热收缩率。仪器测试绞丝长度完成后测力架下降自动回复原位，绞丝由斜槽导轨作用又回缩至机内。测试完一个绞丝后，试样圆筒转动一定角度，仪器再开始对下一绞丝进行长度测试。

$$长丝热收缩率(\%)=\frac{L_0-L_1}{L_0}\times100$$

第九节　加弹丝自动测试系统

美国劳森（Lawson-Hemphill）公司生产的 TYT 加弹丝自动测试系统（Textural Yarn Tester），从 1985 年开始应用于生产，其主要原理是以动态方法测试加弹丝的热收缩率和蓬松率及其分布不匀。该仪器测试结果反映了加弹丝结构和性质的分布不匀,与长丝染色均匀度测量方法所得结果有密切的相关,可以用来替代传统的织袜染色法和热收缩的静态测试,缩短测试时间,便于及时对生产过程产品质量进行监督控制。仪器除测量加弹丝的热收缩率和蓬松率外,还可同时测量加弹丝网络度。

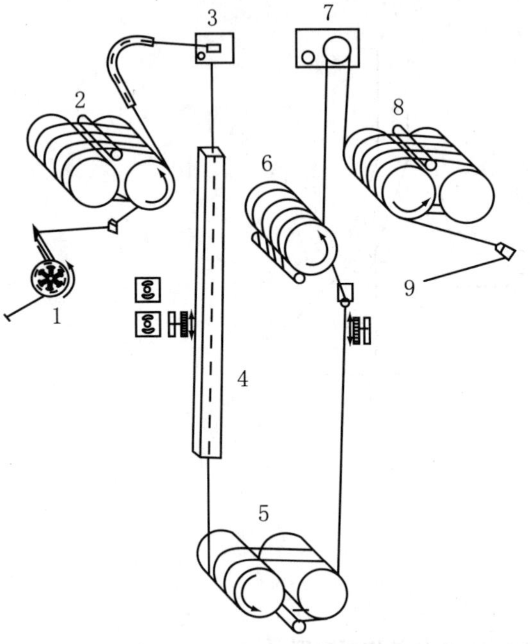

图 2-31　加弹丝自动测试系统

仪器由 S. A. K 自动筒子接头机、筒子架、TYT 主机、控制台和打印机组成。TYT 主机测试原理如图 2-31 所示。

20 个待测试纱线筒管被自动接头机 S. A. K. 依次接结后,经过预加张力装置 1 消除蓬松,进入一个恒速输入滚筒 2,以保持单位时间送入的长度一定。使用的纱线运行速度一般是 100 mm/ min。纱线从输入滚筒出来以后,进入低压空气的文氏(Ventori)管,被引导至第一传感器 3,然后经过一个长 1 700 cm 的管状加热器 4,被中间滚筒 5 卷绕。第一传感器进行张力的测量,通过控制系统使输入滚筒和中间滚筒之间的第一区保持恒定的低张力(轻负荷),使加弹丝在管道中以蓬松状态进行加热收缩。从中间滚筒出来的加弹丝,再进入由第二输入滚筒 6、第二传感器 7 和输出滚筒 8 所组成的第二区,最后由纱线吸管 9 吸引。第二传感器进行张力的测量,通过控制系统使第二输入滚筒和输出滚筒之间保持一个恒定的高张力(重负荷),使纱线伸直。中间滚筒的速度受第一传感器的控制,输出滚筒的速度受第二传感器的控制,第二输入滚筒起隔离两个区的张力的作用。若输入滚筒表面速度为 v_1,中间滚筒表面速度为 v_2,输出滚筒表面速度为 v_3,则有以下关系:

$$v_1 > v_3 > v_2$$

v_1=常数,即输入滚筒为恒速。

由此可计算:

$$\text{蓬松率 } TR(\%)=\frac{v_1-v_2}{v_1}\times 100 \tag{2-50}$$

$$\text{热收缩率 } FS(\%)=\frac{v_1-v_3}{v_1}\times 100 \tag{2-51}$$

$$\text{真正蓬松率}(\%)=\frac{v_3-v_2}{v_3}\times 100 \tag{2-52}$$

TYT 加弹丝测试仪的上方,可以加装网络度测试附件,测试加弹丝网络点数及其分布不匀。

仪器测试加弹丝线密度范围为 15～800 dtex,TYT-C 型仪器测量范围为 800～3 000 dtex。测试化学纤维种类有涤纶、锦纶和丙纶等。纱线运行速度 15～150 m/ min,测试试样长度 2～99 m,总测试量最大为 999 次,测试结果包括:

(1)蓬松率的平均值、标准差和变异系数。

(2)热收缩率的平均值、标准差和变异系数。

(3)网络点每米平均个数、标准差、两网络点之间的最大距离。

仪器可设置蓬松率、热收缩率和网络度的高限和低限数值范围,并可打印出超出该界限的次数。

若所选纱线每个筒子的试验片段长度为 2 m,测试计算时间为 18 s,8 h 可测试 1 600 个筒子。

第三章 纤维细度、成熟度和异形度测试

第一节 纤维细度测量概述

纺织纤维，不论是天然的还是化学的，其细度和截面形状都有很大的不同。羊毛和一些化学纤维的截面是圆的，棉、麻、丝及另一些化学纤维的截面是不规则的。纤维的细度曾经定义为它的直径大小，但这只能用于圆形截面的纤维。对于椭圆或其他不规则截面的纤维，用直径表示其细度，则没有意义。因此，在工业生产及科学研究中出现了一些其他表示纤维细度的方法，其中最常用的是用单位长度的质量，即线密度来表示细度。

纤维细度是影响纱线性质最重要的因素之一。细羊毛比粗羊毛具有更高的纺纱和商业价值。化学纤维的细度在制造过程中可以控制。由于纤维细度对织物某些性能的特殊作用，化学纤维近年来发展了超细纤维产品。总之，纤维细度对成纱及织物性能的影响是十分显著的。

纺织品的弯曲刚性、悬垂性和手感受纤维细度的影响很大。织物的抗弯刚度与纤维模量、截面形状、密度和细度有关，其中以纤维细度的影响为最大。细的纤维易于弯曲，手感柔软，弯曲后易于回复，织物抗折皱性能也好。

纱线的抗扭刚度与纤维细度、纤维的扭转模量及纤维密度有关，其中也以纤维细度的影响为最大。细的纤维在纱线加捻时具有较低的抗扭阻力，纱线内由于加捻而产生的内应力小，捻度易于稳定，这对某些用途的纱线如缝纫线是重要的。此外，细的纤维的比表面积大，纱线中的纤维相互接触的面积大，纤维相互滑移时的摩擦阻力大。使用较细的纤维纺纱，在其他条件不变时，纱线所需捻度小，纺纱生产效率可以提高。

纤维细度对纱条均匀度具有重要影响。纱条线密度一定时，截面内纤维根数与纤维线密度成反比。纤维越细，纱条截面内纤维根数越多。由纤维随机分布所造成的纱条不匀率，与截面内纤维根数的平方根成反比。也就是说，纱条线密度一定时，纤维越细，纺制的纱线越均匀；而纱线均匀度又影响到纱线强力、织物外观，以及纺纱织造过程中纱线的断头率。

织物的光泽也受纤维细度的影响，纤维细度决定了织物单位面积的单个反射表面的数目。细纤维纺制的织物表面带有柔和的光泽。

纺织品的染色速率与纤维细度有关，纤维愈细，染料吸收效果愈好。

国际标准化委员会于1960年推荐以特克斯(tex)作为通用的线密度标准单位，已得到许多国家赞同，我国也采用这一标准。

线密度是指纤维在公定回潮率下，1 000 m长度所具有的质量克数：

$$\mathrm{Tt}=\frac{W}{\frac{L}{1\,000}}=\frac{W}{L}\times 1\,000(\mathrm{tex}) \tag{3-1}$$

式中：W为试样质量(g)；L为试样长度(m)。

由于特克斯作为纤维细度的单位太大，所以常采用分特克斯(dtex)作为纤维细度单位，

1 tex等于 10 dtex,则有:

$$Tt=\frac{W}{L}\times 10\ 000(\text{dtex}) \tag{3-2}$$

以前化学纤维的细度常用纤度表示,习惯采用旦尼尔(旦)为单位。纤度是指纤维在公定回潮率下,9000 m 长度所具有的质量克数:

$$T_d=\frac{W}{\frac{L}{9\ 000}}=\frac{W}{L}\times 9\ 000(\text{旦}) \tag{3-3}$$

分特克斯与旦尼尔的关系为:

$$\frac{Tt(\text{dtex})}{T_d(\text{旦})}=\frac{\frac{W}{L}\times 10\ 000}{\frac{W}{L}\times 9\ 000}=1.111$$

所以:

$$Tt(\text{dtex})=1.111T_d(\text{旦}) \tag{3-4}$$

有的纤维细度过去采用公制支数(N_m)表示,定义为 1 g 纤维在公定回潮率时所具有的长度米数。

特克斯(tex)、分特克斯(dtex)、旦尼尔(旦)与公制支数之间的关系为:

$$Tt(\text{tex})\cdot N_m(\text{公支})=1\ 000 \tag{3-5}$$

$$Tt(\text{dtex})\cdot N_m(\text{公支})=10\ 000 \tag{3-6}$$

$$T_d(\text{旦})\cdot N_m=9\ 000 \tag{3-7}$$

假设纤维的截面积在其长度方向均匀一致,那么截面积可以根据纤维的 Tt(dtex)、T_d(旦)和 N_m(公支)求得。已知下列关系:

$$V=S\cdot L\cdot 10^{-6} \tag{3-8}$$

式中:V 为纤维体积(mm^3);L 为纤维长度(mm);S 为纤维截面积(μm^2)。

纤维的质量为:

$$W=V\cdot\gamma=S\cdot L\cdot\gamma\cdot 10^{-6} \tag{3-9}$$

式中:W 为纤维质量(mg);γ 为纤维的密度(mg/ mm^3)。

根据前述关系可以推得:

$$S=\frac{Tt(\text{dtex})}{\gamma}\times 10^2 \tag{3-10}$$

$$S=\frac{111}{\gamma}T_d(\text{旦}) \tag{3-11}$$

$$S=\frac{10^6}{N_m(\text{公支})\cdot\gamma} \tag{3-12}$$

式中:S 为纤维的截面积(μm^2)。

对同一种纤维来说,纤维密度为一定值,所以纤维的截面积与纤维线密度(分特克斯)或旦尼尔成正比,与公制支数成反比。

当纤维为圆形时，可以由下列各式求出纤维直径 d 与 Tt(dtex)、T_d(旦)和 N_m(公支)之间的关系：

$$d=11.3\sqrt{\frac{\mathrm{Tt(dtex)}}{\gamma}} \tag{3-13}$$

$$d=11.9\sqrt{\frac{T_d(\text{旦})}{\gamma}} \tag{3-14}$$

$$d=1130\sqrt{\frac{1}{N_m(\text{公支})\gamma}} \tag{3-15}$$

式中：d 为纤维直径(μm)。

必须指出，不同种类的纤维具有不同的密度值，两种纤维的线密度相等时，纤维截面积或直径并不一定相等，密度值大的纤维，截面积和直径较小。例如，同样的线密度，锦纶比涤纶粗。各种纤维的密度值可参看第十四章表 14-6。

随着化纤工业的发展，化纤品种愈来愈多，出现了各种异形断面纤维，以增加纤维之间的摩擦和抱合力，并对纱线和织物的弹性、保暖性、蓬松性和表面光泽等有较大的影响，能使织物产生不同的风格，满足人们对不同特性纺织品的要求。

测量纤维细度的方法，大致有以下几种：

(1)称重法。包括逐根测量单根纤维长度后称重、束纤维定长切断后称重。

(2)气流法。利用气流通过纤维产生的阻力大小，推求纤维的比表面积，从而可以求取纤维细度大小。棉纤维气流法所测结果与纤维线密度和成熟度有关。

(3)光学测量法。包括光学投影测量纤维直径、液体分散法测量单根纤维直径以及气流分散法测量单根纤维直径等。

(4)单根纤维振动法。

(5)声波衰减法。

第二节　气流法测量纤维细度

一、基本原理

当流体在管道中流动的速度不大(雷诺数小于 2 000)或管道为毛细管时，流体的流动为层流。设管道的长度为 L，半径为 R，截面为 A，流体的黏滞系数为 μ，流量为 Q，则管道两端的压力差 ΔP 可以从下式求出：

$$\Delta P=\frac{8\mu LQ}{AR^2} \tag{3-16}$$

上式称为泊稷叶公式。

当管道为非圆形时，流量可由下式计算：

$$Q=\frac{1}{K}\times\frac{m^2A\Delta P}{\mu L} \tag{3-17}$$

式中：K 为常数；m 为管道断面面积与周长之比，即管道体积与管道表面面积之比。

当管道中充塞纤维时，m 可认为是流体通过的管道空隙部分的体积 V_0 与管道空隙的总表面积 S_u 之比，即：

$$m=\frac{V_0}{S_u} \tag{3-18}$$

令 V 为管道中纤维占据的体积，ε 为空隙率（未被纤维占据的体积的比率），则：

$$\varepsilon=\frac{V_0}{V+V_0} \tag{3-19}$$

$$V_0=\frac{V\varepsilon}{1-\varepsilon} \tag{3-20}$$

设 $\frac{S_u}{V}=S_0$（纤维单位体积的表面积即比表面积），则：

$$m=\frac{V}{S_u}\cdot\frac{\varepsilon}{1-\varepsilon}=\frac{\varepsilon}{S_0(1-\varepsilon)} \tag{3-21}$$

由于管道中充塞纤维，流体能通过的实际面积为 $A\varepsilon$，故：

$$Q=\frac{1}{K\mu L}\left[\frac{\varepsilon}{S_0(1-\varepsilon)}\right]^2 A\varepsilon\Delta P=\frac{1}{K}\cdot\frac{A\Delta P}{S_0^2\mu L}\cdot\frac{\varepsilon^3}{(1-\varepsilon)^2} \tag{3-22}$$

上式称为苛仁纳公式。或：

$$\Delta P=\frac{KQ\mu LS_0^2}{A}\cdot\frac{(1-\varepsilon)^2}{\varepsilon^3} \tag{3-23}$$

$$\varepsilon=1-\frac{G}{\gamma LA} \tag{3-24}$$

式中：G 为纤维质量；γ 为纤维密度。

对于同一种纤维，γ 不变，ε 值可用管道中纤维的质量 G 来控制。

K 为系数，与纤维在管道中的排列状态有关，并受 ε 值的影响。当 ε 控制在一定范围时，K 值可保持常数。因此当试样体积、空气流量、试样质量及空气温湿度一定（μ 稳定）时，ΔP 值与纤维的比表面积 S_0^2 成正比；若 ΔP 保持不变，Q 值与 S_0^2 成反比。

若纤维截面为圆形，$S_0=4/d$，气流仪空气流量 Q 与纤维直径 d 的平方成正比。

棉纤维的截面为腰圆形，如果取一外圆周长与棉纤维周长相等的中空圆，其内径为 d，外径 D 称为纤维的理论直径，如图 3-1 所示。则有：

$$S_0=\frac{\pi D}{\frac{\pi}{4}(D^2-d^2)}=\frac{4D}{D^2-d^2} \tag{3-25}$$

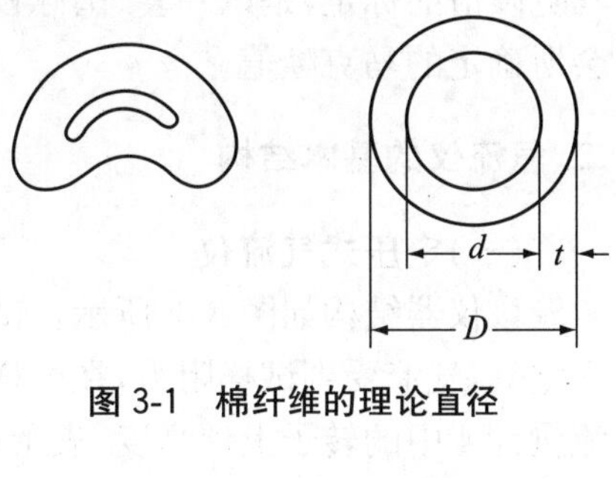

图 3-1 棉纤维的理论直径

纤维的成熟度比（M）定义为纤维的线密度（H）与标准成熟纤维线密度（H_S）之比，即：

$$M=\frac{H}{H_S} \tag{3-26}$$

纤维的线密度为：

$$H=\frac{\pi}{4}(D^2-d^2)\cdot\gamma \tag{3-27}$$

式中：γ 为纤维的密度。

对于一定的棉纤维品种来说，γ 是常数，所以上式可写成：

$$H\propto(D^2-d^2) \tag{3-28}$$

棉纤维在标准成熟情况下的线密度 H_S 定义为：

$$H_S=0.577\cdot\frac{\pi}{4}D^2\cdot\gamma\propto D^2 \tag{3-29}$$

由式(3-25)、式(3-28)和式(3-29)可得：

$$S_0\propto\frac{D}{D^2-d^2}\propto\frac{\sqrt{H_S}}{H} \quad 或 \quad S_0^2\propto\frac{H_S}{H^2}$$

根据式(3-23)，当 A、L、μ 与 ε 为常数时，保持压力差 ΔP 一定，流过纤维试样的流量 Q 与纤维试样的比表面积平方 S_0^2 成反比，即有：

$$Q\propto\frac{1}{S_0^2}\propto\frac{H^2}{H_S} \tag{3-30}$$

由式(3-26)，上式也可写成：

$$Q\propto MH\propto M^2H_S \tag{3-31}$$

由此可见，棉纤维试样在一定压力差下的气流仪流量读数，与纤维成熟度比 M 和线密度 H 的乘积成正比。也就是说，气流仪读数与棉纤维成熟度和线密度两个指标都有关系，这个量值就称为马克隆值(Micronaire Value)。当棉纤维品种一定，即 H_S 为常数时，马克隆值与纤维线密度平方或成熟度比平方成正比。纤维愈成熟，线密度愈大，马克隆值愈高。不同品种之间则要考虑标准线密度和成熟度两个因素，马克隆值高的纤维，成熟度不一定好。对棉纤维来说，不能把气流仪读数的刻度尺标定为纤维线密度，而应该标定为马克隆值。棉纤维气流仪马克隆值的标定，是以一套"国际校准棉样"样品为根据的，该标准样品标有国际棉花标准委员会所确定的马克隆值。

二、气流仪的基本结构

(一)定压式气流仪

该仪器结构如图 3-2 所示。试样 2 放在试样筒 3 中，抽气泵 7 通过贮气筒 6 从试样筒吸入空气，气流受到试样阻力，在试样筒两端造成一定气压差 ΔP，由压力计 1 加以指示。转子流量计 4 中的转子上浮高度，表示在一定压差下空气通过纤维试样的气流量大小。调节气流量调节阀 5，使试样筒两端的压力差保持恒定，由气流量大小表示纤维的细度。

仪器的具体结构介绍如下：

1. 试样筒

试样筒内径和高度为 31.5 mm×25 mm，可容纳定重 5 g 的纤维试样，由压样筒压缩至固定体积。试样筒和压样筒下面有网眼。试样筒内径和高度尺寸的精度，对测定数据的正确性

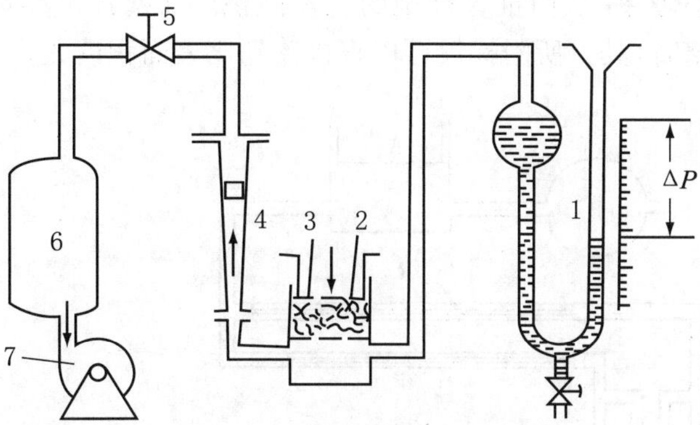

图 3-2　定压式气流细度仪

影响极大,因此有严格的要求。

2. 转子流量计

转子流量计包括两个部件:一是垂直的锥形流量管,它的顶端内径大,底端内径小,锥度为1∶250,管的外部刻有 0.3～8 L/min 的流量读数,管旁有相应的刻度标尺;另一部件是转子,它的上部外侧刻有斜线,使转子升起时呈回转状态,保持转子的稳定,转子在流量计中被气流的作用力推动而向上升,当达到某一高度时,转子的质量与气流上升力平衡,转子升高的位置表示流量的大小。

3. 压力计

由内径大于 5 mm 的玻璃管制成,它的下端与贮水瓶相连接,贮水瓶上端与试样筒的通道相连,压差示值标牌安装在压力计的后面,可上下移动,进行零点位置调节。标牌上有两条刻线,上刻线为零点示值,下刻线为 1.96 kPa 压力差示值。

进行试验时,压力计的液面下降,转动气流调节阀,使液面的新月形弧的弧面与下刻线相切,此时仪器调节至规定的压力差。

在注入压力计的蒸馏水时,溶入微量的铬酸,可使液面具有良好的新月形弧,当弧面与上、下刻线对齐时,清晰醒目。

4. 气流调节阀

气流调节阀是调节气流流量的精密阀门,调节时,使针阀在阀体的长导孔内做向前推进而无旋转的运动,阀体内装有量程制止弹簧,使阀针保持在规定的位置。

5. 抽气泵

抽气泵作为吸、排空气之用。它与 80 W 单相电动机同轴串连,运转时的空气最大流量为20 L/min,最大真空度为 68 kPa。

(二)桥式气流仪

赫脱尔气流仪如图 3-3 所示,主要利用气桥工作原理,使用橡皮球 B 压缩空气进入贮气筒 C,依靠活塞 A 的质量保持恒定的低压。气流由贮气筒流入一对分叉的阻力管 R_1 和 R_2。进入管 R_1 的空气通过纤维 F 到大气中;进入 R_2 的空气经过 R 或 R 与 R′的并联气路到大气中。当阀门 V 关闭时,空气只通过管 R;当阀门 V 打开时,空气同时经过管 R 与 R′。管 R_1、R_2、试样筒与管 R 和 R′组成一个类似电桥的气流阻力桥。转动手轮 G,将空心活塞 P 向试样筒推动,即可使纤维压缩到所需的程度,使阻力桥两边的压力差相同,气压表 M 上的读数为零。由试样体积求得试样的空隙率，从而推算纤维的比表面积。活塞顶上端都有孔眼，以便空气流动。螺旋手柄推进活塞时，其上所附标尺可以直接读到比表面积读数。

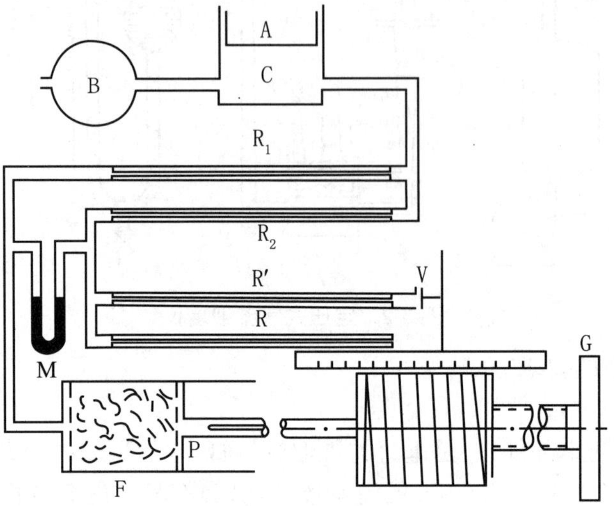

图 3-3　赫脱尔气流仪

试验时，称取试样 152 mg，铺成带状，再用卷扦卷成密度均匀的圆柱体，装在试样筒中。分别在管 R′起作用与不起作用的情况下，调节手轮 G，改变样筒内试样的体积，使压力表 M 的读数为零，得到低刻度表的读数 A 和高刻度表的读数 A_h(当阀门 V 开启时读低压，阀门 V 关闭时读高压)。高低压读数差($A_h-A=D$)是由于试样所占体积不同引起空隙率的改变而形成的。D 值与棉纤维的成熟情况有关，当加大压缩时，成熟较差的纤维所产生的阻力较大，因而可用来描述棉纤维的成熟度。D 和成熟度的数量上的关系由实验确定。下列关系式可算得未成熟度比率 I：

$$I^2=0.0625D+1 \tag{3-32}$$

赫脱尔解释这种比表面积显著增大的现象时，认为纤维塞经受较大压缩后，纤维之间的接触大大增加，结果使未成熟纤维压平，并且被迫围绕着自己的轴旋转，而使它们的宽边朝向气流的方向。其结果是阻力增大，这在赫脱尔气流仪上表现为比表面积的显著增大。换言之，流量方程式中的系数 K 变化了。

上述仪器的缺点是试样筒直径仅 0.8 cm，试样质量太小。试样要以一种特殊方法制备，使纤维盘成横截气流方向的圈形，而不是纤维呈无序排列，每次花费时间多，试样代表性也不够。

改进后的便携式赫脱尔气流仪(商业名称为 Port-Ar)，用 8 g 经整理而呈无序排列的较多试样，并且仪器内加装快速称重装置，其工作原理如图 3-4 所示。

仪器采用气压桥式回路。由空气泵 1 将空气经过滤器 2 注进贮气筒 3，再由贮气筒以恒定压力分成两支气流。一支气流经节流管 R_2 和试样筒 9 中的纤维试样通向大气；另一支气流经节流管 R_1 和零位调节阀 6 通向大气。在两支气流之间连接压差表 4 和量程调节阀 7。不同比表面积的试样对气流的阻力大小不同，气桥两端的压力差亦随之变化，压差表上指示数值反映纤维比表面积的大小，以标准样品标定仪器的指示标尺。当气路开关 5 向左推时，称样盘

11、R_1、基准气阻 8、R_2 组成气桥，压差表用于指示称样盘上试样质量。调节旋扭 10 用于校准称样盘读数。

贮气筒用于贮存一定空气并提供恒定的压力，气动压差表由膜片指示气桥两端压力的不平衡。

仪器可用于棉、羊毛和人造纤维的细度测试。棉型的试样质量为 8 g，量程为 2.5～7.0 马克隆值；毛型的试样质量为 12.5 g，量程为 18～42 μm(80～36 支)；人造纤维型的试样质量为 8 g 时量程为 1.3～7.0 dtex，试样质量为 12.5 g 时量程为 4.3～20 dtex。

HVI 大容量纤维测试系统的气流仪也采用气桥原理，如图 3-5 所示。右边气路中低压空气分两路进入气桥：一路经零位计量阀和校正阀；另一路经校正计量阀和纤维试样筒排出。计量阀和校正阀的气阻固定，纤维塞的气阻随试样的不同而不同。在桥路的气压差传感器上输出一个与气压差变化成正比的电信号。经线性放大、A/D 转换，送至微机存贮，计算马克隆值，并显示。图中，左边是高压空气，分别通过电磁阀和气缸推动多孔塞压缩棉样和推动试样筒上盖在测试完毕后自动打开。

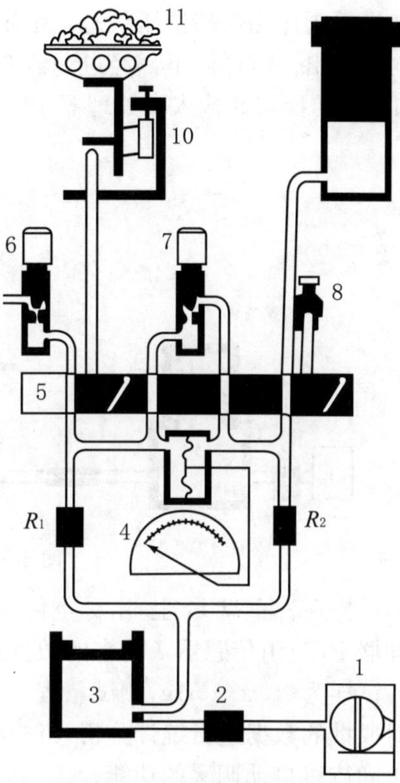

图 3-4　便携式气流仪原理图

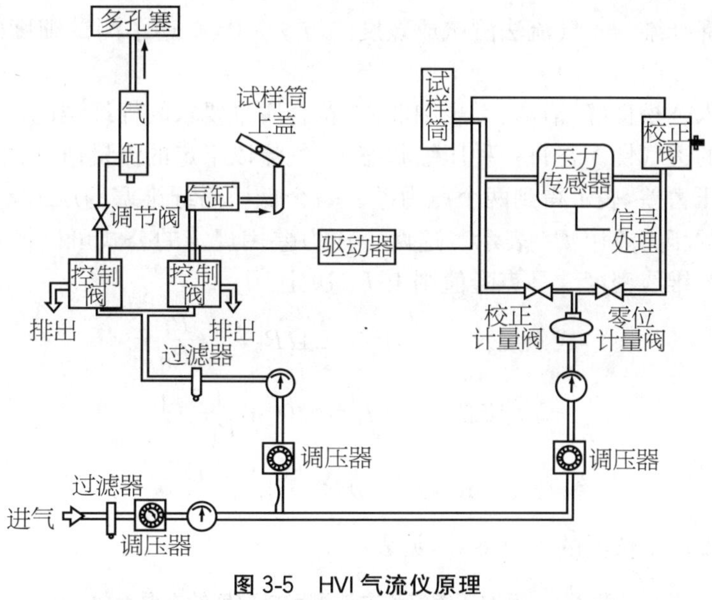

图 3-5　HVI 气流仪原理

苏州光华电测技术研究所研制生产的 MC 型棉纤维马克隆仪是一种数字式便携气流仪。仪器采用固定气压供给标准气阻和纤维塞的串联气路，棉花粗细变化由于比表面积不同使纤维塞气阻发生变化，串联气路中纤维塞两端的压力差也随之改变，经压力传感器转换为电量，显示马克隆值。仪器由微处理器进行自动控制、自动校正和数据处理。

图 3-6 为该仪器的结构原理图。空气由空气泵 1 经过滤器 2 进入贮气筒 3,贮气筒内空气通过浮阀作用保持恒压状态。恒定压力的气流经由标准气阻 4 进入试样筒 5,通过纤维试样向上排出。试样筒下部经过滤器 6 与压力传感器 7 相连,将气压大小转换成电量,经放大器 8 和模数转换器 9 输入微处理器 10。

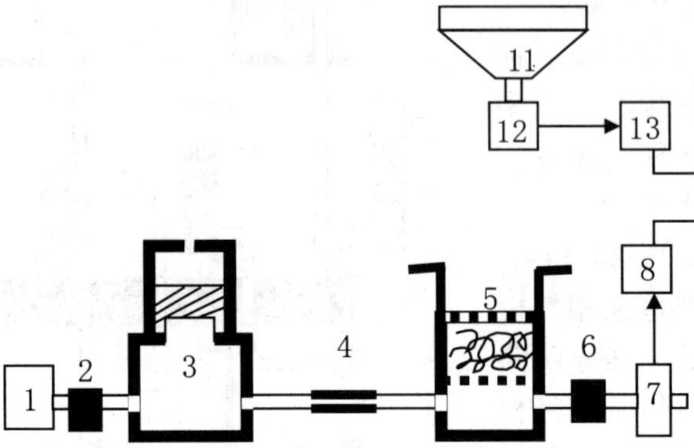

图 3-6　MC 型气流仪的结构原理图

试样在称重盘 11 上,由称重传感器 12 所得质量信号经放大器 13 进入模数转换器 9,经微处理器 10 对由传感器 7 传来的数据进行修正,由显示器 14 显示测试结果马克隆值。

试样为(10±1.5)g,测试量程为 2.5～7.0 马克隆值。可自动记录每份试样的测试结果,并对成批的数据进行统计分析。仪器可用校准棉样通过软件校准马克隆曲线,具有开机自动校正和待机自动调零的功能。

(三)定流量式气流仪

ISO 10306《棉纤维——气流法测试成熟度的方法》中,叙述了测试细度的原理、计算公式和主要参数。

试样筒内放入开松良好、清洁、无规则取向、符合质量要求的棉纤维试样,测量试样在两种不同压缩状态下的透气性。在每一种压缩状态下,气流以指定的流量通过试样,在压力计上指示出试样上下的压力差,表示得到两个压力差。一个低压缩纤维塞的压力差用 P_L 表示;另一个高压缩纤维塞的压力差用 P_H 表示。这两个压力差用规定的公式可以换算出成熟度比、成熟纤维百分率和纤维线密度。马克隆值则由 P_L 决定。

$$\text{成熟度比}\qquad M=0.247{P_L}^{0.125}\left(\frac{P_L}{P_H}\right)^2 \tag{3-33}$$

$$\text{马克隆值}\qquad M_{ic}=0.60+\frac{1\,350}{P_L+40} \tag{3-34}$$

$$\text{线密度(mtex)}\qquad H=\frac{60\,000}{P_L}\left(\frac{P_H}{P_L}\right)^{1.75} \tag{3-35}$$

ISO 标准还规定了仪器的主要参数,见表 3-1。

表 3-1　两次压缩气流方法测定成熟度的主要参数

状　态	试样密度(g/cm³)	流量(L/min)	压力(mmH₂O)
低压缩	0.1911	4	P_L
高压缩	0.3821	1	P_H

标准还规定应用“国际校准棉样”的 P_L 值和 P_H 值来校验仪器。

IIC 锡莱细度成熟度测试仪是一种双压式气流装置。测量值由装入样筒的试样的透气率求得。样筒由一个放置试样的圆筒形腔体和一个打孔顶盖组成，此盖在低压态时将会下降进入样筒，使试样(4 g)受到初始的较低压缩力，称为 P_L(低压缩)态。样筒再上升并压缩试样使其体积减为原来的一半，致使试样密度加倍，即为 P_H(高压缩)态。

在初始的低压缩态，透过试样的气流速率是 4 L/ min，这用转子流量计来设置，并指示于流量计上。在较高压缩态时，气流速率设置并校核至 1 L/ min。

在两种压缩或气流状态中，试样上的压降用传感器测量后送至微机，计算马克隆值、细度和成熟度。

该仪器附有纤维混合器、压缩机和真空泵。

第三节　光学投影法测量纤维细度

一、显微投影仪

显微投影仪的光学系统如图 3-7 所示。

光源 1 发出的光线经聚光镜 2、可变孔径光阑 3 及聚光镜组 4，会聚在被观察的标本 5 上，使标本获得均匀而明亮的照明。可变孔径光阑 3 可用手控制照明光源的张角，以适应不同物镜的各种数值孔径($N.A$)。由标本物体发出的光线经物镜 6、反射镜 7、投影物镜 8 和反射镜 9，成像在投影屏 10 上。

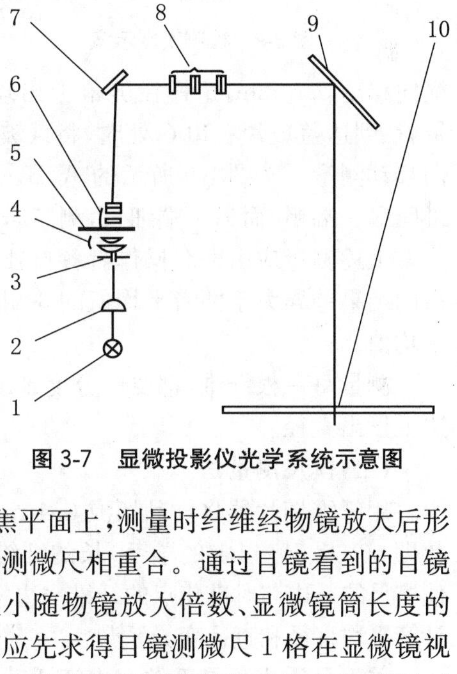

图 3-7　显微投影仪光学系统示意图

二、目镜测微尺和物镜测微尺

目镜测微尺[图 3-8(a)]是一块圆形玻璃片，上有刻度。通常是将 5 mm 划分为 50 格，每格为 0.1 mm；或将 1 cm 划分为 100 格，每格为 0.1 mm；也可将 5 mm 划分为 100 格，每格等于 0.05 mm。目镜测微尺放在目镜焦平面上，测量时纤维经物镜放大后形成的实像和目镜测微尺相重合。通过目镜看到的目镜测微尺刻度的大小随物镜放大倍数、显微镜筒长度的不同而异。因而应先求得目镜测微尺 1 格在显微镜视野中表示的尺寸，这可利用物镜测微尺的分度进行对比而求得。

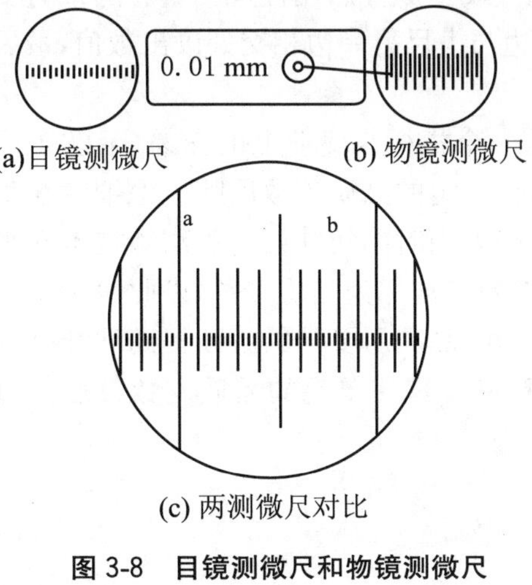

图 3-8　目镜测微尺和物镜测微尺

物镜测微尺[图 3-8(b)]是一块特制的载玻片，上有刻度。通常是将 1 mm 划分为 100 格，每格等于 0.01 mm 即 10 μm(1 μm=1/ 1000 mm)。

校对方法：将物镜测微尺放在显微镜工作台上，同时将目镜测微尺置于目镜中。调整焦距，使目镜测微尺与物镜测微尺成像重合，记下两者重合时的刻度大小。如图 3-8(c)所示，目镜测微尺的刻度为 33.5 格，

物镜测微尺的刻度为 10 格,已知物镜测微尺每格为 10 μm,则目镜测微尺每格应为:

$$10\times\frac{10}{33.5}=3.0\ \mu m$$

求得目镜测微尺每格表示的尺寸后,除去物镜测微尺,即可根据目镜测微尺的格值测量纤维。当放大倍数改变后,须按前法重新校对,求得目镜测微尺格值。

三、羊毛直径投影测量

羊毛直径投影测量的方法有两种。

(一)显微测量法

将分度为 0.01 mm 的测微尺放在载物台上,投影在屏幕上的测微尺的一个分度(0.01 mm)应精确地被放大为 5 mm,这时放大倍数为 500 倍。把载有试样的载玻片放在显微镜载物台上,开始时先对盖玻片的角 A 进行调焦(图 3-9),纵向移动载玻片 0.5 mm到 B,再横向移动0.5 mm,这两步将在屏幕上取得第一个视野。

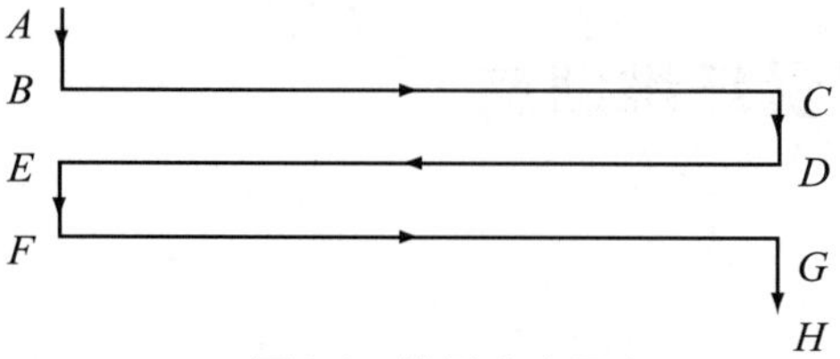

图 3-9　检测次序示意

当第一个视野内的纤维测量完毕后,将载玻片横向移动 0.5 mm,这样在屏幕上出现第二个视野,沿载玻片的整个长度按相同方法继续进行,在到达盖玻片右边 C 处时,将载玻片纵向移动 0.5 mm 至 D,并继续以 0.5 mm 的步程横向移动测量。按图3-9 所示的 $A,B,C,D,E,F,G,\cdots$的次序检验整个载玻片中的试样。若纤维明显一端粗,而另一端细长,测其居中部位。

上述测量应由两名操作者各自独立进行,结果以两者测得结果的平均值表示。若两者测得的结果差异大于两者平均值的 3%时,应测量第三个试样,最终结果取三个试样实测数值的平均值。

测量每一根纤维,都要使分度刻度尺的一刻线与对准焦点的纤维的一边相切,在纤维另一边上读出直径。

(二)楔尺测量法

用纤维切片器将样品切成 0.4 mm(粗支即 60^s 以下的羊毛,不包括 60^s)或 0.2 mm(细支数即 60^s 及 60^s 以上的羊毛)长的纤维片段放在载物台上,投影成像后用楔尺测量。测量时要使楔尺的一边与对准焦点的纤维一边相切,在纤维的另一边与楔尺另一边相交处读出数值,最后计算平均直径和直径变异系数。

羊毛品质支数是毛纺织生产活动中长期沿用下来的一个指标。商业上的交易、毛纺工业中的分级、制条工艺的制订,都以品质支数作为重要依据。一定的品质支数反映羊毛细度在某一直径范围。早期羊毛的品质支数是用感官法评定的。根据当时的纺纱设备和纺纱技术水平以及对毛纱品质的要求,把各种细度的羊毛实际可能纺得的支数称为品质支数,以此表示羊毛品质的好坏。随着科学技术的发展、纺织方法的改进、对纺织品品质要求的不断提高和纤维性能研究工作的进展,羊毛品质支数已逐渐失去它原来的意义。现在羊毛的品质支数仅表示直径在某一范围内的羊毛细度(表 3-2)。

羊毛直径和线密度的换算值见表 3-3。

表 3-2 羊毛品质支数和平均直径的关系

品质支数	平均直径(μm)	品质支数	平均直径(μm)
70	18.1～20.0	48	31.1～34.0
66	20.1～21.5	46	34.1～37.0
64	21.6～23.0	44	37.1～40.0
60	23.1～25.0	40	40.1～43.0
58	25.1～27.0	36	43.1～55.0
56	27.1～29.0	32	55.1～67.0
50	29.1～31.0	—	—

表 3-3 羊毛直径和线密度

直径(μm)	线密度(dtex)	直径(μm)	线密度(dtex)	直径(μm)	线密度(dtex)	直径(μm)	线密度(dtex)
17	2.99	25	6.48	33	11.11	41	17.42
18	3.36	26	7.03	34	11.99	42	18.28
19	3.74	27	7.59	35	12.70	43	19.15
20	4.15	28	8.13	36	13.44	44	20.04
21	4.68	29	8.72	37	14.18	45	20.96
22	5.02	30	9.33	38	14.97	48	22.93
23	5.49	31	9.96	39	15.77	50	25.91
24	5.97	32	10.62	40	16.58	52	28.01

四、图像法测量纤维细度

用计算机图像处理技术测量纺织纤维细度，是将摄像头获取的纤维直径或横截面的显微镜图像，按灰度值的大小转化为数字图像存贮起来，计算机内装有图像处理卡及图像处理软件，具有图像存贮、修改、增强、锐化、计算、边缘检测并画出灰度直方图等功能。仪器测量框图如图 3-10 所示。

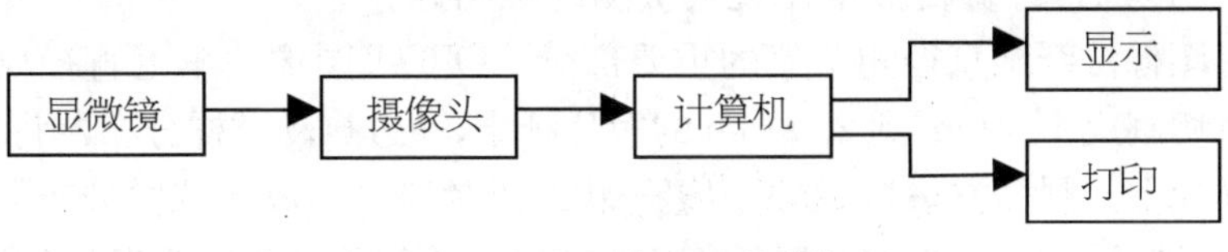

图 3-10 数字图像处理仪器框图

利用数字图像测量纤维细度，可按以下步骤进行：

(1)对图像预处理，获得尽可能清晰的图像。

(2)计算并画出灰度直方图，确定阈值，把图像中的(纤维)目标与背景分开来成为二值图像。

(3)使每个纤维截面成为单独的目标物。

(4)按每个目标物所占的像素,并根据放大倍数换算成纤维直径或截面积大小。

纤维纵向直径测量是将纤维分散置于载玻片上,放置于显微镜载物台上,通过升降物镜镜筒进行调焦,左右移动载玻片将目的物置于视场范围内。被测纤维经过物镜和目镜放大后,成像于目镜上方的摄像头芯片上,计算机采集纤维图像信息进行存贮、处理,显示于计算机屏幕上。找到纤维目的物,用鼠标点击直径图像边缘进行直径测量,也可采用载物台自动移动系统由软件进行直径自动测量。自动测量需要解决纤维交叉重叠和纤维不同平面调焦等问题,处理不当会引起测量误差。显微图像法测量纤维纵向直径适用于圆形截面纤维的细度测量。

对于非圆形截面面积的测量要用切片器制作纤维横截面切片,通过显微镜图像系统得到纤维横截面图像。图像面积的计算方法有多种,可以根据图像特点、应用要求,以及图像处理系统的能力来决定。常用的有平行扫描法和边界跟踪法。平行扫描法的主要原理是,纤维截面的数字图像经分割和二值化后,扫描从图像左上角开始,逐行自左向右进行,纤维集 S 的每一分量中的点全都是"1",背景集中的点全都是"0"。为了测定每根纤维的截面积同时记录纤维根数,需要将 S 的每一个分量作为单独目标物来处理,加标志符号、记数和计算面积,扫描完毕得到各纤维截面对应的分量面积。当纺织纤维的图像清晰,各根纤维的截面能形成一条封闭的周界,截面内部没有不规则的中腔时,采用平行扫描法较简便。测量面积的另一种方法是边界跟踪法。该方法首先在纤维截面的边界上选定一起点,然后按照所定的灰度范围自动描绘或者按照监视器上的纤维图像用鼠标器手动描绘纤维截面的边界轮廓,最后形成一个封闭区域,再计算此封闭区域的面积、周长等参数。虽然大量测量时自动描绘边界要比手动描绘方便快速,但是有时自动描绘边界容易发生偏差。例如因纤维切片制作、显微镜照明系统或摄像等原因造成图像局部较模糊,或者部分纤维挤得太紧而使得形成的公共边界无法按灰度值划分,则不适宜用自动描绘边界的方法。

现发展的数字图像细度测试仪器有以下几种:

1. OFDA 图像法纤维直径仪

由 Uster 公司生产,用于羊毛、毛条平均直径及直径分布的快速测量。将载有短纤维试样的载玻片,置于光学显微镜的载物台夹持装置中,由步进电机驱动载样夹持装置进行移动扫描,纤维试样经光学显微镜放大后,通过摄像头截获每幅画面中的羊毛纤维图像信息,通过图像卡和图像分析软件进行纤维直径测量。对已测量的纤维作标记以防止重复测量,在对纤维进行水平方向扫描测量纤维宽度时,还要测量其倾斜度,以计算出垂直于纤维轴向的直径大小。在测试中,可以通过计算机显示器观察被测纤维图像。

试样制备是图像法纤维直径测量仪的重要部分。OFDA 图像法羊毛直径仪采用切割器,将毛条状的纤维束切割成 1.6 mm 到 2.0 mm 的短片纤维,通过自动试样分布器将短纤维片段均匀分布于玻璃载样片上。制样方法是,首先用镊子将纤维片段均匀放在试样分布器的筛网上,开动电机,带动金属片转动,使短纤维在金属筛网上移动,通过金属筛网的孔眼均匀地落到其下方的载样片上。载样片为合页式,由上下两片组成。切断器由具有两个刃口的定刀和单刃动刀组成,毛条放置于两者之间,压下动刀,短纤维片段落在定刀下方的培养皿中,收集短片段纤维试样。

2. CU 型纤维细度分析仪

中国纺织科学研究院、北京和众视野科技有限公司研制开发的 CU 型纤维细度分析仪,是一种半自动人机交互式纤维直径分析仪器,通过摄像头将光学显微镜与计算机相连,测量时试验人员运用鼠标在显示器上点击测试对象，通过软件完成纤维直径测试等。除了对纤维纵向图像进行测试与分析外，还可对纤维横截面进行测试分析，可用于异形纤维、中空纤维等截面形态和横截面面积的测量分析，以及混纺产品的纤维含量分析等。

3. XGD-1A 型纤维直径测试仪和 XGD-1B 型羊毛羊绒成分分析仪

由上海新纤仪器有限公司开发的 XGD-1A 型纤维直径测试仪是采用图像法测量纤维直径和截面积的仪器，可用于测量羊毛、羊绒及其他动物纤维直径，也可与 XG-1A 型工程纤维或高强高模纤维强伸度仪联机使用，测量纤维的强度和模量（MPa 或 GPa）。当纤维截面为非圆形时，纤维切片试样经显微图像分析系统在屏幕上显示纤维截面形态，用边缘跟踪法求取纤维截面积再换算成当量直径。

XGD-1B 型羊毛、羊绒成分分析仪采用显微图像分析系统，进行羊毛、羊绒纺织品成分定量分析，也可用于棉麻、棉黏、中空纤维及其他各种纤维的形态识别与成分分析。仪器采用高清图像处理技术，可有效识别羊毛、羊绒和各种动物纤维表面鳞片结构及内部腔髓形态特征，提高羊毛、羊绒及其他动物纤维成分分析测试结果准确性和可靠性。特别是能识别各种染色及黑色羊毛、羊绒形态特征，克服目前深色纤维鉴别时必须预先采用褪色处理才能看清纤维表面形态所存在的问题，避免化学试剂处理产生纤维尺寸变化带来的测量误差。测试软件功能较强，操作简便，能适应国内外各种测试方法标准，提供清楚完整的测试结果和分析图表。

第四节　光电法测量纤维细度

一、激光纤维细度测量仪

（一）基本原理

FDA-200 型激光纤维细度仪，是用来快速测量羊毛以及具有圆形截面的化纤和玻璃纤维的直径及其分布的测试仪器。仪器的基本原理是，将毛条或纤维束切割成长 1.8 mm 的短片段，放在适当成分的混合液体中搅拌，液体流经位于激光光束及其检测器之间的测量槽时，纤维逐根掠过和遮断激光光束，从而在光电检测器上检测出与单根纤维直径大小相应的电信号。该信号通过鉴别电路和模数转换电路后进入计算机进行数据处理，显示打印纤维的平均直径、标准偏差、直径变异系数以及纤维直径分布的直方图，还可显示打印试验总根数和有效根数。每个试样测试 2 000 根纤维时，所需时间（包括试样准备在内）约为 5 min。

用激光法测量单根纤维的直径是基于光散射原理。当纤维横向掠过定向良好的细窄圆形截面的激光光束时，由于纤维表面对激光的散射，使光束被纤维所遮断而部分消光。图 3-11(a)表示单根纤维掠过激光光束时的情形，图 3-11(b)表示纤维掠过激光光束时遮光面积由小变大、再由大变小的过程。显而易见，当纤维到达与激光光束直径重合的位置时，遮光面积具有最大值 A_m，此时光电检测器所转换的电信号产生峰值。若激光光束直径 D 为一定，纤维直径 d 和最大遮光面积 A_m 之间存在一定的数学关系。当纤维直径 d 比激光光束直径 D 小得多时，纤维直径与最大遮光面积 A_m 近似成正比，如图 3-12 所示。因此，判断信号峰值所在位置，测出信号电压峰值的高度即可代表被测单根纤维的直径。由于光束截面形状为圆形，纤维直径 d 为一定时的最大遮光面积，与纤维倾斜角度无关，即在忽略光敏检测元件特征的条件下，测量结果与纤维定向无关。

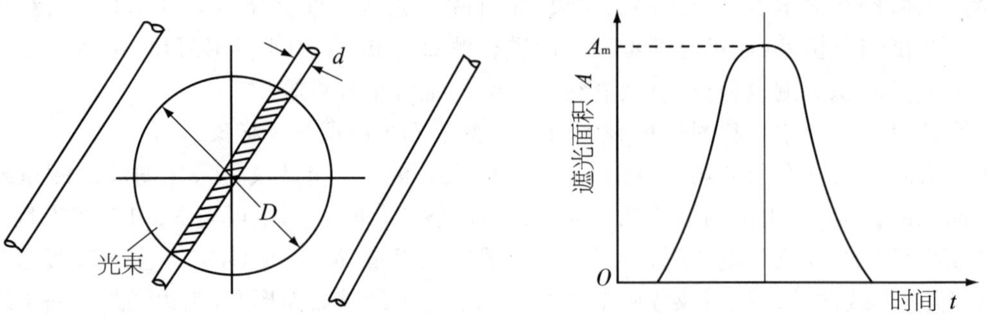

（a）纤维掠过激光光束情形　　（b）产生的遮光电信号

图 3-11　激光光束检测纤维直径示意图

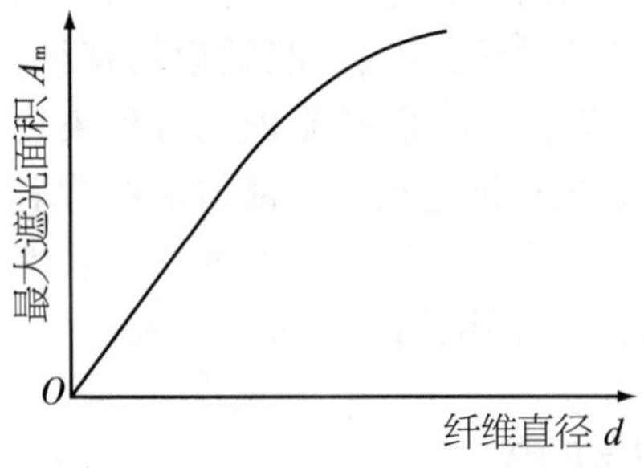

图 3-12　最大遮光面积与纤维直径关系

为了使测量结果有效地代表单根纤维的直径单值，对于非纤维颗粒[图 3-13(a)]、部分遮光纤维[图 3-13(b)]，以及两根以上纤维同时通过激光光束[图 3-13(c)]的情况下所产生的信号，应该加以判断，作为无效测量结果加以剔除。具体措施是将检测光电池分为 A 和 B 上下两部分，根据两者接收峰值信号的平衡与否来判断信号是否有效，使只有单根纤维完整地通过激光光束时才作为有效信号加以接受。仪器对两根距离太近或交叉于近中心的纤维信号无法判别。因此，只有在液体内纤维充分分散成单根纤维状的条件下，才有可能减小测量结果的误差。

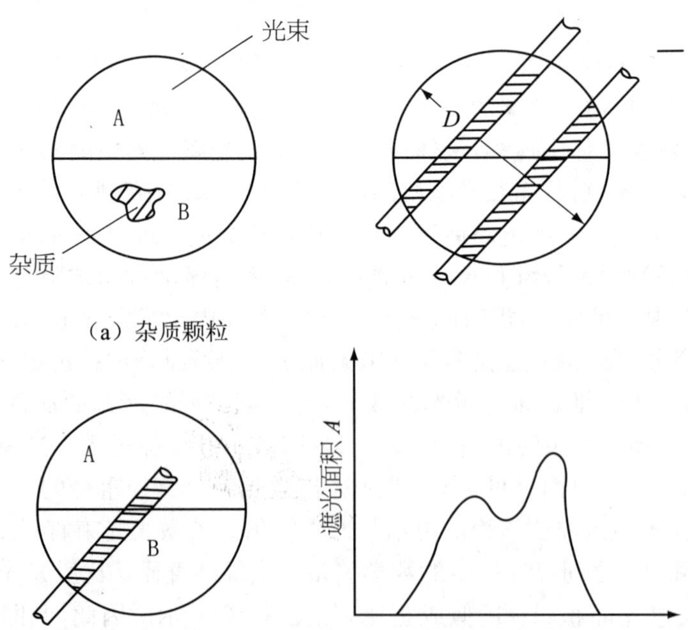

（a）杂质颗粒

（b）纤维部分遮光　　（c）两根纤维同时遮光

图 3-13　无效遮光电信号产生的几种情况

(二)仪器结构

1. 光学测量装置

激光光束测量纤维直径的光学装置原理如图 3-14 所示。

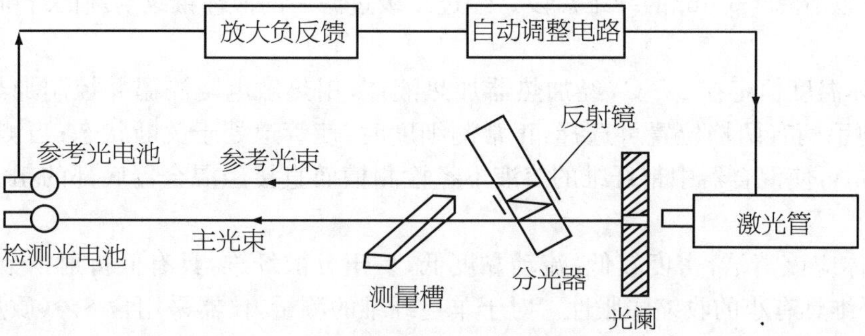

图 3-14 激光测量装置原理图

由氦氖激光发生器发出的光束,经圆形光阑将光束直径限制为 0.2 mm。光束到达具有一定倾斜角度的分光器底面时,一部分直接透射,经测量槽到达检测光电池,称为测量光束;另一部分在分光器底面反射后,经分光器上下表面两次镜面反射从上面射出,称为参考光束。该光束不经测量槽而直接到达参考光电池,用来测量激光器发射光的强度,转换成相应的电信号,经放大和负反馈,自动调整和稳定激光管的工作电流,以消除激光管在使用过程中发光强度变化所带来的测量结果的误差。

激光管的最大发射功率为 5 mW,发射光束直径为 0.8～1 mm。由于激光光束的小角度发散特性,光束经孔径为 0.2 mm 的光阑后到达测量槽时,其直径为 0.3～0.4 mm。测量槽为中央具有矩形孔的长方形晶体,矩形孔尺寸为2 mm×2 mm,两端进口与出口处呈锥形。由于载有纤维的液体进入测量槽时其截面积收缩,纤维方位具有转向与液体运动方向相垂直的趋势,这有利于纤维遮光测量。

光电检测器的矩形光电池尺寸为 2 mm×2 mm,参考光电池尺寸为 1 mm×1 mm。

检测光电池和参考光电池的位置可分别通过水平和垂直螺丝加以调节,使两者中心与主光束和参考光束中心相重合。整个光学测量装置安放在温度控制在29℃的恒温箱内,以保持测试温度的恒定。

2. 液体循环系统

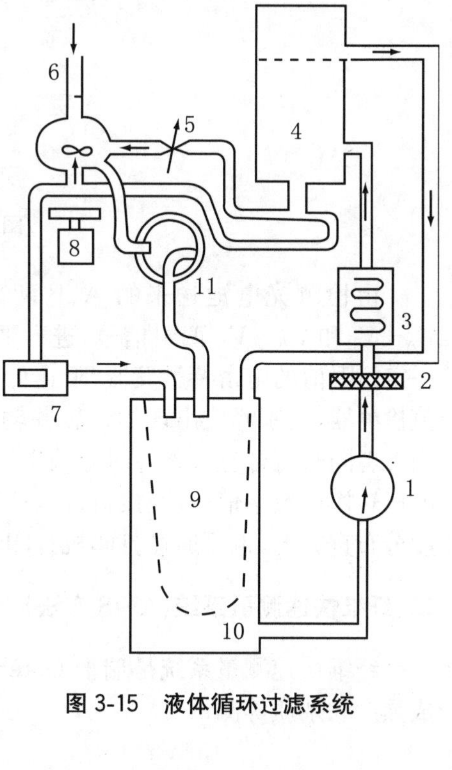

图 3-15 液体循环过滤系统

结构原理如图 3-15 所示。用于分散纤维的液体,存储于仪器下部的储液桶 10 中。由泵 1 将该液体向上运送,经细过滤器 2、热交换器 3 后,到达仪器上部的补充容器 4 中。液体依靠自重由补充容器下端的管道流出,分为两路。其中一路经流量调节阀 5 进入混合器 6 中,纤维片段由混合器上端投入,在磁搅拌器 8 的作用下,液体中的纤维分散成单纤维状。载有短纤维片段的液体由混合器下部流出并与补充容器下部送来的另一路管道中的液体相混稀释后，到达测量槽7，进行纤维直径的检测。然后经过滤网9过滤后回到储液桶10中。过滤器分粗、细两级：过滤网9用作第一级过滤，可以清除>10～12 μm的纤维片段及杂质；过滤器2为第二级过滤，可以清除>6 μm的纤维片段。经过二级过滤后的液体继续与新的纤维再次混合进行测量。

为使液体温度恒定在29 ℃，经加热器加热液体，用热敏电阻测温并控制加热器的开断。排液阀11的手柄有两档位置可选择：正常测细度时，使管道处于关断状态；当测完一个试样后，打开管道，可使混合器中带纤维的溶液不经检测槽而直接经混合器底部的粗管道，快速返回储液桶10。

所用液体应该清洁，密度较低，流动黏度低，易于分散纤维，具有低折射指数和低温度系数，以及使纤维具有小的收缩膨胀性。对于羊毛纤维的测量，仪器采用含8%(质量比)水的异丙醇溶液，折射指数能经常保持常数。纤维检测速度一般为20～70根/s。

3. 信号鉴别电路

电路方框图如图3-16所示。

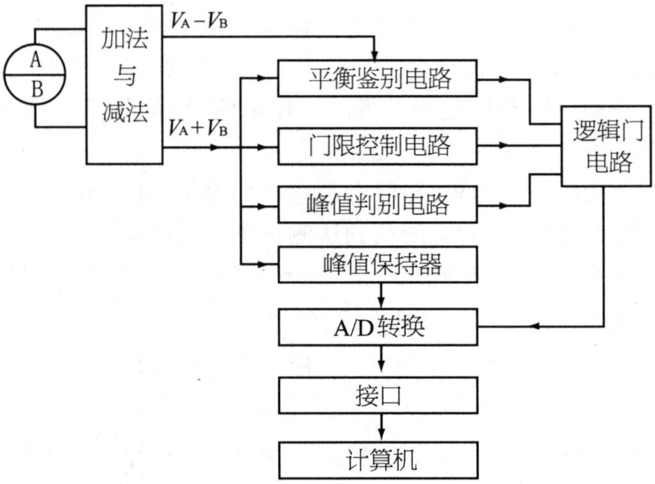

图3-16 信号鉴别电路原理

由检测光电池送来的A、B两部分电信号，经过模拟集成电路进行相加和相减，得到V_A+V_B和V_A-V_B两组信号，进入平衡鉴别电路判别是否有效。V_A+V_B的另一路通过设置一定门限值的施密特触发器，阻止低于一定电压的噪声电平通过。V_A+V_B的再一路进入峰值检测器，判别峰值出现的位置并输出控制脉冲。以上三组输出信号同时送至逻辑门电路。当三者同时符合有效条件时才输出控制信号，打开模数转换电路的控制门，将峰值保持电路的电压转换成数字信号，经接口进入计算机进行数据处理。通过屏幕显示器可以观察到纤维细度分布直方图，也可通过打印机打印输出。

二、纤维快速测量系统(AFIS方法)

纤维快速测量系统是瑞士Uster公司开发的纤维检测仪器，可进行纤维棉结、长度、细度、成熟度和杂质等测试。

AFIS仪测试原理：纤维试样经机械气流式开棉单元处理，被分散成单根纤维，杂质和微尘被分离出来。一个光电传感器测试单纤维棉结、长度、细度和成熟度，另一个光电传感器测试杂质和微尘的大小和数目。每次测试后，压缩空气自动清理开棉单元。试样量为0.5 g，测试时间为3 min，一批棉花需用3～10个试样进行测试，试样可以是原棉、棉条或粗纱。

AFIS仪器结构见图3-17～3-19。首先将试样经过开松、梳理，并用气流将微尘、杂质和纤维分离。进入多孔针辊导气孔中的气流，使较重的杂质粒子在第一道逆向导流槽中从纤维和微尘中分离，并排出系统之外，较轻的纤维和微尘在导流槽空气的作用下返回针辊。微尘在离心力作用下被分离，并被拖入多孔针辊由套筒限制的区域。纤维经第一和第二固定梳理板的梳理后被直接送至第二针辊，由第二逆向导流槽去除其中残余的杂质，纤维再经过第三固定梳理板作最后梳理后被空气输出系统之外。三种相分离的成分有不同的气流轨迹，可用光电或其他方法进行测量。

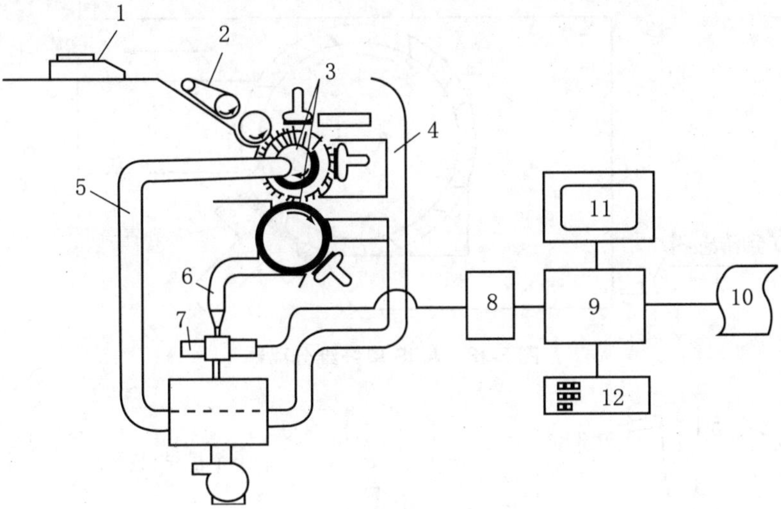

图3-17 试验系统装置

1—电子天平 2—输送装置 3—针辊 4—除杂质管道 5—除微尘管道
6—纤维和棉结加速喷管 7—光敏元件 8—电信号测量 9—微机
10—打印机 11—监示器 12—键盘

单根纤维和棉结被高速气流从第二针辊上剥取下来，并通过一加速喷管被送至光电传感器。加速喷管使纤维朝近红外光束进行完全取向(图3-19)，当纤维在其中通过时，引起光散射，散射光和纤维的长度、截面形状有关。测量散射光并将其转换为电压信号，然后再转换为图3-20所示的特性波形。纤维产生矩形波，棉结产生三角形波，棉结三角波的波幅数倍于纤维矩形波的波幅，借助于计算机就可以得到棉结和杂质尺寸、数目和纤维长度等分布。仪器软件部分由以下三个模块组件构成：

(1)NC模块用于测试纤维中棉结的大小和数目。测试指标为：每克试样的纤维棉结数、试样中棉结大小的平均值(μm)，并能打印出从0.01 mm至2 mm分成20个等级的棉结大小与数目分布图。

(2)L&M模块用于测试单纤维长度、细度和成熟度。长度的测试指标为：按纤维根数计算的平均长度(L_n)、长度变异系数(L_nCV)、短纤维率(SFC_n)、5%长纤维长度；按纤维质量计算的平均长度(L_w)、长度变异系数(L_wCV)、短纤维率(SFC_w),以及上四分位长度(UQL)。其中短纤维率的长度界限可选择为 12.7 mm 或 16 mm。纤维长度的根数和质量分布可输出从 2 mm 至 60 mm 分成 30 个长度等级的图形。

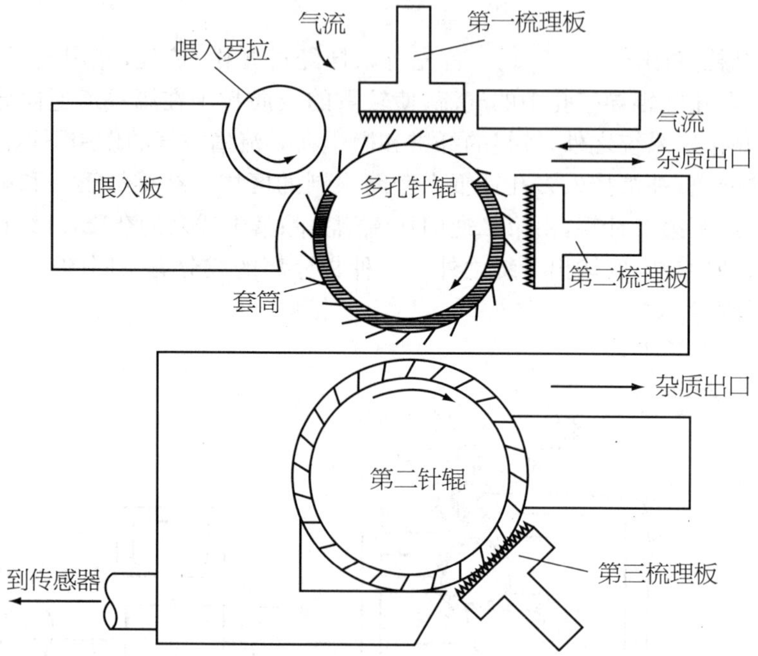

图 3-18　AFIS 单纤维分离器

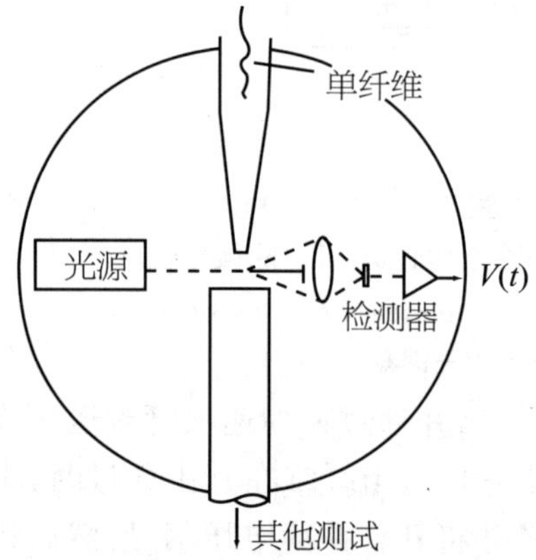

图 3-19　AFIS 纤维传感器流程图

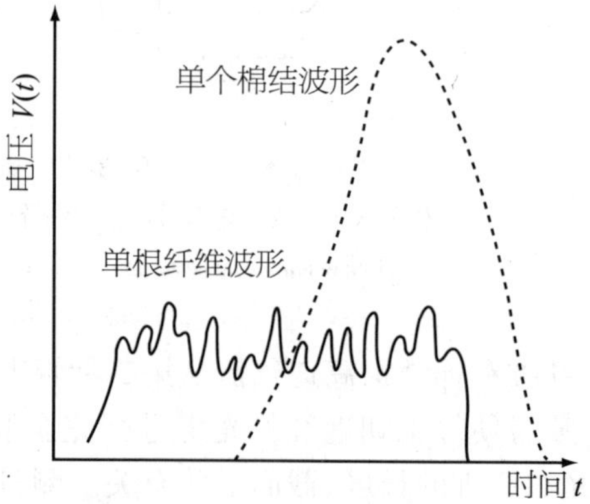

图 3-20　AFIS 纤维和棉结波形

成熟度细度测试部分可以测定成熟度比(Mat)、未成熟纤维百分率(IFC)和纤维细度(mtex)。未成熟纤维含量是一种新定义的参数,它表明样品中未成熟纤维的含量百分率。胞壁充实度低于 25%的纤维被定义为未成熟纤维。

(3)T 模块用于测定纤维中杂质和微尘的大小和数量。测试指标为:每克试样中含杂质和微尘的总数目,杂质和微尘大小的平均值(μm),每克试样中含杂质数目,每克试样中含微尘数目,以及从 50 μm 至 3 000 μm 分成 300 个等级的颗粒大小和数目频率分布图。其中颗粒尺寸大于 500 μm 的按杂质计,颗粒尺寸小于 500 μm 的按微尘计。

AFIS仪器的重要特点是能对原棉和纺纱工艺中间环节的棉结和短纤维含量进行测试。棉结由若干根纤维相互缠绕而成，在棉花轧花过程中及纺纱厂开松除杂处理中形成。纺纱工艺中通过梳棉及精梳机械可去除棉结，这取决于机器的质量状态及参数设置。棉结量的增加会导致棉纱和织物外观质量降低。采用AFIS仪器可对原棉及纺纱工艺中间环节的棉结数进行监控，并可对棉结进行分类，区别纤维棉结和籽皮棉结。籽皮棉结是带有纤维的棉籽壳碎屑，在轧棉中形成，会在织物表面形成清晰可见的小黑点而导致产生次品。

纺纱工艺纱条牵伸过程中短纤维聚集会产生粗节，使纱线均匀度下降。采用AFIS仪器对原棉及纺纱工艺中间环节的短纤维含量进行测试，可以加强对纱条质量的控制。仪器使用操作时试样以棉条形式通过喂入罗拉输入，经针辊进行分梳、分离及测试分析。若试样为原棉则需预先适当处理制成棉条然后进行喂入。测试原棉和纺纱工艺中间环节的杂质和微尘质量可以用来监控纺纱机械的清棉效率。

第五节　振动法测量纤维细度

一、振动法测量纤维线密度原理

近几年来，国际上化学纤维线密度测量趋向于采用振动法。被ISO确认为国际标准化组织的国际化学纤维标准化局(BISFA)，在1985年前制定的涤纶、锦纶、腈纶、黏胶等化学短纤维线密度测量方法中规定采用振动仪法或单根纤维测量长度称重法，而在1986年修订的锦纶短纤维和1989年修订的腈纶短纤维的测试方法中只采用振动仪法。ISO 1973《纺织纤维线密度测量方法》中，也以振动仪代替了1976年版本中的单根纤维测量长度称重法。有关规定指出："所谓纤维线密度的定义，是指各单根纤维必须完全伸直又不伸长时的测量结果。"显然，用中段切断称重法测量纤维平均线密度时，整理拉直纤维很难做到纤维束中各根纤维张力的完全一致，不同操作者拉直纤维所加的张力也不相同。振动法是在单根纤维纵向施加规定张力使其伸直的情况下测量其线密度的，因此测量结果比较准确，这对卷曲较大的化学纤维尤为重要。

振动法测量线密度采用弦振动原理。如图3-21所示，纤维1被夹持器2握持，其下端由张力夹5夹住并加以一定张力；纤维受力激振并限定在上刀口3和下刀口4之间的长度内振动。根据振动理论，纤维弦振动的固有振动频率为：

$$f=\frac{1}{2l}(\frac{T}{\rho_l})^{\frac{1}{2}}\left[1+\frac{d^2}{4l}(\frac{E\pi}{T})^{\frac{1}{2}}\right] \tag{3-36}$$

式中：l为纤维的振弦长度；ρ_l为纤维的线密度；d为纤维直径；T为纤维张力；E为纤维杨氏模量。

当纤维直径d与长度l之比很小时，纤维固有振动频率可表示为：

$$f=\frac{1}{2l}\sqrt{\frac{T}{\rho_l}}$$

或

$$\rho_l=\frac{T}{4l^2f^2} \tag{3-37}$$

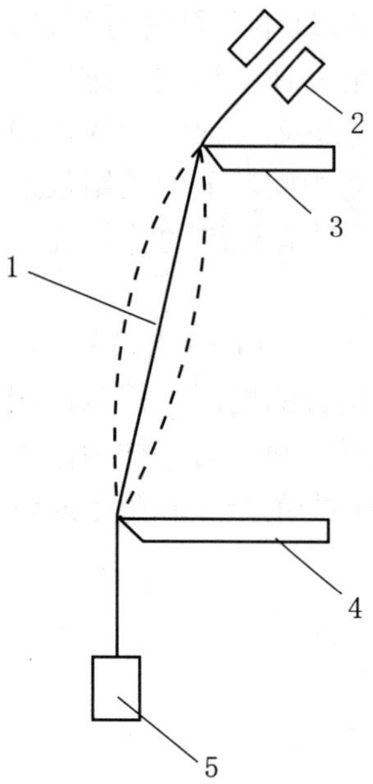

图 3-21 弦振动原理

式中：纤维线密度 ρ_l 的单位为"g/ cm"；纤维振弦长度 l 的单位为"cm"：，张力 T 的单位为"g · cm/ s²"；频率 f 的单位为"Hz"。

经单位换算，线密度单位转换为"dtex"，张力 T 单位转换成"cN"，上式可改写为：

$$\rho_l = 2.5 \times 10^8 \frac{T}{l^2 f^2} \tag{3-38}$$

当仪器振弦长度 l 固定为 20 mm 时，纤维线密度为：

$$\rho_l = 6.25 \times 10^7 \frac{T}{f^2} \tag{3-39}$$

该式即为振动式细度仪设计的基本公式。在已知张力 T 的情况下，测量纤维的固有振动频率 f，便可由上述公式推算出纤维的线密度。

二、振动法纤维细度测试仪

XD-1 型振动式细度仪结构如图 3-22 所示。纤维试样 1 上端由夹持器 2 所握持，经上刀口 3 和下刀口 4，下端由张力夹 5 加以一定张力使纤维伸直。当放上纤维时，发光二极管 6 与光敏三极管 7 之间的光路被遮断而产生一定的脉冲信号，通过放大器放大后送至激振器而推动上刀口 3 移动。控制放大器输出信号的相位使上刀口推动纤维移动的方向与原纤维运动方向一致，就整个闭环回路为正反馈时，满足一定条件就能产生自激振荡，纤维不需外加激振源即能自行振动于其固有振动频率上。放大器输出具有一定频率的电信号送入数据处理器。根据公式计算纤维线密度值，将结果送至电子强伸度仪或直接打印输出。

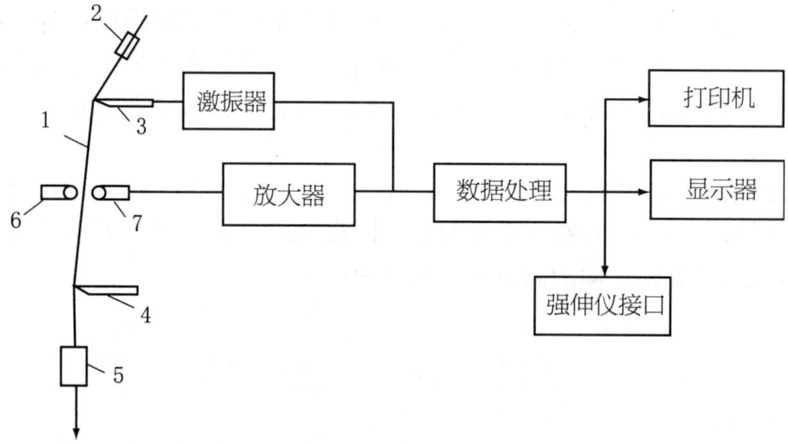

图 3-22 XD-1 型振动式细度仪结构图

为保证测试结果误差小于 2%，纤维振弦长度即上、下刀口之间的距离误差应小于±1%，仪器频率计数误差应小于±0.5%，张力夹质量误差小于±0.5%。

第六节 棉纤维成熟度测试

一、概 述

棉纤维在生长过程中，先是长度增加，然后胞壁加厚。在胞壁加厚期间，长度一般不再增加，而是纤维素沿胞壁淀积加厚。棉纤维胞壁加厚的程度，受生长条件影响而有很大差异。所谓棉纤维成熟度，实际上是指纤维胞壁加厚的程度，胞壁愈厚，成熟度愈好。

棉纤维的长度与直径(或周长)，取决于棉纤维的品种，当品种一定时，成熟度好的纤维，线密度高。线密度与成熟度是互相关联的。不同品种，纤维的外径不同时，纤维线密度的差异就不能反映其成熟度的差异，因为纤维线密度与纤维外径及成熟度这两个因素都有关。

棉纤维生长过程中，纤维素大分子在胞壁中由外向内沉积，而内外层纤维素沉积的螺旋角不同。一般外层螺旋角大，内层螺旋角小，随着胞壁厚度的增加，整根纤维的平均螺旋角降低，大分子取向度增加。另外，随着生长天数增加，纤维大分子聚合度和截面积加大。上述这些因素使纤维强力随成熟度增加而增加。

从纤维外观形态来看，纤维在干涸后其截面发生不均匀收缩，形成棉纤维的天然转曲。成熟度低的纤维呈扁平带状，转曲极少。随着生长天数增加，成熟度逐渐提高，天然转曲也逐渐增多。当纤维生长到接近成熟时，天然转曲最多；若继续生长，纤维成熟度过高，胞壁淀积过厚，纤维外形呈棒状，转曲数反而下降。因此，适当成熟和转曲数大的纤维，可以增加纱条中纤维间抱合力，提高纱条的强力。

棉纤维的光泽，与纤维断面形状、内部结构和表面状况有关。正常成熟的棉纤维，精亮而有丝光；成熟度差的棉纤维，光泽暗淡。因此，可以用目测棉样光泽来判断棉纤维的成熟度。

棉纤维的成熟度对纤维其他性能，如纤维的吸湿性、刚度、弹性、双折射率以及纤维的染色性能等均有影响。一般来说，随着棉纤维成熟度提高，纤维平衡回潮率降低，吸色性能和染色均匀度提高，弹性好，抗弯刚度大。成熟度差的纤维，弹性差，抗弯刚度小，容易纠缠成团，形成棉结。所以，未成熟纤维含量百分率的大小，对纺织厂成纱质量的影响是很大的。

二、棉纤维成熟度的表示方法

(一)壁径比 m

不同直径的棉纤维，即使纤维的壁厚相同，其胞壁填充度即成熟度是不同的。因此，可以用纤维双层壁厚与纤维外径的比值，即壁径比 m 来表示纤维成熟度。

$$m=\frac{2t}{D} \tag{3-40}$$

式中：$2t$ 为纤维双层壁厚；D 为纤维外径。

实际上，棉纤维干涸后，其断面呈不规则的腰圆形，很难测量其外径。通常是按其横截面的周长 C，将纤维恢复成一个圆形，如图 3-1 所示。圆的外径 D 即为纤维的理论外径，t 为纤维的壁厚，d 为理论中腔直径。它们之间有如下关系：

$$D=\frac{C}{\pi} \tag{3-41}$$

式中：D 为纤维的理论外径；C 为纤维周长。

胞壁厚度：

$$t=\frac{D-d}{2} \tag{3-42}$$

胞壁环面积：

$$S'=\frac{\pi}{4}(D^2-d^2) \tag{3-43}$$

标准正常成熟纤维，其壁径比 $m=0.35$。

(二)胞壁增厚比 θ

胞壁增厚比 θ 定义为胞壁充塞的面积与理论外径的圆面积之比。

$$\theta=\frac{S'}{S} \tag{3-44}$$

式中：S' 为胞壁环面积；S 为理论外径的圆面积。

(三)成熟度比 M

以胞壁增厚比 $\theta=0.577$ 时的纤维作为标准成熟度，计算实际成熟度与标准成熟度之比 M。

$$M=\frac{\theta}{0.577} \tag{3-45}$$

式中：M 为成熟度比；θ 为胞壁增厚比。

由式(3-40)～式(3-45)可得 m、θ 与 M 之间的关系：

$$\theta=\frac{\frac{\pi}{4}D^2-\frac{\pi}{4}(D-2t)^2}{\frac{\pi}{4}D^2}=\frac{D^2-(D^2-2t)^2}{D^2}$$

$$=2\left(\frac{2t}{D}\right)-\left(\frac{2t}{D}\right)^2=2m-m^2 \tag{3-46}$$

$$M=\frac{\theta}{0.577}=\frac{2m-m^2}{0.577} \tag{3-47}$$

(四)成熟系数 K

成熟系数 K 的定义为：

$$K=\frac{20\left(\frac{2t}{D}\right)-1}{3}=\frac{20m-1}{3} \tag{3-48}$$

当壁径比 $m=0.35$ 时，即在标准成熟度情况下：

$$K=\frac{(20\times0.35)-1}{3}=2$$

$$M=\frac{2\times0.35-(0.35)^2}{0.577}=1$$

三、成熟度的测量

测量棉纤维成熟度的方法很多，目前采用的一般方法为中腔胞壁对比法、氢氧化钠膨胀法、偏振光测定法、气流法，此外还有染色法等。

（一）中腔胞壁对比法

纤维不经氢氧化钠溶液处理而直接在显微镜下观察其形态。将纤维在 400 倍放大倍数下观察，根据其中段可见腔宽与壁厚的对比值来确定纤维的成熟系数。

纤维的成熟系数 K 与纤维壁径比$\frac{2t}{D}$之间的关系如式(3-48)所述：

当$\frac{2t}{D}=0.05$时，成熟系数 K 为 0；一般成熟的纤维，$\frac{2t}{D}=0.35$，成熟系数 K 为 2.00；最成熟的纤维，$\frac{2t}{D}=0.80$，成熟系数 K 为 5.00。$\frac{2t}{D}$每增加 0.037 5，成熟系数增加 0.25，成熟系数的增加与$\frac{2t}{D}$的增加呈线性关系，见表 3-4。

表 3-4　成熟系数与$\frac{2t}{D}$比例值对照表

成熟系数	$\frac{2t}{D}$	成熟系数	$\frac{2t}{D}$	成熟系数	$\frac{2t}{D}$
0.00	0.0500	1.75	0.3125	3.50	0.5750
0.25	0.0875	2.00	0.3500	3.75	0.6125
0.50	0.1250	2.25	0.3875	4.00	0.6500
0.75	0.1625	2.50	0.4250	4.50	0.7250
1.00	0.2000	2.75	0.4625	5.00	0.8000
1.25	0.2375	3.00	0.5000	—	—
1.50	0.2750	3.25	0.5375	—	—

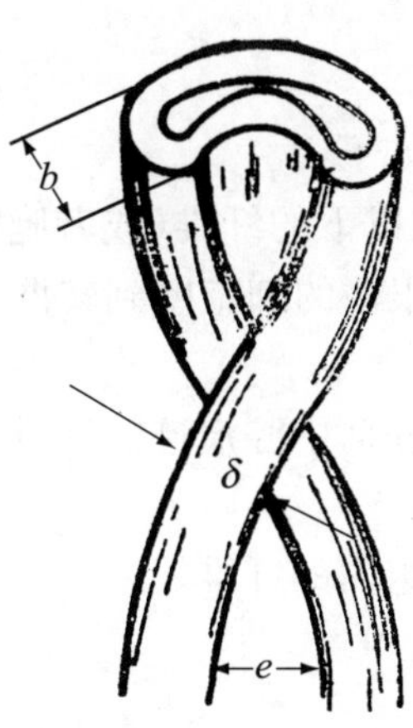

图 3-23　中腔宽度与胞壁厚度

实际上，棉纤维在棉铃裂开以后，因纤维干涸而瘪缩变形，要测量$\frac{2t}{D}$是极不方便的。因此，实际测定中常采用显微镜观察到的纤维中腔宽度 e 与胞壁厚度 δ 之比，即腔壁比(e/δ)，来确定棉纤维成熟系数，如图 3-23 所示。

成熟系数 K 和纤维腔壁比$\frac{e}{\delta}$的关系如表 3-5 所示。根据显微镜下观察的棉纤维的腔壁比$\frac{e}{\delta}$，查表 3-5 可得相应的成熟系数。在实际观察中，还可结合棉纤维的外观形态来确定棉纤维的成熟系数，如图 3-24 所示。

表 3-5 成熟系数和腔壁比的关系

成熟系数	0.00	0.25	0.5	0.75	1.00	1.25	1.5	1.75	2.00
腔壁比	30～22	21～13	12～9	8～6	5	4	3	2.5	2
成熟系数	2.25	2.50	2.75	3.0	3.25	3.5	3.75	4.0	5.0
腔壁比	1.5	1	0.75	0.5	0.33	0.2	0	不可觉察	

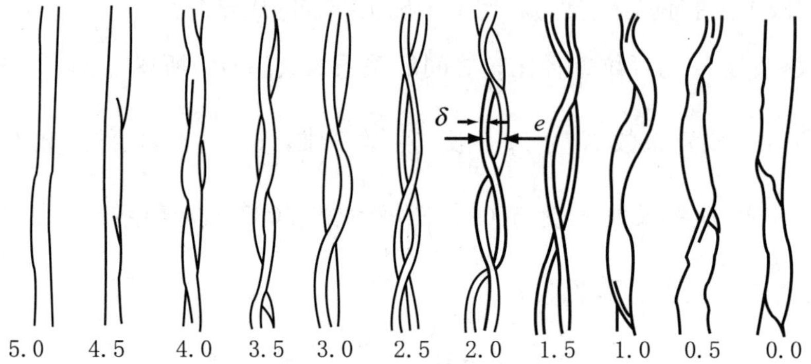

图 3-24 各种成熟系数棉纤维的形态

δ—胞壁厚度　e—中腔宽度

(二)氢氧化钠膨胀法

棉纤维在18%浓度的氢氧化钠溶液的作用下，钠离子和氢氧根离子不仅能进入纤维的无定形区，而且会进入结晶区。由于钠离子吸引水分子的能力很强，它进入无定形区和结晶区的同时，也把许多水分子带入，因此棉纤维分子键间的空隙被水分子充满，引起纤维细胞壁的膨胀。棉纤维的成熟度测定，就是使纤维在18%氢氧化钠溶液中膨胀后，观察纤维的不同形状，把细胞壁的厚度与纤维最大宽度进行目测比较。膨化的不成熟纤维呈现带状扭曲；正常成熟的纤维膨化后，原来的天然转曲消失而呈棒状。

ISO 4912《纺织纤维成熟度测量——显微镜法》采用氢氧化钠膨胀法，测量计算成熟比 M 和成熟百分率 P_M 作为成熟度指标。

1. 成熟度比 M 的计算

测定时将纤维分成死纤维、正常纤维和薄壁纤维三种，具体区分如下：

(1)死纤维。纤维膨胀后，胞壁的厚度为纤维最大宽度的1/5或以下的纤维(或者胞壁厚度等于或小于中腔的1/5)。死纤维有各种形状，从转曲反复频繁和很薄的细胞壁到转曲反复次数较少，但细胞壁厚度小于纤维最大宽度的1/5。

(2)正常纤维。纤维膨胀后呈棒状，有不连续的中腔到几乎没有任何中腔痕迹的纤维。正常纤维没有轮廓分明的转曲。

(3)薄壁纤维。纤维膨胀后，不能划归到正常纤维组内或死纤维组内的纤维。

成熟度比 M 的计算公式为：

$$M=\frac{N-D}{200}+0.70 \tag{3-49}$$

式中：N 为正常纤维的平均百分率；D 为死纤维的平均百分率。

2. 成熟纤维百分率 P_M 的计算

(1)不成熟纤维。纤维刚膨胀后，呈螺旋形的纤维或呈偏平状态有薄薄的外形而且几乎是透明的纤维。这类纤维细胞壁的厚度小于纤维最大宽度的 1/4(或壁厚等于或小于中腔的 1/2)。

(2)成熟纤维。纤维已充分发育，以致刚膨胀后成为无转曲且形状几乎像棒状的纤维。细胞壁的厚度大于纤维最大宽度的 1/4。

成熟纤维百分率 P_M 按下式计算：

$$P_M(\%)=\frac{M_n}{N}\times 100 \tag{3-50}$$

式中：M_n 为成熟纤维根数；N 为纤维的总根数。

成熟度的表示指标、测定的方法虽有所不同，但都是以纤维的中腔与胞壁的比值方法进行评定。其基本原理都建立在纤维细胞壁截面积对同一周长的圆周面积的比率，即在胞壁增厚比的基础上，各项成熟度指标之间具有高度的相关。

它们之间的换算公式如下：

$$\begin{aligned}\theta&=1.017\sqrt{(0.812-0.707P_M)}\\P_M&=(M-0.2)(1.5652-0.471M)\\M&=1.762-\sqrt{(2.439-2.123P_M)}\end{aligned} \tag{3-51}$$

成熟系数 K 与成熟度比 M 之间有如下关系：

$$M=0.169+0.4935K-0.039K^2 \tag{3-52}$$

根据以上公式可推算出几项成熟度指标之间的关系，见表 3-6。

表 3-6 各项成熟度指标之间的对比关系

θ	M	$P_M(\%)$	K
0.577	1	87.5	2
0.519	0.9	79.8	1.72
0.462	0.8	71.2	1.45
0.404	0.7	61.8	1.19

一般认为，成熟度比 M 低于 0.8 即可认为整根棉纤维属于未成熟棉，商业棉样的 M 值很少有低于 0.7 的。

(三)偏振光测定法

1. 基本原理

当平面偏振光以垂直于长轴的方向进入具有双折射性质的纤维时，这平面偏振光就产生双折射，分解成两条在互相垂直平面内振动的光线。如果这平面偏振光的振动平面和纤维长轴成 θ 角，则分解后的光线分别在两个平面内振动，一个平行于纤维的长轴，另一个垂直于纤维的长轴，如图 3-25 所示。

这两条分光的折射率有所不同，振动平面垂直于纤维的光线的折射率 $n_{\perp}$ 一般小于振动面平行于纤维的光线的折射率 $n_{/\!/}$。光线的速度和折射率成反比，因此振动面平行于纤维轴的光

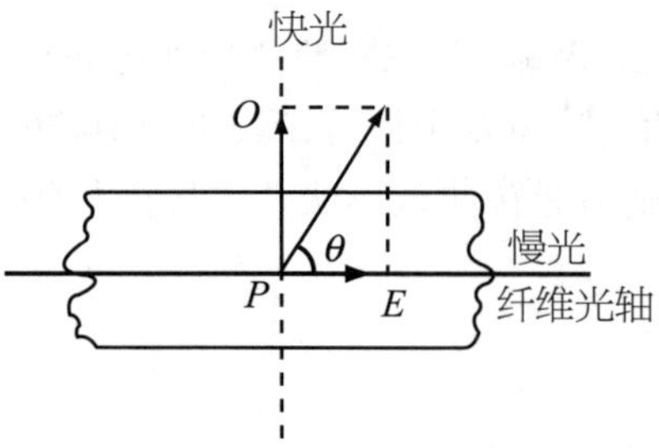

(a)平面偏振光垂直于长轴射进纤维后分解成E光和O光

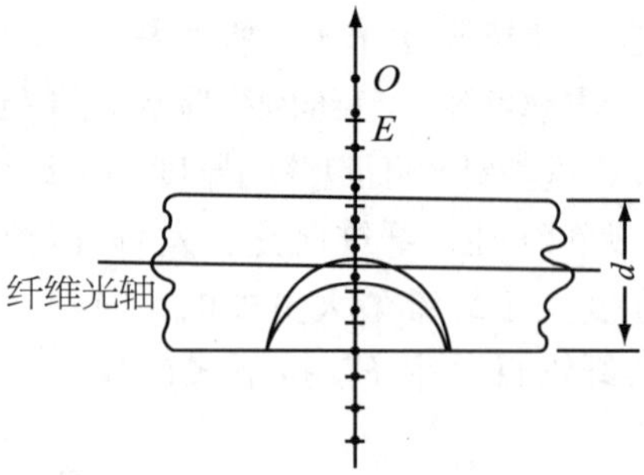

(b)平面偏振光通过纤维后E光落后于O光

图 3-25 平面偏振光通过纤维时的分解

线速度较慢,称慢光(即 E 光);而振动面垂直于纤维轴的光线速度较快,称快光(即 O 光),这样光线透过纤维就产生了光程差。光程差的大小取决于速度的差值(或者折射率的差值)和光线所通过纤维的厚度,即:

$$\Delta=d(n_{/\!/}-n_{\perp}) \tag{3-53}$$

式中:Δ 为光程差(μm);d 为纤维的厚度(μm);$(n_{/\!/}-n_{\perp})$为纤维的双折射率。

光程差所对应的相位差为:

$$\delta=\frac{2\pi}{\lambda}\times\Delta=\frac{2\pi}{\lambda}d(n_{/\!/}-n_{\perp}) \tag{3-54}$$

式中:δ 为相位差;λ 为光波波长(μm)。

两条光线走出纤维后,以相同的速度前进,但 E 光仍落后于 O 光,两光线间的相位差仍将保持着。这两条互相垂直振动的光线将合成平面偏振光、圆偏振光或椭圆偏振光,视相位差而定。

如果从纤维出来的 O 光和 E 光再经过检偏器,使检偏器的偏振方向与起偏器的偏振方向垂直,也就是说,纤维处于正交起检偏器之间。对于各向同性的纤维,无论纤维方向如何,视野和纤维都呈全暗。各向异性的纤维用单色光照明时,在偏振光显微镜的载物台上回转试样,可观察到明暗呈周期性的变化。

用单色光在两正交起检偏器之间观察各种纤维时,由于各种纤维的内部结构各不相同,所呈现的明暗程度也有不同,利用这一方法可以把纤维区别成以下三类:

第一类是羊毛、蚕丝、再生纤维和合成纤维。这些纤维内部各处的结构无明显的不同,它们在正交起检偏器之间回转时明亮与黑暗有显著变化,当纤维平行或垂直于正交起检偏器时呈全暗,纤维和正交起检偏器成 45°角时最明亮。在最亮和最暗之间,随着纤维和起检偏器的交角不同,纤维的明亮程度逐渐变化。

第二类是黄麻、大麻、亚麻和苎麻等。它们在平行或垂直起检偏器时并不呈现全暗,这是由于这些植物纤维中的小纤维存在螺旋状结构。在观察时,上部纤维胞壁和下部纤维胞壁中的小纤维方向对称于纤维轴,上部和下部胞壁中光线振动的方向不能同时和起检偏器平行或垂直,于是不能产生全暗。

第三类是棉纤维。它在回转一周中,明亮程度无显著变化。这是因为棉纤维的小纤维螺旋线的方向在各处是不一致的,所以当纤维的一部分黑暗时,另一部分可能是明亮的。

纤维在正交起检偏器之间所呈现的明暗现象，可以用两种方法来加以说明。一种是认为进入纤维的平面偏振光在透过纤维后成为椭圆偏振光，因而具有一平行于检偏器的分光，如图 3-26 所示。这一分光的振幅为 A_1，通过检偏器后的强度和 A_1^2 成正比。另一种方法可以认为平面偏振光在透过纤维后分解成两个互相垂直的平面偏振光，这两个平面偏振光再各自通过检偏器，产生两个分光而形成干涉现象。图3-27(a)是光线的行程图，在起偏器 N_1 和纤维 C 之间，光线是平面偏振的，在纤维 C 和检偏器 N_2 之间，成为椭圆偏振光或两组平面偏振光。图 3-27(b)、(c)、(d)三个图表示面对光线进行方向时观察的情况：图(b)表示由起偏器形成的平面偏振光到达纤维时的情况，这时平面偏振光中振幅为 A，和纤维光轴 $x-x$ 的夹角为 θ；图(c)表示平面偏振光进入纤维后的情况，这时振幅 A 分解成 O 光和 E 光；图(d)表示两分光到达检偏器 N_2 的情况，这时只有 O 光和 E 光中平行于检偏器 N_2 的分光 E' 和 E'' 能通过检偏器。E' 和 E'' 系在同一平面内振动的两个偏振光，它们的振幅分别为：

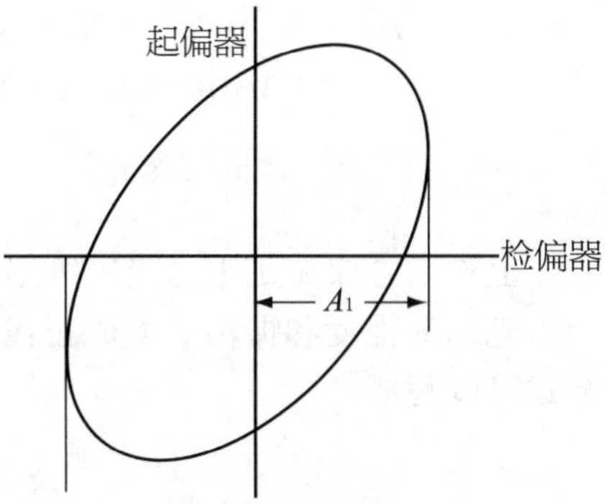

图 3-26　椭圆偏振光的一部分通过和起偏器垂直的检偏器

$$E' = E\sin\theta = A\cos\theta\sin\theta$$
$$E'' = O\cos\theta = A\sin\theta\cos\theta \qquad (3\text{-}55)$$

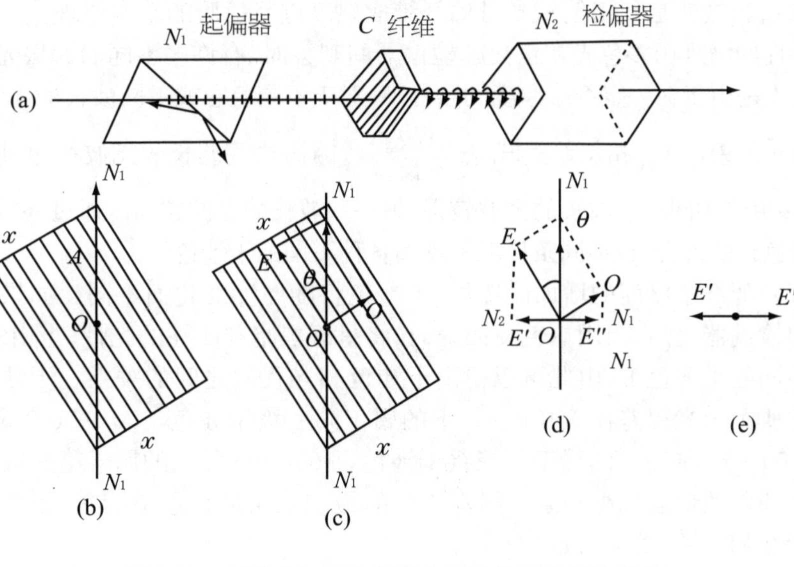

图 3-27　纤维在正交偏振器之间的偏振光干涉现象

结果说明，当用正交起偏器时，不论 θ 角的大小如何，通过检偏器的分光 E' 和 E'' 的振幅大小都相同。

由于这两个分光 E' 和 E'' 在同一平面内振动，而且存在相位差 δ，如图 3-27(e)所示，相位差 δ 不同就产生不同的干涉结果。按波动的叠加公式可知，E' 和 E'' 在具有相位差 δ 的情况下，合成后所得的合成振幅为：

$$\begin{aligned}A_1^2 &= E'^2+E''^2+2E'E''\cos(\delta+\pi)\\ &=(A\cos\theta\sin\theta)^2+(A\sin\theta\cos\theta)^2+2A^2\sin^2\theta\cos^2\theta\cos(\delta+\pi)\\ &=A^2\sin^2 2\theta\sin^2\frac{\delta}{2}\end{aligned} \tag{3-56}$$

上式中 δ 加 π 是因为当纤维厚度或相位差为零时，$\delta=0$，而 E' 和 E'' 的方向却相反。

光线的强度和振幅平方成正比。以 I_f 和 I_0 分别代表干涉后的光线强度和入射光线强度，上式可以写成：

$$I_f=I_0\sin^2 2\theta\sin^2\frac{\delta}{2} \tag{3-57}$$

上式表示，在正交起检偏器间插入纤维后，在检偏器后面所能看到光线的强度，和入射光线强度 I_0、纤维轴和起偏振器振动轴间的夹角 θ，以及光线通过纤维后形成的相位差 δ 有关。

可以看出，当 $\theta=\frac{\pi}{4}$ 而 $\delta=\pi,3\pi,5\pi,7\pi,\cdots$ 时，透射光的强度最大；当 $\theta=0,\frac{\pi}{2},\pi,\frac{3\pi}{2},\cdots$ 或 $\delta=0,2\pi,4\pi,\cdots$ 时，透射光的强度为零。

如果用光程差 Δ 表示，而采用的光为波长 λ 的单色光，则有：

$$I_f=I_0\sin^2 2\theta\sin^2\frac{\pi\Delta}{\lambda}=I_0\sin^2 2\theta\sin^2\frac{\pi d(n_{/\!/}-n_{\perp})}{\lambda} \tag{3-58}$$

由此可知，如果 I_0 和 λ 一定，且纤维的双折射率 $(n_{/\!/}-n_{\perp})$ 一定时，透射光的强度和纤维厚度成一定关系。这就是利用偏振光对棉纤维成熟度进行检验的基本原理。

当各向异性的纤维用多色光在正交起检偏器间观察时，有许多不同的偏振光干涉色。偏振光干涉色的形成是由于在一定纤维厚度的条件下，对于不同色彩或不同波长的光波，快光和慢光之间所产生的相位差不同$\left(相位差=\frac{2\pi\times光程差}{光波波长}\right)$。因而这些波长的光波在通过检偏器后出现不同的强度，多色光中间一些波长的光波较强，另一些波长的光波较弱。通过检偏器看到的是这些不同强度的色光的混合，在不同条件下呈现出各种不同的干涉色。

由于光程差随纤维厚度的增加而增加，干涉色将随厚度变化而不同。如果把一个石英楔子放在正交起检偏器之间，当用单色光照射时，将呈现黑暗和明亮的光带；当用多色光照射时，则呈现各种不同的干涉色带，由此可以得出干涉色和光程差之间的关系。干涉色和光程差的关系如表 3-7 所示。光程差在 550 nm 以下的属于第一级干涉色，550～1100 nm 的属于第二级干涉色，1 100～1 650 nm 的属于第三级干涉色，1 650 nm 以上的属于第四级干涉色。

第一级干涉色的最后几组和第二级干涉色的最初几组的色彩最清楚；第四级干涉色的最后几组的色彩互相重叠，最不清楚。

除了少数纤维如涤纶以外，一般纤维的直径很细，并且折射率较小，因而光程差很低，所以干涉色的级序也较低，大多在第一级干涉色中。

在第一级干涉色中，各种光程差的干涉色间的差别不易明确区分，可以利用石膏片或云母片加入一个外加的光程差，以得到更加能够明显区分的偏振光干涉色。因为在第一级干涉色序列的末了和第二级干涉色序列的开始，光程差的微小增加或减小会使色彩有大的变化。石膏片(一级红晶片)的红色在纤维的很小的光程差作用下，能改变成蓝色或黄色。它能使棉纤维成熟度(纤维胞壁厚度)的少许差值在干涉色中有显著区别，因此检验纤维成熟度一般采用一级红晶片。

表 3-7 白光照明的干涉色

光程差(nm)	干涉色	光程差(nm)	干涉色
0	黑色	747	绿色
40	铁灰	826	浅绿
97	紫灰	834	绿色带黄
158	灰蓝	910	纯黄
218	灰色	948	橙黄
234	白色带绿	998	橙红
259	全白色	—	—
267	白色带黄	1101	暗紫红
281	黄色带绿	1128	紫色带蓝
306	浅黄	1151	深蓝
332	鲜黄	1258	蓝色带绿
430	黄色带棕	1376	鲜绿
505	橙色带红	1426	黄色带绿
536	红色	1495	肉色
551	深红	1534	洋红
565	紫色	1621	暗紫
575	紫蓝	1652	紫灰
589	深蓝	1682	灰蓝
664	天蓝	1711	暗海绿
728	蓝色带绿	1744	绿色带蓝

加入外加光程差的方法，是在纤维上方将石膏片放入正交起检偏器之间。如果纤维的快光和石膏片的快光相重合，将使光程差升高 550 nm；如果纤维的快光和石膏片的慢光相重合，也就是纤维和石膏片相垂直，将使光程差降低 550 nm。

由于干涉色决定于光程差，而光程差决定于纤维的双折射和纤维的厚度，因此可以在纤维的厚度已知时从干涉色求得双折射，或者在双折射已知时从干涉色求得纤维的厚度。

2. 色偏振测量棉纤维成熟度

棉纤维具有双折射性质，当直线偏振光进入棉纤维时，分解成的平行于纤维的偏振光和垂直于纤维的偏振光，走出纤维时产生光程差。棉纤维光程差 Δ 与胞壁厚度 $2t$ 和成熟系数 K 之间的关系为：

$$\Delta=1\,000\times 2t(n_{/\!/}-n_{\perp}) \tag{3-59}$$

式中：Δ 为光程差(nm)；$n_{/\!/}-n_{\perp}$ 为棉纤维双折射率。

将式(3-48)代入式(3-59)得：

$$\Delta=150D(K+\frac{1}{3})(n_{/\!/}-n_{\perp}) \tag{3-60}$$

式中：D 为纤维理论直径；K 为成熟系数。

对于一定品种的棉纤维来说，不同成熟程度的棉纤维的双折射率为一常数，因此棉纤维的光程差是棉纤维胞壁厚度的直线函数。

在复色光照明条件下，当偏振光通过检偏振片后，由于不同波长光波的加强与减弱，不同的光程差就呈现不同的干涉色。因此根据棉纤维在偏光显微镜下呈现的干涉色，可以测定棉纤维的胞壁厚度即成熟度。

测定前应检查：起偏振片和检偏振片必须严格正交，棉纤维几何轴向应与起偏振光光轴呈45°，补偿器的光轴方向应正确放置。

(1)俄罗斯方法。此法是加入一级红晶片，应用光程差相加法测定棉纤维成熟度。显微镜放大80～100倍时，观察棉纤维根数不少于300～400根。并根据偏振光所显示的色彩，将棉纤维的成熟程度分成四组，如表3-8所示。

表3-8 棉纤维成熟程度与色彩对照表

成熟度组	棉纤维的成熟程度	棉纤维的色彩	棉纤维及其中腔的形状
1	最成熟	橙黄色及金黄色，带有玫瑰红及紫色的区段	纤维圆柱形，中腔狭窄
	成熟	黄绿色，带有绿色及淡蓝色的区段	同上
2	不够成熟	蓝色及天蓝色，黄绿色的带有淡蓝色及蓝色的区段	纤维呈带状，中腔宽阔
3	不成熟	紫蓝色，带有紫色的区段	同上
4	完全不成熟	紫色带有透明红色的区段，透明红色	同上

根据测试结果可计算出成熟纤维百分率和平均成熟系数，方法如下：

①在每个视场内数出属于1、2、3、4成熟度组的棉纤维根数。然后将观察到的纤维总根数作为100%，算出各成熟度组的棉纤维百分含量。

②计算棉纤维的成熟系数。根据纤维品种，按照表3-9，求出每组棉纤维的成熟系数 K_1、K_2、K_3、K_4。

棉纤维成熟系数的加权平均值(K_z)按下式计算：

$$K_z=\frac{A_1K_1+A_2K_2+A_3K_3+A_4K_4}{100} \tag{3-61}$$

式中：A_1，A_2，A_3，A_4 为相应的四组棉纤维根数百分数；K_1，K_2，K_3，K_4 为相应的四组棉纤维成熟系数。

表 3-9　不同品种纤维各组与成熟系数对照表

棉纤维品级	根据成熟度组确定棉纤维的成熟系数				
	1组		2组	3组	4组
	中纤维品种	细纤维品种	中纤维和细纤维品种		
特级	2.40	2.45	1.30	1.00	0.50
Ⅰ	2.35	2.40	1.30	1.00	0.50
Ⅱ	2.30	2.30	1.30	1.00	0.50
Ⅲ	2.30	2.30	1.30	1.00	0.50
Ⅳ	2.00	2.00	1.30	1.00	0.50
Ⅴ	2.00	2.00	1.00	1.00	0.50
Ⅵ	2.00	2.00	1.00	1.00	0.50

(2)美国方法。此法也是应用光程差相加法来测定棉纤维成熟度。

测定方法基本上与俄罗斯试验方法相同。它是以水或清矿物油作为媒介物,用偏光显微镜放大 100 倍,而后用一级红晶片按照第二级干涉色区分纤维,如表 3-10 所示。

表 3-10　偏振光下纤维颜色表

纤维成熟程度	不用一级红晶片	用一级红晶片
	一级干涉色	相加色彩　二级干涉色
成熟纤维	淡黄色,白色	黄色,绿色
不成熟纤维	灰蓝色,灰色	蓝色,紫色

当区分成熟纤维与不成熟纤维有困难时,则将一级红晶片拿去,观察纤维的颜色。最后计算成熟纤维百分率。

3. 偏光成熟度仪

偏光成熟度仪是采用光电检测元件测量光线透过起偏器、纤维和检偏器后的光强大小,来测量纤维的成熟度。

将式(3-60)代入式(3-58)中,可得:

$$I_f = I_0 \sin^2 2\theta \sin^2 \frac{150\pi D\left(K+\frac{1}{3}\right)(n_{/\!/}-n_{\perp})}{\lambda} \tag{3-62}$$

式中:I_f 为透过检偏器的光强;I_0 为入射光的光强;λ 为入射光的波长;θ 为纤维光轴与起偏器偏振面夹角;D 为纤维理论直径;K 为成熟系数。

Y147-3B 型棉纤维偏光成熟度仪是采用光电法测量纤维偏光成熟度的仪器,采用硅光电池测量光线通过起偏器、纤维和检偏器所透过的光强度,转换成电量后计算纤维的成熟度。由于仪器是在一定纤维量的条件下标定的,纤维量的变化会影响透光量的大小,因此还需测量纤维试样未经检偏器的光强,用它来代表纤维量,对测量结果进行修正。仪器结构如图 3-29 所示。

通过整理准备,将一薄层的纤维试样 4 平直整齐地夹入两载玻片中,剪去露出载玻片外的纤维,再放入试样夹 5 内。测试时将试样夹 5 插入仪器测试窗口。LED 光源 1 发出的光,经

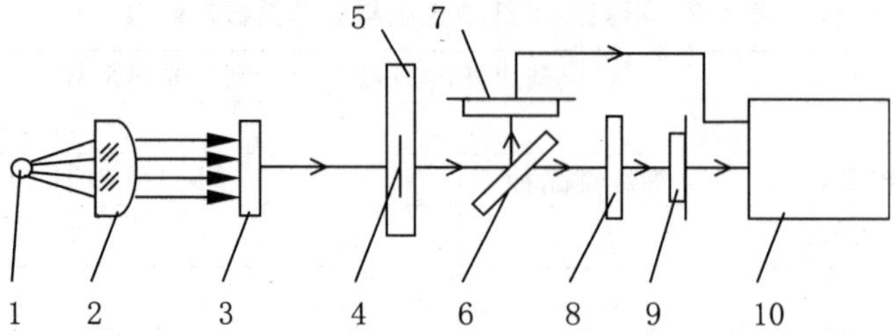

图 3-29　Y147-3B 型棉纤维偏光成熟度仪结构图

透镜 2 后成一束平行光，透过起偏振片 3 照射到纤维试样 4 上，纤维的透射光经分光镜 6 后分成两路：一束光照射到硅光电池 7 上，其电信号反映纤维数量的多少；另一束光经检偏片 8 后照射到硅光电池 9 上，其电信号反映纤维成熟度的高低。两个电信号输入微处理器 10 后，纤维成熟度信号按纤维数量进行修正。根据式(3-62)，以及细绒棉和长绒棉的理论直径与双折射率的差别，由实验得到纤维透射光强度 I 与成熟系数 K 的关系，其关系式为：

细绒棉　　$I=95.4514\sin^2 0.3429(K+0.933)$　　(3-63)

长绒棉　　$I=99.41\sin^2 0.3219(K+0.9973)$　　(3-64)

第七节　化学纤维异形度测试

一、概　述

纤维异形度是纤维截面形态相对于圆形的差异程度。为了使纤维品种多样化，以满足工业和民用的各种需要，在研究利用物理、化学和机械等方法，使合成纤维变性，以改善其性能，扩大其使用范围，并向仿天然纤维的方向发展。纤维截面的异形化即是物理改性的一项重要手段。

各种异形截面的纤维在国外已大量生产，国内也有研制和批量生产。其中，中空、中空异形、三角形、三叶形等使用已极为广泛。此外，多角形、多叶形、T 形、C 形、H 形、十字形、扁平形等也已有生产。

异形纤维与圆形截面的纤维相比具有下列特征：

(1)具有优良的光学性能，如涤纶仿真丝织物采用三角形截面的异形丝后，织物表面光泽优雅，锦纶三角形截面丝则使织物具有钻石般的闪光。

(2)能增加纤维的覆盖能力，提高抗起球能力。

(3)能增加纤维间的抱合力，纤维的蓬松性、透气性及保暖性均有提高。

(4)可减少合成纤维的蜡状感，使织物具有丝绸感，并能增加染色的鲜明性，使所染织物鲜艳明亮。

此外，在工业中如空心纤维可用作反渗透膜，用于海水淡化，河水、地下水软化处理，各种溶液的分离、浓缩和回收，废液处理，及气体分离等。

异形纤维上述各项性能的优劣，主要取决于不同的截面形状及异形度的大小。异形度是表示异形纤维符合异形规格程度的指标。异形度的微小变化，将使纤维光泽产生显著差异，制成织物后光泽不均匀，同时染色时易产生色斑。此外，异形度的变化使纤维的抗弯曲和耐磨牢度等物理机械性能也发生变化。故在异形纤维制造过程中必须严格控制异形度的大小和均一性。

二、异形度指标

由一小束伸直平行的纤维，穿入特制的试样板孔中，切去两端露出纤维，形成一薄片。运用显微投影放大观察孔中纤维，测量若干纤维截面的面积、周长等几何量，计算出纤维截面形状参数。

纤维异形度的指标有相对径向异形度、截面异形度、周长系数、中空度和中空周长系数等。

(一)相对径向异形度 D_R

$$D_R(\%)=(1-\frac{r}{R})\times 100 \tag{3-65}$$

式中：R 为包含异形纤维截面的最小圆半径(μm)；r 为截面外轮廓内切的同心圆半径(μm)。

(二)截面异形度 S_R

$$S_R(\%)=(1-\frac{S_W}{S_Y})\times 100 \tag{3-66}$$

式中：S_W 为纤维截面外轮廓线围成的面积(μm^2)；S_Y 为包含异形纤维截面的最小圆面积(μm^2)。

(三)周长系数

$$X_L=\frac{L}{2\sqrt{\pi S_W}} \tag{3-67}$$

式中：L 为纤维截面外轮廓线的周长(μm)；S_W 为纤维截面外轮廓线围成的面积(μm^2)。

(四)中空度 C_S

$$C_S(\%)=\frac{\sum_{i=1}^{n} S_i}{S_W}\times 100 \tag{3-68}$$

式中：S_i 为纤维截面中第个中空的面积(μm)；S_W 为纤维截面外轮廓线围成的面积(μm^2)。

(五)中空周长系数 C_{XL}

$$C_{XL}=\frac{\sum_{i=1}^{n} l_i}{L} \tag{3-69}$$

式中：l_i 为纤维截面中第个中空的周长(μm)；L 为纤维截面外轮廓线的周长(μm)。

(六)特定几何量

轮廓线长度：纤维截面图轮廓线的长度。

圆弧半径：纤维轮廓线上某段圆弧的半径。

角度：纤维轮廓线的两特定点上切线(或在两侧轮廓线上各选两个特定点的连线)的夹角。

两线间距离：作过纤维轮廓线的一条轮廓线上的特定点，作与另一轮廓线的两特定切线(或连线)的平行线，两平行线之间的垂直距离。

三、测量方法

测量纤维异形度的仪器与工具有显微镜测量装置(具有在互相垂直的两个方向移动的载物台机构，并能提供大于500倍的放大倍数，分辨最小间距为1.5 μm)、纤维切片机、试样板[70 mm×20 mm×(0.2～0.4)mm]和显微镜接物测微尺(分辨率为0.01 mm)等。

试样取样方法:长丝直接从被检卷装上随机取出一段长约 0.5 m 的丝束;短纤维从被检包中随机取出 0.5 g 左右的纤维。

试样制备方法有切片机法和试样板法两种。切片机法是将纤维整理平行,放入纤维切片机中(多种纤维可以用其他颜色的纤维隔开),切去露出的纤维,转动推杆螺钉至适当的刻度,纤维露出高度 20～30 μm,涂上胶棉液,待试样凝固时,切取纤维横截面薄片放置在滴有无水甘油或液体石蜡的载玻片上,盖上盖玻片。试样板法是将纤维整理平行成纤维束,一端捻搓变尖,穿入试样板孔中,逐渐拉入纤维束,达适宜紧度,样板两面露出的纤维用刀片沿板面切去,形成光滑无毛羽的端面。

将制备好的载玻片或试样板放在显微镜测量装置的载物台上,物镜对准纤维试样,选择不同放大倍数的物镜及调节物镜与试样的距离,使放大显示的纤维图像清晰。在纤维截面图中任选一根纤维,画出纤维截面外轮廓线、包含异形纤维截面的最小圆和截面外轮廓内切的同圆,测出含异形纤维截面的最小圆的半径 R、截面外轮廓内切的同圆的半径 r、纤维截面外轮廓线围成的面积 S_W、包含异形纤维截面的最小圆面积 S_Y、纤维截面外轮廓线的周长 L、纤维截面中第 i 个中空的面积 S_i 和纤维截面中第 i 个中空的周长 l_i 等形态参数值,由此计算出纤维的相对径向异形度、截面异形度、周长系数、中空度和中空周长系数等异形度指标的测量值。按规定测量 40 根纤维,然后计算异形度指标测量值的平均值和变异系数。

第四章　纺织材料强伸性能测试

第一节　纺织材料的强伸特性

一、概　述

任何纺织制品都必须具有一定的强力才有使用价值,因此强力是纺织生产中最基本的测试项目。纺织材料在使用中受到拉伸、弯曲、压缩和扭转作用,产生不同的变形,但主要受到的外力是拉伸。纺织材料的弯曲性能也与它的拉伸性能有关。因此,拉伸性能的研究受到充分的重视。

纺织材料的拉伸性能主要包括强力和伸长两方面。纺织品的拉伸性能与组成它的纤维拉伸性能有关。天然纤维中,麻的伸长小,其制品刚硬;羊毛的伸长大,其制品柔软。化学纤维的强力和伸长可在加工过程中控制。除拉伸断裂特性外,纤维在外力作用下的变形回复能力,影响纺织品的尺寸稳定性和使用寿命。有时还要测定纺织材料的蠕变、应力松弛、反复拉伸特性等。

强力试验仪器的种类很多:从原理上分,有机械式和电子式两大类,机械式强力仪又有摆锤式、斜面式和杠杆式等;从动力来源分,有电动式、重力式、水压式和液压式;有的强力仪是静态慢速拉伸,有的则对试样进行快速拉伸或冲击试验。尽管强力测试仪器种类很多,但它们都由一些基本作用机构组成,包括以下部分:

(1)夹持和拉伸试样机构,包括拉伸速度的调节,夹持器升降控制和自动操作等。

(2)负荷测量系统,用于指示试样受力大小。

(3)伸长测量机构,包括断裂自停装置。

(4)试验结果的数据处理和打印输出。

(5)负荷-伸长曲线的绘制。

一般强力仪有较多的人工操作,包括夹持试样、开动机器、读取强力伸长值、清除拉断的试样,以及使仪器恢复开始时状态以便进行下次试验操作等。为了减轻操作人员的劳动强度,缩短试验时间,消除人工读数可能产生的误差等,有必要提高仪器的自动化程度,因此出现了自动夹持试样、自动换管、自动拉伸和数据处理的全自动纱线强力仪。另外,在同一台仪器上使用不同传感器,能测量纤维、纱线和织物的强力,具有较宽负荷测量范围和多种测试功能的万能式材料试验机,在纺织材料测试中也得到广泛的应用。

二、纺织材料强伸度指标

表示纺织材料拉伸过程受力与变形的关系曲线,称为拉伸曲线。它可以用负荷-伸长曲线表示,也可用应力-应变曲线表示。

不同类别的纺织纤维,由于结构不同,拉伸曲线的形状不一样。图 4-1 表示几种不同类别的天然纤维和化学纤维的应力-应变曲线。由图可见,棉、羊毛、丝等天然纤维之间强力与伸长特性有很大差别。化学纤维由于加工过程中纺丝条件不一样,制成的纤维拉伸曲线也不相同。图 4-2 所示为不同拉伸倍数的聚乙烯纤维的应力-应变曲线。拉伸倍数愈高,纤维分子取向性愈好,纤维强力高而伸长小。

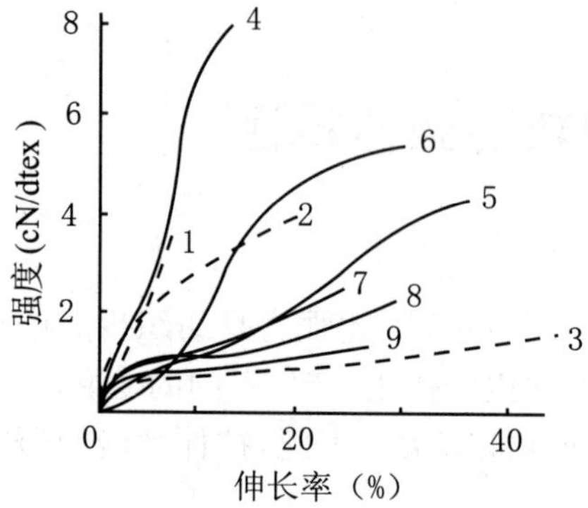

图 4-1 各种纤维的应力-应变曲线图

1—棉 2—丝 3—羊毛 4—高强力涤纶

5—涤纶 6—锦纶 7—腈纶

8—普通黏胶纤维 9—醋酯纤维

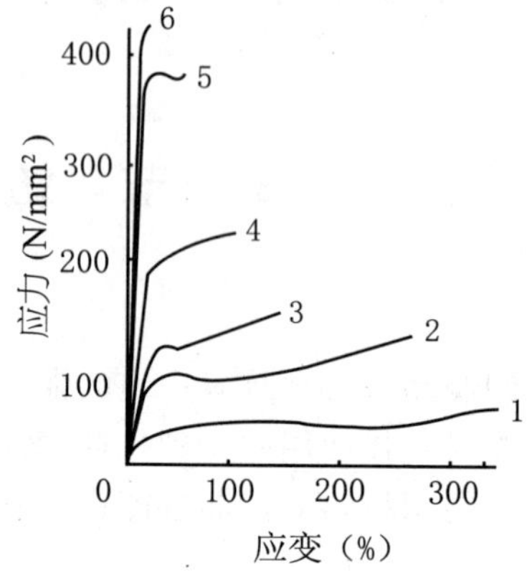

图 4-2 不同拉伸倍数的聚乙烯纤维的应力-应变曲线

1—未延伸

2,3,4,5,6—相应延伸倍数为 2,3,4,5,6

一般应力-应变曲线的初始阶段为弹性区域。在该区域纤维分子链产生弹性形变,相互间没有大的变位。超过这一范围后为延性区域,外力克服分子间引力,使分子链间产生滑移,纤维较小应力的增加会产生较大的延伸,应力去除后发生不可回复的剩余应变。如图 4-3 所示,有的纤维在延性区域后还有补强区域。在该一区域应力再次增大,是由于应变增加后,存在于结晶区的分子链段逐渐紧张,致使应力增大。

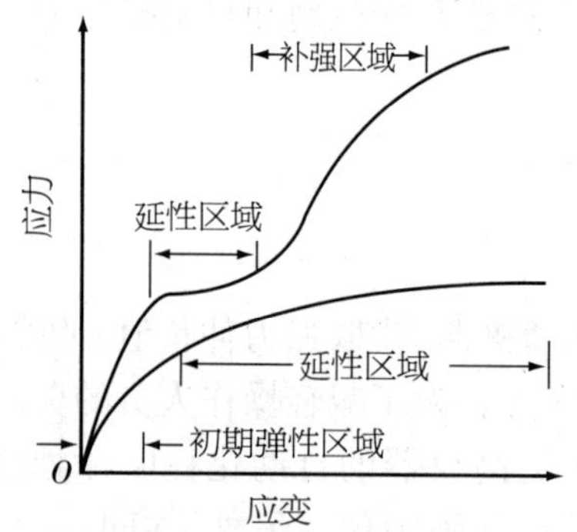

图 4-3 纤维的应力-应变曲线的代表性形状的模式图

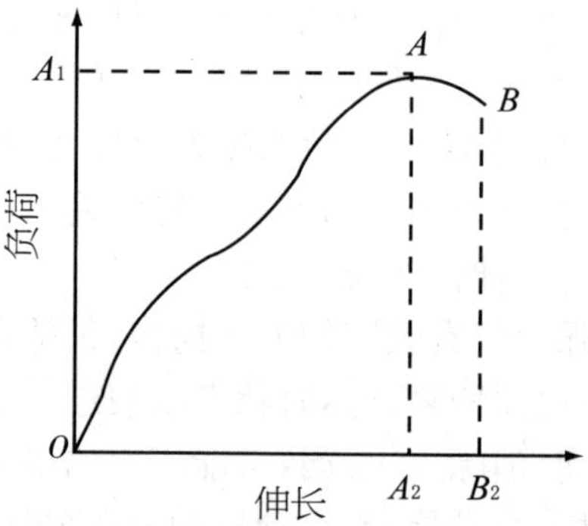

图 4-4 拉伸曲线的断裂点与断脱点

多数纤维拉伸的最终断裂点就是负荷最大的点,然而有些纤维和长丝会出现如图 4-4 所示的拉伸曲线。试样最终断脱点 B 不在最大负荷处。表示纺织材料的拉伸特性,一般采用以下指标:

(1)断裂强力。指试样拉伸至断裂所能承受的最大负荷。图 4-4 中断裂点 A 对应的力值 A_1 即为断裂强力,单位为“N”或“cN”。

(2)断裂伸长率。试样拉伸至断裂所增加的长度与标准预张力下试样夹持的初始长度之比，称为断裂伸长率。图 4-4 中最大负荷 A 点所对应的伸长值 A_2，除以试样初始长度，即为断裂伸长率。

(3)断脱伸长率。试样拉伸至完全断脱的伸长率，称为断脱伸长率。图 4-4 中断脱点 B 所对应的伸长值 B_2，除以试样初始长度，即为断脱伸长率。

(4)应力与应变。试样单位截面积所受的负荷称为应力，单位为“N/mm^2”或“cN/mm^2”。纺织材料的截面积不易测量，应力常以单位线密度所受力的大小表示，也称比应力，单位为“N/tex”“cN/tex”“cN/dtex”。试样拉伸过程中的伸长值与初始长度之比为伸长率，或称应变，以百分率表示。

(5)比强度。试样单位线密度所能承受的断裂强力，称为比强度，单位为“N/tex”“cN/tex”“cN/dtex”。

(6)初始模量。应力-应变曲线起始部分的斜率。图 4-5 中，直线 OY 的斜率即为初始模量。初始模量的单位为“N/tex”“cN/tex”“cN/dtex”。

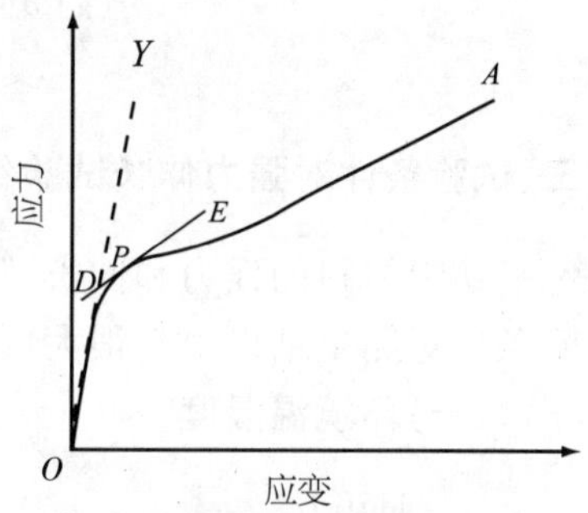

图 4-5 初始模量与屈服点的求法

(7)屈服点应力与应变。应力-应变曲线中起始直线部分向延伸区域过渡的转折点，称为屈服点，相对应的应力与应变称为屈服点应力与应变。图 4-5 中，取曲线上 P 点，其切线 DE 的斜率等于 O 点与断裂点 A 连线的斜率，P 点即为屈服点。图 4-6 所示为屈服点的另一种求法。作拉伸曲线起始部分切线与平坦部分切线相交，交角的平分线与曲线交点 C，即为屈服点。

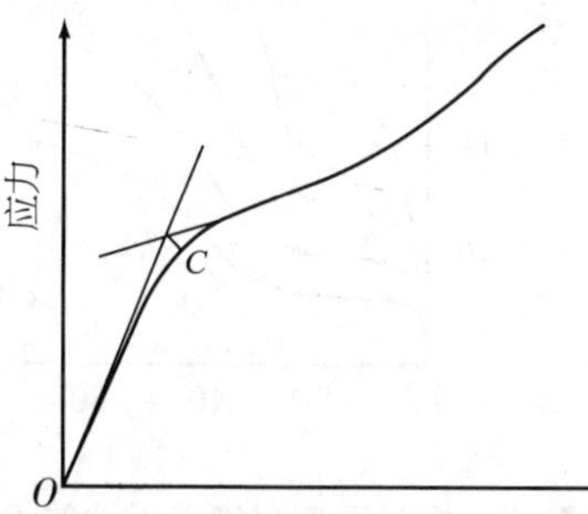

图 4-6 屈服点的另一种求法

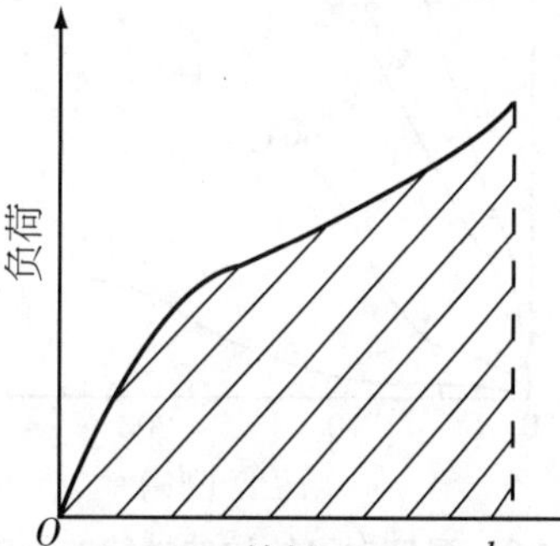

图 4-7 断裂功

(8)断裂功。拉伸试样至断裂时外力所做的功，称为断裂功。如图 4-7 所示，断裂功等于负荷-伸长曲线下的面积：

$$W=\int_{0}^{l_{max}} F(l)\mathrm{d}l \tag{4-1}$$

式中：W 为断裂功；$F(l)$代表负荷-伸长曲线；l_{max}为负荷最大值所对应的伸长。

(9)断裂比功。单位线密度和单位长度的试样拉伸至断裂时外力所做的功，称为断裂比功，数值上等于应力-应变曲线下的面积。断裂比功可用于不同试样的断裂功的比较，与试样线密度和长度无关。

(10)功系数。负荷-伸长曲线下面积与断裂强力和断裂伸长乘积之比，称为功系数。如图

4-8 所示,图(a)中的曲线上凸,功系数大于 0.5;图(b)中的曲线下凹,功系数小于 0.5。

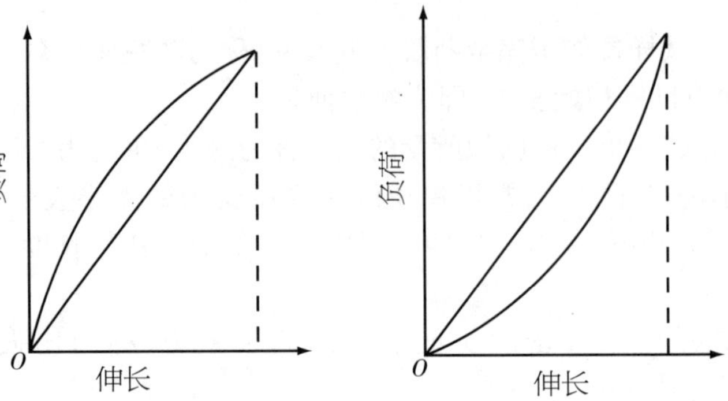

(a) 功系数大于0.5　　(b) 功系数小于0.5

图 4-8　功系数的表示

三、试验条件对强力伸长试验结果的影响

纺织材料的强力和伸长,除了与纤维固有性质、纱线与织物的组织结构等因素有关外,试验条件对测量结果也有很大影响。

(一)环境温湿度

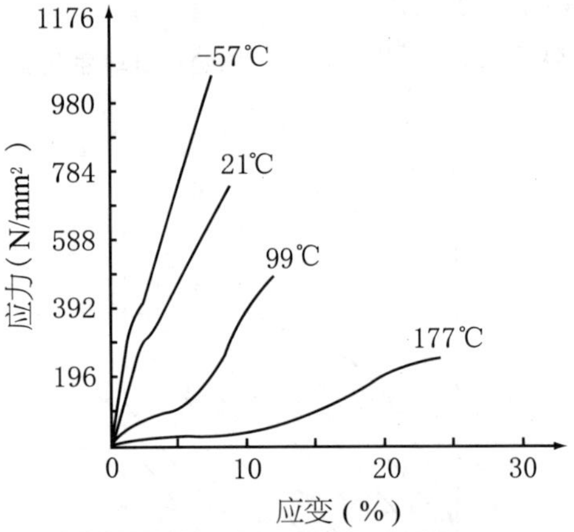

图 4-9　温度对涤纶拉伸性能的影响

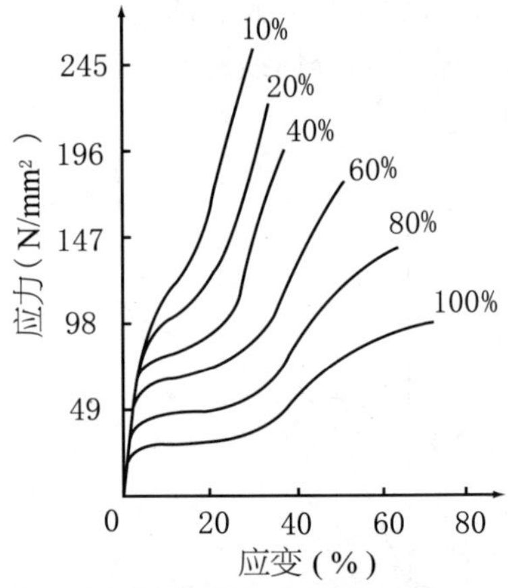

图 4-10　相对湿度对细羊毛拉伸性能的影响

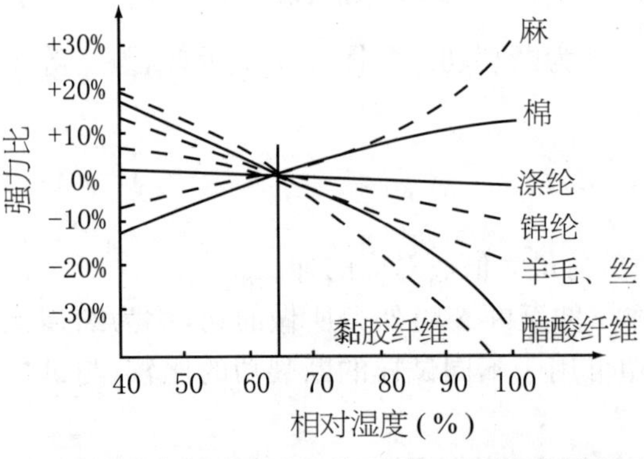

图 4-11　各种类型纱线的强力与相对湿度的关系

一般说来,温度升高,纤维分子柔曲性提高,分子间结合力减弱,纤维强力下降。图 4-9 所示为各种温度下涤纶纤维的拉伸曲线。湿度变化时,不同种类的纤维所表现的规律不一样。一般纤维含湿愈大,分子间结合力愈弱,纤维强力降低,但棉和麻纤维则与此相反,含湿增加,纤维强力反而增加。图 4-10 为羊毛纤维拉伸性能与相对湿度的关系。图 4-11 所示为不同种类纱线的强力与相对湿度的关系。因此,纺织材料强力测试应在统一的温湿度条件下进行。国家标准规

定的纺织材料试验温度为(20±2)℃，相对湿度为(65±3)%。

(二)试样长度

试样在一定预张力条件下，未拉伸时两夹持器之间的长度，称为试样初始长度，简称试样长度。试样长度是由强力仪两夹持器之间的隔距所决定的。由于纺织材料沿长度方向的不均匀性，试样愈长薄弱环节愈多，而试样拉伸时总是在其最弱处断裂。因此，随着试样长度增加，强力与伸长减小，减小的程度与纺织材料本身的不匀性有关。强力试验时国家标准规定的试样长度，纱线为 500 mm；织物为 200 mm；纤维一般用 20 mm。必须注意，试样长度不同，其测试结果也会不一样。

(三)拉伸试验速度

纺织材料拉伸试验速度，也是影响试验结果的重要因素。如果不考虑仪器在拉伸时的惯性误差，不同拉伸速度的试验结果与纤维本身的结构特性有关。拉伸试验速度高，试样断裂时间短，试验结果强力增加。拉伸试验速度对试验结果伸长的影响比较复杂，视不同类别纤维而异。为了对强力测试结果进行比较，强力试验应在统一的拉伸试验速度下进行。纺织材料的伸长差异较大，同一拉伸速度下的断裂时间有很大不同，因此也有用等断裂时间的。对于 CRE 等加伸长率型仪器，一般采用等拉伸试验速度，例如纤维强力试验，对平均断裂伸长率小于 8%的纤维，拉伸试验速度为试样长度的 50%/min；平均断裂伸长率等于或大于 8%而小于 50%时，拉伸试验速度为试样长度的 100%/min；平均断裂伸长率大于或等于 50%时，拉伸速度为试样长度的 200%/min。

(四)试样预加张力

试样预加张力大小，对试验结果的伸长值有影响。合理的预张力应该使试样伸直而不伸长。用作图法求试样预张力如图 4-12 所示。从拉伸曲线的起始直线部分作切线，与横坐标相交于 A 点，过 A 点作垂线与拉伸曲线相交于 B 点，B 点所对应的负荷值 OC，即为应选择的预张力。预张力值一般以单位线密度的预张力表示。

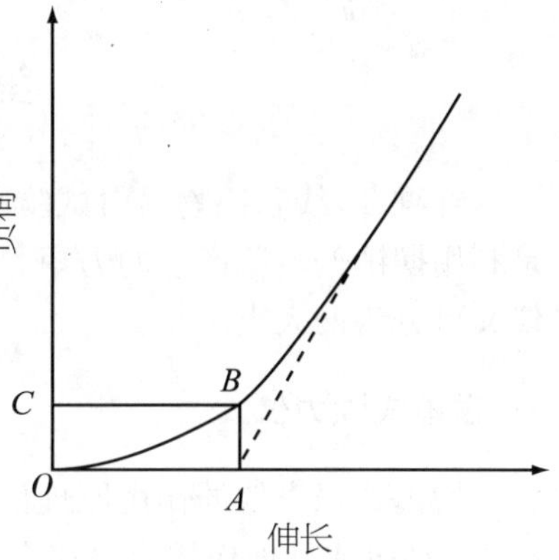

图 4-12　伸长初始的负荷-伸长曲线

(五)试样加载方式

拉伸过程中试样的加载方式，是由强力试验仪器的结构所决定的，有下列几种加载方式。

1. 等速牵引型(Constant Rate of Traverse)

下夹持器等速拉伸试样时，上夹持器位移较大且无确定的规律。这种加载方式既不是等加伸长率，也不是等加负荷，称为等速牵引型，简称 CRT 型。

2. 等加负荷型(Constant Rate of Loading)

单位时间内试样所增加的负荷量相等，这种加载方式称为等加负荷型，简称 CRL 型。

3. 等加伸长率型(Constant Rate of Elongation)

单位时间内试样所增加的伸长率相等，这种加载方式称为等加伸长率型，简称 CRE 型。

同一试样用三种加载方式的强力仪器试验所得结果不一样，可用图 4-13 加以说明。图中 OA 为某一试样的负荷-伸长曲线，纵、横坐标所标明的数值都为时间秒数。假设试样断裂时间为 10 s。在 CRE 加载方式下经过 3 s，试样中的负荷就相当高，试样试验期间大部分承受着比较高的负荷。在 CRL 加载方式下,试样试验期间负荷增大比较均匀,但在最后 3 s,伸长增加很大。显然,两种加载方式下所得纺织材料的强力和伸长值是不一样的。

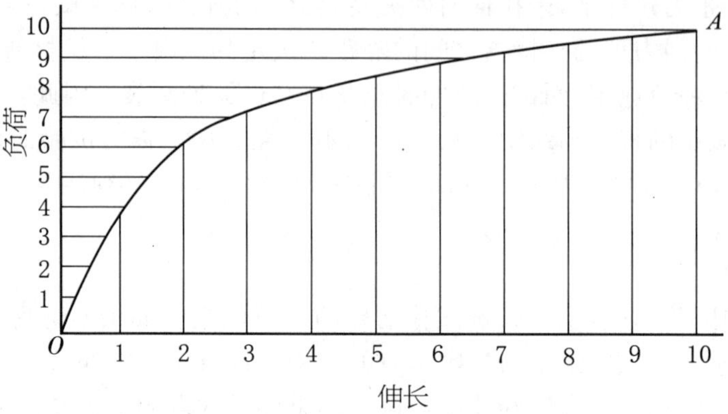

图 4-13 CRE 和 CRL 加载方式比较

由上可知,不同加载方式强力仪的试验结果之间是不能比较的。国际推荐的标准加载方式是等加伸长率型,即 CRE 型强力试验机。

第二节 机械式强力仪

纤维、纱线和织物强力试验所用的摆锤式强力仪,其测量负荷范围虽不同,但基本原理都是利用摆锤偏转所产生的力矩,来平衡试样拉伸力的作用。由于具体结构的不同,摆锤式强力仪又可分为两大类。

一、摆锤式强力仪

摆锤式强力仪的作用原理如图 4-14 所示。试样 3 夹持于上下夹持器 1、2 之间,下夹持器 2 由电动机或其他作用力等速牵引下降,通过试样 3 将力传递给上夹持器 1,使扇形轮 4 和摆杆 5 围绕轴心 O 转动。摆杆上装有重锤 6,摆杆向左偏转时重锤产生反力矩,与外加牵引力平衡。试样强力愈高,拉断试样时摆杆偏转角度 θ 愈大。因此,可以用摆杆在拉断试样时的偏转角度表示试样的强力。

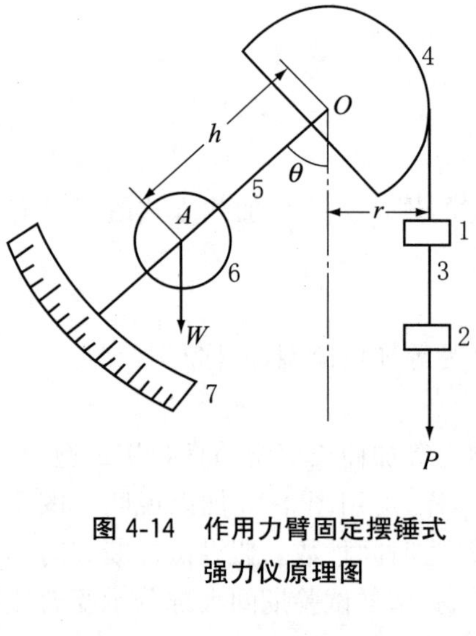

图 4-14 作用力臂固定摆锤式强力仪原理图

图中 A 为摆锤系统的重心,$\overline{OA}$为重心到转动中心的距离。设$\overline{OA}=h$,扇形轮半径为 r,摆锤系统的重力为 W,根据力距平衡关系可得:

$$Pr=Wh\sin\theta \tag{4-2}$$

$$P=\frac{Wh}{r}\sin\theta \tag{4-3}$$

式中:h,r 均为仪器常数;W 在一定环境条件下亦为常量。

试样所受拉力 P 与摆杆偏转角度的正弦成正比,用扇形刻度标尺 7 表示强力读数时,刻度是不等间距的。

由式(4-3)可知,若其他条件不变,只要变换重锤的质量，摆杆偏转同样角度θ所代表的拉力P则不同，故可通过调换重锤大小来改变强力仪负荷量程。

将式(4-3)对偏转角取导数得：

$$\frac{\mathrm{d}P}{\mathrm{d}\,\theta}=\frac{Wh}{r}\cos\theta \tag{4-4}$$

当W、h、r为常数时，$\frac{\mathrm{d}P}{\mathrm{d}\,\theta}$与摆杆偏转角的余弦成正比。随着摆角的加大，仪器的灵敏度增高，同样的摆杆角位移可以测出较小的负荷变化，即扇形刻度尺上刻度间距随着θ角度增大而变大。当θ接近90°时，$\cos\theta$趋近于零，θ值增加时P值几乎不变，在进行强力试验时要远离这一范围。实际操作中摆杆偏转的角度远比90°为小，一般在45°以内。摆锤从静止开始运动时，由于惯性的作用，摆杆偏转较小角度时读得负荷值误差较大，因此一般规定，在摆锤式强力仪上，使试样的强力落在刻度值最大读数的20%～70%范围内为宜。

试样伸长是由伸长刻度尺与指针读取的，如图4-15中，指针与上夹持器相连，伸长刻度尺通过连杆与下夹持器相连。拉伸试样以前，指针与伸长刻度尺零位对齐，拉伸试样时重锤摆杆顺时针偏转，上夹持器下移，若下移距离为l_1，相应的下夹持器下降距离为l_2，则试样伸长为上下夹持器移动距离之差，即：

$$\Delta l=l_2-l_1 \tag{4-5}$$

图4-15中，指针在伸长刻度尺上的读数就等于伸长。

为了读取试样断裂时的强力与伸长值，仪器装有断裂自停装置，试样断裂时使重锤摆杆停留在断裂时的位置，连杆与下夹持器脱开，伸长刻度尺与指针停止移动，便于读得试样断裂强力与伸长值。

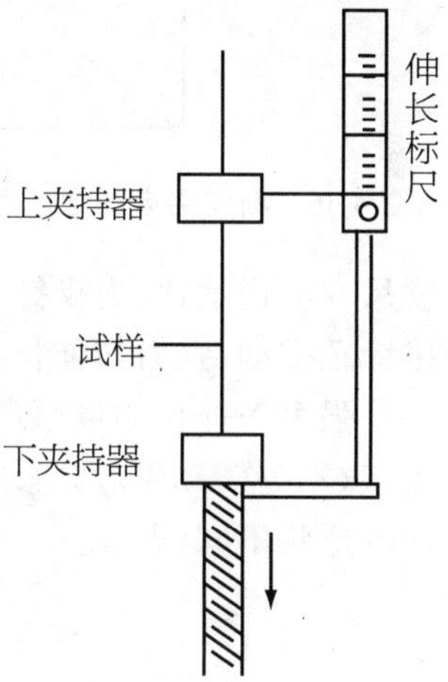

图4-15 伸长测量原理图

上夹持器下移距离与重锤摆杆摆角θ成正比，试样负荷与重锤摆杆摆角θ呈正弦关系，试样负荷与伸长的关系随试样拉伸性质而异。在等速拉伸纤维时，不同试样上夹持器的移动规律并不相同，所以，摆锤式强力仪不是等加伸长率拉伸，而是属于等速牵引型强力试验仪。

二、斯特洛(Stelometer)束纤维强力仪

斯特洛束纤维强力仪原为美国赫脱尔(Hetel)所设计。采用卜氏夹持器，可测量棉纤维束强力与伸长值，经过换算可以求出纤维比强度，仪器可使用零隔距和3.2 mm隔距两种试验方式。仪器的工作原理如图4-16所示。

仪器采用力矩平衡测力原理。梁臂1可以绕O_1点转动，摆杆2可以绕梁臂上的点O_2转动。纤维束经梳理去除短纤维，用卜氏夹持器夹住，放入仪器上端的夹持器座3内。梁臂1的重心位于B点，试验开始前梁臂及重锤摆杆都处于垂直状态，纤维束不受力。试验开始后梁臂依靠重力以O_1为支点顺时针转动，梁臂与垂线的夹角θ逐渐增大，如果试样没有伸长，摆杆也转过同样θ角度。实际上纤维束受力后产生一定的伸长，摆杆将以O_2为支点逆时针转过$\Delta\theta$角，所以实际上摆杆与垂线的夹角为$\theta-\Delta\theta$。由摆杆上重锤质量在垂直于摆杆方向上产生分力作

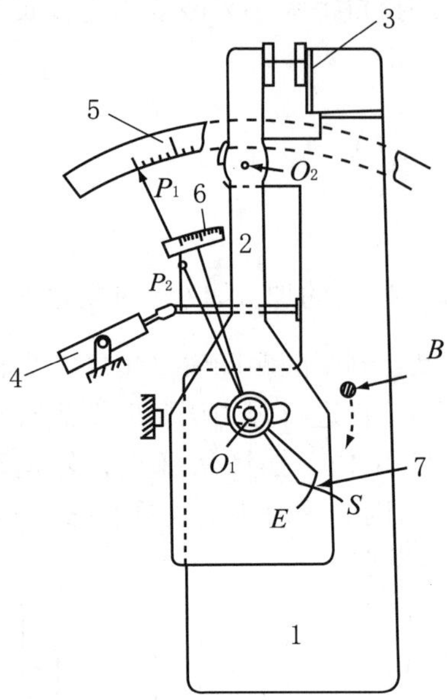

图 4-16 斯特洛束纤维强力仪原理图

用在纤维上,此分力逐渐增大。由图 4-17 可见,纤维束所受的力 P 为:

$$P=W\sin(\theta-\Delta\theta)\frac{b}{a} \tag{4-6}$$

式中:W 为重锤摆杆系统的质量;b 为重锤摆杆系统重心到支点 O_2 的距离;a 为纤维束到支点 O_2 的距离;θ 为梁臂顺时针转过角度;$\Delta\theta$ 为摆杆逆时针转过角度。

由于 W、a、b 为常数,纤维束所受力与摆杆偏转角度的正弦成正比。另外,纤维的伸长与 $\Delta\theta$ 有关。

图 4-16 中,梁臂 1 的转动是受阻尼筒 4 中活塞的阻尼力所控制,梁臂与阻尼机构之间通过连杆与铰链连接,阻尼筒本身也以铰链为支点转动。阻尼系统机构的设计,可以使梁臂摆动转角的正弦,即 $\sin\theta$ 近似于等速增加,因此可以达到近似等加负荷的加载方式。通过阻尼筒阻尼力的调节使负荷增加速率为 10 N/s。断裂负荷由指针 P_1 在强力刻度尺 5 上指示,纤维伸长由伸长指针 P_2 在伸长刻度尺 6 上指示,强力指针及伸长刻度尺均以 O_1 为支点转动,其末端凸轮由固装在摆杆短轴的拨针 7 推动,强力与伸长凸轮的弧形轨迹分别为 S 和 E。

强力与伸长测量原理如图 4-18 所示。d 为强力指针,e 为伸长标尺杆。d 与 e 均以梁臂支点 O_1 为转动中心,且均可同时受固装于摆杆上拨针 c 的推动绕 O_1 旋转。但两者与 c 接触面的形状不同(即 d、e 下端形状不一),前者呈前倾近似直线形,后者呈后倾曲线形。

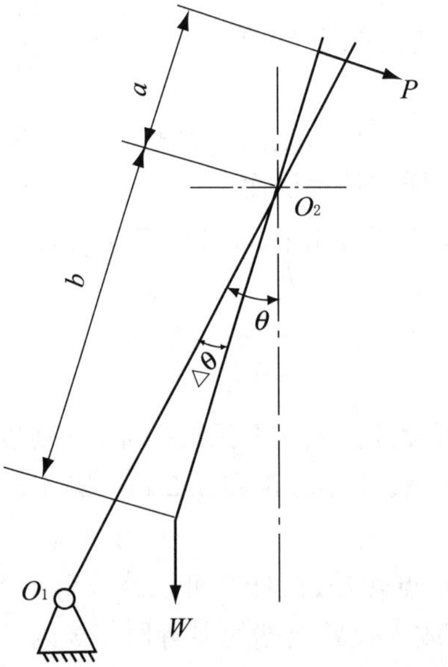

图 4-17 纤维束受力分析

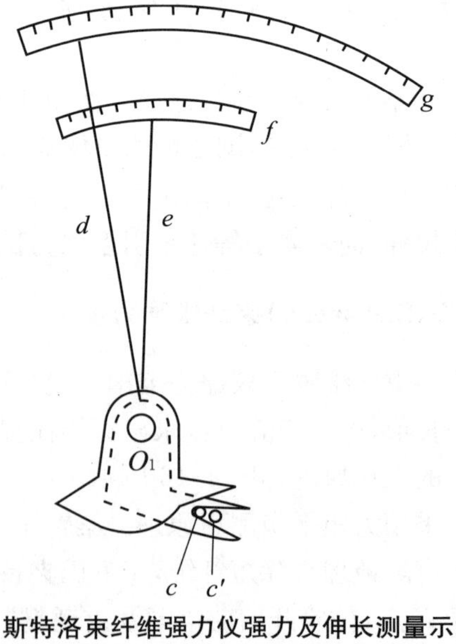

图 4-18 斯特洛束纤维强力仪强力及伸长测量示意图

在纤维断裂以前,由于摆杆顺时针倾倒,d 被 c 推动而在强力刻度尺 g 上指示力值。如纤维无伸长,e 亦被 c 推动随 d 一起转动。d、e 无相对位移,伸长值为零。纤维断裂,因摆杆绕

O_2 下落，使 c 与 d、e 均脱离关系，d、e 停止摆动，保持零值不变。

当纤维拉伸过程中有伸长时，即梁臂在顺时针倾倒的过程中，摆杆因纤维伸长绕 O_2 产生逆时针偏转，短轴 c 趋至 c'。由图 4-18 知 $O_1c'>O_1c$，由于 e 杆下端呈曲线状，因此 e 绕 O_1 转过的角度小于 d 绕 O_1 的转角，即伸长尺的运动落后于指针 d，故由 d 在伸长刻度尺 f 上的位移指示出伸长值。

仪器断裂负荷范围为 20～70 N，伸长 0%～50%（3.2 mm 夹距时）。试样预张力为 100 cN，试样质量 3～6 mg，负荷增加速率可调节在 10 N/s。与卜氏束纤维强力仪相同，该仪器具有专用的纤维整理器，计算纤维比强度的方法也与卜氏纤维强力仪相同。

第三节 电子强力仪原理与结构

一、电子强力仪的基本特点

电子强力仪的工作原理，是采用测力传感器，将被测试样所受的力转换成电信号，经放大后得到与受力大小成正比的信号，显示负荷值及断裂强力。另外，通过一定机构产生与试样变形成正比的数字脉冲，通过计数电路显示试样的变形量。并可绘制负荷-伸长曲线，显示材料在整个受力变化过程中的力学特性。增加一定的附属装置，还可进行压缩、弯曲和扭转等性能试验。由于纺织材料的主要受力形式是拉伸，下面以拉伸试验为例来说明电子强力仪的测试特点：

(1)测力传感器具有足够快的动态响应能力，与机械式强力仪相比存在较小的惯性误差。因此，试样负荷的速度可以进一步提高，以缩短试验时间，提高测试效率。

(2)更换不同容量的测力传感器，结合选择仪器放大倍数，可以在较大的范围内变换仪器的负荷测试量程。同一台仪器，可以进行纤维、纱线以及织物力学性能的试验。不同的测试对象，负荷与伸长测试系统及记录方式是共同的，主要改变测力传感器及试样夹持器。

(3)测力传感器受力时的位移量，比纺织材料受力变形小得多。因此，与传感器相连的夹持器位移可以忽略不计，移动夹持器的位移可直接代表试样的变形。移动夹持器的等速牵引就相当于试样的等速伸长。伸长的测量不必求取两个夹持器位置移动之差，因而机构可以简化。

(4)试样变形量的测试精度比机械式强力仪用杠杆放大高许多倍。特别是小变形试样的测试，可以减小伸长测试误差，具有较大的优越性。

(5)从所得试样的负荷-伸长曲线上，可以获得除强力与伸长外的材料的其他性能指标，如试样的初始模量、屈服点、应力、应变等。这些指标可进一步表达材料的力学性能。

二、测力传感器

电子强力仪测力传感器有电阻式、电感式等。电阻式传感器是电子强力仪中应用最为广泛的测力传感器，其基本工作原理在于金属电阻丝的应变电阻效应，即电阻丝在受到外力作用时产生变形引起电阻变化，通过测量电阻变化推知所受外力的大小。电阻式测力传感器根据其结构不同，又可分为粘贴式和张丝式两种。粘贴式电阻传感器采用电阻应变片粘贴在具有一定结构的金属弹性体表面，外力作用于金属弹性体使之变形，贴于其上的电阻应变片产生相应变形使电阻发生变化。张丝式电阻传感器的电阻丝被绕制在具有一定结构的机架上，传感器所受外力直接传送到应变电阻丝上。由于测力传感器所得电信号较小，需要经过测量放大电路进行放大后，才能推动记录仪工作和进行数字显示。

众所周知，对于金属丝的电阻，可用下式表示：

$$R=\rho\frac{L}{A} \tag{4-7}$$

式中：L 为金属丝长度；A 为金属丝截面积；ρ 为金属丝电阻系数，或称电阻率。

当金属丝受到拉力作用时，长度增加而截面缩小，这两种因素都使金属丝电阻阻值增加；反之，当金属丝受压时，长度缩短、截面积增大，使阻值减小。金属丝的电阻阻值和应变之间的这种有规律的变化关系，称为金属丝的应变电阻效应。

由实验可知，当应变较小时，单位应变所引起的金属丝电阻变化 k，近似等于常数，金属丝电阻阻值的相对变化与其所受变形大小成正比。灵敏系数 k 越大，由应变所引起的电阻变化也越大，一般金属材料的 k 值为 1.8～2.6。

除了应变会引起金属丝电阻的改变，温度变化也会引起金属材料电阻系数的变化，给测量结果带来误差，在测力传感器不受力的情况下，会使仪器零点产生漂移。因此应选择电阻温度系数尽可能小的金属材料制作电阻丝，并在电路上采取适当措施对温度进行补偿，减小温度变化对测量结果的影响。

金属材料的电阻系数是选择电阻丝材料的又一重要参数。同样阻值的变化，电阻系数大的金属材料，其长度可以缩短。

康铜是最常用的电阻丝材料，能在－50 ℃至＋250 ℃温度范围内保持性能稳定，具有良好的加工性能和焊接性能，以及低的电阻温度系数，并且能通过改变合金成分及热处理规范，改变其电阻温度系数，使之从负值到正值的很大范围内进行变化，因此可以较容易地控制电阻温度系数，进行温度补偿。另外，康铜在较大的应变范围内其灵敏系数几乎保持不变。这种合金的不足之处是灵敏系数较小，电阻系数也较低。镍铬合金的灵敏系数稍大一些，其电阻系数约为康铜丝的两倍，缺点是电阻温度系数较大，一般用于制作小尺寸的应变片。铁镍合金具有较高灵敏系数，但电阻温度系数更大。镍铬合金中添加少量其他元素可以大大改善合金的性能，例如镍铬铝铁合金（卡玛合金）和镍铬铝铜合金（伊文合金）等，不但具有较高的电阻系数，并且也能像康铜合金那样通过改变合金成分和热处理规范来控制其电阻温度系数。铂及铂合金主要用于制造高温条件下测试的应变片材料。应变片一般采用箔式结构，敏感栅是用极薄的康铜或镍铬合金薄片（0.003～0.1 mm）经光刻、腐蚀等工艺制成，基底与覆盖层一般为胶质膜，基底厚度为 0.03～0.05 mm，可根据设计要求制成各种不同形状，特别是小尺寸应变片制作较为方便。由于金属箔极薄，它的应变状态与金属弹性体表面的应变更为接近；另外，应变片的横向部分很粗，弯曲部分的横向变形小；箔材表面积大，散热条件好，允许通过较大的电流。

由于箔式应变片具有上述一系列优点，逐渐取代了丝式电阻应变片。

另有一种半导体应变片，应变片敏感栅由半导体材料制成，其工作原理基于半导体的压阻效应，即半导体某一轴向受到一定力的作用时，电阻系数就会发生变化，而金属丝式或箔片应变片主要利用导体形变产生电阻变化，所以两者之间灵敏系数有很大差异。半导体应变片的最大优点是体积小和灵敏度高，其灵敏系数比金属应变片要大数十倍，但也存在电阻温度系数大、灵敏系数随承受应变大小和方向不同而变化、非线性误差大，以及半导体材料的阻值分散性大等缺点。

电阻应变片粘贴在金属弹性体上，金属弹性体的作用是将被测外力转变成变形量，使粘贴于其上的电阻应变片产生相应变形而引起电阻变化。金属弹性体的受力与变形特性，是由其结构形式、材料性能及尺寸决定的。同样规格的电阻应变片，选择不同形式结构的弹性体，测力传感器的负荷容量及其他性能有很大差别。对金属弹性体的要求，除了在结构尺寸上满足传感器的负荷容量要求外，还希望性能稳定和具有较高的固有振动频率，对测力信号有足够的动态响应能力。

测力传感器的金属弹性体有悬臂梁、两端固定梁、拉杆、圆环等多种结构形式，现以常用的悬臂梁弹性体为例，说明其受力变形特性。

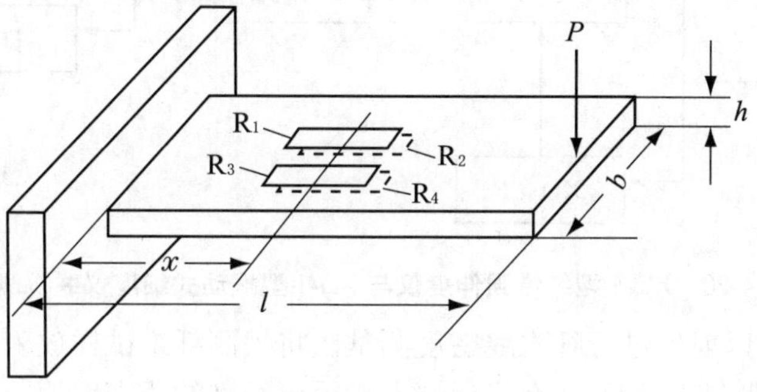

图 4-19 悬臂梁式弹性体

图 4-19 所示为悬臂梁式金属弹性体结构简图。弹性体长度为 l，宽度为 b，厚度为 h，单位均为 cm。外力 P(N)作用于弹性体的自由端，弹性体另一端固定。电阻应变片 R_1、R_2、R_3、R_4 共四片，分别粘贴在弹性体上表面及下表面，组成测量电桥。电阻应变片中心到悬臂梁固定端距离为 x，设弹性体材料的弹性模量为 $E(N/cm^2)$，密度为 $\rho(kg/cm^3)$，由材料力学公式可知，电阻应变片粘贴中心处的金属弹性体在外力 P 作用下产生的应力为：

$$\sigma=\frac{6P(l-x)}{bh^2} \tag{4-8}$$

应变为：

$$\varepsilon=\frac{6P(l-x)}{Ebh^2} \tag{4-9}$$

三、纤维电子强力仪

(一)XQ-1 型纤维强伸度仪

纤维的强伸特性是决定纺织品性能的重要因素，在天然纤维的强力测试中多采用束纤维法。测取束纤维强力后，根据束纤维长度和质量，计算纤维的比强度。束纤维法测强力简便快速，但不能得到纤维强力不匀指标。对于化学纤维来说，由于产品结构及生产过程的工艺条件不同，强力伸长特性有很大差别，采用单根纤维测量除可得到纤维强力、伸长及其不匀指标外，还可绘制纤维负荷—伸长曲线，得到多项表示纤维强伸特性的指标。

一般强力仪器的测量结果是试样的绝对强力。对单根纤维来说，纤维绝对强力除了与纤维本身强伸特性有关外，还受纤维粗细程度的影响。为了能对不同粗细纤维的强伸性能进行比较，采用单位线密度的纤维强力，即纤维的比强度，来表示纤维的强伸性质。国际化学纤维标准化局修订的化纤短纤比强度测试方法规定:“如果要测试纤维的比强度,先要测量单根纤维的线密度,再将试样断裂强力除以相应的线密度。”国际标准化组织 ISO 有关化学纤维强伸度试验方法规定“比强度为纤维断裂强力除以该根纤维用振动法测得的线密度,在没有振动仪的情况下才除以用称重法所求得的线密度”。上海新纤仪器公司生产的 XQ-1 型纤维强伸度仪是国内应用广泛的纤维电子强力测试仪器,它可与 XD-1 型振动式细度仪联机,自动计算单根纤维比强度、模量和断裂比功,绘制负荷—伸长曲线。仪器联机测试纤维比强度如图4-20所示。

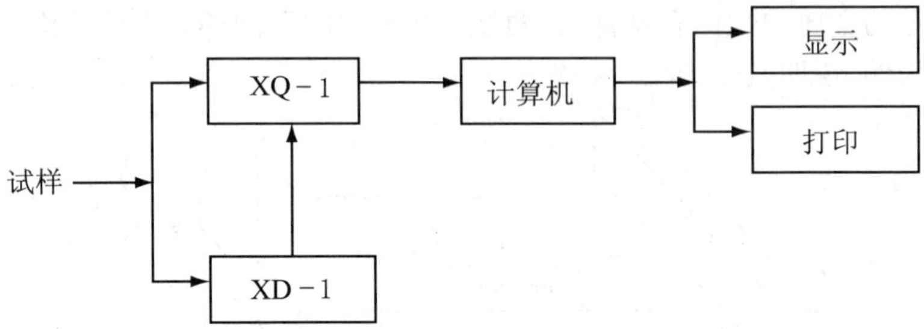

图 4-20　XQ-1 型纤维强伸度仪与 XD-1 型振动式细度仪联机测试

在测量纤维强力以前先进行纤维线密度测试。将被测纤维试样放入振动式细度仪的振动传感器中,纤维会立即自动起振,并在显示器上指示出纤维的线密度值。通过操作钮还可以显示纤维振动频率和单位线密度张力值。仪器上拨盘用于设置张力大小,其数值应与纤维所用张力夹的质量一致。测量结果纤维线密度值经接口连线送入纤维强伸度仪。振动式细度仪也可作为单机使用,所测纤维线密度值由打印机打印输出。同一根纤维在用振动式细度仪测完线密度后,再放入强伸度仪的上夹持器和下夹持器中,按操作钮使上下夹持器闭合,下夹持器自动下降拉伸纤维。纤维断裂后下夹持器自动回升,上下夹持器自动打开,仪器显示试样断裂强力、断裂伸长率、定伸长负荷值及试验次数。除上述指标外,打印机还可打印纤维线密度、比强度、模量和断裂比功的单值和统计值。仪器与计算机相连,可进行测量数据存贮、实时显示和打印纤维试样拉伸时的负荷-伸长曲线。

XQ-1 型纤维强伸度仪结构原理如图 4-21 所示。纤维强力测量的特点是小负荷测量,要求有较高的灵敏度。供给夹持器的气压可以通过调节阀来调节,以便根据纤维的不同强度调节其夹持力。下夹持器拉伸纤维的运动,是由步进电机通过齿轮及丝杆螺块所带动的。改变步进电机绕组导通次序可以改变其转动方向,驱动步进电机的脉冲数可用来进行纤维伸长计数。仪器各部分功能的协调由控制系统完成,通过适当接口与细度仪连接。

拉伸过程中夹持器夹持试样的力的大小,对试验结果强力伸长值有很大影响。早期生产用手工夹持器夹持试样的强力仪器,操作人员试验时用手拧紧夹持器,力的大小难以一致,夹持力太小,试样拉伸过程中容易打滑,伸长测试结果偏大;夹持力过大,则易夹伤纤维,使测试结果强力和伸长值都降低。XQ-1 型纤维强伸度仪采用低噪声压缩泵,通过气压调节阀得到可控制的恒定压力,以保证试样测试结果数据稳定可靠,减小了试验者的试验误差。

初始模量对纤维材料来说是一项十分重要的指标。为使试验结果准确,在开始试验时要预先进行一次拉伸试验,从拉伸曲线上确定曲线起始直线部分的两个点,作为计算初始模量的起点和终点。试样拉伸曲线假设如图4-22 所示。图中 OA 为计算初始模量的起点伸长率,OB 为终点伸长率,F_A 和 F_B 分别为起点伸长率和终点伸长率所对应的力值。OA 和 OB 值分别由仪器内部设定(单位 0.1%伸长率),则有:

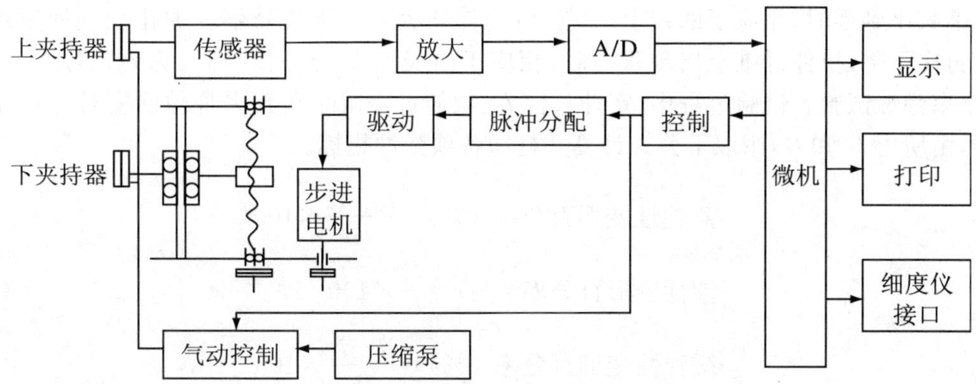

图 4-21 XQ-1 型纤维强伸度仪原理图

$$初始模量=\frac{F_B-F_A}{(OB-OA)\cdot 线密度}$$

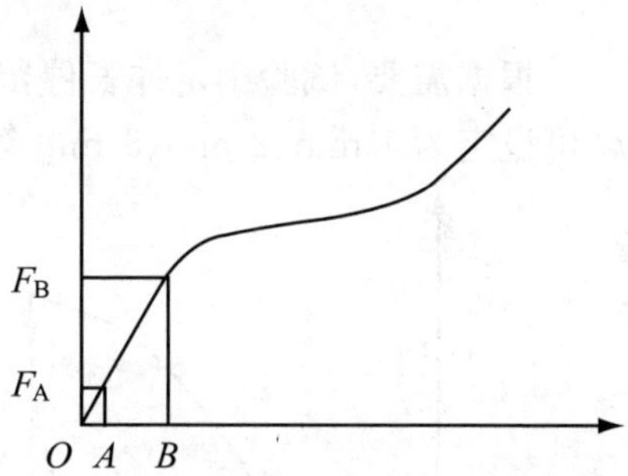

图 4-22 初始模量起点和终点的确定

当纤维试样存在卷曲时，拉伸试验开始必须对纤维加以预加张力，预加张力的大小应使纤维卷曲消失伸直而不产生伸长。当试样内纤维粗细和卷曲存在不匀时，预加张力的设置应足够使试样内大部分纤维卷曲消失伸直，以减小试验结果误差。

仪器负荷范围有 100 cN 和 300 cN 两种规格。量程 100 cN 用于普通化学纤维，量程300 cN 适用于高强高模纤维测试。XQ-1A 型为计算机联机式，可对试验中纤维负荷-伸长曲线进行实时显示和数据存贮。XQ-1B 型为预取向丝强伸度仪，可以测试预取向丝自然伸长率、EYS1. 5、自然拉伸倍数、最大拉伸倍数、断裂强力和断裂伸长六个指标。XQ-1C 型为高强高模纤维强伸度仪，适用于碳纤维、芳纶、高强度高模聚乙烯、玻璃纤维、玄武岩纤维、金属纤维等具有高强度、高模量和低延伸性能纤维强伸度测试，与 XD-1 型细度仪或 XGD-1A 型纤维直径仪联机测试纤维强力、伸长、强度、模量、断裂比功等指标。XG-1A 型工程纤维强伸度仪用于混于纤维混凝土中长度为 6 mm 或 4 mm 纤维的强伸度测试，采用特殊的夹持器，强度和模量单位采用 MPa 或 GPa，配套的 XGD-1A 型纤维直径仪用图像法测量纤维直径或截面积，用于工程单位的强度和模量计算。

(二)XQ-2 型纤维强伸度仪

仪器通过计算机对下夹持器运动的控制，可以实现试样进行一次拉伸、定伸长弹性、循环定伸长弹性、定负荷弹性、循环定负荷弹性、应力松弛、蠕变等多种性能测试，得到有关弹性指标。除一次拉伸试验的功能指标与 XQ-1 型纤维强伸度仪相同外，增加了以下弹性试验功能：

1. 定伸长弹性试验

试验中最大伸长值保持一定，其值由仪器预先设置，定伸长弹性试验拉伸曲线如图 4-23 所示。试验开始，下夹持器下降，拉伸纤维试样至设定定伸长值 l_0 后停止，拉伸曲线由 O 至 A，从 A 点开始保持试样伸长不变，由于纤维试样内部应力松弛，负荷逐渐减小，经 t_1 时间后到达 B 点，AB 为应力松弛过程。然后，下夹持器回升至原位，拉伸曲线由 B 至 O 过程中，当负荷逐渐减小到零时，相应于曲线上 C 点，对应伸长为 l_1。下夹持器在原位松弛回复停留 t_2 时间后再次下降，拉伸纤维至出现张力时，相应于曲线上 D 点，对应伸长为 l_2，然后下夹持器回升，结束弹性试验。试验过程中，定伸长值 l_0、定伸长停留时间 t_1 及原位回复时间 t_2 是预先设定的，由所得 l_1 和 l_2，用以下公式计算并打印各项弹性指标。

$$急弹性变形百分率\ (\%)=\frac{l_0-l_1}{l_0}\times 100 \tag{4-10}$$

$$塑性变形百分率\ (\%)=\frac{l_2}{l_0}\times 100 \tag{4-11}$$

$$缓弹性变形百分率\ (\%)=\frac{l_1-l_2}{l_0}\times 100 \tag{4-12}$$

$$弹性变形百分率\ (\%)=\frac{l_0-l_2}{l_0}\times 100 \tag{4-13}$$

根据需要，试验中定伸长停留时间 t_1 可设定为 30 s、1 min、2 min、3 min 等，原位回复时间 t_2 可设定为 1 min、2 min、3 min 等。

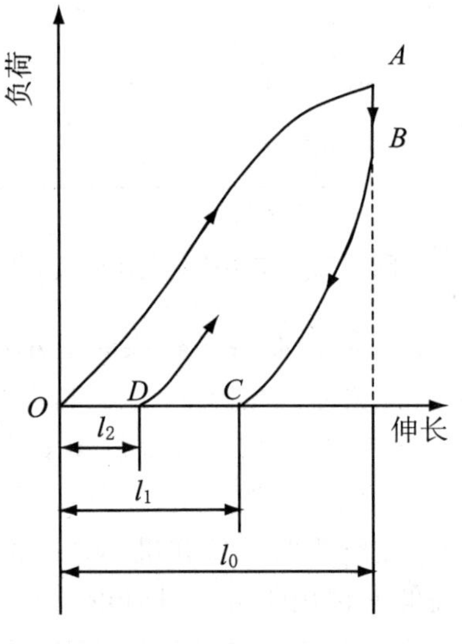

图 4-23　定伸长弹性试验曲线

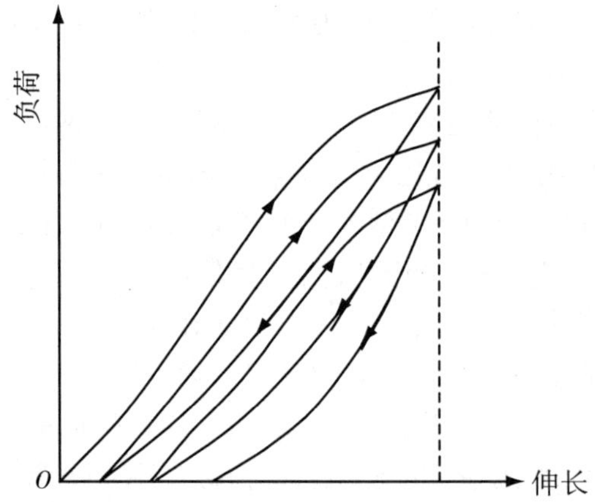

图 4-24　循环定伸长弹性试验曲线

2. 循环定伸长弹性试验

试样进行 N 次拉伸循环，每次循环中最大伸长保持一定，如图 4-24 所示。试样 N 次循环结束后，下夹持器回升至原始位置，停留一定时间进行松弛回复，然后拉伸试样至出现张力时得到塑性变形大小，通过计算可得弹性回复百分率。该方法为 BISFA(国际化学纤维标准化局)推荐的黏弹性试验方法，我国氨纶弹性试验方法标准也采用此方法。

3. 定负荷弹性试验

试验中最大负荷值保持一定，其值由仪器预先设置。试验开始，下夹持器下降拉伸纤维试样至设定的定负荷值后停止；经 t_1 时间后下夹持器回升，至原位松弛回复停留 t_2 时间后再次下降拉伸纤维至出现张力时，得到塑性变形大小，通过计算可得纤维弹性回复百分率。

4. 循环定负荷弹性测试

试样进行 N 次拉伸循环，每次循环中最大负荷保持一定。N 次循环结束后下夹持器回升至原始位置停留一定时间进行松弛回复，然后拉伸试样至出现张力时得到塑性变形大小，通过计算可得弹性回复百分率。

5. 应力松弛试验

下夹持器下降拉伸试样至一定伸长后停止，保持伸长不变，试样内部应力松弛使负荷逐渐减小，以定伸长开始时间为计时起点，测试各时间间隔的力值，可得力-时间曲线，即应力松弛曲线，可计算试样的松弛变形百分率。

6. 蠕变试验

下夹持器下降拉伸试样至一定负荷后停止，保持负荷不变，但伸长逐渐增加，测量试样随时间变化产生的伸长，可计算试样蠕变变形百分率。

以上各种弹性试验结果都受设定条件的影响，定伸长弹性试验与定负荷试验结果存在一定相关性。由于纤维或纱线试样本身粗细不均匀，采用定伸长或循环定伸长弹性试验方法的测试结果受试样粗细变异的影响小，故一般弹性试验中常采用。

四、纱线长丝电子强力仪

纱线的强力与伸长，是纺织厂评定纱线品质的重要指标。纱线电子强力仪除了具有一般电子强力仪的测试特点外，主要是增加了连续拉纱操作的自动机构，故又称自动纱线强力仪。包括自动引纱、夹持试样拉纱、清除试验废纱、恢复仪器初始工作状态、记录试验结果、自动换纱、换管等在原来仪器上用人工操作的动作，全部由仪器完成。试验完毕后仪器能打印出单管和全部试验结果的强力伸长值及统计数据，可节省大量试验操作工作量。

德国 Textechno 公司生产的 Statimat M 型自动纱线强力仪，采用等速伸长型试验方式。仪器备有四个测力传感器，负荷测量范围分别为 0～10 N、0～100 N、0～500 N、0～1 000 N，负荷测量精度±1%，试样夹持距离为 100 mm、200 mm、500 mm 三档，试样夹持距离为 500 mm 时的伸长测量范围为 96%，伸长测量精度 0.5%，试验速度 5～20 000 mm/min，无级调速，预张力范围 0.5～500 cN。

全机由试验主机与计算机组成，仪器有自动引纱、自动换管装置，可实现 50 只卷装的连续自动操作，试验结果能打印出强力、伸长、断裂功单值及统计值，还可打印出定伸长负荷及定负荷伸长等项目。纱线拉断后，废纱自动吸入废纱储存箱内，可由电子秤称重求得纱线细度，进一步计算纱线比强度。该仪器可用于测定纱线、化纤长丝、变形丝、氨纶丝的拉伸性能，并可变换夹持器改为手动操作，进行纤维束及织物条的强力测试。

改进后的 Statimat M 型自动纱线强力仪，可进行间隔取样，间隔取样长度可任意设置，仪器还可打印出负荷-伸长曲线及直方图，并将自动纱线细度秤与自动纱线强力仪连成一体，自动地在每个纱管拉伸测试前或后测定纱线细度，测试结果输入计算机计算纱线比强度值。称重纱线长度可在 10 m、50 m、100 m 或 500 m 中选择。

Tensorapid 为乌斯特公司生产的自动单纱强力仪。仪器试验方式为等速伸长型。

仪器负荷测量范围通过更换测力传感器，有 0.1～50 N、0.2～100 N、1.0～500 N 三个传感器，伸长测量范围当试样夹持距离 500 mm 时为 0～128%，负荷与伸长测量精度±1%，试验速度 50～5 000 mm/min，卷装数容量 20 个，每个卷装最大直径 115 mm；用直径为 180 mm 的卷装时，容量为 7 个卷装。

仪器由试验主机、控制仪和打印机三部分组成。测力部分采用电感式传感器及差频式测量电路。自动换纱机械手采用竖臂式结构,竖臂本身作水平方向左右移动,夹纱器在竖臂内作垂直上下移动,两者合成运动的结果轨迹为一闭合回路,配合纱夹的启闭实现自动换纱动作。仪器各运动部件的控制及试验结果的数据处理,采用微处理机来实现。仪器使用之前,要将试验条件、参数、试样规格尺寸及数据处理打印要求用键盘输入,包括试样卷装数、每一卷装试验次数、试验速度、试样长度、预张力大小、负荷伸长测量范围、纱线细度、纱线品种及试验编号等的设定,以及试验结果要求单值打印还是统计打印,是否作强力与伸长的直线分布图、频率分布图以及负荷-伸长曲线等。仪器的零位与刻度标定由微处理机自动校正。打印内容包括强力、伸长、比强度、断裂功、断裂时间等与四个负荷或伸长参考点相应的伸长或负荷值,以及两个设定伸长值之间的断裂功。仪器除采用自动方式用机械手换纱及换管外,还可选择非自动试验方式,即用人工手动启闭上下夹持器及开动机器拉纱,以适应特殊试验的需要。

Tenjet 是 Uster 公司开发的高速拉伸纱线强力测试仪器,仪器采用罗拉牵伸原理,纱线由压缩空气引入由两对罗拉组成的牵伸区后,两罗拉闭合握持纱线,并以相反方向转动拉伸纱线试样直至试样断裂,由力传感器测试断裂强力大小,并由罗拉牵伸试样至断裂时所转过的圆周长度计算试样断裂伸长。仪器拉伸试样速度为 400 mm/ min,每小时可完成近 3 000 次测试,用以模拟纱线在织机上的实际受力情况。

五、氨纶弹性仪

XN-1A 型氨纶弹性仪是测定氨纶丝和其他化学纤维弹性长丝强伸性能与弹性回复性能的试验仪器,可进行试样一次拉伸试验,测定其强力、伸长率与定伸长负荷等指标,也可进行试样弹性试验和应力松弛试验,测定其弹性回复率和应力衰减率等指标。仪器负荷测量范围 0～250 cN,负荷测量误差≤±1%,负荷测量分辨率 0.01 cN,伸长测量范围 0～500 mm(夹持距离 50 mm 时),伸长测量误差≤±0.5 mm,伸长测量分辨率 0.1%,下夹持器升降速度 50～1 000 mm/min。为了适应不同试验方法标准的要求,进行弹性试验时可选择循环定伸长弹性试验,也可选择其他弹性试验方法。循环次数、停顿时间、回复时间等有关试验参数可根据不同试验方法标准进行设置。在各种拉伸试验过程中,仪器能显示被测试样的拉伸曲线、弹性回复曲线或应力松弛曲线,并可自动计算显示各项相关指标的单值、平均值和变异系数等测试数据。所有测试数据和试验曲线均可打印输出或者存为文件。

针对氨纶丝和其他化学纤维弹性长丝强度低而伸长大的特点,仪器配置了高分辨率的负荷测量通道,以满足被测试样微小预张力的检测要求,同时采用了专门设计的试样夹持器,以确保被测试样既不会打滑又不致受损,从而保证了仪器测量结果的准确性。

第四节　纺织材料耐磨性能和摩擦系数测试

一、耐磨性能测试

纺织材料耐磨性能试验仪器应该尽可能满足下列的要求:试样磨损试验的条件和磨损破坏特征应接近于实际使用时的情况;磨损试验条件在整个试验过程中保持恒定;试验时试样面积应该大;仪器结构坚固,并且操作方便。这些要求同磨料的性能、磨料被磨损的速度、摩擦运动的规律和速度、试样上所加的力等因素有关。纺织材料在实际使用时要经过若干年月后方才损坏，而实验室的仪器试验则只能在短得多的时间内（如几分钟或几个小时）得出试验结果，因此试验条件和实际使用条件不可能一致。另一方面，实验结果也表明，磨损速度对磨损结果的影响，也因纺织材料性质的不同而可能有差异。因此，有一种方法是通过实际使用，分析其耐磨性能，作为确定与改进纺织材料品质的依据。对穿着用纺织制品来说，不同的制品（如袜子、衬衣或外衣）经受着不同的磨损情况。同一种纺织制品，使用人的工作性质和生活习惯等不同，也会使磨损不一样。衣着用品的耐磨与否，还和衣着的褶皱程度、不同温湿度条件下的强力和伸长性能的变化规律等有关，这也增加了实际穿着试验的必要性。衣着的穿着试验现在已经受到重视。但是，应该指出，穿着试验是很费时的，要经过长期的不断的观察，而且在整个穿着过程中，影响使用结果的因素也多，所以取的试样也要大，并且不易正确分析所得结果。耐磨的仪器试验是快速试验法，在实验室中，只要对各项试验条件加以良好的控制，就可以缩小试样，减少试验费用。

耐磨试验仪器的种类很多，较为成熟且在实际工作中采用的就有几十种。下面分别按纤维、纱线与织物分类择要介绍：

（一）纤维耐磨试验仪器

图 4-25 为纤维耐磨试验仪器的一种。试样 1 的一端固结于夹头 2 内，绕过小磨辊 3，另一端上挂一小重锤 4，给予试样一定的张力。小磨辊以每分钟 100～1 500 转的速率回转。试样 *ab* 段受到磨损作用。试样和小磨辊间的接触角 α 由转动轴 5 调节。小磨辊的回转方向可以改变。作为磨料的金刚砂石可以调换，以便适应不同的需要，这种仪器上同时可以试验 10 个试样。

进行磨损试验前，纤维先粘贴于纸框上，然后将纸框的两边切断，夹在夹头中再进行试验。

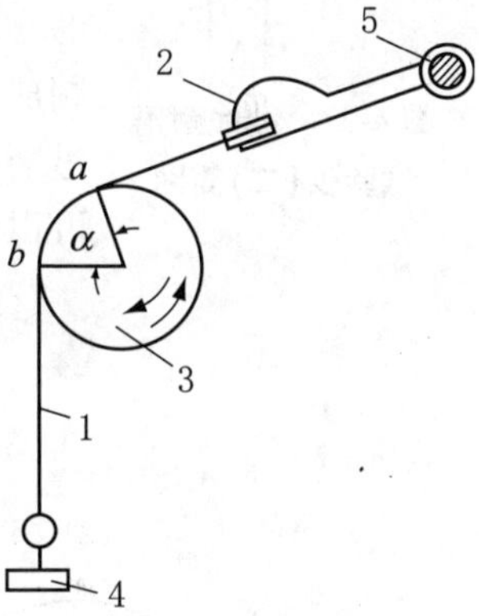

图 4-25　纤维耐磨试验仪简图

（二）纱线耐磨试验仪器

图 4-26 所示为纱线耐磨试验仪的一种。试样 1 的一端固定于钳夹 2 与 3 中，由重锤 4 而获得一定的张力。磨料 5 沿试样 1 做往复运动而使试样受磨。试验时钳夹 2 和 3 做缓慢的回转运动（5～6 r/min），因此试样的整个圆周都被磨到。

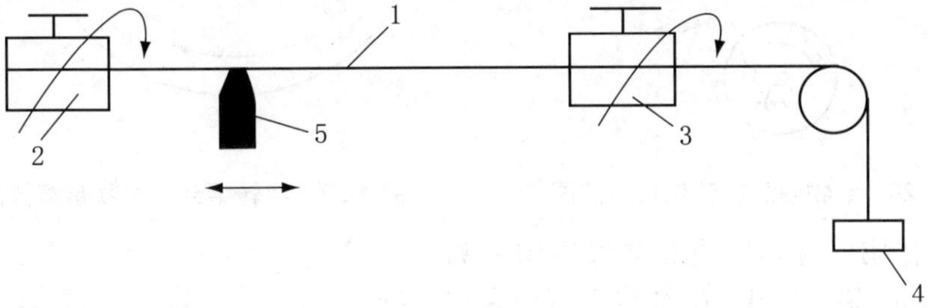

图 4-26　纱线耐磨试验仪（一）简图

图 4-27 所示为另一种纱线耐磨试验仪。试样 1 的一端固装于钳夹 2 内，纱线穿过综片孔眼 3，并借助于小重锤 4 而使试样受到一定的张力。孔眼 3 即为该仪器上的磨料，由曲柄机构传动（图中未表示出），做上下往复运动。孔眼的大小和表面状况、试样和磨料的包围角、作用于试样上的负荷，以及磨料每分钟的往复次数等，对试验结果有影响。

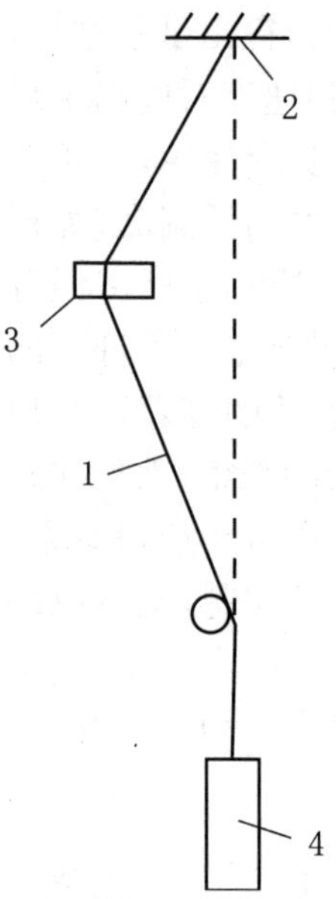

图 4-27 纱线耐磨试验仪(二)简图

(三)织物耐磨试验仪器

图 4-28 所示的仪器为织物耐磨试验仪的一种，主要由固装磨料(通常采用金刚砂纸)的扇形滚筒 1 及杠杆装置 2 所组成。试样 3 夹在杠杆装置上的钳夹 4、5 之内。试验时试样连同杠杆装置以支点 6 回转并覆盖在扇形滚筒 1 上。扇形滚筒借曲柄连杆装置 7 而做往复摇摆运动，试样因此受到磨损作用。扇形滚筒的往复运动速度为 90 次/min，动程为 75 mm。在同一台仪器上有 3～4 个杠杆装置，因此同时可测定 3～4 个试样。

图 4-29 所示为回转平台式织物耐磨仪。圆盘 1 上面放置试样，在水平面上作恒速回转。圆盘上方有一支架，在支架上装有两个金刚砂磨盘 2，它们在垂直面方向可自由回转。试验开始时，将支架连同两个金刚砂磨盘放在圆盘上。然后使圆盘运动，磨盘贴在此圆盘上并在垂直面方向回转，因此试样形成面积约为 100 mm^2 的磨损圆环。磨盘对试样的压力可根据支架的质量加以调节。仪器上附有各种不同磨损强度的磨盘。

图 4-30 所示为屈曲磨损仪。主要由上下两平板 1、2 以及由特殊钢制成的磨料 3 所组成。试样 4 的一端固结于上平板上的钳夹 5 内，然后通过磨料 3，另一端固结于下平板上的钳夹 6 内。试验时试样上所受的张力可以调节。由于下平板及磨料作往复运动，因此织物在一个方向受到多次的弯曲磨损作用。有时屈曲磨损仪也用来测定纱线的耐磨性，此时将一定根数的纱线平行地黏在一纸框中，然后将纸框固装在钳夹 5 和 6 之间，即可开始试验。

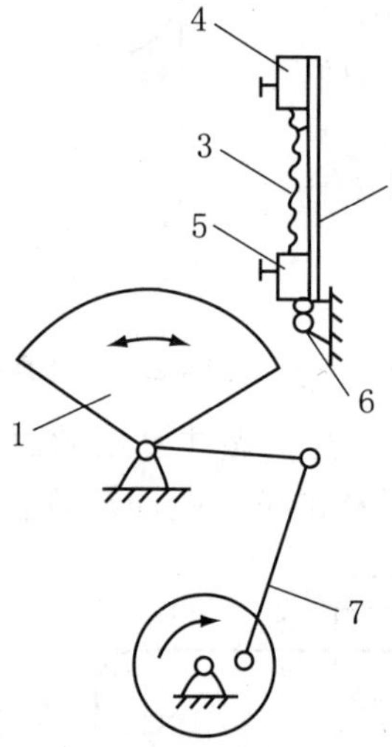

图 4-28 织物耐磨试验仪(三)简图

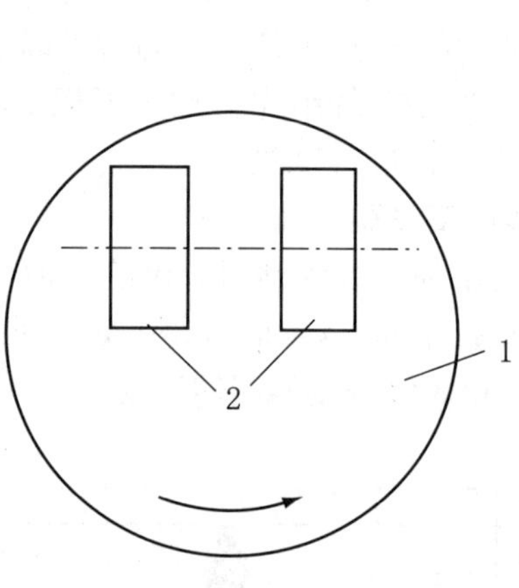

图 4-29 回转平台式织物耐磨仪简图

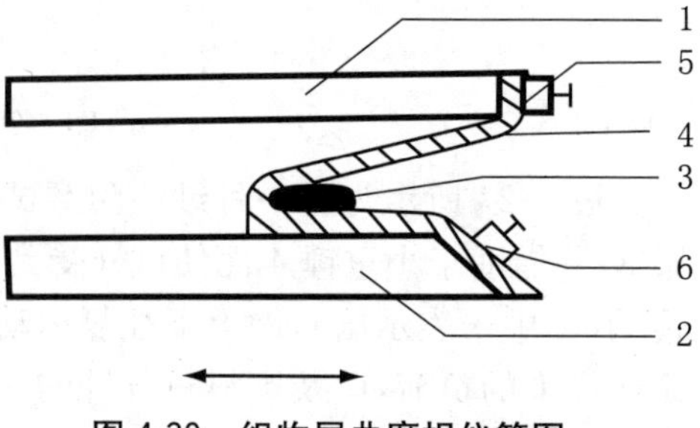

图 4-30 织物屈曲磨损仪简图

在进行耐磨试验时，磨料的正确选择极为重要，因为磨料对纺织材料的磨损机理和磨损强度有影响。当用金刚砂纸或金刚砂石作为磨料时，纤维被切割断裂而造成损坏的作用较为突出。当用纺织材料本身或金属作为磨料时，纤维承受反复拉伸和弯曲而断裂的作用较为显著。磨料的选择应该根据纺织材料在实际使用中的磨损特征，使试验时的磨损与实际使用时的磨损相一致。此外，试验时的磨损速度也影响磨料的选用。试验中磨料本身表面状况的变化，对试验结果有很大的影响。在用纺织材料本身或金刚砂纸作为磨料时，常采用每测定一个试料用一块新磨料的方法来消除磨料被磨损的影响。

施加于试样上的张力，原则上应该接近于纺织材料在使用时所受的张力，而材料在使用时所受的张力变化很大，所以只能使试验时各个试样的张力一致，张力的值一般为材料断裂强力的 25%～30%。易于磨损的试样，所加的张力应较小。

当试样与磨料间的压力大时，试样磨损快，所以，压力的大小同耐磨试验的结果有明显的关系。有效地清除耐磨过程中剥离下的纤维粒屑也是很必要的。

耐磨试验仪器上附有记数装置，记录磨料和试样摩擦的次数或摩擦的时间。试样断裂（纤维与纱线）或形成破洞（织物）时，仪器上的自停装置或自动指示装置起作用。一般来说，在织物耐磨试验仪上安装自动装置一般是比较困难的。

二、摩擦系数测试

纺织材料两个接触面积间的摩擦阻力 F 和接触面间的总垂直压力 N 的关系一般可用下式表示：

$$F=aN^n \tag{4-14}$$

式中：a 和 n 均为常数，n 值在 $\frac{2}{3}\sim1$ 之间，随接触面的性质而定。

当纺织材料间的名义接触面积大时，即使在垂直压力为零的情况下，仍旧具有一定的阻止相对滑动的力，这一阻力称为抱合力。

由前述可知，纺织材料的摩擦系数（$\frac{F}{N}$）并不是常数，除材料表面的光滑状态外，垂直压力的大小、接触面积的大小与形状以及接触面之间的相对运动速度等因素，都会使摩擦系数发生变化。因此，仪器所测得的摩擦系数只是一条件值。

测定纺织材料摩擦性能的仪器很多，下面介绍其中的几种：

（一）纤维摩擦试验仪器

纤维的摩擦系数与纺织生产和纱线性能关系十分密切。为了使纺纱能顺利地进行，某些情况下需要增加纤维之间的摩擦，如罗拉加压、纱线加捻等；另一些场合则需要减小纤维之间的摩擦，如使用化纤上油剂、使纤维通道光洁等。

纤维摩擦系数的一种测定仪结构如图 4-31 所示。

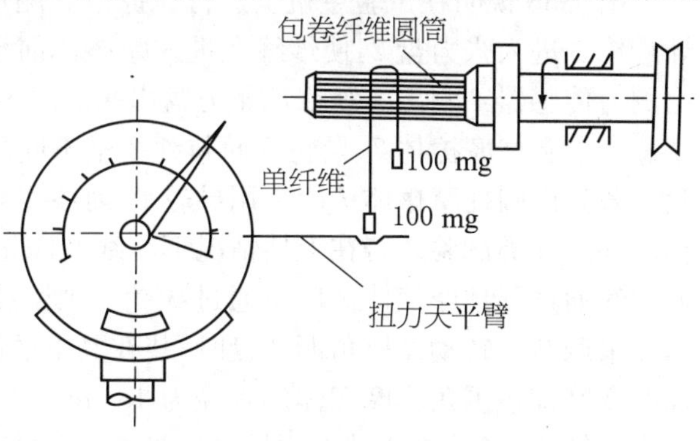

图 4-31　纤维摩擦系数测定仪

将纤维圆筒装上仪器，把两端带有张力钳（4 dtex 以下用 100 mg，4 dtex 以上用 200 mg）的单根纤维跨在纤维圆筒上，一端挂在扭力天平的钩子上，一端垂下。圆筒作等速回转,由扭力天平测出纤维作用于天平臂上的力。如纤维两端的张力分别为 T_1 与 T_2,则由下式可近似地求出纤维与转子表面间的摩擦系数 μ:

$$\frac{T_2}{T_1}=e^{\mu\theta} \tag{4-15}$$

式中:θ 为纤维在转子上的包围角,以弧度表示。

如采用纤维与金属摩擦的方式,可将纤维直接跨在金属圆筒上。如单根纤维的长度不足 50 mm,须接长至 70 mm。如采用纤维与纤维摩擦的方式,需制成纤维圆筒,方法如下:从试样中取出 50~100 mg 纤维整理成束,将纤维束铺放在金属板上,用夹子将纤维一端连同金属板夹住,梳理纤维,并剪齐;按同样方法夹住纤维另一端,梳理剪齐;再在靠近夹口处,用一狭条玻璃胶水纸,将纤维一端黏住,取下夹子,将厚薄均匀的纤维层包卷在圆筒上,以透明胶水纸贴牢,用螺旋轧住。测试时要调整圆筒转速。测定静摩擦系数时圆筒速度调整为 1 r/ min,测定动摩擦系数时圆筒速度调整为 30 r/ min。然后,缓慢地转动扭力天平旋钮,稳定后读取负荷读数。

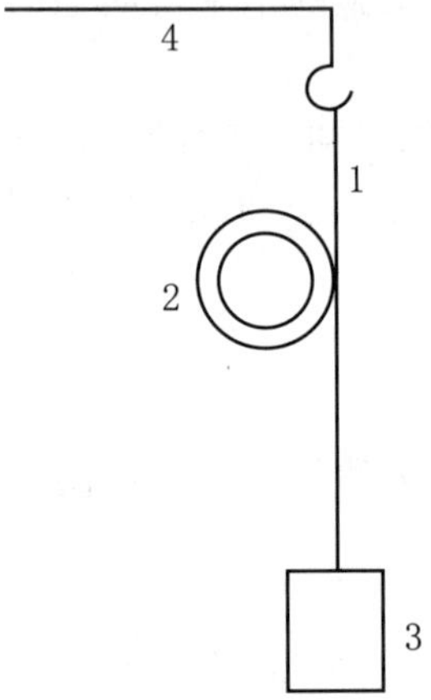

图 4-32　纤维摩擦系数的测定装置

另一种测定纤维与辊子表面间摩擦系数的仪器如图 4-32 所示。

纤维试样 1 在转子 2 上绕一圈,其一端挂以张力夹 3,另一端套在扭力天平臂 4 上。转子 2 做等速回转,由扭力天平测出纤维作用于天平臂的力。

(二)纱线动态摩擦系数测试

纱线的摩擦性质是纺织材料表面特性的一个重要方面,它不仅影响纺织品的手感和服用性能,而且对纺织工艺过程也有很大影响。纱线表面摩擦系数的大小,会影响织物织造和针织物编织加工过程的顺利进行。长丝摩擦系数过大,加工中单丝断裂而产生的毛丝较多,影响产品质量。因此在加工过程中,要根据表面摩擦系数大小确定合理的工艺参数,选择适宜的导纱器材料。

随着生产的发展,已研制出多种纤维或纱线摩擦系数测试仪。应用较为广泛的有瑞士 Rothschild 公司生产的 R-1182 型纱线摩擦系数测定仪,用于测定纱线连续不断运动时,纱线与摩擦体或纱线与纱线之间的摩擦系数,即动态摩擦系数。该仪器由试验主机、测量计算仪和记录仪三部分组成。

图 4-33 说明在试验主机上进行摩擦系数测量时纱线的运行路线。纱线从筒子上退绕,经导纱钩 1 进入张力盘 2,使纱线在进入摩擦体前承受一定的初张力 T_1,其大小可以调节,并可由测力传感器 4 测出。纱线从张力盘出来后,经导轮 3、测力传感器 4、导轮 5 后进入摩擦区。摩擦区由圆柱摩擦体 7、导轮 8 而与纱线呈不同配置关系,形成纱线与圆柱摩擦体的不同包围角。若只用圆柱摩擦体 7 而不用导轮 8,则纱线与摩擦体包围角为 180°,图中所示的纱线行进情况即属此类试验。若在上述情况下纱线在摩擦体上再绕一周,则摩擦包围角变为 540°。假使纱线通过圆柱摩擦体 7 后再通过导轮 8,则纱线与圆柱摩擦体 7 的包围角可由摩擦角调节盘 6 来调节。转动摩擦角调节盘时,装在其上的圆柱摩擦盘 7 与导轮 8 的位置也随之变动,从而改变摩擦包围角。摩擦体的直径为 18 mm,可以根据测试要求更换材料。由圆柱摩擦体 7 出来的纱线,经导轮 9 进入测量输出张力 T_2 的测力传感器 10,再经导轮 11 后卷绕在直径为 180 mm 的纱线卷绕轮 12 上。

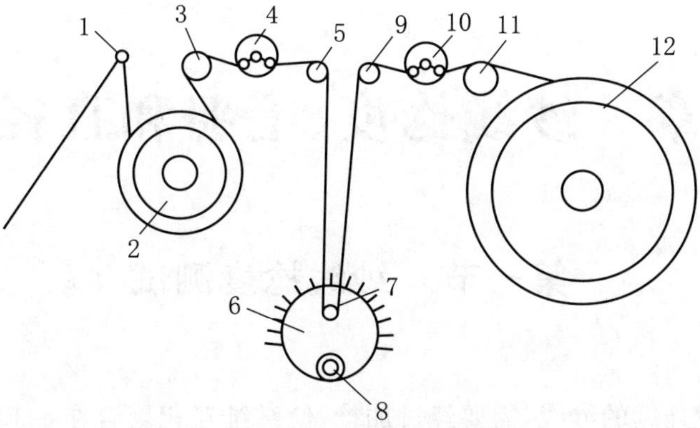

图 4-33　纱线摩擦系数测试原理

由测力传感器 4、10 测得张力 T_1、T_2，根据柔性体的欧拉公式，可求得纱线与摩擦体之间的摩擦系数。其数学关系如下：

$$\frac{T_2}{T_1}=e^{\mu\theta} \tag{4-16}$$

式中：T_1 为圆柱摩擦体前的纱线张力；T_2 为圆柱摩擦体后的纱线张力；μ 为动态摩擦系数；θ 为纱线与圆柱摩擦体的包围角。

由式(4-16)可得：

$$\mu=\frac{1}{\theta}(\ln T_2-\ln T_1) \tag{4-17}$$

T_1 和 T_2 可由电表上读出，在一定的摩擦包围角 θ 下，由上式可计算出动态摩擦系数 μ 值。T_1、T_2、μ 三个量值的变化情况也可由记录仪所得曲线表示出来。

(三)织物摩擦系数测试

图 4-34 为用来测定织物摩擦系数的斜面式仪器。它主要由活动平板 1 及滑块 2 所组成。试样(织物)3 夹在活动平板 1 上的钳夹 4 及 5 之间，在平板上放置一个用某种材料包覆的滑块 2。试验开始前平板位于水平状态($\alpha=0$)，试验时，使平板 1 缓慢倾斜，直到滑块 2 开始向下滑动时为止，记录摩擦角 α，即得静摩擦切线阻力系数。滑块的尺寸和质量会影响试验结果，因此，必须规定某一标准值。

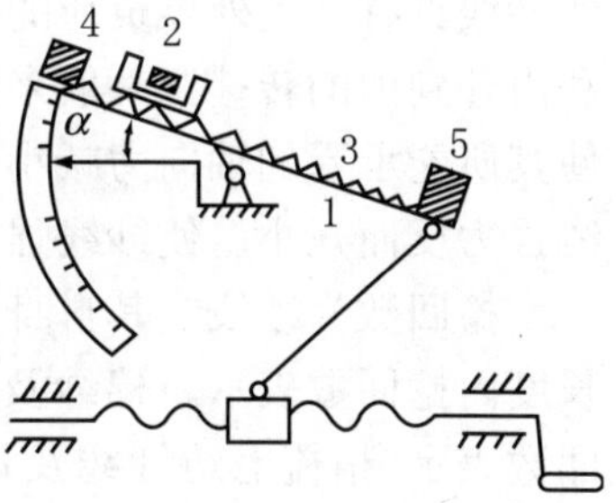

图 4-34　织物摩擦系数测定仪简图

第五章　纱线捻度、毛羽和直径测试

第一节　纱线捻度测试

一、概　述

将短纤维纺制成连续的纱线，需要经过加捻，使纤维互相聚合在一起而保持某种聚集力，从而赋予纱线一定的强力。复合丝中的长丝也需要轻度加捻，如果没有聚集力把它们联系在一起，会在使用中脱散或受到擦伤。另外，根据不同用途的需要，可以由若干根单纱并合加捻，形成股线和缆绳，使之更为均匀和结构稳定，以承受更高的负荷。如果两根以上纱线在加捻时以不同速度和张力喂入，或以不同的颜色或花式的纱线并合加捻，可以形成花式线。花式线由短纤纱或长丝纱进行不规则的合股，从而产生不连续或周期性的花式，并在加捻中形成不同的弯曲与缠绕。还可用规则的合股线为基础，将具有花式效果的片段裹绕在其上的花式线。所以，加捻是将纤维束、长丝或单纱聚集在一起的一种方法，使纺织品在制造与使用过程中能经得起应力、应变和摩擦，并给予纺织品别致的外观效应。

捻度除了影响纱线的拉伸性质外，捻度大小还会影响纱线的直径、比体积、柔软性和硬挺度，影响织物的覆盖性能、保暖性、折痕恢复能力、吸染率和渗透性。加捻还会影响纱线表面的毛羽。因此，捻度是表示纱线结构特征的重要内容。

纱线加捻时表面纤维对于纱线轴成一个角度 θ，称为捻回角。由于捻回角的存在，纱线沿其轴向受到外力作用时，在径向产生侧压力，增加了纤维之间的摩擦，阻止纱线中纤维的滑移，使纱线具有承受外界负荷的能力。短纤维纱线在加捻过程中，还会发生纤维径向的由内到外和由外到内的转移。一般来说，纱线强力随着捻度的增加而增加。但由于加捻后纤维的倾斜使其所能承受的轴向力减小，捻度增加到一定程度时纱线强力达最大值，此后捻度再增加，纱线强力反而减小。使纱线强力达到最大值时的纱线捻度称为临界捻度。

捻回数为纱线绕其自身轴向的旋转数。捻度一般以单位长度内捻回数表示。棉纱及棉型化纤纱以 10cm 长度内的捻回数表示，精梳毛纺纱线及化纤长丝以每米长度内的捻回数表示。捻度定义为：

$$T=\frac{n}{L} \tag{5-1}$$

式中：n 为纱线的捻回数；L 为纱线的长度。

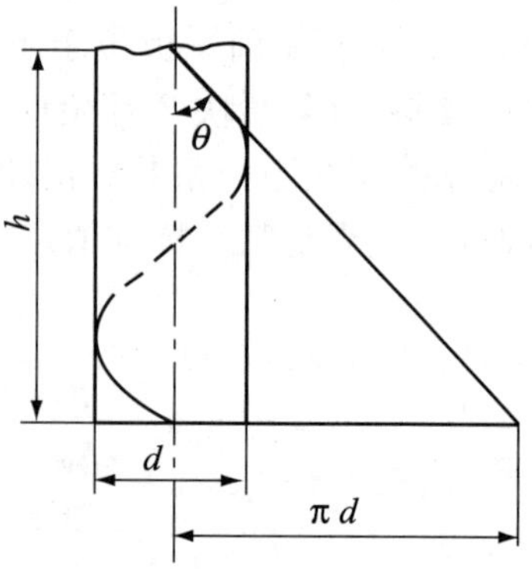

图 5-1　纱线表层纤维的螺旋展开

然而，对不同粗细的纱线加以相同捻度时，可以发现其加捻程度实际上是不一样的。同样捻回数下，纱线直径愈粗，纱线中纤维倾斜愈显著；或者说，直径较细的纱线，其表面纤维要达到同样一定的倾斜角 θ，所需捻度较高。而纱线中纤维的

倾斜角 θ 即捻回角，是决定纱线紧密程度及其他特性的主要指标，它与纱线捻度之间存在一定的关系。

由图 5-1 可见，捻回角与纱线直径之间的关系为：

$$\tan\theta=\frac{\pi d}{h} \tag{5-2}$$

式中：θ 为捻回角；d 为纱线直径(mm)；h 为捻距或螺距(mm)。

纱线直径与纱线线密度之间的关系，见本章第三节，为：

$$d=0.035\,68\sqrt{\frac{\mathrm{Tt}}{\delta}} \tag{5-3}$$

式中：Tt 为纱线线密度(tex)；δ 为纱线密度(g/cm^3)。

而捻距 h 为：

$$h=\frac{100}{T} \tag{5-4}$$

式中：T 为纱线捻度，等于 10 cm 中的捻回数。

由式(5-2)和式(5-3)可得：

$$\tan\theta=\frac{\pi d}{h}=\frac{\pi dT}{100}=\frac{T}{892}\sqrt{\frac{\mathrm{Tt}}{\delta}} \tag{5-5}$$

或

$$T=892\tan\theta\cdot\sqrt{\frac{\delta}{\mathrm{Tt}}}=\frac{\alpha_t}{\sqrt{\mathrm{Tt}}} \tag{5-6}$$

式中：$\alpha_t=892\tan\theta\cdot\sqrt{\delta}$，称为捻系数。

当纱线密度 δ 一定，捻系数相同，就表示捻回角 θ 相同，纱线加捻程度相同。

除了用捻度、捻系数表示纱线加捻特性外，纱线中捻向也是很重要的。捻向是指加捻后单纱中的纤维或股线中的单纱呈现的倾斜方向。纱线中的捻向有两种：①S 捻或称顺时针捻，见图 5-2(a)；②Z 捻或称逆时针捻，见图 5-2(b)。单纱一般用 Z 捻，而 S 捻常用于合股线，见图 5-2(c)。

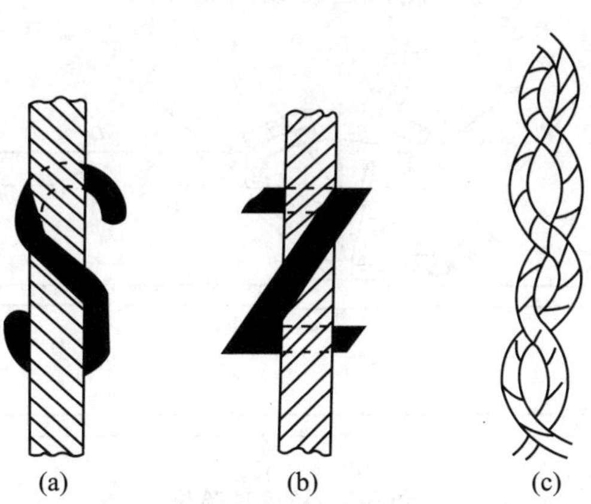

图 5-2　纱线的捻向

单纱经纱为 Z 捻，纬纱为 S 捻时，交织后经纬纱接触处纤维相互交叉配置，经纱与纬纱相互嵌入是不可能的;若经纱和纬纱具有相同的捻向,也就是都为 Z 捻或 S 捻,则两根纱线接触处的纤维相互之间呈平行状态,这样的配置可使经纬纱互相镶嵌,产生的织物手感薄而结实。

纱线加捻后纤维倾斜,使纱的长度缩短,这种现象称为捻缩;反之,当纱线退捻时,其长度变长。大量实验表明,在一定的张力和一定的加捻程度范围内,纱线加捻时长度的缩短与退捻时长度的伸长是近似相等的。纱线捻缩一般用捻缩率表示:

$$捻缩率(\%)=\frac{纱条加捻前长度-纱条加捻后长度}{纱条加捻前长度}\times 100$$

纱线加捻多少直接影响其物理机械性能和纺纱机生产效率,在生产中需要定期检查纱线的实际捻度是否符合设计值。

二、捻度测量方法

我国常用的捻度测试方法有直接退捻法(或称直接计数法)和退捻加捻法两种。棉纺厂的粗纱、股线试验采用直接退捻法,而细纱采用退捻加捻法。此外还有二次和三次退捻加捻法、滑移法等。

(一)直接退捻法

试样一端固定,另一端向退捻方向回转,直至纱线中的纤维完全伸直平行为止。退去的捻度即为该试样长度的捻数。直接退捻法是测定纱线捻度最基本的方法,测定结果比较准确,常作为考核其他方法准确性的标准。但该方法工作效率低,如果纱线中的纤维有扭结,纤维就不易分解平行,而且分解纤维时纱线容易断裂。直接退捻法一般用于计数粗纱或股线捻数。对细纱进行研究工作可用黑白纱点数法,用一根黑粗纱和一根白粗纱喂入同锭纺出黑白相间的细纱,试样夹持在捻度仪上与直接退捻法一样进行退捻。随着退捻增多,纱上黑白相间的距离变大,就越容易人工点数。一般退捻至总捻数的一半左右即可进行人工点数剩余捻数,纱上的总捻数为捻度仪退捻数与人工点数的剩余捻数之和。

(二)退捻加捻法

退捻加捻法是假设在一定张力下,纱线解捻引起纱线伸长量与反向加捻时纱线缩短量相同的前提下进行测试的。一个典型的测试装置如图 5-3 所示。

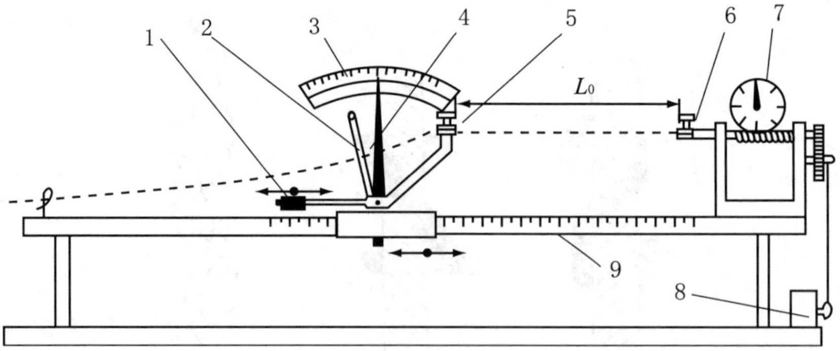

图 5-3 捻度试验仪

1—张力重锤 2—定位片 3—伸长标尺 4—伸长指针 5—左纱夹 6—右纱夹 7—计算盘 8—电动机 9—定位标尺

横轨上有定位标尺 9，当松开定位距螺丝后，伸长指针 4、伸长标尺 3、左纱夹 5、张力重锤 1、定位片 2 可同时左右移动，以便调整测试纱线试样的长度 l。

测试时，在规定的预张力下，取规定长度的纱线，两端夹紧，右纱夹先反转退捻，使纱线伸长至一定的允许伸长量，指针被定位片挡阻，纱线不能继续伸长，以防止退捻至纤维伸直平行时纱线断落。当纱线上的捻度全部退完后，右纱夹继续旋转，纱线开始反向加捻，长度缩短直到纱线恢复原长为止。纱上的捻回数即为退捻加捻总捻回数的一半。

这种方法工作效率高，操作方便，但初始张力和允许伸长量的变化对测试结果影响大，必须严格按表 5-1 进行选择。

表 5-1 各类纱线测定参数

类　别	试样长度(mm)	预加张力(cN/ tex)	允许伸长(mm)
棉纱(包括混纺纱)	250	$1.8\sqrt{Tt}-1.4$	4.0
中长纤维纱	250	0.3×Tt	2.5
精、粗梳毛纱(包括混纺纱)	250	0.1×Tt	2.5
苎麻纱(包括混纺纱)	250	0.2×Tt	2.5
绢丝	250	0.3×Tt	2.5
有捻单丝	500	0.5×Tt	—

注：当试样长度为 500 mm 时，其允许伸长应按表中所列增加 1 倍，预加张力不变。

(三)二次和三次退捻加捻法

设 L_0 长纱线上的捻度为 x，在一定的伸长限位和张力下，退捻后纱线继续反向加捻时会产生一定的误差 b，用二次退捻加捻法消除这个误差。这种方法需要两个试样，如图 5-4 所示。试样的夹紧长度为 L_0，第一个试样如同退捻加捻法一样先退捻至纤维平行状态，然后继续反向加捻，长度缩短直到夹紧长度为止，记下这时的捻度 a，a 为 $2x+b$。然后夹紧第二个试样并正确地退捻到第一个试样退捻数的四分之一即 $\frac{a}{4}$。然后将纱松弛，反转纱夹重新加捻，直到纱线缩短到原夹紧长度 L_0 为止，记下两者捻回数差 b。纱上的捻数为：

$$\frac{a-b}{2}=\frac{2x+b-b}{2}=x$$

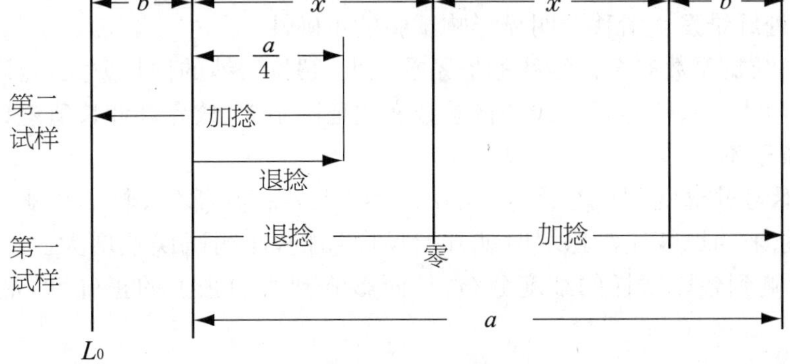

图 5-4 二次退捻加捻法

二次退捻加捻法充分考虑到了纱线在捻度仪上退捻、松弛和重新加捻,与细纱在纺纱机上加捻时的张力条件不同而引起的误差 b。与退捻加捻法相比较,二次退捻加捻法测试时纱线上张力的变化对测试结果的影响小。

除二次退捻加捻法外,还有三次退捻加捻法。三次退捻加捻法是在给定条件下夹住已知长度纱线的两端,经退捻和反向加捻后回复到起始长度所需的捻回数。这种退捻和反向加捻的操作在同一试样上进行三次,气流纺棉纱捻度用此法测定。

(四)滑移法

滑移法要求有两个试样,设试样的夹持长度为 L_0,试样实际捻度为 x,如图 5-5 所示。试验时在一定张力条件下夹上第一个纱线试样,并将伸长限位开关松开使之不起作用。然后对试样退捻,纱线伸长至试样上捻度接近退完时,纱上的纤维开始滑移,这时纱上的捻度 a 小于纱线实际捻度 x,即 $a<x$。第二个试样是在一定的允许伸长下纱线先退捻再反向加捻,至原夹紧长度 L_0。然后松开伸长限位,使旋转夹反转,纱被退捻至纱线上纤维产生滑移为止,记下此时捻度值 b,而 $b>x$,由此得试样捻度 $x=\dfrac{a+b}{2}$。

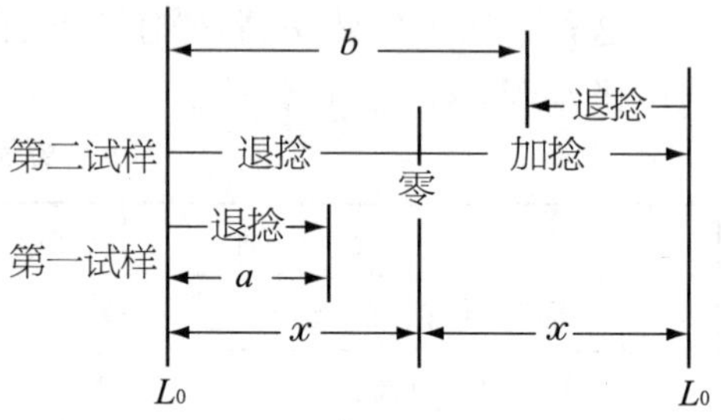

图 5-5 滑移法测试

与二次退捻加捻法一样,滑移法测试结果受纱线张力的影响较小。

三、影响捻度测试的因素

上述几种捻度测试方法中,大多数都离不开退捻、加捻,测试时受如下几方面因素的影响:

(一)预加张力

退捻加捻法的预加张力,国内外有不同的规定。过大的预加张力会使反向加捻时指针复零缓慢,从而使反向加捻的捻度增加,在滑移法中会提前产生纤维滑移。反之,预加张力过小,反向加捻时捻度会相对减少,从而使退捻加捻法测试时数值偏低。在滑移法和二次退捻加捻法中,由于考虑到了这种张力变化引起的误差,采用了两个试样误差相减的办法,故受张力影响较小。

(二)允许伸长值

纱线退捻后试样伸长,伸长限位设置的允许伸长值对解捻过程中纱线纤维的滑移起阻止作用。试验表明,退捻加捻法测试中,允许伸长值越大,实测的捻度值也越大。允许伸长值过大,纱条的弱环处纤维发生滑移会明显影响试验的正确性。

允许伸长值与捻系数有关。纱线的捻系数愈大,解捻后纱的伸长愈大,允许伸长值可选择得大一些;反之应小一些。通常纱线的捻系数变化范围不大,故允许伸长值差异也不会过大。

(三)纱线条干不匀

纱线条干不匀对捻度测试会产生影响。纱线上若存在棉结、竹节等疵点,在退捻过程中会出现纱上原来的捻度还没退尽时就开始反向加捻,使测试误差增大。纱线上若存在长片段不匀,会影响到各段试样的细度分布,从而影响到所加张力的正确性,最终引起附加的测试误差。

第二节　纱线毛羽测试

一、毛羽的特点与评定指标

在成纱过程中，纱条中纤维由于受力情况和几何条件的不同，部分纤维端伸出纱条表面。纱线毛羽是一些纤维端部从纱线主体伸出或从纱线表面拱起成圈的部分。纱线毛羽是纱线质量中的一个重要指标，纱线毛羽少时，织物表面光洁，手感滑爽，色彩均匀，对轻薄的织物有较好的清晰透明度；纱线毛羽较多较长时，织物具有良好的毛型感和保暖性。毛羽分布不匀会使织物中出现横档、条纹等疵病。对化纤织物，毛羽长而多时容易出现起球现象。过长的毛羽将使织造中纱线纠缠形成织疵，使织物的外观粗糙。

纱线上毛羽的外观显示复杂形态，其基本形态有以下四种：

(1)端毛羽。纤维的端部伸出纱芯表面而其余部分保持在纱芯内部，见图 5-6(a)。

(2)圈毛羽。纤维两端伸入纱芯，中间部分露出纱芯，表面形成圈状，见图 5-6(b)。

(3)浮游毛羽。附着在纱线表面或其他毛羽上的松散纤维，见图 5-6(c)。

(4)假圈毛羽。纤维的端部伸出表面且成卷曲环或圈形态，而其余的部分伸入纱线体内，见图 5-6(d)。

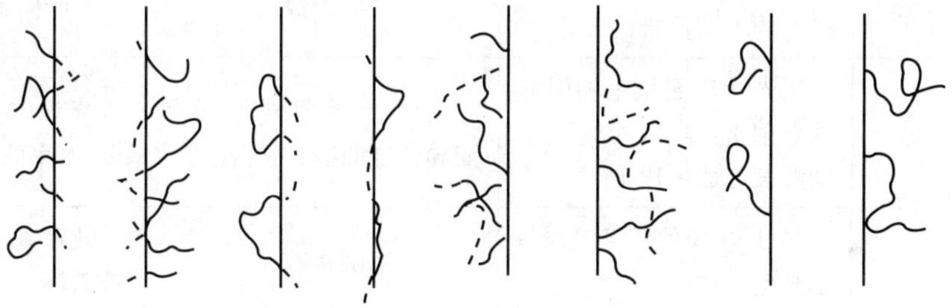

(a) 端毛羽　(b) 圈毛羽　(c) 浮游毛羽　(d) 假圈毛羽

图 5-6　毛羽的各种外观形态

典型的纱线纵向投影和断面投影分别如图 5-7 和图 5-8 所示。可以看出毛羽在纱线四周呈空间分布，而且纱线上毛羽的情况是暂态的、易变的，这增加了毛羽测试的难度。

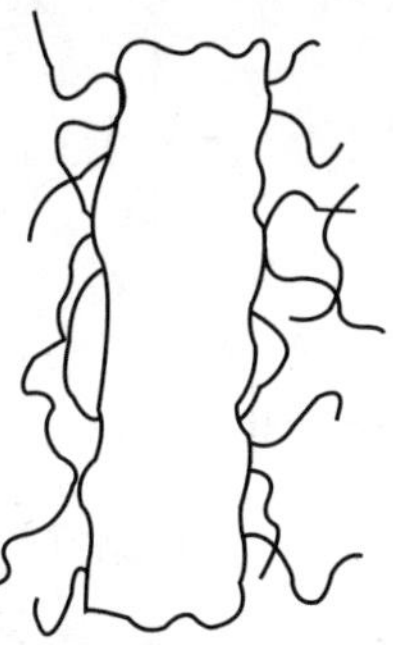

图 5-7　纱线纵向投影

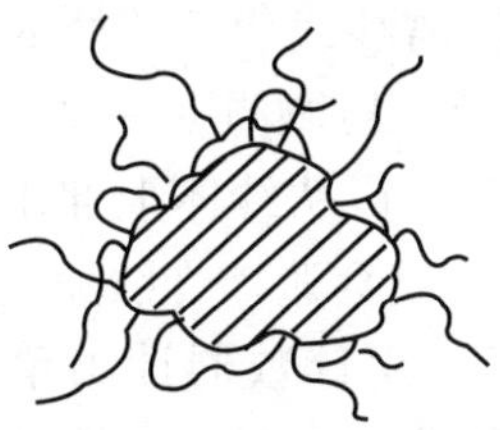

图 5-8　纱线断面投影

在生产和贸易中，通常用以下三种指标来评定纱线上的毛羽：

(1)毛羽指数。单位长度纱线内单侧伸出长度超过某设定长度的毛羽累计数(根/m)。

(2)毛羽的伸出长度。纤维端或圈凸出纱线基本表面的长度。

(3)毛羽量。纱线一定长度内毛羽的总量,其值与全部露出纱体的纤维所散射的光量成正比。

二、毛羽测试分类

测量纱线毛羽的方法先后出现了多种,由感官评定发展到仪器测定,目前比较成熟的方法如表 5-2 所示。其中较为常用的是单侧毛羽计数法和全毛羽测试法。

表 5-2 纱线毛羽测试方法分类

方法名称	测试原理	测试结果	特点
观察法	目测、投影放大、显微放大摄影	单位长度的毛羽根数形态	直观但取样少、效率低
质量法	用高温烧毛后称其质量损失	质量损失的百分率	对涤纶等合成纤维烧毛时产生熔融,反映不出毛羽多少
单侧毛羽计数法	光电转换计数出单侧纱线上的毛羽数量	毛羽指数	取样多、效率高
全毛羽测试法	用光学法测量毛羽引起的散射光,它与纱线上毛羽总长度成正比	毛羽量、毛羽波谱、毛羽变异长度曲线、直方图等	统观的估计值,取样多、效率高
静电法	高压电场使毛羽竖起,用光电法计数	毛羽指数	效率高,但毛羽形态被破坏

三、单侧毛羽计数法测试原理

纱线的四周都有毛羽伸出。大量观察统计表明,测试单一侧面的毛羽数可代表实际纱线上的毛羽。纱线的毛羽指数与毛羽的设定长度有关。只有确定了毛羽伸出长度的设定值,才能使毛羽指数具有明确的物理意义。目前单侧毛羽计数法毛羽仪是将纱线投影成平面,测量离纱线表面 l 处的单位长度上的毛羽数,如图 5-9 所示。检测点是一光敏三极管,当纱线以 v 速度通过检测点时,从纱体上伸出的大于设定长度 l 的毛羽(a、b、c、d),就会遮挡光线使光敏三极管产生电脉冲,经放大整形后,用计数器计出单位长度内电脉冲的个数,即为毛羽指数。检测点至纱线表面距离 l(或称设定伸出长度)是可以调节的,毛羽指数 F 是 l 的函数,由于纱线表观直径存在不匀,l 的基线是表观直径的平均值;又因为直径边界有一定的模糊性,所以毛羽的

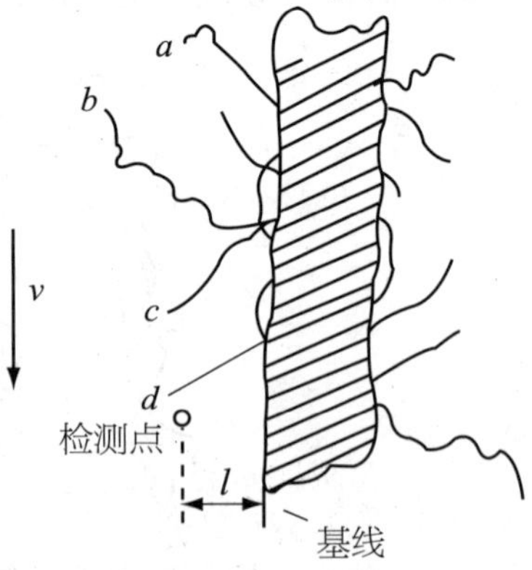

图 5-9 单侧毛羽计数法测试原理

设定伸出长度一般不小于 0.5 mm。

毛羽基线定位可以有三种方式，如图 5-10 所示。①外边定位，见图 5-10(a)。其优点是能保持受检测毛羽原来的形态，但受检测毛羽长度随纱条粗细而变。②内边定位，见图 5-10(b)。其优点是毛羽设定长度较准确，不受纱线条干粗细的影响，但毛羽进入测试点时因受压而改变了形态。③内外边定位，见图 5-10(c)。它兼有上述两者的优点，当纱速 v 大于 30 m/ min 时效果更为显著。

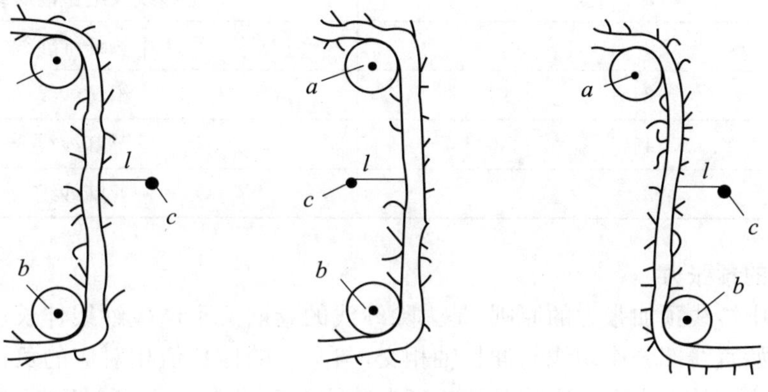

(a) 外边定位　　(b) 内边定位　　(c) 内外边定位

图 5-10　三种纱路检测定位方式

四、影响单侧毛羽计数法毛羽测试结果的因素

(一)测试速度

测试速度高时工作效率高，但必须注意纱线毛羽的易变性。毛羽一经摩擦挤压就会变形，速度越高，挤压后留给毛羽的回复时间越短，毛羽的测试值越小。但另一方面，速度高时空气阻力作用增强又使毛羽增多。因此，测试速度对纱线毛羽的影响与纤维的性能及毛羽的长度有关，其结果极为复杂。国内外的毛羽仪测试速度多为 30 m/ min 至 60 m/ min。

(二)毛羽设定伸出长度的分布规律

纱线毛羽指数与毛羽伸出长度呈负指数关系，如图 5-11 所示。其曲线方程可以表示为：

$$F=A+Be^{-Cl} \tag{5-7}$$

式中：F 为纱线毛羽指数(根/ m)；l 为毛羽的设定伸出长度(mm)；A,B,C 为实验常数。

从图 5-11 中可看出，毛羽伸出长度较短时，毛羽指数大，且曲线斜率大，l 值的微小变动会引起 F 值很大的变化。因此，毛羽仪上导轮的偏心及纱线运行时的抖动，会使测试误差增大。随着 l 值增大，曲线渐趋平坦。当 l 值较大时，曲线变化平缓，此时测试值离散性较大，要求试验次数急剧增大。因此，毛羽的设定长度一般选择在毛羽平均长度附近的一段区间内，也就是图中曲线的中

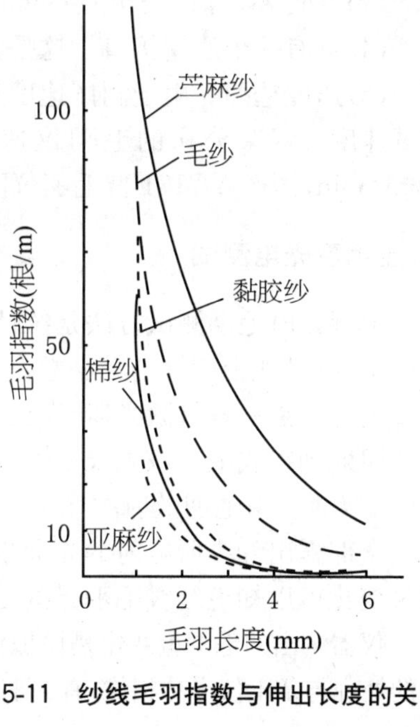

图 5-11　纱线毛羽指数与伸出长度的关系

间段，这样灵敏度适中，数值离散性小，试样次数较为适合。从图 5-11 中可以看出，不同纱线的 l 设定范围是不同的，需根据大量实验而定。常规试验的毛羽设定伸出长度见表 5-3。

表 5-3 用于常规试验的毛羽设定伸出长度

毛羽设定伸出长度(mm)	纱 线 种 类
2	棉纱线及棉型混纺纱线
3	毛纱线及毛型混纺纱线
2	中长纤维纱线
2	绢纺纱线
4	苎麻纱线
2	亚麻纱线

(三)纱线的预张力

毛羽测试中纱线预加张力的原则，是去除纱线的卷曲又不产生纱线伸长。理论上可以从拉伸曲线的初始直线部分作切线与伸长轴相交，与交点的伸长值相对应的负荷值即为所求的预张力值。预张力的大小不仅影响单位长度上纱线的毛羽数，而且通过摩擦、挤压等因素也会影响毛羽的测试结果。

单侧光电计数法毛羽测试仪器很多，通常都具有以下几种主要功能：

(1)给出测试长度内的毛羽数和毛羽指数。

(2)毛羽设定长度的选择功能。如锡莱公司的 SDL/ 98 型毛羽仪初始的设定长度为3 mm，调节范围 0～10 mm。而 Zweigle 公司的 G565 型毛羽仪，毛羽的设置长度有 1 mm、2 mm、3 mm、4 mm、5 mm、8 mm、10 mm、12 mm、15 mm、18 mm、21 mm 和 25 mm 档可供选择。

(3)测试纱线长度调节。如国产毛羽仪的测试纱线片段长度有：1 m、2 m、5 m、10 m、20 m、50 m。而 Zweigle 公司的 G565 型毛羽仪测试长度调节为 10～9999 m，步长为 1 m。

(4)具有一个通用接口。这是为了能把毛羽仪的测试数据输入计算机而设置的。

(5)速度选择。由于测试速度对毛羽测试结果有影响，大多数生产厂家会选择一个固定的测试速度。锡莱公司的毛羽仪速度为 60 m/ min，Zweigle 公司的 G565 型毛羽仪速度为 50 m/ min，国产 YG171 型毛羽仪则速度有 30 m/min、60m/min、120m/ min 三档可供选择。

五、全毛羽光电测试

单测光电毛羽测试方法是统计纱线上某一侧面的毛羽指数。全毛羽测试是检测通过检测区内 1 cm 纱线上四周的毛羽总量。图 5-12 所示为乌斯特毛羽测试装置原理。

光源 1 是一氦氖激光器，发出的激光经凸透镜 2 后变成平行光，经过光阑 3 后成为平行光柱 6 照射到纱线上。该光线一部分照射毛羽而产生强烈的散射，另一部分则直接照射吸收器 7 而被吸收。由毛羽散射的光量经透镜 8 会聚至光电传感器并转换为电量。大量实验证明，纱上全部露出纤维所散射的光通量大小与纱线单位长度的毛羽总量成正比。根据散射光的光通量变化可以知道纱线毛羽量的变化。

仪器测出的毛羽量变化是模拟信号，而不像单侧光电计数法那样是数字量。该仪器对毛羽信号的处理与条干仪十分相像，有毛羽不匀曲线、毛羽波谱图、毛羽变异-长度曲线和毛羽分布。

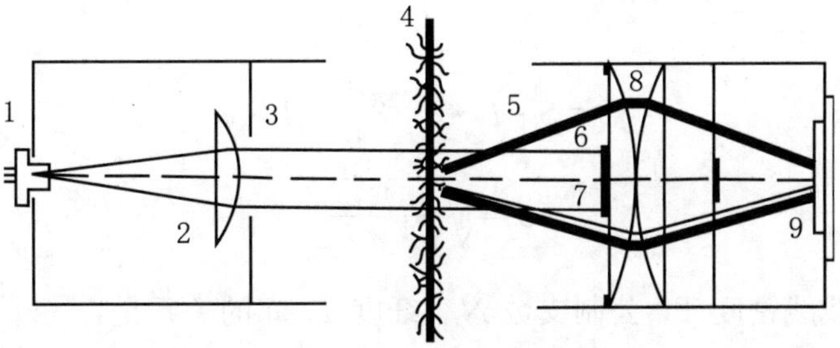

图 5-12　全毛羽光电测试原理

1—光源　2—透镜　3—光阑　4—纱线　5—散射光

6—直射光　7—激光吸收器　8—透镜　9—光电传感器

仪器除了给出上述测试结果外，还具有下列特点：

(1)测试速度的可调范围广，可在 25 m/min、50 m/min、100 m/min、200 m/min、400 m/ min各档选择。

(2)进行三维立体图示。能把 12 个测试结果的波谱图或变异-长度曲线用三维坐标的形式显示出来。

第三节　纱线直径测试

一、纱线直径测试的意义

纱线直径参数的测试在纺织工业生产和科研中极为有用。纱线的粗细程度和纺纱生产工艺以及织物性能关系密切。细纱机钢领板的升距取决于撑头牙的齿数和撑爪每次撑过的牙数，必须根据所纺细纱的直径和所用钢领直径加以选择。在经编机编织时，导纱针要在针头之间摆过，而针头又要在沉降片之间经过，如果纱线直径超过针头与这些成圈机件的空隙，纱线就会被擦损伤或断头。在织物的设计中，织物的紧度计算直接取决于纱线的直径参数。另一方面，纱线直径不仅取决于纱线本身的线密度和密度，还和纱线所受的张力、捻度、回潮率等因素有关。

二、纱线直径的测试方法

(一)光学投影法

将纱线置于 100 倍左右且装有目镜测试尺的显微镜下或在同样放大倍数的投影仪下，加上预定的张力，对焦后就可以得到纱线表面的投影形态。确定去除毛羽后的直径标准，以一定间隔随机地在纱线上抽取检测点，得到 300 个以上观察数值后，用统计方法算出纱线直径的平均值。由于纱线直径边界的模糊特点，由人为定义去除纱线毛羽部分模糊边界的纱线直径，受人的主观因素影响。这种方法存在人为观察目测误差，但由于纱线在测试时放大 100 倍，提高了目测的精度，测量结果比较正确。该方法的缺点是试样所需的测试点多，操作费时费力，测试效率低。

(二)间接计算法

由于光学投影法测定直径的缺点，进而产生了由纱线细度公式推导所得的直径计算方法。

设纱线为圆柱体，长为 L(mm)，质量为 G(mg)，截面积为 S(mm^2)，密度为δ(g/ cm^3)，直

径为 d(mm)。则：

$$G=S \cdot L \cdot \delta=\frac{\pi d^2}{4} \cdot L \cdot \delta$$

$$d=\sqrt{\frac{4G}{\pi \cdot \delta \cdot L}} \tag{5-8}$$

纱线直径与纱线线密度 Tt、公制支数 N_m、纤度 T_d 间的关系是：

$$d=0.03568\sqrt{\frac{\mathrm{Tt}}{\delta}} \quad (\mathrm{mm}) \tag{5-9}$$

$$d=0.01189\sqrt{\frac{T_d}{\delta}} \quad (\mathrm{mm}) \tag{5-10}$$

$$d=\frac{1.1284}{\sqrt{N_m \cdot \delta}} \quad (\mathrm{mm}) \tag{5-11}$$

纱线的密度 δ 与纤维的性质、纱线捻度有关，常见的几种纱线的密度数值如表 5-4 所示。

表 5-4 纱线的密度

种　类	密度 δ(g/cm³)	种　类	密度 δ(g/cm³)
棉纱	0.78～0.90	生丝	0.90～0.95
精梳毛纱	0.75～0.81	涤/棉纱(65/35)	0.80～0.95
粗梳毛纱	0.65～0.72	维/棉纱(50/50)	0.74～0.76
绢纺纱	0.73～0.78	—	—

如果用一般式表示，纱线直径的表达式可写成：

$$d=K_d \cdot \sqrt{\mathrm{Tt}} \tag{5-12}$$

式中：K_d 称为纱线的直径系数。

$$K_d=\frac{1}{15.81\sqrt{\pi \cdot \delta}} \tag{5-13}$$

为了求某种纱线的直径，就必须知道其直径系数，纱线的直径系数也是由光学投影法测试后确定，所以间接计算直径其本质上还是光学法测试。这种方法的缺点是纱线直径系数 K_d 与纱线的密度 δ 有关。随着纱线品种不同、混纺比不同，以及新型纤维的出现，纱线的密度变化很大，由纱线的直径系数计算直径受到很大的限制。

三、CCD 纱线直径测试仪

CCD 传感器可分为线型传感器和面型传感器两大类。纱线直径测试用 CCD 线型传感器，由一系列金属—氧化物—半导体硅(MOS)电容器排列构成。

光源发出的光照射纱线试样。纱线以速度 v 通过检测区，在某一时刻，纱线上的一小段($<10\ \mu$m)纱身和毛羽遮住了光线，使 CCD 传感器的感光阵列上对应位置的光敏元比完全光照时光敏元的光强要弱得多。因而由 CCD 输出所得的电压脉冲信号所组成的图像，就反映了纱

线在该小段的表观形态，如图 5-13 所示。

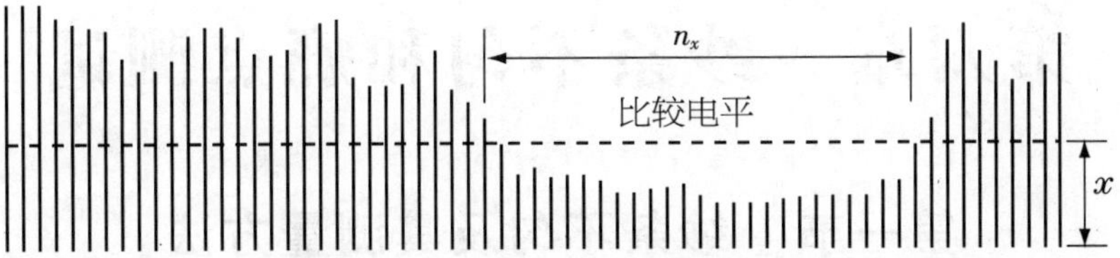

图 5-13 纱线直径的脉冲信号图像

若每两个光敏单元的中心间距为 $A(\mu\text{m})$，纱线在 CCD 占有 n 个光敏单元，则纱线直径 D 可用下式求得：

$$D=A\cdot n(\mu\text{m}) \tag{5-14}$$

实际上，由于纱线边缘结构、光线绕射及毛羽等因素，输出脉冲的幅值变化往往呈斜坡状，且在受毛羽影响部分产生一定程度的凹陷。因此电路设计中必须安排一定阈值的比较电平，如图 5-13 中虚线所示。设虚线的电平值为 x，与该电平相对应的光敏元是 n_x，则纱线的直径 D_x 由于取不同阈值电平也不相同。当比较的阀值电平过高时，毛羽所对应的脉冲也将进入 n_x 中，测出的直径偏大；若比较的阈值电平过低，n_x 较小，故测出的直径数值偏小。所以正确选择比较的阈值电平是 CCD 传感器测试直径的关键。通常采用标定的方法并由实验确定。

第六章　纱条不匀和疵点测试

第一节　纱条不匀及其测量方法

一、纱条不匀概述

纱条均匀度是影响布面外观的决定性因素。要想得到外观优良的纺织品，纱条必须有较小的不匀率。纱条均匀度好的布面平整、纹路清晰、条影不明显、手感丰满、外观质量优良。

广义而言，纱条不匀有几种：纱条截面积不匀、纱条目测直径不匀、纱条线密度不匀、纱条捻度分布不匀、纱条强力不匀等。对混纺纱来说，还有纤维混合不匀。在各种纱条不匀中，截面粗细不匀是最基本的。纱条目测直径不匀除了与纱条线密度变化有关外，还受纱条捻度不匀的影响。加捻时纱条截面细的地方抗扭刚度小，捻度自然向细处集中，使纱条各处捻回角趋于一致。由于捻度分布不匀的这种特性，纱条粗的地方捻度少，体积蓬松；细的地方捻度多而紧密，使目测直径不匀更为显著。纱条截面纤维根数分布不匀，会导致纱条拉伸性质沿长度方向变化。不匀率高的纱条粗细节多，细节形成的弱环增加，使成纱强力降低和强力不匀率增大，纺纱及织造中断头增多，产品质量下降，劳动生产率降低。因此，纺纱过程中加强对各道工序纱条不匀的监督控制是十分必要的。

纱条粗细不匀实际上包含不同波长的不匀成分。概括地说，可分为短片段、中片段和长片段不匀，相应的波长范围如下：

短片段不匀：纱条不匀波长为纤维长度的 1 倍至 10 倍；

中片段不匀：纱条不匀波长为纤维长度的 10 倍至 100 倍；

长片段不匀：纱条不匀波长为纤维长度的 100 倍至 1000 倍。

纱条中出现的疵点，也是影响织物外观的另一个重要因素。根据疵点大小和长度不同，可分为常发性疵点和偶发性疵点两种。粗细不十分明显而发生频繁的疵点为常发性疵点，如电容均匀度仪测得的粗节、细节和棉结等。偶发性疵点指粗细和长度超过正常布面外观质量所允许的疵点，其数量虽然不多，但只要出现 1 根，就会严重破坏布面外观，形成次布。偶发性疵点由纱疵分级仪检验。

纺纱过程中纱条不匀的产生，可归纳为以下原因：

(1)纤维随机分布造成的纱条不匀。短纤维纺纱时，纤维沿纱条长度方向随机分布所形成的不匀，称为随机性不匀。纱条随机性不匀的大小与纱条截面中纤维根数的多少有关。纱条愈粗和纤维愈细，纱条随机性不匀就愈小。

(2)罗拉牵伸中纤维控制不良产生的牵伸波。在牵伸过程中，长度短于罗拉钳口距离的浮游纤维不规则运动，所形成的纱条不匀称为牵伸波。牵伸波具有一定周期性，不匀波长存在于一定范围之中，平均波长为纤维平均长度的 2.5～3 倍。此外，如果纤维长度大于罗拉隔距，纤维两端有可能同时被前后罗拉握持，牵伸结果是产生竹节纱。所以化纤生产过程中控制超长与倍长纤维的含量十分重要。

(3)机械缺陷造成的纱条周期性不匀。纺纱过程中转动或具有周期性运动的机械部件存在缺陷，如牵伸罗拉偏心、罗拉弯曲跳动、传动齿轮缺损、皮辊或皮圈表面状态不良、梳棉机针布缺损等，会造成纱条周期性不匀。纱条周期性不匀的波长与有缺陷机械部件的尺寸和该部件至纱条输出处的牵伸倍数有关。

(4)前纺工序开松和梳理不充分，纤维分离度差，牵伸过程中纤维束不能拉开而形成粗节。原棉中未成熟纤维过多，加工过程中纠缠形成棉结。

(5)环境清洁状况不良、操作方法不当产生的偶发性疵点。

由上所述，纱条不匀受到原料选配、设备机械状态、工艺参数配置、操作技术水平和环境等多方面因素影响，存在着技术和管理上的原因。产品质量监督控制的任务，就是要通过纱条不匀测试，分析纱条不匀性质和产生的原因，采取技术和管理措施，最大限度地降低纱条不匀率，以保证产品质量稳定和性能优良。

纱条不匀由许多波长成分组成。纱条不匀 *CV* 值是这些不同波长不匀的总体表现。*CV* 值相同的两个纱条，如果不匀波长的构成不同，对织物外观产生的效果也不一样。偶发性疵点出现机率小，对 *CV* 值影响不大，但会给织物外观带来严重影响，所以单考虑纱条不匀 *CV* 值还不能完全反映纱条不匀特性。在纱条均匀度仪器中，采用以下几种不匀表示方法来描述纱条不匀：

(1)纱条不匀 *CV* 值或 *V* 值。

(2)不匀率指数 *I*：纱条实际不匀率与理论极限不匀率的比值。

(3)变异-长度曲线：纱条片段之间不匀或片段之内不匀与纱条切割片段长度之间的关系。

(4)波谱图：不同波长纱条不匀成分的相对振幅大小。

(5)纱条不匀曲线：纱条沿长度方向截面粗细变化记录曲线。

(6)概率密度函数：纱条截面粗细变化的幅值概率分布。

(7)常发性疵点：1 000 m 纱中粗节、细节和棉结数。

(8)偶发性疵点：100 000 m 纱中严重疵点数。

二、纱条不匀测试方法

(一)黑板条干检验法

棉纱、毛纱条干和生丝均匀度常用黑板目光评定法。试样用摇黑板机以一定间距绕在黑色绕纱板上。摇黑板机有手摇的也有电动的，当手摇或电动机转动绕黑板时，也传动与绕纱板轴平行的螺杆，导纱器底座啮合在螺杆上带动纱条横向移动，使绕纱间距均匀一致。绕纱板与螺杆间的连动系统可以调节，以改变绕纱板上纱圈的间距。国内采用矩形黑板，棉纱及棉型化纤混纺纱黑板规格为 25 cm×22 cm；毛纱及毛型化纤混纺纱黑板规格为 30 cm×25 cm；生丝或绢丝用大黑板，规格为 139.5 cm×46.3 cm。绕纱间距根据试样线密度而定。

黑板条干目光检验是纱线目测直径投影的表观均匀度评定。检验时将绕有纱线的黑板放在标准照明条件下，用目光观察并与标准样照对比，评定纱线条干均匀度级别。棉纱黑板检验试样每批 10 块黑板，按优、一级、二级、三级标准分级。黑板评级主要内容为：纱线中粗节数量及粗细程度、细节所形成的阴影面积深浅、是否有严重粗细节或竹节纱以及严重周期性不匀等。检验在暗室中进行，四周墙壁涂以不反光黑色，黑板和样照中心高度应与检验者目光呈水平状态，黑板与样照垂直平齐放置。检验室光源用两支并列 40 W 萤光灯，灯管位置高出黑板中心 0.5 m，距离约 1 m。在正常视力条件下，检验者与黑板距离为(2.5±0.3)m。

黑板条干目光检验使用简单，具有直观性，容易为生产人员了解，并具有综合检验效果。

检验人员评定纱条条干不匀时,还能从绕纱黑板中得到纱线毛羽及含杂的信息。黑板检验的缺点是检验结果与检验人员的主观感觉有关。

国外黑板条干目光检验用梯形黑板,其优点是更容易辨认存在于纱条中的周期性不匀。采用矩形黑板时,如果黑板一圈的周长为纱条不匀周期的奇数倍,黑板上并列纱条将以粗细相间方式出现,对观察者来说仍然得到整体较为均匀的印象,从而掩盖了纱条中的规律性条干不匀。采用梯形黑板能有效地反映各种周期性不匀的存在,还能从绕纱板上量度不匀的波长,有利于寻找周期性不匀的原因。

(二)切断称重法

黑板条干检验法评定纱条不匀,由于黑板尺寸的限制,只能评定较短片段的不匀,称为纱条条干不匀。纱条长片段不匀的测量,一般采用定长称重法求取纱条质量不匀率。棉纱切断长度为 100 m,用周长为 1 m 的纱框测长器绕 100 圈,称为 1 绞。对纱线逐绞称重可得纱条质量不匀率。精梳毛纱切断的长度为 50 m,粗梳毛纱为 20 m,生丝为 450 m。纺纱过程中半成品均匀度的测量,粗纱取 10 m,棉条取 5 m,棉卷取 1 m。

(三)机械式均匀度试验仪

图 6-1 为一种机械式棉条粗纱均匀度试验仪原理图。

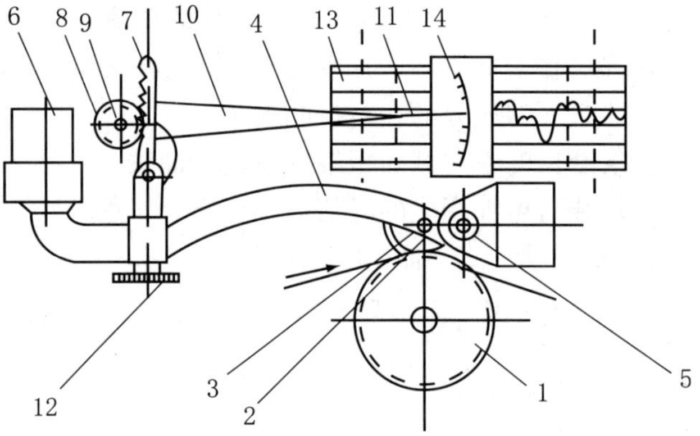

图 6-1 机械式棉条粗纱均匀度试验仪

棉条或粗纱经过引导装置喂入上下圆轮 1 与 2 之间的沟漕。圆轮内有两个沟漕,一个宽 3.8 mm,供试验棉条用;另一个宽 1.59 mm,供试验粗纱用。上圆轮的中心轴 3 装在杠杆臂 4 上,轴 5 为杠杆臂支点。杠杆臂左端装有重锤 6,使试样在沟漕内受到一定压力。试验棉条时用两个重锤,分别重 1.13 kg 和 0.68 kg;试验粗纱时只用一个 0.68 kg 的重锤,当被压缩纱条的厚度不同时,上圆轮上下摆动,杠杆左端的齿杆 7 作放大运动。齿杆 7 与小齿轮 8 相啮合,使小齿轮转动,与小齿轮相连的描笔杆 10 绕小齿轮中心 9 上下摆动。当图纸 13 以一定速度右移时,记录笔 11 在其上画出纱条不匀曲线,经两次杠杆放大作用,纱条厚度变化总放大 100 倍。图纸速度有快慢两种,快速时得到的曲线适于观察短片段不匀情况,慢速时则适于观察长片段不匀情况。

试样未放入圆轮之间时,描笔杆 10 的指针位于图纸的中央;试样放入后,指针上升,此时可将齿杆 7 向右扳开,使它与小齿轮 8 脱离,转动小齿轮使指针下降到接近图纸中央处再与齿杆啮合。转动圆盘 12,可进一步调节指针在图纸上的位置。指针的位置由标尺 14 读出。

圆轮 1 与 2 之间的试样厚度改变 0.0254 mm 时,记录笔升降 1 个分度,圆盘 12 转一转,齿杆升降 1 个齿。圆盘 12 上刻有 10 个分度，每转过 1 个分度，指针升降相当于试样厚度变化 0.0254 mm，相当于记录笔升降 1 个分度。齿杆升降 1 齿相当于记录纸 10 个分度。记录纸上所绘制的纱条不匀曲线，表示纱条粗细变化情况，而纱条试样的绝对厚度，要根据图纸上不匀曲线的平均高度，加上小齿轮和圆盘转过刻度值相应的试样厚度。仪器试验结果用极差法计算纱条粗细不匀，即以平均每米中最高厚度与最低厚度之差与平均厚度之比，得到平均每米不匀率，并以此表示纱条不匀。

机械式均匀度试验仪结构简单，使用方便，对无捻棉条和弱捻粗纱，可以获得满意的结果。细纱由于截面小，机械放大不足以显示其厚度变化，且细纱捻度多，受压后不易充满整个沟漕空间，测量结果有明显误差，故而不适用。

(四)电容式均匀度试验仪

利用电容转换原理，纱条放入电容极板中后，纱条的粗细变化转换成相应的电信号，绘出纱条不匀变化曲线，计算不匀 CV 值，也可得出纱条变异-长度曲线、波谱图和计数粗细节、棉结数。

第二节　纱条不匀率与变异-长度曲线

一、纱条不匀率表示方法

纱条不匀率的表示方法有三种。

(一)平均差系数

将纱条切割成等长片段，称得质量为 $x_1, x_2, x_3, \cdots, x_n$，其中 n 为试验片段数，则有：

$$\text{平均数}\ \overline{x}=\frac{\sum_{i=1}^{n}x_i}{n} \tag{6-1}$$

$$\text{平均差}\ H=\frac{\sum_{i=1}^{n}|x_i-\overline{x}|}{n} \tag{6-2}$$

$$\text{平均差系数}\ V(\%)=\frac{H}{\overline{x}}\times 100=\frac{\sum_{i=1}^{n}|x_i-\overline{x}|}{n\overline{x}}\times 100 \tag{6-3}$$

式中：x_i 为各次试验值。

平均差系数也可以用沙密尔公式(德国 H. Sommer 提出)计算：

$$V(\%)=\frac{2(\overline{x}-\overline{x}_1)n_1}{n\overline{x}}\times 100 \tag{6-4}$$

式中：$\overline{x}_1$ 为小于$\overline{x}$的各试验值的平均值；n_1 为小于$\overline{x}$值的试验个数。

(二)变异系数

$$\text{方差}\ \sigma^2=\frac{\sum_{i=1}^{n}(x_i-\overline{x})^2}{n} \tag{6-5}$$

$$\text{均方差}\ \sigma=\sqrt{\frac{\sum_{i=1}^{n}(x_i-\overline{x})^2}{n}} \tag{6-6}$$

$$\text{变异系数 } CV(\%)=\frac{\sigma}{\overline{x}}\times 100=\frac{\sqrt{\frac{\sum_{i=1}^{n}(x_i-\overline{x})^2}{n}}}{\overline{x}}\times 100 \tag{6-7}$$

(三)极差系数

$$\text{极差系数 } J(\%)=\frac{x_{\max}-x_{\min}}{\overline{x}}\times 100 \tag{6-8}$$

式中:$x_{\max}$为 n 个试验数据中最大值;$x_{\min}$为 n 个试验数据中最小值。

取 m 段纱条,每段纱条切成 n 段,测得 $x_{\max}$和 $x_{\min}$,则有:

$$\text{极差系数 } J(\%)=\frac{\sum_{i=1}^{m}(x_{\max}-x_{\min})}{m\overline{x}}\times 100 \tag{6-9}$$

式中:$\overline{x}$为 m 段纱条的总平均值,等于$\frac{\sum_{i=1}^{m}(x_{\max}+x_{\min})}{2m}$。

用电容法对纱条线密度进行连续测量,转换成的电信号为连续函数 $x(l)$,如图 6-2 所示,取试验纱条长度 L,则有:

$$\overline{x}=\frac{\int_0^L x(l)\mathrm{d}l}{L} \tag{6-10}$$

$$V(\%)=\frac{1}{\overline{x}L}\int_0^L \mid x(l)-\overline{x}\mid \mathrm{d}l\times 100 \tag{6-11}$$

$$CV(\%)=\frac{1}{\overline{x}}\sqrt{\frac{1}{L}\int_0^L[x(l)-\overline{x}]^2\mathrm{d}l}\times 100 \tag{6-12}$$

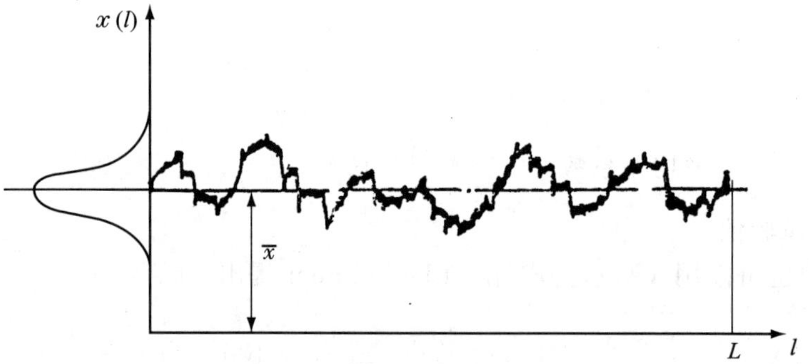

图 6-2　纱条截面不匀变化曲线

不匀率计算公式以极差法最简单,平均差系数次之,变异系数的计算较复杂,但变异系数的统计意义更为明显。电容式均匀度仪最初采用平均差系数 V 表示纱条不匀,以后逐渐改用变异系数 CV。使用 CV 值有以下方便之处:

1. 纱条总不匀率 CV 值平方等于各种因素产生的不匀 CV 值平方之和

根据方差相加定理,纱条不匀总方差为 σ^2,设引起纱条不匀各种因素之间是不相关的,其方差分别为 $\sigma_1^2,\sigma_2^2,\sigma_3^2,\cdots,\sigma_n^2$,则有:

$$\sigma^2=\sigma_1^2+\sigma_2^2+\sigma_2^3+\cdots+\sigma_n^2 \tag{6-13}$$

$$CV^2=CV_1^2+CV_2^2+CV_3^2+\cdots+CV_n^2 \tag{6-14}$$

将纱条切割成 m 个片段，求取片段之内的不匀及片段之间的不匀，则有：

$$\sigma^2=\overline{\sigma}_i^2+\sigma_0^2 \tag{6-15}$$

$$CV^2=\overline{CV_i}^2+CV_0^2 \tag{6-16}$$

式中：σ^2 和 CV^2 代表纱条总不匀的方差和变异；$\overline{\sigma}_i^2$ 和 $\overline{CV_i}^2$ 代表纱条片段之内不匀的平均方差和平均变异；σ_0^2 和 CV_0^2 代表纱条片段之间不匀的方差和变异。

2. 并合定理

若有 n 根纱条并合，其平均值和均方差分别为 $\overline{x}_1, \overline{x}_2, \overline{x}_3, \cdots, \overline{x}_n$ 和 $\sigma_1, \sigma_2, \sigma_3, \cdots, \sigma_n$。假设各根纱条的平均值都相等，为 $\overline{x}_0$；均方差值也相等，为 σ_0。根据变异相加定理，则有：

$$CV=\frac{\sqrt{n\sigma_0^2}}{n\,\overline{x}_0}=\frac{\sigma_0}{\sqrt{n}\overline{x}_0}=\frac{CV_0}{\sqrt{n}} \tag{6-17}$$

式中：CV_0 为未并合的各根纱条变异系数。

由此可见，n 根纱条并合后的不匀率 CV 值为原来纱条不匀率 CV_0 的 $\frac{1}{\sqrt{n}}$ 倍。

二、理想纱条极限不匀率和纱条不匀率指数

（一）理想纱条极限不匀率

要想用短纤维纺制连续且绝对均匀的纱线是不可能的，这意味着要使纱条中每一截面内都有相同的纤维根数。然而没有一种纺纱方法能生产出这样的纱条。

纺纱过程使纤维互相分离、伸直平行、均匀分布和拉细到一定程度。如果每根纤维都有相同概率出现在纱条任一截面上，纱条截面中的纤维根数是随机分布的，即使在最佳工艺条件下也存在一定的最低不匀，称为极限不匀率。马丁代尔（Martidale）、休伯泰（Huberty）等人对纱条极限不匀率进行了研究，得出了极限不匀率与纱条截面纤维根数和纤维粗细不匀的关系。

先假设纱条中的纤维都一样粗细，棉纱及化学纤维纺制的纱线近似于这种情况。设有一段纱条，截面中平均纤维根数为 n，全部纤维总根数为 N，某一根纤维通过给定截面点的概率为 P，则有：

$$P=\frac{n}{N} \tag{6-18}$$

当 P 值非常小时，纱条任一给定截面上的纤维根数分布为泊松（Poisson）分布。由泊松分布特性可知，纱条各截面点间纤维根数分布不匀的均方差为：

$$\sigma_n=\sqrt{n} \tag{6-19}$$

变异系数为：

$$CV(\%)=\frac{\sqrt{n}}{n}\times100=\frac{100}{\sqrt{n}} \tag{6-20}$$

这就是等截面纤维所组成的纱条极限不匀率公式。

现再假设纱条中纤维截面粗细不相等且存在较大变异，羊毛纤维所纺制的纱线即属这种情况。

等截面纤维所组成纱条的截面积不匀的均方差为：

$$\sigma_{a1}=\sigma_n \cdot A \tag{6-21}$$

式中：σ_n 为等截面纤维随机分布均方差；A 为单根纤维的平均截面积。

设纤维截面粗细不匀的均方差为 σ_A，当纱条截面内有 n 根纤维时，根据并合原理，由纤维截面不匀造成的纱条不匀的均方差为：

$$\sigma_{a2}=\sqrt{n} \cdot \sigma_A \tag{6-22}$$

纱条存在上述两种因素产生总不匀，当两因素独立不相关时，可计算如下：

$$\begin{aligned}\sigma_a{}^2&=\sigma_{a1}^2+\sigma_{a2}^2=\sigma_n^2A^2+n\sigma_A^2=nA^2+n\sigma_A^2\\&=nA^2(1+0.000\,1CV_A^2)\end{aligned} \tag{6-23}$$

式中：σ_a 为纱条总不匀的均方差；CV_A 为纤维截面积不匀变异系数。

纱条的极限不匀率为：

$$\begin{aligned}CV_{极限}(\%)&=\frac{\sqrt{nA^2(1+0.000\,1CV_A^2)}}{nA}\times100\\&=\frac{\sqrt{1+0.000\,1CV_A^2}}{\sqrt{n}}\times100\end{aligned} \tag{6-24}$$

当纤维粗细不匀以直径变异系数表示时，可用下式计算：

$$CV_{极限}(\%)=\frac{\sqrt{1+0.000\,4CV_d^2}}{\sqrt{n}}\times100 \tag{6-25}$$

式中：CV_d 为纱条中纤维直径变异系数；n 为纱条截面内纤维平均根数。

纱条截面内纤维平均根数，可用纱条线密度与纤维线密度相除得到。羊毛纤维平均密度 $\rho=1.31$ g/cm^3，已知羊毛直径 d_F(μm)，可换算为纤维线密度 Tt(tex)：

$$\mathrm{Tt}=0.001\,03d_F^2 \tag{6-26}$$

羊毛纤维直径变异系数取一般平均值 $CV_d=25\%$，则公式可进一步简化为：

$$CV_{极限}(\%)=\frac{3.58 \cdot d_F}{\sqrt{\mathrm{Tt}}}\times100 \tag{6-27}$$

(二)不匀率指数 I

不同粗细的纱线其截面内纤维根数不同，极限不匀率也不一样。细纱极限不匀率比粗纱和条子大得多，相应的实际不匀率也比粗纱和条子大，所以单从纱条实际不匀率的绝对值还不能判断工艺的好坏。不匀率指数 I 定义为纱条实际不匀率与纱条极限不匀率之比，算式如下：

$$I=\frac{CV_{实际}}{CV_{极限}}$$

I 代表实际纱条不匀率与理想纱条不匀率的相对比例，可以反映纺纱工艺过程的优劣。

已知纱条实际不匀率 $CV_{实际}$ 与极限不匀率 $CV_{极限}$，纺纱过程中产生的附加不匀可根据方差相加定理推算：

$$CV_{附加}=\sqrt{CV_{实际}^2-CV_{极限}^2} \tag{6-28}$$

上式中的 $CV_{附加}$，包括本道工序与前各道工序产生的总附加不匀率。

三、变异-长度曲线

为了进一步了解纱条长、短片段不匀成分的组成，分析纱条不匀对织物外观可能产生的影响，可进行纱条不匀的变异-长度曲线测量。

把纱条分割成等长片段，长度为 L，求得纱条片段之间不匀的变异系数 $CB(L)$ 和片段之内不匀的变异系数 $CV(L)$。可以发现，$CB(L)$ 和 $CV(L)$ 都是片段长度 L 的函数。片段之间的不匀 $CB(L)$ 随着片段长度的增加而减小，片段之内的不匀 $CV(L)$ 随着片段长度的增加而增加，如图 6-3 所示。

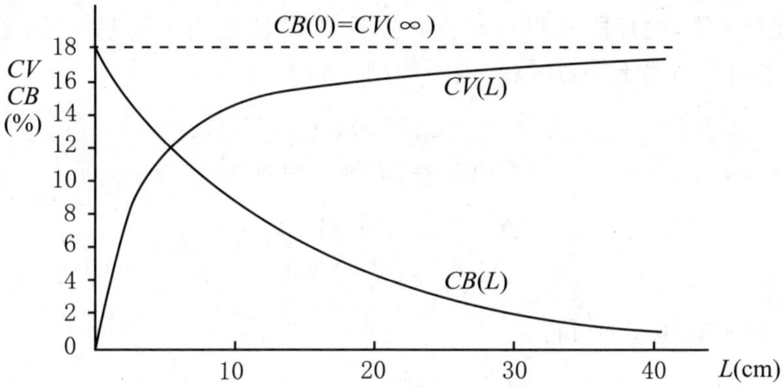

图 6-3 纱条变异-长度曲线

根据变异相加定理，纱条总不匀率 $CV(T)$ 的平方等于纱条片段之间不匀率 $CB(L)$ 的平方与纱条片段之内不匀率 $CV(L)$ 的平方之和，即

$$CV(T)^2=CB(L)^2+CV(L)^2 \tag{6-29}$$

对同一纱条，不管片段长度如何变化，总不匀率 $CV(T)$ 是不变的。$CB(L)^2$ 和 $CV(L)^2$ 之和即总不匀率的平方，也是不变的。

如果把变异系数的平方称为变异，$V(T)$ 为总变异，$B(L)$ 为纱条片段之间的变异，$V(L)$ 为纱条片段之内的变异，则有：

$$V(T)=B(L)+V(L) \tag{6-30}$$

纱条片段之间不匀及片段之内不匀随片段长度变化的规律，可用图 6-4 加以解释。

图 6-4 中，横坐标代表纱条长度，纵坐标代表纱条截面粗细变化。如果将纱条以较短长度 l_1 切割成 6 段，各段纱条的截面平均值（相对应于各段质量）为 $\overline{x}_{11}$、$\overline{x}_{12}$、$\overline{x}_{13}$、$\overline{x}_{14}$、$\overline{x}_{15}$、$\overline{x}_{16}$，由图 6-4 可见，它们相互之间变化较大；如果将纱条以较长片段 l_2 切割成两段，纱条截面平均值为 $\overline{x}_{21}$ 和 $\overline{x}_{22}$，相互之间变化较小。由此可见，纱条片段愈长，经过平均以后短片段不匀抑制愈多，

片段之间不匀则愈小,即片段之间不匀随片段长度增加而减小。由图还可见,以较长片段长度 l_2 分割纱条时,片段之内不匀比短片段分割纱条时要大,即纱条片段之内不匀随片段长度增加而增加。

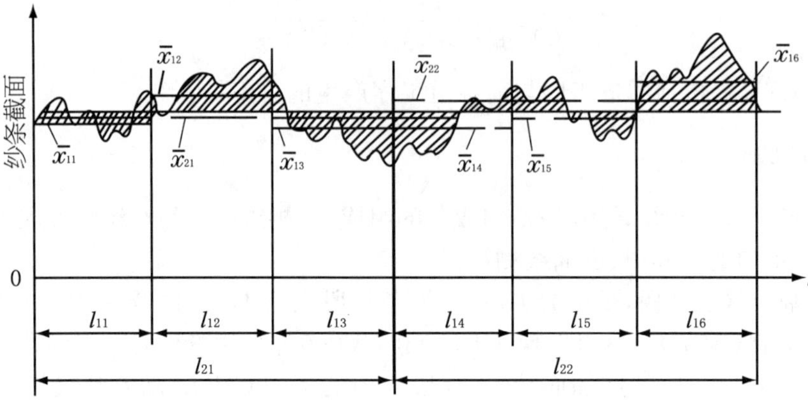

图 6-4　不同纱条片段切割长度对纱条不匀的影响

若片段长度趋于零,则片段之间不匀趋于总不匀,片段之内不匀趋于零;若片段长度趋于无穷大,则片段之间不匀趋于零,片段之内不匀趋于总不匀,即有:

$$CB(0)=CV(\infty)=CV(T) \tag{6-31}$$

$$CV(0)=CB(\infty)=0 \tag{6-32}$$

以及

$$B(0)=V(\infty)=V(T) \tag{6-33}$$

$$V(0)=B(\infty)=0 \tag{6-34}$$

根据式(6-29)和式(6-30)可得:

$$CB(0)^2=CV(\infty)^2=CB(L)^2+CV(L)^2 \tag{6-35}$$

$$B(0)=V(\infty)=B(L)+V(L) \tag{6-36}$$

纱条变异-长度曲线的起始部分的变化快慢,与纱条中长短片段不匀的组成比例有关。如图 6-5 所示,纱条 A 的 $V(L)$ 和 $B(L)$ 曲线起始部分变化快,表示纱中含有较多短片段不匀成分和较少长片段不匀成分;纱条 B 的 $V(L)$ 和 $B(L)$ 曲线起始部分变化较慢,表示纱中含有较少短片段不匀成分和较多长片段不匀成分。

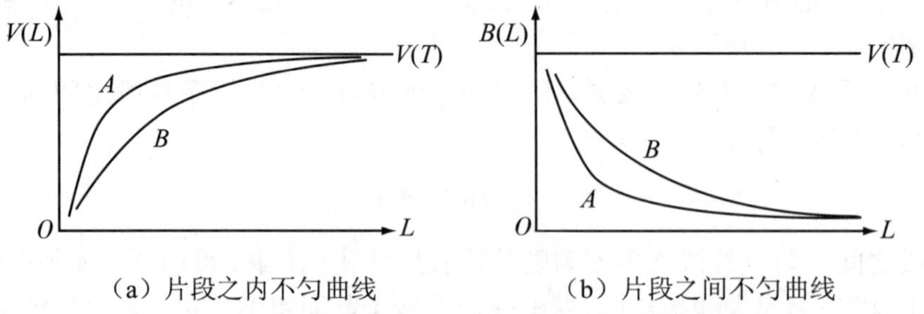

图 6-5　不同片段长度不匀纱条的变异-长度曲线

在理想条件下,不存在加工过程所产生的附加不匀,纱条不匀纯粹由纤维在纱条中随机分布所造成,相应的纱条变异-长度曲线,称为理想纱条的变异-长度曲线。瑞典科学家 Olerup

和比利时数学家 Breny 对理想纱条的变异-长度曲线进行了研究，得到以下关系：

$$\frac{B(L)}{B(0)}=1-\frac{L}{3\bar{l}}（当 L\leqslant\bar{l}时） \tag{6-37}$$

$$\frac{B(L)}{B(0)}=\frac{\bar{l}}{L}-\frac{\bar{l}^2}{3L^2}（当 L>\bar{l}时） \tag{6-38}$$

式中：$\bar{l}$为纤维平均长度；L 为纱条片段长度。

上述关系如图 6-6 所示。以上公式对等长纤维有效，对非等长纤维近似有效。当片段长度 L 远大于纤维平均长度$\bar{l}$时，式(6-38)中的$\frac{\bar{l}^2}{3L^2}$可以忽略，则有：

$$\frac{B(L)}{B(0)}=\frac{\bar{l}}{L}（当 L\gg\bar{l}时） \tag{6-39}$$

即：
$$\frac{CB(L)}{CB(0)}=\sqrt{\frac{\bar{l}}{L}} \tag{6-40}$$

或：
$$CB(L)=CB(0)\cdot\sqrt{\frac{\bar{l}}{L}} \tag{6-41}$$

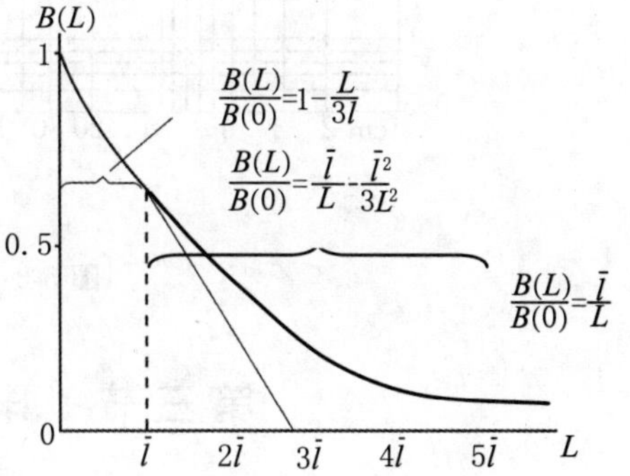

图 6-6 理想纱条的 $B(L)$ 曲线

对上式左右两边取对数，可得：

$$\lg CB(L)=\lg CB(0)+\frac{1}{2}\lg\frac{\bar{l}}{L} \tag{6-42}$$

上式表示理想变异-长度曲线 $\lg CB(L)$ 与 $\lg L$ 呈线性关系，直线斜率 $\tan\alpha=-\frac{1}{2}$，对水平轴呈负向 26.5°倾斜，如图 6-7 所示。

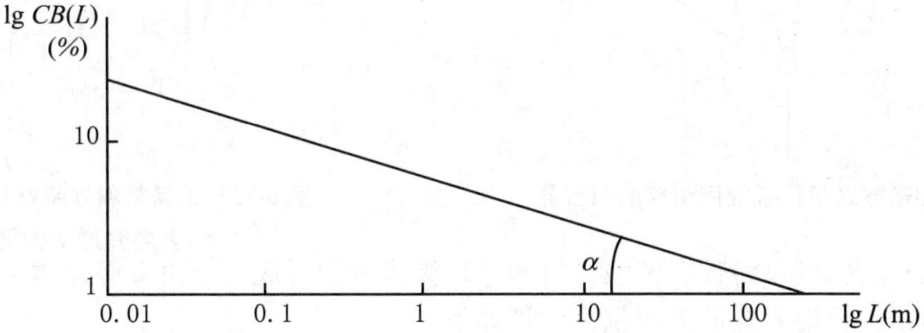

图 6-7 理想纱条的变异-长度曲线

实际纱条变异-长度曲线由于存在各种片段不匀，$\lg CB(L)$ 与 $\lg L$ 的关系曲线位于理想纱条变异-长度曲线之上，具有小于 26.5°的负倾角。图 6-8 所示为两种纱条实测变异-长度曲线，图中曲线 1 为正常纱条的变异-长度曲线；曲线 2 为均匀性质量较差的纱线。

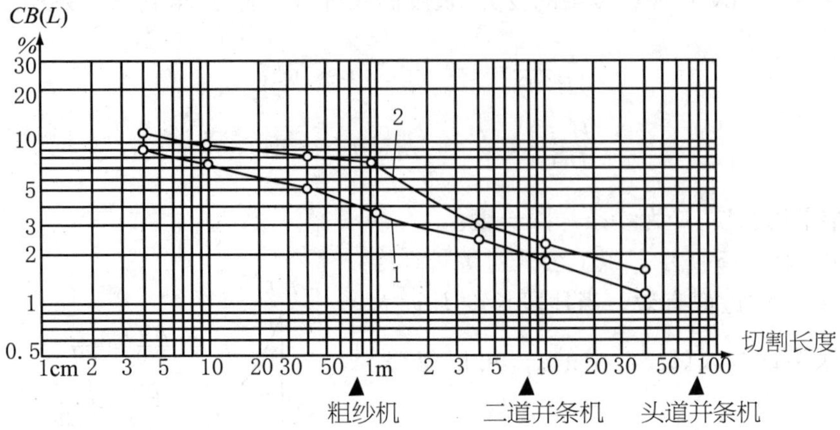

图 6-8　实际纱条变异-长度曲线

第三节　电容均匀度仪测量原理

一、电容转换特性

在两块金属平行极板组成的电容器间放入试验材料如纱条(图 6-9),由于试验材料的介电系数大于空气的介电系数,使极板电容量增加。电容量的改变值与放入极板间的纱条实际体积有关。

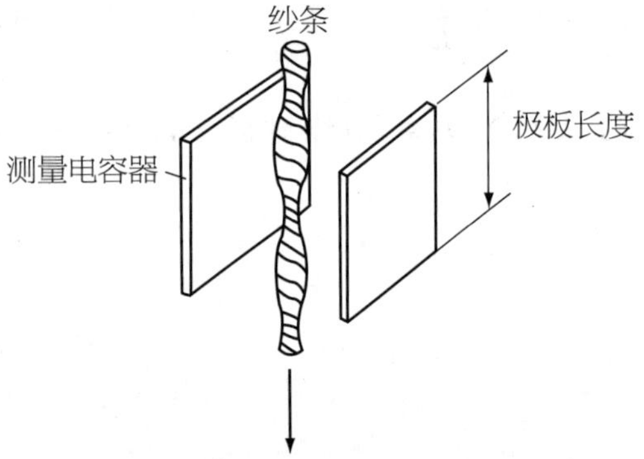

图 6-9　纱条放入平行极板间组成的电容器

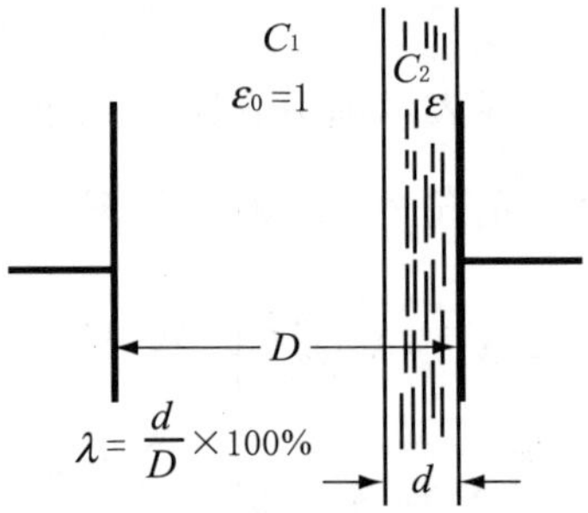

图 6-10　试验材料在平行极板间形成的多层介质电容器

为了分析方便,可以将带有试验材料的平行极板近似看成一个由多层介质组成的电容器,如图 6-10 所示。该电容器的电容量可计算如下:

未放入试验材料时,平行极板电容器的电容量 C_0 为:

$$C_0=\frac{\varepsilon_0 A}{D} \tag{6-43}$$

式中:ε_0 为空气的介电系数;A 为极板面积;D 为极板间距。

放入试验材料后电容量 C 为:

$$\frac{1}{C}=\frac{1}{C_1}+\frac{1}{C_2} \tag{6-44}$$

$$C_1=\frac{D}{D-d}C_0 \tag{6-45}$$

$$C_2=\frac{\varepsilon D}{\varepsilon_0 d}C_0 \tag{6-46}$$

式中：C_1 为空气电容量；C_2 为试样电容量；d 为试样厚度；ε 为试样的介电系数。

因为 $\varepsilon_0=1$，令 $\Delta C=C-C_0$，则有：

$$\frac{\Delta C}{C_0}=\frac{\varepsilon-1}{1+\varepsilon(\frac{1}{\lambda}-1)} \tag{6-47}$$

式中：$\lambda=\frac{d}{D}$，称为电容器的充满度。

式(6-47)表示电容量的相对变化与电容器中材料充满度 λ 及试样介电系数 ε 之间的关系。其中 ε 主要随材料含湿量而变。各变量间关系如图 6-11 所示。可以看出，充满度 λ 较小时，电容量相对变化 $\frac{\Delta C}{C_0}$ 与试样介电系数 ε 即与试样含湿量的关系较小。当 $\varepsilon\gg1$ 和 $\lambda\ll1$ 时可得：

$$\frac{\Delta C}{C_0}=\lambda \tag{6-48}$$

在该条件下，电容量的相对变化与试样介电系数的大小无关，而等于试样在电容量中的充满度，此时测量结果所得信号大小与试样在极板中的体积或质量成正比。

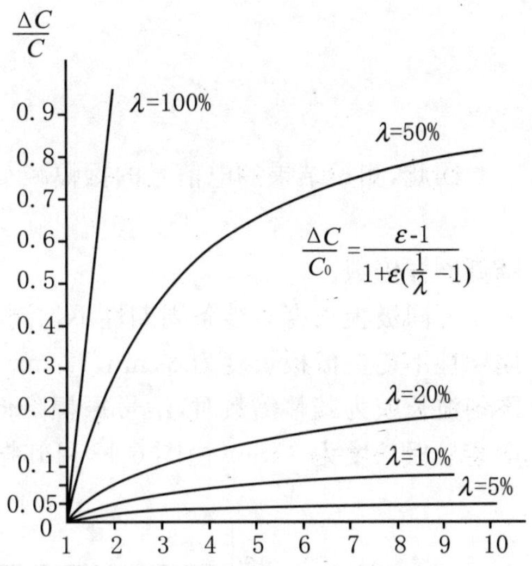

图 6-11　$\frac{\Delta C}{C_0}$ 与充满度 λ 的关系曲线族

由图 6-11 还可以看出，在 $\lambda=20\%$ 以下时，$\frac{\Delta C}{C_0}$ 值与充满度 λ 近似呈线性转换关系。λ 再大时，不但线性关系被破坏，而且还会受材料含湿量的影响。因此在使用电容均匀度仪时，应根据纱条粗细选择适当间距的电容极板。

二、极板长度对测量结果的影响

为了得到良好的电容转换特性，除了对极板充满度有一定要求外，极板沿纱条方向的长度对测量结果也有影响。

严格来说，应该测量纱条每一点的截面并计算纱条不匀率，而实际测量中只能做到测量一小段纱条的平均截面，因为要保持极板间电场的均匀性，电容极板必须有一定的长度。测量细纱时所用电容器极板长度为 8 mm；测粗纱和条子时用间距较大的电容极板，其长度也较长。电容法测量结果的电信号，实际上代表电容极板长度内纱条的总体积或质量，而不管纱条在极板内的粗细如何变化。

设纱条截面变化部分围绕其平均值做正弦变化，如图 6-12 所示。正弦波振幅为 A，波长为 λ，纱条截面沿纱条长度变化的关系为：

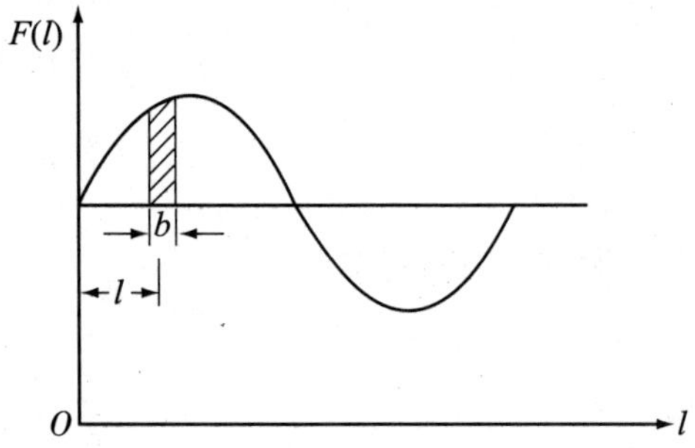

图 6-12 纱条截面变化的假设曲线

$$F(l)=A\sin\frac{2\pi l}{\lambda} \tag{6-49}$$

设极板长度为 b,测量结果则代表长度为 b 的纱条截面的平均值,即:

$$F(l,b)=\frac{\int_{l-\frac{b}{2}}^{l+\frac{b}{2}}A\sin\frac{2\pi l}{\lambda}\mathrm{d}l}{b}=\frac{A\sin\frac{\pi b}{\lambda}\sin\frac{2\pi l}{\lambda}}{\frac{\pi b}{\lambda}}=A'\sin\frac{2\pi l}{\lambda} \tag{6-50}$$

式中:$\frac{A'}{A}=\frac{\sin\frac{\pi b}{\lambda}}{\frac{\pi b}{\lambda}}$。

因此,测量结果的电信号的振幅减小为纱条实际粗细变化振幅的$\frac{\sin\frac{\pi b}{\lambda}}{\frac{\pi b}{\lambda}}$倍,纱条不匀率也降低同样倍数。

不同极板长度对纱条周期性不匀测量结果的影响,如图 6-13 所示,图中表示不同波长的周期性不匀在极板长度为 8 mm、12 mm 和 20 mm 时振幅降低的比例。当极板长度等于纱条不匀波长或为其整倍数时,信号振幅降低为零。如纱条中存在的周期性不匀的波长为 6 cm,电容极板长度为 8 mm,由图 6-13 可知振幅降低至 0.97 倍,接近于真实值。

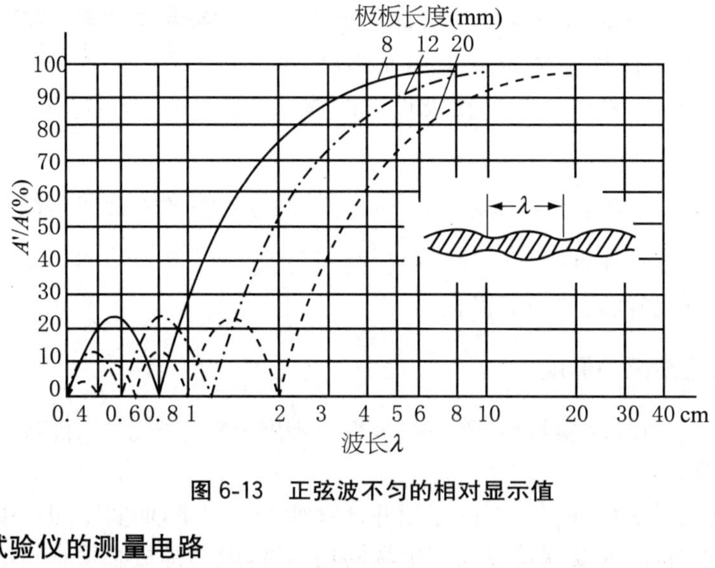

图 6-13 正弦波不匀的相对显示值

三、电容均匀度试验仪的测量电路

乌斯特电容均匀度仪于 1948 年由瑞士蔡尔维格·乌斯特(Zellweger Uster)公司开始生产,最早型号是 GGP,除均匀度仪主机外,还配置积分仪和记录仪,用于计算纱条不匀率和绘制纱条不匀曲线,以后仪器增加了疵点仪和波谱仪,测量电路是电子管的。上世纪 70 年代发展了 UT1、UT2 等型号,采用集成电路。上世纪 80 年代末,乌斯特公司发展了 UT3 型仪器,纱条不匀、疵点和波谱分析等测定均由专用信号处理机完成,测试功能扩大,体积进一步缩小,加装纱线毛羽检测装置后，可同时测量纱线毛羽及其分布不匀；20 世纪 90 年代发展了 UT4 型，近年来又发展了 UT5 型。

测量电路的作用，是将电容极板内纱条不匀所引起的电容量变化转换成电压变化，并进行放大和指示。根据其转换原理不同可分为差频式和电桥式。差频式用于早期的乌斯特仪器，而以后所用均为电桥式。

电桥式原理如图 6-14 所示。变压器初级线圈接至高频电源，次级线圈分成两个线圈，和电容 C_1、C_2 组成交流电桥，两绕组中心接地。这种桥路又称费尔登交流电桥或电感电容电桥。

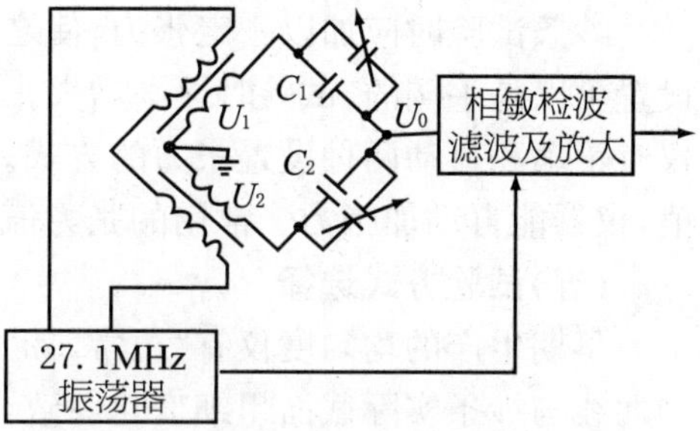

图 6-14 电桥式电路结构

设高频变压器次级线组中产生的交流电压分别为 U_1 和 U_2，通常取 $U_1=U_2$，$C_1=C_2$，若 $E=U_1+U_2$，则可推导出电桥输出端，即 C_1 与 C_2 连接点与地之间的电压：

$$U_0=E\times\frac{C_2-C_1}{2(C_2+C_1)} \tag{6-51}$$

纱条未放入时，调节与电容器 C_1 并联的微调电容，使电桥处于平衡态，输出电压 U_0 等于零。纱条放入电容器 C_2 的极板后引起电容变化，电桥输出交流电压 U_0 的幅度与极板内纱条体积或质量成正比，经检波放大后进行指示与记录。

四、仪器测试条件与试验方式选择

(一)电容极板选择

电容均匀度仪由若干组电容极板组成，各电容极板的槽间距及电容极板长度不同，所适用的纱线粗细范围均有一定规定，以便获得较好的转换线性和灵敏度。UT5 型电容均匀度仪的电容极板为四组，UT3 均匀度仪有自动选槽功能，在键入试样纱的线密度(tex)后仪器能自动将所适应的电容极板槽移至纱条运行通道中。

(二)灵敏度量程选择

灵敏度量程选择用于确定仪器对纱条信号中变化部分的放大倍数。灵敏度量程为±100%时，纱条不匀曲线波动满度相应于纱条平均粗细的±100%；灵敏度量程为±50%时，纱条不匀曲线波动满度相应于纱条平均粗细的±50%。因此，±50%档灵敏度高于±100%档灵敏度。不匀率小的纱条试样应选择灵敏度高的量程。一般细纱试验时选用±100%档；粗纱试验选用±50%或±25%档；条子试验选用±25%以下档。

(三)试验速度与试验时间选择

试验速度与试验时间的确定，与试样试验长度有关，它们之间的关系为：

$$L=vt \tag{6-52}$$

式中：L 为纱条试验长度(m)；v 为纱条试验速度(m/ min)；t 为纱条试验时间(min)。

试验长度愈长，试验结果代表性愈好。从纱条片段不匀来看，试验长度愈长，其结果愈接近总不匀率。根据有关研究指出，细纱试验长度达 250 m 时，其内不匀已接近总不匀率。细纱试验时速度一般取 400 m/ min，试验时间 1 min。若要从波谱图中观察较长片段不匀的波幅，从统计可信度出发,在试验长度内纱条周期性不匀至少出现 50 次才有效,需要选择更长的试验时间。例如,要使波谱图上波长 40 m 的图形有效,纱条试验长度至少为 2000 m。若试验速度为 400 m/ min,试验时间应选择 5 min。粗纱和条子由于强度较低,一般选用较低试验速度。

(四)试样张力的确定

纱条试验时应加以一定张力,使之在电容极板中伸直并位于极板中央。均匀度仪的张力设置可以是手调的,试验时逐渐增大张力至纱条在极板中运行时不抖动为止。UT5 型均匀度仪有手动和自动两种设置张力的方式。用自动方式时从键盘上输入试样纱的线密度及张力比值,仪器能自动加张力。常用的张力值为0. 5 cN/ tex。

(五)试验方式选择

早期生产的均匀度仪有“正常”和“抑制”两种试验方式,当仪器置于“正常”方式时,纱条不匀曲线与纱条实际截面粗细变化一致,能反映各种纱条片段不匀的变化信号,包括纱条短片段不匀所引起的快速变化信号。当仪器置于“抑制”方式时,仪器内部加入低通滤波电路,滤除纱条中快速变化的短片段不匀部分,使记录纱条不匀曲线能更加清楚表示出纱条长片段粗细变化情况。图 6-15(a)所示为“正常”方式下记录的纱条不匀曲线,图 6-15(b)所示为“抑制”方式下记录的纱条不匀曲线。仪器工作在“抑制”方式时,由于纱条短片段不匀成分被抑制,所测 CV 值比“正常”方式时小。滤波器的时间常数愈大,抑制纱条短片段成分愈多,CV 值愈小,其结果等效于切断称重法中加大纱条切割长度,使纱条片段之间不匀 CV 值减小。

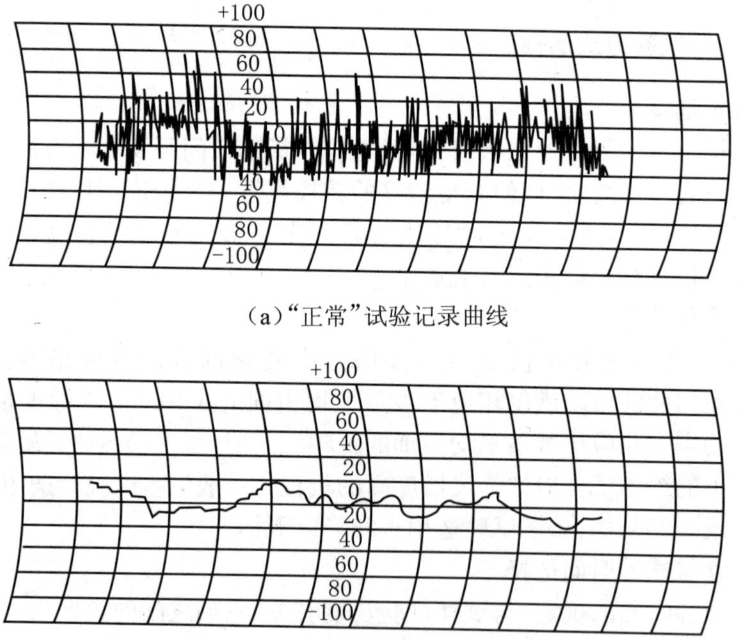

(a)“正常”试验记录曲线

(b)“抑制”试验记录曲线

图 6-15 纱条不匀曲线

以后发展的均匀度仪采用数据处理方法,求得某一切割片段长度下的 $CV(L)$ 值及纱条不匀曲线,其作用与抑制试验方式相同。

五、UT5 型纱条均匀度仪

Uster 公司生产的纱条均匀度仪是以电容式传感器为基础发展起来的，UT3 型纱条均匀度仪开始引入光电式传感器测量毛羽，UT4 型纱条均匀度仪开始利用光电传感器测量直径不匀、棉结杂质等，UT5-S800 型纱条均匀度仪试验速度提高到 800 m/min，并可利用光电传感器测试异质纤维，属电容式传感器和光电传感器相结合的仪器，其测试原理如下所述。

(一)电容式传感器 CS

电容式传感器测量的是纱条截面不匀或质量不匀，可以测试纱线及半成品粗纱和棉条的不匀。仪器设置有间距不同的四组电容极板，供不同粗细试样选择。测试的指标有质量变异系数 CV_m、不匀率指数 I 以及切断长度 L 为 1 m、3 m、10 m、50 m、100 m 的变异系数 $CV(L)$、CV(抑制)、CV(半抑制)等。测试结果除可打印纱条不匀曲线外，还可以打印三维变异-长度曲线、三维波谱图和幅值概率密度函数图。在三维图中将 10 只管纱的长度一变异曲线或波谱图绘制在同一张图的三维坐标上，以便同时观察并进行分析比较，如图 6-16 所示。通过变异-长度曲线，可分析是否出现长片段不匀，通过波谱图可以找出周期性不匀的波长并分析追溯生产过程前道工序中设备故障的来源。

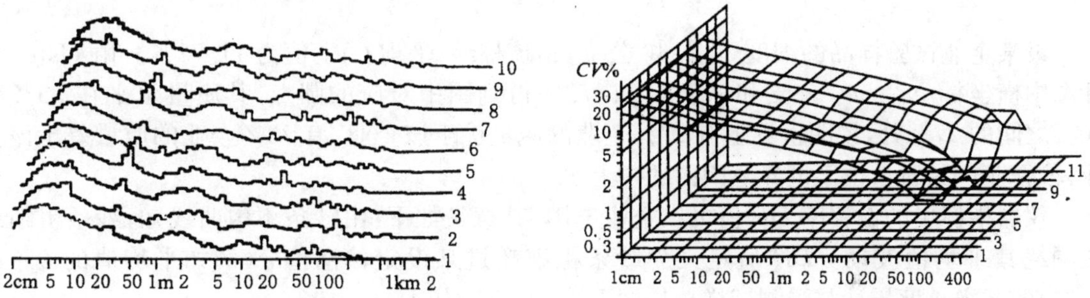

(a) 三维波谱图　　(b) 三维变异-长度曲线

图 6-16　乌斯特均匀度仪打印图形

通过电容传感器还可以测试纱线中粗节、细节、棉结等常发性疵点的数目，测量结果以 1 000米中的疵点数表示。常用的疵点大小设定为：细节－40%、粗节＋35%、棉结＋140%。常发性疵点的多少与纱条不匀有一定的相关，对织物外观有重要影响。

UT5-S800 型纱条均匀度的短纤纱测量范围为 4 tex～80 ktex。试验最高速度 800 m/min，试验时间最长 20 min。自动换管数为 24 只，单次测量可用手动操作。CV%测量范围为0.5%～40%。不匀率灵敏度选择有＋400/－100、±100%、±50%、±25%、±12.5%、±6.25%六档。记录纸分度值为 0.5～500 m/分度。波谱图波长范围为 0.01～2 480 m。变异一长度曲线片段长度范围 0.01～400 m。可形成 12 幅三维波谱图和 12 幅三维变异-长度曲线图，存贮 210 次测试，多达 8 个系列测定值的数据存贮。

Uster 统计是从世界各地的纺织厂抽取样品，在 Uster 公司试验室内对试样的不匀、疵点等多项性能指标进行测试，用统计方法得出当前各种细度的世界质量水平，每隔若干年公布一次。乌斯特统计图的横坐标代表试样的细度，纵坐标代表某项质量指标数值，图中画有 5%、25%、50%、75%、95%五根质量水平斜线，企业用户可以由横坐标上试样的细度处作垂线并由纵坐标上本企业的某项质量指标数值作水平线，相交于图上某点，由该点在五根质量水平斜线中的相对位置,确定该企业试样在世界范围内所相当的质量水平。图 6-17 为 Uster 统计中某项指标 CV_m 的质量水平图,现举例说明其应用方法。

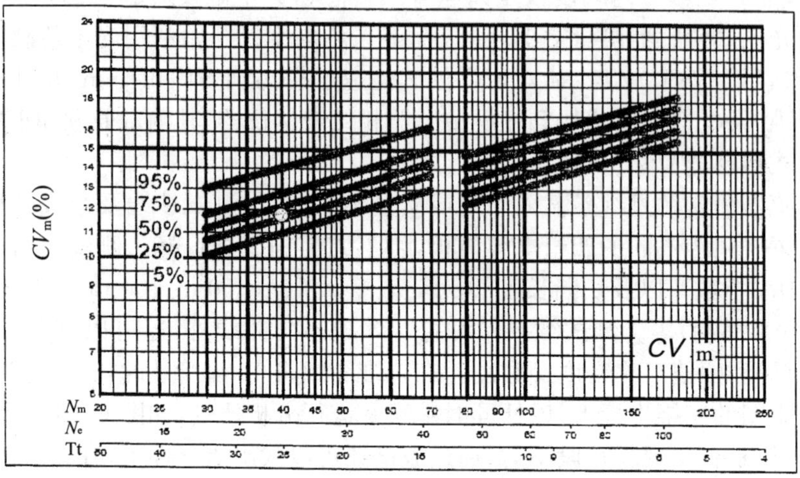

图 6-17 乌斯特统计质量水平图

设某企业试验样品的细度 $N_m=40$ 公支,精梳棉纱,平均 CV_m 值为 11.72%。由 Uster 统计图中横坐标 $N_m=40$ 公支和纵坐标 11.72%得到图中对应的圆点,其质量水平在 25%和 50%之间的 27%处,说明世界上有 27%企业的质量优于该企业,有 73%企业的质量差于该企业,该企业产品质量位于世界范围内的中上水平。

仪器指标中的偏移率 DR 值可供企业选用,其意义如下:由纱条不匀曲线知,纱条粗细总是围绕其平均值波动。DR 值定义为纱条粗细超过某设定偏离值 n(例如平均值的 5%或 10%)的试样长度累计与受测试样总长度 L 之比,表示如下:

$$DR(\%)=\frac{\sum l(n)}{L}\times 100 \tag{6-53}$$

式中:$l(n)$为偏离超过设定值 n 的试样长度;L 为受测试样总长度。

UT5-C800 均匀度仪用于化纤长丝测试,仪器只有电容式传感器,没有测量毛羽与直径的光电传感器,在测量中为使纱条不松散,仪器设有自动加捻器,捻向和捻度可选择。

(二)传感器 OH

采用光电传感器 OH 测量纱线毛羽量大小,测量结果以毛羽量 H 表示,H 为 1 cm 纱线半突出毛羽的总长度(cm)。此外还有毛羽标准差 S_H、切割长度为 L 时的标准差 $S_H(L)$,并可绘制毛羽三维波谱图。

(三)传感器 OM

采用光电传感器 OM,测量纱线的直径变异系数,其原理如图 6-18 所示。从两个光源发出的两束光线,经反射后以不同角度照射纱线,两个光电接收器根据纱线遮光多少测量纱线的直径,两束平行光束的夹角为 90°。采用二维光电测试方法的目的是为了减小纱线非圆形截面对测试结果的影响,使测试结果纱线直径及直径变异系数更加准确。

通过二维光电测试方法还可以测量纱线截面形状的圆度,假设纱线截面呈椭圆的话,纱线圆度是指截面短轴和长轴长度之比。纱线截面为圆形时其圆度为 1。

由所测纱线直径还可计算纱线密度。设纱线直径为 d(cm),纱线长度为 l(cm),质量为

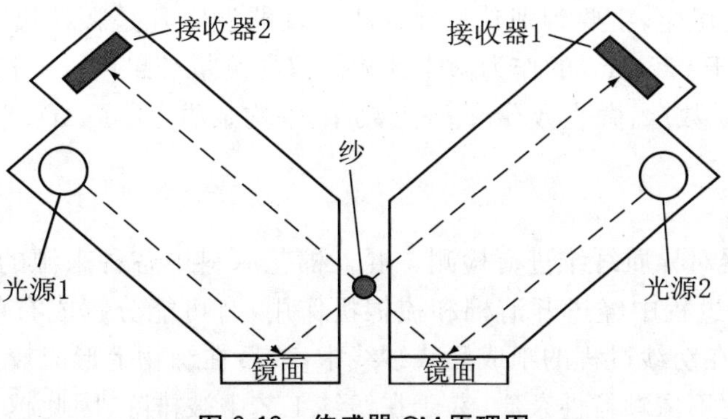

图 6-18 传感器 OM 原理图

m(g)，则密度 ρ(g/cm^3)可按下式计算：

$$\rho=\frac{4}{d^2\pi}\frac{m}{l}$$

式中：$\frac{m}{l}$可以从已知纱线线密度(支数)换算得到。

由于光电检测纱线直径不匀时的试样检测区小，可测量 0.3 mm 片段不匀，能充分反映棉结、杂质等对纱线不匀测量结果的影响。表示纱线直径变异的指标有 0.3 mm 片段的变异系数 CV_{2D}0.3 mm 和 8 mm 片段的变异系数 CV_{2D}8 mm。仪器还定义了一个与纱线表面细微结构有关的指标 CV_{FS}，它由 CV_{2D}0.3 mm 和 CV_{2D}8 mm 两个直径变异系数的差值来表示，代表了由片段 0.3 mm 到片断 8 mm 当中纱线的直径变异，表示纱线微小片段的直径变化，与纱线结构特性有关。

采用光电传感器测量纱线直径变异也可以对含有导电纤维的纱线的不匀率进行测量。

(四)传感器 OL

采用光电传感器测量纱线中杂质和微尘数量，其原理如图 6-19 所示。

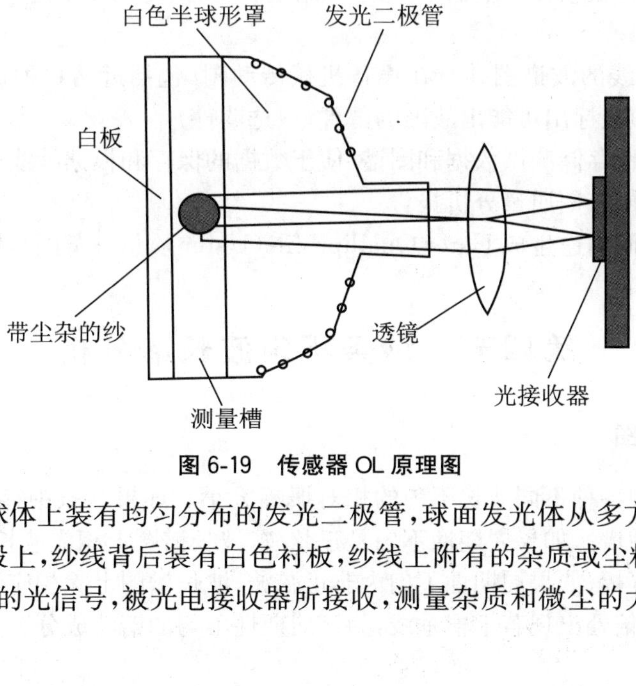

图 6-19 传感器 OL 原理图

在一个白色半球体上装有均匀分布的发光二极管，球面发光体从多方向发出的光线照射在纱线的被检测片段上，纱线背后装有白色衬板，纱线上附有的杂质或尘粒由于光线反射效果的差异，将产生相应的光信号，被光电接收器所接收，测量杂质和微尘的大小和数目。检测过程中区分是杂质还是微尘，主要判别其尺寸大小。仪器设定凡是颗粒尺寸大于 0.5 mm 的作为杂质计数，尺寸小于 0.5 mm 的作为微尘计数。仪器测量结果用以下指标表示：

杂质数/km、杂质数/g、微尘数/km、微尘数/g、平均杂质大小(μm)、平均微尘大小(μm)及杂质微尘分布图。

(五)FM 传感器

采用光电传感器对异质纤维进行检测。混入棉花原料中各种来源的异物，无机的或有机的，在纺织工艺加工过程中经过开清棉和梳棉机作用，有可能分解成有色或无色的纤维状物体，这种异质纤维夹在纺纱过程的半成品或纱线中，最后在织物上形成较为严重的疵点。异质纤维的危害性在于它不像颗粒性杂质，易于在纺纱工艺中被排除，因此越来越多地引起纺织工作者的重视。异质纤维夹在纱线中，无法为电容式传感器所识别，采用光学传感器则可利用其反射光强度与纱线中其他纤维的差异而被检测到，并可按异质纤维的长度和反光强度进行分级，属于一种偶发性疵点，用 100 km 纱线中的异质纤维数来表示，因此在检测中所需要试验的纱线长度较长。UT5-S800 型纱条均匀度仪采用光电传感器并以最高 800 m/min 的纱线试验速度，试验 24 个管纱并由仪器自动换管，每个管纱的试验时间 5 min，总计试验纱线长度为 96 km，可以满足纱线偶发性疵点检测所需纱线试验长度的要求。

(六)FA 传感器

用称重法测量纱线线密度。当纱线通过一定长度时切断纱线，称重通过气电传感器后自动显示打印试样的线密度(支数)。

此外，UT5-S800 均匀度仪还具有以下功能：

(1)自动将测试数据与内置 Uster 统计公报或用户设定的界限值进行对比并做出判断。同时能根据用户要求，打印输出不合格产品的测试报告，减小日常报表的数量。

(2)自动检查不匀曲线和波谱图，标出其中的纱疵、质量偏差和周期性不匀位置，并可放大以便于进一步分析。

(3)自动根据测试数据在显示器上生成纱线的黑板条干以及由对应纱线织成的针织和机织物外观。

(4)自动分析纱线的波谱图并且在设备机械传动图(包括近两百种梳棉机、并条机、精梳机、粗纱机及细纱机)上标出可能出故障的部件。(选购件)

(5)能不受限制地存储测试数据和图谱，便于数据的保存和根据纱线的线密度(支数)和测试日期进行检索，生成长期质量分析报告。

(6)按纱线的不同用途生成 Uster Qualliprofile(Uster 质量一览图)，使纱线的所有性能一目了然。

第四节　纱条不匀波长谱分析

一、纱条不匀波长谱图

波长谱指纱条中各种不同波长不匀的相对振幅大小。如果纱条中存在周期性不匀，波长谱图上则表现为线性谱。如果周期性不匀是正弦波，波长谱图上相应波长处出现一根垂线，垂线高度代表正弦波振幅；如果周期性不匀为非正弦波，波长谱图上除相应波长处出现一根垂线外，在基波长整分数倍处出现若干根垂线，为该周期性不匀的谐波成分。如果纱条中存在非周期性或随机性不匀，波长谱表现为在一定波长范围内的连续谱。实际纱条的波长谱图，根据纱条中不匀情况而定。图 6-20 所示为纱条中存在各种波形的周期性不匀所对应的波长谱图。

序号	不匀类型	不匀波形	周期性不匀的波长谱	纱条波谱图	实　例
1	正弦形周期性不匀在波长谱中只显现基波	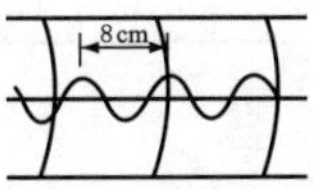	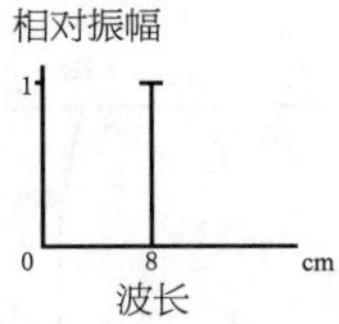	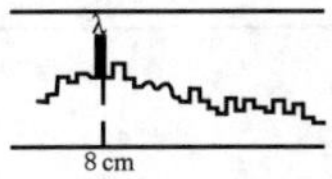	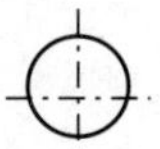 环锭细纱机前罗拉偏心
2	对称的非正弦周期性不匀，在波长谱中显现基波和奇次谐波	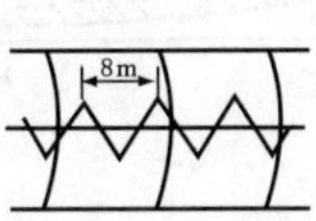	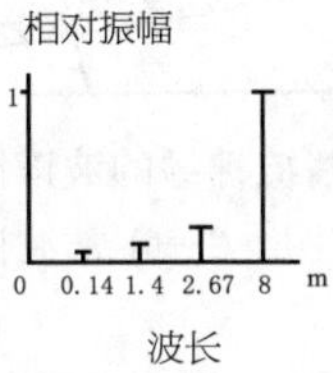	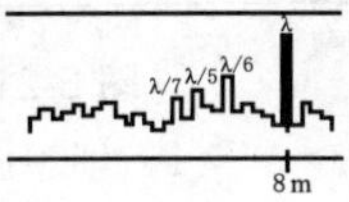	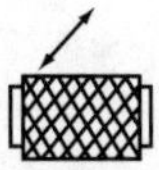 因往复运动在化纤丝筒上造成的对称性纱线张力不匀
3	不对称非正弦周期性不匀，在波长谱中显现基波和奇数、偶数谐波	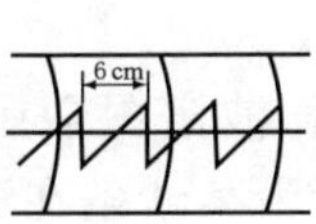	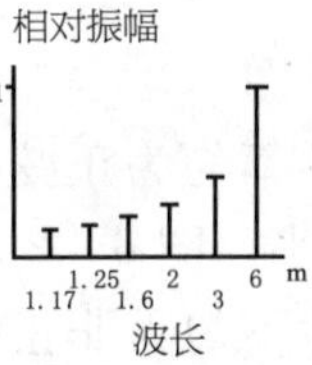	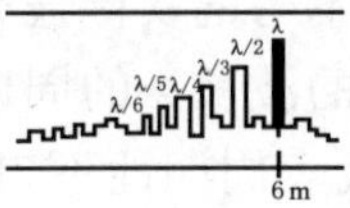	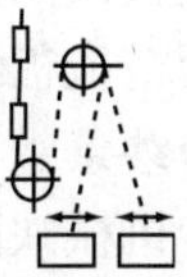 因往复运动在化纤丝筒上造成非对称性纱线张力不匀
4	正负向的脉冲形周期性不匀，在波长谱中显现基波、奇数、偶数谐波，基波波峰低于谐波	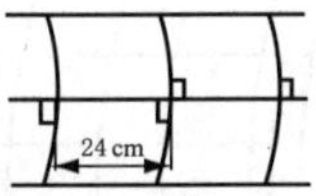	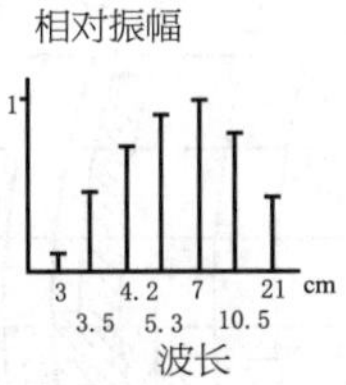	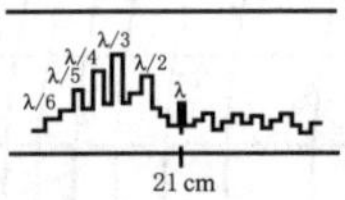	 气流杯有污物或粉尘
5	正向或负向的脉冲形周期性不匀，在波长谱中显现基波、奇数、偶数谐波，但第一谐波的振幅与基波基本相同	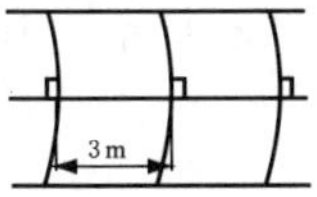	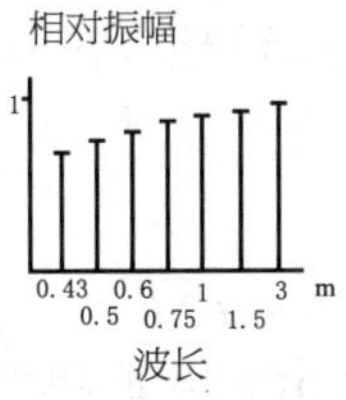	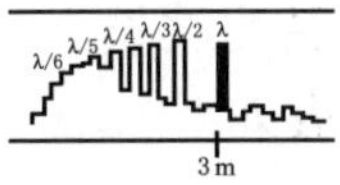	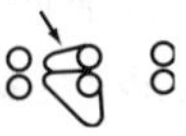 环锭细纱机上皮圈接口缺损

图 6-20　不匀类型及其波长谱图

纱条的波长谱图由几个部分组成。

(一)理想波长谱图

短纤维纺纱时,纤维在纱条中随机分布所产生的不匀波长分布,称为理想波长谱图,相当于纱条极限不匀率所对应的波长分布。图 6-21 中所示的曲线 1 为精梳棉纱的理想波长谱图。

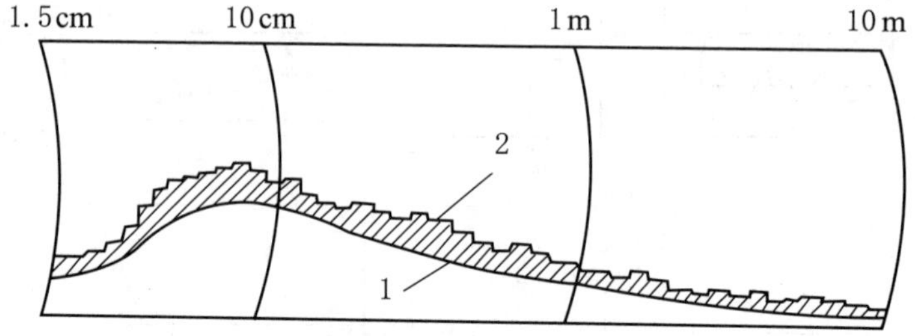

图 6-21 精梳棉纱的波谱图

1—理想波谱图 2—正常波谱图

(二)正常波长谱图

在实际纺纱过程中,即使最完善的纺纱加工设备所得到的波长谱图在整个波长范围内都比理想波长谱图高。把技术上能实现的无纱疵波长谱图称为正常波谱图。图 6-21 中所示的曲线 2 为精梳棉纱的正常波长谱图。

(三)纱条带有周期性不匀的实际波长谱图

纺纱机械缺陷所造成的波长 λ 的周期性不匀为正弦波时,波谱图会在波长为 λ 处出现一个烟囱状的峰,峰值高度代表周期性不匀大小。图 6-22 所示为某纱条在波长为 32cm 处存在周期性不匀。机械缺陷所造成的纱条周期性不匀为非正弦波时,波长谱图上会出现其谐波成分的线性谱。如果出现两个以上的峰,应该进一步判别它是一个由机械缺陷所产生的非正弦周期性不匀的谐波,还是分别由两个以上机械缺陷所产生的正弦波。

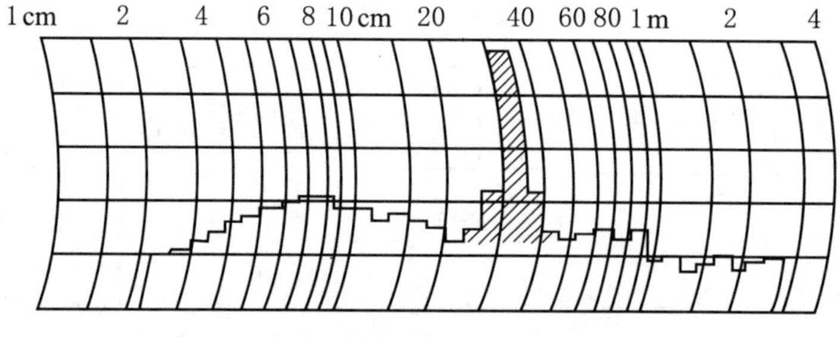

图 6-22 纱条带有周期性不匀的实际波长谱图

(四)纱条带有牵伸波的实际波长谱图

纺纱机牵伸装置对纤维控制不良而产生牵伸波,在波长谱图上某一段波长范围内出现山丘状凸起部分,表现为某一特定波长范围内的连续谱,如图 6-23 所示。这一波长范围的主波长 λ 与纤维平均长度 $\bar{l}$ 之间有如下关系:

$$\lambda = 2.75\bar{l} \tag{6-54}$$

前道工序纺制的纱条,由于纤维还未完全解开成单纤维状,式(6-54)中的常数“2.75”应改为:

粗纱:3.5;条子:4.0。

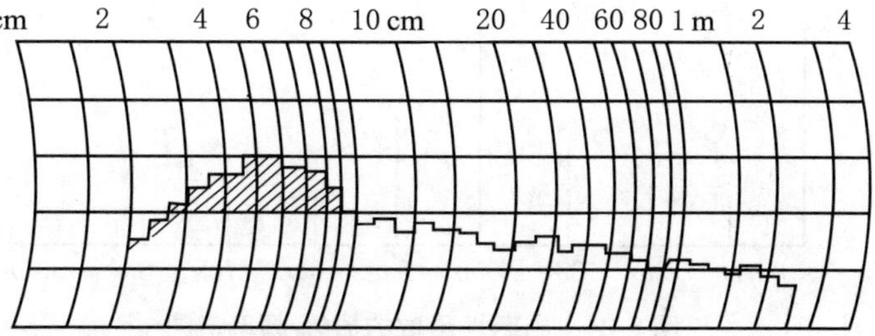

图 6-23　纱条带有牵伸波的实际波长谱图

纱条以一定速度通过电容极板，周期性不匀将转换成具有一定频率的电信号。纱条均匀度仪进行纱条不匀波长谱分析，实际上是对纱条不匀信号的频谱分析。纱条不匀信号的波长与频率之间存在以下关系：

$$f=\frac{v}{60\lambda} \tag{6-55}$$

式中：λ 为纱条不匀的波长（m）；v 为纱条试验速度（m/ min）；f 为纱条不匀信号的频率（Hz）。

二、波谱分析原理

根据数学中的傅里叶分析可知，任何满足狄利希莱条件的周期性函数，可以展开为傅里叶级数，即函数值可以用三角级数之和来代表。若函数 $f(t)$的周期为 T，则可用下式表示：

$$f(t)=\frac{a_0}{2}+\sum_{n=1}^{\infty}(a_n\cos n\frac{2\pi}{T}t+b_n\sin n\frac{2\pi}{T}t) \tag{6-56}$$

式中：$a_0=\frac{2}{T}\int_0^T f(t)\mathrm{d}t$；$a_n=\frac{2}{T}\int_0^T f(t)\cos n\frac{2\pi}{T}t\,\mathrm{d}t$；$b_n=\frac{2}{T}\int_0^T f(t)\sin n\frac{2\pi}{T}t\,\mathrm{d}t$；$n=1,2,3,\cdots$。

令 $a_n=C_n\cos\varphi_n$，$b_n=C_n\sin\varphi_n$，则式(6-56)可转化为下列形式：

$$f(t)=\frac{C_0}{2}+\sum_{n=1}^{\infty}C_n\cos(n\frac{2\pi}{T}t-\varphi_n) \tag{6-57}$$

式中：$C_0=a_0$；$C_n=\sqrt{a_n^2+b_n^2}$；$\varphi_n=\arctan\frac{b_n}{a_n}$。

上式说明角频率为 $\omega=\frac{2\pi}{T}$的周期性函数，可分解为函数平均值 C_0 和一系列三角函数之和，包括振幅为 C_1、角频率为 ω 的基波，以及振幅为 $C_2,C_3,C_4,\cdots$和角频率为 $2\omega,3\omega,4\omega,\cdots$的谐波。各种波动成分的振幅可按公式 $C_n=\sqrt{a_n^2+b_n^2}$求得。

周期性函数 $f(t)$分解后得到各个正弦波振幅 C_n 与角频率 ω 的关系，称为函数 $f(t)$的振幅-频率谱，如图 6-24 所示。

图 6-24 中相应于基本角频率 ω 整倍数的各频率处的垂直线段高度，代表振幅 C_n 的相对大小。这种频谱图是不连续的线性谱，各线段之间的距离相等，都等于 ω。可以看出，周期性函数的基本频率愈低，频线距离愈密。非周期性函数可视为具有周期 $T\to\infty$的周期性函数的特例，其角频率$\frac{2\pi}{T}\to 0$，谱线之间距离无限接近，频谱图由线状谱转换为连续谱，傅里叶级数转成傅里叶积分形式。前述三角函数所表示的傅里叶级数，若改为指数形式，则得：

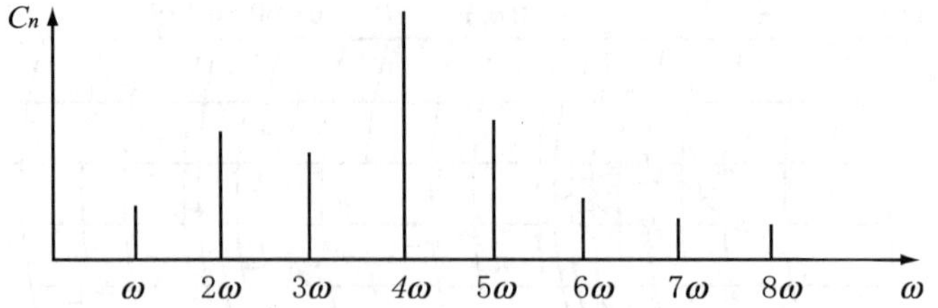

图 6-24 周期性函数的振幅-频率谱图

$$f(t)=\sum_{n=-\infty}^{\infty}\overline{C}_n e^{jn\frac{2\pi}{T}t} \tag{6-58}$$

$$C_n=\frac{a_n+jb_n}{2}=\frac{1}{T}\int_0^T f(t)e^{-jn\frac{2\pi}{T}t}dt \tag{6-59}$$

当 $T\to\infty,\frac{2\pi}{T}\to d\omega$ 时,傅里叶积分形式为:

$$f(t)=\frac{1}{2\pi}\int_{-\infty}^{+\infty}s(\omega)e^{j\omega t}d\omega \tag{6-60}$$

$$S(\omega)=\int_{-\infty}^{\infty}f(t)e^{-j\omega t}dt \tag{6-61}$$

$S(\omega)$称为函数 $f(t)$的频谱密度,是角频率 ω 的连续函数。

三、理想纱条波谱图

前面已经谈到,纤维在纱条中随机分布所产生的波谱图,称为理想波谱图。理想波谱图的理论推导先假设纱条中纤维是等长的,推导等长纤维的理想纱条波谱图公式;然后考虑纱条中纤维是非等长的,推导非等长纤维的理想纱条波谱图公式。

(一)等长纤维理想波谱图

设由等长纤维组成的纱条,纤维长度为 l_0,若纤维粗细是均匀的,横截面积为一常数。当纱条以一定速度运行时,纱条中每一根纤维转换成一个矩形脉冲,脉冲宽度 τ 相应于纤维长度 l_0,脉冲高度 q 相应于纤维横截面,如图 6-25 所示。

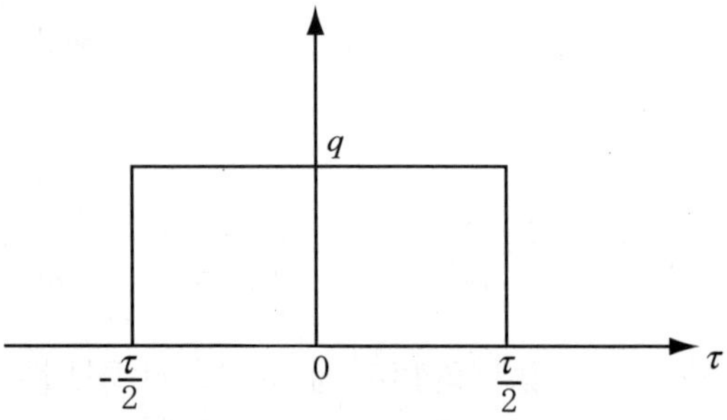

图 6-25 单根纤维的脉冲信号

根据傅里叶变换,脉冲信号的频谱密度为:

$$S_1(\omega)=\int_{-\frac{\tau}{2}}^{\frac{\tau}{2}}qe^{-j\omega t}dt=q\tau\frac{\sin\frac{\omega\tau}{2}}{\frac{\omega\tau}{2}} \tag{6-62}$$

单根纤维矩形脉冲的能谱密度为:

$$E_1(\omega)=|S_1(\omega)|^2=(q\tau)^2\left(\frac{\sin\frac{\omega\tau}{2}}{\frac{\omega\tau}{2}}\right)^2 \tag{6-63}$$

设 n_m 为纱条截面中纤维平均根数,N 为单位时间的平均脉冲,则有:

$$N=\frac{n_m}{\tau} \tag{6-64}$$

纱条总能谱密度为：

$$E(\omega)=|S(\omega)|^2=N(q\tau)^2\left(\frac{\sin\frac{\omega\tau}{2}}{\frac{\omega\tau}{2}}\right)^2=K_1\left(\frac{\sin\frac{\omega\tau}{2}}{\frac{\omega\tau}{2}}\right)^2 \tag{6-65}$$

式中：$K_1=N(q\tau)^2$。

相应的振幅谱为：

$$|S(\omega)|=\sqrt{K_1}\frac{\sin\frac{\omega\tau}{2}}{\frac{\omega\tau}{2}} \tag{6-66}$$

上式所表示的等长纤维理想纱条的频率振幅谱如图 6-26 所示。

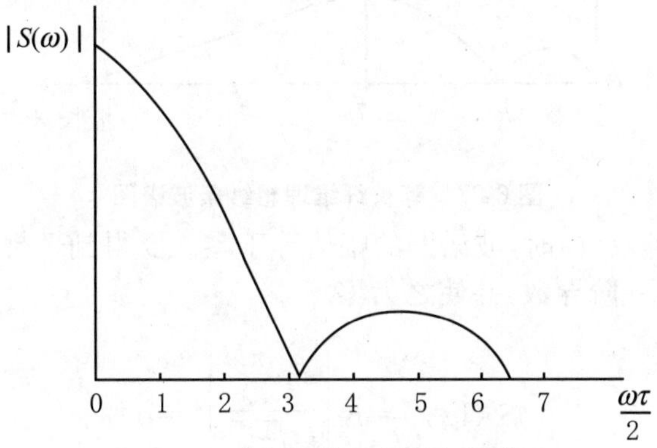

图 6-26　等长纤维理想纱条频谱图

根据频率与波长的关系：

$$\frac{\omega\tau}{2}=\frac{\pi l_0}{\lambda} \tag{6-67}$$

将频率能谱密度转换成波长能谱密度：

$$E(\frac{1}{\lambda})=|S(\frac{1}{\lambda})|^2=K_2\left(\frac{\sin\frac{\pi l_0}{\lambda}}{\frac{\pi l_0}{\lambda}}\right)^2 \tag{6-68}$$

如果横坐标改用波长的对数，根据总能量不变的原理，有：

$$\begin{aligned}\text{总能量}\ \sigma^2&=\frac{1}{\pi}\int_0^{\infty}E(\omega)\mathrm{d}\omega\\&=\frac{1}{\pi}\int_0^{\infty}E(\frac{1}{\lambda})\mathrm{d}(\frac{1}{\lambda})=\frac{1}{\pi}\int_0^{\infty}E(\lg\frac{1}{\lambda})\mathrm{d}(\lg\frac{1}{\lambda})\end{aligned} \tag{6-69}$$

因为：

$$\lg\lambda=-\lg\frac{1}{\lambda}$$

以 lgλ 为自变量的能谱密度为：

$$E(\lg\lambda)=K_3\frac{\sin^2\frac{\pi l_0}{\lambda}}{\frac{\pi l_0}{\lambda}} \tag{6-70}$$

相应的振幅谱为：

$$S(\lg\lambda)=K\frac{\sin\frac{\pi l_0}{\lambda}}{\sqrt{\frac{\pi l_0}{\lambda}}} \tag{6-71}$$

式(6-71)所表示的等长纤维理想纱条波谱图如图 6-27 所示。

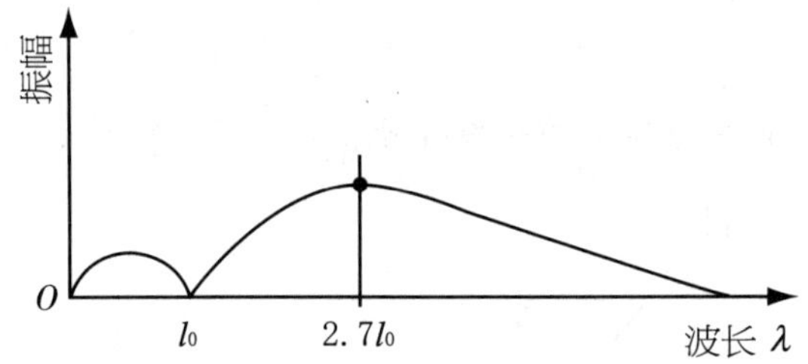

图 6-27　等长纤维理想纱条波谱图

由式(6-71)可知，当 $\lambda=l_0$ 时，波谱图的幅值等于零。要得到理想波谱图最大幅值对应的 λ_{smax}，可以对式(6-71)求一阶导数，并使之为零。

$$S'(\lg\lambda)=K\left(\frac{\sin\frac{\pi l_0}{\lambda}}{\sqrt{\frac{\pi l_0}{\lambda}}}\right)'=0 \tag{6-72}$$

得到：

$$\lambda_{smax}=2.7l_0 \tag{6-73}$$

即等长纤维理想波谱图最大幅值的波长，是纤维长度的 2.7 倍。

(二)不等长纤维理想纱条波谱图

假设不等长纤维的长度排列分布如图 6-28 所示。图中纵坐标为纤维长度 l，横坐标为累积根数 n。将上述排列图简化成如图 6-28 中虚线所示的梯形，其中纤维最长长度为 a，最短纤维长度为 b，由图中关系可知：

$$l=f(n)=a-n(a-b) \tag{6-74}$$

可以认为在 dn 区间内，对应的纤维是等长的，纱条能量波长谱为各 dn 组等长纤维能谱之总和：

$$E(\lg\lambda)=\int_{n=0}^{n=100\%}K_4 l\frac{\sin^2\frac{\pi l}{\lambda}}{\frac{\pi l}{\lambda}}\mathrm{d}n=\int_{n=0}^{n=100\%}K_4[a-n(a-b)]\frac{\sin\frac{\pi[a-n(a-b)]}{\lambda}}{\frac{\pi[a-n(a-b)]}{\lambda}}\mathrm{d}n \tag{6-75}$$

可得：

$$S(\lg\lambda)=\frac{K\lambda}{\sqrt{a-b}}\sqrt{(\frac{2a\pi}{\lambda}-\sin\frac{2a\pi}{\lambda})-(\frac{2b\pi}{\lambda}-\sin\frac{2b\pi}{\lambda})} \tag{6-76}$$

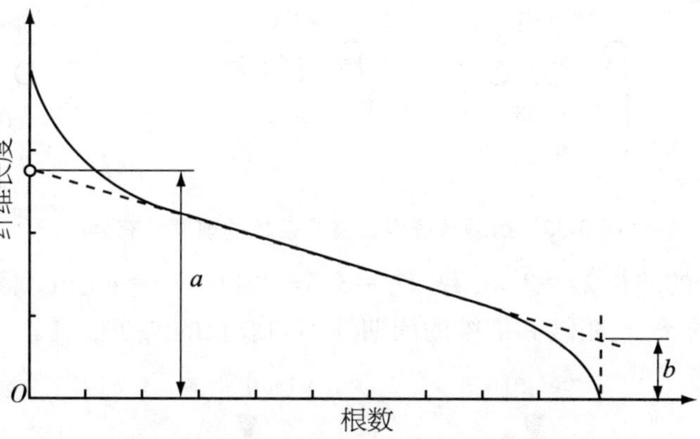

图 6-28　不等长纤维的长度排列分布

在短纤维比较短的情况下，例如棉纤维，b 与 λ 相比甚小时，式(6-76)可进一步简化为：

$$S(\lg\lambda)=\frac{K\lambda}{\sqrt{a-b}}\sqrt{\frac{2a\pi}{\lambda}-\sin\frac{2a\pi}{\lambda}} \tag{6-77}$$

上式所表示的不等长纤维理想波谱图如图 6-29 所示。

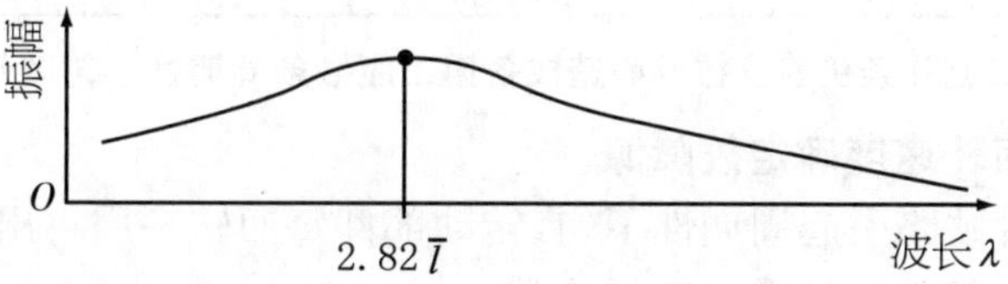

图 6-29　不等长纤维理想波谱图

对式(6-77)求一阶导数，并使之为零，可求得不等长纤维理想纱条波谱图最大幅值处的波长为：

$$\lambda_{s\max}=2.82\,\bar{l} \tag{6-78}$$

式中：$\bar{l}=\sqrt{\frac{a^2+b^2}{2}}$。

四、纱条不匀波长谱分析方法

已知波谱图上周期性不匀或牵伸波主波长 λ 的位置，可用以下方法来研究不匀产生的原因。

(一)由牵伸倍数推算故障源

机械部件有缺陷例如罗拉偏心，产生周期性不匀的波长 λ 则等于罗拉的周长：

$$\lambda=\pi d \tag{6-79}$$

式中：d 为有缺陷的罗拉直径。

若该罗拉与纱条输出部分的牵伸倍数为 m，输出纱条产生的周期性不匀波长为：

$$\lambda=\pi dm \tag{6-80}$$

现举例说明如下：如果纺纱加工过程中二道并条机的前罗拉有如图 6-30 所示的某种偏心，已知牵伸倍数，可计算各工序输出纱条波谱图的峰值位置。

已知二道并条机前罗拉直径 $d=3.5$ cm，输出条子的波长 $\lambda_1=3.5\pi=11$ cm。若粗纱机牵伸倍数 $D_2=11$，则输出粗纱的波长 $\lambda_2=3.5\pi D_2=3.5\pi\times11=121$ cm。若细纱机牵伸倍数

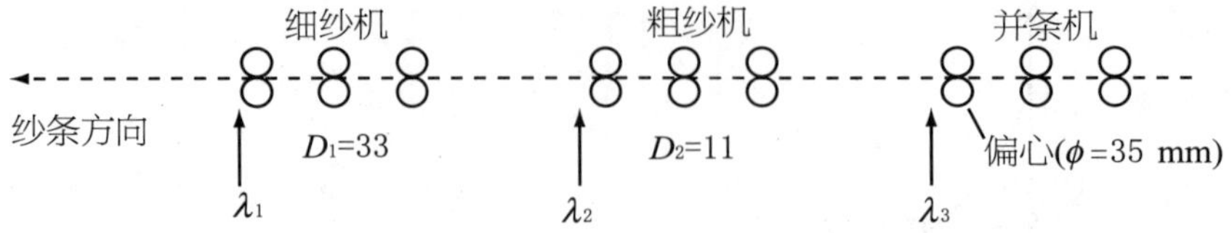

图 6-30　纺纱系统中二道并条机的前罗拉有偏心

$D_1=33$,则输出细纱的波长 $\lambda_3=3.5\pi\ D_2\ D_1=3.5\pi\times11\times33=40$ m。图 6-31 表示二道并条机前罗拉偏心输出的条子、粗纱和细纱的周期性不匀波长的所在位置。

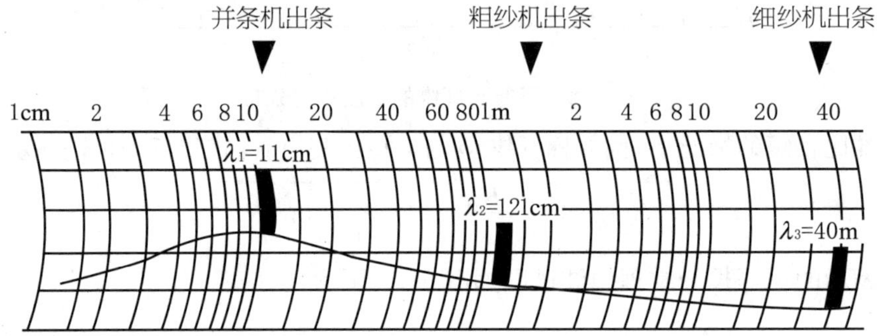

图 6-31　二道并条机前罗拉偏心造成各道工序纱条周期性不匀波长所在位置

(二)由转动部件回转速度确定故障源

若纺纱机器转动件缺陷引起周期性不匀,转动部件每回转一周将出现一个周期性不匀,输出纱条波长等于该转动部件周长乘以牵伸倍数。

$$\lambda=\text{周长}\times\text{牵伸倍数}=\pi d\cdot\frac{V_p}{\pi dn}=\frac{V_p}{n} \tag{6-81}$$

式中:d 为转动部件直径(cm);n 为转动部件回转速度(r/ min);V_p 为纱条输出的线速度(m/ min)。

由波谱图得到纱条周期性不匀的波长 λ,已知纱条输出速度 V_p,根据上式可计算得到有缺陷回转部件的转动速度 n,从而查出有缺陷转动部件的部位。

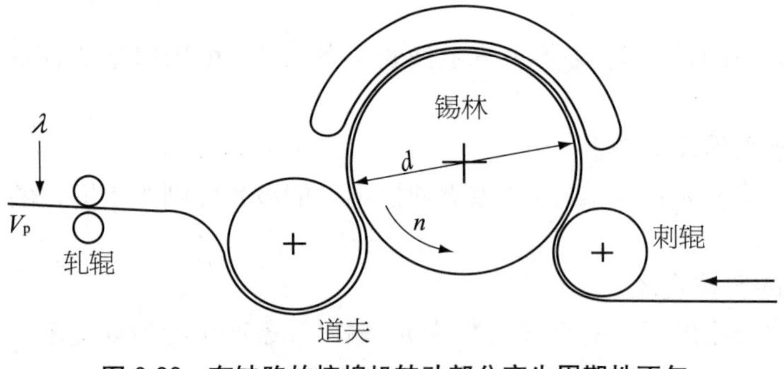

图 6-32　有缺陷的梳棉机转动部分产生周期性不匀

如图 6-32 所示,有局部针布损伤的梳棉机锡林转速 n 为 400 r/ min,条子输出速度 V_p 为 92 m/ min,梳棉机锡林产生的生条周期性不匀波长为:

$$\lambda=\frac{V_p}{n}=\frac{92}{400}=0.23(\text{m}) \tag{6-82}$$

以上方法特别适用于梳棉机或梳毛机，因为这种机器测量回转速度和条子输出速度要比计算牵伸倍数容易。

第五节 纱条疵点测试

一、常发性疵点测试

常发性疵点，指纱条中经常发生的粗节、细节和棉结。常发性疵点对织物外观的匀整性有一定的影响，但尚未达到形成次品织物的程度。

常发性疵点是在电容均匀度仪上测量的，以 1 000 m 纱条长度内的疵点数为计数单位。

常发性疵点形成的原因，主要是原料中短纤维含量过多、前道工序开松梳理不良使纤维分离度差、原料中未成熟纤维含量过多等。常发性疵点数量与纱条不匀率 *CV* 值存在显著相关。

电容均匀度仪进行疵点计数时，*CV* 值的灵敏度量程应置于±100%处，试验方式选择应置于“正常”位置。

电容式均匀度仪常发性疵点的灵敏度设定范围为：粗节+35%、+50%、+75%、+100%；细节−30%、−40%、−50%、−60%；棉结+140%、+200%、+280%、+400%。各灵敏度档次与黑板目测有如下关系：

粗节	+35%	很小粗节，仔细观察才能辨认；
	+50%	较小粗节，在纱线黑板近距离能辨认；
	+70%	中等粗节，在距纱线黑板数米远能辨认；
	+100%	严重粗节。
细节	−30%	很小细节，在黑板上难辨认；
	−40%	较小细节，能从短距离黑板上辨认；
	−50%	中等细节，能从位于 1 m 处黑板上辨认；
	−60%	严重细节，位于数米处黑板上能辨认。
棉结	+140%	很小棉结，仔细观察时才能辨认；
	+200%	较小棉结，近距离能辨认；
	+280%	中等棉结，距黑板数米远能辨认；
	+400%	大棉结。

要进行纱条疵点比较，必须在共同灵敏度条件下计数才有意义。常用的疵点灵敏度设置范围为：粗节+50%、细节−50%、棉结+200%。

粗节与棉结的区分主要在于疵点长度。经验告诉人们，大多数粗节的长度是纤维平均长度的 1.5 倍，而棉结长度为 1～2 mm。根据这个特点，可以判别疵点是粗节还是棉结。棉结进入电容平行极板后，其电信号长度近似等于极板长度，若极板长度为 8 mm，棉结电信号幅度比实际情况减小到 $\frac{1}{8}$～$\frac{1}{4}$，但测试时都是将棉结换算到 1 mm 长度时相对应的粗细。

细节的计数与粗节、棉结不同，细节是不考虑其疵点长度的，而仅仅看其是否超过设定的灵敏度界限。细节是纺纱或织造过程引起断头的重要原因，从断头是否发生的观点来看，只要薄弱环节到达一定细度就发生断裂,而不管这个弱节是多少长。

二、偶发性疵点测试

偶发性疵点指粗细显著、对成品质量有极大影响的纱疵。此类疵点虽然不经常发生,但只要有一根存在,就会导致织物成为次品。对于这类疵点,一种方法是在织布上机前,在络筒机上加装清纱器加以去除;另一种方法是在织物出厂前进行验布时进行处理补救。

偶发性疵点是在纱疵分级仪上测量计数的,以十万米纱条长度内的纱疵数为计数单位。

偶发性疵点形成的原因,主要是操作方法不当及清洁管理不善。操作者在纱条断头后接头过长、双根粗纱喂入、松散纤维团或飞花附着于纱条、车间环境清洁条件、罗拉上下绒辊,以及机架的清洁工作等,都会影响偶发性纱疵的数量。

用纱疵分级仪对偶发性疵点按粗细程度及疵点长度进行分类并统计其数量,有以下目的:

(1)对成纱品质进行评定,作为产品质量监督检查的依据。根据纱疵检验结果,采取技术和管理措施,消除产生偶然性疵点的来源,提高产品质量。

(2)根据纱疵分级仪测试结果和织物外观的要求以及络筒机生产效率,综合考虑后确定络筒机清纱器的清除限。

(3)考核清纱器的工作情况。根据纱条经清纱器前、后的试样,用纱疵分级仪测试对比纱疵分布状况,以判别清纱器的清除效率。

Uster 公司最新生产的 Classimat Quantum 纱疵分级仪由基本电容式控制头和可以选用的异纤传感器组成。分级方法为:纱疵按长度和粗细分级,异纤按长度和反光强度分级。图 6-33是纱疵分级分布图,横坐标代表纱疵长度,纵坐标代表纱疵粗细,按不同长度和粗细分为 27 个级别。其中短粗节纱疵 A0~D4 共 20 个级别,长粗节纱疵 E、F、G 共 3 个级别和长细节纱疵 H1、H2、I1、I2 共 4 个级别。图 6-34 是异纤分级分布图,横坐标代表异纤长度,纵坐标代表异纤反光强度,根据异纤长度和反光强度也分为 27 个级别。仪器分别测取各个级别的纱疵数和异纤数,通过内置的 Uster 统计与国际标准进行质量对比,还可将分级数据以散点图形式表示,可以更方便确定清纱设置。

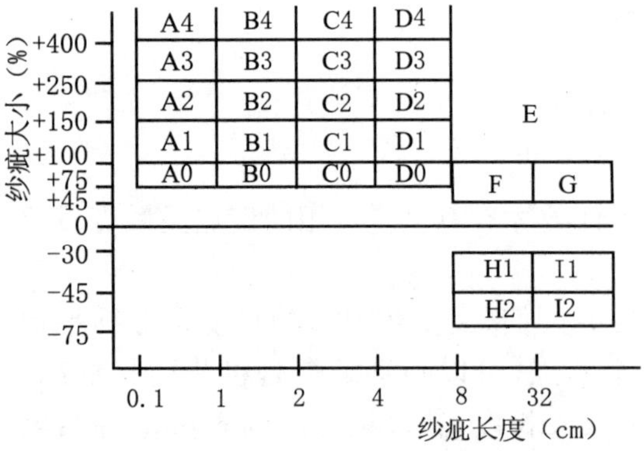

图 6-33 纱疵分级分布图

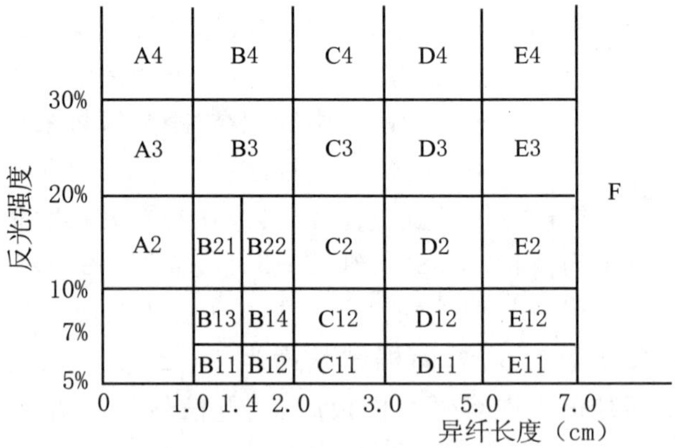

图 6-34 异纤分级分布图

第六节　纱线光电测量分析系统

采用电荷耦合器件 CCD 图像传感器对纱线形态进行连续测试，构成了光电式测量和分析纱线不匀、毛羽、疵点的新的测试方法。与电容法测量纱线不匀的区别在于，电容式均匀度试验仪测试结果是纱条截面或质量的分布不匀，而光电式测量分析系统测试结果是纱条直径分布不匀。两者存在一定关系，在数值上不完全相同。

EIB(Electronic Inspection Board for Spun Yarns)纱线电子检测仪，是近年来由美国劳森(Lawson-Hemphill)公司生产的光电纱线外观质量测量系统。仪器包括一个线性扫描摄像头、一个照明系统、一个恒定张力纱线供送系统、一台打印机和一台电脑。EIB 测试系统主要组成如图 6-35 所示，图中 1 为纱线供送系统，2 为 CCD 摄像头，3 为光源，4 为控制面板。

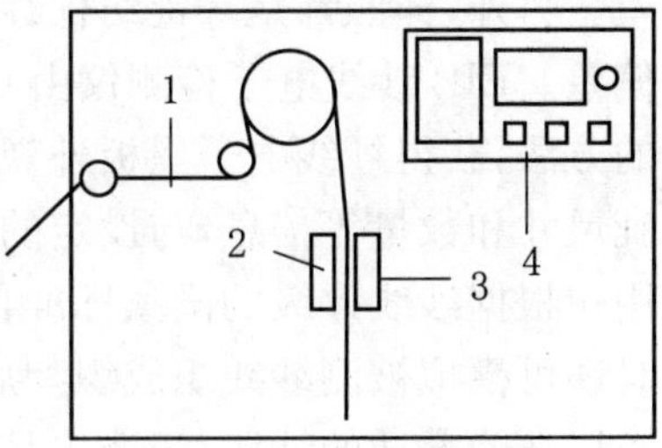

图 6-35　EIB 测试系统

纱线通过该系统时，可以连续高速扫描测量纱线直径。纱线的供送速度可以调节，当纱线供送速度为 100 m/ min 时，沿纱线长度方向每经过 0. 5 mm 对纱线直径扫描一次；当纱线供送速度为50 m/ min时，沿纱线长度方向每经过 0. 25 mm 对纱线直径扫描一次。CCD 的扫描测试精度很高，在直径方向6. 6 mm内设有 2 048 个像素，1 像素＝0. 003 25 mm，也就是说 EIB 可以用3. 2 μm的精确度表示纱线的直径变化。通过测试，将连续测量所得信息输入电脑，用相应的软件进行数据分析和处理。EIB 测试原理如图 6-36 所示。

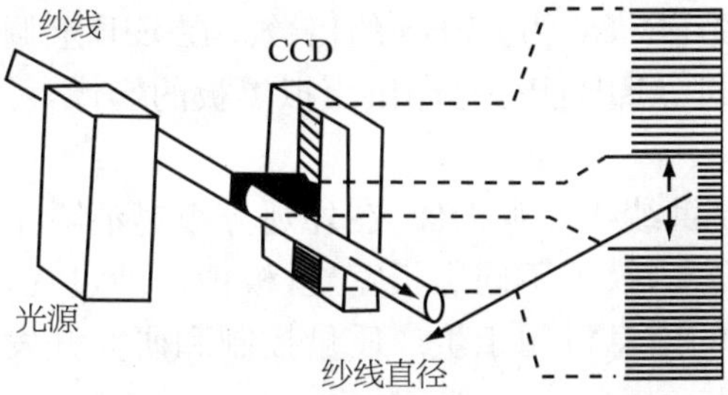

图 6-36　检测原理图

EIB 可以显示纱线疵点、纱线轮廓和纱线直径，分类计算出纱线的粗节、细节、平均直径、棉结及毛羽数。该系统针对棉纱进行等级评价，比起黑板条干法减小了主观因素，使得纱线的评价更具有客观性。

纱疵计量的判断准则是以直径和长度为基础的。为了测量准确，对一批次纱线，先测量足够多的筒管求得该批次纱线的平均直径，然后以整批纱线的平均直径为基准，预设纱疵直径的门限，最后将 EIB 纱线探测系统检测到的数据同纱疵的直径门限比较。图 6-37 以粗节为例，当信号等于纱疵门限时，电脑记下纱线的位置；当信号小于该门限时，再次记下纱线的位置。这两个位置的差就是粗节的长度。

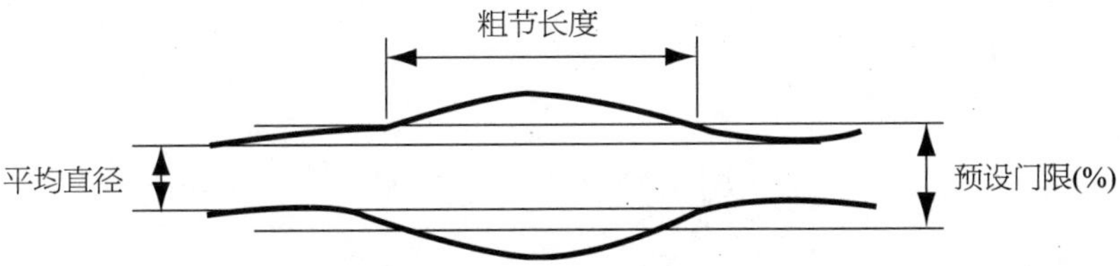

图 6-37　EIB 统计纱疵原理图

EIB 产生的纱线外观图像信号能储存于仪器中，供进一步分析。用数字光学分析技术，结合专用软件实现纱线评级。该仪器有两个软件程序:纱线轮廓扫描软件和 EIB 软件。纱线轮廓扫描软件实现纱线的显示和分析，给出纱线图像、粗节、细节、平均直径、棉结和毛羽数。该软件还可在长度方向或直径方向缩放纱线、分隔屏幕，在同一屏幕上显示、比较两组纱线的轮廓，存储所有的测试结果。EIB 软件运用图像技术和统计学知识，模拟织物布面上纱疵效果。它能显示纱线中纱疵分布的直方图，对纱线进行评级，模拟纱线绕在黑板上的效果图。

传统的人工纱线外观检验和分级的方法是将纱线绕在黑板上，由有经验的检验人员目测，对照有关标准给予评级，其测试结果易受人为因素的影响，评定纱线品级的准确性和重复性差。另外，样照都是环锭纺棉纱，根据环锭纱的标准样照来评价气流纺、喷气纺纱质量，会产生偏差。EIB 纱线电子检测仪由 CCD 摄像头所取得纱线外观信息，模拟人工纱线绕制在黑板上的方法，获得纱线电子黑板外观图像，通过数字分析技术，获取纱线粗节、细节、棉结、毛羽等纱疵尺寸和数量等信息，与设定的评级标准进行比较，评定纱线级别。EIB 评定纱线的标准可由用户根据纱线评级的国家标准自己设定，定量地评定纱线品级，测出纱线的直径不匀系数，同时还可模拟被测纱线织成织物后的布面情况，以利于纺纱厂检测、控制纱线外观质量，帮助织布厂选购合适的纱线，织造出品质优良的产品。

EIB 电子黑板的另一优点是模拟黑板的纱样比黑板绕纱长度要长得多，最大纱样长度可达 400 m。

EIB 的重要特点是它能模拟清纱器功能，清除用户要求清除的纱疵，分析纱疵的长度，使管理人员了解如何确定清纱范围。也可在计算机屏幕上用不同颜色表示不同长度纱疵，使分辨特定长度的纱疵工作简化。

EIB 的另一特点是能预测纱线织成织物后的外观。例如对织物上出现条纹云斑的某一纱线卷装作检验时，可选择 35 cm 的黑板宽度，因为织幅 140 cm 为 35 cm 的倍数。在 EIB 上调节板宽，可以发现不同宽度而形成潜在的斜形条纹云斑。EIB 能够打印出模拟黑板的影像，可储存起来作进一步分析，也可用磁盘进行储存。

EIB 给纱线外观检验分级提出了新的概念。可提供纱线外观影像，在外观分级时消除了人的主观因素。它能使特定的纱疵类型突出地表示出来，模拟不同黑板宽度，模拟清纱过程，储存数据，并能与其他计算机实现数据共享。其获得的信息可用于生产质量控制和研究开发目的。

第七章　纺织材料吸湿和电学性质测试

第一节　纺织材料吸湿概述

纺织材料的吸湿对纺织品穿着舒适性以及其他物理机械性能都有明显的影响。在纤维和纺织品贸易中，回潮率影响质量与计价。在纺纱过程中，纤维含湿过高使清钢工序中杂质不易落下，影响除杂效率；含湿过低，会使飞花增多。纤维电阻大容易产生静电，适当控制纤维的回潮率可以消除静电的影响。纤维与纺织品的回潮率对强力有明显的影响。大多数纤维的强力随回潮率的增加而下降，只有棉纤维和麻纤维随吸湿增多其强力反而增加。所有纤维的伸长率都随回潮率的升高而增大。含湿量多时，纤维变得比较柔软，弹性有所下降，纤维间摩擦系数增大。纤维与纺织品吸湿后发生膨胀，纱线直径变粗，织物中纱线的弯曲增大，相互挤紧，使长度收缩，厚度增加。因此在纺织品生产和贸易中都必须充分考虑吸湿产生的影响，吸湿的测量是十分重要的。

下面简要说明有关纺织材料吸湿性能的基本概念和指标：

一、空气湿度的表示方法

(一)水蒸气分压

把湿空气看成是理想气体与水蒸气的混合物。由道尔顿分压定理可知，潮湿空气的全压等于各混合气体的分压之和。因此可以用水蒸气的分压，单位为帕斯卡(Pa)，来表示湿气体的湿度。

(二)绝对湿度

绝对湿度 H 是指单位体积空气中所含水的质量，单位为 g/m^3。

(三)相对湿度 RH

相对湿度定义为绝对湿度 H 与同温度下饱和状态的绝对湿度 H_S 之比值。

$$RH(\%)=\frac{H}{H_S}\times 100 \tag{7-1}$$

二、标准大气

标准大气亦称大气的标准状态，有三个基本参数：温度、相对湿度和大气压力。国际标准规定温度(T)为 20 ℃(热带可为 27 ℃)，相对湿度(RH)为 65%，大气压力为 86～106 kPa(视各国地理环境而定)。我国规定大气压力为 1 个标准大气压，即 101.3 kPa(760 mmHg 柱)。实际上，不可能保持温度和湿度无波动，故标准规定了允许波动范围：

一级：$T\pm2$ ℃，$RH\pm2\%$(用于仲裁检验)；

二级：$T\pm2$ ℃，$RH\pm3\%$(用于常规检验)；

三级：$T\pm2$ ℃，$RH\pm5\%$(用于要求不高的检验)。

样品在检测前须在标准大气压下达到吸湿平衡，必要时需预调湿。如每隔 2 h 连续称重其质量递变(增)率不大于0.25%，或每隔30 min连续称重其质量递变(增)率不大于0.1%，则视为已达平衡。通常调湿24 h以上即可。合成纤维则需4 h以上。必须注意：调湿过程不能间断，若被迫间断必须重新按规定调湿。

三、纺织材料含湿量指标

纤维与纺织材料的含湿量可用回潮率W和含水率M来表示。

$$W(\%)=\frac{\text{样品中水分的质量}}{\text{干燥样品的质量}}=\frac{G-G_0}{G_0}\times 100 \tag{7-2}$$

$$M(\%)=\frac{\text{样品中水分的质量}}{\text{未干燥样品的质量}}=\frac{G-G_0}{G}\times 100 \tag{7-3}$$

式中：G为样品的湿重；G_0为样品的干燥质量。

两者的关系为：

$$M=\frac{W}{1+W} \tag{7-4}$$

由于纺织材料在不同大气状态下具有不同的吸湿性，根据应用的场合不同，又有以下几种表示方法：

(1)实际回潮率。纺织材料在实际所处环境条件下具有的回潮率。实际回潮率只表明材料实际含湿情况。

(2)标准回潮率。在标准状态下，材料达到吸湿平衡时的回潮率。通过标准回潮率可以了解并比较各种材料的吸湿性。标准回潮率所表达的是在标准状态下，材料吸湿达到平衡后的含湿情况。另外，标准回潮率并非一成不变，因为同一类材料的内部结构和含杂等差别会造成吸湿性的差异，而标准大气也并非绝对不变，温湿度可以在一定范围内波动。因此同一材料的标准回潮率并非定值，而在一定范围内波动。

(3)公定回潮率或商业回潮率。为贸易、计价、检验等需要而规定的回潮率，用于计算公定(商业)质量时要加到干燥质量上的水分质量。通常公定回潮率稍高于标准回潮率或取其上限。国际上对公定回潮率的规定并不一致。

国内常见纤维和纺织品的公定回潮率见表7-1。

表7-1 各种纺织材料的公定回潮率表

原料类别	纺织材料		公定回潮率(%)
棉	棉花、棉纱线、棉缝纫线		8.5
	棉织物		8.0
毛	羊毛	洗净毛(异质毛)、粗纺毛纱、绒线、针织绒线	15.0
		洗净毛(同质毛)、精梳落毛、精纺毛纱、长毛绒织物	16.0
		再生毛	17.0
		干毛条	18.25
		油毛条	19.0
		毛织物(精纺、粗纺、驼绒、工业呢、工业毡)	14.0

续表

原料类别	纺织材料		公定回潮率(%)
毛	羊绒	分梳山羊绒	17.0
		羊绒纱、兔毛、驼毛、牦牛毛	15.0
麻	苎麻、亚麻、大麻、罗布麻、剑麻		12.0
	黄麻		14.0
丝	桑蚕丝、柞蚕丝		11.0
化纤	黏胶纤维、富强纤维、铜氨纤维		13.0
	醋酯纤维		7.0
	聚酰胺纤维 6、聚酰胺纤维 66、聚酰胺纤维 11		4.5
	聚酯纤维		0.4
	聚丙烯腈纤维		2.0
	维纶纤维		5.0
	聚丙烯纤维、聚氯乙烯纤维、聚偏氯乙烯纤维		0
	聚氨基甲酸酯纤维		1.3

四、吸湿滞后现象

在温度不变的条件下，改变环境的相对湿度，可以发现，当相对湿度增加时，纺织材料的平衡回潮率增加，如图 7-1 中吸湿等温线 1 所示；当相对湿度减少时，纺织材料的平衡回潮率减小，如图 7-1 中放湿等温线 2 所示。吸湿等温线和放湿等温线不重叠，形成了一个滞后圈，这种现象称为纤维与纺织品的吸湿滞后现象。从曲线可以看出，相对湿度相同时，放湿达到的平衡回潮率大于吸湿达到的平衡回潮率。

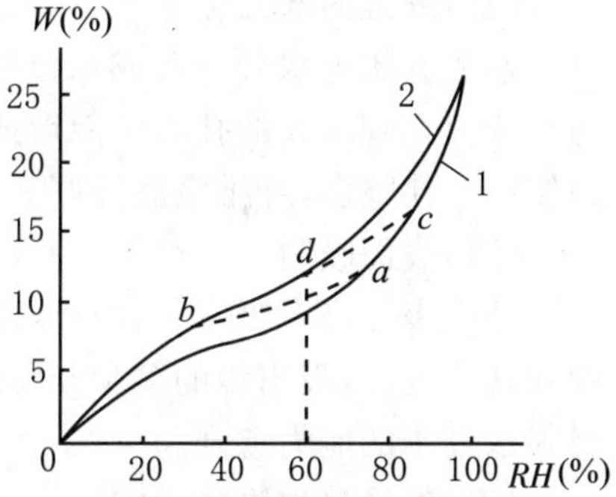

图 7-1 初始回潮率对吸湿滞后性的影响

纤维的吸湿滞后性造成的回潮率差值与纤维材料原有的回潮率有关。如图 7-1 所示，纤维原来的回潮率为 b，进入吸湿过程，其吸湿曲线为 ba；如原来回潮率为 c，进入放湿过程，它的放湿曲线为 cd。在相同的相对湿度下，前者的平衡回潮率小于后者。

五、时间及温度对吸湿的影响

影响纤维吸湿的外因主要是吸湿时间、吸湿滞后和环境温湿度。纤维的吸湿、放湿是一指数过程，严格地说达到平衡回潮率所经历的时间是很长的，纤维集合体愈紧密，达到平衡回潮率的时间也愈长。在进行各种纤维材料的物理性能检验时，需要把它们放置在标准的温湿度环境中进行定时调湿。相对湿度变化对纤维吸湿的影响，表现在纤维的吸湿曲线上，其总体的趋势是相对湿度增加，纤维的吸湿增加。温度对纤维的吸湿有一定的影响，主要从两方面起作用：一方面，当温度较高时水分子热运动的动能增大，逸出纤维表面的概率增加，纤维吸湿少，回潮率也小；另一方面，温度较高时纤维膨胀，有些纤维内部孔隙增多，故吸湿能力略有增加。

曲线上存在一点 C,相应的相对湿度为 H_C,当棉纤维相对湿度小于 H_C 时,吸湿随温度升高而下降;当纤维相对湿度大于 H_C 时,吸湿随温度增加而增加。温度对棉纤维吸湿的影响,如图 7-2 所示。

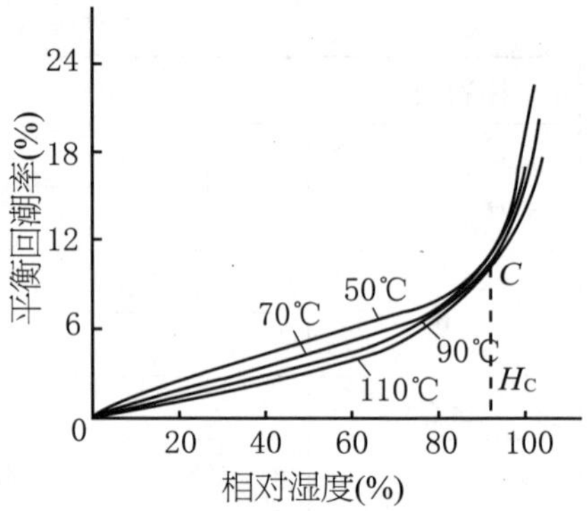

图 7-2 温度对棉纤维吸湿的影响

六、纤维结构对吸湿的影响

(一)亲水基团的影响

纤维大分子亲水基团的多少和亲水性的强弱直接影响纤维吸湿的多少。亲水基团有羟基(—OH)、氨基(—NH_2)、酰胺基(—CONH)、羧基(—COOH)等。天然植物纤维中含有较多的亲水基团,棉和黏胶纤维的大分子中含有羟基(—OH),所以吸湿性好;蛋白质纤维中,因其主链中含有酰胺基(—CONH),侧链中含有羟基(—OH)、氨基(—NH_2)、羧基(—COOH)等亲水基团,故吸湿力强;化学纤维的大分子中所含的亲水基团相对较少,故大多数合成纤维吸湿力差。

(二)结晶区与非结晶区

在结晶区,纤维大分子中的亲水基团在分子间形成交键,分子排列紧密有序,水分子难以进入结晶区。纤维的吸湿主要发生在非结晶区,纤维的结晶度越低,吸湿能力越强。棉纤维经过丝光处理以后,结晶度降低,吸湿性增强。

(三)纤维内部孔隙

亲水基团与水分子形成水合物,这种结合较为牢固,称直接吸附。当温度较高时,纤维中的水分填充到较大的孔隙中而形成毛细水,故纤维中各种孔隙的多少对纤维的吸湿起着重要的作用。孔隙多,纤维吸湿性好。

(四)表面吸附

纤维表面具有吸附某种物质以降低自身表面能的特性,故纤维的表面能吸附大气中的水汽和其他气体,吸附量的多少与纤维的表面积及组成成分有关。纤维愈细,比表面积愈大,则吸附水分子的能力愈强。

(五)纤维伴生物的影响

纤维的伴生物位于纤维的表面,它改变了纤维的表面特性。如脱脂棉的吸湿能力强,因为除去了棉蜡的影响;麻纤维的果胶多则吸湿好;化纤表面的油剂性物质会影响吸湿能力,当油剂表面活性剂的亲水基团向着空气定向排列时,纤维吸湿能力大。

第二节 干燥法吸湿测量

一、吸湿剂干燥法

把纺织材料放置在相对湿度很低的环境中,它就会逐渐放湿而趋于平衡。将纺织材料和强烈的吸湿剂放在同一个密闭的容器内,利用吸湿剂吸收空气中的水汽,可使容器内空气的相对湿度达到接近于零,使纤维充分脱湿,达到干燥。常见的吸湿剂是氯化钙颗粒,较好的吸湿剂是五氧化二磷(P_2O_5)粉末。值得注意的是,纺织材料本身也是一种吸湿性很强的材料,特别是在低回潮率时,要把它吸干是不容易的,所以化费的时间较长。另外,材料中排出的水分会破坏相对湿度为零的条件，所以要保证有足够量的吸湿剂。吸湿剂干燥法比较准确，在室温下进行不会引起材料表面物质的挥发。对试样量少、测试精度要求高的场合常选用这种方法。

二、真空干燥法

利用水的沸点温度随气压降低而下降的特性，可以加速纺织材料内水分的蒸发。把试样放置在密闭的容器内抽真空，例如采用普通的真空泵，在温度为 60～70℃条件下烘燥 1 小时就能得到干重。在要求较高的纤维高聚物、树脂材料的微量含水检测中，常采用这种方法。试样在真空中加热至低于水的沸点温度，可避免试样表面部分物质的挥发。

三、烘箱法

烘箱法是利用箱内电阻丝通电加热使箱内空气温度上升，材料中水分子的热运动因此增加。另外，箱内温度升高，饱和水蒸汽压增加，相对湿度降低，使试样逐渐脱湿。当箱外空气温度为 20℃，相对湿度为 60%，进入烘箱后加温到 105℃时，烘箱内的相对湿度降为约 1.85%。由于试样放湿会使箱内空气的相对湿度提高，所以必须用排气扇把湿热的空气从箱顶气孔中不断排出，与此同时从箱外补充冷空气进入箱体。标准规定，烘箱换气的速率为每 4 分钟至少为箱内体积的一倍。试样烘干过程中，质量不断减轻，当烘至每隔 10 分钟两次的质量变化不大于 0.05%时，称得的试样质量即视为干燥质量。由于加热后箱内空气相对湿度并不为零，试样中水分不能完全逸出，烘干后仍有一定的含湿量，称为剩余回潮率。剩余回潮率的大小与箱外空气的温度、相对湿度和烘箱内的温度有关。当箱外大气为高温、高湿时，测得的回潮率会偏低。同一试样在不同温湿度的环境下测试的回潮率差异，可达 0.4%。为了减少这种差异，可对烘箱的环境温湿度作某些限定或将测得的结果按箱外温湿度修正到标准状态时的值。

烘箱的测试原理如下所述。加热部件由电阻加热丝组成，电源接通后，箱内温度逐渐上升，插入到烘箱内的接触式水银温度计中的水银受热膨胀后上升，当温度达到设定的温度时，水银面与另一铂丝触点接通，控制电路停止加热。与此同时控制电路接通排气扇把箱内的湿空气抽出。当烘箱的温度下降到低于设定的温度时，接触温度计中的水银面与铂丝触点断开，排气停止，电热丝又重新加热。转篮放置被烘试样，加热时在电机的拖动下转篮转动，以消除箱体内各点的温度差引起的烘干差异。需要称重时链条天平的挂钩勾住转篮，在天平右方称盘内放上砝码和移动链条装置的链条上下，至平衡时称得试样干重。

烘箱法是一种常用的测回潮率方法。这种方法的测试精度高、重复性好，常用作校验其他测试回潮率方法的基准。但烘箱法测试回潮率，耗电量大、时间长，测试过程中烘烤温度选择较高，一般超过水的沸点，为 105℃，致使纤维上的一些油脂或其他物质挥发而造成误差。试样的烘干称重方法也会使测试产生误差，称重方法可以有箱内热称重和箱外冷称重，箱内热称重是利用箱顶上配套的天平直接对箱内的试样称重，操作简便，结果比较稳定，生产上多采用该法；箱外冷称重是把烘干后的试样连同容器盖好并放入干燥器，冷却后再称重，此法较费时。

烘箱中材料在外热作用下的干燥过程中分为以下三个阶段：

(1)预热期。湿试样进入干热的环境时，试样受热其温度上升，干燥从此开始。

(2)等速干燥。这一阶段水分等速蒸发，蒸发面发生在试样表面，水分主要是从试样的内部传递至表面，试样温度基本保持不变。

(3)减速干燥。试样内水分减少，表面不能维持饱和而进入减速干燥期，这时水分蒸发减慢，蒸发逐渐内移，水分在试样内部汽化蒸发，试样的表面温度升高。

利用烘箱烘干纺织材料时，回潮率随时间而降低的情形如图 7-3(a)所示，烘燥速度与回潮率的关系如图 7-3(b)所示。等速期的宽窄与纺织材料原来的回潮率有关。在烘燥过程中，一般表层温度高于试样内层温度，只有当试样烘干时试样的内外层温度才一致。在初始状态时试样回潮率内外一致，在烘燥过程中表面回潮率总是小于内部回潮率，试样干燥时试样的内层尚残留有一定的回潮率。该残留回潮率与进入烘箱的环境空气状态有关。当环境为标准大气状态时，进入箱内的空气有基本恒定的湿度，故试样经烘燥恒重后仍含一定水分，但含水量基本稳定，因此不同试验室采用这种方法的测试结果可相互比较。

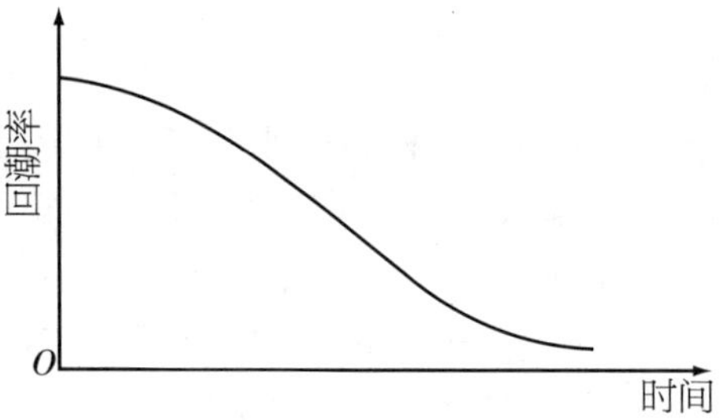

(a) 烘干曲线

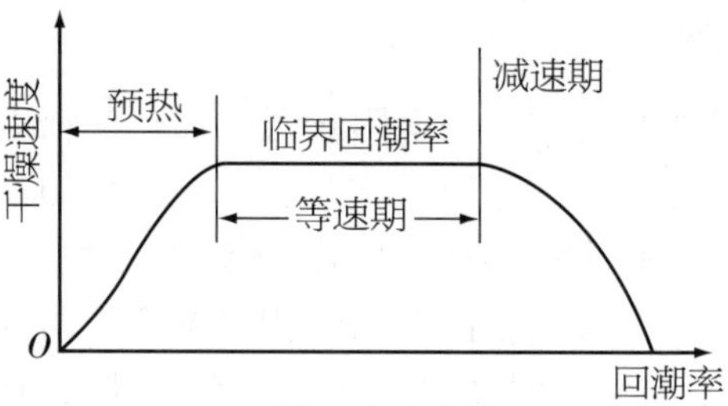

(b) 烘干速度曲线

图 7-3 通常烘干方法所得烘干曲线与烘干速度曲线

当环境为非标准大气状态时，由于不同场地、不同时间，大气条件都在改变，因此这种条件下测得的干燥质量 M_0 随环境而异。若受条件限制，不得不送入环境空气时，应将测试结果修正为标准条件下的 M_s：

$$M_s = M_0(1+C) \tag{7-5}$$

$$C = a(1-6.58\times10^{-4}\times e\times r) \tag{7-6}$$

式中：C 为修正系数(当 $C<0.05\%$ 时不必修正)；a 为由纤维类别决定的系数(对羊毛、黏纤，$a=0.5$；对棉、麻，$a=0.3$；对锦纶、维纶，$a=0.1$；对涤纶，$a=0$)；r 为送入空气的相对湿度；e 为送入空气的饱和水蒸气压(Pa)，其值取决于空气温度和大气压力，GB 9995《纺织品回潮率和含水率的测定　烘箱法》列出了标准大气压力下不同温度时的 e 值。

烘箱法所用烘燥温度，视纺织材料种类而定，一般纤维所用温度为(105±3)℃，腈纶为(110±3)℃，氯纶为(70±2)℃，家蚕丝为(140±5)℃。

四、红外干燥法

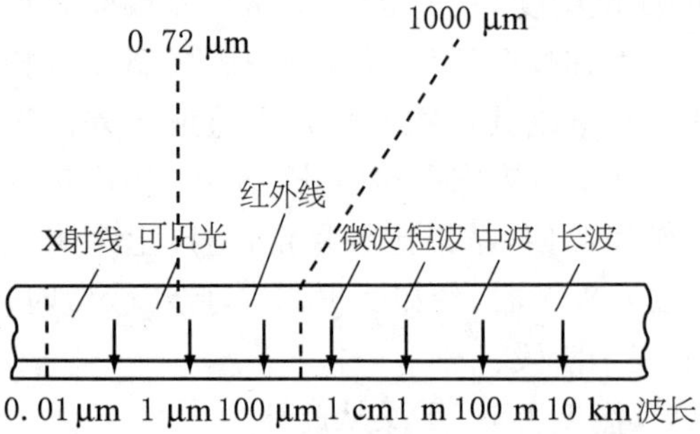

图 7-4 红外线在电磁波谱中的位置

红外线是一种电磁波，在电磁波谱图中的位置如图 7-4 所示。波长从 0.72 μm 到 1 000 μm，典型波长是 100 μm。红外线可分为近红外线和远红外线两种，靠近可见光的一端称之为近红外线，远离可见光的一端为远红外线，分界点为 4 μm。

红外线加热具有显著的热效应。红外干燥时热量传递以辐射为主，试样加热迅速。红外辐射在空气中吸收比较少，且辐射的能量与辐射体温度的四次方成正比，与以热空气对流传热为主的烘箱相比，红外干燥比较迅速。用加热至 100 ℃的热空气进行干燥，每小时传给试样的热量为 0.884 kW/m²(760 kcal/m²)；在相同条件下，用红外灯干燥，每小时传给试样的热量可达 32 kW/m²(27 500 kcal/m²)。另一方面，几乎所有的有机物质、高分子材料和水分子在红外区内都有一个或多个吸收带，红外烘燥时应充分利用水对红外线的吸收特征。水分子在红外区的某些波段上出现强烈的吸收带，其吸收带峰值波长约为 0.94 μm、1.2～1.5 μm、2.5～3.1 μm和 4.8～7.7 μm。

近红外烘燥充分利用水分子在 0～3 μm 波段的三个吸收带，通常由红外灯泡提供，其波长能量分布如图 7-5 所示。由于近红外线的波长较短，其穿透深度较浅，使试样外干内不干，且耗电较大，故工业上常用远红外加热烘燥方法。

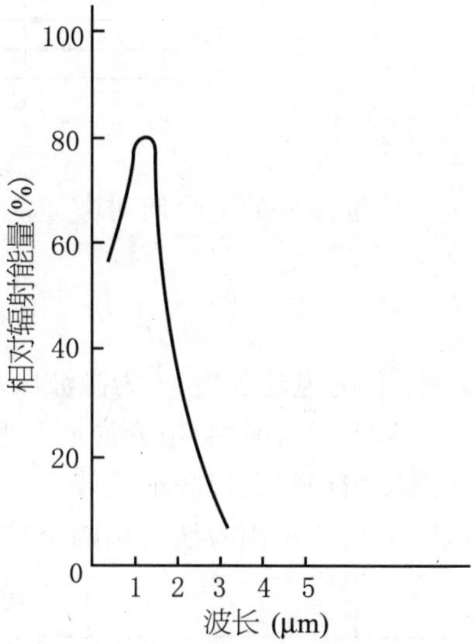

图 7-5　红外灯波长与能量分布

远红外能较深地渗入被加热物体内部，引起分子激烈的运动，并迅速转变为热能使物体内外加热比较均匀。由于它充分利用了纺织材料和水在红外区的各种吸收带，其加热速度比近红外加热更高，且加热设备结构简单，成本低廉，有显著的节约效果。远红外线的获取也较简单，只要在原有的加热设备上涂覆一层金属氧化物、碳化物、氮化物、硫化物或硼化物，就能形成远红外线辐射源。远红外线发射源的能量与波长的关系如图 7-6 所示，可以看出，远红外发射源的波长范围较宽，而近红外的波长辐射范围较窄。

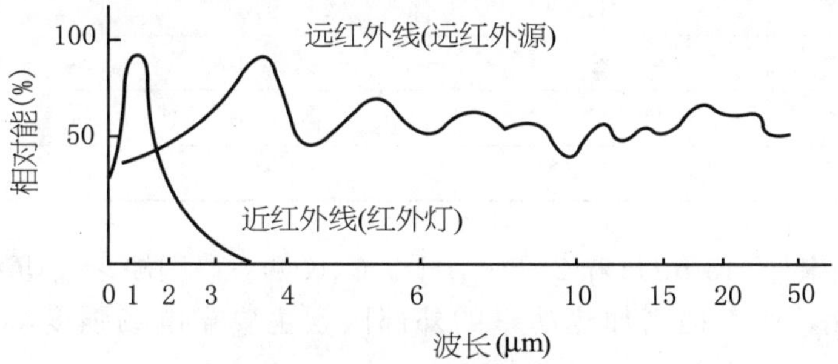

图 7-6　红外灯和远红外发射源

红外加热与烘箱加热相比较，虽然各自的热传导方式有所不同，但干燥机理基本相同，其差别在于减速期的最后阶段。烘箱烘干时，试样达到烘箱的控制温度后不再升高；红外辐射加热烘干时，若红外线继续照射，其能量仍不断地传给试样，使试样温度不断上升而导致试样烘焦。与烘箱加热相比，红外加热时能量分布较不均匀，往往产生局部试样过热现象。但红外线辐射在空气中的衰减较小，能量高，穿透能力强，因此红外烘燥迅速，耗电量小，设备简单。综合红外与烘箱的优点，出现了先用红外线预烘，再放入烘箱烘燥的试验方案，可缩短烘干时间。

五、微波加热

电介质在微波场内被加热的微观原理，是由于电介质的分子都携带极性基团即偶极子，在无电场时作杂乱无章的运动。当加以外电场时，分子有极化的趋势，分子沿着外电场的方向排列，如图 7-7 所示。极化分子的内电场部分抵消了外电场。若外电场作 180°改变，介质分子的取向也随之旋转 180°。若电场方向不断变化，分子也跟着不断转动，形成内摩擦，从而产生热量使温度升高。

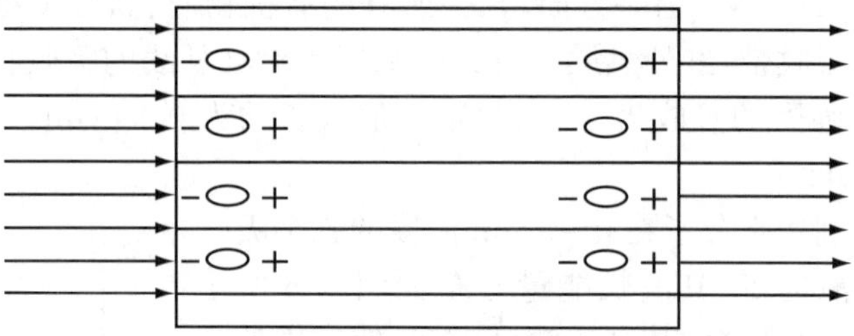

图 7-7 电场中的介质极化

单位体积的电介质对微波能量的吸收量用 P_s 表示：

$$P_s=\frac{1}{1.8}f\times\varepsilon_r\times\tan\delta\times E^2\times10^{-12}\,(\mathrm{W/cm^3}) \tag{7-7}$$

式中：E 为电场强度；f 为微波频率；ε_r 为相对介电常数；$\tan\delta$ 为介电损耗角正切。

从上式可看出，电介质所吸收的功率与微波的频率和电场强度的平方成正比。频率和电场强度增加都会提高加热效率。为了防止民用微波能量对军用雷达、民航和通讯广播的干扰，国际上规定民用微波可用四个波段，如表 7-2 所示。

表 7-2 国际上规定民用的微波波长

频率(MHz)	波段	中心频率(MHz)	中心波长(m)
890～940	L	915	0.330
2400～2500	S	2450	0.122
5725～5875	C	5800	0.052
22000～22250	K	22125	0.008

常用的微波频率是 915 mHz 和 2 450 MHz。C、K 两波段因缺乏大功率且价廉的微波发生设备而很少使用。所以提高加热功率的外部因素主要靠电场强度，而内在因素则是 ε 和 $\tan\delta$。

用微波对纺织材料加热时，试样通常是某种材料和水的混合物，其介电常数既不等于水，也不等于某种材料，而是复合介电常数。复合介电常数介于单种物质与水的介电常数之间。一般水的介电常数为 80，$\tan\delta$ 为 1.2；干燥纺织材料的介电系数为 2～5，$\tan\delta$ 为 0.001～0.05。故纺织材料的含水量越高，复合介电常数及其介电损耗角正切 $\tan\delta$ 越大，对微波能的吸收越多。由于水的介电常数远大于纺织材料的介电常数，用微波加热时绝大部分的能量将被水吸收，结果水分蒸发很快。

第三节 间接测湿法

一、电阻测湿原理

纤维材料在干燥状态下，其质量比电阻一般大于 $10^{12}\ \Omega\cdot\mathrm{g/cm^2}$，是绝缘体。纤维吸湿后，电阻值发生明显改变，回潮率与质量比电阻之间成近似对数关系。相对湿度从0%变化到100%时，纤维电阻变化可达10^{10}数量级，即使纤维的相对湿度在30%～90%范围内变化，其质量比电阻的变化也可达到10^5数量级。对大多数纺织纤维来说，在相对湿度30%～90%范围内，质量比电阻随含水率的增加而迅速减少。由近似经验公式可得：

$$\rho_m \cdot M^n = K$$

即：

$$\lg \rho_m = \lg K - n\lg M \tag{7-8}$$

式中：ρ_m为纤维质量比电阻；M为含水率；n,K为实验常数。

n、K值随纤维类别和测定条件的差异而不同。某些纤维的含水率与质量比电阻的关系如图7-8所示，相对湿度与质量比电阻的关系如图7-9所示。它们的n和K值见表7-3。

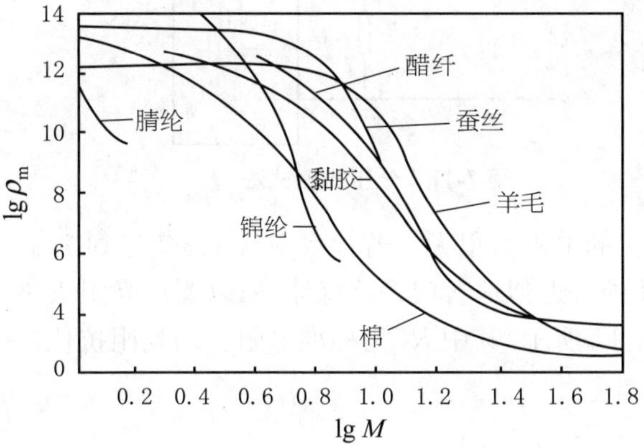

图7-8 质量比电阻与含水率的关系

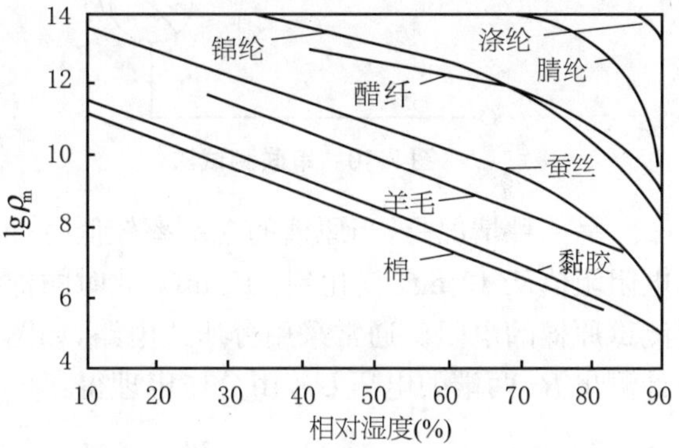

图7-9 质量比电阻与相对湿度的关系

表7-3 各种纤维的n和K值

纤维	n	$\lg K$	$\lg \rho_m(RH=65\%)$	纤维	n	$\lg K$	$\lg \rho_m(RH=65\%)$
棉	11.4	16.6	6.8	黏胶	11.6	19.6	7.0
洗净棉	10.7	16.7	7.2	洗净黏胶	12.0	21.0	7.5
丝光棉	10.5	17.3	7.2	醋酯纤维	10.6	20.1	11.7
亚麻	10.6	16.3	6.9	蚕丝	17.6	26.6	9.8
大麻	10.8	17.8	7.1	羊毛	15.8	26.2	8.4
苎麻	12.3	18.6	7.5	洗净毛	14.7	26.6	9.9

含水率低时（棉低于3.5%，黏胶纤维低于7%，羊毛和蚕丝低于4%），含水率M与质量比电阻的对数$\lg \rho_m$成近似直线关系。在中等湿度范围内，大多数纺织纤维的质量比电阻的对数$\lg \rho_m$与相对湿度成线性关系。因此，可以通过测定纤维在一定条件下的电阻，来间接测试纤维的含水率。

由于纤维的电阻变化范围大，棉花的阻值可以从20 kΩ变化到115 MΩ，差值约6 000倍。仪器电路设计上常分档测试，当水分较高时，如原棉含水率为7%～15%时，阻值变化范围是30.85 MΩ～20.4 kΩ。电阻测量大多采用串联电路，如图7-10所示。R_x是矩形试样盒，电位器R_w用于调节电流表的满度。

$$I=\frac{U}{R_w+R+R_x+R_i} \tag{7-9}$$

式中:U 为工作电压;R_i 为电流表内阻;R_x 为一定容积压力条件下定量原棉的电阻值;R 为限流电阻;R_w 为调整电阻;I 为电流。

由于 U、R、R_w、R_i 为常值,电流 I 仅与原棉电阻 R_x 有关,而 R_x 与原棉的含水率或回潮率成单值函数关系。因此,可以直接在电流表的刻度盘上标定原棉的含水率。

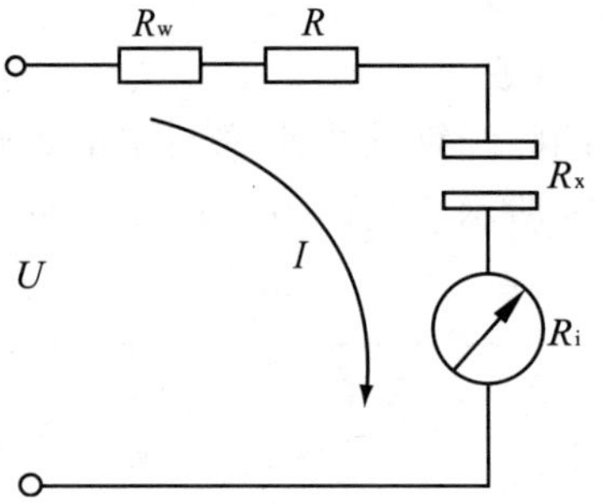

图 7-10　串联测试法

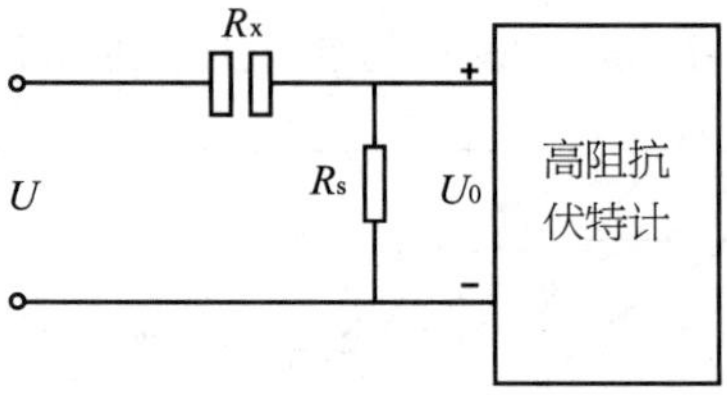

图 7-11　分压式测试法

另一种情况是,当原棉的含水率较低时,原棉的电阻值很大。若含水率从 4%变化到 7%,电阻阻值从 43 mΩ 变化到 115 mΩ,此时的棉纤维可近似地看成是绝缘体,所以要用高阻表来测试原棉的电阻。通常采用分压式电路,如图 7-11 所示,其中 R_s 为标准电阻。用高阻抗伏特计测出 R_s 两端的电压 U_0,由分压定理得:

$$\frac{U_0}{R_s}=\frac{U}{R_x+R_s};R_x=\frac{U-U_0}{U_0}\cdot R_s \tag{7-10}$$

因此,由 U_0 可以求出 R_x,并进一步标定纤维的含水率。

必须注意,不管是串联式还是分压式测试电路,由于电流表和电子元件的离散性关系,而且纤维的电阻与回潮率之间呈非线性关系,因此标定必须逐点进行,电表表头不能互换使用,电路元件更换后仪器必须重新标定。

二、影响测试结果的因素

(一)温度

纤维的电阻随着温度升高而下降,其主要原因是杂质导电,当温度升高时,纤维中杂质附加物的导电离子数目增加。纤维的质量比电阻与温度的关系是:

$$\lg \rho_m=\frac{c}{2}T^2-(a-bM)T \tag{7-11}$$

式中:a,b,c 为常数(各种纤维的 a,b,c 值见表 7-4);M 为含水率;T 为温度。

表 7-4　各种纤维的 a,b,c 值

纤维	a	b	c	纤维	a	b	c
棉	0.086 3	0.005 35	0.000 35	醋纤	0.052 8	0.000 80	0.000 25
黏胶	0.070 7	0.001 86	0.000 37	丝	0.093 6	0.007 87	0.000 82
羊毛	0.096 0	0.002 12	0.000 57	—	—	—	—

温度与纤维比电阻对数的关系曲线如图 7-12，可以看出，温度每提高 10 ℃，电阻值约下降 5 倍。质量比电阻的对数与温度近似成线性关系。

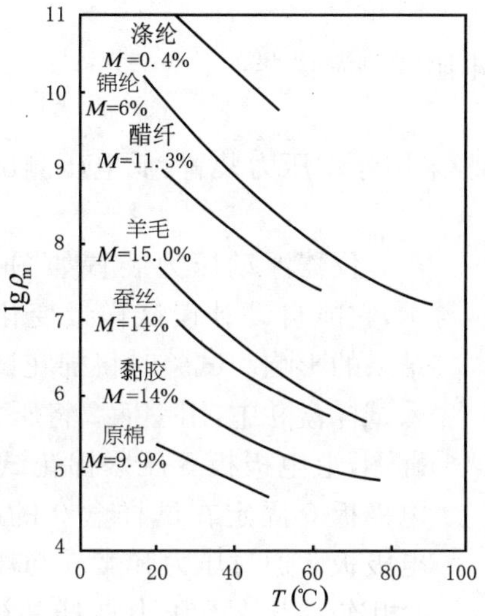

图 7-12　各种纤维的质量比电阻随温度变化的关系

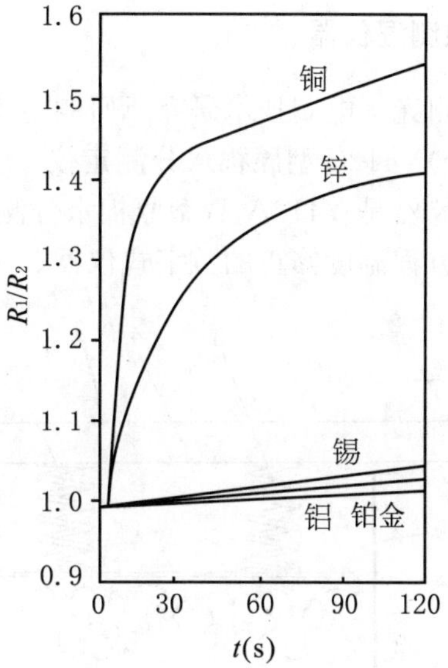

图 7-13　各种电极材料不同测量时间与电阻的关系

(二)时间

干燥的纤维是良好的绝缘体，室温下电阻值可达 $10^{16}\ \Omega$。若在纤维的两端加一电压，开始时电流较大，以后逐渐变小，最后达到平稳电阻所决定的电流值。这种变化有两方面的原因，首先，纤维是一电介质，加上电压后纤维产生极化，有极化电流出现，极化电流的消失需要较长的时间，如干燥角朊在 20 ℃时的衰减时间常数为 2×10^8 s，达到稳定的时间需要更长；另一方面，纤维中流过电流产生的电离物会在电极处积聚，使电阻增大，这种阻值的增大与电极材料有关。有人采用铜、锌、锡、铝、铂金等作为电极，测量原棉在回潮率 10.3%、温度 20 ℃时其电阻值随时间变化的曲线，如图 7-13 所示。纵坐标为加上电压后各测量时间的阻值 R_1 与加电压 2 s 时的电阻值 R_2 之比。从图可以看出，2 min 后，铜电极阻值增高约 1.5 倍，锌电极增高约 1.4 倍，而锡、铝、铂金增加较小，约 1.03 倍。经多次测试，发现用不锈钢电极最好。

(三)压力

在进行纤维电阻测试时，都是把材料放在两电极之间，材料和电极必须接触良好。常见的电极形式为插针式和极板式。不同形式的电极都必须保证电极与纤维之间有一定的压力。以极板式为例，材料在极板间的压力必须达到一定程度后，才能消除试样起始放置状态的差异。有人采用电阻式回潮率仪进行实验，发现极板压力与回潮率示值之间的关系曲线如图 7-14 所示。压力大于 30 Pa 后读数基本稳定。

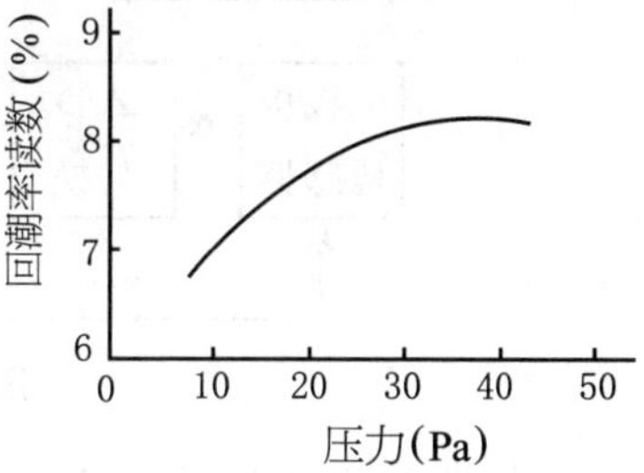

图 7-14　压力对回潮率读数的影响

(四)其他因素的影响

试样的回潮率分布不均匀也会影响测试结果，纤维试样的电阻总是以最低处的阻值对外表现其电阻数值，只要纤维试样中有一个潮润点处在电极间，就会明显影响测量结果。插针式电极应注意试样的表面层回潮率，插针的根部应该绝缘，以防止表层影响。纺织材料中的其他杂质也会对回潮率测试产生明显影响,如棉纤维上的棉蜡、羊毛表面的油脂、蚕丝表面的丝胶、化纤表面的油剂及对纺织材料进行漂白或染色等,都会使纤维的电阻值降低,影响测试结果。

三、电阻测湿仪器

苏州光华电测技术研究所研制生产了以下四种电阻式测湿仪器:

(一)Y412C 型原棉水分测定仪

该仪器是 Y412A、B 型原棉水分测定仪的改进型,采用浮动压力装置、低电压测试和二元非线性方程温度修正的数字式仪器。

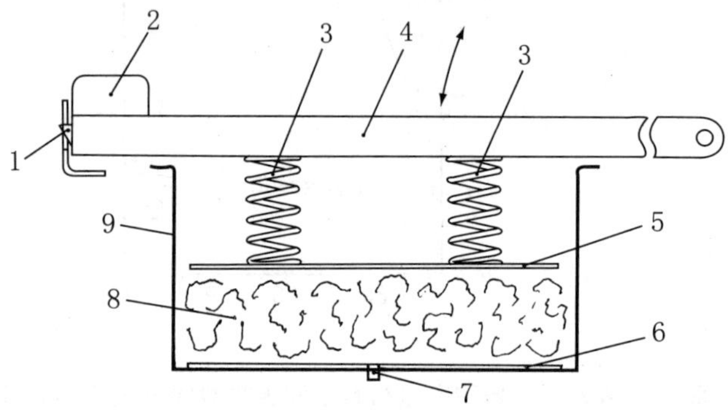

图 7-15 Y412C 型原棉水分测定仪结构图

仪器浮动压力装置如图 7-15 所示,它能自动补偿试样量变化对测量结果的影响。试验时将棉花试样 8 放入试样盒 9 中,用手柄 2 将压力杠杆 4 翻下,上电极板 5 压紧棉花试样 8,下电极板 6 固定在试样盒 9 的底部,上电极板 5 通过压力弹簧 3 与压力杠杆 4 相连。当放下压力杠杆并被锁扣 1 锁定在固定位置时,压缩弹簧压力与试样弹力平衡。如果试样量减少偏离正常试样量,棉层变薄使电阻值减小;但试样量减少后压力弹簧伸展,弹簧力减小,试样紧密度亦减小,使电阻值增大。两种因素作用的结果互相补偿,使试样量在一定范围内变化时测量的电阻值基本不变。该浮动压力装置可在试样(50±20)g 范围内保持测试值基本不变。温度传感器 7 装在试样盒底部,用于试验结果回潮率的温度修正。

仪器的电路框图如图 7-16 所示。

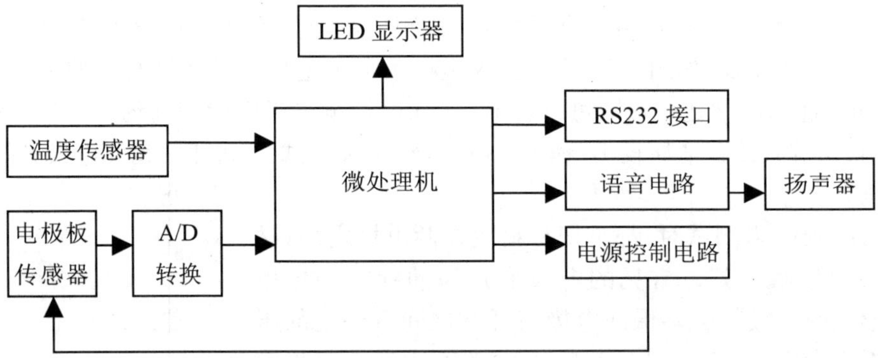

图 7-16 Y412C 型原棉水分测定仪电路框图

仪器的测量电压直流 30 V,极板面积 160 mm×110 mm,试样量(50±20)g,试样电极板距离 20 mm 时压力为(120±8)N,回潮率测量范围 3%~15%,温度修正范围−40~+50 ℃。

仪器通过软件实现自动调零、自动校准和自动开机关机,并具有数字显示、语音报数和数据贮存功能。通过 RS232 接口可与打印机、计算机等外部设备连接。

(二)MBS 型原棉打包水分测定仪

仪器安装在棉花打包机上可自动检测棉包水分,由仪器主机、切刀传感器和无线接收机三部分组成。

仪器测定棉花回潮率可以有侧箱板式传感器、压板式传感器和切刀式传感器三种形式。侧箱板式是将传感器装在打包机压缩箱的侧箱板上，压板式是在上下压板上安装传感器。目前采用的是切刀式传感器(图 7-17)，切刀用于插入棉包抓取棉样，切刀底面装有 3 个尖锥形电极 1，通过绝缘套管 2 与绝缘底板 3 相连，绝缘底板上装有压力开关 4 和温度传感器 5。绝缘板为矩形，周围四个边上装有四片切刀 6，切刀与公共电极相连，切刀插入棉包内时可以测定切刀内棉块的回潮率。切刀取下的棉样供 HVI 大容量纤维测试仪测试棉纤维的其他性能指标。

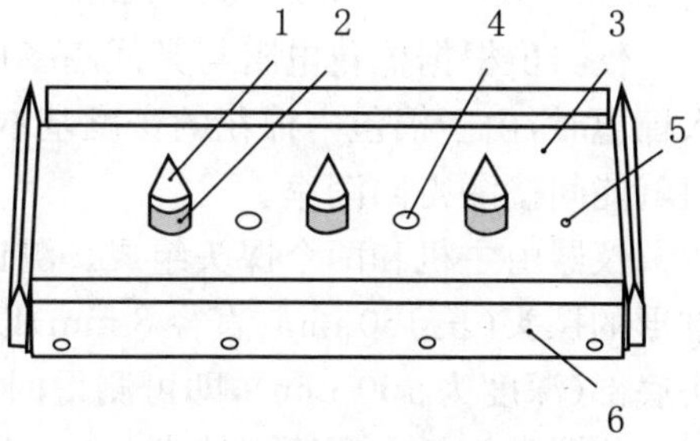

图 7-17　切刀传感器

棉花打包机结构及 MBS 型原棉水分测试仪安装如图 7-18 所示。

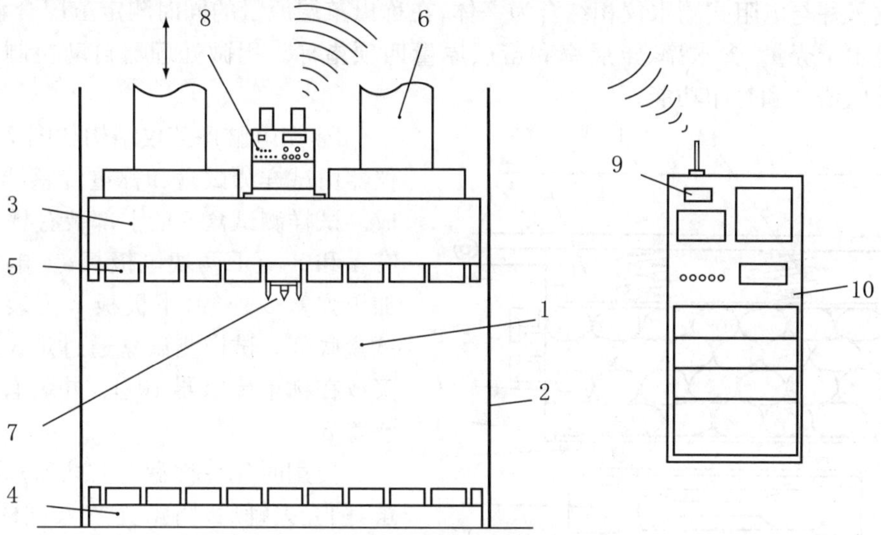

图 7-18　棉花打包机结构及 MBS 型原棉水分测定仪安装图

需打包的棉花 1 装入打包机的机箱 2 内，打包机的上压板 3 和下压板 4 上装有条铁 5，用于捆扎棉包。上压板 3 由加压机构通过柱塞 6 下降压紧棉花，切刀传感器 7 插入棉花内，原棉水分测试仪 8 安放在打包机的压板 3 的上方。当棉花被压缩后其密度达到定值时，切刀传感器上的压力开关自动接通，延迟一段时间后启动测试程序，5 秒钟内完成回潮率测试、温度修正、数据处理，通过无线传输发送至无线接收机 9，再传递给条码机 10，测量结束后自动关机。由条码机打印出的条码分别粘贴在棉包上和提供给 HVI 大容量纤维测试仪试验用的棉样包装上。

仪器采用低电压测试和二元非线性方程温度修正。打包测试过程全自动进行，无需任何人工操作。

仪器的适用机型为 400 型及其他型号的棉花打包机，适用包类为裸包及包皮包，使用环境为 −40 ℃至＋50 ℃，回潮率测量范围 3%～15%，温度修正范围 −40 ℃至＋50 ℃；数据传输为无线高频 ISM 频段，有效距离 50 m，供电电源为主机直流 9 V，无线接收条码机用市电 220 V。

(三)MBS-2 型棉包水分测定仪

MBS-2 型棉包水分测定仪是一种插入式的棉包水分测定仪，配有手持式探头，可以直接对成包棉花快速测试棉花的回潮率;适用棉包类型为Ⅰ型棉包,即质量为(227±10)kg,尺寸为1 400 mm×700 mm×530 mm。

仪器虽根据棉花电阻与其回潮率成负相关的基本原理,当两电极按一定的距离和深度插入棉包时,由于棉包内棉花的密度基本是一定值,因此在一定的电压下,测定两电极间的电阻值就能间接测得回潮率。

仪器由主机和两个探头组成。测试时将主机挂在身上,在棉包端面的中间部位,将两个尖锥形的探头(长 150 mm、直径 8 mm)以(100±20)mm 的距离,呈纵向排列方向,插入棉包至探头底部(深度为 150 mm),即可测得回潮率。

仪器采用低电压测试技术,二元非线性方程温度修正函数,运用微电脑技术实现测试系统的自动控制和数据处理,具有自动调零、自动校正、自动修正、数据记录、分批统计和数据导出等功能。

(四)PJ 型电脑评茧仪

采用电子秤与电阻式测水仪相结合为一体,在称出茧层原量的同时测定茧层含水率,测量结果快速显示干壳量、含水率、茧层率和茧层原量四项指标。用微处理器自动控制和数据处理,具有统计、语音和打印功能。

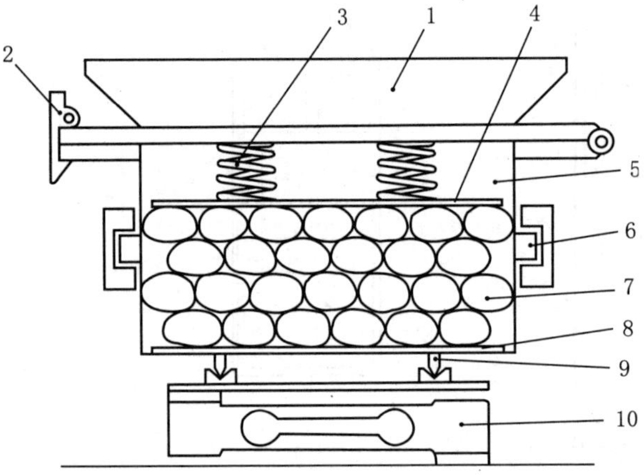

图 7-19　PJ 型电脑评茧仪传感器结构图

PJ 型电脑评茧仪结构如图 7-19 所示。仪器由试样测试盒和称重传感器两部分组成。试样测试盒 5 的上部装有秤盘 1,盒内有 4 和 8 上下两块电极板,上电极板 4 与加压弹簧 3 连接,下极板 8 安装于试样测试盒底部。试样测试盒通过定位脚 9 垂直安放在称重传感器 10 上,并装有限位保护装置 6。

使用时先在称盘 1 上准确称取 50 g 光茧,削壳去蛹后,将茧壳放入试样测试盒 5 中,由锁扣 2 锁住。由于压力弹簧的作用使测试盒内的茧壳处于紧密接触状态。两电极板间电阻与茧层含水率成负相关,微处理器将电阻信号经温度修正后转换为含水率。与此同时压力传感器输出测试盒内茧壳的茧层原量信号,通过计算显示干壳量、含水率和茧层率。

$$干壳量=茧层原量\times(1-含水率\%)$$

$$茧层率(\%)=茧层原量\div 50\ g\times 100$$

第四节　纤维比电阻测量

一、纤维导电性能的表示方法

纤维主要由原子通过共价键结合而成。干燥的纤维没有自由电子,也没有导电的离子,在外电场作用下,导电能力很低,是一种良好的绝缘体。然而,天然纤维在生长发育过程中,化学纤维在加工制造过程中,都会引入一些其他物质,例如:脂肪类物质、各种催化剂、乳化剂以及水分等。这些杂质能导电或在电场的作用下能电离产生导电离子，从而增强了纤维的导电性能。

纤维的导电性用比电阻表示。通常有体积比电阻、表面比电阻和质量比电阻三种表示方法。

(一)体积比电阻

由欧姆定律，导体的电阻 R 与导体的长度 l 成正比，和导体的截面积 S 成反比：

$$R=\rho_v \frac{l}{S} \tag{7-12}$$

式中：ρ_v 为体积比电阻，也称电阻率（Ω·cm）。

$$\rho_v=R \frac{S}{l} \tag{7-13}$$

由于纤维很细，单根测试较困难，实际测试体积比电阻在矩形盒子上进行。由于纤维间存在空气，纤维在测试盒内所占的实际极板的面积不是 S，而是 $S \cdot f$。f 为填充系数，可由下式计算：

$$f=\frac{V_f}{V_T}=\frac{\frac{m}{d}}{S \cdot l}=\frac{m}{S \cdot l \cdot d} \tag{7-14}$$

式中：V_T 为纤维测量盒的容积；V_f 为纤维的实际体积；m 为纤维质量；d 为纤维密度。

所以，纤维的体积比电阻还可以表示为：

$$\rho_v=R \cdot \frac{S \cdot f}{l}=R \cdot \frac{m}{l^2 \cdot d} \tag{7-15}$$

若测试盒的极板面积 S 的单位为 cm^2，l 的单位为 cm 时，ρ_v 的单位为 Ω·cm。当 $S=1\ cm^2$，$l=1$ cm 时，则体积比电阻是电流通过纤维体积为 1 cm^3 时的电阻。

(二)表面比电阻

表面比电阻是描述电流通过纤维表面的电阻。设纤维处于直流电压为 U 的电场内，则流过纤维表面的电流为：

$$I_s=\frac{U}{R_s}$$

式中：R_s 为纤维表面电阻。

干燥的纤维是绝缘体，杂质往往附在纤维的表面，特别是化学纤维，所以表面比电阻对纺织纤维有特殊的意义。纤维的表面比电阻（ρ_s）是直流电场强度与单位长度的表面电流之比。当用一个刀形电极测量时，如果电极的长度为 h，电极间的距离为 L，所加电压为 U，则：

$$\rho_s=\frac{U/L}{I_s/h}=R_s \cdot \frac{h}{L} \tag{7-16}$$

表面比电阻的单位为 Ω，数值上等于纤维表面的宽度和长度都等于 1 cm 时的电阻。从式(7-16)可看出，纤维试样长，则表面电阻 R_s 大；纤维试样的宽度大、电极的长度长，则表面电阻 R_s 小。

(三)质量比电阻

对于纺织材料来说，由于断面面积或体积不易测量，正如其细度一般不采用截面积表示，表示材料的导电性一般也不采用体积比电阻 ρ_v，而采用质量比电阻 ρ_m，在数值上它等于试样长 1 cm 和质量为 1 g 时的电阻，单位为 Ω·g/ cm^2。质量比电阻可表示为

$$\rho_m=\rho_v \cdot d \tag{7-17}$$

式中：d 为纤维密度。

质量比电阻还可以用下式表示：

$$\rho_m = \rho_v \cdot d = R \cdot \frac{m}{l^2 \cdot d} \cdot d = R \cdot \frac{m}{l^2} \tag{7-18}$$

这个公式计算质量比电阻较为方便。各种纺织纤维的质量比电阻如表 7-5 所示。

表 7-5　各种纺织材料的质量比电阻

纤维种类	质量比电阻(Ω·g/cm²)	纤维种类	质量比电阻(Ω·g/cm²)
棉	$10^6 \sim 10^7$	黏胶纤维	10^7
麻	$10^7 \sim 10^8$	锦纶、涤纶(去油)	$10^{13} \sim 10^{14}$
羊毛	$10^8 \sim 10^9$	腈纶(去油)	$10^{12} \sim 10^{13}$
蚕丝	$10^9 \sim 10^{10}$	—	—

化学纤维,特别是合成纤维,吸湿性能一般较差,回潮率低,其质量比电阻可在 10^{14} Ω·g/cm² 以上。未给油剂的合成纤维,在加工过程中容易产生静电,给纺织生产带来很大的困难,为此生产上可纺的质量比电阻希望控制在 $<10^9$ Ω·g/cm²。

第五节　纺织材料静电测量

一、纺织材料的静电现象

干燥的纺织材料是绝缘体,比电阻很高,特别是吸湿能力差的合成纤维其比电阻更大。纤维在纺织加工和使用过程中由于摩擦产生静电现象,给纺织生产和纺织品的使用带来种种不利的影响。合成纤维在开松过程中,由于静电纤维会贴附在机架、管道上,使输出纤维层厚度不匀;梳棉工序中,静电容易引起棉网破洞;并条工序中,因静电吸引而发生缠绕皮辊和罗拉,使条子发毛;静电还使细纱断头增加,织造时开口不清;在纺织品使用过程中,静电干扰则表现为缠贴现象,如女裙因静电吸引缠绕腿部;带有静电的衣服容易吸灰尘,而且这种尘埃不易刷掉,越刷静电越强,吸得越紧;化纤内衣带有静电,经常穿着会出现皮肤过敏、血压升高等不良影响;静电现象严重时,静电压高达几千伏,电荷放电产生火花,会引起易燃气体的爆炸。静电有害但也有利,日本、德国等对氯纶进行了大量的研究,发现织物带的负电荷对关节、肌肉风湿、神经痛等疾病有良好的疗效。

二、静电产生的机理与评价指标

纺织材料都是由大分子组成的,分子的原子则由带正电的原子核和带负电的电子组成。两种纺织材料相摩擦,一定压力下,当摩擦接触表面的间距小于 2.5×10^{-7} cm 时,界面上两侧的分子就会相互吸引,使界面上表层原子中的最外层电子不仅受到该物体的原子核吸引,而且受到界面另一侧不同物质的原子核吸引。由于不同物质的原子对最外层电子的吸引力不同,吸引电子能力强的那种物质的原子核会使界面另一侧的部分电子偏向它的一侧,这样就在界面的两侧集中了相反的电荷层。而在离开各自界面的方向上又分布着与各自界面一侧电荷符号相反的离子扩散层。由此就形成了如图 7-20 所示的偶电层,从而在界面上形成电位差。具有极性基团的纤维材料在界面上的电位差的作用下会发生极化。这个电压实际上可等效为一个电容。偶电层间的电位差为:

$$U=\frac{Q}{C} \tag{7-19}$$

式中:U 为偶电层电位差(V);Q 为偶电压带电荷量(C);C 为偶电压之间的等效电容(F)。

两种材料相互摩擦时,接触间距越小,电容越大。当分离时,偶电层的间距大大增加,等效电容大大减小。由于各种纤维的最大带电量接近相等,所以偶电层间的电位差大大升高。因此,高分子材料摩擦后快速分离时,尽管绝对带电量很小,但静电电压极高,可达到上万伏。

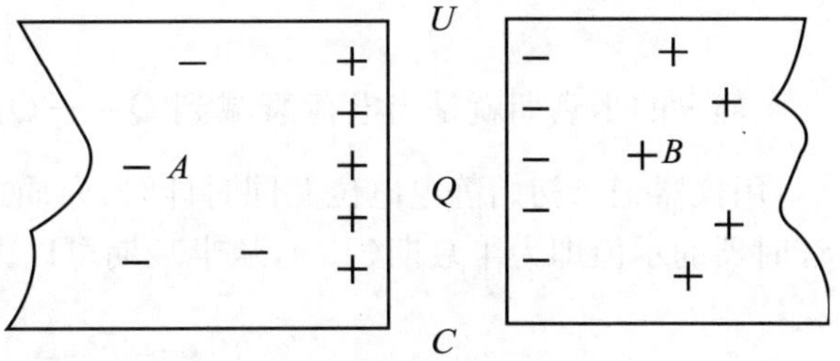

图 7-20　偶电层的形成

早在 18 世纪,人们就对大量纺织材料的摩擦起电进行了实验,得到了纤维材料的静电电位序列,如表 7-6 所示。

表 7-6　纤维材料的静电序列

电位序列	+ → −												
纤维	羊毛	锦纶	黏胶纤维	棉	蚕丝	麻	醋酯纤维	纤维	聚乙烯醇	涤纶	腈纶	氯纶	丙纶	氟纶

上述静电序列是在温度 30 ℃、相对湿度 33%的条件下获得的。当两种纤维材料相互摩擦时,排在静电电位序列表中靠左端的物质带正电荷,靠右端的带负电荷。由表 7-6 可以看出羊毛、锦纶等纤维排在表的左端,纤维素纤维居中,一般化学纤维排在表的右端。

纺织材料的静电性能指标有:

(1)电荷量 Q。单位为库(C),可用电荷面密度 C/cm^2 或电荷的体密度 C/cm^3 表示。

(2)静电电位。单位为伏(V)。

(3)比电阻。单位为欧(Ω),可用表面比电阻和体积比电阻表示。对纤维常以体积比电阻表示,而对织物,则常用表面比电阻指标。一般认为比电阻超过 $5\times10^{12}\,\Omega$ 时,电荷积累不易散失,容易产生静电效应。

(4)静电的半衰期。纺织材料的静电现象与材料带电后静电衰减的快慢直接相关。绝缘材料放电困难,容易产生电荷积累,静电现象严重;反之,若纺织材料导电性能好,一旦带电后会很快放掉,不会产生电荷积累,就没有静电现象。因此,可以用材料带电后内部电荷的逸散来评价材料的静电性能,通常用静电半衰期 $T_{\frac{1}{2}}$ 来表示,如图7-21所示。

纺织材料带上静电 Q_0 后,随着时间的推移,带电量 Q 按指数规律下降:

$$Q=Q_0\,e^{-\frac{t}{\tau}} \tag{7-20}$$

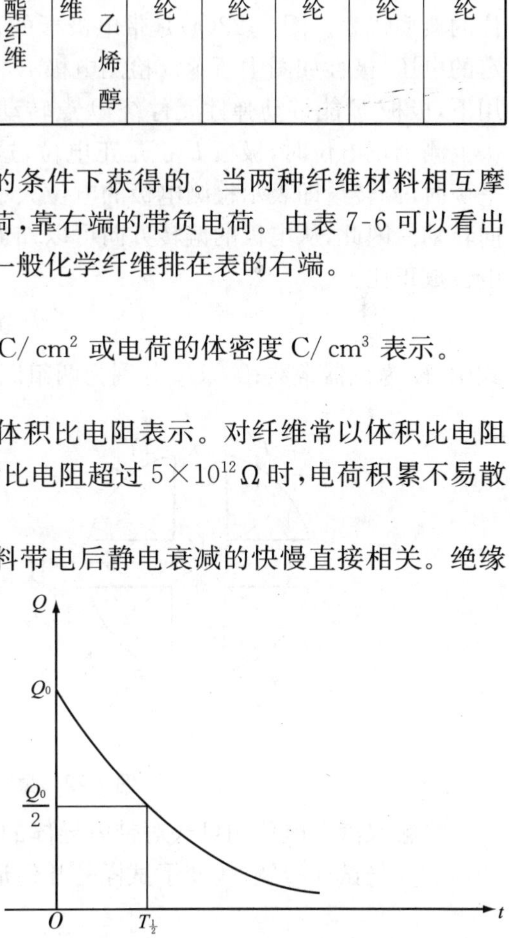

图 7-21　静电的半衰期

式中：τ 为时间常数，反映带电体电量衰减的快慢程度。

τ 大，衰减慢，静电现象严重；τ 小，衰减快，静电现象较不明显。对于带电体而言，对地存在一电阻 R，且带电体与地之间有电容 C。电荷的衰减相当于 RC 阻容的放电电路：

$$\tau = R \cdot C$$

静电的半衰期就是当电荷衰减到 $Q=\frac{1}{2}Q_0$ 时所用的时间。通常这样测得：当介质带电后，用仪器记录初始静电电位并同时计时，介质放电，电位下降，当电位下降到初始值一半时，计时器的示值即为半衰期($T_{\frac{1}{2}}$)，从半衰期可以方便地求出 τ。

$$T_{\frac{1}{2}} = \frac{\tau}{\ln\frac{Q_0}{Q}} = \frac{1}{1.44}\tau = 0.69\tau \tag{7-21}$$

三、接触式静电电位测试原理

两带电体相互接近，会受到库仑力的作用，同性相斥、异性相吸。库仑力的大小与带电体的几何形态、距离及两带电体的电位差等因素有关。当其他条件不变时，库仑力的大小就可以代表两带电体的电位差。图 7-22 是象限静电电位计的作用原理，它是利用库仑力测试静电电位的典型代表。图 7-22(a)是带电极板的顶视图，FF_1 和 $F'F_1'$ 为两对固定电极，其上加有固定的电压，极性如图中所示。检测电极 E 安装在扭力弹性元件 S 上，见图 7-22(b)。在力的作用下，极板 E 能带动弹性元件绕 O 点转动。由于极板与探头相联，故它们是等电位体。当探头上测到正电位时，极板 E 也是正电位，这时极板逆时针转动。当库仑力与弹性元件的扭力平衡时，偏转量即表示检测电极的电位大小。反之，若探头检测到负电位，则极板沿顺时针方向转动。因此，从电极的偏转方向可以知道静电电位的正负，电极的偏转角度 θ 与被测物体的电位成正比：

$$\theta = K(U_1 - U_2)U \tag{7-22}$$

式中：K 为仪器常数；U_1、U_2 分别为两组固定电极的电位；U 为被测物体的电位。

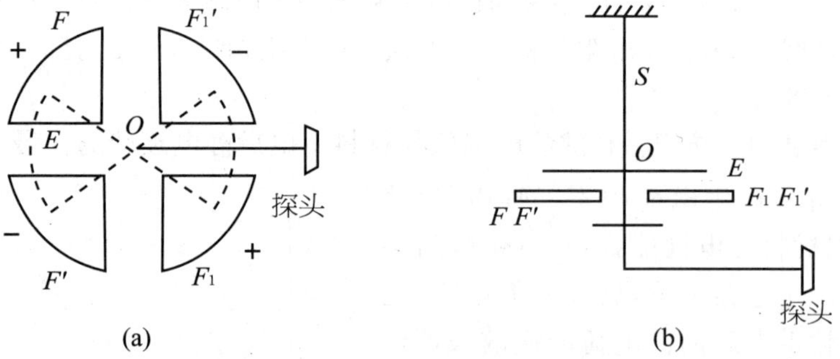

图 7-22　象限静电电位计作用原理图

接触式静电电位测量法对带电导体的测量精度较高，但对于高电阻的纤维材料，因为仪器的探头要与试样接触，改变了试样的几何形态，从而影响测试的重现性。

四、感应式静电测试方法

(一)感应式静电测试原理

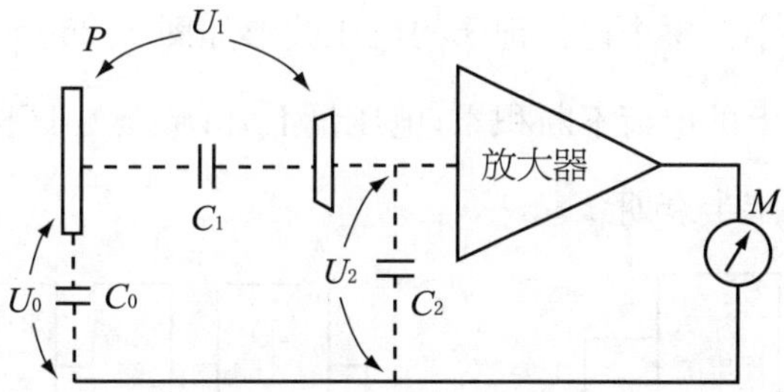

图 7-23　感应式静电测定仪检测原理图

由静电感应原理可知，金属导体靠近带电体时，导体中电子发生迁移，电荷分布不平衡，使金属呈带电现象。近带电端的极性与带电体相反，远端的极性与带电体相同。图 7-23 中，带电体 P 上有电量 Q，它对地的电容为 C_0。如果在这带电体所产生的静电场中的某一点上置以探头，则由于静电场的作用，探测板将感应到一定的电量。如果探测元件和地之间很好地绝缘，探头对地将具有一定的电压。图 7-23 中，C_1 是探头和带电体之间的耦合电容，C_2 是探头对地的总电容(含放大器的输入电容)。相应的静电感应电荷为 Q_1 和 Q_2，两端电压为 U_1 和 U_2，则：

$$U_0=U_1+U_2$$

式中：U_0 为被测带电体与大地的电压；U_1 为耦合电压；U_2 为放大器的输入电压。

若测量前探头不带电，则：

$$Q_1=Q_2$$

即：

$$\frac{U_2}{U_1}=\frac{C_1}{C_2},U_1=\frac{C_2}{C_1}\cdot U_2 \tag{7-23}$$

严格地说，静电场中加入测量探头后，Q 与大地间的电容量不再是 C_0，而要加入测量电容量$\frac{C_1\cdot C_2}{C_1+C_2}$。总电容可写成：

$$C=C_0+\frac{C_1\cdot C_2}{C_1+C_2}$$

由于

$$C_0\gg\frac{C_1C_2}{C_1+C_2};C\approx C_0$$

所以

$$U_0=U_1+U_2=\frac{C_2}{C_1}\cdot U_2+U_2=(1+\frac{C_2}{C_1})U_2 \tag{7-24}$$

当测量距离一定时，$(1+\frac{C_2}{C_1})$可看作是一个常数，所以可以用检测到的 U_2 求出带电 Q 的静电电压。

(二)静电的半衰期测试

纺织材料的静电衰减半衰期的测试可用静电衰减测定仪，其主要工作原理如图 7-24 所示。针形电极喷头由钨制成，试样通常是三块，放在转盘上，转速为 1 500～3 000 r/min，当转盘转动时，试样就周期性地通过放电电极与静电探头。测试时，在直流高压的作用下，电极向试样放电，使试样带上电荷。试样在转盘的转动下移近至静电探测头，探测头感应的电荷经电荷放大器转化为电压信号。当该试样第二次回到放电电极时，再次接受电荷而产生电荷积累。如此反复作用,试样上的电荷将达到稳定值。整个测试系统的输出电压稳定时间一般为 30 s 左右。然后去除高压停止放电,转盘继续旋转,试样经过探头时仍然有信号,只是幅度在不断减小。整个过程记录的电压波形如图 7-25 所示。U_0 为稳定电压值,在 0 到 t_1 这段时间内试样上的电荷不断积累,电压量上升;t_1 至 t_2 区段,电压逐渐减小。在输出电压为$\frac{U_0}{2}$的时刻可以确定半衰期 $T_{\frac{1}{2}}$。

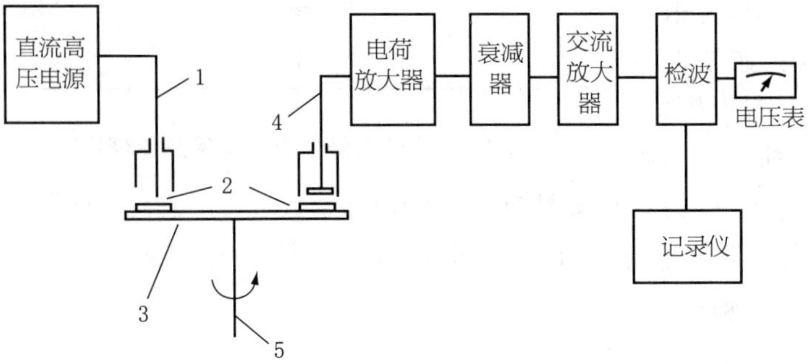

图 7-24 静电衰减测定仪

1—针形电极喷头 2—试样 3—转盘 4—静电探头 5—轴

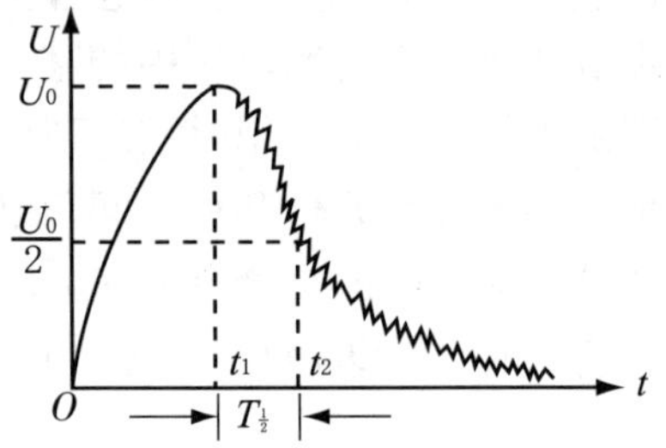

图 7-25 纤维静电压衰减波形

纺织材料静电半衰期的测试方法简单,重复性好,应用广泛。它只是测试材料带电后静电的衰减快慢,不能测得试样上的带电量多少。这种方法对于混有导电纤维的织物不宜使用。

(三)旋转电极式静电测试原理

这类静电测试仪的特点是通过旋转电极的感应,将稳定的静电电位转变为具有一定恒值的周期交变电流信号,经放大检波后给出被测静电电压的大小。这种测试方式有利于克服温度漂移干扰。图 7-26 为测试原理图。

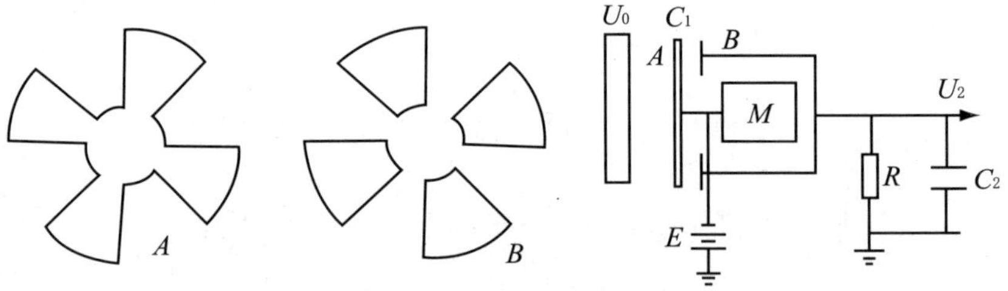

(a) 旋翼平面图 (b) 固定探极平面图 (c) 探头电路图

图 7-26 旋转式静电测试仪原理图

检测头部分由旋转翼片 A、固定电极 B、电动机 M 及偏置电压 E 组成。设 C_1 为固定电极 B 对带电体的电容,C_2 为固定电极对地的电容加上放大器的输入电容。则有:

$$U_0=(1+\frac{C_2}{C_1})U_2 \tag{7-25}$$

电动机带动旋翼恒速转动,旋翼就会周期性地屏蔽掉电力线,使固定电极上的电压 U_2 周期性地变化。当探极与旋翼面积完全对准时,探极上仅受偏置电压 E 的电荷感应作用,这时探极的暴露面积最小，而偏置电压 E 在 R 两端产生感应电压的分量最大，如图 7-27 中波形所示。当旋翼面积全部处于探极片的间隙时，探极片 B 主要受被测带电体电荷的感应作用。此时，探极的有效暴露面积最大，带电体在 R 上的电压分量 U_Q 最大，而偏置电压在 R 上的电压分量 U_E 最小，U_2 的实际电压为 $U_2=U_Q+U_E$。这个交变信号经放大、检波、滤波后得到与 U_2 幅度成正比的输出电压，经标定由式(7-23)求出带电体的静电电位。

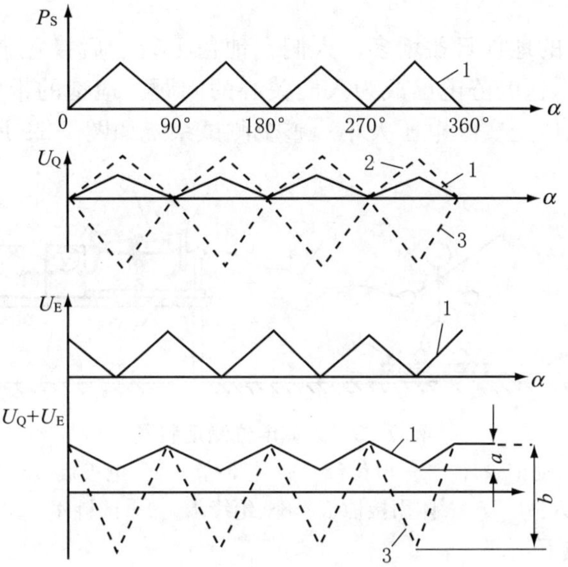

图 7-27　带电体极性鉴别波形图

P_s—探极的暴露面积　U_Q—带电体 Q 在 R 上的感应电压　U_E—E 电位在 R 上的感应电压

1—Q 为较小负电时　2—Q 为较大负电时　3—Q 为较大正电时

a—Q 为负时幅值　b—Q 为正时幅值

(四)放射性式静电测试原理

静电的非接触测试除了用静电感应外，还可以用放射线电离空气后形成的离子流与外电场的关系来实现。这种方法体积小，抗干扰能力强，在生产加工现场应用越来越多。其主要原理如图 7-28 所示。图中集电极装在接地的金属圆筒里，与金属圆筒间绝缘隔开。集电极前镀有或烧结有放射源，如镅 Am^{241} 放射源。放射源发出的射线使周围的空气电离，电离后的空气离子又会中和，无电场时达到动态平衡，在集电极周围形成一个稳定的电离区。当被测试样靠近探头时，在外电场作用下，电离的空气离子发生定向运动。若试样带正电，电位为 U，被电离的空气中负离子向试样运动，正离子移向集电极的后部，又去感应外壳圆筒，使其内表面带负电，外表面接地电位为零，这样就形成了正离子从试样向集电极流动，负离子则反向流动，于是集电极上就有了压降 U_S。设 R_1 为试样与集电极间的等效电阻，R_2 是集电极与圆筒的绝缘电阻，则静电电位 U 与集电极电位 U_S 的关系为：

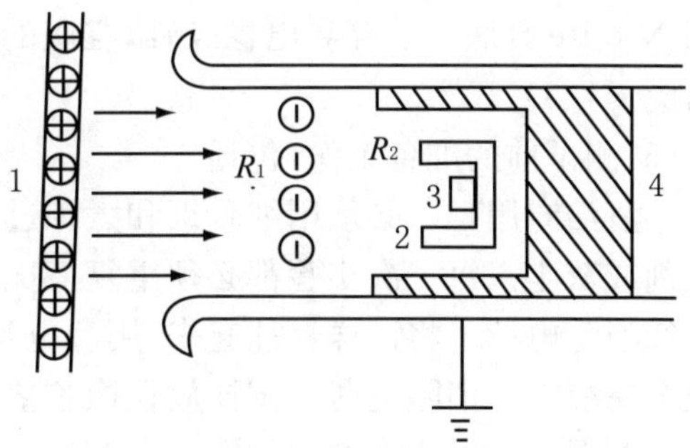

图 7-28　放射性静电电位测试原理图

1—试样　2—集电极　3—放射源　4—绝缘层

$$\frac{U}{R_1+R_2}=\frac{U_S}{R_2};U=\frac{R_1+R_2}{R_2}U_S \tag{7-26}$$

U_2 经高输入阻抗的直流放大器后，可用已知电压进行标定。这样，根据式(7-26)就可以求出试样的静电电位。

五、地毯带电测试

以合成纤维做原料的地毯日益增多。人们在地毯上行走后接触金属的门把等物体时，会产生电击的感觉，因而地毯的静电已成为人们关心的问题。地毯的带电测试是在模仿人们实际活动的情况下测试人体上实际电压大小。整个测试系统如图 7-29 所示，简称步行试验法。

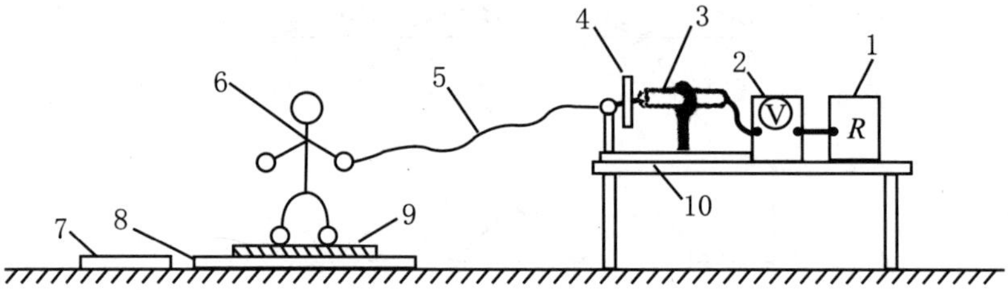

图 7-29 人体电位测定装置

1—自动记录计 2—电位计 3—控测管 4—电极板 5—导线
6—步行人体 7—人体用接地板 8—绝缘板 9—试料片 10—绝缘垫

具体的测试细节如下：

(1)人体用接地板由金属材料制成，尺寸至少为 200 cm×100 cm，用以消除试验人员身上的静电荷。

(2)绝缘板是橡胶材料，尺寸为 1 m×1 m，厚 5 mm，垂直方向的电阻在 10^{10} Ω 以上。

(3)试样尺寸为 200 cm×100 cm，每个测试样品至少 1 块。

(4)绝缘鞋，是专用的地毯测试鞋。鞋面为皮革，鞋底采用导电橡胶 BAM 和聚氯乙烯或采用 Neolite 鞋底。若穿导电橡胶鞋，鞋底的绝缘电阻应≤10^5 Ω；若采用 Neolite 鞋底，则绝缘电阻应≤1.5×10^{10} Ω。

(5)测试前的准备工作，包括：

①清洁专用鞋。必须用细砂纸和煮练过的干棉布或浸过异丙醇的布，细致地擦拭鞋底，去除油剂或灰尘。每一次实验都必须重复擦拭。

②消除电荷。将试样悬挂起来，用静电消除器消除正反两面的电荷。橡胶垫也必须放在接地金属板上以消除电荷。试样放在橡胶垫上时不可有摩擦。

③调湿。试样应在规定的大气中调湿至少 4 d，橡胶垫至少 2 d。

④测试人员的选择。在 10 人以上的测定小组中，用步行试验方法，从中选择一名人体电压最接近小组平均电压的测试人员作代表。试验工作就由这个有代表性的操作人员进行。

⑤试验程序。在规定的大气条件下，步行人体测试前穿着鞋先在人体接地板上消除原来人体所带的静电压。然后小心地移到试验台上，手持导线，确认电位指示为零后开始测试。以每秒 2 步的速率在试样上前进或后退地步行，面朝同一方向，避免擦足或转动。每步抬脚时鞋应离试样 50～80 mm，抬脚或踏下时鞋底要在与试样平行的平面内。人体离试验房的墙或其他物品的距离不小于 50 cm。步行时应尽可能与试样广泛接触，连续步行直到电压达到一峰

值不再上升为止，但整个过程不要超过 60 s。人体带电电位的确定是根据踏步时记录的静电电压波形，去掉粗大误差后，高的值取 5 点，低的值取 5 点，求取平均值。

这种方法测试时易受周围环境的影响，并且测试人员的运动状态很难保持完全符合标准，重现性较差，但仍因实用和接近生活情况而被广泛采用。特别是在纤维和服装卫生学的研究中，这是测定人体与织物体系静电现象的有效方法。

第八章　纺织材料颜色和光泽测试

第一节　概　述

颜色是光作用于人眼而引起的除形象以外的视觉特性。色度学是以光学、视觉生理学、视觉心理学等为基础而研究颜色视觉规律的颜色测量、描述等的综合性科学。

色度学涉及多种学科。它涉及到可见辐射的所有物理特性，它是以视觉生理学为基础，以物理光学为主体，由心理学和物理学相互渗透、相互结合而发展起来的边缘科学。从某种意义上讲，色度是研究颜色的视觉机理、颜色的产生、传播和接收规律的科学。我们所以能够看到自然界和形形式式的物体，一是因为人类本身有颜色视觉系统；二是因为外界客观物体有不同的光学特性。自然昼光或人工光源照亮物体，物体对光的透射、反射和吸收不同，使得光辐射的空间分布、功率大小和光谱组成发生变化。当人的视觉系统观察、接收这种辐射时，便产生颜色、亮暗及光泽等心理感觉。当国际照明委员会(CIE)在 1931 年首次推荐和规定了"国际标准眼"和"标准色度观察者"的色匹配函数的数据之后，光和颜色的概念就不仅是一种心理感觉，而是一种心理物理的概念和量值了。

现代工农业生产和科学技术中，存在大量有关色度学的问题。由于颜色科学的建立，就能以统一的标准和方法对颜色作定量的描述。色度学应用很广，在纤维检验、纺织、化工、轻工和建材等领域中，颜色、色差、白度的测量十分重要。

光泽是由物体表面对光的反射情况而定的。纤维表面光滑、彼此平行排列时，反射光线在一定角度上的反射比较强，就产生光泽。如果纤维表面粗糙不平、紊乱排列，反射光以不同角度向各个方向漫射，就缺少光泽。粗羊毛的鳞片稀且紧贴在毛纤维上，表面平滑，反射光较强，故光泽好；细羊毛鳞片稠密，贴紧程度较差，因而光泽柔和。羊毛鳞片受损伤，光泽就晦暗。半光或无光化学纤维生产过程中，在纺丝液或纺丝熔体内加入少量折射率不同的小颗粒消光剂(二氧化钛)，造成反射光漫射的条件，可达到消光的目的。

纤维断面的形状，是影响纺织材料光泽的重要因素。锦纶、黏胶纤维和蚕丝具有特殊光泽，部分地是由于它们的圆形、锯齿形和三角形断面形状对光线的不同反射而造成的。棉纤维经丝光处理后，纤维膨胀，部分天然转曲消失，断面接近圆形，因而纤维的光泽得到改善。

利用特殊形状的纺丝孔，生产各种异形横断面纤维，是近年来合成纤维发展中的一项新技术和新工艺。异形截面纤维具有特殊的光学性质。例如，三角形的锦纶丝具有金属光泽，Y 形丝的光泽比三角形丝更强，三角形维纶的光泽优于一般圆形纤维等。

纤维的光泽，也反映了纤维的内部结构和纤维的品质。因此，在各种纤维的品质检验中，光泽与光泽的均匀性，常作为重要的检验内容。

纺织品的光泽，是随着纤维材料、纺织工艺、印染及后整理工艺的不同而不同，往往利用光泽与颜色的相互配合来满足人们对纺织品的美感要求。

物体表面光泽的定量测量，是伴随产品的外观评价需要而出现的，并随着人们的生活及工业的发展而发展。目前我国在镜向光泽度测量方面已有了一定的发展，但丝绸的光泽评价用镜向光泽度是无能为力的，必须采用对比光泽度或鲜明光泽度法等特殊光学手段才能有效评价其光泽度，因此进行光泽测试的研究是重要的。

第二节　视觉与颜色的性质

一、视觉与颜色

光是属于一定波长范围内的一种电磁辐射。电磁辐射的波长范围很广，只有从 380 nm 到 780 nm 波长的辐射才能够引起人眼的视觉，称为可见光。这一区间中不同波长的电磁辐射进入人眼引起的颜色感受却不同，随着可见光谱的波长由长到短，呈现的颜色由红到紫。例如，波长为 700 nm 的电磁辐射所引起的视觉感受是红色，波长 580 nm 是黄色，波长 510 nm 是绿色，波长 470 nm 是蓝色等。通常把具有确定波长的光称为单色光，它所呈现的颜色称为光谱色。光的颜色同进入人的眼睛的相对光谱功率分布有关，这其中，人的眼睛起着极其重要的作用，它使物体成像于视网膜上，形成一个清晰的像，再把视网膜上所接收到的辐射能通过视神经的作用形成刺激并传递到大脑，从而转变成颜色的感受。

(一)明视觉和暗视觉

视网膜结构很复杂，主要是含有许多对光有反应的两种感光细胞，一种叫杆体细胞，大多分布于视网膜四周，另一种叫锥体细胞，多分布于中部。杆体细胞灵敏度高，能感受极微弱的光，但不能分辨颜色。锥体细胞灵敏度低，但能很好地区别颜色和物体的细节。两种细胞都含有感光物质，当光线照到视网膜上，感光物质发生化学变化，刺激视神经，即在大脑中引起视觉。锥体细胞在光线较强的情况下起作用，杆体细胞在光线较暗的情况下起作用。

科学家们通过对视网膜视觉的研究发现，锥体细胞并不由同一类型的细胞组成，在视网膜内存在着三种不同类型的锥体细胞，它们之间的差别在于对不同的光谱具有不同的吸收，也就是光谱灵敏度不同。当它们受到光的刺激时，有各自不同的反应，这种反应的总和形成了单一的颜色感觉。

(二)光谱光视效率

光谱光视效率(视见函数)是把峰值归一化的人眼对不同波长的光能量产生光感觉的效率。1971 年国际照明委员会公布的明视觉的光谱光视效率 $V(\lambda)$ 标准值已于 1972 年由国际计量委员会批准。

发光体以辐射形式向外发射和传输光能量，称为辐射能，在单位时间内通过一定面积的光辐射能量，称为辐通量，以 W(瓦特)为单位。对于人眼或其他接受器来说，按国际照明委员会标准光度观察者的视觉特性，以对人眼引起的视觉能力的评价，称为光通量，以 l_m(流明)为单位。一般说来，辐通量越大，在视觉上产生的明亮程度越强。但对不同波长的光来说，尽管能量相同，可是在视觉上产生的明亮程度却不相同。如用 ϕ_e 表示辐通量，用 ϕ_V 表示光通量，则：

$$\phi_V = V(\lambda)\phi_e \tag{8-1}$$

式中：$V(\lambda)$是波长的函数，称为光视效率，其数值可由实验求得，如图 8-1 所示。

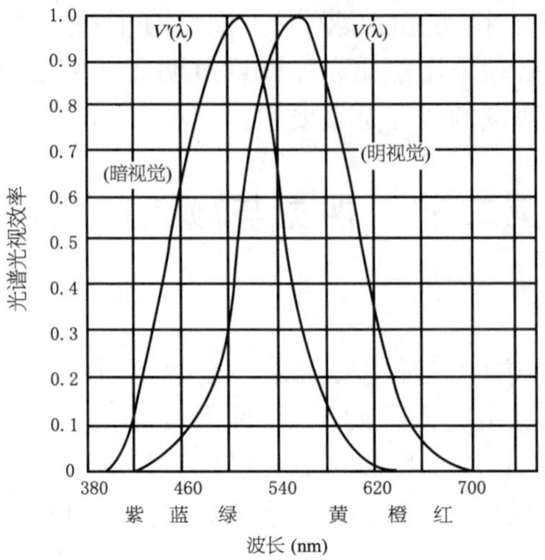

图 8-1　明视觉与暗视觉的光谱光视效率

由此看来,光度单位是根据人眼的视觉感受性规定的,光度测量仪器的光接收元件如硒光电池,必须加上一个校正滤光器进行人眼校正,使仪器的光谱灵敏度特性符合人眼的明视觉曲线,以减少测量误差。

(三)光源色和物体色

我们知道,自然界中存在各种各样的光源色和物体色。当光照射到物体表面时,由于各种物体对各波长光的吸收和反射的能力不同,入射到人眼的光的颜色也不同。例如,在日光下一个物体反射 480～560 nm 波长的辐射,而吸收其他波长的辐射,那么该物体表面为绿色;当某物体对可见光的长波辐射有较高的反射,而吸收了大部分 580 nm 以下的短波辐射,该物体表面呈红色;当物体表面对可见光谱所有波长的辐射的反射率都在 80%～90%以上,则该物体呈白色;当其反射率均在 4%以下时,该物体为黑色。白色、黑色和灰色的物体对可见光谱各波长的反射率没有选择性,它们为中性色。物体表面色与光谱反射率有关。

对于光和颜色来讲,有以下两种情况:

(1)光源色。它的颜色决定于辐射的光谱组成对人眼所产生的感觉。

(2)物体色。它的颜色决定于照明光源的光谱组成和物体表面反射(吸收)的各波长对人眼所产生的感觉。

(四)颜色适应和颜色对比

人眼在颜色刺激的作用下所造成的视觉变化叫做颜色适应。眼睛对某一颜色的光适应以后,再观察另一颜色时,在开始阶段,后者会发生失真,而带有前者的补色成分,这就是颜色适应现象。例如,在一块暗背景上投射一小块黄光,用眼睛看,当然是黄色的;但是当眼睛先注视一块大面积强烈红光一段时间后,再看原来的暗背景上的一小块黄光,这时眼睛感到黄光会呈现出绿色。经过几分钟以后,眼睛会从红光的适应中恢复过来,绿色逐渐消失,又成为原来的黄色。

在视场中,相邻区域的不同颜色的相互影响叫做颜色对比。在一块红色背景上放一小块白纸或灰纸,用眼睛注视白纸中心几分钟,白纸会呈现出绿色,即诱导出红色的补色。如果在一块彩色背景上放上另一彩色,由于颜色对比,两颜色互相影响,使每种颜色的色调向另一彩色的补色方向变化。如果两彩色是互补色,则彼此加强饱和度。在两彩色的边界处,颜色对比现象最严重。

二、颜色分类和性质

颜色可分为有彩色和无彩色。有彩色是指黑灰白系列以外的有色调的色。无彩色是指黑灰白等无色调的色。对光源来讲,其色与等能光谱的色相同,则认为是理想的无彩色;对物体表面色来讲,它与照明体的色相同,则认为是无彩色。据此,理想白表面,例如完全反射漫射体(PRD)及完全透视漫射体(PTD),总被认为是无彩色,而不管其照明体光的颜色如何。

人眼观察物体感受到的色感觉包括色调、彩度和明度,称为颜色的三属性,又称三要素:

(1)色调。表示红、黄、绿、蓝、紫等颜色特性,是指彩色彼此相互区分的特性。

(2)彩度。又称饱和度。用距离等明度无彩点的视觉特性来表示物体表面颜色的浓淡,它可用于评价光谱纯色在整个色感觉中所占成分比例的视觉特性。它大体相当于纯度这一色度概念。

(3)明度。指非发光体表面相对明暗的特性。在同样的照明条件下,以白板为基准,对物体表面的视觉特性给予的分度。它由物体漫反射或漫透射光的程度决定。

色调、彩度、明度三属性组成了色彩的花花世界,色调——红、黄、蓝、绿等色调可以构成一个色环;明度——色有明暗之分,明亮的程度沿垂直方向变化;彩度——色有鲜艳与阴晦之别,鲜艳的程度由中心向两侧变化。

三、颜色立体

颜色立体采用立体模型表示表面色,它代表表面的那些点所占有的色空间。

(一)色立体和色卡图

如果以色调为外围,以明度为纵轴,以彩度为穿过中心的直径横轴,则可如图 8-2 所示,构成一个立体色图。彩度的级数随每种色调和明度而异,因此,颜色立体的结构形式相当复杂,但能够把色调、明度、彩度的变化情形表现得一清二楚。

立体模型中的每一部分代表一个特定的颜色,并给予一定的称号。通常用纸或其他物体,用着色剂制成色卡,按一定顺序排列在一张图上,称为色卡图。

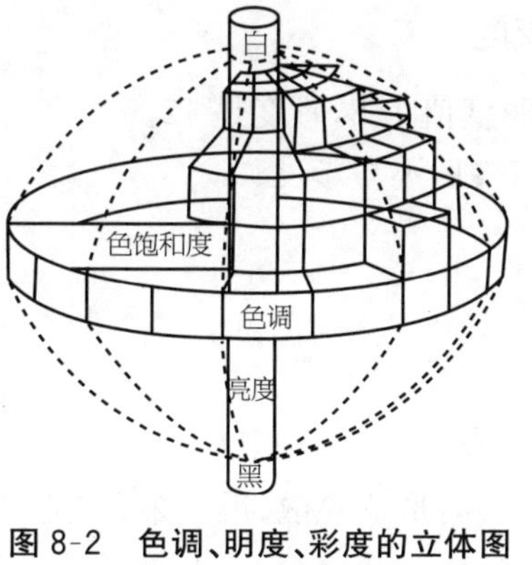

图 8-2 色调、明度、彩度的立体图

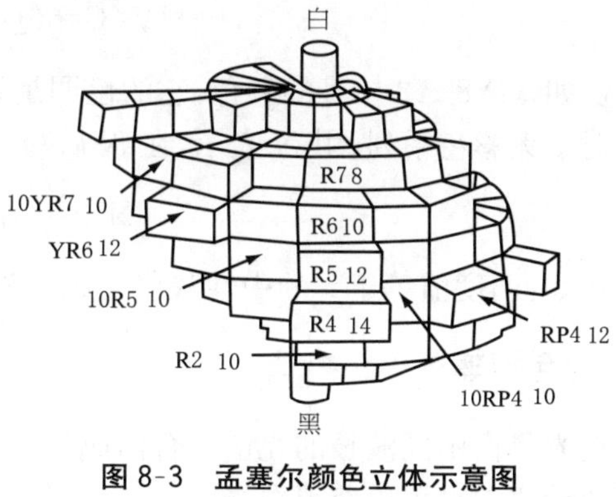

图 8-3 孟塞尔颜色立体示意图

(二)孟塞尔色立体和色卡图册

国际上已广泛采用孟塞尔色卡图册,作为分类和标定表面颜色的方法之一。该色卡图册包括两套样品,一套是有光泽样品,一套是无光泽样品。包括 1150 块颜色样品和 32 块中性样品。每一样品的尺寸约为 18 mm×21 mm。

图 8-3 为孟塞尔颜色立体示意图。图中的中央轴代表无彩色白黑系列中性色的明度等级,称为孟塞尔明度值。理想白色定其明度值为 10,而把亮度因数等于零的理想黑色定为零。分成由 0～10 的 11 个等级。实际上只用明度值 1～9。离开中央轴的水平距离代表饱和度的变化,称为孟塞尔彩度。中央轴上的中性色彩度为零,离开中央轴愈远,彩度数值愈大。

图 8-4 为颜色立体水平剖面图。图上的各个方向代表 10 种孟塞尔色调,包括:5 种主要色调——红(*R*)、黄(*Y*)、绿(*G*)、蓝(*B*)、紫(*P*);5 种中间色调——黄红(*YR*)、绿黄(*GY*)、蓝绿(*BG*)、紫蓝(*PB*)、红紫(*RP*)。为了对色调做更细的划分,每一种色调又分成 10 个等级。每一种主要色调和中间色调的等级为 5。

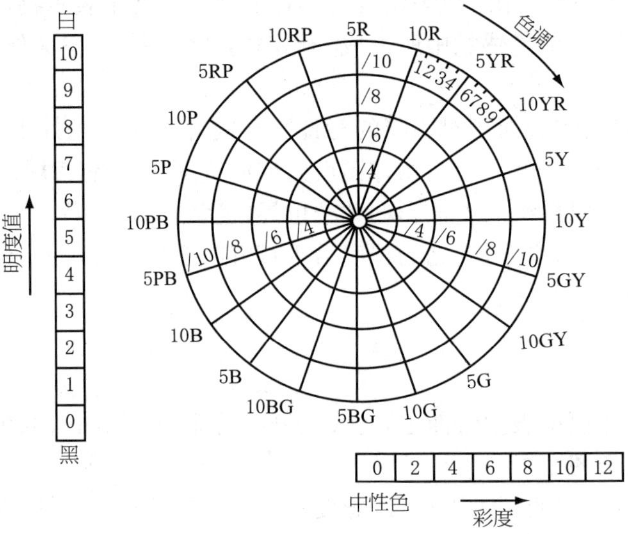

图 8-4　孟塞尔颜色立体水平剖面图

任何颜色都可以用色调、明度值和彩度这三项坐标进行标注,标注方法是先写出色调 *H*,然后写出明度值 V,在斜线后写彩度 C:

HV/ C=色调、明度值/ 彩度

例如,GY8/ 12 标号的颜色,它的色调是绿黄中间色,明度值为 8,彩度是 12。

对于无彩色系列,用 *N* 表示,在 *N* 后写出明度值 *V*,斜线后不写彩度:

NV/ =中性色明度值

例如:明度值等于 5 的中性灰色写成 N5/。

四、三原色原理

白光是由不同波长的光谱组合而成的。当白光通过棱镜时形成色散;反过来,用适当的几种颜色使之混合可以获得白光。

把一束红色的光投射到白色的屏幕上,再在这束红光上投射一束绿色的光,在屏幕上产生的颜色是黄色。同样,一束红光和一束蓝光投射在一起成了紫色光;一束绿色和一束蓝光投射在一起成了青色光;红、绿、蓝按适当比例相加得白色。这就是颜色的混合效果。根据这一现象可以表明，红、绿、蓝三色是相互独立的，其中某一种颜色不能由另外两种颜色相加得到。因此，就把红、绿、蓝三种颜色称为三原色。利用三原色以不同比例相混合得到全彩色的原理称为三原色原理。

以(R)、(G)、(B)分别代表产生混合色的红、绿、蓝三原色，以R、G、B分别代表红、绿、蓝三原色在匹配某一色$C(C)$时所需的三种原刺激的量或称匹配系数，则可写出颜色方程式：

$$C(C)=R(R)+G(G)+B(B) \tag{8-2}$$

有些颜色，无论怎样调整R、G、B的比例，也不能使之和C相同。但如果把R、G、B中的某一个（例如B）加到C那边，再调整两边的比例，就能得到相同的颜色了。这时，$C(C)+B(B)=R(R)+G(G)$。$B(B)$系数就成负值：

$$C(C)=R(R)+G(G)-B(B) \tag{8-3}$$

如果将两种颜色按一定比例加在一起构成白色，则这两种颜色互为补色。

颜色的混合可以是颜色光的混合，也可以是染料的混合。染料的混合和色光的混合不同。染料之所以呈现某种颜色，取决于它对白光的吸收和反射情况。例如蓝色染料能吸收白光中的红、橙和黄三种色光，又如黄色染料则吸收白光中的蓝色、紫色光，因此将蓝色染料和黄色染料相混合，就相当于白光先后通过蓝色和黄色滤光片，先后将红、橙、黄和蓝紫等色吸收，而剩下的就是绿色了。染料混合的结果使明度降低。

眼睛对于颜色的感觉，在某些情况下，能分辨各种颜色，有时又能将颜色混在一起。这说明视觉既具有分辨能力，又具有综合能力。经实验研究发现，综合作用发生在大脑。例如，实验时让一只眼睛看红色，同时让另一眼睛看绿色，其结果和同时看红、绿色的情况一样，都是黄色。这就是通过大脑综合的结果。

近来研究设想认为，对颜色敏感的锥体细胞可分为三类，即分别为对红、绿、蓝三种色敏感的红锥体、绿锥体、蓝锥体。眼睛之所以能够分辨颜色，就是因为这三种锥体受到不同程度刺激的结果。

有的人的三种锥体并不都是正常的，有的敏感，有的迟钝，甚至不起作用。这就是通常所说的色盲和色弱的问题。

事实上，人的眼睛即使不是色盲、色弱，但不同人的颜色视觉也是不同的。因此，通常在测色、比色等过程中，都是取正常人眼的平均水平。

在对视网膜与视神经光刺激的传输通道的研究中又发现了支持四色学说的现象。在神经兴奋向视觉中枢传导的过程中，三种外部信息经过加工、处理，形成三对对立的红-绿、黄-蓝、黑-白反应，最后经过视神经中枢的综合判断，使人感到颜色的三个重要特性：明度、色调和饱和度。因此，可以认为视网膜上的锥体细胞是三色机理，光刺激向视神经传导过程中的视觉信息是四色机理，如图 8-5 所示。

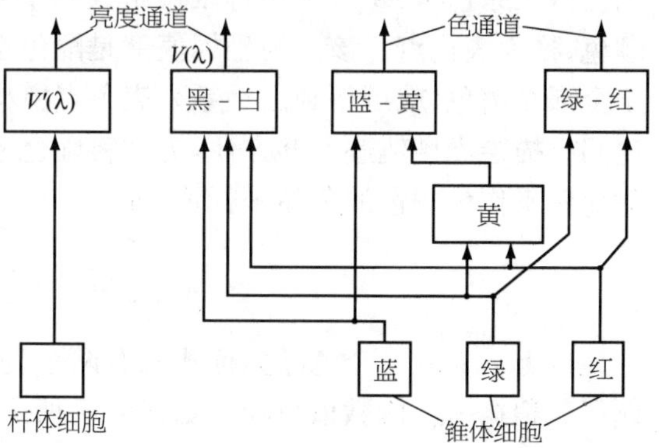

图 8-5 颜色的视觉过程

第三节 CIE 表色系统

一、CIE 1931-RGB 基础表色系统

1931 年 CIE 根据 700 nm(R)、546.1 nm(G)和 435.8 nm(B)三原色定出匹配等能光谱色的 $\bar{r}$、$\bar{g}$、$\bar{b}$ 光谱三刺激值、光谱三刺激值曲线(图 8-6),这一组函数叫做"1931 CIE-RGB 系统标准色度观察者光谱三刺激值",简称"1931 CIE-RGB 系统标准观察者"。

1931 CIE-RGB 系统是以三原色原理的色匹配实验为基础的。任何一个颜色 C 都能用三个原色适当的相加混合与其匹配。亦即任何一颜色刺激都能用线性无关的三个参考刺激适量的代数和来重现。它以混合实验为基础,该实验已得到充分的科学证实。

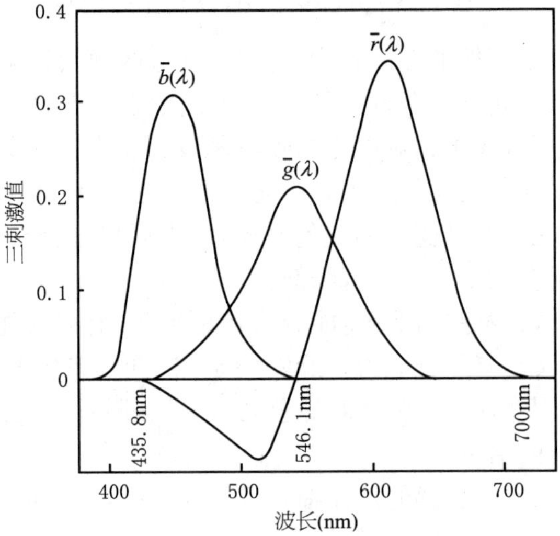

图 8-6 1931 CIE-RGB 系统标准色度观察者光谱三刺激值曲线

对等能光谱的各个单色光进行匹配,可测得一系列 $\bar{r}$、$\bar{g}$、$\bar{b}$ 数值(取平均值),是波长的函数。等能白光的配色系数的比值为 1,即:

$$\bar{r}:\bar{g}:\bar{b}=1:1:1$$

以三原色 R、G、B 为坐标轴可组成一个空间,称为色空间。空间中的一点,即代表某一种颜色,称为表色点。该点的坐标值就是配色系数值。当 $\bar{r}=\bar{g}=\bar{b}=0$ 的点为原点,是黑色。对于全部光谱色,就可得到由一系列表色点所构成的曲线,这条曲线就是光谱轨迹。但是在三维空间中描绘光谱轨迹不够方便,为此将配色系数进行交换,用三原色的三刺激值在总量中的相对比例来作为颜色的色品坐标值,如:

$$r=\frac{\bar{r}}{\bar{r}+\bar{g}+\bar{b}};g=\frac{\bar{g}}{\bar{r}+\bar{g}+\bar{b}};b=1-r-g \tag{8-4}$$

以上 r、g、b 三个色品坐标式只有两个是独立的,这样就把三维空间问题变成二维平面问题了。根据 r、g 的数值可绘成如图 8-7 所示的光谱轨迹,为偏马蹄形色品图。

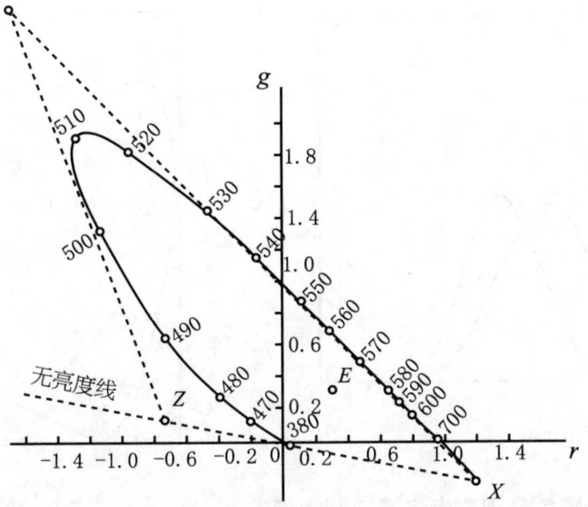

图 8-7 1931 CIE-RGB 系统色品图及(R)、(G)、(B)向(X)、(Y)、(Z)的转换

三原色实验还指出:在广泛的观测条件范围内,色匹配具有线性和可加性规律。在 CIE-RGB 色度系统中,任何色刺激函数 $\phi(\lambda)$ 的三刺激值可表示为 $R=\int\phi(\lambda)\bar{r}(\lambda)\mathrm{d}\lambda$;$G=\int\phi(\lambda)\bar{g}(\lambda)\mathrm{d}\lambda$;$B=\int\phi(\lambda)\bar{b}(\lambda)\mathrm{d}\lambda$。其中 $\bar{r}(\lambda)$、$\bar{g}(\lambda)$、$\bar{b}(\lambda)$ 为等能光谱的三刺激值。为了使光谱三刺激值和色品坐标不出现负值和计算方便,CIE 推荐以 RGB 系统为基础的 CIE-XYZ 表色系统。

二、CIE-XYZ 表色系统

该表色系统选择理论上的三个原色 X、Y、Z。所依据的原则是:原色(Y)的量 Y 体现明度,使(X)、(Y)、(Z)形成三角形所包括的非真实色尽量少,又要包括整个光谱轨迹。

根据所选定的 XYZ 三角形的推导,CIE-XYZ 表色系统中的三刺激值与 CIE-RGB 表色系统中的三刺激值间的关系如下:

$$
\begin{aligned}
X&=2.7689R+1.7517G+1.1302B\\
Y&=1.0000R+4.5907G+0.0601B\\
Z&=0.0565G+5.5943B
\end{aligned}
\tag{8-5}
$$

相应的单位能量光谱三刺激值 $\bar{x}$、$\bar{y}$、$\bar{z}$:

$$
\begin{aligned}
\bar{x}&=2.7689\bar{r}+1.7517\bar{g}+1.1302\bar{b}\\
\bar{y}&=1.0000\bar{r}+4.5907\bar{g}+0.0601\bar{b}\\
\bar{z}&=0.0565\bar{g}+5.5943\bar{b}
\end{aligned}
\tag{8-6}
$$

图 8-8 和图 8-9 分别是 CIE 1931 标准色度观察者光谱三刺激值曲线和 CIE 1931 色品图。

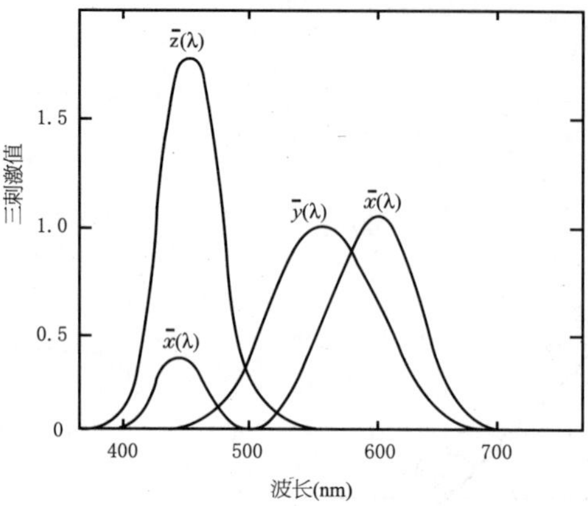

图 8-8　CIE 1931 标准色度观察者光谱三刺激值

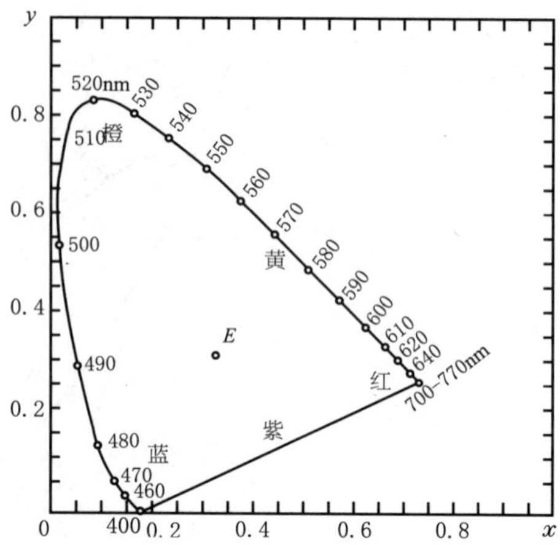

图 8-9　CIE 1931 色品图

由三刺激值求得：

$$x=\frac{\bar{x}}{\bar{x}+\bar{y}+\bar{z}};y=\frac{\bar{y}}{\bar{x}+\bar{y}+\bar{z}};z=1-x-y$$

三、CIE 1964 补充表色系统

CIE 1931 标准色度观察者光谱三刺激值适用于 2°视场的中央视觉观察条件(1°～4°)，在大面积视场观察条件下(>4°)，由于中央窝外的杆体细胞的参与以及黄色素的影响，颜色视觉发生一定的变化。因此，为了适合 10°大视场色度测量，CIE 在 1964 年又另规定一组 CIE 1964 补充标准色度观察者光谱三刺激值(颜色匹配函数)和相应的色品图，如图 8-10 和图 8-11 所示。

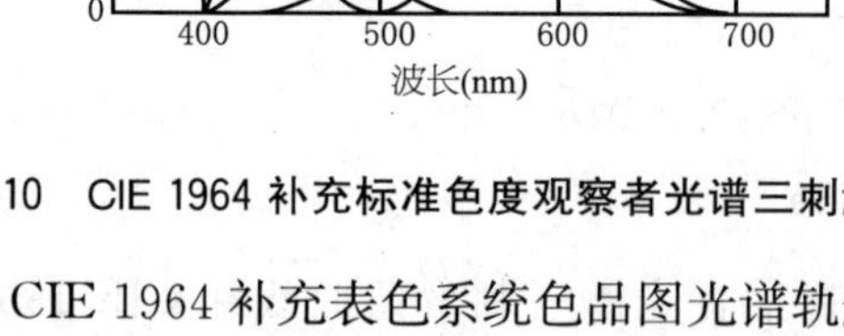

图 8-10　CIE 1964 补充标准色度观察者光谱三刺激值

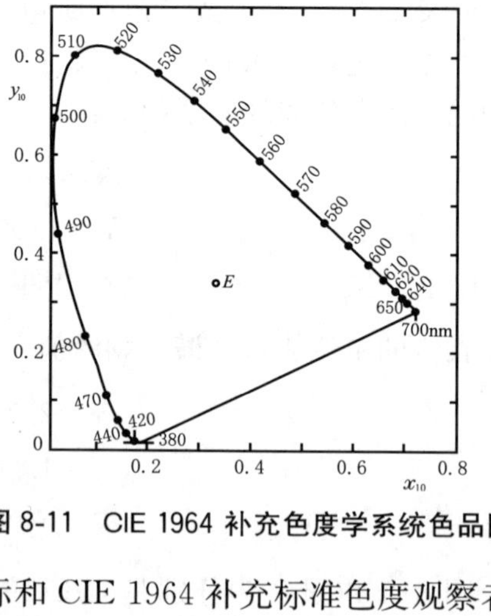

图 8-11　CIE 1964 补充色度学系统色品图

CIE 1964 补充表色系统色品图光谱轨迹的色品坐标和 CIE 1964 补充标准色度观察者光谱三刺激值的关系式与式(8-5)和式(8-6)的形式完全相同。

四、HSB 颜色系统与潘通配色系统

自 1963 年第一本扇形式潘通色卡诞生以来，现在国际上普遍采用美国潘通公司的 PON-

TONE 配色系统(简称 PMS),又称潘通色卡。PMS 的配色名称是按照色彩视觉中的 HSB 的颜色立体来描述的。目前,PMS 使用 15 种标准的基本色,配制 1900 种彩色,在色谱中每一色彩组成成分用一个标号标定。

潘通色卡按应用领域分,有:美术印刷、纺织印染、塑胶系列、相关器材。纺织印染应用的色卡又分纸版和棉布版两种。

棉布色彩大全:在手提箱里面排放着 2300 个 3 cm×11 cm 大小色彩样本,分别按照色调顺序编号排放。

服装和家居色彩手册及指南(纸版):有便于携带的扇装指南和一本活页装色彩手册。色彩手册包括按色系顺序排列的 1900 多种颜色的色票。色彩手册内的每种颜色均备有六张可撕式的色票,方便撕取使用。

色卡分有光泽和无光泽两种,用 C 或 U 在色票的标号后注明。例如:深红有光泽标 1787C,枣红有光泽标 1607C,浅黄无光泽标 106U,深黄无光泽标 108U。

另外,该系统有"潘通纺织色彩选色器",是一部掌上型测色仪,可以测定某种色彩在潘通色彩系统(棉布版)中最接近的色号和相应的 RGB 和 Lab 数据。

上面提到的 HSB 颜色系统是基于人对颜色的感觉,人们将颜色看作由色调(Hue)、饱和度(Saturation)、亮度(Brightness)组成的。HSB 颜色系统与 RGB 和 Lab 间是可以转换的。

HSB 颜色系统是一个极坐标三维空间:色调 H 沿着周向变化,从 0°到 360°,其中 0°或 360°为红色、60°为黄色、120°为绿色、180°为青色、240°为蓝色、300°为品红色;饱和度 S 为横向变化的分量,原点处饱和度为 0,圆周边缘饱和度为最大值 100;亮度 B 为纵向变化的分量,底下是亮度为 0 的黑色,顶上是最亮的白色(图8-12)。

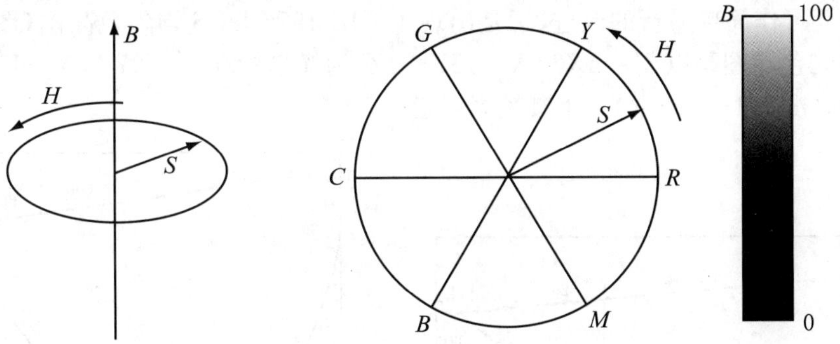

图 8-12 HSB 颜色立方体

第四节 CIE UCS 均匀色空间与色差计算

一、CIE UCS 表色系统

在 CIE 1931 色品图中,每一点代表某一确定的颜色。当该点坐标位置略有变化时,人眼感觉不到色的变化,仍认为是原来的颜色,这种不能感觉颜色变化的范围叫做颜色的宽容量。研究表明,CIE(x,y)色品图上各区域相同的间隔并不相应于人眼知觉色的相差判别,因此把人眼能感觉出颜色变化的最小距离叫做颜色分辨阈,如图 8-13 所示。由图可见,光谱红端和蓝端的线段都很短，而绿色部分却很长。

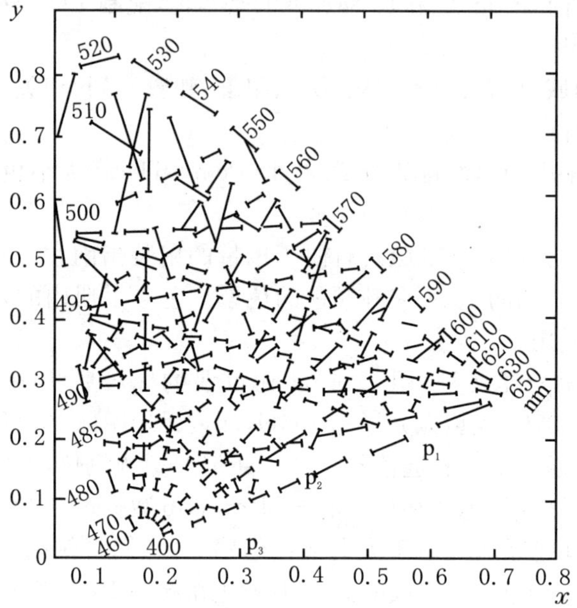

图 8-13　人眼对颜色的恰可分辨范围

为了克服上述色品图的缺点，以求得视觉上比(x,y)图更近于均匀的色品图，对(x,y)图作投影变换，得到 CIE 1960 UCS 均匀色品图(图 8-14)。该色品图以 $u=4X/(X+15Y+3Z)$ 为横坐标，$v=6Y/(X+15Y+3Z)$为纵坐标绘制而成($w=1-u-v$)。对物体色的色度实践来说，该色品图还可作简单易行的改进，于是出现了 CIE 1976 UCS 均匀色品图(图 8-15)。CIE 1976 UCS 均匀色品图是以 $u'=4X/(X+15Y+3Z)$为横坐标和 $v'=9Y/(X+15Y+3Z)$为纵坐标而画出的($w_1=1-u'-v'$)。由其关系知道：

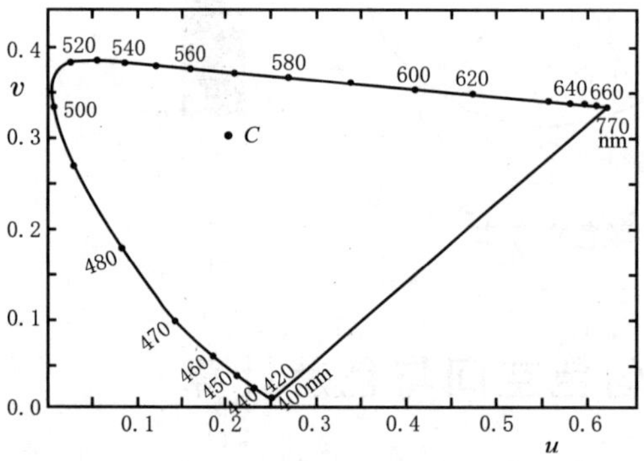

图 8-14　CIE 1960 UCS 图

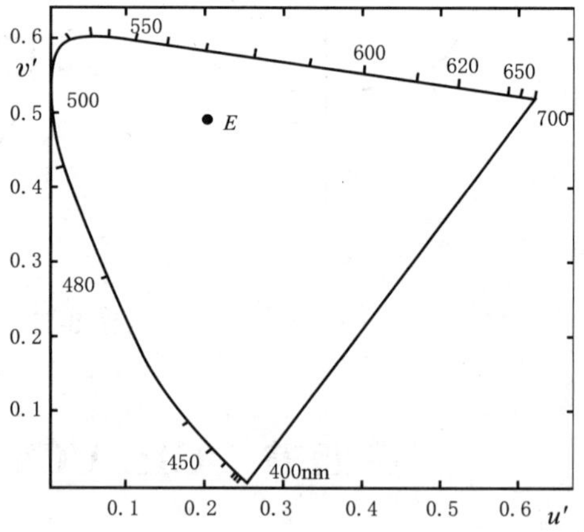

图 8-15　CIE 1976 UCS 图

$$u'=u, v'=1.5v$$

相应的常用公式是：

$$u'=4x/(-2x+12y+3)$$

$$v'=9y/(-2x+12y+3) \tag{8-7}$$

二、色差公式

计算两色之间差异的公式称为色差公式。

(一)CIE 1976 均匀色空间及其色差公式

在色差计算等实际应用中,希望有一种不仅包括色品坐标也包括明度坐标、比 XYZ 系统提供的空间在知觉上更接近均匀的三维色空间。

1. CIE 1976 $L^*u^*v^*$ 色空间(CIE LUV 色空间)

1976 年由 CIE 推荐的均匀色空间,是由三维直角坐标 L^*、u^*、v^* 画出的,其量由下式导出:

$$L^*=116\left(\frac{Y}{Y_n}\right)^{\frac{1}{3}}-16$$
$$u^*=13L^*(u'-u'_n)$$
$$v^*=13L^*(v'-v'_n) \tag{8-8}$$

式中:Y 为三刺激值 Y 或 Y_{10};Y_n 为完全漫射体三刺激值;u'、v' 为 CIE 1976 UCS 色坐标;u'_n、v'_n 为完全漫射体的 u' 和 v' 坐标。

以上各式适合于$\frac{Y}{Y_n}$大于 0.008856 的情况。

在 $L^*u^*v^*$ 表色系统中,以坐标 L^*、u^*、v^* 之差 ΔL^*、Δu^*、Δv^* 来表示两种色刺激之间的色差 ΔE^*_{uv},表示它们在该空间两点之间的距离。

$$\Delta E^*_{uv}=[(\Delta L^*)^2+(\Delta u^*)^2+(\Delta v^*)^2]^{1/2}$$

彩度和色调的近似相互关系由下式计算:

CIE 1976 UV 彩度: $C^*_{uv}=(u^{*2}+v^{*2})^{1/2}$

CIE 1976 UV 色调角: $h_{uv}=\arctan(v^*/u^*)$

CIE 1976 UV 色调差:$\Delta H^*_{uv}=[(\Delta E^*_{uv})^2-(\Delta L^*)^2-(\Delta C^*_{uv})^2]^{1/2}$

2. CIE 1976 $L^*a^*b^*$ 色空间(CIE LAB 色空间)

1976 年由 CIE 推荐的均匀色空间,是由三维直角坐标 L^*、a^*、b^* 画出的,由下式表示:

$$L^*=116\left(\frac{Y}{Y_n}\right)^{\frac{1}{3}}-16$$
$$a^*=500\left[\left(\frac{X}{X_n}\right)^{\frac{1}{3}}-\left(\frac{Y}{Y_n}\right)^{\frac{1}{3}}\right]$$
$$b^*=200\left[\left(\frac{Y}{Y_n}\right)^{\frac{1}{3}}-\left(\frac{Z}{Z_n}\right)^{\frac{1}{3}}\right] \tag{8-9}$$

式中:L^*、a^*、b^* 为三维直角坐标系统的坐标值;X、Y、Z 为 XYZ 表色系统的三刺激值;X_n、Y_n、Z_n 为完全漫反射面的三刺激值。

以上各式适合于$\frac{Y}{Y_n}$、$\frac{X}{X_n}$、$\frac{Z}{Z_n}$大于 0.008856 的情况。

在 $L^*a^*b^*$ 表色系统中,以坐标 L^*、a^*、b^* 之差 ΔL^*、Δa^*、Δb^* 来表示两种三刺激值之

间的色差 ΔE^*_{ab}，表示它们在该空间两点之间的距离。

$$\Delta E^*_{ab}=[(\Delta L^*)^2+(\Delta a^*)^2+(\Delta b^*)^2]^{1/2}$$

式中：ΔL^* 称为明度差；Δa^* 称为红绿色品差（a^* 轴为红绿轴）；Δb^* 称为黄蓝色品差（b^* 轴为黄蓝轴）。

彩度和色调的近似相互关系由下式计算：

CIE 1976 A、B 彩度：$C^*_{ab}=(a^{*2}+b^{*2})^{1/2}$

CIE 1976 A、B 色调角：$h_{ab}=\arctan(b^*/a^*)$

CIE 1976 A、B 色调差：$\Delta H^*_{ab}=[(\Delta E^*_{ab})^2-(\Delta L^*)^2-(\Delta C^*_{ab})^2]^{1/2}$

（二）亨特色差公式

1948 年由亨特(Hunter)提出的均匀色空间色差公式。在标准光源 C 照明下，表面色的色差如下式：

$$L=10Y^{1/2}$$

$$a=\frac{17.5(1.02X-Y)}{Y^{1/2}}$$

$$b=\frac{7.0(Y-0.847Z)}{Y^{1/2}}$$

$$\Delta E_H=[(\Delta L)^2+(\Delta a)^2+(\Delta b)^2]^{1/2} \tag{8-10}$$

式中：ΔE_H 为亨特色差；ΔL、Δa、Δb 为坐标 L、a、b 之差；X、Y、Z 为 XYZ 表色系统中的试样三刺激值。

（三）CIE 1994($\Delta L^*\Delta C^*_{ab}\Delta H^*_{ab}$)色差公式

为了改进 CIE LAB 颜色空间的不均匀性，在 CIE LAB 的基础上，CIE 又建立了 CIE 1994 ($\Delta L^*\Delta C^*_{ab}\Delta H^*_{ab}$)色差公式。色差 ΔE^*_{94} 为两个颜色样品的距离，由加权系数 S_L、S_C、S_H 及参量因子 K_L、K_C、K_H 对 CIE 1976$L^*a^*b^*$ 色系统明度差 ΔL^*、彩度差 ΔC^*_{ab}、色调差 ΔH^*_{ab} 加权而得：

$$\Delta E^*_{94}=\left[\left(\frac{\Delta L^*}{K_L S_L}\right)^2+\left(\frac{\Delta C^*_{ab}}{K_C S_C}\right)^2+\left(\frac{\Delta H^*_{ab}}{K_H S_H}\right)^2\right]^{1/2} \tag{8-11}$$

其中加权系数：$S_L=1$；$S_C=1+0.045C^*_{ab}$；$S_H=1+0.015C^*_{ab}$

两样品比较色差时，C^*_{ab} 可取标样的 C^*_{ab} 值，或取 $C^*_{ab}=\sqrt{C_{ab,1}\cdot C_{ab,2}}$

在纺织工业中参量因子常用 $K_L=2$；$K_C=1$；$K_H=1$。

该公式已为国家标准推荐应用于纺织纤维色度评价计算。

（四）CMC(l:c)色差公式

1995 年 ISO 105-J03 提出有关纺织品色差计算公式，当计算两块试样间的色差时，采用 CMC(l:c)色差公式进行比较，可提高它的测试均匀度，此公式是在对 CIE 1976 LAB($L^*a^*b^*$)色空间修正的基础上建立起来的，它提供一个 ΔE_{CMC} 值，以表明在更接近均匀色空间中试样与标样间的色差。

首先，用下列公式计算 CIE LAB 色差 ΔL^*、Δa^*、Δb^*、ΔC^*_{ab}、ΔE^*_{ab}、ΔH^*_{ab}，下标 R 和 S 分别为标样和试样的 CIE LAB 值：

$$\Delta L^* = L_S^* - L_R^*$$
$$\Delta a^* = a_S^* - a_R^*$$
$$\Delta b^* = b_S^* - b_R^*$$
$$\Delta C_{ab}^* = C_{ab,S}^* - C_{ab,R}^*$$
$$\Delta E_{ab}^* = [(\Delta L^*)^2 + (\Delta a^*)^2 + (\Delta b^*)^2]^{1/2}$$
$$\Delta H_{ab}^* = [(\Delta E_{ab}^*)^2 - (\Delta L^*)^2 - (\Delta C_{ab}^*)^2]^{1/2}$$

CMC 色差 $\Delta E_{CMC}(l:c)$ 可由下列公式获得：

$$\Delta E_{CMC}(l:c) = \left[\left(\frac{\Delta L^*}{lS_L}\right)^2 + \left(\frac{\Delta C_{ab}^*}{cS_C}\right)^2 + \left(\frac{\Delta H_{ab}^*}{S_H}\right)^2\right]^{\frac{1}{2}} \tag{8-12}$$

当 $L_R^* \geqslant 16$ 时：　$S_L = 0.040975L_R^* / (1 + 0.01765L_R^*)$

当 $L_R^* < 16$ 时：　$S_L = 0.511$

$$S_C = [0.0638C_{ab,R}^* / (1 + 0.0131C_{ab,R}^*)] + 0.638$$
$$S_H = (FT + 1 - F)S_C$$

式中：

$$F = \{(C_{ab,R}^*)^4 / [(C_{ab,R}^*)^4 + 1900]\}^{\frac{1}{2}}$$

当 $h_{ab,R} \leqslant 164°$ 或 $h_{ab,R} \geqslant 345°$ 时：$T = 0.36 + |0.4\cos(35 + h_{ab,R})|$

当 $164° < h_{ab,R} < 345°$ 时：$T = 0.56 + |0.2\cos(168 + h_{ab,R})|$

色差计算公式中的 ΔL^*、ΔC^*、ΔH^* 是由 CIE LAB 色差公式计算得到的样品与标样之间的明度差、饱和度差、色调差。色差公式中的 l、c 为调节明度和饱和度相对宽容量的两个系数。对于一般可观察性样品评价时，取 $l = c = 1$；而对于色差可接受性样品评价时，则取 $l = 2$，$c = 1$。前者公式表示为 CMC(1:1)，后者公式表示为 CMC(2:1)。总色差用 $\Delta E_{CMC}(1:1)$ 或 $\Delta E_{CMC}(2:1)$ 表示。

CMC(l:c)色差公式已被推荐用于纺织品色牢度和色差计算以及蓝色羊毛标准分级的色差对照中。

(五)CIE DE 2000 色差公式

为了进一步改善工业色差评价的视觉一致性，经过 CIE 技术委员会 1-47(CIE Technical Committee 1-47)对现有色差公式和视觉评价数据的分析与测试，在 2000 年提出了一个新的色彩评价公式，并于 2001 年得到了国际照明委员会的推荐，称为 CIE 2000 色差公式，简称 CIE DE 2000，色差符号为 E_{00}。CIE DE 2000 是到目前为止最新的色差公式，该公式与 CIE94 相比要复杂的多，同时也大大提高了精度。

CIE DE 2000 色差公式主要对 CIE94 公式做了如下几项修正：

① 重新标定近中性区域的 a^* 轴，以改善中性色的预测性能；

② 将 CIE 94 公式中的明度权重函数修改为近似 V 形函数；

③ 在色相权重函数中考虑了色相角，以体现色相容限随颜色的色相而变化的事实；

④ 包含了椭圆选择选项，以反映在蓝色区域的色差容限椭圆不指向中心点的现象。

CIE DE 2000 色差公式如下：

$$\Delta E_{00}=\sqrt{\left(\frac{\Delta L'}{K_L S_L}\right)^2+\left(\frac{\Delta C_{ab}}{K_C S_C}\right)^2+\left(\frac{\Delta H'_{ab}}{K_H S_H}\right)^2+R_T\left(\frac{\Delta C_{ab}}{K_C S_C}\right)\left(\frac{\Delta H'_{ab}}{K_H S_H}\right)} \tag{8-13}$$

式 8-13 的计算过程如下：

1. 在 CIE LAB 色空间中计算 L^*、a^*、b^* 和 C^*_{ab} 等值

$$\begin{gathered} L^*=116\times f\left(\frac{Y}{Y_n}\right)-16 \\ a^*=500\times\left[f\left(\frac{X}{X_n}\right)-f\left(\frac{Y}{Y_n}\right)\right] \\ b^*=200\times\left[\left(\frac{Y}{Y_n}\right)-f\left(\frac{Z}{Z_n}\right)\right] \\ C^*_{ab}=\sqrt{a^{*2}+b^{*2}} \end{gathered} \tag{8-14}$$

其中：$\begin{cases} f(I)=I^{\frac{1}{3}} & I>0.008\ 856 \\ f(I)=7.787\times I+\dfrac{16}{116} & I\leqslant 0.008\ 856 \end{cases}$

式中：L^*、a^*、b^* 为三维直角坐标系统的坐标值；C^*_{ab} 为彩度值；X、Y、Z 为 XYZ 表色系统的三刺激值；X_n、Y_n、Z_n 为完全漫反射面的三刺激值；I 为$\frac{X}{X_n}$、$\frac{Y}{Y_n}$或$\frac{Z}{Z_n}$。

2. 计算 L'、a'、b'、C'_{ab} 和 h'_{ab}

$$\begin{gathered} L'=L^* \\ a'=(1+G)\times a^* \\ b'=b^* \\ C'_{ab}=\sqrt{a'^2+b'^2} \\ h'_{ab}=\arctan\left(\frac{b'}{a'}\right) \end{gathered} \tag{8-15}$$

其中：$G=0.5\times\left[1-\sqrt{\frac{\overline{C^*_{ab}}^7}{\overline{C^*_{ab}}^7+25^7}}\right]$，为 CIE LAB 颜色空间的 a^* 轴的调整因子，是彩度的函数；$\overline{C^*_{ab}}$ 为待计算的两个颜色的 C^*_{ab} 的算术平均值。

式中：C'_{ab} 为彩度值；h'_{ab} 为色相角值。

3. 计算 $\Delta L'$、$\Delta C'_{ab}$ 和 $\Delta H'_{ab}$

$$\begin{gathered} \Delta L'=L'_b-L'_s \\ \Delta C'_{ab}=C'_{ab,b}-C'_{ab,s} \\ \Delta h'_{ab}=h'_{ab,b}-h'_{ab,s} \\ \Delta H'_{ab}=2\times\sqrt{C'_{ab,b}C'_{ab,s}}\times\sin\left(\frac{\Delta h'_{ab}}{2}\right) \end{gathered} \tag{8-16}$$

式中：$\Delta L'$、$\Delta C'_{ab}$、$\Delta h'_{ab}$、$\Delta H'_{ab}$ 分别表示明度差、彩度差、色相角差和色相差；下标 s 和 b 分别表示待计算的色差的一对颜色中的标准色和样本色(下文同)。

4. 计算 S_L、S_C 和 S_T，以及 R_T 和 R_C

称为权重函数，允许在 *CIE LAB* 颜色空间中根据区域的不同进行各自的调整，以校正该空间的均匀性。其定义如下：

$$S_L=1+\frac{0.015\times(\overline{L}'-50)^2}{\sqrt{20+(\overline{L}'-50)^2}}$$

$$S_C=1+0.045\times\overline{C}'_{ab}$$

$$S_T=1+0.15\times\overline{C}'_{ab}\times T \tag{8-17}$$

$$R_T=-sin(2\Delta\theta)\times R_C$$

$$R_C=2\times\sqrt{\frac{\overline{C_{ab}^{*}}^{7}}{\overline{C_{ab}^{*}}^{7}+25^7}}$$

式中：$T=1-0.17\times\cos(\overline{h}'_{ab}-30°)+0.24\times\cos(2\overline{h}'_{ab})+0.32\times\cos(3\overline{h}'_{ab}+6°)-0.20\times(4\overline{h}'_{ab}-63°)$；$\Delta\theta=30\times\exp\left[-\left(\frac{\overline{h}'_{ab}-275°}{25}\right)^2\right]$，它是色调决定的旋转角。

5. 选择 K_L、K_C 和 K_H

参数因子 K_L、K_C 和 K_H 是与使用条件相关的校正系数，它们是影响着色差感觉的因素。在 CIE 给定的标准观测条件下，$K_L=K_C=K_H=1$，条件不符合时，则要根据工业色差评估条件来确定这些数值。CIE 规定的标准条件是：D_{65} 光源、照度 1 000 lx、大于 4°视场、颜色均匀、CIE LAB 色差在 0～5 之间、背景为中等明度的灰（$L^*=50$）。

第五节 颜色测量与仪器

一、照明和观察条件

表色系确定之后，不能在各种各样的照明和观察几何条件下来评价颜色，所以对颜色的观察和计量应采用 CIE 推荐的标准照明和观察的几何条件、CIE 色匹配函数和标准照明体。测量的过程就是测定色刺激函数 $\phi(\lambda)$ 的过程。

对光源色来讲需要测量光源的相对光谱功率分布。有时除了给出色度量值外，还要有三刺激值计算色温、相关色温及光源显色指数等。

色温：完全辐射体（或绝对黑体）在某一绝对温度下发出的辐射，如其色度与被测辐射相同时，则此温度为被测辐射体的色温。所以，色温的概念能恰当地描述光源的光色。

相关色温：当光源的色度点最接近于某一黑体温度 T_C 的等温线时，这一黑体温度 T_C 就称为该光源的相关色温。

显色指数：在一个光源照射下，与在另一个相近色温的黑体或日光参照光源下，相比各种颜色在视觉上的失真程度。用于衡量各种光源的显色指数。

（一）CIE 标准照明体和标准光源

标准照明体是由 CIE 规定射在物体上的一个特定的相对光谱功率分布。而标准光源是用以实现照明体的相对光谱功率分布。

1. 照明体 A

根据国际实用温标规定的绝对温度为 2856K 的完全辐射体发射，通常用钨丝白炽灯。

2. 照明体 B、C、E

照明体 B 代表太阳直射光，照明体 C 代表晴空平均昼光，照明体 E 为理想等能光谱。B、C、E 可用 A 光源与滤色器仿得。

3. 照明体 D

是典型昼光或重组昼光，如 D_{65}、D_{55}、D_{75}。

各标准照明体的亮度、1931(x,y)色品坐标和相关色温如表 8-1 所示。CIE 标准照明体 A、B、C 的相对光谱功率分布如图 8-16 所示。现代光谱光度测色仪器的数据处理程序软件内一般都储存有 A、C、D_{65}标准照明体的光谱数据，以及 2°或 10°观察者与 A、C、D_{65}三种照明体相互组合的六套色度数据。不过常输出的是 A/2°、C/2°、D_{65}/10°三种数据。

表 8-1 各标准照明体和光源的亮度、色品坐标和相关色温

光源		亮度(cd)	1931 x	1931 y	相关色温
钨丝充气灯(20 流明/W)		1 200	0.444	0.406	2 700～3 100
60W 磨砂灯泡(14 流明/W)		12	0.452	0.409	2 800
CIE 光源 A(500 W)		800	0.447 6	0.407 5	2 854
CIE 光源 B(500 W)		200	0.348 5	0.351 7	4 870
CIE 光源 C(500 W)		125	0.310 1	0.316 3	6 770
荧光灯(40 W、0.430 A)	标准冷白型	0.7	0.372	0.374	4 200
	昼光型	0.6	0.311	0.338	6 500
标准照明体 D_{55}		0.332 4	0.347 6	5 503	
标准照明体 D_{65}		0.312 7	0.329 1	6 504	
标准照明体 D_{75}		0.299 0	0.315 0	7 504	
天空	蓝天	0.06～0.4	0.262	0.270	15 000
		0.247	0.351	30 000	
	局部有云	0.1～0.4	0.294	0.300	8 000
		0.279	0.291	10 000	
	阴天	0.2～0.5	0.313	0.329	6 500

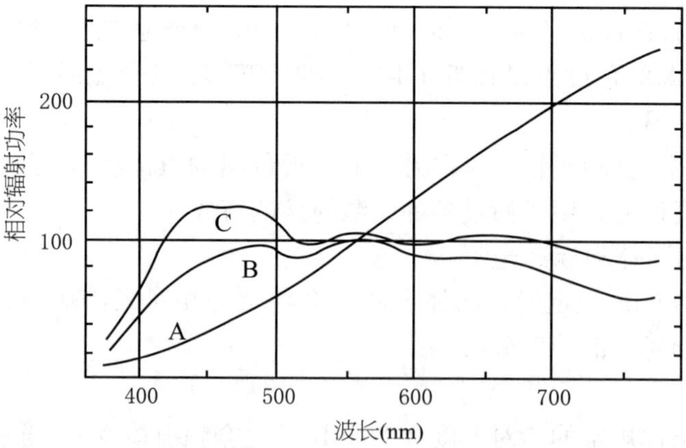

图 8-16 CIE 标准照明体 A、B、C 的相对光谱功率分布

标准光源箱也称标准光源对色灯箱，它广泛应用在纺织品、印染、塑料、颜料、油漆等颜色领域，用于目测评定对物品的颜色偏差。因为不同光源具有不同的辐射能量，照射到物品上时会显现不同的颜色。灯箱内除提供 D_{65} 标准灯管外（使用超过二千小时后需要更换），根据需要还可选配：紫外灯光源 Utra-Violet（UV），用于检测使用荧光及增白染料的物品，同时可以用于补充 D_{65} 光源中的紫外光。

欧洲、日本商用光源 Triphosphor Lamp p15（TL84），供顾客购物时在商用灯光下用颜色对比。另外，还有暖白商用光源 TL83。

美国商用光源冷荧光 Cool White Fluorescent（CWF）。另外，还有美式商用光源 U_{30}。

此外，还有夕阳光、比色参考光源 F、美式橱窗射灯 A。

灯箱光源的照度范围为 750～3 200 勒克司，光源的背景颜色为吸光型中灰色。灯箱有大、小两种，大灯箱的外形尺寸：高 56 cm、宽 68 cm、深 56 cm；观察尺寸：高 43 cm、宽 61 cm、深 50 cm。不同型号的灯箱都可配置 4～6 种光源，多种光源间采用微电脑控制进行快速切换，以准确对比物品在不同光源下的颜色差异。

鉴于目前国内外对棉、麻、毛、丝等纤维，以及纺织品色牢度的评定，大多数仍沿用目测方法。为此，有必要介绍 CIE 70 关于室内照明灯具配光的有关规定：对统一眩光指数（Unified Glare Rating UGR）的等级分类如表 8-2。

表 8-2 眩光 UGR 等级分类表

统一眩光指数 UGR	眩光程度描述	统一眩光指数 UGR	眩光程度描述
31	无法容忍的	19	可接受的
28	刺眼的	16	可察觉的眩光
25	不舒适的	10	不可察觉出
22	不可接受的	—	—

造成光污染的光辐射中最常见的就是眩光。眩光是指在视野范围内，在空间或时间上存在极端的光亮度照射，以致引起不舒服或降低可见度的视觉现象。眩光使人的视力下降并迅速疲劳，对人的身体以及心理上，都产生极大的负面影响：轻者使人疲劳、工作效率下降；严重的会导致眼疾。

统一眩光指数 UGR 的测试条件及方法应符合 CIE 117 规范内容要求。

（二）不透明样品的照明和观测条件

CIE 推荐了不透明样品的色度测量标定应符合下述照明和观测条件中的一种。

1. 45°/垂直（缩写为 45/0）

样品被一束或多束光照明，照明光束的轴线与样品表面的法线成 45°±2°。观测方向和样品表面法线间的夹角不应超过 10°。照明光束的轴线和任一条光线间的夹角不应超过 8°。在观测光束方面遵守同样的限制。

2. 垂直/45°（缩写为 0/45）

样品被一束光照明，该光束的有效轴线与样品表面的法线之间的夹角不应超过 10°。在与法线成 45°±2°的角度下观测样品。照明光束的轴线和任一光线间的夹角不应超过 8°。在观测光束方面应遵守同样的限制。

3. 漫射/垂直（缩写为 d/0）

样品被积分球漫射照明，样品表面的法线和观测光束的轴线间的夹角不应超过 10°。积分球可以是任意直径的,只要开孔部分的总面积不超过球内反射整球面积的10%。观测轴线和任意观测光线间的夹角不应超过5°。

4. 垂直/漫射(缩写为0/d)

样品被一束光线照明,该束光的轴线与样品表面法线的夹角不应超过10°。用积分球收集反射通量。照明光束的轴线和任何一光线的夹角不应超过5°。积分球可以是任意直径的,只要开孔部分的总面积不超过球内反射整球面积的10%。

二、颜色测量仪器

颜色的仪器测量可以用两种不同的方法:分光光度法和光电积分法(三刺激值法)。

分光光度法测量颜色主要是测量物体反射的光谱功率分布或物体本身的光度特性,然后再由这些光谱测量数据通过计算的方法求得物体在各种标准光源和标准照明体下的三刺激值。这是一种精确测量颜色的方法,而且可以制成自动化的测量设备。

光电积分法是通过把探测器的光谱响应匹配成所要求的CIE标准色度观察者光谱三刺激值曲线,或某一特定的光谱响应曲线,来对被测量的光谱功率进行积分测量。这类仪器测量速度快,也具有适当的测量精度。

(一)分光光度测色仪器

分光光度法测量颜色包括两个过程:

(1)用分光光度法测量物体的光度特性。

(2)根据CIE标准观察者光谱三刺激值计算颜色的三刺激值 X、Y、Z。

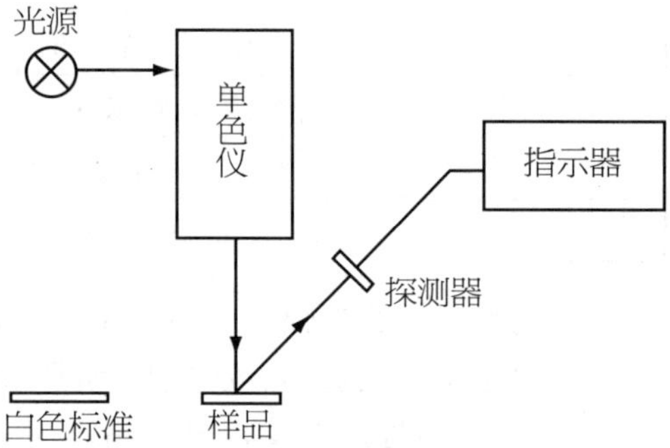

图8-17 非荧光物体的测量

分光光度法测量颜色是一个纯粹的物理测量过程,也就是利用分光光度计测量光源的相对光谱功率分布或物体的光度特性。图8-17是测量非荧光物体颜色特性的结构原理,光源发出的光辐射进入单色仪后,单色仪的出射狭缝射出单色辐射。测量过程是:首先把白色标准置于仪器的测量位置,得到某一读数,然后置样品于同一测量位置,也可得到某一读数。于是根据两个测量读数值和白色标准的光谱辐亮度系数,可得被测颜色样品的光谱辐亮度系数 $\beta(\lambda)$。测量应依照CIE推荐的四种照明和测量条件之一进行。图8-17是0/45几何条件,假设在单色仪的某一波长下测得白色标准的光谱辐亮度为 $L_C(\lambda)$,而在同一波长测得待测样品的光谱辐亮度为 $L_C(\lambda)$,白色标准的光谱辐亮度系数为 $\beta_S(\lambda)$,则待测表面的光谱辐亮度系数 $\beta(\lambda)$ 为:

$$\beta(\lambda)=\frac{L_C(\lambda)}{L_S(\lambda)}\beta_S(\lambda) \tag{8-18}$$

测量的单色波长间隔可以是5 nm或10 nm,对于一般的测色,10 nm波长间隔的计算精度已足够精确。

(二)光电积分式测色仪器

光电积分式色度测量与分光光度法的测量方法不同,它不是测量某一波长的色刺激,而是在整个测量波长区间内进行一次积分测量。如果能通过积分测量测得样品的三刺激值 X、Y、

Z,那么就能容易地计算出样品的色品坐标。

1. 光电积分式色度计

如果能通过将色玻璃覆盖在探测器上的方法,把探测器的相对光谱灵敏度$S(\lambda)$修正成国际照明委员会推荐的标准色度观察者光谱三刺激值$\overline{x}(\lambda)$、$\overline{y}(\lambda)$、$\overline{z}(\lambda)$,那么用这样的三个光探测器接收光刺激时,就能用一次积分测量出样品的三刺激值X、Y、Z。可以写出如下三个方程式:

$$
\begin{aligned}
X&=k\int_{380}^{780}\varphi(\lambda)\overline{x}(\lambda)\mathrm{d}\lambda=c_x\int\varphi(\lambda)S(\lambda)\tau_x(\lambda)\mathrm{d}\lambda\\
Y&=k\int_{380}^{780}\varphi(\lambda)\overline{y}(\lambda)\mathrm{d}\lambda=c_y\int\varphi(\lambda)S(\lambda)\tau_y(\lambda)\mathrm{d}\lambda\\
Z&=k\int_{380}^{780}\varphi(\lambda)\overline{z}(\lambda)\mathrm{d}\lambda=c_z\int\varphi(\lambda)S(\lambda)\tau_z(\lambda)\mathrm{d}\lambda
\end{aligned}
\tag{8-19}
$$

式中:k和c_x、c_y、c_z是常数;$\tau_x(\lambda)$、$\tau_y(\lambda)$、$\tau_z(\lambda)$为覆盖的色玻璃的光谱透射比。

式(8-14)称为卢瑟条件。为实现光电积分测色,需要寻找合适的色玻璃,满足式(8-14)的要求。

如果用三个经过修正并符合式(8-14)的滤光片,即滤光片组的透射比为$\tau_x(\lambda)$、$\tau_y(\lambda)$、$\tau_z(\lambda)$,那么只要转动三组滤光片,就可获得计算色品坐标的必要数据X、Y、Z。

2. 色差计

用于测量物体透射或反射光的三刺激值和色品坐标,在需要测量两种接近的颜色时,可以根据不同的色差公式计算出两个颜色的色差。

色差计一般由照明光源、探测器、放大器、数字显示、数据运算等部分组成,通常采用三个带有修正滤光片组的探测器,近年来常用硅光电器件。图8-18是一种色差计的俯视图和正视图,它的照明和观察条件是0/d。光源的光束经过会聚透镜和45°反射,镜投射到反射样品上,积分球收集样品表面反射的辐射通量。积分球的内壁涂有氧化镁或硫酸钡中性白色漫反射涂料。光探测器X、Y、Z分别安装在球壁的三个测量孔上,它们可以同时接收样品的反射辐射通量。在测量透射样品时,在样品孔上放置氧化镁或硫酸钡中性白板。这类仪器测量在某种CIE标准C光源下的物体色三刺激值和色品坐标。近年来,由于荧光色度测量的要求,也采用D_{65}标准照明体照明被测荧光物体,这样可以真实地反映荧光物体的颜色特性。

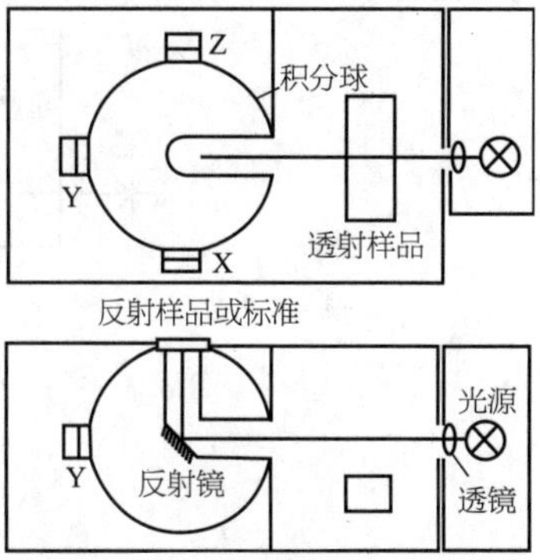

图8-18　色差计示意图

因仪器的照明光源多数是标准A光源,所以为了获得标准C光源下的物体色参数,需要利用色修正的方法使测量系统满足标准C光源下的测量要求。常用的方法是对三个探测器X、Y、Z的相对光谱灵敏度作必要的修正,使之满足卢瑟条件:

$$
\left.
\begin{aligned}
k_xP_A(\lambda)\tau_x(\lambda)S(\lambda)&=P_C(\lambda)\overline{x}(\lambda)\\
k_yP_A(\lambda)\tau_y(\lambda)S(\lambda)&=P_C(\lambda)\overline{y}(\lambda)\\
k_zP_A(\lambda)\tau_z(\lambda)S(\lambda)&=P_C(\lambda)\overline{z}(\lambda)
\end{aligned}
\right\}
\tag{8-20}
$$

式中:$P_A(\lambda)$和$P_C(\lambda)$分别为CIE标准光源A和C的相对光谱功率分布;$S(\lambda)$为光电器件的相对光谱灵敏度;$\tau_x(\lambda)$、$\tau_y(\lambda)$、$\tau_z(\lambda)$为三个探测器修正滤光片的光谱透射比;$\overline{x}(\lambda)$、$\overline{y}(\lambda)$、

$\bar{z}(\lambda)$为 CIE 标准色度观察者光谱三刺激值;k_x、k_y、k_z 为三个与波长无关的常数。

色差计的精度与仪器符合卢瑟条件的程度有关。在色差计的探测器修正中,要使仪器完全符合卢瑟条件是不可能的,只能是近似地符合。色差计符合卢瑟条件的程度愈高,测量精度就愈高。为了减少探测器修正不完善带来的误差,就得根据待测样品的颜色选用不同的标准色板或标准滤色片来校准标定仪器。将选定的标准色板或标准滤色片放入仪器,并调节仪器的输出,使显示的三刺激值和标准色板或标准滤色片的标定值一样,仪器即可投入使用。一般的色差计带有 4~10 块不同颜色的标准色板或标准滤色片,其三刺激值已由分光光度计标定。新型的色差计都带有计算机,可以直接给出色品坐标和色差参数,而且可以任意选择所需要的色差计算公式,计算两个被测颜色的色差,实现对颜色产品的科学管理。

三、荧光色度测量

近几年来,荧光物质在各种领域的应用越来越广,如染料、颜料、油漆、塑料、包装材料等工业中都应用了荧光材料。因此,有必要研究测量荧光材料色参数的方法。

荧光物质的特性是:它能吸收一部分入射的辐射能量,发射出比吸收的入射波长更长的辐射,例如若丹明溶液吸收短波长的光辐射,发出较长波长的光辐射。一些荧光增白剂还显示出光谱选择性,它们可以增加纸张、纺织品、塑料等的洁白程度。

以目视观察被光源照明的荧光材料时,人眼观察到的全都是可见光谱辐射,换句话说,同时观察到材料对光源的反射(透射)和材料的荧光发射光谱。当用物理方法测量荧光材料时,它的测量结果应该与目视评价一致。

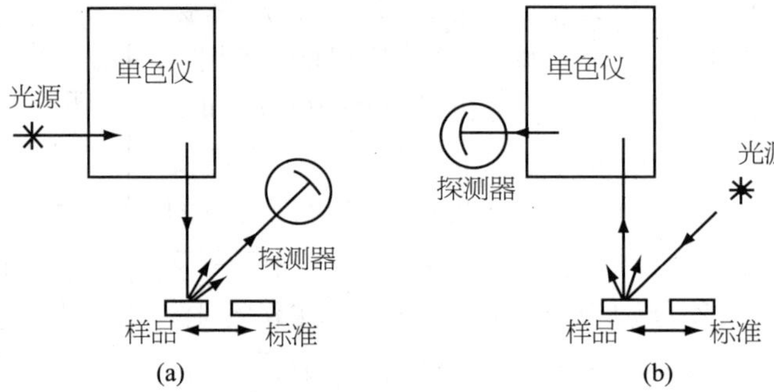

图 8-19　$\beta(\lambda)$的两种测量结构

首先考察图 8-19 所示的测量光谱辐亮度系数 $\beta(\lambda)$的两种情况。图 8-19(a)中,光源通过单色仪照明样品,然后由光电探测器接收;图 8-19(b)中,光源直接照射样品,从样品表面反射的光经单色仪后,由光电探测器接收。对于非荧光材料,这两种测量结构的测量数值是相同的。但测量荧光材料时,这两种测量结构会产生完全不同的测量数值。由于照明条件不同而引起测量数据不同的原因可以这样分析:如果被测样品放在单色仪的后面(图 8-19a),从单色仪狭缝射出波长为 λ 的单色辐射激励样品的荧光发射,光电探测器接收到两部分光辐射,样品对入射波长为 λ 的单色辐射的反射以及样品的荧光发射,荧光发射波长往往比入射波长更长。按照常规的分光光度测量方法,波长更长的荧光发射会被误认为是单色辐射(波长为 λ)的反射,用常规分光光度法测量时,荧光样品的光谱辐亮度系数为 $\beta_C(\lambda)$。

如果采用如图 8-19(b)的测量方法,样品被复色光照明,反射的单色辐射和荧光辐射通过单色仪可以分离开来,由于荧光辐射处于长波区域,所以样品的辐亮度系数在长波部分变大了，光谱辐亮度系数为 $\beta_T(\lambda)$。

图 8-20 为被测样品的光谱辐亮度系数 $\beta_C(\lambda)$ 和 $\beta_T(\lambda)$ 曲线。可以明显看出，对于荧光材料的测量，选择不同的测量方法有很大的差别。可见，图 8-19(b)的测量方法是合理的。但是，这两种测量方法中，照明光源的光谱功率分布对测量的结果都有很大的影响，CIE 推荐了几个标准光源，较为重要的是标准照明体 D_{65} 和标准 A 光源。图 8-21 表示了在两种不同照明光源照明下 $\beta(\lambda)$ 的差别，D_{65} 照明体具有更丰富的紫外辐射，它能激发出更多的荧光发射。采用图 8-19(b)的测量方法，并用标准照明体 D_{65} 照明测得的光谱辐亮度系数 $\beta_T(\lambda)$ 称为"全光谱辐亮度系数"。全光谱辐亮度系数 $\beta_T(\lambda)$ 等于荧光样品上反射和发射的光谱辐亮度系数的总和，可以写为：

$$\beta_T(\lambda)=\beta_r(\lambda)+\beta_L(\lambda) \tag{8-21}$$

式中：$\beta_T(\lambda)$ 为波长 λ 处的全光谱辐亮度系数；$\beta_r(\lambda)$ 为波长 λ 处反射引起的辐亮度系数；$\beta_L(\lambda)$ 为荧光发射产生的辐亮度系数。

采用标准照明体时，反射样品的荧光色度计算公式为：

$$\left.\begin{aligned}X &= k\int \Phi_\lambda \beta_T(\lambda)\,\bar{x}(\lambda)\,d\lambda \\ Y &= k\int \Phi_\lambda \beta_T(\lambda)\,\bar{y}(\lambda)\,d\lambda \\ Z &= k\int \Phi_\lambda \beta_T(\lambda)\,\bar{z}(\lambda)\,d\lambda\end{aligned}\right\} \tag{8-22}$$

式中：Φ_λ 为照明体的相对光谱功率分布。

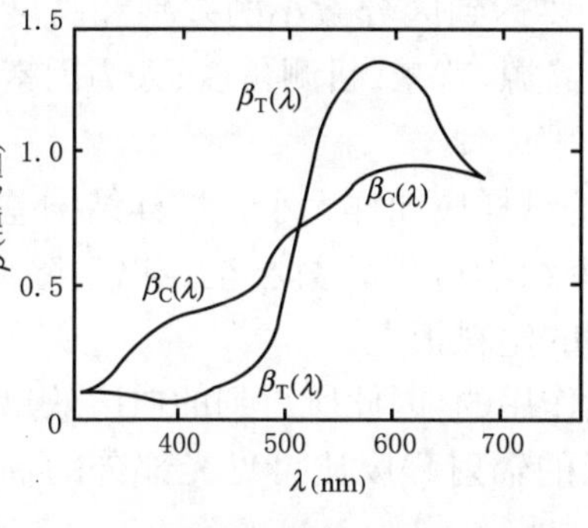

图 8-20 不同测量结构的测试结果

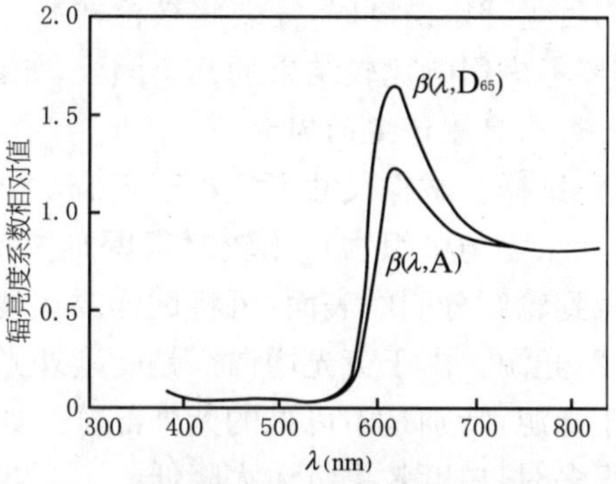

图 8-21 不同照明体下光谱辐亮度系数的变化

图 8-22 是利用积分球测量全光谱辐亮度系数的结构示意图，仪器采用氙灯 D_{65} 模拟器，使样品和标准得到照明，两束光由单色仪先后接收，最后获得测量数据。

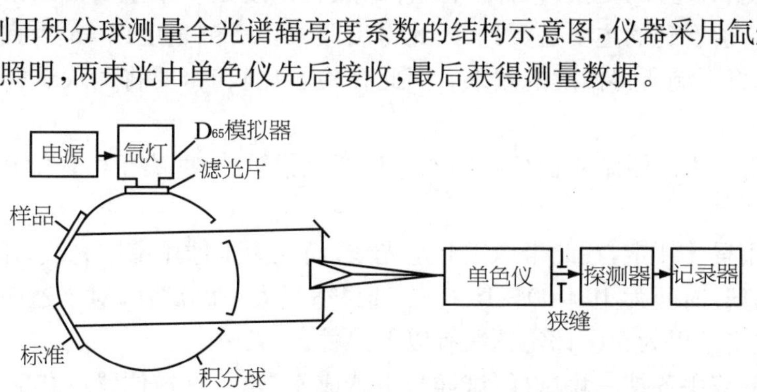

图 8-22 全光谱辐亮度系数的测量(d/0 方式)

四、白度测量

白色是人们最常见的色调，物质表面的白色程度是一个特殊的颜色特性，其特点是具有高反射率和低纯度，又是一个与观察者心理因素有关的量。白度在生产和生活中具有很重要的意义，在棉花、羊毛、粮食和许多工业产品，如白色涂料、糖类、塑料、纸张等产品质量评定中是一个主要指标。

由于人们对白色的偏爱有所不同，有的人喜爱带红色的白，有的人喜爱带绿色的白，有的人则认为白色物质中添加蓝色会更白，因此很难做统一的评价。同时，物质的白色也会随观察条件和时间的变化而变化。然而，一般还是可从色的基本属性来评价白色的程度。当物质表面对可见光谱所有的波长反射率在80%以上时，可认为该物质表面为白色；另外，也有用明度(Y)和纯度(P_e)来表征白色。Berger 认为当物体表面 $Y>70$ 和 $P_e<10\%$ 时可当作白；Macadam的实验数据则为 $Y=70\sim90$ 及 $P_e<0\%\sim10\%$；而 Grum 等人认为物体表面的色纯度为 0%～12%和高反射率时就看作白。由此可见，对白度的定量评价标准尚不一致。

随着科学技术的发展，当用仪器测色成功地应用于工业上时，各国普遍开始了测试白度的探索性工作。由于实际的需要，以目视评定和色度学测量的方法为基础而建立的白度公式，近半个世纪来，有繁简不一的百种以上。我们知道，对任何一种物质的白色表面都可用色品坐标或按颜色的三个基本属性来表示。合理的白度公式应取决于白色试样的目视评定和色度学测量的符合度。

(一)目测评定

用目光评定白度时，需要将被检样品与标样比较。要达到区分微小的差别和高度的准确性，需要考虑影响比较结果的几个因素，如试样的性质、光源、背景、目测角度、人为因素等。

1. 影响目测评定的因素

(1)试样。试样尺寸不宜小于 6 mm×5 mm，比较的试样应同样大小。试样结构差别很大者(如针织物与机织物)，比较时很困难。针织物或窗帘织物应折叠数层至足以消除此影响。为了得到轮廓分明的表面，可将试样放在玻璃片或透明的塑料板上。

(2)光源。由于荧光增白剂是受紫外光的辐射而起作用的，因此所得到的白度效果大部分依赖于光源，特别是不可见的紫外部分。如果在紫外区的辐射程度比可见光部分的辐射程度低得很多时，白度效果将大大降低。

(3)目测角度和位置的变换。目测时试样的放置角度是一个重要的因素。与试样呈较小角度进行观察时，被看到的主要是荧光，因此得出假象。目测角度以 45°为宜。试样的相对位置(如左或右)也将影响所得白度的效果。因此在检验比较时，要将两块试样的位置左右更换数次。

(4)人为因素。人的眼睛对白色物体的色泽变化很敏感，取决于生理学和心理学的因素。

2. 评定方法

评定条件：用昼光评定，在北半球用北空光线，而在南半球用南空光线，通过只吸收尽量少的紫外光的窗玻璃，时间为 10：00～15：00，选择适当大小的试样，对于透明的试样需折叠数层至不再影响评定结果为止。评定方法有以下三种：

(1)评定者的双手各持一块试样，试样与眼睛成 45°角。试样位置左右反复更换数次。

(2)将试样包覆在玻璃片或树脂玻璃板上(应不含紫外吸收剂或荧光增白剂)，并放在如方法(1)中相同的位置，将一块试样板部分重叠在另一块试样板上，如此反复更换数次。

(3)将试样边靠边地平放在不耀眼的白色或浅灰色底板上，上面用一块玻璃压住，此玻璃板不吸收紫外光。评定时左右位置应反复更换数次。

3. 白色标准

汽巴-嘉基白色标准以理想白色为100，每一级相差10个单位[能区分的最小白度差别，相当于1.2亚当斯-尼克森(Adams-Nickerson)色差单位(40)]，有棉布和塑料两种白色标准。

(1)汽巴-嘉基棉布白色标准。用棉布白色标准评定纺织品较为方便。汽巴-嘉基棉布白色标准由窗帘等装饰用布制成，用一中性色光的三嗪基二氨基二苯乙烯的增白剂(Tino-pal DMS)在92℃水洗浴中增白。标准分18级，白度为70～240，每隔10个单位为目测能区分的1级差别。

(2)汽巴-嘉基塑料白色标准。纺织品白色标准容易沾污而需经常更换，所以发展了能洗涤的耐光牢度很好的白色标准，用三聚氰胺树脂塑料制成。此塑料白色标准也可用于评定未经荧光增白剂处理的材料和评定泛黄程度。每一级标准分有光泽面和无光泽面两种，用于比较各种塑料和纸张等。此标准对外界影响不敏感，因此也可用于校准各种测量仪器(例如滤色器光度计、分光光度计、荧光计等)。此塑料白色标准包括12块小塑料板，每一块有一无光泽面和一有光泽面。标准板为6 cm宽、9 cm长和2.2 cm厚。此标准板用不含增白剂的温洗涤液很易清洗(注意：用于揩干的毛巾也不应含有荧光增白剂)，此标准的分级见表8-3。

表8-3 汽巴-嘉基塑料白色标准的分级

级别	1	2	3	4	5	6	7	8	9	10	11	12
白度	−20	5	25	50	70	90	105	130	150	175	185	210

注：1～4级为没有荧光的标准；5～12级为有荧光的标准。

4. 评定纺织品白度用白色样卡

白色样卡由五块无光白色小卡片(或布片等其他等同物质)组成，分别对应于观感白度的五个整级白度档次，即5、4、3、2、1。5级代表白色纯度最高，1级代表白色纯度最低，中间级数的白色纯度依次递减。白度值经测色仪确定，白度值和容差按照表8-4规定。

表8-4 白色样卡各档的白度值

白度等级	白度值 W_{10}	容差
5	130	±3
4	115	
3	100	
2	85	
1	70	
淡色调指数($T_{w,10}$)控制范围：$-3<T_{w,10}<3$		

(二)仪器测量

为了保证白度评价的一致性，仪器测量时CIE特别推荐下面给出的白度W或W_{10}的公式和淡色调T_w或$T_{w,10}$的公式，用于在CIE标准照明体D_{65}下被评价样品的白度对比。公式的应用受如下限制:样品必须是工商业中被称为“白”的样品;样品在颜色和荧光方面没有多大不同;样品是在相同的仪器上在相隔时间不长的期间内测量的。就是在这些限制之下,公式提供的仍是白度的相对评价而不是绝对评价。

$$W=Y+800(x_n-x)+1\ 700(y_n-y)$$
$$W_{10}=Y_{10}+800(x_{n,10}-x_{10})+1\ 700(y_{n,10}-y_{10}) \tag{8-23}$$
$$T_w=1\ 000(x_n-x)-650(y_n-y)$$
$$T_{w,10}=900(x_{n,10}-x_{10})-650(y_{n,10}-y_{10}) \tag{8-24}$$

这里 Y 是样品的三刺激值 Y;x 和 y 是样品的色品坐标 x 和 y;x_n 和 y_n 是完全漫射体的色品坐标。

以上这些都是对于 CIE 1931 标准色度观察者的。Y_{10},x_{10},y_{10},$x_{n,10}$,$y_{n,10}$ 则是对于 CIE 1964 补充标准色度观察者的相类似的值。

W 或 W_{10} 的值越高,表示白度越大。T_w 或 $T_{w,10}$ 正的值越大,就表示带绿度越大;T_w 或 $T_{w,10}$ 负的绝对值越大,就表示带红度越大。对于完全漫射体来说,W 或 W_{10} 都等于 100,T_w 和 $T_{w,10}$ 都等于 0。

对于带明显颜色的样品,使用白度公式是没有意义的。这些公式仅能应用于这样的样品,它们的 W 或 W_{10} 值、T_w 或 $T_{w,10}$ 值要落在以下极限范围之内:

(1)W 或 W_{10} 大于 40 并小于($5Y-280$)或($5Y_{10}-280$);

(2)T_w 或 $T_{w,10}$ 大于 -3 并小于 $+3$。

淡色调公式是建立在实验结果的基础上,即在 x,y 或 x_{10},y_{10} 色品图上,等淡色调线是近似平行于 466 nm 的主波长线。

相等的 W 或 W_{10} 的差并不总是能表示白度的相等视觉差;相等的 T_w 或 $T_{w,10}$ 的差并不总是能表示白度中带绿度或带红度的相等视觉差。白度和淡色调的测量与这种视觉属性之间的相关一致性需要更复杂的公式,而目前有关的知识还不足以能够准确地建立这些公式。

国家标准推荐纺织品白度值按下列公式计算:

$$W_{10}=Y_{10}+800(0.3138-x_{10})+1\ 700(0.3310-y_{10}) \tag{8-25}$$
$$T_{w,10}=900(0.3138-x_{10})-650(0.3310-y_{10}) \tag{8-26}$$

其结果提供的是相对评价,而不是绝对的白度评价,应用于在等同仪器或已知其测量系数相当接近的仪器上测量试样并进行比较。

在某些情况下,需要测量物体的黄色度。白色的物体,如白布、白塑料等,当它们长期在阳光下暴晒时,其白色会逐渐变黄。稍带有黄色的白色物体,可用黄色度表示,而白色物体经过一段时间后变黄的程度可用变黄度表示。

$$YI=\frac{100(1.28X-1.06Z)}{Y} \tag{8-27}$$

式中:YI 为黄色度;X,Y,Z 为样品的三刺激值。

$$\Delta YI=YI-YI_0 \tag{8-28}$$

式中:ΔYI 为变黄度;YI_0 为样品初期的黄色度;YI 为经过一定时期后的黄色度。

1998 年国家标准推荐对纺织纤维如绵羊毛、山羊绒、马海毛、骆驼绒、腈纶、黏胶、苎麻等纤维白度和色度的测试，采用色差计测量试验样品的三刺激值 X、Y、Z，通过计算机得到白度和色度值，白度计算公式如下：

$$W=100-[(100-L)^2+a^2+b^2]^{1/2} \tag{8-29}$$

亨特色坐标系统的明度指数 L 与色度指数 a、b 与试样三刺激值 X、Y、Z(D_{65}、10°)的函数关系为：

$$L=10.000Y^{1/2}$$
$$a=17.210(1.055X-Y)/Y^{1/2}$$
$$b=6.675(Y-0.932Z)/Y^{1/2} \tag{8-30}$$

纤维色度用与标准试验样品的色差表示，其公式见本章第四节 CIE 1994($\Delta L^* \Delta C_{ab}^* \Delta H_{ab}^*$)公式。

五、纤维色泽测量

(一)棉花色泽测量

1. 目测评定

根据棉花的颜色特征分为五级，即一级至 7 级。

检验时，将棉样压平、握紧，使棉样密度与颜色级实物标准的表面密度相似，与实物标准进行对照。在北空昼光或模拟昼光 D_{75} 条件下进行目测检验。

国家标准推荐的《棉花分级室模拟昼光的照明》和《纺织纤维分级室北空昼光的照明》，对采光方式、照明质量、光照度、环境色等都提出了要求。

2. 仪器测量

棉花的“色泽”是指棉花的颜色和光泽。棉花的基本色调是黄色，很接近孟塞尔色卡的 10YR(10 黄红)。因此，可用黄度和明度两个指标来表示。棉花测色仪就是根据棉花的光谱特性和色度学的原理设计的。

仪器示意图如图 8-23 所示。由光路部分和电路部分组成，以数字显示或以色征图显示。其测量原理是白光光束以与棉样表面法线成 45°角的方向入射至棉样表面。在垂直方向上测量棉样表面的反射光(45/0)，分析其中光谱成分和反射率的大小，而获得棉样的色征。

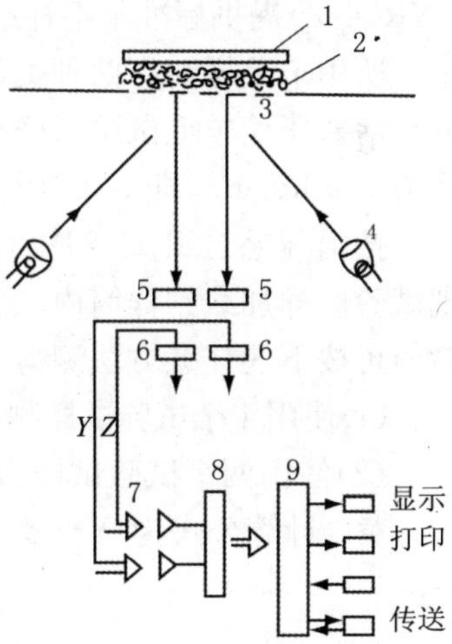

图 8-23 测色仪结构原理示意图

由气动加压机构 1 将棉样 2 压在测试窗 3 上，压力固定在 44.5 N，确保光传感器对每只试样一致。光源为两只对称放置的白炽灯泡 4，接收器是带有滤色片 5 的硅光电池 6 作为传感元件。光电信号经放大 7 模数转换 8 后输入微机系统 9，由三刺激值 Y 和 Z 计算出亨特坐标的 R_d 和 $+b$。

R_d 和 $+b$ 的计算方程如下：

$$R_d=Y \tag{8-31}$$
$$+b=70f_y(Y-0.847Z) \tag{8-32}$$
$$f_y=0.51(21+20Y)/(1+20Y)$$

式中:R_d 为棉样的光反射率;$+b$ 为棉样的黄度。

R_d 和 $+b$ 的数值可转换成美国农业部的色征等级。

亨特 Lab 色坐标,有三个矢量,R_d 表示光的反射率,a 和 b 是色坐标,a 表示红和绿,$+a$ 表示红色矢向,$-a$ 表示绿色矢向;b 表示黄和蓝,$+b$ 表示黄色矢向,$-b$ 表示蓝色矢向。棉花的 a 近似常数,无需测量。由于绝大部分棉花的基本色很接近孟塞尔色卡中的 10YR(10 黄红),为简化电路结构起见,用 $+b$ 作为棉花的黄度示值,实际测得的 $+b$ 与理论上的黄色饱和度示值近似。

仪器附有一套五块校准瓷板,即白板、黄板、棕板、灰板、中心板,并标明经计量检定的 R_d 和 $+b$ 标准值。仪器经校正后,各块校准瓷板的测定值应在允差(R_d 标定值±0.3%,$+b$ 标定值±0.3 单位)范围内。之后,仪器还要使用棉花色特征物标准样品检查仪器校正情况,根据 GB/T 13784《棉花颜色试验方法　测色仪法》的规定,测定值允差范围:R_d 标定值±0.4%,$+b$ 标定值±0.4 单位。如果超出允差范围,应对仪器进行调整和检修。

Uster 公司生产的 HVI Spectrum 和 1000 型大容量测试仪中的棉花测色仪,光源已改用脉冲氙灯,发热量较小,稳定性较好,寿命较长。

(二)羊毛色泽测量

用色度计、光谱色度仪或分光光度计测试试样的 X、Y 和 Z 值,再以一定的公式计算求得白度和黄度。仪器应符合 CIE 规定的 45/0 几何条件,提供有关 C 光源和 2°视场(C/2°)或者 CIE D_{65} 光源和 10°视场(D_{65}/10°)的数据。

测色仪器用校正板校准,其测量值应在校正板标定值的 1 个单位以内。校正测色仪器用的附件包括:一块奶黄色校正板、一块黑色校正板、一块白色校正板。由新西兰羊毛研究组织(WRONZ)提供标准羊毛样品。

所用羊毛样筒有两种类型,即定密度样筒和定压力样筒。恒定密度的样筒通过一个气缸驱动活塞压缩羊毛试验试样至一个固定的容积。5 g 羊毛试验试样压缩至 11 mm 长(填充密度为 160 kg/m^3,即 0.160 g/cm^3)。

按国际毛纺织协会 IWTO-56-00 规定进行取样、试样制备(洗涤、烘干、混合、除杂、调湿),把试验试样加载到样筒内,之后将样筒的玻璃窗口对着测色仪器测试窗口进行测定,每个三刺激值可按下述任意方法测得 4 个读数:

(1)使用 1 个试验试样测量两个面,扯开毛样再合起来形成两个新的测量面,再测定每个面。

(2)使用两个试验试样,每个试验试样测量两个面。

黄度计算公式为:$Y-Z$。已在新西兰和澳大利亚应用。与羊毛颜色特征的对应情况见表 8-5。

表 8-5　黄度数值与羊毛颜色特征的对应表

羊毛颜色特征	黄度($Y-Z$)	
	C/2°	D_{65}/10°
很白	−2	7
白	0	8
奶油色	3	11
鲜黄色沾污	12	18

白度计算式如下：

$$W=[(100-0.94Y)^2+(2.84X-2.35Z)^2]^{1/2} \quad (8\text{-}33)$$

(三)兔毛白度测量

根据试样盒的大小，称取适量兔毛置于试样盒中，确保试样盒中每立方厘米体积内含有0.16 g的兔毛，并使测试面平整，盖紧后盖，拉开样品压板，将试样盒放入测试窗口，待白度仪指标装置显示的数值稳定后，记录指示值L、b，白度值按式8-34计算。

$$W=L-3b \quad (8\text{-}34)$$

式中：W为兔毛纤维的白度值；L为明度指数；b为色度指数。

六、XCL-1A型纺织品色度色差分析仪

XCL-1A型纺织品色度色差分析仪是一种新研制成功的，采用分光光度法原理实现纺织品色度色差测量的分析仪器。采用移动式自动连续测量结构和校正，通过测试架的移动，可依次测量校正白板、校正黑腔和试样载台上试样的相对光谱功率分布，根据CIE标准观察者光谱三刺激值计算试样的三刺激值X、Y、Z，由此计算试样的色度，分别测量试样和参考试样的三刺激值X、Y、Z，从而测得试样和参考试样的色差。仪器每次测量试样的色度前自动校正，测试结构合理，测试结果的精确度更高、重现性更好。仪器测量时测试架可带动试样载台移动，一次试验过程可按照设定的程序自动完成试样上多个部位的色度测量，减少测试工作量，提高了测试效率。

第六节 纺织品光泽测量

衣着等纺织制品的光泽，自古以来就受到人们的注意。不同类别的纺织纤维，在光泽方面各具特色。丝织物以其独特的“丝绢光泽”成为一种重要的光泽类型。丝织物良好的光泽外观一直是纺织生产者和消费者所追求的目标之一。因此，早在上世纪20年代，人们就开始了织物光泽问题的研究。在某些纺织制品的结构设计中，充分注意使纤维的光泽得到应有的发挥。纺织加工中，通过丝光、轧光等使纺织制品的光泽效应得到进一步的加强。在化纤生产中，降低光泽和改进光泽而进行仿真丝绸的措施受到了注意。因而，弄清纤维和纺织品光泽的本质及其特征具有特殊的实用意义。

光泽是与表面反光性质有关的物体的一种属性。光泽的定量表示称之为光泽度。光泽虽说是物体对光线反射所产生的光泽感，但从心理上来说，即便是观察那种毫无光泽的物体也出现光泽感，我们一般称之为心理光泽。

由于纤维和纺织品复杂的表面结构以及材料的半透明性质，因而除反射光的方向以外，影响光泽的还有辉度分布、内部反射比例和透明性等。

一、光泽度

可用变角光泽计，测定反射光束的变角光度特性。测定光源、试样表面、受光器所处的不同的相对位置所表示出种种的光泽度。

(一)镜面光泽度

即以试样表面的影像为条件的反射光束的强度，用$n=1.567$的玻璃板的强度百分率对照

表示。测定角的标准,有 JIS、ASTM 标准。

(二)漫射光泽度

即不以镜面光泽为条件的反射光束的强度,用氧化镁标准白板的强度百分率对照表示。

(三)对比光泽度

以两种不同条件的反射光束的比表示。根据条件的选择方法,有二维对比光泽度、三维对比光泽度、开角对比光泽度、NF 对比光泽度、杰弗里斯(Jeffries)对比光泽度等。图 8-24 所示为测定法的概略及其测定举例。

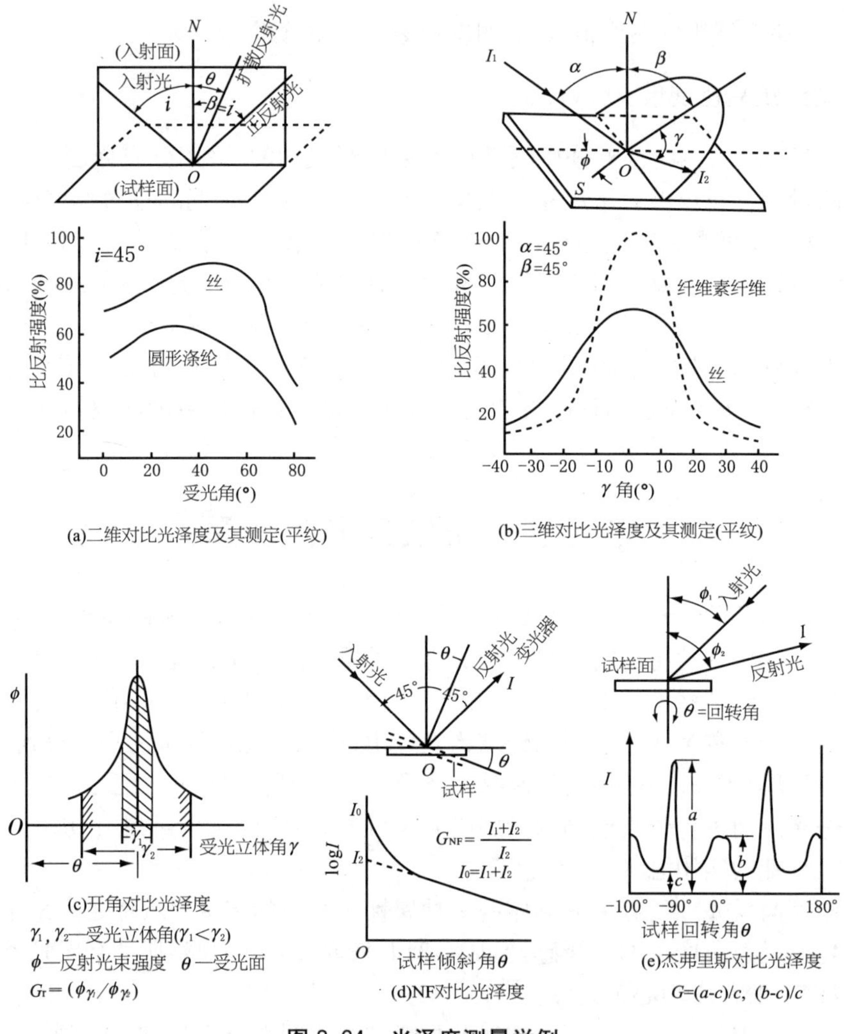

图 8-24 光泽度测量举例

图 8-24(a)所示为二维对比光泽度测定。入射光以 45°照射至试样面,试样面上产生正反射光和扩射反射光。其反射光强度与镜面正反射光强度(校正板反射率为 100%)的比值为比反射强度(%),它随受光角的变化而变化。丝织物的比反射强度高于圆形涤纶织物,峰值也不在同一个受光角上。

图 8-24(b)所示为三维对比光泽度测定。入射光以 45°照射至试样面(即 $\alpha=45°$),试样面上产生正反射光($\beta=45°$),在正反射光的两侧(书页纸面的前后,即 γ 角)也产生扩散反射光,其光强度与正反射光强度之比为比反射强度(%),它随 γ 角的变化而变化。纤维素纤维织物

的峰值高于丝织物。

图 8-24(c)所示为开角对比光泽度的测定与计算。试样受光立体面 θ 上的反射光束强度 ϕ 随受光立体角的变化而变化。设定一定范围的受光立体角 γ_1 和 γ_2($\gamma_1<\gamma_2$)，则受光立体角 γ_1 内反射光束强度之和 $\phi\gamma_1$ 与受光立体角 γ_2 内反射光束强度之和 $\phi\gamma_2$ 的比值称为开角对比光泽度 G_C。开角的大小，即 γ_1 和 γ_2，是根据测试需要而设定的。

图 8-24(d)所示为 NF 对比光泽度的测定与计算。入射光与试样水平面呈 45°，正反射光由受光器接收，受光器与试样水平面也呈 45°。当试样倾斜 θ 角时，受光器测得的反射光强度也随之变化，然后按图中公式计算 NF 对比光泽度(G_{NF})。

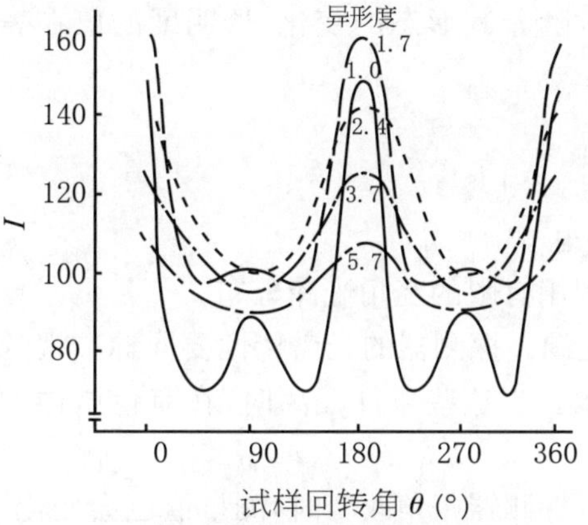

图 8-25　截面形状变化了的织物的杰弗里斯光泽曲线

图 8-24(e)所示为杰弗里斯对比光泽度的测定与计算。试样面在水平面上回转，其回转角为 θ。入射光以 ϕ_1 角照射于试样面上，在 ϕ_2 角上测定反射光强度 I。反射光强度 I 随试样面回转角 θ 的变化而变化，从中找出高峰 a、低峰 b 和峰谷 c 的数值，再按图中公式计算杰弗里斯对比光泽度(G)。

一般光泽强的平板试样，适宜用镜面光泽度和开角对比光泽度；纺织纤维制品适宜用二维对比光泽度和三维对比光泽度；织物因有经纬的方向性，适宜用杰弗里斯对比光泽度。图 8-25 所示为五种不同异形度(1.0～5.7)的纤维分别制成五种织物，所测得的杰弗里斯光泽曲线。

二、光泽的质感

所谓质感，意义上是模糊不清的。以纤维制品来讲，意味着某种程度上有调和光泽的意义。丝织物的光泽作为质感测试的一例，可用显微光泽计来测试辉度分布。将试样表面的辉点用透镜放大，用狭缝进行扫描，同时求得辉度分布曲线。放大有一定限制，因肉眼的存在认知阈在反差 1.5 时是 0.2 mm，所以使用 1 mm 直径的狭缝时放大 10 倍是充分的。此分布曲线的峰值之间的距离、峰值与谷值之比、峰的尖锐程度、平均值、规律性等，能够表现光泽的不同。

使用显微光泽计，能测定单纤维的光泽。对观察截面形状和添加剂的效果，也是有用的。例如，观察茧丝的光泽，则如图8-26所示，显示出不规则的尖锐的辉点分布。

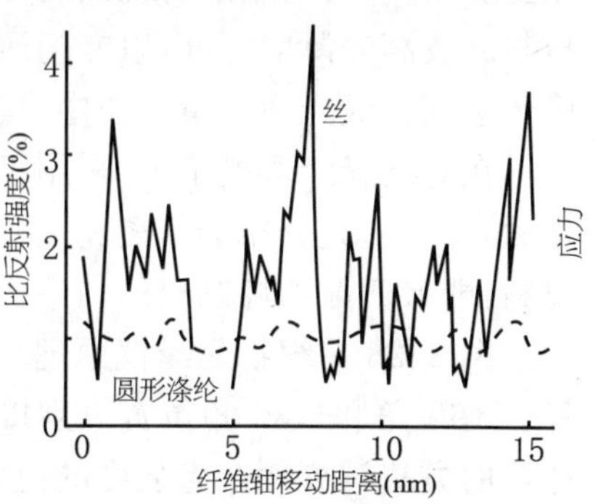

图 8-26　丝和涤纶纤维光泽曲线一例

丝被称为所谓发“底光”的材料，因其内部反射光所致。作为判断这种反射光的“内部性”的手段，可利用弗兰纳尔的法则。对透明体，如果入射角和反射角 θ 为 $\tan\theta=n$(n 为折射率)，则表面反射光为垂直于入射角的偏光。相反，如果接受与入射面平行的偏光，则看作是包含从其内部发出的反射光。反射光进入偏光滤光器，可求得两偏光成分的比例，推测反射的“内部性”。例如英格索尔(Inger soll)光泽度采用 $G_1=(P_\perp-P_{/\!/})/(P_\perp+P_{/\!/})$。式

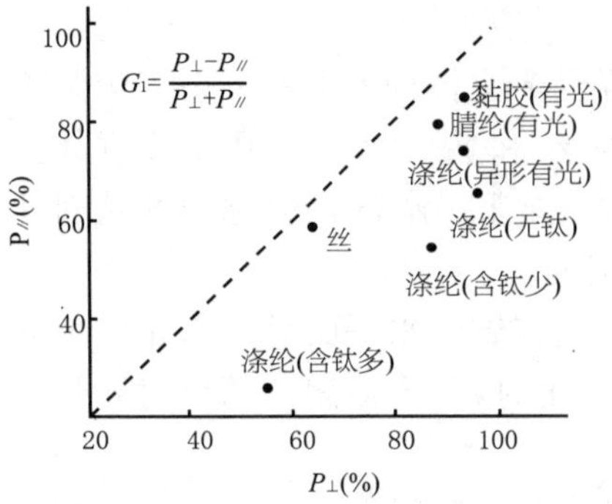

图 8-27　丝织物的偏光光泽度一例

中的 $P_\perp$ 为垂直于入射面的偏光成分的反射强度；$P_{/\!/}$ 为平行于入射面的偏光成分的反射强度。用此方法观察丝织物，内部反射的比例确实高(图 8-27)。有趣的是，醋酸丝、黏胶丝和腈纶丝等非熔融纺丝法制成的纤维，其内部反射比例比较高。但是，此方法受织物结构松弛程度和纤维截面形状等的影响。

织物主要由纤维组成，因而纤维的透明度也影响光泽的质感。纤维的透明度可以用显微分光光度计测定，但易受截面形状的影响，随着其形态的变化，透明度的值在表观上变小。

三、光泽的测量仪器

为了测量表面反射光的空间几何分布，一般采用变角光度计。用表面反射特性来表征光泽的时候往往只需利用有限的变角光泽分布。

光源的光谱功率分布应为标准 A 光源或标准 D_{65} 光源。探测器的光谱特性要同标准视觉观察者灵敏度等价，即与国际标准视觉函数 $v(\lambda)$ 相一致。当这些条件偏离时，在有色试样的光泽测量中会反映出不同的测量值。

根据海姆蒙德(Hammond)的资料测量镜面光泽度，探测器张角改变时，测量值也会变化。若采用变角光强型探测器，张角变化时不仅反光强度而且其分布形态都会变化。所以应引起注意。

试样表面的均匀性及方向性也有影响，粗看某两种试样的表面都一样，可是测量时，往往会发现其反射特性大不相同。一些组织规格不同的织物带有方向性，测量时应充分考虑。

镜面光泽度所用的最高标准，是已知折射率的光滑玻璃平板，按费涅尔式计算出光泽度量值。当使用透明的玻璃时，其背面的反射光应该排除。采用黑玻璃或乳白玻璃时，其折射率的测定是很困难的，因而我国建立镜面光泽度基准的时候(即最高标准)，回避了这一技术难题，而所得量值与美国对比时却高度一致。将折射率各不相同的溶液装入黑玻璃容器内，将容器表面作为镜面光泽度标准器。

对工作计量器具的定标，应该采用与试样相同特性的材料制成下一级标准器，例如陶瓷、搪瓷、塑料等材料制成的镜面光泽度标准板。我国用黑玻璃、微晶黑玻璃、人造单晶黑石英等材料制成高光泽度标准，以专门研制的特殊陶瓷材料制成中、低光泽度标准，将镜面光泽度量值传递到各级光泽测量工作中，实现量值统一。

在对比光泽度测量中，采用氧化镁粉制成的平面作为标样来进行相对比较，在大角度下工作时，其反射光分布会偏离完全漫反射，所以需要注意到这一点。近些年来，一种名为海伦的材料，即聚四氟乙烯制成的白平板，可以代替氧化镁板。

图 8-28 是织物光泽仪原理示意图，用 A 光源 60°角(与法线的夹角)的入射平行光照射试样，在 60°角和－30°角位置分别接收其正反射光和漫反射光，测得物体的光强度，并用对比光泽度的方法计算两个光强度的比值，表示织物的光泽度：

$$G_C=\frac{G_S}{\sqrt{G_S-G_R}} \tag{8-35}$$

式中：G_C 为织物光泽度；G_S 为织物正反射光光泽度；G_R 为织物漫反射光光泽度。

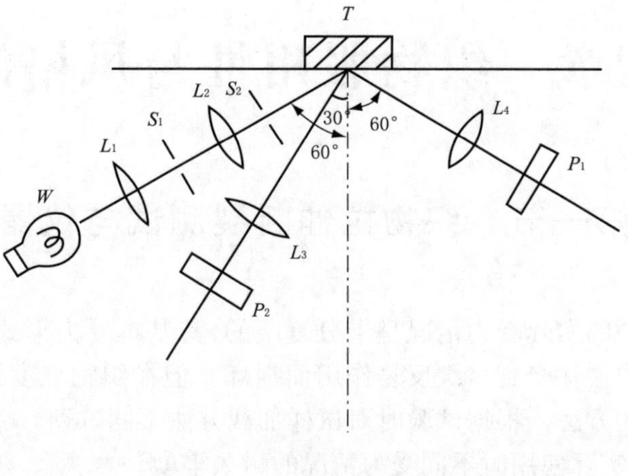

图 8-28　光泽仪原理原意图

仪器由检测器 P_1 测得正反射(60°)光，由检测器 P_2 测得与正反射成垂直方向的漫反射光，经过光电转换后的电信号送到比较电路，比较后送入模数转换，把光泽的模拟量转换成数字量，显示出光泽的数值。

在此基础上改进的织物光泽度仪，是将上述正反射(60°)光设计成可在一定角度范围内调节，同时，与正反射成垂直方向的漫反散光也作相应的角度变化(即正反射与漫反射保持垂直)，从而可以求得不同角度条件下的织物光泽度。这样，可以根据不同纤维材料、不同组织结构、不同工艺处理的织物，选择合适的正反射角度进行光泽度测试，以获得与目测结果较为一致的效果。

第九章　织物服用性与风格测试

第一节　织物拉伸断裂测试与仪器

织物在使用过程中的实际受力情况是十分复杂的，其基本受力形式有拉伸、弯曲、压缩和摩擦等。织物在服用中往往受到多次反复作用而损坏。但在织物强度试验时，为方便起见常采用一次加载至破坏的方法。根据试验时对试样加载方法不同，试验又可分为拉伸断裂、撕裂和顶破等，以检验织物实际使用时不同受力情况的耐久牢度。

一、拉伸断裂试验

织物最基本的断裂试验是拉伸试验，所用指标有断裂强力、断裂伸长、断裂功和断裂比功等。试验时可用条样法或抓样法对织物试样进行拉伸。在拉伸过程中有的试样横向收缩严重呈束腰形，则可采用双轴拉伸，即织物纵横两个方向同时被夹持拉伸(图9-1)。由于双轴拉伸仪器复杂，成本高，目前拉伸试验主要采用单轴拉伸法。

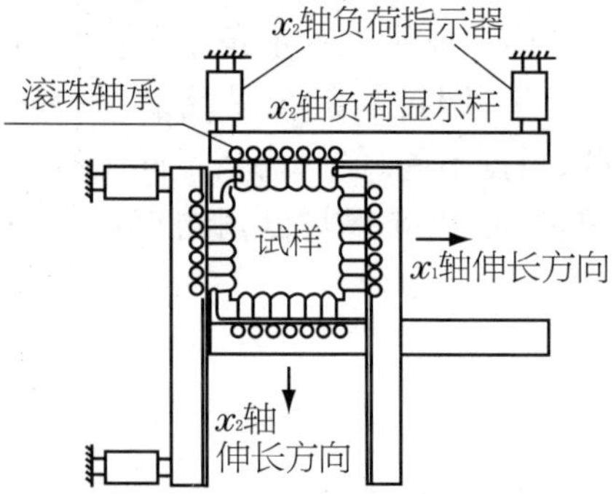

图 9-1　双轴拉伸试验机

条样法是将试样裁剪成条，被强力仪夹钳夹持进行拉伸试验。根据试样情况不同，又可分为拆纱条样法与剪割条样法两种[图 9-2(a)，(b)]。采用拆纱条样法其试验结果比较稳定，拆纱试样有效工作宽度一般为 50 mm，夹持长度为 200 mm。对不易抽边的织物，如缩绒织物、毡品、非织造布及涂层织物等，可采用剪割条样法，即将试样剪成宽度为 50 mm 的条样，不经拆纱进行直接拉伸试验。条样法拉伸时由于试样横向收缩呈束腰状，近夹持器处的纱线所受应力较大而易造成试样在夹持器钳口处断裂。条样拉伸断裂强力与纤维性能、纱线结构、织物结构以及织物后整理工艺有关。值得注意的是，由于横向纱线的约束作用，根据条样中纱线总根数求取条样单根纱线的平均强力，一般大于单纱的强力，即织物中纱线强力利用系数大于 1。这一点与由束纤维强力求取单根纤维强力的规律相反。

抓样法强力试验所用试样如图 9-2(c)所示。采用抓样法，夹持器的宽度就是拉伸试样的有效宽度，试样裁剪宽度则大于夹持器宽度。一般试样裁剪宽度 100 mm，试样长度 75 mm，夹持面 25 mm×25 mm。试样拉伸时仅其中间被夹持部分受到负荷，试样夹持处的应力区域比条样法有扩展，拉伸时受到相邻纱线提供的附加强力。因此，抓样法所得试验结果强力一般高于条样法的强力值。抓样法试样准备所费时间短，但测量结果不及条样法准确。

拉伸试验中夹持器夹紧之前必须给试样施加预张力，以消除织物的松弛，获得正确的伸长值。同时保证试样平整垂直地被夹持，使纵向纱线垂直于夹持器钳口线，保证强力值准确。预张力大小视织物面密度大小而异。

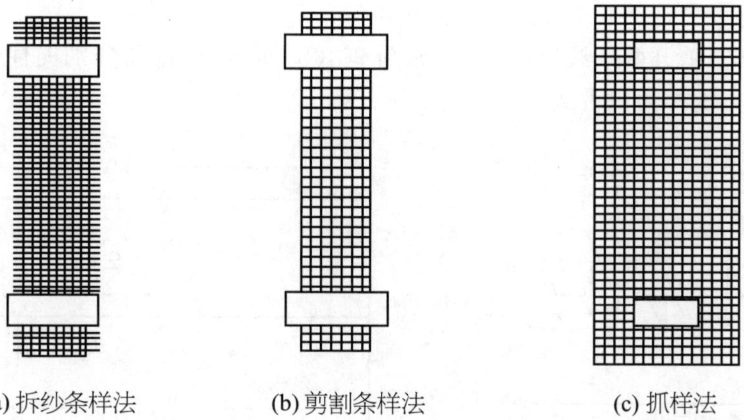

图 9-2 条样法试样

二、撕裂试验

纺织品在使用过程中有时会受到撕扯而破裂，撕扯破裂时织物中各纱线受力并不是均匀的，其中部分纱线所受应力集中，织物扯裂由织物中局部纱线断裂开始逐渐扩展，而拉伸断裂纱线的断裂是接近于同时发生的，也就是说，撕裂时各纱线断裂不是一次而是分阶段发生的。

撕裂试验方法根据试样裁剪方法和测力方式不同，有舌形法、梯形法和落锤法等。严格说来，落锤法也是一种舌形法，只是试样受力方式和速度不同，各种撕裂试验方法分别叙述如下。

(一)舌形法

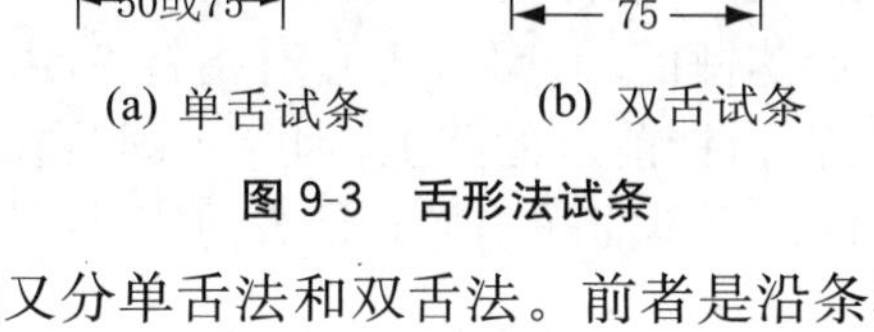

图 9-3 舌形法试条

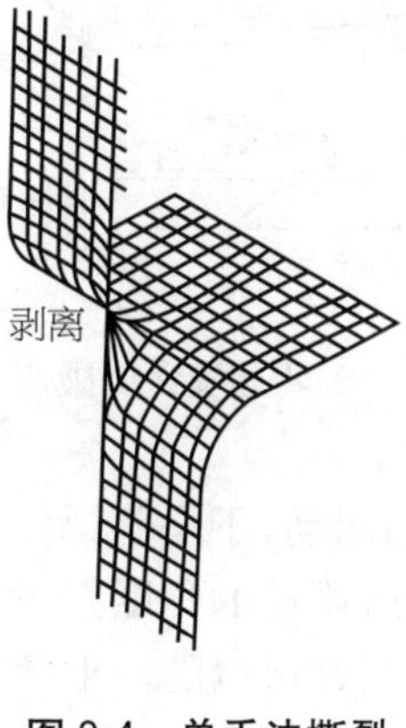

图 9-4 单舌法撕裂

舌形法又分单舌法和双舌法。前者是沿条样长度方向剪开一段形成两片，分别夹在强力仪两夹持器钳口中进行撕扯拉伸，试样尺寸如图 9-3(a)所示。在拉伸过程中织物条样裂口处形成一纱线受力三角形(图 9-4)。受力三角形愈大，撕扯时同时受力的纱线根数愈多，撕扯强度愈大。受力三角形是由于撕扯时纱线之间存在相对滑移所造成的，织物紧密度、纱线结构和摩擦阻力都影响受力三角形大小，从而影响织物的撕裂强力。撕扯中是从受力三角形底边第一根纱线开始的，以后逐根断裂直至织物撕破。织物撕裂过程中的负荷-伸长曲线如图 9-5 所示。由图中可以求出撕扯时上限负荷平均值和下限负荷平均值，并计算两平均值差值大小。

如果在条样上剪开两条线形成三片，如图 9-3(b)所示，夹持器分别夹住中部舌片和两边舌片，这种撕扯方法称为双舌法。

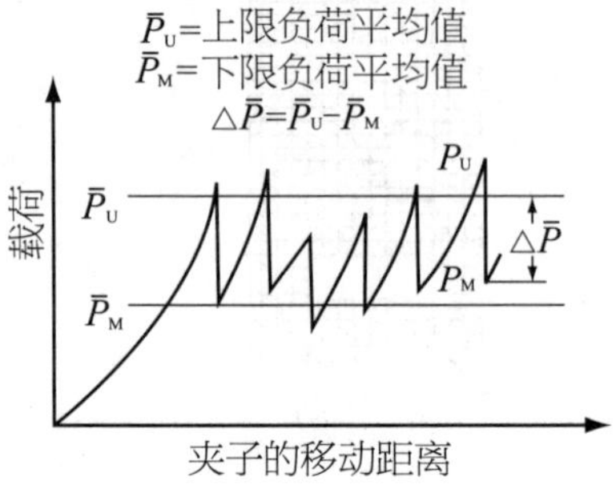

图 9-5 撕裂负荷-伸长曲线

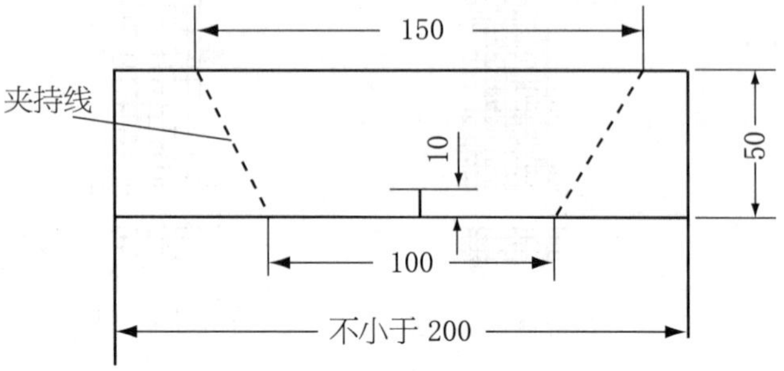

图 9-6 梯形法试条

(二)梯形法

在条样两端划条斜线使中部形成一个倾斜度为 115°的等腰梯形，在上底边剪开 10 mm 的裂口，如图 9-6 所示。将布条梯形斜边分别夹于强力仪上下夹持器的钳口中。拉伸时近梯形上底边的纱线首先受拉伸直，裂口处第一根纱线变形最大，负担最大的外力而后断裂，以后相邻纱线逐根断裂，直至织物撕破。

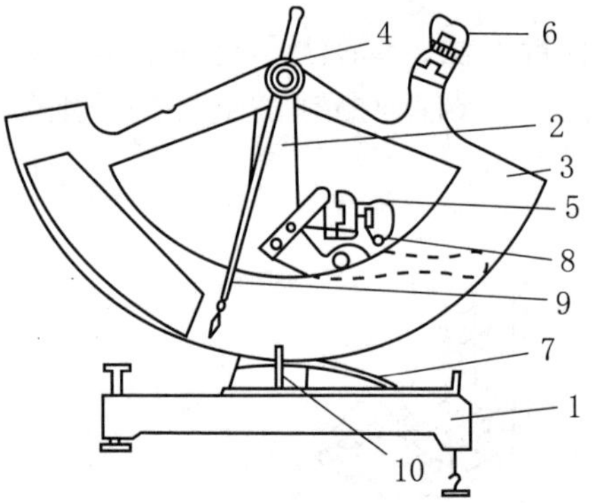

图 9-7 织物落锤式撕破仪

(三)落锤法

单舌法除在织物强力仪上撕破外，也可在落锤撕破仪上进行，它是用一落锤的能量对规定长度的织物进行对撕，以测定所消耗的位能表示。织物落锤式撕破仪如图 9-7 所示。扇形落锤 3 可以绕支点 4 转动，支点 4 设在工作台 1 的支持臂 2 上，在支持臂的侧面有一个固定试样夹 5，在扇形落锤上有一个运动试样夹 6，当扇形落锤顺时针方向转到被工作台上 1 的弹簧挡片 7 挡住时，试样夹 5 和 6 的工作面正好对齐，把规定尺寸的试样夹入两试样夹，扳动开剪器 8，使试样剪取一定长度的单缝。这时若按下弹簧挡片，便释放对扇形落锤 3 的制动，于是落锤便反时针转动下落，运动试样夹 6 也下落，使试样对撕。按织物耐撕的程度，所摆动的角度有不同大小。在扇形落锤的轴套外，再套有指针 9，由于轴套间的摩擦力作用，指针可以随扇形落锤一起摆动，但在指针前进的路上，因受到固装在工作台上的挡针铁片 10 阻挡，于是轴套间产生摩擦打滑，指针 9 不能随同逆时针方向摆动，从而可指示撕破的位能或受力的大小。

三、顶破与胀破试验

将一定面积的织物四周固定，从织物的一面给予垂直的力使其破坏，这称为顶破或胀破。顶破或胀破与衣着用织物的膝部、肘部、手套及袜子等的受力情况相似。顶破与胀破试验可提供织物多向强伸特征的信息，特别适用于针织物、三向织物、非织造布及降落伞用布等。

典型的机械式顶破试验仪为弹子式顶破试验仪(图 9-8)。它的主要机构与拉伸强度试验仪相似,用一对支架 1 与 2 代替强度仪的上下夹头,上支架 1 及下支架 2 可以作相对移动,试样 3 夹在一对环形夹具 4 之间。当下支架 2 下降时,顶杆 5 上的钢弹子 6 作用于试样 3 上,直至试样顶破为止,在试验仪刻度盘上读取顶破强度。

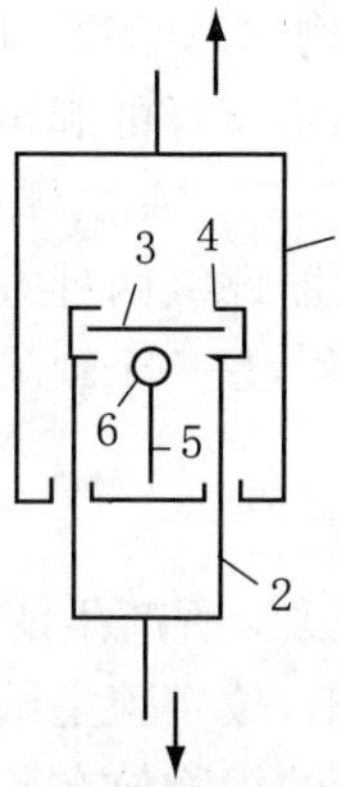

图 9-8 弹子式顶破试验仪

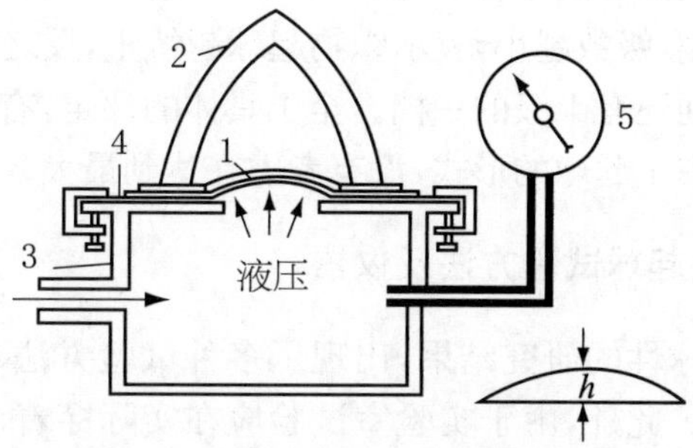

图 9-9 织物胀破强度仪结构示意图

织物胀破强度仪是利用液压或气压来破裂织物。图 9-9 为织物胀破强度仪结构示意图。织物试样 1 放在压罩 2 和气压箱 3 之间,试样下面放上适当厚度和韧性较好的橡皮衬垫 4。当打开进液开关通入压缩液体将试样顶破,即关闭开关。此时即可以从液压表 5 上读出胀破强度值(N/ cm^2),并在伸长计上读出试样在胀破时的升高值 h(mm),即为织物的胀破伸长。

第二节 织物起球和勾丝测试与仪器

一、起球的机理

所谓织物起球是指在织物表面上由一根或数根纤维形成毛茸,而后相互纠缠而呈球形状态。长丝织物表面产生勾丝时,由一根或几根被勾出的单丝相互纠缠成球。这些毛球不但影响外观,而且成为手感等风格下降的原因。对于起球的现象,结构疏松的针织物最易产生。经研究观察,在服用过程中,织物表面的纤维受外部的摩擦作用,先被拉出形成圆环和毛茸。毛茸被拉出的条件必然是外力要大于纤维在纱内的摩擦力。因此短纤维织物用强捻纱或摩擦系数较大的纤维,对起毛的阻力较大,就不易起毛。毛茸达到一定长度之后,才能互相纠缠成球。因此,毛茸被拉出的长度对织物起球有很大的影响。此外,起球的因素还有纤维的抗弯性、强度和耐磨性能等。容易弯曲的纤维在摩擦过程中易纠缠成球。毛球的脱落在很大程度上取决于纤维的强度和耐磨强度。有些纤维在形成较长的绒毛之前,已被磨断或拉断,只剩下很短的绒毛,就不易形成球。如果纤维的抗弯性和耐磨性强度较弱,织物表面的毛球在继续摩擦中很快就会脱落。如上所述,起球形成一般可分为三个阶段:即毛茸的发生、毛球的形成和毛球的脱落。既然起球的前提是毛茸的产生,除选择合宜纤维原料和成纱加工条件使纤维难以从织物中抽出外,织物的树脂整理也可提高抗起球效果。但这种方法会引起手感发硬,所以使毛茸在未形成毛球前即行脱落是一种理想方法。如对纤维进行改性,以使纤维强力下降,受摩擦后即自行脱落而不易成球。

二、织物起球的评定

对织物而言,以经受摩擦后的起球密度,即单位面积的毛球数评价抗起球性最为合理。但由于毛球大小、形状均是不确定的,如予以同等计数,无法获得起球织物的总印象。因此,衡量织物起球程度的主要方法是将起球后的织物与标准样照进行对比,以确定试样的起球程度。国内评级采用五级制,级数越小,表示织物起球越严重,反之则抗起球性能越好。在试样评级时,根据需要在各级之间还有半级的一档。至于具体的评定,有目光评级和仪器评级两种方法。上述的评级方法只考虑了起球的形式,没有考虑在达到最大起球程度后的过程,是一个缺陷。

三、织物起毛起球试验方法及仪器

对抗起球性的研究结果,出现了多种试验方法。通常要求由试验所产生的毛球应接近实际服用条件。此外,由于实验室试验应在实际穿着试验之前先作出,故实验室试验必须迅速起球。这就使织物较之实际服用承受较强的应力。原则上是使试验的织物放在一个缓和的摩擦物上,以较小的压力和张力作多种方向的摩擦运动。

做这种试验应考虑以下几点:

(1)试样面积尽可能大些,以排除织物表面特性的局部差异,并得出织物起球的全貌。

(2)试样应尽可能在无张力或可以控制的最微小的张力下进行试验,因为强烈的张紧会使纤维较强地并合,并因而得出较低起球倾向的假象。

(3)摩擦物对试样的摩擦压力应尽量小,以达到类似实际服用的柔和的摩擦效果。

(4)摩擦物应耐磨,表面糙度均匀,使摩擦效应在试验过程中保持恒定,并使试验能够重演。

(5)试样与摩擦物间的相对运动,一般是作曲线,而不是作直线运动,这样可使试样的纤维毛茸易于纠缠。

(6)相对运动的速度要大些,使起球试验迅速完成。

对各种起球试验方法归纳为两大类。

(一)试样固定

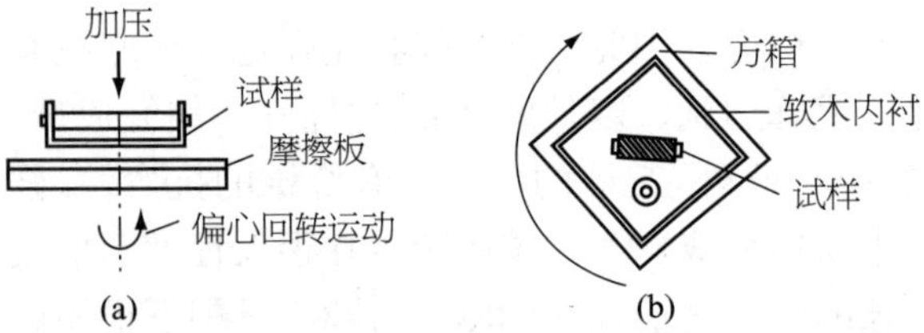

图 9-10 试样固定式起球试验仪原理图

以耐磨试验相同的形式,使试样作积极运动。此类方法又区分为两类。一类是将试样用一个剧烈作用的摩擦物使试样预先起毛,接着改用柔和摩擦体进行摩擦。图 9-10(a)为此类试验仪的原理图,加压可采用自重或加重。此法常用于长丝针织物、毛织物、化纤纯纺、混纺针织物和机织物。另一类是只用柔和的摩擦体进行试验。图 9-10(b)为此类试验仪的原理图,是将试样卷在如图所示的橡胶管上,在以软木作内衬的旋转箱中作不规则的运动和摩擦。此法的作用,与组织紧密的织物的实用穿着效果接近。

(二)试样置于箱内自由翻转运动

图 9-11 为其原理图。是在以橡胶(软木)作内衬的圆筒内,由旋转叶片将 3 个试样同时搅拌,赋予不规则的屈曲揉搓和摩擦作用。这种形式与实用有很高的关联性。

图 9-12 为一种常用的织物起球仪。它将织物的起毛和起球分别进行，先用尼龙刷对织物试样摩擦一定次数，使织物表面产生毛茸，然后将试样与磨料织物进行摩擦起球。试样与磨料相对运动的轨迹为圆形，试样每分钟磨 60 次，仪器装有电磁记数器，达到预定摩擦次数时，即自动停止试验。该起球仪适用于化纤长丝织物和化纤短纤织物。只用织物作磨料时，可用于毛织物和其他易起球织物。

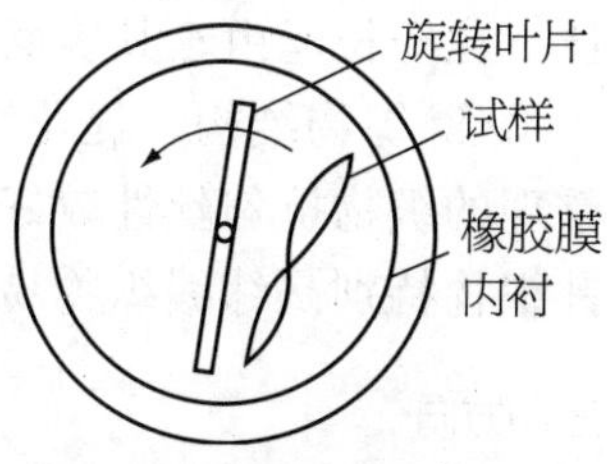

图 9-11　试样翻滚式起球试验仪

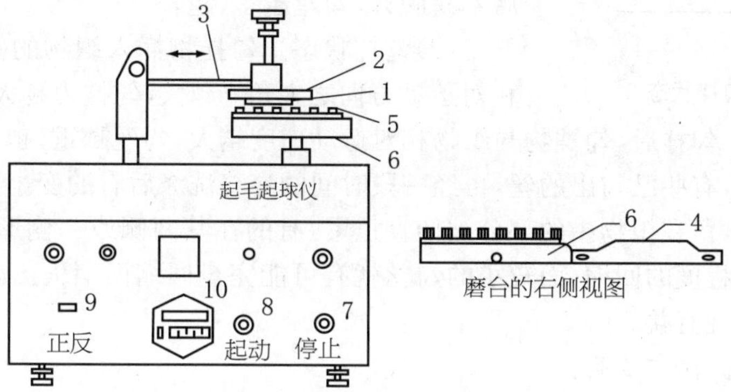

图 9-12　织物起球仪

1—试样　2—试样夹头　3—试样夹头臂　4—磨料织物　5—磨料尼龙刷
6—磨台　7—停止开关　8—起动开关　9—反向开关　10—电磁记数器

仪器所用试样需在标准大气下调湿 24 h 以上，然后进行试验。试样应在距布边 1/10 的幅宽内随机剪取 3 块（毛织物试样 5 块），试样直径为 112.8 mm。试样上不得有影响试验结果的疵点。

试样在磨料上的压力随不同类型织物而异，国内标准规定：化纤长丝织物和化纤短纤织物加压为 588 cN；精梳毛织物为 784 cN；粗梳毛织物为 490 cN。各类织物的摩擦次数规定为：涤纶低弹长丝针织物，先在尼龙刷上，后在磨料织物上，各磨 150 转；涤纶低弹长丝和化纤短纤织物，先在尼龙刷上，后在磨料织物上，各磨 50 转；精梳毛织物，在磨料织物上磨 60 转；粗梳毛织物，磨 50 转。然后将试样放在评级箱中，与标准样照对比，评出织物起球等级。

马丁台尔型磨损仪的特点是：试样织物装在试样夹头上与装在磨台上的同一织物进行磨擦。试样绕轴心自由转动，试样夹头与磨台相对运动的轨迹为李沙茹图形，相对运动速度为 45～48 r/min。对各种不同织物，在磨料上的压力均为 196 cN（200 gf）等于磨头自重。此仪器适用于毛织物及其他易起球的织物，对机织物更为适宜。但不适用于厚度超过 3 mm 的织物，因这类织物装不进试样夹头。

四、织物抗勾丝性测试

织物特别是针织物，在使用与碰到坚硬物体时，织物中的纤维被勾出形成丝环或被勾断而突出在织物表面，即为勾丝。织物被勾丝后会使织物外观恶化。因此抗勾丝性是织物特别是针织外衣织物的重要服用性能之一。影响织物勾丝程度的主要因素有多种。

（一）织物构成

（1）原料性能。纤维及纱线表面摩擦系数越小，勾挂后易被拉出；纱线结构稀松也易被勾挂。化纤长丝由于其表面光滑且长丝一般不加捻或加弱捻，因而长丝织物也易于勾丝。

(2)织物结构。提花织物、长浮点织物、松软织物易被勾挂和牵拉，因而易于勾丝。经树脂整理的织物抗勾丝性较好，这是由于整理后织物结构变得紧密硬挺，纤维表面摩擦系数加大。针织物特别是纬编织物易于勾丝，就是因为其线圈结构和松软性所致。

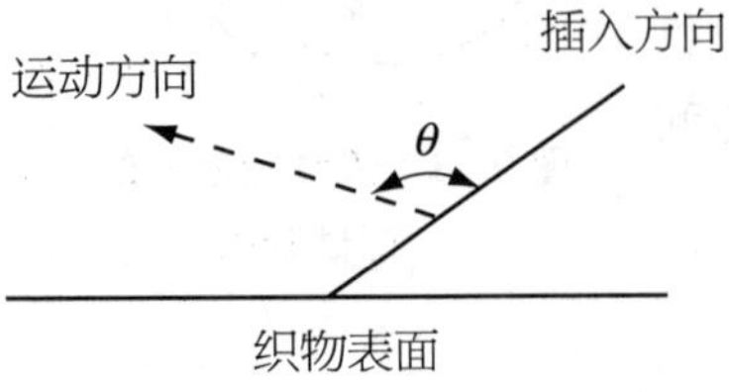

图 9-13　勾挂状态

(二)外界条件

(1)勾挂物的形态。如图 9-13 所示：勾挂物越尖，越易扎入织物，就越易勾丝；勾挂物越粗糙，勾挂力越大，勾挂后不易脱开，勾丝越多、越长。

(2)勾挂状态。勾挂物插入织物的方向与其对织物的相对运动方向之夹角 θ 越大，勾挂力越大，勾丝越多、越长。

(3)相对速度。勾挂后，勾挂物与织物相对运动速度越大，勾丝越重，越易形成长勾丝。

值得指出的是，有些已勾出的丝，再经一段时间的穿着洗涤后有的变小而有的消失。这是由于某段纱勾出后，留在织物中的部分被伸直拉紧，有的在其两侧或一侧形成紧纱段，经洗涤揉搓后就会有不同程度的回缩，而较小的勾丝就有可能完全回缩而消失。因此在实际穿着中经常洗涤对抗勾丝性有益。

勾丝性的测定方法主要有：

(1)钉锤法。试样套在包有毛毡的转筒上，既不要绷紧，也不要松动起皱，把一个用链条悬挂的钉锤绕过导杆放在该试样表面，当转筒转动时钉锤在试样表面随机翻转、跳动，使试样勾丝。此法应用最普遍。仪器以 ICI 勾丝仪为代表。

(2)针筒法。条状试样一端固定在转筒上，而另一端处于自由状态。转筒旋转时使条样周期性擦过下方具有一定转动阻力的针筒，从而产生勾丝。

(3)回转箱法。利用起球箱进行，只是在箱内装有擦伤棒、锯条、砂布、尖钉等勾丝器具。

(4)豆袋法。试样包覆在装有丸粒的袋外，放入有针棒的转筒内翻滚，使之勾丝。

(5)针排法。试样在针排上移动勾丝。

钉锤法勾丝仪的主要结构如图 9-14 所示。装有钉子的钉锤悬挂在链条上。试验时，链条通过导杆使钉锤落在包有试样的回转转筒上，钉子与试样间便产生间歇继续接触的跳跃运动而起到勾丝作用。当钉子勾住试样上成圈的丝缕时，钉就被拖住，直至链条被绷紧，从而产生勾丝效果。当钉子与试样接触松弛时，钉锤便落下来。由于导杆的导向作用，使钉锤在转筒的一定角度的圆周上滚动。钉子与转动着的试样相接触获得的能量，将钉锤抛离原来的接触点，转到另一个不同的位置而产生跳跃运动，这种运动是不规则的。链条的干扰作用使产生的勾丝力具有不同大小和方向。图 9-15 的分析说明了这种情况。使织物产生勾丝的因素有两个：一个是角钉对试样的压力 P，它是由锤体重力 G 分解而来的；另一个是角钉的插入角 α。P 越大、α 越小时，勾丝程度越大。这两个因素都取决于钉锤到导杆的距离 S，S 较小时，由于 α 小，角钉易于勾挂纱线；另外，因 P 较大，角钉易于刺入织物，这两种情况下勾丝程度都较大。实际上钉锤在不断翻转，在一定的 S 下，α 和 P 也在不

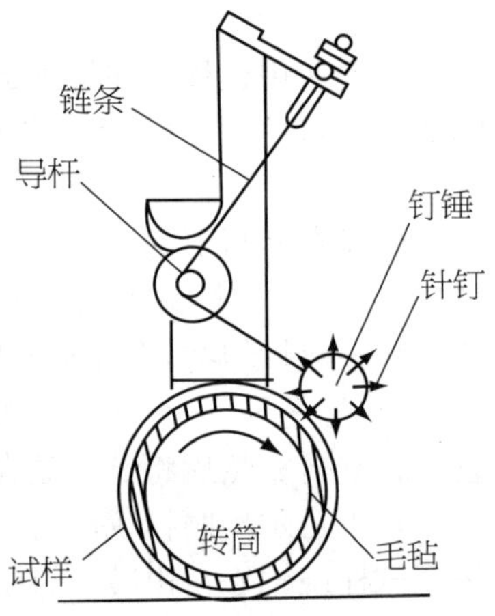

图 9-14　钉锤勾丝仪主要部分

断变化，只是其变化范围受 S 制约。实际上，钉子和试样的接触是间歇性的，故虽出现勾丝，但不致将丝拉断。这与织物服用时的勾丝情况有相似之处。钉锤式勾丝仪有四筒和双筒式之分。英国、美国、日本以 ICI 勾丝仪(4 筒)作为钉锤法标准仪器；国内则常用双筒式。

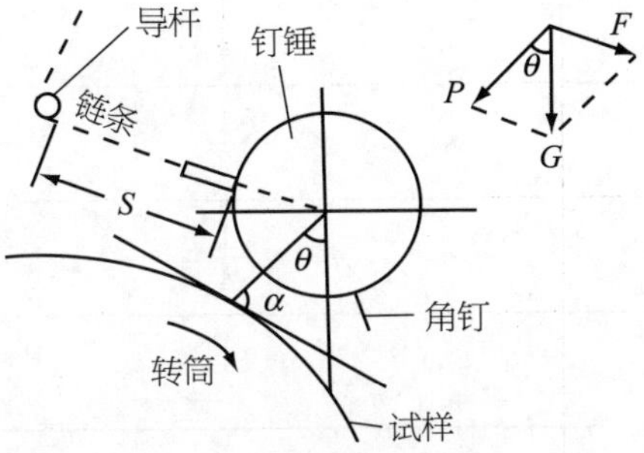

图 9-15 钉锤仪工作原理

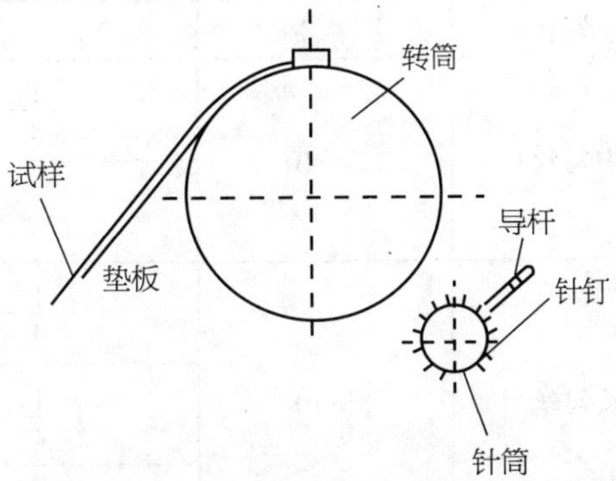

图 9-16 针筒勾丝仪主要结构图

针筒法勾丝仪主要结构如图 9-16 所示。当装有试样夹的转筒转动时，试样落于并滑过植有针钉的针筒，从而使试样勾丝。日本标准采用针筒勾丝仪。国内织物勾丝试验也有采用此类仪器。

织物抗勾丝性的评定是按勾丝长短分类并按所占比例确定的。

勾丝试验后试样须放置足够时间(4 h 以上)才可评级。评定钉锤法试样可直接套在评级板上，而针筒法的试样先要将其缝成套再套在评级板上，套样时使缝线处于背面，只评定前面的级别。

勾丝的评定应在规定的评级箱上进行。国内标准推荐采用图 9-17 所示的评级箱。评级箱光源采用 12V 55W 石英卤灯。评定时先不考虑勾丝大小，只看其密度，即先把所有勾丝都看作小勾丝，对比标准样照评定级别，然后再分别评定勾丝的性状，估计中、长勾丝所占的比例，据此对原定级别予以顺降(表 9-1)，但累计顺降最多 1 级，且最低降至 1 级。

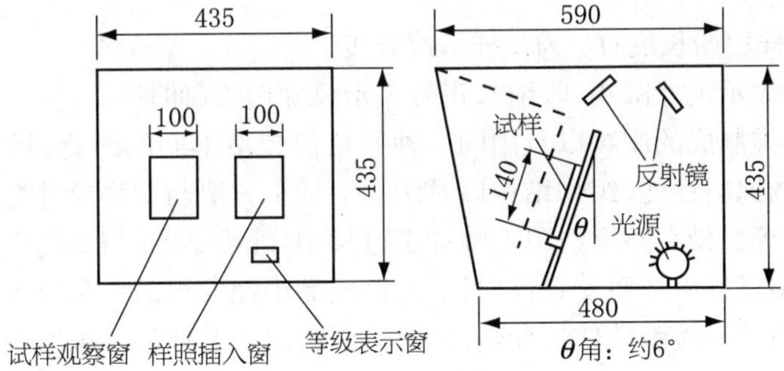

图 9-17 评 级 箱

同一向的试样之间其勾丝级别如差异在 1 级以上时，则应补测 2 块，以两次所有试样的平均级别作为该向结果。

表 9-1 勾丝评级

勾丝类别		占全部勾丝的比例	顺降级别(级)
名　称	长度(mm)		
小勾丝	<2	首先全部按小勾丝评定级别	
中勾丝	2～10	$\frac{1}{2}$～$\frac{3}{4}$ *	$\frac{1}{4}$
		$\geqslant\frac{3}{4}$	$\frac{1}{2}$
长勾丝	>10	$\frac{1}{4}$～$\frac{1}{2}$ *	$\frac{1}{4}$
		$\frac{1}{2}$～$\frac{3}{4}$ *	$\frac{1}{2}$
		$\geqslant\frac{3}{4}$	1

* 包括下限不包括上限。

第三节　织物尺寸变化率测试

一、织物的尺寸变化率

织物在热、湿、洗涤等条件下尺寸发生变化，会影响其外观和使用性能。所以标准中对涤棉混纺印染织物、精纺毛织物、毛型化纤织物和针织内衣等的尺寸变化有所规定，作为质量考核指标。

织物的尺寸变化率以织物尺寸变化占原始尺寸的百分率表示，按下式计算：

$$尺寸变化率(\%)=\frac{L_2-L_1}{L_1}\times100 \tag{9-1}$$

式中：L_1 为织物试样原始长度；L_2 为试样最终长度。

计算结果负号表示尺寸减小(收缩)，正号表示尺寸增大(伸长)。

由各种不同纤维制成的织物以及用同一种原料但规格不同的织物，尺寸变化率有很大的差异。因此，织物的原料性能、织物结构以及织物后加工方法与织物尺寸变化率有密切关系。

棉和黏胶纤维等织物在整个纺织染整加工过程中，纤维、纱线与织物受到无数次反复拉伸作用，特别是在染整过程中坯布受到经向拉伸，使成品中经纱织缩率和经纱在织物中的弯曲程度减小，纤维及纱线产生缓弹性伸长和塑性伸长，引起织物的伸长。虽然织物加工完毕后在储存过程中，由于纤维分子的热运动，会使纤维的缓弹性变形逐渐恢复，而使织物产生一定的回缩，但因织物处于干态和紧压状态下，所以收缩极为缓慢和微小。

当织物在洗涤过程中，纤维受到湿、热作用，使纤维分子运动加速，分子间作用力减弱，加速了纤维的缓弹性变形的进一步恢复。

但对棉、黏胶等吸湿性较大的纤维所制成的织物，其缩水原因还在于纤维吸湿后引起纤维直径膨胀而使纱线直径增加。织物某一系统的纱线直径增加，使织物另一系统的纱线弯曲增大。如当纬纱直径增加时，经纱弯曲程度增大，致使织物经向收缩。当织物干燥后纤维失去膨胀状态，但由于纱线的纤维表面摩擦阻力阻止纱线恢复到原来状态。

织物尺寸变化大小还与织物结构有关。经向紧度大的织物，如卡其与府绸类，纬向缩水较小，经向缩水较大。

在织物规格相同条件下，黏胶纤维织物由于吸湿膨胀显著，其缩水率比棉织物大。

对于棉针织内衣来说，洗涤时纱线吸湿膨胀，纱线在成圈和后加工过程中所产生的内应力减小，使线圈变小，针织物的纵向和横向一般都产生收缩。

为了克服棉和黏胶等纤维素纤维织物的缩水，在染整加工中增加树脂整理，织物经化学处理后达到防缩防皱目的。

毛织物收缩的原因除了与棉、黏胶等织物相同原因外，还有一个重要原因是羊毛的缩绒性。对粗梳毛纺织物来说，由于羊毛的缩绒性，经缩绒工艺后，使织物表面覆有绒毛，呢面丰满，手感厚实，保暖性强。但对精梳毛纺织物或羊毛针织物来说，羊毛的缩绒使织物表面条纹不清、毡缩起球，引起尺寸不稳定。

在涤纶等合成纤维织物或以涤纶等为主的混纺织物中，纤维由于纺丝抽伸使纤维内应力增加，纤维中残留有应力，并且纤维在整个纺织染整加工过程中受到反复拉伸，特别是在加热条件下，纤维及纱线积累了缓弹性伸长。当受到比较高的温度作用时，例如高温染色、热水洗涤或熨烫时，积累了的缓弹性伸长将逐渐恢复，织物会产生显著收缩，称为热收缩。对于涤纶等合成纤维织物来说，由于纤维吸湿和膨胀所引起的织物收缩是次要的，因为它们的吸湿能力较小。

为了防止这类热塑性合成纤维织物的热收缩，通常在印染厂给予热定形处理。它作为合成纤维织物的整理方法是不可少的工艺过程。

随着洗涤次数的增加，织物的总尺寸变化率亦随之增大，并向某一极限接近。织物经过多次洗涤后的最大极限尺寸变化率称为最大尺寸变化率。

织物的最大尺寸变化率如果进行许多次洗涤而求得，需要花费很长的时间，因此实际上常只限于一次或不多次的洗涤，所测得的结果只是部分尺寸变化率，而且结果可能是不稳定的。然而在许多场合下，要求得出可靠的数据，则需进行多次洗涤。

二、织物尺寸变化率测量方法

由于组成织物的纤维原料不同，可采用以下几种尺寸变化率试验方法：

(1)静态浸渍法。主要适用于使用过程中不经剧烈洗涤的纺织品，如毛、丝织物以及篷盖布等织物。

(2)家用洗衣机法。采用家用洗衣机进行，适用于经家庭洗涤和干燥处理的各类纺织品。

(3)商业洗涤法。采用洗衣房普通使用的商业洗烫设备进行试验，适用于经商业或工业洗烫处理的纺织品，特别是机织物。

家用洗衣机法所用全自动洗衣机有 A 型和 B 型两种形式。A 型洗衣机为前门加料水平滚筒式，B 型洗衣机为顶部加料搅拌式。两者结构和洗涤方式不同，采用的洗涤程序、洗涤剂和陪洗物也不一样。

现以 A 型水平滚筒式洗衣机为例加以说明。洗衣机内筒直径 51.5 cm，内筒深度 33.5 cm，内外筒间距 2.8 cm。转速：洗涤时为(52±2)r/min，脱水时为(500±20)r/min。正常供水量(25±5)L/min，注水时间为加至高水位(13 cm)时少于 2 min，排水时间从高水位起至排空时少于 1 min，电加热功率 5.4 kW。旋转动作根据正常条件和缓和条件而有所不同：

正常条件为顺时针转(12±0.1)s,停(3±0.1)s,再逆时针转(12±0.1)s,停(3±0.1)s;柔和条件为顺时针转(3±0.1)s,停(12±0.1)s,再逆时针转(3±0.1)s,停(12±0.1)s。

试验前剪裁试样,试样尺寸不小于 500 mm×500 mm,各边与织物长度和宽度方向平行。将试样平置于平滑测量台上,在试样长度和幅宽两个方向至少各做 3 对标记,每对标记间至少相距 350 mm,标记距试样边缘不小于 50 mm,标记在试样上均匀分布。

试验时把要洗涤的试样放入洗衣机中,放入足够数量的陪试织物。试样与陪试织物的总干质量应符合洗涤程序规定值。如果是测定织物尺寸稳定性,则试样质量不应超过洗涤总装料质量的一半。然后加入足量洗涤剂,搅拌以产生泡沫。在洗涤周期终了时,泡沫高度不应超过(3±0.5)cm。

A 型水平滚筒式洗衣机按国家标准要求应具有相应的 13 种洗涤程序。试验时根据织物类别不同,由相关方协商同意使用上述规定中的一种程序洗涤试样。

洗涤程序最后一次脱水工序结束后取出试样,注意不要拉伸或绞拧试样,然后按规定的干燥方法将其干燥。

如欲采用滴干法使试样干燥,应在最后一次脱水前即先行停机,然后取出试样,注意既不要使它伸长,也不要使它变形。

用于 A 型洗衣机的陪洗物为聚酯变形长丝针织物,面密度为 310 g/m^2,由四片织物叠合而成,沿四边缝合,角上缝加固线。形状呈方形,尺寸为 20 cm×20 cm,每片缝合后的陪洗物质量为(50±5)g。

也可使用折边的漂白棉机织物或 50/50 涤棉平纹漂白机织物,面密度为155 g/m^2,尺寸为 92 cm×92 cm。

ECE(欧洲大陆染色牢度公约)推荐无磷 ECE 标准洗涤剂 A(不含磷酸盐和酶,无荧光剂)。IEC(国际电工委员会)推荐无磷 IEC 标准洗涤剂 A(不含磷酸盐和酶,但含有荧光剂)和无磷 IEC 标准洗涤剂 A* [不含磷酸盐,但含有酶(蛋白酶)和荧光剂]。上述三种试剂均适用于 A 型和 B 型洗衣机,配制时先将无磷 ECE 标准洗涤剂(或无磷 IEC 标准洗涤剂)和过硼酸钠在 40℃时溶解,冷却到 30℃时加漂白活性剂 TAED。AATCC(美国纺织化学师与印染师协会)推荐 AATCC 1993 WOB 标准洗涤剂(不含磷酸盐和酶,无荧光剂),只能用于 B 型洗衣机。

洗涤试验所用干燥方法不同,对试验结果也会产生较大的影响,目前用于洗涤试验的干燥方法大致有下列几种:

(1)烘箱烘燥法。把试样放在烘箱内的筛网上摊开铺平,用手除去折皱,注意不要使其伸长或变形,烘箱温度为(60±5)℃,然后使之烘干。其优点是时间短,能比较快地取得试验结果,现为多数印染、色织织物洗涤试验用。

(2)悬挂晾干法。把脱水后的试样挂在一根绳子或光滑晾杆上,不让试样上的标记点碰到绳子或光滑晾杆,在室温下的空气中晾干。晾干时应使试样的长度方向(经向或纵向)与绳子或光滑晾杆垂直。纺织制品应按使用方向悬挂。该方法的优点为所用设备简单,与日常晒衣服相似,但晾干时间较长。此方法为针织、丝绸、巾被行业所用。

(3)滴干。洗涤后试样不经脱水即悬挂滴水,直至干燥。

(4)摊平晾干。将试样在水平的筛网干燥架上摊开铺平,用手除去折皱,注意不要使其伸长或变形,然后晾干。这种方法的干燥时间较长,干燥过程对织物作用缓和,多为针织羊毛衫等干燥用。

(5)平板压烫。把试样放在平板压烫机的平板上，用手抚平较大的折皱，然后根据干燥试样的需要，一次或多次的短时间放下压烫机的压板，压板的温度应调至适合于所需烫干的试样，记下所采用的温度及压力。该方法优点是干燥快，但设备较贵。

(6)翻滚烘燥。对正常织物来说，干燥机转鼓排气温度的设定不应超过 70 ℃，对欠耐压烫织物或易损织物来说，则不应超过 50 ℃。干燥机运转到试样烘干，然后关闭热源继续转动5 min，停机后立即取出试样。该方法烘干过程对织物作用剧烈，尺寸变化率往往偏大，用者较少。

与样照对比，观察织物洗涤干燥时的外观折皱情况或接缝的外观质量。评定时不必在试样上做任何尺寸的测量标记。

第四节　织物抗弯刚度、悬垂性和抗折皱性测试

一、织物抗弯刚度的测试

抗弯刚度(B)为弯曲时的杨氏模量(E)和材料断面的转动惯量(I)的乘积。由材料力学知道：

$$B=EI=Mr \tag{9-2}$$

式中：r 为中心面的曲率半径；M 为转矩。

测定试样弯曲刚度最简单的方法，是将试样夹持成一悬臂梁，在离夹持点 l 处加一负荷 P，该点因 P 的作用而下垂的距离为 y，则试样的弯曲刚度为：

$$B=\frac{Pl^3}{3y} \tag{9-3}$$

对织物来说，用悬臂梁法测量试样刚度不必外加负荷，而是依靠织物自重使悬臂自由端下垂，根据 Peirce 公式，有下列关系：

$$B/W=l^3\cos(0.5\theta)/8\tan\theta \tag{9-4}$$

式中：l 为试样伸出长度；W 为试样面密度；θ 为试样自由端下垂后与固定点的连线和水平面的夹角。

令：
$$f_1(\theta)=[\cos(0.5\theta)/8\tan\theta]^{\frac{1}{3}} \tag{9-5}$$

设：
$$C=lf_1(\theta)=l[\cos(0.5\theta)/8\tan\theta]^{\frac{1}{3}} \tag{9-6}$$

则：
$$B=WC^3 \tag{9-7}$$

式中：C 为弯曲长度。

由式(9-7)可见，织物的弯曲刚度与弯曲长度的三次方成正比。弯曲长度又称硬挺度，当 θ 一定的情况下，长度 l 愈长，织物愈硬挺；当 l 一定时，θ 角愈小，织物愈硬挺。为测试方便起见，一般使 θ 角固定，并取 $\theta=45°$，根据计算则有 $C=0.487l$。

按照悬臂梁法所制造的仪器，其原理如图 9-18 所示。狭条试样 1 放置于一端呈斜面的水平台 2 上，试样上方覆盖滑板 3，试验开始时试样伸出端与 3 的右端平齐。当推动 3 向右移动时，由于覆盖滑板下部平面上附有橡胶层，带动试样向右移动。平台表面是光滑的，3 与 1 之

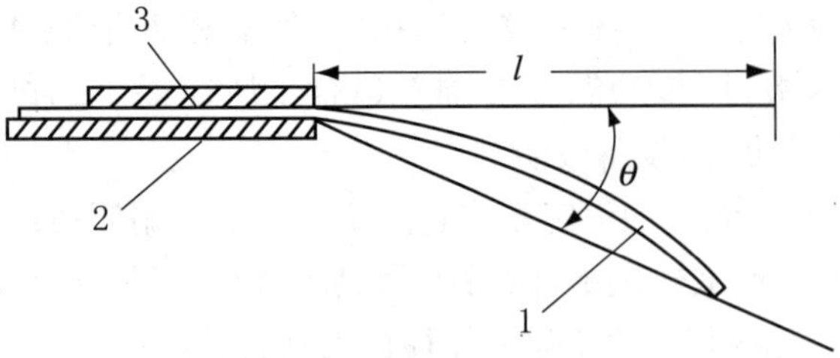

图 9-18　悬臂梁法测量织物弯曲刚度

间无相对滑动，当试样伸出时由于织物本身质量而向下弯曲直至 θ 角达 45°时，由滑板 3 移动距离得到试样滑出长度 l，根据公式便可计算出织物的弯曲长度 C。

过分容易弯曲即柔曲性较大的织物，不适宜用悬臂梁法，对于这样的织物，Peirce 提出采用心形法来测量其抗弯刚度，如图 9-19(a)所示。织物两端被夹住后形成一个心状环，织物的刚性与心状环长度 l 有关。环高度指从夹持器上端面到心状环下端之间的距离，l 愈小则织物抗弯刚度愈大。对于极易弯曲的织物，可如图 9-19(b)所示。

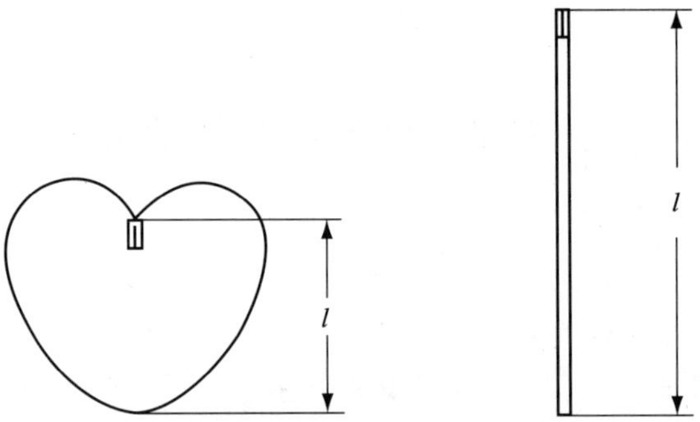

(a) 一般织物　　(b) 易弯曲织物

图 9-19　心形法织物抗弯刚度测试

织物的弯曲长度 C 可按下面的公式计算：

$$C=l_0 f_2(\theta)=l_0(\cos\theta/\tan\theta)^{\frac{1}{3}} \tag{9-8}$$

式中：$\theta=32.85°\times d/l_0$，$d=l-l_0$；$l$ 为环的实际高度；l_0 为 0.133 7L；L 为试样长度；$f_2(\theta)=(\cos\theta/\tan\theta)^{\frac{1}{3}}$。

二、织物悬垂性测试

上述悬臂梁法测定织物的抗弯性能是仅仅在织物的一个方向上进行，如果织物试样狭条沿织物经纬不同方向裁剪，可以发现在不同方向上随着织物组织结构不同，所测得的试样抗弯性能是不同的。为了能表达织物在各方向上的抗弯性能，研究工作者采用了悬垂法测定织物的悬垂性能，并制造了相应的仪器。

织物的悬垂性是织物由自重而下垂的性能，也是视觉风格的一种表现形式，对于某种形式的穿着用品如裙料以及窗帘、帷幕、桌布等装饰性织物，织物的悬垂性是考虑其使用性能的重要因素，它与织物的抗弯性、剪切特性以及织物面密度有关。

织物悬垂性测定方法很多，常用的方法如图 9-20(a)所示，将一定面积的圆形试样 1，放在一定直径的小圆盘 2 上，织物因自重沿小圆盘周围下垂，呈均匀折叠的形状 3。然后在小圆盘垂直方向用平行光线照射试样，得到试样悬垂后的投影图形及投影面积，如图 9-20(b)所示。织物的悬垂性能用悬垂系数表示，其定义如下：

$$F=\frac{A_F-A_d}{A_D-A_d} \tag{9-9}$$

式中：A_D 为试样面积；A_F 为试样投影面积；A_d 为小圆盘面积。

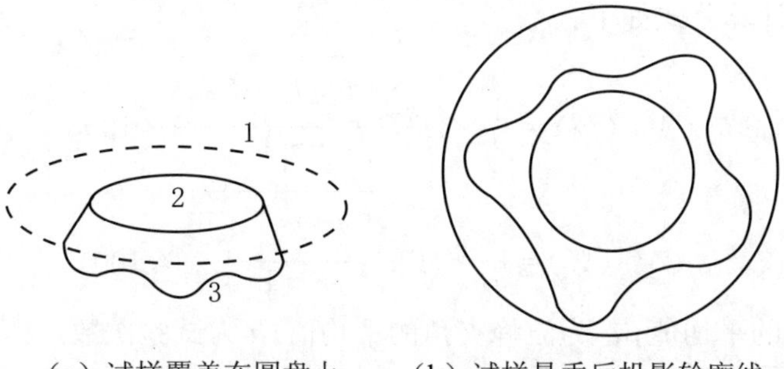

（a）试样覆盖在圆盘上　　（b）试样悬垂后投影轮廓线

图 9-20　织物悬重性测试

以上投影面积的测量，可以用剪纸法，即用匀质纸片按织物投影图形轮廓剪下并称重，已知纸片面密度就可计算织物投影面积。也可用面积仪测量上述织物投影面积。一种光电式织物悬垂性测定仪，其原理如图 9-21 所示。

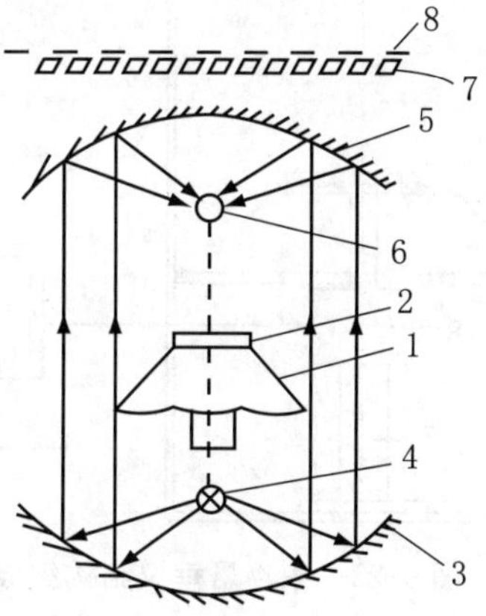

图 9-21　织物悬垂度仪检测原理图

织物试样 1 放在试样夹持盘架 2 上而自然下垂。在试样盘架下面装有抛物面反光镜 3，点光源 4 位于反光镜的焦点上，由反光镜射出平行光束，照射在试样上。试样下垂程度不同，对光遮挡也不同，未被遮挡的光线射向位于试样上的另一抛物面反光镜 5，反射光会聚于焦点上方的光敏元件 6，把通过未被织物遮挡部分的光线强度转换为电流大小。柔曲性好的织物下垂程度大，挡光小，电流强度大；硬挺织物的下垂程度小，挡光大，电流强度小。根据光敏元件接受电流大小可以换算成织物的悬垂系数。

采用上述光电投影方法是建立在假设织物完全不透明的基础上的，对于具有一定透光性的织物，测量结果会产生误差。在此情况下，则采用有机玻璃 7 和描图纸 8，由试样投影面积描图法求取织物悬垂系数。

近年来上海新纤仪器公司发展了 XDP-1 型织物悬垂性测试仪，利用图像法测试织物静动态悬垂性能。仪器提供反映织物悬垂性能的指标，包括悬垂基本指标和悬垂辅助指标两部分。基本指标为悬垂系数、波数、波峰幅值均匀度、波峰夹角均匀度、动静悬垂系数比值，辅助指标为最大波峰幅值、最小波峰幅值、最大波峰夹角、最小波峰夹角等指标。

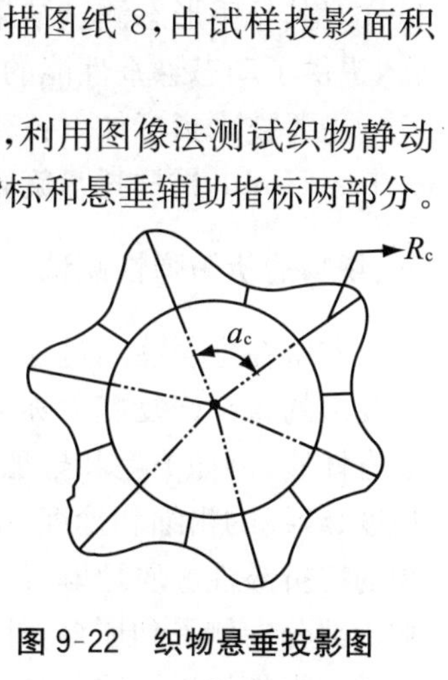

图 9-22　织物悬垂投影图

仪器测试静态悬垂性时，将直径 $D=240$ mm 的圆形试样平放在直径 $d=120$ mm 的试样托盘上，试样和试样托盘缓慢上升，试样托盘上织物因自重下垂，呈悬垂形态，然后通过垂直方向投影，得到试样悬垂后的投影图形，如图 9-22 所示。静态悬垂系数 F_s 由式(9-8)计算。仪器所测指标中，波数指试样悬垂投影轮廓线一周中的波峰数;波峰幅值是指试样悬垂投影中波峰点至试样托盘边缘点的距离,如图中 R_c 所示;波峰夹角是指相邻两波峰间夹角,如图中 a_c 所示;波峰幅值均匀度与波峰夹角均匀度分别为试样悬垂投影轮廓线一周中波峰幅值与波峰夹角的变异系数,波峰幅值均匀度 CV_{R_c} 与波峰夹角均匀度 CV_{a_c} 的计算公式如下:

$$CV_{R_c}(\%)=\frac{1}{\overline{R}_c}\times\sqrt{\frac{\sum_{i=1}^{n}[R_c(i)-\overline{R}_c]^2}{n-1}}\times 100$$

$$CV_{a_c}(\%)=\frac{1}{\overline{a}_c}\times\sqrt{\frac{\sum_{i=1}^{n}[a_c(i)-\overline{a}_c]^2}{n-1}}\times 100 \tag{9-10}$$

式中:$\overline{R}$ 为波峰幅值的平均值;$\overline{a}_c$ 为波峰夹角的平均值;n 为试验次数。

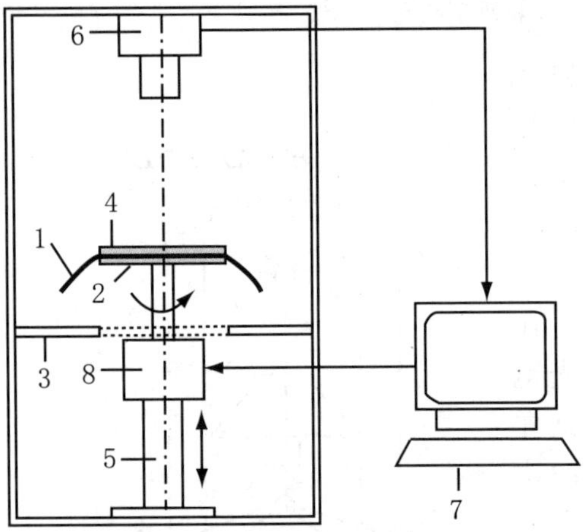

图 9-23 织物悬垂仪结构组成示意图

当试样托盘和试样转动时测得悬垂投影,并采用式(9-9)计算动态悬垂系数,动态悬垂系数除以静态悬垂系数则得到动静悬垂系数比值。最大波峰幅值与最小波峰幅值分别为试样悬垂投影轮廓线一周中波峰幅值的最大值与最小值。最大波峰夹角与最小波峰夹角分别为试样悬垂投影轮廓线一周中波峰夹角的最大值与最小值。

仪器原理如图 9-23 所示。

试样 1 平放在试样托盘 2 上,匀光板 3 位于其下方,放上小圆盘 4,升降机构 5 使试样和试样托盘一起平稳上升,试样因自重下垂,试样托盘上升至顶端,通过摄像头 6 采集试样悬垂形态图像信息进入计算机 7,并显示在显示屏上。图像分析与数据处理软件从图像信息中提取静态悬垂指标。旋转机构 8 可使试样和试样托盘转动,通过图像采集和数据处理,提取动态悬垂性能指标。

升降机构 5 可使试样和试样托盘一起平稳上升而试样因自重下垂,在上升至顶端后自停,并静止稳定一定的间隔时间后启动试样悬垂测试。该试样预置平衡方法能减少人工手动放置试样对其悬垂形态测试结果(尤其是波数)的影响。旋转机构 8 可使试样和试样托盘一起旋转,提供了动态悬垂性能的测试环境。

主要技术指标如下:试样直径 240 mm,试样托盘直径 120 mm,试样托盘升降速度 0～800 mm/min,试样托盘旋转速度 0～200 r/min,悬垂系数测量误差≤±1%。

三、织物的折皱弹性测试

衣服在穿着使用过程中,由于外力的作用,在衣服上造成不规则的折皱,当外力去除后,折皱变形的自动回复能力称为织物的抗折皱性。织物的抗折皱性主要取决于组成织物的纤维的固有性质,例如羊毛和聚酯纤维制成的织物就有很好的抗折皱性。从结构上说,纤维的粗细和长度、纱线的粗细和捻度、织物组织、面密度、经纬纱密度等以及织物整理加工情况,都影响织物的抗折皱性。质地厚、蓬松度大的织物抗折皱性好,形成的折皱本身不太明显。织物折皱时被折部分内侧受到压缩,外侧被伸张,因此,织物的折皱弹性与织物的压缩和拉伸弹性有直接关系。织物的折皱回复能力还与温湿度条件有关,在高温高湿下对织物折皱压烫将产生不易恢复的折痕。

抗折皱性的试验方法，是将织物折叠并施加以一定压力，经过一定时间后测其回复角。由于织物试样本身的黏弹性特性，其回复角开始回复的部分称为急折痕回复角，缓慢回复的部分称为缓折痕回复角。折痕角的测量，根据测量折痕回复角时折痕线与水平面的相对关系，有两种测定方法，即水平法与垂直法。水平法测量时，折痕线与水平面相平行；垂直法测量时，折痕线与水平面相垂直。一般试样折痕加压时间为 5 min，加压负荷为 10 N，试样卸除压力负荷后 15 s 测得急折痕回复角，5 min 后测缓折痕回复角。

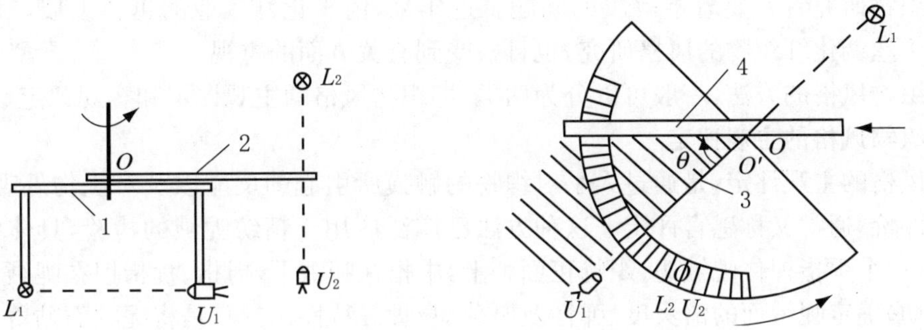

图 9-24　折皱弹性回复自动测角机构原理图

垂直法测角机构的结构及工作原理如图 9-24 所示。测角机构上有两组光电检测装置，分别用于测角控制和测角计数。在门字形梁架 1(简称门形架)两端脚上安装光电检测器的光源 L_1 及光敏元件 U_1，门形架以 O 为轴心转动。试样 3 放在平板 4 上，位于门形架内固定不动，试样折痕线 O' 与轴心 O 相重合。当门形架和光电检测器开始逆时针转动时，由于光路中有试样挡光，U_1 无光照。门形架与光电检测器转动，至光路由暗区进入亮区时，光电元件受光照而产生停止信号。这时，门形架转过的角度即为试样回复角 θ。门形架上部装有测角光栅 2，通过相应的光电检测器 L_2、U_2，计数门形架的转动角度，即试样回复角，转化成计数脉冲，经接口电路送至微处理机进行数据处理。

测角机构可横向移动，顺次测量 10 个工位的试样。测角机构横向移动位置是否能准确地使 O 与 O' 重合，直接影响测试结果的精确度。另外，试样回复翼的形态，例如回复翼的扭曲等，也会直接影响测试结果。因此在使用中应予以注意。

第五节　织物风格的客观评定

一、概述

织物风格是外观特征与穿着性能的综合反映。从广义上说，织物风格可以分为：

(1)视觉上，主要表现为色泽、花型。

(2)听觉上，如丝鸣。

(3)触觉上，表现为手感。

不同品种和用途的织物其风格含义是不同的。纤维品种不同，对风格要求也不同。年龄、性别、穿着季节、国家、文化背景、习惯等不同，对织物风格都有不同的要求。一般说来，毛织物要求手感柔软、挺括抗皱、弹性丰富、有身骨、丰满滑糯、不板不烂、呢面光洁匀净、花型大方而有立体感、色泽鲜明且柔和悦目、边道平直不易变形；丝织物要求轻盈柔软、色泽鲜艳、光洁美观、手感滑爽、绸面平挺、丰满、缜密；麻织物要求坚固挺括、手感平滑挺爽、条干均匀、布面匀净；棉织物中的府绸类织物要求手感柔软滑爽、色泽匀净、外观细密、布面光洁匀整、有近似丝绸织物的风格；外衣类织物要求有毛型感，内衣类织物要有柔软的棉型感；夏衣料要求轻薄滑爽、挺括美观；冬衣料要求丰满、厚实、挺括、柔糯。

长期以来，国内外许多学者从不同角度对织物风格进行了广泛的研究。但是，由于织物风格本身的抽象性和复杂性，织物风格应该包括哪些内容？如何客观正确地评价织物的风格？这些都是织物研究者所要着重解决的问题。近年来，由于化纤工业的迅速发展，对于各种仿棉、仿毛、仿丝绸化纤织物的风格研究，也日益受到有关方面的重视。

评定织物风格的方法，一般可以分为两类，即织物风格的主观评定和客观评定。

(一)织物风格的主观评定

织物风格的主观评定，是通过人手对织物的触摸所引起的反应以及对织物外观的视觉印象做出的评价，通常又称感官评定。这种方法已广泛应用于精纺呢绒的检验，具体的方法是：一捏，即将三个手指捏住呢绒边，织物正面朝上，中指在呢绒下，拇指、食指捏在呢绒面上，将呢绒交叉捻动，确定呢绒面的滑爽度、弹性及厚薄、身骨等特性；二摸，是将呢绒面贴着手心，拇指在上，其他四指在呢绒下，将局部呢绒的正反面反复擦摸，确定呢绒的厚薄、软硬、松紧、滑糯等特性；三抓，将局部呢绒面捏成一团，有重有轻地抓抓放放并反复几次，确定呢绒的弹性、活络、挺糯、软硬等特性；四看，从呢绒面的局部到全幅仔细观察，确定呢绒面的光泽、条干、边道、花型、颜色、斜纹等质量优劣。

在进行主观评定时，一般是集中适当的熟练人员，在一定的环境下对织物进行检验，每一检验人员根据其经验对试样的风格优劣给予评定。评定结果可以用两种方式表示，第一种方式是就织物的某项特性，以人为选定的尺度进行分档评分，最后得出该批织物中各个试样的某项风格值；第二种方式，就是对评比的试样，只是根据主观评定的优劣次序，排列其秩位，并不对各织物给予评分，称为秩位法。这种方法比较方便，评定结果可通过统计方法进行检验。

采用主观评定时，应注意环境的适宜性、人员的熟练性、方法的统一性、条件的一致性以及评语的选择性。评定小组的一致性系数应力求符合要求。各主观评定人员应力求秩相关系数高，保证检验结果的稳定性。

织物风格的主观评定方法具有简便、快速的优点，但是主观评定既涉及人的视觉及物理学和心理学的问题，又涉及风土习惯和个人爱好及流行款式等，受到多种因素的影响。有人说，个人的爱好常常是手感与主观的最终选择依据。这从某种意义上揭示了主观评定织物风格的实质性问题。所以，主观评定的结果往往因人、因地而异，局限性很大。另外，织物性能与评定结果之间并不存在严格对应的单值关系。主观评定缺乏理论指导和定量描述，数据可比性差，很难与生产结合以改善织物的风格。为了从根本上消除主观因素对织物风格评定结果的影响，从上世纪 20 年代就有不少学者着手研究客观评定织物风格的方法。

(二)织物风格的客观评定

上面说到，进行织物风格的主观评定时，涉及到织物风格的触觉与视觉特性两个方面。但是织物的视觉特性涉及到织物的美观问题，而不同地区、不同社会、不同民族、不同时代的流行色，都影响了人们对织物美的感应体验。因此，织物视觉的美感要用仪器来评定是很困难的。而织物的手感特性，却可以通过仪器测定织物有关的物理机械性质来表示。正如织物对外表现的任何特性都是由其内在质量因素所决定一样，织物风格特征是与某些力学性质密切相关的。因此，通过仪器来测定织物的这些力学性质，就能判断织物的风格特性。人们研究的风格仪也就是基于这样的基本原理。

早在上世纪 30 年代，Peirce 就指出了可用织物的物理机械特性来描述织物的风格，并提出了斜面测定法，以弯曲长度和弯曲刚度作为力学手感的指标。在这以后，又出现了多种单项指标的手感风格测定方法，如心形法、悬垂法等。这些仪器都是以织物的刚柔特性来表示织物手感特性的，并且都是利用织物试样的自重达到测定效果的。

到上世纪 50 年代，织物风格的研究有了明显的进展，这一阶段的测试仪器与方法具有综合的性质，即以织物的多项物理机械性质来研究织物的风格，包括织物的弯曲、摩擦、压缩性能等。这方面具有代表性的是美国 AATCC 的 Gunther、日本的内田和小林、美国的 Albent 公司等研究的有关织物风格测试仪器。

20 世纪 70 年代初，日本的川端、松尾分别研制成从拉伸、剪切、弯曲、压缩、摩擦等力学性能的多机台多项指标型风格仪。川端方法的基本思路是把织物风格分为三个层次，即综合风格、基本风格和力学量。

综合风格——基本风格{硬挺度、光滑度、丰满度、滑爽度}——力学量{拉伸参数、弯曲参数、表面性能参数、剪切参数、压缩参数、质量及厚度}

以川端法为基础发展的 KES-FB 系列风格仪，可以测出 16 个力学指标，从而计算出基本风格和综合风格，最后判断织物的风格特性。

上世纪 80 年代初，国内也研制了单台多指标风格仪，可以测织物弯曲、摩擦、压缩、交织阻力、起拱变形等力学性质，以评定织物的风格。

从总体上来说，织物风格的客观评定方法可以分为以下几种：

(1)单台单指标式风格测试　例如织物弯曲、悬垂等单项性能的测试仪器，这类仪器往往着重测试织物的某一项风格特性。

(2)多台多指标式风格测试　根据测量织物拉伸、弯曲、压缩、表面性能等多台仪器测试结果，进行综合评定织物风格。这种方法所用仪器多，占地面积大，仪器价格贵，但使用方便，多台仪器可同时进行测量，节省时间。

(3)单台多指标式风格测试　在同一台仪器上，加上特殊的附件，可以测量拉伸、弯曲、压缩、摩擦等。其优点是设备费用省，但测试效率比多台多指标低。

二、KES-FB 系列织物风格仪

仪器由拉伸剪切试验仪、纯弯曲试验仪、压缩试验仪、表面性能试验仪、剪切拉伸疲劳试验仪、数据处理装置(计算机、打印机、绘图仪等)等六种测试仪器组成，由日本加藤铁工所生产。评定织物手感由前四个设备提供，测定织物的拉伸、剪切、弯曲、压缩、摩擦、粗糙度等六项基本力学性能，共考核 16 个指标。根据这些性能指标可综合评价织物的手感特征，如变形弹性、挺括性、丰满性、蓬松性、滑爽性及匀整性等。

四台主机中每个机组都由试验主机及控制仪两部分组成,仪器试验结果主要指标可以自动计算和显示。四个机组合用一台双轴向 $X-Y$ 记录仪,用于绘制性能曲线。该机有如下一些特点:

(1)传感器容量大、分档多,便于选择,因而适用性广。

(2)各机独立,操作简单方便,但占地面积大,价格高。

(3)设有数据处理系统,可减轻计算工作量并使试验结果精度提高。

(4)各机采用统一的正方形试样(20 cm×20 cm),因此一只试样可提供全部性能试验。试样用量稍大,但裁样简单省力。

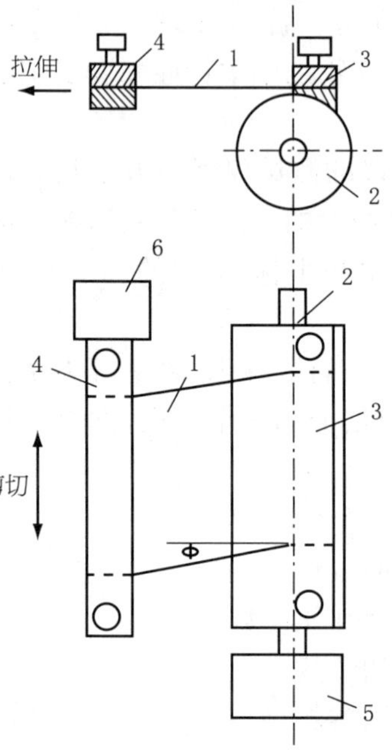

图 9-25 拉伸剪切试验

(一)KES-FB1 拉伸剪切试验仪

该仪器用于织物的拉伸与剪切试验,测试原理如图 9-25 所示。试样 1 的一端夹在滚筒 2 上的固定夹持器 3 中,另一端夹在左面可移动的夹持器 4 中。当活动夹持器左移时对试样进行拉伸,滚筒轴上扭力传感器 5 用来测量拉伸力大小。试样伸长用电位器式传感器测量。当活动夹持器 4 沿着与滚筒轴平行方向往返运动时,对试样施加剪切力。在进行剪切试验前需对试样施加一定预张力。剪切力由传感器 6 测量。仪器主要技术指标为:拉伸传感器容量为 200~500 N,负荷精度±0.5%满度,位移测量范围 25 mm 或 50 mm,位移精度±0.2%满度,拉伸试验速度 0.1 mm/s 或 0.2 mm/s;剪切测力传感器容量为 20 N、50 N 或 100 N,负荷精度±0.5%满度,剪切位移范围±10 mm,位移精度±0.5%满度,剪切试验速度0.417 mm/s。拉伸与剪切试验时夹持器间距离均为 5 cm,试样有效尺寸均为 20 cm×5 cm。

仪器采用定负荷拉伸,即夹持器右移至最大负荷为 500 cN/cm 后自动返回,在正向拉伸及反向回复过程中可用记录仪绘制拉伸曲线。试验完毕后,仪器自动计算试验结果,可用按钮显示下列指标:

(1)拉伸功 WT　为正向拉伸曲线下的面积。

(2)拉伸弹性 RT　为回复曲线下面积与正向拉伸曲线下面积之比。

(3)拉伸线性度 LT　拉伸曲线下面积与假设拉伸曲线为直线时的面积之比。

此外,仪器上还设有按钮,可读取试样拉伸功、回复功以及设定最大负荷时的伸长百分率。

仪器在进行剪切试验时,试样的预张力为 10 cN/cm,在进行正常剪切变形至最大剪切角后,夹持器自动返回,接着再进行反向剪切。最大剪切角 ϕ 分别为±8°。剪切试验所得滞后曲线如图 9-26 所示。试验完毕后仪器自动计算试验结果,可以用按钮显示下列指标:

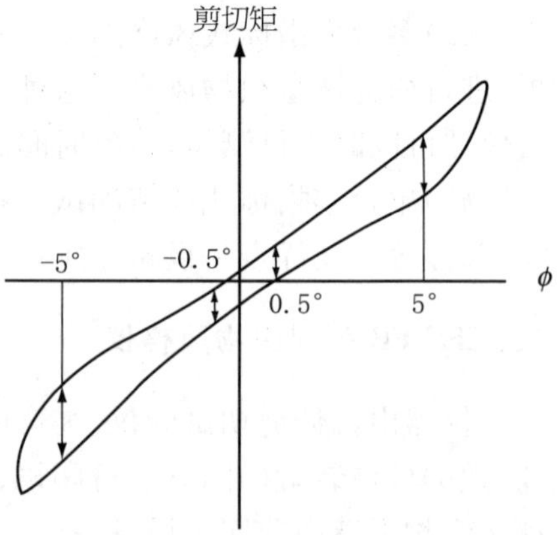

图 9-26 剪切滞后曲线

(1)剪切滞后矩 $2HG$。剪切角为 0.5°时,滞后曲线剪切力矩差,取正负剪切数值之平均。

(2)剪切滞后矩 $2HG5$。剪切角为 5°时,滞后曲线剪切力矩差,取正负剪切数值之平均。

(3)剪切刚度 G。剪切角在 0.5°～5°之间滞后曲线的平均斜率,取正反剪切时数值之平均。

(二)KES-FB2 纯弯曲试验仪

如图 9-27 所示,试样 1 被夹在两个夹持器中,其中夹持器 2 固定,夹持器 3 以一定曲率 k 做圆弧摆动,固定夹持器上端与扭力传感器相连。夹持器 3 往返摆动一次后,可得弯曲滞后曲线。扭力传感器容量为 4 cN/cm、10 cN/cm、20 cN/cm、50 cN/cm,负荷精度为±0.2%。试样弯曲曲率摆动范围为±2.5cm^{-1},试验速度(曲率)0.5cm^{-1}/s,两夹持器距离 1 cm。试样有效尺寸为 20 cm×1 cm。试验完毕后,仪器自动计算试验结果,可用按钮显示下列指标:

(1)弯曲滞后矩 $2HB$。试样弯曲曲率 k 为 0.5cm^{-1}时的滞后矩,取正反向弯曲时数值之平均。

(2)弯曲滞后矩 $2HB1.5$。试样弯曲曲率 k 为 1.5cm^{-1}时的滞后矩,取正反向弯曲时数值之平均。

(3)弯曲刚度 B。试样弯曲曲率 k 在 0.5～1.5cm^{-1}之间滞后曲线的平均斜率,取正反向弯曲时数值之平均。

图 9-28 所示为织物及针织物弯曲变形的实例。

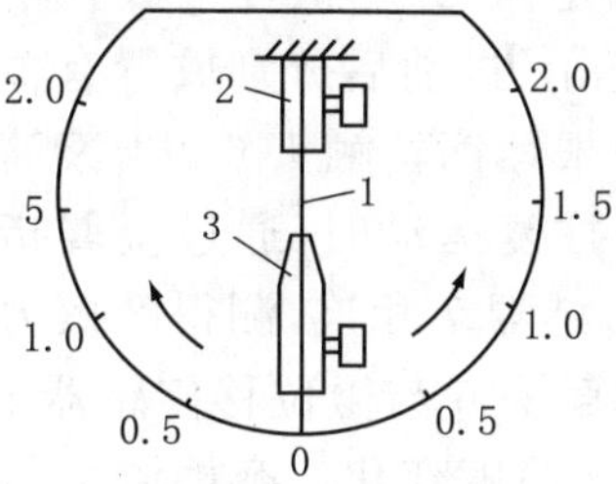

图 9-27 纯弯曲试验仪

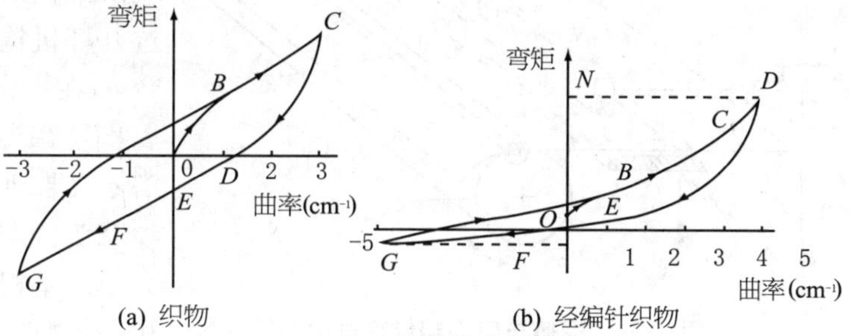

图 9-28 弯曲变形特性举例

(三)KES-FB3 压缩试验仪

测试原理如图 9-29 所示。试样 1 放在试样台 2 上,试样台与测力传感器 3 相连。试验时压缩盘 4 下降,对试样进行压缩。测力传感器容量为 200 cN、500 cN、1 000 cN 或 5 000 cN,负荷精度±0.5%满度,位移传感器范围 5 mm 或 50 mm,位移精度±0.2%满度,试验速度为 0.02 mm/s或 0.2 mm/s,试样有效尺寸 2cm^2。试验时,压缩盘下降至设定最大压缩力 50 cN/cm^2时自动返回,所得试样曲线如图 9-30 所示。从曲线上量得压缩力为 0.5 cN/cm^2和50 cN/cm^2时的织物厚度分别为织物的表观厚度 T_0 和稳定厚度 T_m,并由仪器按钮可以显示试样压缩及回复时曲线下面积的积分值,由此计算试样压缩功 WC 及回复功 WC',可得下列指标:

(1)表观厚度 T_0。织物在 0.5 cN/cm^2 压力作用下的厚度。

(2)压缩功 WC。压缩曲线下面积。

(3)压缩弹性 RC。压缩回复功 WC'与压缩功 WC 之比。

(4)压缩线性度 LC。压缩曲线下的面积与假设压缩曲线为直线时的面积之比。

(5)面密度 W。由电子天平称重求得。

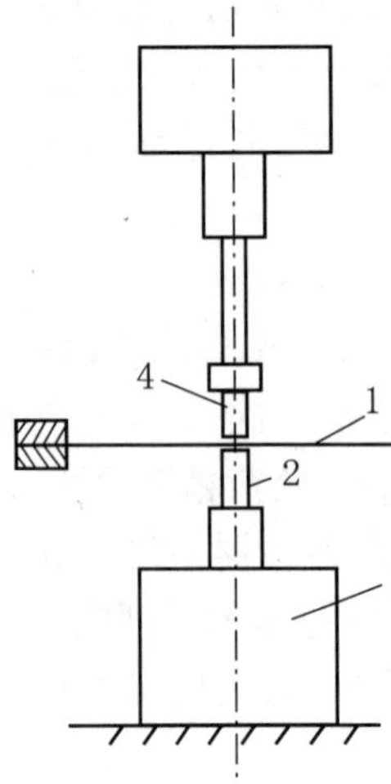

图 9-29　压缩试验

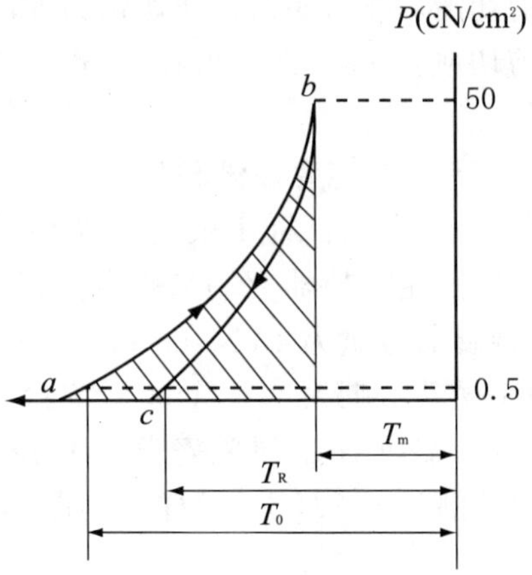

图 9-30　压缩试验曲线

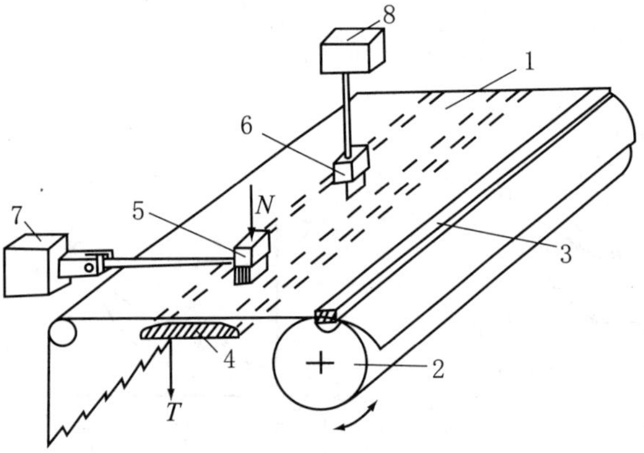

图 9-31　摩擦与表面粗糙度试验

(四)KES-FB4 表面性能试验仪

仪器可同时进行织物摩擦性能及表面粗糙度试验,原理如图 9-31 所示。试样 1 的一端由滚筒 2 上端的夹持器 3 夹住,另一端通过杠杆机构施加一定张力 T,试样下放置平台 4,在平台及试样上方,前后分别放置有金属指纹摩头 5 及单根琴钢丝触头 6。当滚筒 2 转动带动试样作往复运动时,通过金属指纹摩头 5 与测力传感器 7 相连,测得摩擦力大小。单根琴钢丝触头 6 与微位移传感器 8 相连,测得织物表面厚度变化。摩擦测力传感器容量为 200 cN、500 cN 或 1 000 cN,负荷精度±0.5%满度,摩头压力为 50N,试样移动速度 1 mm/s,往复动程 3 cm。摩擦力信号在动程中部 2 cm 范围内测取,试样的初始张力为 20 cN/cm。指纹摩头规格为 ϕ0.5 mm 的 U 形琴钢丝组成的 5 mm×5 mm 平面。微位移传感器的动程范围为 0.4 mm、1 mm、2 mm 或 5 mm,位移最小分辨率为 0.1 μm,位移精度 0.5%满度。进行粗糙度试验时,对单根琴钢丝触头施加的垂直压力为 10 cN,当织物水平移动时,由于其表面凹凸不平而引起触头的垂直方向位移。试验时试样往复运动一次,可由记录仪绘制摩擦力波动曲线或表面粗糙度曲线,利用画板上的按钮,可以显示或同时打印下列指标:

(1)动摩擦系数 MIU。在积分长度 2 cm 范围内,织物正反向移动时的摩擦系数(摩擦力与正压力之比)的平均值。

(2)摩擦系数变化的平均差 MMD。在上述积分长度内,摩擦系数瞬时值与平均值之绝对差值的平均值,与平均摩擦系数之比。

(3)表面粗糙度 SMD。在上述积分长度内,单根琴钢丝所测得织物厚度的瞬时值与平均值之绝对差值的平均值,即织物表面高低变化的平均差系数。

当试样往返一次测得上述指标以后,可前后移动摩擦力触头及垂直微位触头在织物上的不同位置,进行多点测量。

三、FAST(Fabric Assurance by Simple Tests)织物测试系统

FAST 是客观评价织物的外观、手感和性能的简易测试系统，属分项式多机台型测试仪，由澳大利亚联邦科学与工业研究所研制。FAST 包括三台仪器和一种试验方法，即 FAST-1 压缩仪、FAST-2 弯曲仪、FAST-3 拉伸仪和 FAST-4 尺寸稳定性试验方法，测定织物的压缩、弯曲、拉伸、剪切等四项基本力学性能和尺寸稳定性，共考核 8 个指标。根据这些性能指标绘制“织物指纹印”，用以评价织物的外观、手感和预测织物的可缝性、成形性。

FAST-1、FAST-2、FAST-3 可以瞬时和自动记录试验结果，FAST-4 则手工记录结果。将结果标绘在控制图形中，即“织物指纹印”，以表明被测织物的性能。该图可通过 FAST 数字探测及分析程序直接与计算机连接，自动记录并打印，也可手工绘制。

FAST 具有简单易操作的特点，实用性很强，可为织物及服装生产厂家提供重要的信息，为纺织、服装工业的生产自动化提供有效的质量控制和保证手段。

(一)FAST-1 压缩仪用于测定

(1)织物在不同负荷下的厚度。

(2)织物表面厚度。

仪器测定织物在轻负荷 1.96 cN/cm^2 和重负荷 98.1 cN/cm^2 压力时的厚度 $T2$ 和 $T100$，由这两个厚度之差计算织物表面厚度 ST。织物厚度以千分尺的分辨精度进行显示，精确测量织物表面厚度。仪器通过增减测量杯内的质量来改变对织物的压力。织物经过汽蒸 30 s 后或者在水中(水温 20℃，时间 30 min 为宜)处理后，测量轻负荷和重负荷下的厚度，可计算松弛表面厚度 STR。

(二)FAST-2 弯曲仪用于测定

(1)织物弯曲长度。

(2)织物弯曲刚度。

按照英国标准 BS 3356—1961 中的悬臂梁法测定织物的弯曲长度。使用光电传感器测量织物试样下垂边与 41.5°斜线相吻合时的长度，得到弯曲长度 C。测量织物每平方米质量 W 后，可计算弯曲刚度指标 B。

(三)FAST-3 拉伸仪用于测定

(1)织物在不同负荷下的伸长。

(2)织物的斜向伸长，剪切刚度。

采用杠杆加压原理，通过改变平衡杠杆上的砝码，测定织物在 4.9 N/m、19.6 N/m、98.1 N/m拉伸力时的伸长值 $E5$、$E20$、$E100$。试样以 45°经纬斜向剪取，测定织物斜向拉伸时的数据。伸长测量的分辨力为 0.1%。斜向伸长 $EB5$ 通过计算可转换成织物剪切刚度 G。由织物的伸长性与弯曲刚度计算可成形性 F，这是一个与缝纫皱褶有关的参数。

(四)FAST-4 尺寸稳定性试验方法用于测定

(1)织物的松弛收缩率。

(2)织物的湿膨胀率。

将全毛织物或毛混纺织物试样烘干，烘燥温度为 105℃，测取其干燥尺寸，然后完全浸湿并测取其湿尺寸，再次烘干试样并测定其最终尺寸，计算松弛收缩率 RS 和湿膨胀率 HE。

第十章　纺织品热湿传递和透气性测试

服装可以保护人体，防止过多地失去热能，保持人体一定的温度平衡。服装材料性能和结构，应通过相应的热传递、吸湿和透气性进行调节，减轻气候变化对人体循环系统的负担，保证体力和脑力劳动的功能，即使在不利的气候环境中也能使人们得到舒适感。

舒适是多方面因素作用的复合，既有主观因素，又有物理因素。其中通过织物的热、湿和空气流动是影响舒适的主要因素，而服饰的尺寸、合身性、美学性能、柔软性和悬垂性等，对舒适性也有重要影响。最重要的舒适标准是符合人体要求的满意的热湿平衡，这涉及织物的热湿传递性能。

温度是决定舒适的主要因素。人体可以从太阳、身体内部的新陈代谢、运动或颤抖时肌肉不自觉的收缩中获得热，而传导、对流或辐射的热损失在一定程度上取决于皮肤和周围的温度梯度，人体表面的血液流动和蒸发作用控制着皮肤温度，过多的热还可通过人体水分的蒸发而迅速消散，明显妨碍水分自由蒸发的服装系统是不适合的。不希望的热损失则可通过服装的热阻来防止。

人体在冷、热环境中其散热方式不一样。常温环境中人体以一定比例进行辐射、传导、对流和蒸发散热以维持热平衡。在寒冷环境中引起寒战而增加热量，又由于皮肤血管收缩，控制辐射、传导、对流的热量，由于体内与体表间温度梯度差加大而使传导热增加。在炎热条件下，由于皮肤血管扩张，体内与体表间几乎无温度梯度，辐射、传导、对流散热几乎接近于零，甚至成为受热状态，此时机体以蒸发散热为主。因此，对服装材料的选择，寒冷季节以保暖为主，炎热季节则应选择蒸发散热为主的材料，能大量地吸湿及蒸发，有利于达到人体的舒适感。

正常人的体温保持在36.5 ℃左右，人体水分蒸发起到调节体温的重要作用。人在静止时的无感出汗大概为 15 g/(m^2 · h)，在活动或高温环境中流汗时的有感出汗可超过100 g/(m^2 · h)。无感出汗占人体全部热量散失的25%左右。环境温度上升或进行剧烈活动时，无感出汗成为有感出汗，并转而由汗液的蒸发来调节体温。作为人体—服装—环境中的服装，起着调节人体热湿散失的作用。因此织物的热湿传递性能受到重视，尤其对运动服、工作服、防护服、御寒被服等更为重要。

第一节　织物热传递性能及其测试

一、热能在织物中传导

织物中存在着微小而大量的气孔。实际测量证明，普通织物中这种气孔的总容积约为织物容积的60%～70%。由于构成织物的纤维很细，单位质量的表面积非常大，一套普通男服织物中纤维的总面积约 240 m^2。这些巨大的表面积，有阻止空气穿透的作用，故可将织物当成低密物体看待。根据热力学中傅里叶定律，单位时间内热传导的导热量与温度梯度、传热面积成正比，即：

$$Q=KA\frac{\Delta t}{\Delta d} \tag{10-1}$$

式中：Q 为每小时通过纺织材料所传递的热量(W)；K 为导热系数[W/(m·℃)]；A 为纺织材料的面积(m^2)；d 为纺织材料的厚度(m)；$\frac{\Delta t}{\Delta d}$为温度梯度(℃/m)。

当物体的热传导到达稳定状态时，温度梯度可视为不变。如果纺织材料包覆在平板状热体表面的温度为 t_1，另一侧为 t_2 时，则上式可写成：

$$Q=\frac{KA}{d}(t_1-t_2) \tag{10-2}$$

若取 $A=1\ m^2$，$d=1\ m$，$t_1-t_2=1℃$，则 $K=Q$。

由此可见，导热系数 K 是当纺织品厚度为 1 m、表面积为 1 m^2、温差为 1 ℃时，在单位时间内由纺织品一面以热传导方式传递给另一面的热量，表示纺织品的导热能力。导热系数越小，表示织物的导热性越低，它的热绝缘性或保暖性越好。

纺织材料包覆在圆筒状热体表面时，单位时间内通过纺织材料所散失的热量为：

$$Q=\frac{2\pi KL}{\ln(\frac{r+d}{r})}(t_1-t_2) \tag{10-3}$$

式中：L 为圆筒状热体的长度(m)；r 为圆筒状热体的外圆半径(m)。

如图 10-1 所示，纺织材料 2 被夹在两块具有不同温度的平板 1 和 3 之间，单位时间内所散失的热量 Q 为：

$$Q=\frac{A(t_1-t_4)}{\frac{d_1}{K_1}+\frac{d_2}{K_2}+\frac{d_3}{K_3}} \tag{10-4}$$

式中：K_1，K_3 为平板 1、3 的导热系数[W/(m·℃)]；K_2 为纺织材料的导热系数[W/(m·℃)]；t_1，t_4 为平板 1、3 表面的温度(℃)；d_1，d_3，d_2 为分别为平板 1、3 和织物 2 的厚度(m)。

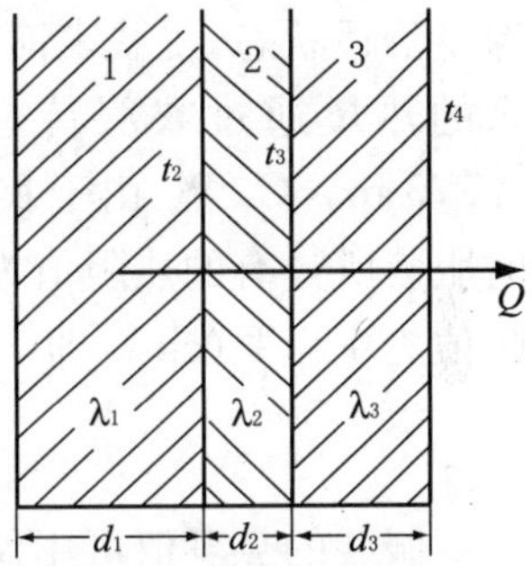

图 10-1 纺织材料在两块平板间的传热情况

另一个表示纺织品热绝缘性能的指标是热阻 R，热阻的含义是：试样两面温差与垂直通过试样单位面积的热流量之比。这与电流通过导体的电阻相类似。纺织品热阻的测量使得服装和装饰用织物的热阻值可以参与热环境的热损耗等计算。织物各层的热阻是可以相加的，因此可以计算整个组合服装的热阻。

根据定义：

$$R=\frac{t_1-t_2}{Q/A}=\frac{d}{K}(m^2\cdot℃/W) \tag{10-5}$$

由此可见，热阻的测量可避免纺织品厚度测量带来的影响。事实上，纺织品是由纤维和空气组成的异质系统，纺织品的热传递不仅仅是通过纤维及其周围空气进行热传导，而且还通过织物内空气进行热辐射和对流。所以导热系数或热阻实际上应是热传导、热辐射和对流的总和。

热阻的倒数称为传热系数，指纺织品表面温差 1 ℃时，通过单位面积的热流量，单位为

“W/(m^2·℃)”。

除了上述的导热系数 K 和热阻 R 外，还可以采用保温率来表示织物热传导性能。保温率是指热体无试样包覆时的散热量和有试样包覆时的散热量之差与热体无试样包覆时的散热量之比的百分率。这样，在测量时，就避免了直接测量纺织品表面温度所带来的困难。也可将织物包覆于金属热体表面，测量保持热体恒温所需供给的热能来表示其保温性能。纺织品的保温率可用下式计算：

$$Q_P(\%)=\left(1-\frac{b}{a}\right)\times 100 \tag{10-6}$$

式中：Q_P 为纺织品的保温率；a 为金属热体表面无织物试样包覆时保持恒温所需热量；b 为金属热体表面有织物试样包覆时保持恒温所需热量。

以上是表征织物或服装隔热或保暖性的常用物理指标，其缺陷是未能与织物和服装的舒适性直接联系起来。克罗值(clo)指标作为隔热性能指标的提出，还考虑到人体的生理参数、心理感觉和环境温湿度及风速等条件，并且其通俗解释易被非专业人员所理解。现在国际工商界已普遍使用，我国现已开始使用克罗值作为纺织品的隔热性能指标，并纳入有关行业标准。

克罗值(clo)单位是这样规定的：在室温为 21 ℃、相对湿度不超过 50%、空气流速不超过 10 cm/s(相当于有通风设备的室内正常流速)条件下，一个人静坐保持舒适状态时对服装所需要的热阻，这个热阻单位称为克罗值(clo)。一般人在静坐状态的新陈代谢率约为 58 W/m^2，为保持舒适状态，皮肤表面温度为 33 ℃。这时新陈代谢的 25%是通过无感排汗蒸发所散失，其余的热量通过衣服传递，其值为：58 W/m^2 × 75% = 43.5 W/m^2，可算出传热热阻为 0.275 m^2·℃/W。由于衣服表面有一层空气，研究表明它的热阻约为 0.12 m^2·℃/W。所以此时服装所具有的热阻值为 0.275－0.12＝0.155 m^2·℃/W。即称此时所穿衣服的隔热值或热阻值为 1 克罗(clo)，即：

$$1\text{clo}=0.155\ \text{m}^2\cdot℃/\text{W} \tag{10-7}$$

服装的克罗值可用仪器测得，也可根据服装的厚度进行经验估算，即 1 cm＝1.6clo。应该注意，测定服装的克罗值和测定织物的克罗值的总和是有区别的。其主要原因是由于空气层的存在。

二、织物热传递性能测试及仪器

织物热传递性能测试方法较多，一般可分为平板法、冷却法和恒温法。

(1)平板法。将纺织材料夹在两块具有不同温度的平板之间，测量热量通过纺织材料的传递速度。传递速度愈快，表示保暖性愈差。

(2)冷却法。将纺织材料包覆在热体表面，测量热体冷却至一定温度所需的时间或测量热体在一定时间内的温度降低值。

(3)恒温法。将纺织材料包覆在热体的表面或将纺织材料置于具有两种不同温度的恒温室之间，维持热体或高温恒温室的温度，在此情况下，测定需要加给热体或高温恒温室的热量。

下面叙述较为常用的仪器：

图 10-2 为 ISO 所推荐的用于测量纺织品热阻的仪器。仪器的测量原理是根据将热流方

向不同热阻的材料串接在一起，则各热阻材料的温降比与它们的热阻比是相同的。这样，如果把已知热阻的材料（即“标准热阻”）和试样串接在一起，并测出温降，就可以计算出试样的热阻。仪器的主要部件有：热板1为低碳钢圆盘，直径为330 mm，厚度为6 mm，经过退火处理，以消除内应力；B_1 和 B_2 为环型电热器，分别为75 W和125 W，固定在圆盘1的下表面，B_1 和 B_2 并联连接；2为绝缘板圆盘，其热阻在0.075～0.125 m^2·K/W的范围内，厚度为5～15 mm，直径为330 mm，与仪器的热板相连；3为冷板，直径为330 mm，并在其上加压6.9 Pa；5为绝热体，用以减少热损失。图10-2中，热板1与绝缘板2之间、绝缘板2与试样4之间及试样4与冷板3之间安放三个热电偶温度传感器 T_1、T_2 和 T_3，其分度为0.01 K，用以测量绝缘板和冷板的界面温度。M 为温度自动控制用的温度传感器。为了屏蔽相邻的热辐射源，并控制通过仪器的正面风量，整个仪器安装在如图10-3所示的箱体内。排气风扇将室内的标准大气从箱体一端的可调缝隙吸入，以0.25～1 m/s的风速流经试样，并从另一端排出。

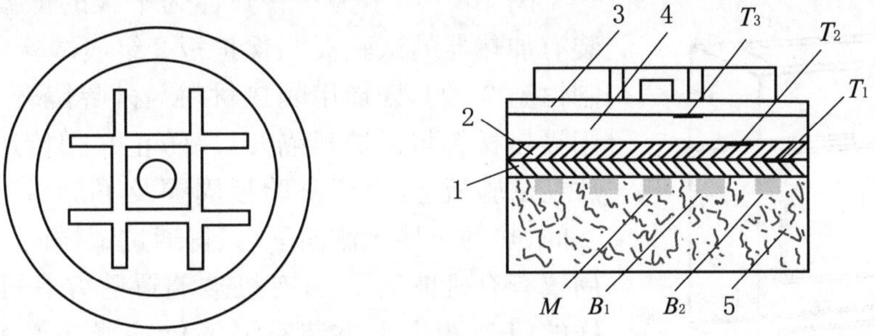

图10-2　仪器示意图

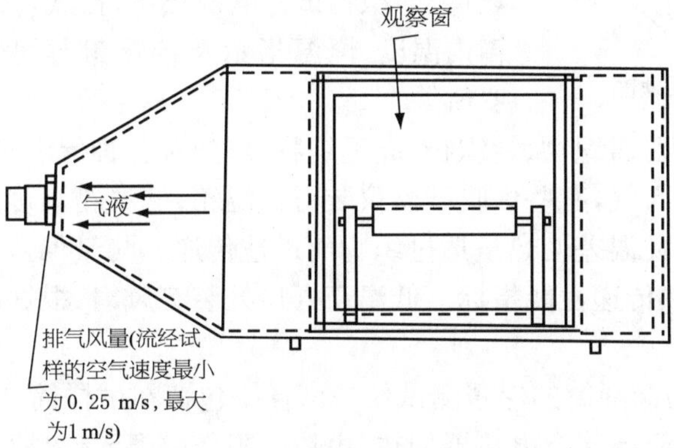

图10-3　箱体示意图(侧视图)

试验时，先将每个样品剪成直径为330 mm的三块试样，要避免折痕和折叠，平放在标准大气中调湿24 h。根据纺织品用途不同试验分为两种方法——双板法和单板法。前者通常用于使用时不受环境空气影响的材料，例如用被单包覆着的毯子；后者用于使用时外表暴露于环境空气中的材料，如被单和穿在外面的服装。从准确性和再现性上讲，以双板法为佳。所以ISO推荐双板法适用于所有的纺织品。

（一）双板法

将调湿过的试样放在仪器的热板与绝缘板之上，将冷板轻轻地放在试样上面，注意不要挤压试样表面，并保护试样的边缘避免受到气流影响，例如在仪器的周围包一条机织毯子或其他防护遮蔽带。

接通电热器，调节温度控制器使 T_2 显示的温度在 304～308 K 之间。试验中保持每个热电偶 T_1、T_2 和 T_3 的温度处于稳定状态不少于 30 min，温度变化不大于±0.1 K。

对低密度的材料(例如毯子)，从接通电热器起，包括稳态周期试验，持续时间约 2 小时；对于比较密实的材料，时间要更长一些。

由热电偶 T_1、T_2 和 T_3 记录的温度精确至 0.01 K。

(二)单板法

把调湿过的试样平放在热板与绝缘板之上(要有边缘保护)，但不要盖住其外表面。把冷板置于仪器的下面支撑起来，以使空气环流，并用硬质纤维板或金属薄片盖住冷板，在其上面黏一铝箔片，以防止冷板受到从仪器放射出的热辐射的影响。这时固装在冷板表面上的热电偶 T_3 用于测定空气的温度。

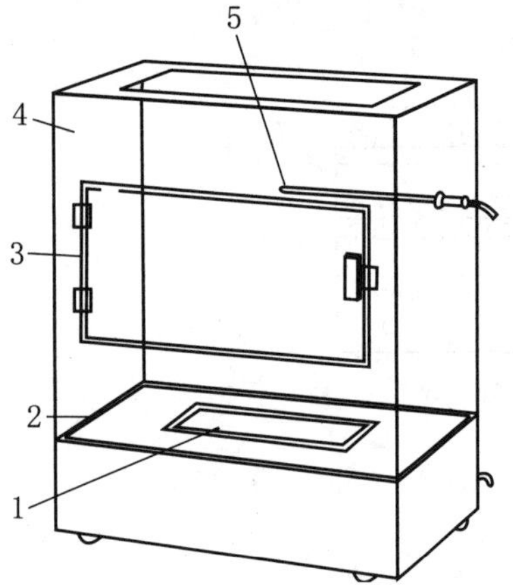

图 10-4　平板式保温仪原理图

图 10-4 所示为一种热体为平板的恒温式保温仪。由装有加热器的试验板 1、保护板 2 组成试验台。由控制箱控制恒温 36 ℃，四周用隔热材料与外界隔开，试验板四周也用隔热材料与保护板隔开，以防止互相传递热量。试样平放在试验板上，由于试验板周围及下部均为恒温体或恒温空间，热的传导无法向下，只得通过试样向上传递。仪器四周罩有有机玻璃罩 4，有机玻璃罩前方有可开启而放入试样的门 3，箱内上方装有温度传感器 5，以指示箱内温度。试验时可分别测出有试样和无试样时保持试验板恒温所需热量，即织物试样的散热量，按式(10-6)求得保温率。通过箱内温度、恒温指示及传热量等可算出试样传热系数、克罗值等。

该仪器适用于测定普通织物、针织物、起毛织物、座垫及各种保温材料的保暖性能。

为了模拟冬天寒冷天气，有些保暖试验仪装有低温箱，低温箱温度控制在－30 ℃左右，恒温箱温度控制在 40 ℃，此温差使热量透过织物而迅速传递。测量保持恒温箱一定温度所消耗的热量，可计算织物的热传递性能指标。低温箱入口处装有风扇，根据需要可向试样表面输送一定的风量。

图 10-5 为一热体为椭圆筒的保暖测试仪。试样 1 包覆在试样筒 2 的外表面，试样的下端由夹持器 3 夹持。试样筒内装有电热器加热，由铂电阻作感温元件进行温度控制，使试样筒保持一定的温度。试样筒两侧用隔热材料堵塞，防止旁路散热。为了与使用情况一致，仪器底部送入一定速度的气流。分别测出有试样和无试样时保持热体恒温所需加热量，求出保温率。

图 10-6 所示为一种冷却法测量织物热传递性能的筒式保暖器。铜质圆筒 1 上下用隔热材料板 2 和 3 覆盖以防止热量散失。圆筒上部中央装一温度计 4，以观察圆筒内水温。小孔 5 用于向内注入一定温度的热水。试验时先将试样包在筒的表面，注入 45 ℃的温水，以观察温度计下降至一定温度时所需的时间。然后取下试样，将筒内的水倒出，重新注入 45 ℃的温水，再测量不包覆试样时，冷却至同样温度所需的时间，由下式计算绝热指数 C：

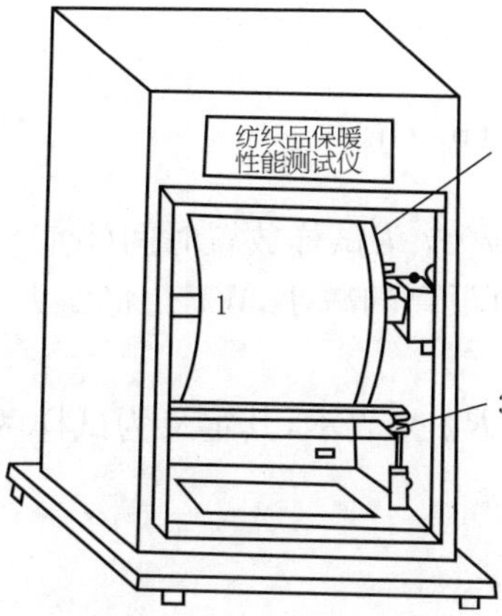

图 10-5　保暖仪测试部分

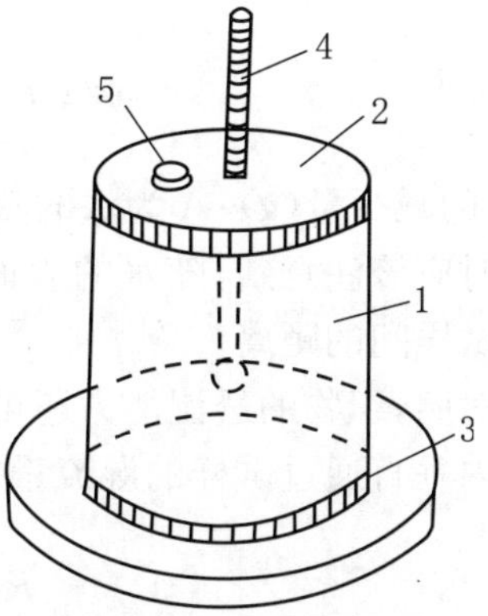

图 10-6　圆筒保暖器

$$C=\frac{T_1}{T_2} \tag{10-8}$$

式中：T_1 为圆筒表面包覆试验材料时冷却至规定温度所需的时间；T_2 为圆筒表面不包覆试验材料时冷却至规定温度所需的时间。

圆筒保暖器除用加热水方法外，也可用电加热法。圆筒保暖器的构造比较简单，操作容易，但在筒上包覆试样时，张力较难控制，使材料的密度产生变化，从而影响测试的准确性。

第二节　织物湿传递性能及其测试

一、织物的湿传递

水分在织物中的传递情况是复杂的。人们的汗液蒸发成水汽，由于织物中纤维对水分子的吸收，使部分水分子通过纤维内部扩散而到达织物的另一面，向大气散逸；另一部分则通过织物中纤维与纤维之间、纱线和纱线之间的通道或空隙，包括毛细管作用，向大气散逸。当服装的保暖作用重要时，衣服需具有较高的热阻，制成衣服的纤维之间有大量的静止空气，水汽由衣着的纤维间空隙扩散到达衣着表层的可能性小，由空气对流带走的可能也不大，这时经由纤维内部扩散到衣着表层起重要作用。当有大量显汗时，贴身的服装中纤维表面的亲水性，能在纤维间产生有效的毛细管通道，使汗液水分子流向衣着表面。因此，织物或服装的透湿性密切与服装舒适性有关。此外，织物两面在较大的水压差下的透水性，主要和织物的空隙有关。雨衣、帐篷、帆布等织物要求有防水性能，而过滤布则要求有良好的透水性能。显然，水分在织物中的传递和织物的原料组成、厚度、结构紧密程度及织物表面的处理等情况有关。

二、织物透湿性的测试

水分在织物中传递性能的测试一般可分为吸湿法和蒸发法。前者将织物试样覆盖在无水碳酸钙或五氧化二磷等吸湿剂的干燥杯上，在一定温湿度的实验室内或恒温恒湿箱内放置一定时间后，测定吸湿剂的增重以及试样的质量和面积。后者常将试验材料覆盖在盛有蒸馏水的容器上，一定时间后再精确称重，根据容器质量减少量可计算每平方米织物的透湿

量 WVT：

$$WVT=\frac{B}{t\cdot A}[\mathrm{g}/(\mathrm{m}^2\cdot\mathrm{h})] \tag{10-9}$$

式中：B 为水分的减少量(g)；A 为水的蒸发面积(m^2)；t 为试样放置时间(h)。

应用此法时应该注意到，随水的表面到试样间距离的减小，WVT 将增大，因此应注明测量时水表面到试样间的距离。

与热阻相对照，织物的透湿能力还可以用湿阻 R_W 来表示，其定义为试样两面的水蒸气浓度和单位时间内垂直通过试样的湿流量之比：

$$R_W=\frac{\Delta c}{\Delta m}(\mathrm{h}/\mathrm{m}^3) \tag{10-10}$$

式中：Δc 为试样两面水蒸气浓度差(kg/m^3)；Δm 为通过织物有效传湿面的湿流量(kg/h)。

它的大小，表示了织物对水蒸气扩散的阻抗。以上方法不适用于大透湿量织物的测定，因为吸湿法中 $CaCl_2$ 的吸湿量是有限的。并且两种方法中试样与吸湿剂或水面有一定的距离，即有一层滞流空气层，对水蒸气传递存在一定阻力，且测试过程中吸湿剂不断吸湿，表面 $CaCl_2$ 湿度增大；蒸发法中水不断透过织物向外扩散，使液面下降。这都会使被测织物两面的水蒸气压差发生变化。根据水气扩散定律，透湿量直接受材料两边湿度差的影响。水蒸气压差的这种变化，会造成实验误差。

上述各种测量方法中，影响测定织物透湿量的主要因素有：

(1)吸湿剂。现行标准所用吸湿剂为氯化钙。由于无水氯化钙极易吸湿，在潮湿空气中吸湿特别明显，因此，试验前必须烘燥氯化钙，使其达到绝干状态。

(2)温度、相对湿度和气流速度。它们是测定透湿量的三个最重要的试验条件。这三项参数的变化范围必须控制在规定范围内。

(3)试样放置的朝向。如涂层织物的一面为涂层，另一面为基布，两面材质不同，按不同朝向测出的透湿量也不同。按规定，测定时应将涂层面(即被测面)朝向湿空气一面。

三、服装的湿传递性测试

如前所述，服装不等同于织物。在服装舒适性的研究中，人体出汗是影响服装舒适性的一个基本原因。为研究人—服装—环境之间的复杂热湿传递问题，国内外已研究出多种测试评价仪器及装备，其中出汗假人最受注意，它主要是通过模拟皮肤温度和出汗来测量着装及其材料的透湿指数，定量分析与评价服装及其材料的舒适性。迄今为止，透湿指数 I_m 是评价服装舒适性的一个重要指标，其定义为：

$$I_m=\frac{R_T}{R_W}\bigg/\frac{R_{Ta}}{R_{Wa}} \tag{10-11}$$

式中：R_T 为服装的热阻；R_W 为服装的湿阻；R_{Ta} 为空气的热阻；R_{Wa} 为空气的湿阻。

I_m 的理论值从 0 至 1(0 表示完全不透湿，1 表示理想透湿)，它对评价特种功能服装(军装、防化服、飞行服等)的湿传递功能具有重要意义。

出汗假人是假人系统的一种，它能模拟调节人体湿度分布及人体出汗机能，出汗假人模拟出汗大致有以下三种技术实验路线：

(1)喷水型。即人为地对身着模拟皮肤织物的干态假人喷水,再给假人穿上测试服装进行测试。此法在研究与探索蒸发散热规律时起到了作用,但对评价整体服装,特别是宇航服、抗浸防寒服的透湿效能时难以实施,可操作性差,试验结果不稳定。

(2)汽态汗的模拟方式型。用一种透汽不透水的织物制成模拟假人,依靠假人体内的液态水循环加热,从假人体表溢出水蒸气即为模拟出汗,或由假人体内管道输出的水蒸气渗出体表来实现。因为该方式只能模拟人体潜汗(汽态汗),而不能模拟人体最有效的散热形式——显汗(液态汗蒸发),故有较大的局限性。

(3)液态汗出汗模拟型。该假人的出汗系统中选用了模拟皮肤材料,保证了出汗的稳定性与持久性。通过采用模拟皮肤的保水量与出汗量对立的原则及封闭式出汗管道循环系统技术,实现了出汗量与流速的微量可控性。

由于人体生理构造的复杂性,特别是人体各部位出汗量及强度等存在差异,完全模拟人体出汗规律的出汗假人在技术上难度较高,同时 I_m 值的评价也仅基于全身出汗状态,与人体的实际感受有差异。服装湿热传递的测试还需进一步研究完善。

四、织物热湿传递性能测试

织物热湿舒适性是与织物传热、传湿特性及其交互作用连在一起的。因此研究模拟实际着装时衣服内外环境所组成的微气候对织物、服装的热湿传递性能有很大意义。微气候仪就是用于这一方面的测试仪器。图 10-7 是一种类型的微气候仪。

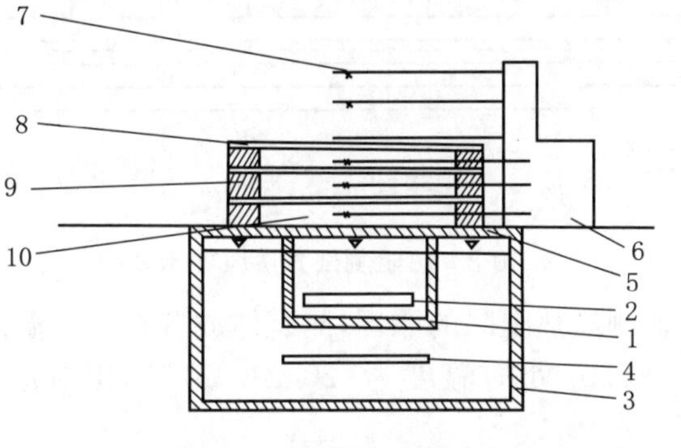

图 10-7 微气候仪主体

1—内水杯 2—内水杯加热器 3—外水槽 4—外水槽加热器 5—模拟皮肤安装位置
6—测头调节座 7—温度及湿度传感器装置 8—试样 9—试样装夹具 10—微气候区

仪器有内水杯 1 置于外水槽 3 的内部,内水杯中水温模拟人体皮肤温度,一般调节为 33 ℃,外水槽的水温同步跟踪内水杯,使内外水温一致,从而消除了热量在内水杯四周和底面的迁移,保证加热器 2 的供电功率恒定,从敞口面积传递出去并通过织物的总热流速率保持不变。将不同透湿能力的模拟皮肤安装于位置 5,即可模拟人体的不同出汗状态。与内水杯相连通的,尚有一测高水杯,也浸在外水槽中。测高杯中设有浮子,上连高灵敏度差动变压器式位移传感器,通过测量液面的下降量,可测定内水杯的水分蒸发量,即通过织物的湿流量。同时,由步进电机控制补水活塞,将外水槽中同温度的水补入内水杯,以保证内水杯液面的基本恒定。以上即为模拟人体热湿状态和测量热湿流量的部分。根据补入内水杯的水量多少,即可得到透过织物的湿流量。

由于内外水温一致,在内水杯的外围由外水槽提供一个保护环,使内水杯上方的热湿流向基本保持垂直向上,从而实现了一维单向传热传湿。在这一维流场中,用一套不同厚度的试样装夹具 9 来安装试样 8 和调节试样与模拟皮肤之间、试样与试样之间的间距。测头调节座 6 引出的温湿度传感器 7 可测出织物微气候区 10 及试样附近的温湿度分布。

利用上述装置,可在较广范围内模拟人体热湿状态和环境气候条件,测出微气候区及织物附近空间的温湿度场分布,测出通过织物的热湿流量,从而求得一系列反映织物热湿舒适性的指标,或进一步深入研究在各种不同条件下纺织品和服装的热湿舒适性。

五、织物热湿传递测试仪器

现以 YG606 型热湿阻测试仪为例进行说明,该仪器适用于各种纺织织物,包括产业用织物、非织造布和各种其他平面材料。

(一)热阻测试方法

热阻测试应按照 GB/T 11048《纺织品　生理舒适性　稳态条件下热阻和湿阻的测定》(或 ISO 11092、ASTM 1868)等相关标准进行。热阻 R_{ct} 为纺织品处于稳定的温度梯度条件下,通过规定面积的干热流量,以平方米开尔文每瓦($m^2 \cdot K/W$)为单位。

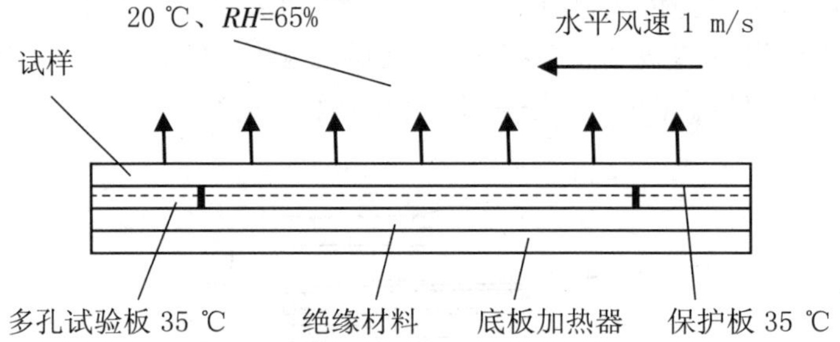

图 10-8　热阻测试方法原理示意图

图 10-8 是热湿阻仪在测试热阻时的原理,测试体放置在一个温湿度及风速可控的小气候箱内,在试样中心上方 15 mm 处的温度为(20±0.1)℃、相对湿度为(65±3)%、风速为(1±0.1)m /s。

测试体包括:分别装有电热丝的多孔测试板、多孔保护板、底板,在测试板和保护板与底板间放置一层绝热材料。

测试板、保护板的上表面加热并维持在(35±0.1)℃,底板的加热温度控制到绝缘板上下两表面处的温度相等。这样测试板与底板没有热能交换,测试板与保护板等温,同样也没有热能交换。因此处在保护板包围中间的测试板的散热只能往上,而不能往下或侧面散热,这样测试板所需维持的电能就是通过试样垂直向上散发的热能。

首先做无试样下的空板测试,获取无试样的热阻 R_{ct0},其热阻为:测试版、15 mm 厚空气层热阻之和。然后放入试样测试总热阻 R_{ctall},其热阻为:测试版、试样、15 mm 厚空气层热阻之和。最后,计算放入试样测试总热阻 R_{ctall} 与无试样的热阻 R_{ct0} 之差,即为试样热阻 R_{ct}。

$$R_{ct}=R_{ctall}-R_{ct0} \tag{10-12}$$

空板热阻一般半年或一年做一次即可。

(二)湿阻测试方法

湿阻测试应按照 GB/T 11048(或 ISO 11092、ASTM 1868)等相关标准进行。湿阻 R_{et} 为

纺织品处于稳定的水蒸气压力梯度的条件下，通过一定面积的蒸发热流量，以平方米帕斯卡每瓦(m^2 · Pa / W)为单位。

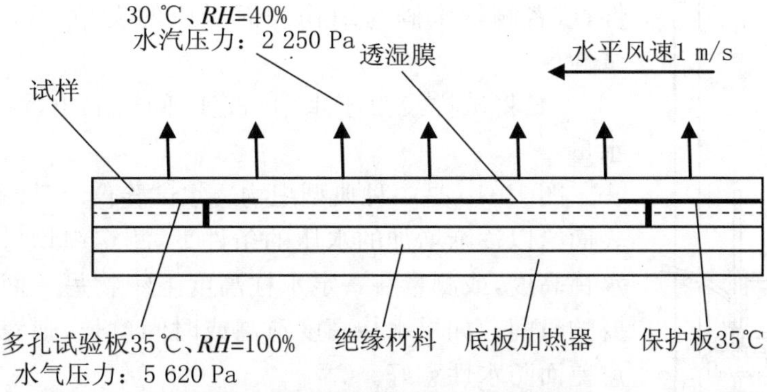

图 10-9 湿阻测试方法原理示意图

图 10-9 是热湿阻仪在测试湿阻时的原理，测试体放置在一个温湿度及风速可控的小气候箱内，在试样中心上方 15 mm 处的温度为(35 ± 0. 1)℃、相对湿度为(40 ± 3)%、风速为(1±0. 1)m/s。

测试体包括：分别装有电热丝的多孔测试板、多孔保护板(二者都装有供水系统)、底板。在测试板和保护板与底板间放置一层绝热材料，透湿膜覆盖在测试板和保护板上。透湿膜具有透过水汽的能力，但不能透过液态水。

供水系统能把水位控制在低于测试板与保护板表面 1 mm 的高度，并且把水恒温到(35 ±0. 1)℃。

试样在等温、不等水汽压力条件下进行测试，膜的下表面水汽压力为 5 620 Pa(35℃的饱和水汽压)，试样上端 15 mm 水汽压力为 2 250 Pa(35 ℃，相对湿度 40%的水汽压)。

首先做无试样下的空板测试，获取无试样的湿阻 R_{et0}，其湿阻为：测试版、膜、15 mm 厚空气层湿阻之和。然后放入试样测试总湿阻 R_{etall}，其热阻为：测试版、膜、试样、15 mm 厚空气层湿阻之和。最后，计算试样测试总热阻 R_{etall} 与无试样的热阻 R_{et0} 之差，即为试样湿阻 R_{et}。

$$R_{et}=R_{etall}-R_{et0} \tag{10-13}$$

换透湿膜后需做一次空板湿阻。

六、织物透水及表面沾湿性的测试

水分子从织物一面渗透到另一面的性能，称为织物的透水性或渗水性。由于织物的用途不同，有时采用与透水性相反的指标——防水性，表示织物对水分子透过的阻抗特性。透水性与防水性对工业用滤布、篷布、防水布、鞋面用布及雨衣等的品质评定，具有重要意义。

织物透水性与防水性的测定，随织物的实际用途不同而采用不同方法，并以各种相应的指标表示。测定方法有：

(1)使试样承受一定体积水的静压力。对于滤布等，测定其单位面积单位时间内的透水量[mL/ (cm^2·h)]；对于防水性织物，如篷布，测定试样另一面出现水滴所需的时间，或经一定时间后观察另一面出现的水珠数量。这种试验也叫吊水试验或兜水试验。

(2)在试样的一面施以等速增加的水压，直到另一面被水渗透而出现一定数量的水珠时，测定水柱高度。这种试验称为静水压试验。

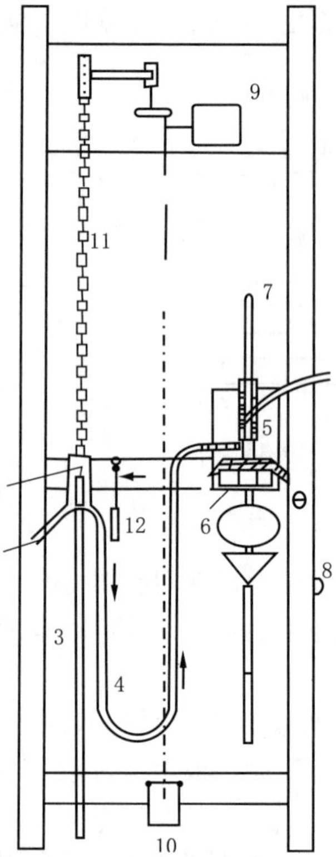

图 10-10　织物透水试验仪

(3)连续喷水或滴水到试样上,观察试样在一定时间后表面的水渍特征;与具有各种润湿程度的样照对比,评定织物的防水性;或者测量水滴与织物表面所成的夹角。这类方法称为沾水试验。

(4)将试样浸没于水中一定时间后取出,测量试样所吸附的水量。

图 10-10 是一种典型织物透水试验仪。其测量原理是在织物表面给以逐渐增加的水压的条件下,测定织物另一面出现水滴时水柱高度,或测量在一定水柱高度下织物另一面出现水滴时所需要的时间。如果水柱高度愈高或时间愈长,则表示织物的透水性愈差而防水性愈好。

试验时将入水管 1 与进水阀门相连。缓慢打开水门,使水流入水位玻璃筒 2 内,调节水面高度与水位玻璃筒上的刻度相齐。水管 4 的两端分别与水位玻璃筒 2 和试样加压盖 5 相连。当逐渐提高水位玻璃筒 2 的高度时,一部分水即流向试样加压盖 5。试样放在试样座 6 上,扳动把手 7,用加压盖 5 将试样压紧,然后用开关 8 开启电机 9。用脚踏下踏板 10,借摩擦轮和链条 11 将水位玻璃筒 2 逐渐提起,增加水位高度。由于水位的提高而产生水压,从而给试样以压力,通过试样座 6 下面的反光镜观察试样的另一面有否水滴出现。当有水滴时,立即放松踏脚板 10,使水位玻璃筒 2 不再上升,从刻度尺 12 读取水位玻璃筒 2 内的水位高度(cm)。

图 10-11 为另一种透水性试验仪。将一定温度(20 ℃)的 500 mL 水注入圆筒 1 内,使其在 490 Pa(50 mm 水柱)压力下逐渐透过被夹持在上下夹持器 2 和 3 之间的试样 4,测量 500 mL 水量完全透过试样所需的时间,或测量一定水量通过试样所需的时间,然后计算试样的透水性指标。具体测定时,可先在圆筒 1 内用漏斗 5 注入少量的水,打开水门 6,使水通过连管 7 到达试样下面。然后将试样固定在上下夹持器中。逐渐提高圆筒 1 的高度,使溢水管 8 的水平位置处在漏斗 5 的管子下端 50 mm 处,并将筒 1 固定。此时已有一部分水通过溢水管 8 流至烧瓶 9 内。待没有水流至烧瓶 9 时,将水门 6 关闭,再在圆筒 1 内注入 500 mL 的水,关闭水门 10,打开水门 11 和 6,测量 500 mL 水流入烧瓶 9 所需的时间。

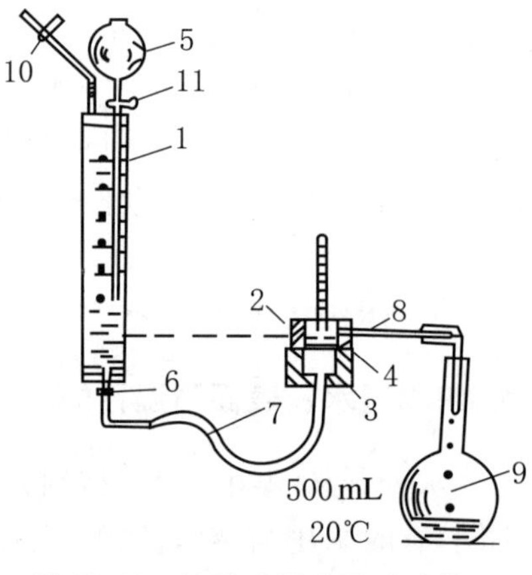

图 10-11　简易式透水性试验仪

实用上有时需要对已经或未经抗水或拒水整理的织物表面进行抗湿性的测定,可以用沾水试验法,但此项试验因不能测定织物的渗水率,故不用来测定织物的防雨渗透性。

沾水测试方法是:把试样安装在卡环上并与水平成 45°角放置,试样中心位于喷嘴下面规定的距离。用规定体积的蒸馏水或去离子水喷淋试样。通过试样外观与评定标准及图片的比较,来确定沾水等级。

沾水测试仪器如图10-12所示，其主要部分为淋水装置和金属喷嘴。淋水装置由一个垂直夹持的直径为150 mm的漏斗和一个金属喷嘴组成，用10 mm口径的橡皮管连接喷嘴和漏斗，漏斗顶部到喷嘴底部的距离为190 mm。金属喷嘴凸圆面上均布着19个直径为0.9 mm的孔。250 mL水注入漏斗后其持续喷淋时间应在25～30 s之间。

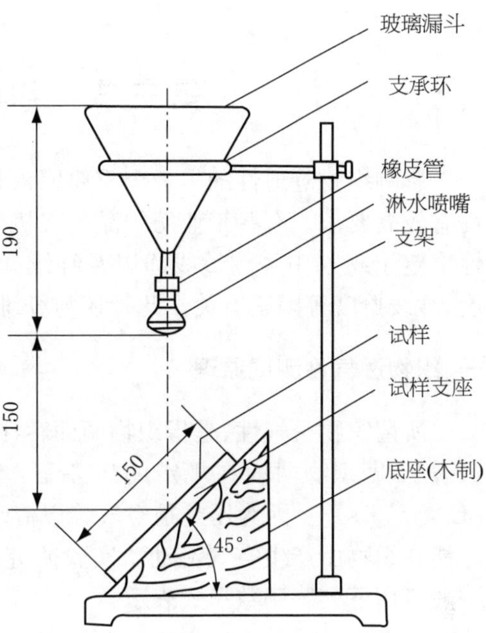

图10-12　沾水仪

试样夹持器由两个能互相配合的木环或金属环组成，内环的外径为150 mm，试样可被紧紧夹于其中。试验时应将卡环安置在一个适合的支座上，使其成45°角，试验面的中心在喷嘴表面中心下150 mm处。

试验时，取试样三块(180 mm×180 mm)，在标准温度条件下调湿处理24 h。用试样夹持器夹紧的试样放在支座上，试验时织物正面朝上，一般将试样经向与水流方向平行。将250 mL温度为(20±2)℃或(27±2)℃的水迅速而平稳地注入漏斗中，使淋水持续进行。淋水一停止，迅速将夹持器连同试样一起拿开，使织物正面向下几乎成水平，然后轻轻敲打两次。根据观察到的试样润湿程度，用文字描述及图片表示的级别来评定其等级，不评中间级。

沾水等级如下：

1级：受淋表面全部润湿。

2级：受淋表面有一半润湿，这通常是指小块不连接的润湿面积的总和。

3级：受淋表面仅有不连接的小面积润湿。

4级：受淋表面没有润湿，但表面沾有小水珠。

5级：受淋表面没有润湿，表面也未沾有小水珠。

图片等级如图10-13所示。

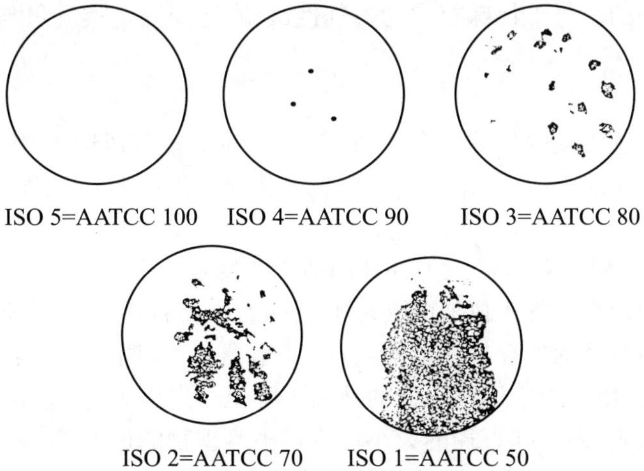

图10-13　标准沾水试验等级

第三节　织物透气性测试与仪器

影响织物舒适性的另一个重要因素是织物的透气性。运动服、防风防寒服均对织物透气性有较高要求。有些工业纺织品如飞机降落伞、滤布等对织物透气性有特殊要求。织物透气性决定于织物中经纬纱线间以及纤维间空隙的数量与大小，亦即与经纬密度、经纬纱线线密度、纱线捻度等因素有关。此外还与纤维性质、纱线结构、织物厚度和密度等因素有关。

一、织物透气性测试原理

所谓织物透气性，是指织物两面存在压差的情况下，织物透过空气的性能。习惯上用透气量表示，即织物两面在规定的压差下，单位时间内流过织物单位面积的空气体积，单位为[L/(m²·s)]。因为压差是空气赖以流动的必要条件，只有在被测织物两面保持一定的压差，才能在织物中产生空气流动。实验研究表明，织物透气量并不与织物两面压差成线性关系。一般可用下列幂函数形式表示：

$$Q=c+a(\Delta P)^b \tag{10-14}$$

式中：Q 为织物透气量[$L/(m^2 \cdot s)$或$10^{-3} m^3/(m^2 \cdot s)$]；$\Delta P$ 为织物两面压差(Pa)。

系数 a、b、c 与原料的类别、织物的组织结构、工艺参数及后整理等因素有关。回归分析表明幂指数的幅度变化较大，其值在 0.5～0.7 之间。

鉴于透气量并非与织物两面压差成线性关系，因此透气量试验应测定透气量—压差曲线，才能推求织物的透气性能。但这样试验的工作量大，实用上是规定固定压差作为透气量试验的基准。各国试验标准规定的压差并不一致，例如美国 ANSI/ASTM、D 773、FS 191/5450 及日本的 JISL 1096 规定为 127.4 Pa(约 13 mm 水柱)；法国 NF G 07-111 规定为 196 Pa(约 20 mm 水柱)；德国 DIN 53887 规定服装织物为 100 Pa(10 mm 水柱)、降落伞织物为 160 Pa(16 mm 水柱)、过滤织物及工业用织物为 200 Pa(20 mm 水柱)；英国 BS 5636 规定为 98 Pa(约 10 mm 水柱)等；我国规定为 127 Pa(约 13 mm 水柱)。

当然对不同织物的透气性要求有很大不同，即使同一织物，由于使用要求不同，织物两面压差情况往往是不同的。对于特殊要求的透气性试验，还应测定透气量与压差曲线。

二、织物透气仪

定压式低压织物透气试验仪的原理如图 10-14 所示。抽气风扇 1，将空气抽入并通过织物 2，再通过空气室 3、气孔 4 和空气室 5，由排风口 6 排出。空气室与大气间的压力差由定压压力计 7 表示；空气室 3 与空气室 5 之间的压力差由压力计 8 表示。定压压力计 7 内装有密度为 0.834 mg/mm³ 的变压器油，而压力计 8 内装有蒸馏水。

测量时将织物固定在空气入口架的夹环上用弹簧夹持杆固定。打开空气室的盖板，在隔板的螺孔内装入适当直径的气孔接通电源，打开变阻器开关，调节变阻器把手，增大风扇的排风量，空气由排风口排出。当定压压力计的液面下降至一定压力时，记下压力计的水柱在刻度尺上的高度。根据图表，由气孔直径的大小可查得被测织物的透气量[L/(m²·s)]。

图 10-15 所示为织物中压透气性试验仪结构原理图。其主要部分也是一台差压流量计。

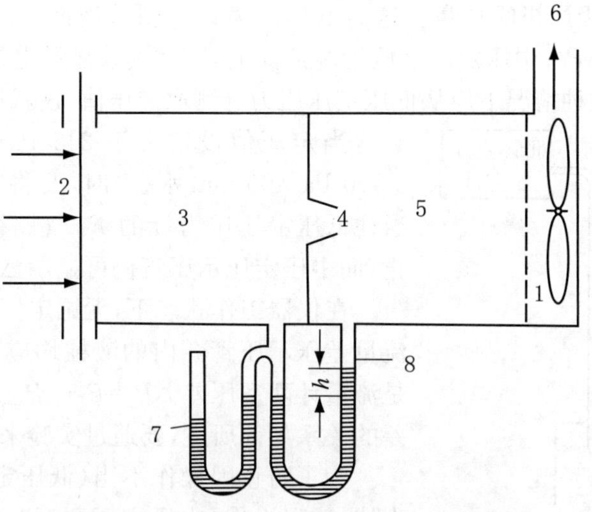

图 10-14　定压式织物透气试验仪原理图

特点为作用在织物两面的定压压差 ΔP 可在一较大的范围(0～3 900 Pa,即 0～400 mm 水柱)内设定,因而使可测产品范围有较大的扩展。图中 7 是由调压器控制的吸风机,其吸风量可调;9 是差压流量计,当仪器工作时,前室压力 P_1 和后室压力 P_2 随吸风量的变化而变化,显然 $P_2<P_1<P_0$。称 P_1-P_2 为两室压差 ΔP,P_0-P_1 即是织物两面压差 ΔP_0(亦即定压值)。测试时,缓缓转动调压器调压旋钮调节吸风量,使织物两面压差 ΔP_0 达到规定标准值 127 Pa(13 mm水柱)或另选的 0～3 900 Pa(0～400 mm 水柱)间任一定值,测取两室压差 ΔP。借助事先确定的差压—流量曲线(或差压—透气量查数表),即可测得被测试样的透气量值 Q。

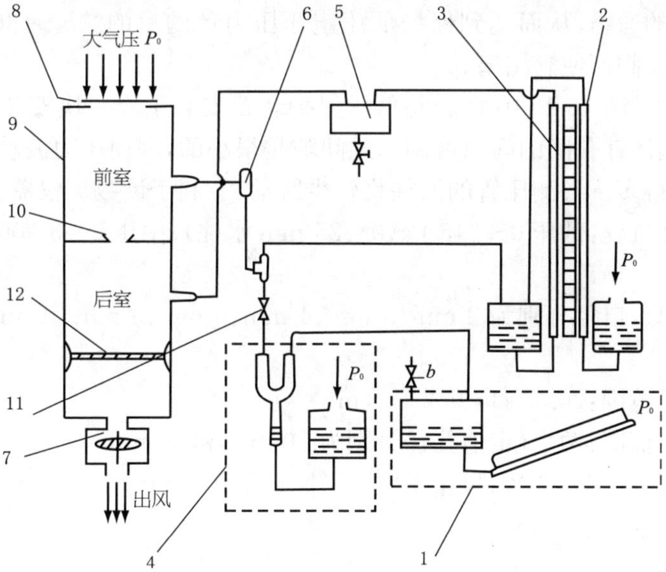

图 10-15　中压透气试验仪结构原理图

1—低压定压压力计　2—中压定压示压管　3—流量差压示压管　4—低压保护装置　5—溢流瓶　6—气阻器　7—吸风机　8—被测试样　9—差压流量计　10—喷嘴　11—定压选择阀　12—滤气阻件

仪器定压值测取的工作原理如下:当定压值设定小于 245 Pa(25 mm 水柱)时,应使定压选择阀11开通，调节吸风机吸风量。这时低压压力计1斜管液面下降，其读数显示为 P_0-P_1，即织物两面压差 ΔP_0；中压定压示压管2液面上升，其读数显示也是 ΔP_0。因为前者的精度比后者高，所以在这种情况下应从低压定压压力计测取定压值，这就称为低压定压。

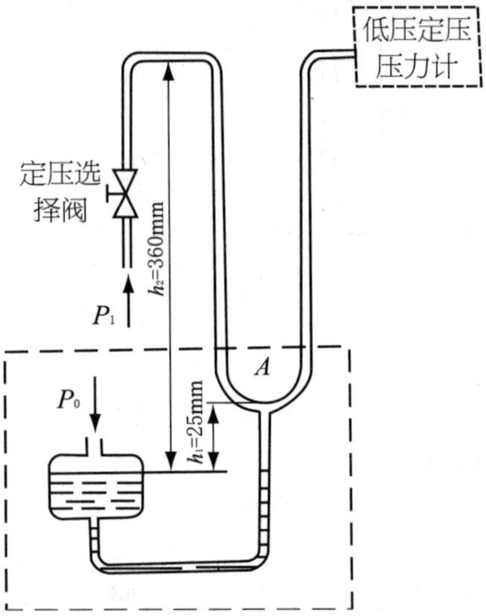

图 10-16 低压保护原理简图

当定压值设定大于245 Pa(25 mm 水柱)而小于3 900 Pa(400 mm水柱)时，要将定压选择阀闭合，这时通往低压定压压力计的 P_1 气路被封死，其斜管液面静止，而中压定压示压管仍可显示 ΔP_0，这就是中压定压。

在仪器工作状态下，无论定压选择阀开通还是闭合，流量差压示压管3内的液柱均应上升，其读数显示的就是流量计两室压差 $\Delta P=P_1-P_2$。仪器的流量与两室压差的关系如前所述，要通过实验来标定。

为了防止因操作不当(低压定压时调压器调压速度太快)或误操作(中压定压测试时定压选择仍为低压)而使低压定压压力计受到损坏，仪器上装有低压保护装置，如图10-16所示。它由小储液瓶和Y型三通管组成。下端用胶管联接相通，内注蒸馏水。仪器不工作时两边液面相平。当定压选择为中压定压时，流量计前室压力 P_1 不能传至低压保护装置；当定压选择为低压定压时，若定压值为127 Pa(13 mm 水柱)标准值，Y三通管的液面将上升13 mm，因而不会封死通往低压定压压力计的气路，低压定压压力计可正常测定织物两面压差 ΔP_0。如因操作不当或误操作而使定压值超过245 Pa(25 mm 水柱)时，Y三通管的液面会上升并超过 A 点从而自动封住通往低压定压压力计的通路，从而达到保护低压定压压力计的目的。$h_2=360$ mm 可保证工作液不会冲到定压选择阀而使它堵塞。

仪器上的气阻器(图10-15中的6)与低压保护装置安装于同一块安装板上。它实际上是一只针阀，阀针与阀体针孔间的间隙可调。此间隙是很小的，因而压力波动较大的气流流过气阻器后会变得平稳得多。各测压管的液柱将较少跳动，有利于读数。仪器主要技术参数如下：

(1)定压压力计量程：低压0～245 Pa(0～25 mm 水柱)；中压0～3 900 Pa(0～400 mm 水柱)。

(2)喷嘴数：九只(口径分别为2 mm、3 mm、4 mm、6 mm、8 mm、10 mm、12 mm、16 mm、20 mm)。

(3)可测透气量范围：20.7～11 932 L/(m^2·s)。

(4)试样直径定值圈：两个(定值孔径分别为70 mm 和50 mm)。

(5)吸风机性能：功率800 W；风量120 m^3/h；风压1740 Pa(1 800 mm 水柱)。

(6)被测织物厚度：≤8 mm。

第十一章　纺织品阻燃和色牢度测试

第一节　纺织品阻燃测试

从古代起，纺织品的燃烧问题就一直受到人们的关注。随着文明社会的发展，科学技术突飞猛进，城市人口密集化，居住向高层稠密型发展，加之合成材料的广泛应用，工业及家庭用纺织品及合成材料制品数量迅速增长，起因于纺织品的火灾不断增加。火灾起因中室内装饰和床上用品着火引起的死亡占很大比例。纺织品与人类直接接触，一旦燃烧，轻则皮肤烧伤，重则皮肤大面积烧焦烧伤，危及生命。随着工业的发展和社会的进步，对家庭用布、衣着用布都要求有阻燃性。有些国家还制定了有关纺织品的防火法令，阻燃整理也已成为纺织工业发展中的一个重要内容。

为了减少由于纺织品引起的火灾事故，避免不必要的损失以及保障人民安全，有的放矢地进行纺织品阻燃工艺的探索，对纺织品燃烧性能测试的研究是十分必要的。首先要制定法规，对易着火的房屋建筑、室内装饰品，包括地毯、窗帘、床罩等纺织品，必须有阻燃措施，以避免火灾事故，对飞机、汽车、轮船和火车上的一切非金属材料，包括大量纺织用品，必须进行阻燃整理，对劳动保护服装等衣着用布也要有所规定。

目前世界各国都十分重视阻燃整理，以减少不必要的损失，并开始制定纺织品阻燃整理的试验方法和标准。由于火灾中产生的烟雾的危害性大，试验中还充实了有关烟雾的试验法。在建筑法中补充了建筑大楼要有去烟设备，以便火灾时去除有害的烟雾。阻燃法规也由飞机内纺织品、地毯和建筑材料开始，扩大到睡衣、家具沙发套、床垫和室内装饰物。这些法规的制定，不仅表示对人民生命财产和安全的重视，而且促进了纺织品阻燃事业的发展。

织物的燃烧是一系列复杂的物理和化学变化过程。先是可燃物质受到火源作用，使织物中的水分蒸发、温度升高，达到一定温度后织物因受热而分解形成可燃物与空气混合着火燃烧，释放出的大量热能，又促使燃烧反应连续进行。织物的燃烧性能与组成织物的纤维高分子化合物结构有关，天然纤维燃烧得快，合成纤维先熔化后燃烧，各种纤维燃烧状态和特性不一样。不同的织物组织结构，其燃烧性也有显著差别，织物面密度是决定织物燃烧性能的一个重要因素，结构紧密厚实的织物火焰不易蔓延，燃烧速率低。织物的燃烧性能还与它本身的含湿量有关，织物受热燃烧使水分蒸发需要吸湿热，潮湿织物对燃烧有抑制作用。除了纤维性质、织物组织结构和织物含湿量外，环境对燃烧也有很大影响。环境温度的高低、相对湿度大小、空气中含氧量和空气流动情况等都会影响织物的燃烧性能。发生火灾时除了温度升高、湿度降低外，还伴随着剧烈的热辐射作用。以上这些因素，在很大程度上决定了织物的燃烧特性。

织物燃烧性能的测试近年来受到世界各国的重视。美国、日本对材料的阻燃要求很高，规定了不同行业、不同材料的测试标准。燃烧测试方法多种多样，各种测试方法的测试结果之间难以相互比较，实验结果仅能在一定程度上说明试样燃烧性能的相对优劣。因此，一定要注意测试方法及其测试条件，否则会得到错误的结论。国内外纺织品燃烧性能测试方法标准很多，有日本 JIS 制定的纺织品燃烧性能试验方法，美国 ASTM 制定的纺织品阻燃试验方法，国际标准化组织 ISO 制定的纺织品燃烧性能试验标准等。我国在 20 世纪 80 年代起开始开展这方面工作，制定了多项纺织品燃烧试验方法标准。制定织物燃烧性能方法标准可以从多方面来考虑。易点燃性表示织物起火的难易程度，是首先要考虑的问题，常用的试验方法是将织物试样按规定条件与火焰接触一定时间后移去火焰，测量织物续燃和阴燃的时间和损毁程度。续燃和阴燃时间愈短，织物阻燃性能愈好。另外，采用氧指数法，用极限氧指数表示织物可燃性也属常用，极限氧指数愈大，维持燃烧所需的氧气浓度愈高，则愈难燃烧。不同燃烧试验方法的使用，还与织物的最终用途有关。本书对目前应用的各种试验方法按其测试原理及测试结果指标要求不同，分别加以叙述，内容包括纺织品燃烧性能基本试验方法、火焰蔓延速率测试、试样易点燃性的测试、燃烧试验氧指数法、表面燃烧试验方法和烟雾密度试验等。

一、燃烧性能基本试验方法

(一)垂直法

适用于阻燃的机织物、针织物、涂层产品、层压产品等的阻燃性能测试，求取以下指标：

(1)续燃时间。在规定的试验条件下，移开火源后材料持续有焰燃烧的时间。

(2)阴燃时间。在规定的试验条件下，有焰燃烧终止后或者移开火源后，材料持续无焰燃烧的时间。

(3)损毁长度。在规定的试验条件下，在规定方向上材料损毁面积的最大距离。

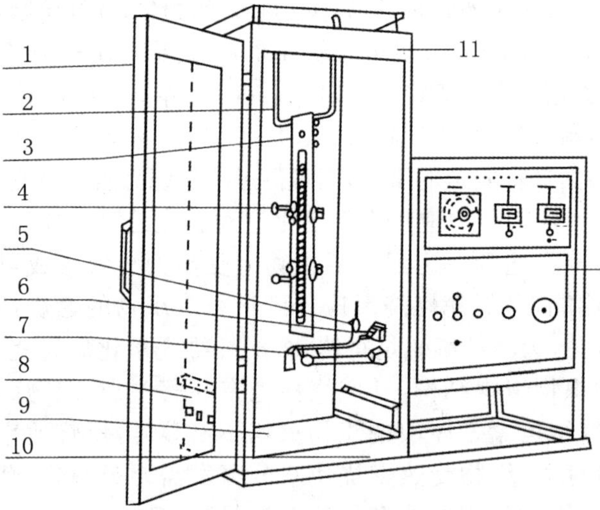

图 11-1 垂直燃烧试验仪构造图

1—正前门 2—试样夹支架 3—试样夹 4—试样架固定装置 5—焰高测量装置 6—电火花发生装置 7—点火器 8—通风孔门 9—耐热及耐蚀材料的板 10—安全开关 11—顶板 12—控制板

所用仪器：燃烧试验箱，如图 11-1 所示，用耐热及耐烟雾侵蚀的材料制成。前面装有玻璃门的直立长方形燃烧箱，箱顶有均匀排列的 16 个排气孔。为了防止箱外气流的影响，距箱顶外 30 mm 处加装顶板一块，箱两侧下部各开有 6 个通风孔，箱顶有支架可承挂试样夹，试样夹的底部位于点火器管口的最高点，中央放一块可承受熔滴或其他碎片的板或丝网。

仪器附有试样夹，用以固定试样、防止其卷曲并保持试样于垂直位置。试样固定于试样夹的两块不锈钢板中间，两边用夹子夹紧。点火器管口内径为 11 mm，管头与垂线成 25°角。点火器入口气体压力为(17.2±1.7)kPa，所用气体为工业用丙烷或丁烷气体。所用试样尺寸为 300 mm×80 mm，长的一边要与织物经向(纵向)或纬向(横向)平行。每一样品，经向及纬向(纵向及横向)各取五块试样，在温度(20±2)℃、相对湿度(65±3)%条件下，放置 8～24 h 达到平衡，试验在温度为 10～30 ℃及相对湿度为 30%～80%的大气中进行。试验开始后，先点着点火器，用气阀调节装置调节火焰，使其高度稳定达到(40±2)mm。将试样放入试样夹中，试样夹连同试样垂直挂于试验箱内，关闭箱门。将点火器移到试样正下方，点燃试样，12 s 后移开点火器，续燃计时器开始计时，待续燃停止，立即按计时器的停止开关。此时阴燃计时器开始计时，待阴燃停止后，按计时器的停止开关。读取续燃时间和阴燃时间，读数应精确到 0.1 s。然后，取出试样夹，卸下试样，先沿其长度方向炭化处对折。然后在试样的下端一侧，距其底边及侧边各约 6 mm 处，挂上按试样面密度选用的重锤，再用手缓缓提起试样下端的另一侧，让重锤悬空，再放下。测量试样撕裂的长度，即为损毁长度，结果精确到 1 mm。熔融性纤维织物制成的被测试样，在燃烧过程中有熔滴产生，则应在试验箱的箱底平铺上 10 mm 厚的脱脂棉。注意熔融脱落物是否引起脱脂棉的燃烧或阴燃，并记录。

(二)45°法

可采用以下两种 45°燃烧器：

(1)45°小型燃烧器，适用于薄的纺织品。

(2)45°大型燃烧器，适用于厚的纺织品。

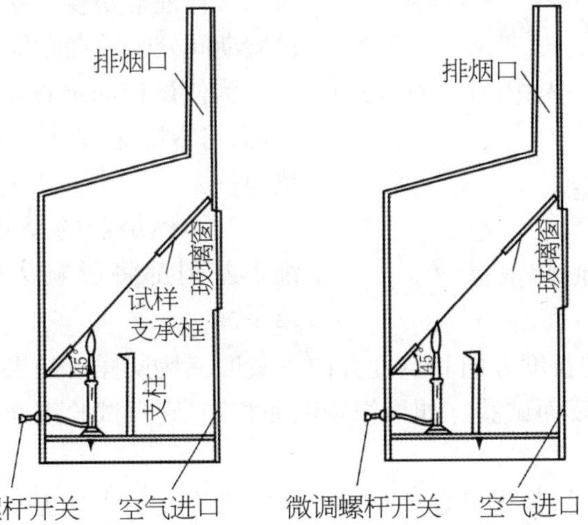

(a) 小型燃烧气箱　　(b) 大型燃烧气箱

图 11-2 燃烧试验箱

两法的差别仅在于燃烧器大小的不同。图 11-2 所示为 45°法的燃烧试验箱，图中可见试样夹框以 45°放置在试验箱内。试样夹框一般为不锈钢制成，用于夹紧试样。试样大小一般为 350 mm×250 mm，经纬向各取 3 块。将燃烧器放在燃烧试验箱中规定的位置上(参看图 11-2)，未放上试样夹框时，调节火焰长度：(1)法为 45 mm；(2)法为 65 mm。从干燥器中每次取出一块试样，迅速夹持在试样夹框上，使之不松弛，把夹好试样的试样框安放在燃烧试验箱中，进行点火燃烧，(1)法为 1 min，(2)法为 2 min。测定续燃时间(s)及阴燃时间(s)。然后从夹框上卸下试样，用测积仪等测量损毁面积(cm^2)。

二、火焰蔓延速率测试

(一)垂直法

适用于服装、窗帘帷幔及大型帐篷包括凉篷和门罩纺织品的测试，采用垂直法测量火焰蔓延时间，即在规定的试验条件下火焰在燃烧材料上蔓延至规定距离所需的时间；以及火焰蔓延速率，即单位时间内火焰蔓延的距离。

这种方法贴近火灾情况。试验方法：原理是应用规定燃烧器产生的规定点火火焰，按规定点火时间对垂直向纺织试样点火，火焰在试样上蔓延至标记线之间规定距离所用的时间，为火焰蔓延时间(以 s 计)。亦可同时观察、测定和记录试样的其他有关火焰蔓延性能。

该项试验设备的主体部分为一试验柜，是一个前开门式箱体，箱体的任一壁距离悬挂试样的位置至少 300 mm。试样由试样夹持器支持，夹持器的结构如图 11-3 所示。

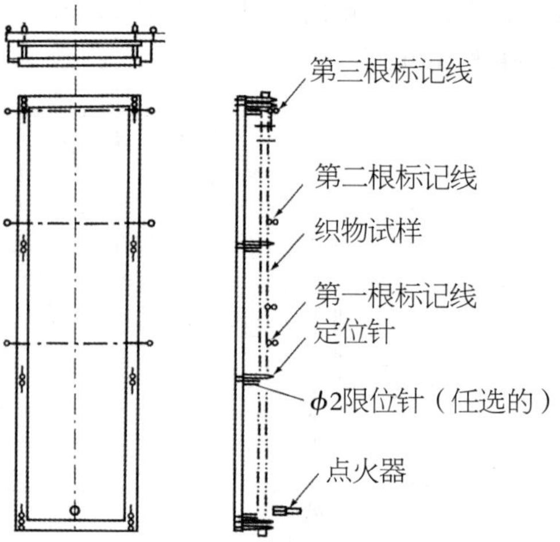

图 11-3 试样夹持器

ISO 标准规定：试样夹持器由一个矩型框架组成，框架高 560 mm，有两根相距 150 mm 间距的刚性平行悬杆。在两根平行悬杆上分别装有用来固定试样的定位针，试样悬离框架至少 20 mm 并呈一平面。定位针的直径不大于 2 mm，针长至少为 27 mm。安装在平行悬杆上的定位针的位置如图 11-3 所示。将框架安装在一个适当的支架上，使悬杆在试验期间处于垂直方位。

为使试样固定在定位针上并悬离框架且呈一平面，可以在定位针上放置多个直径为 2 mm 的衬垫短柱。

气体燃烧器的尺寸很重要，设计和加工上的细小差别都将影响火焰的结构，从而影响试验结果。

试验时，从织物的长度方向和宽度方向各裁取三块试样。如果织物的两面不同，则应另取一组试样同时进行正反面试验。如果织物两面相同，则只试验正面。如需进行重复试验，则需增加试样。

对某一块织物来说，其火焰蔓延时间可能因燃烧器的方向是朝上还是朝下或因正面点火还是反面点火而有所不同。织物先经过调湿，在干燥箱内以(105±2)℃干燥不少于 1 h，然后移置干燥器内，至少冷却 30 min。试验允许在 10～30 ℃和 RH 为 15%～80%的大气条件下进行。点着燃烧器并预热 2 min 后，使燃烧器垂直取向，火焰呈微亮状时调节火焰高度，即燃烧器管口到黄色火焰顶端之间的距离，为(40±2)mm。然后将试样放在试验框架的定位针上，使针通过压框上标记的位置，并使试样悬离框架至少 20 mm，并将框架装在支承架上，使试样呈垂直状。

按图 11-3 所示的位置，在试样的前方水平地系上标记线。在每个位置扎一个线圈，使得这两条线段与试样的前平面相隔 1 mm 和 5 mm。将每个线圈系在适当的计时器上，加上足够的拉力，以保持标记线与试样间的相对位置。

对所有类型的织物来说，燃烧器都按表面点火位置放置；如果点火失败，则把燃烧器按边缘点火位置放置。

表面点火是将燃烧器放在与试样表面成直角的位置上，使燃烧器轴心线在下端定位针标记线的上方 20 mm，并处在试样表面垂直中心线上[图 11-4(a)]。燃烧器的顶端距离试样表面 17 mm。

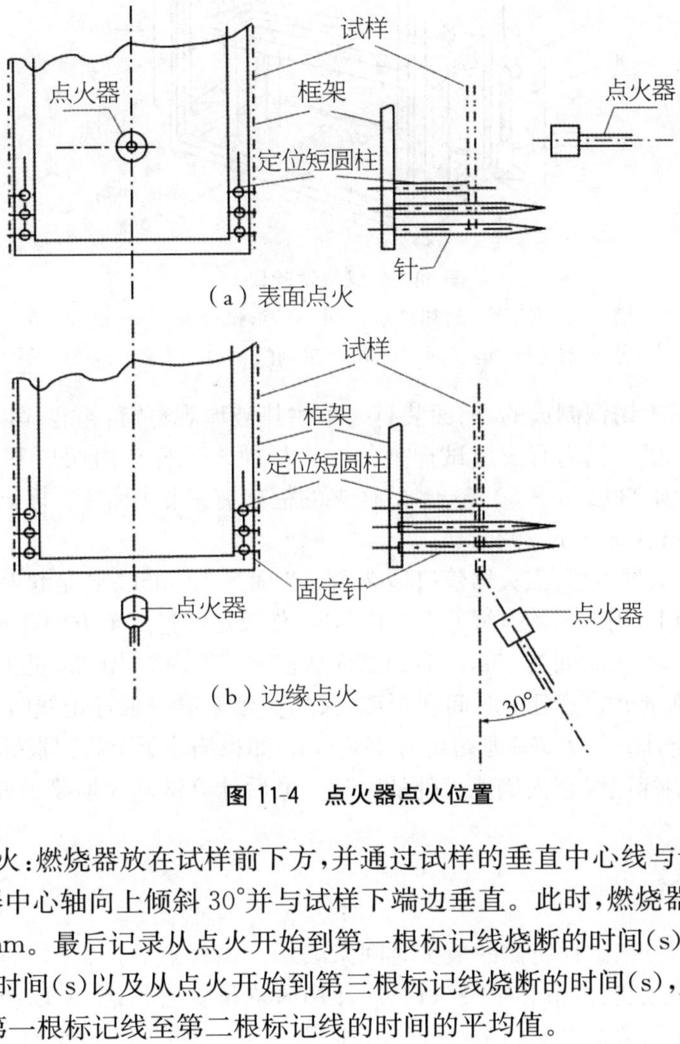

图 11-4 点火器点火位置

所谓边缘点火：燃烧器放在试样前下方，并通过试样的垂直中心线与试样表面成直角[图 11-4(b)]，燃烧器中心轴向上倾斜 30°并与试样下端边垂直。此时，燃烧器的顶端和试样的下端边缘相距 20 mm。最后记录从点火开始到第一根标记线烧断的时间(s)、从点火开始到第二根标记线烧断的时间(s)以及从点火开始到第三根标记线烧断的时间(s)，并计算：

(1)火焰从第一根标记线至第二根标记线的时间的平均值。

(2)火焰从第二根标记线至第三根标记线的时间的平均值。

(3)试样未点燃数。

(4)点着后但未燃烧到第一根标记线的试样数。

第一根标记线到第二根标记线之间的距离为 150 mm，第二根标记线到第三根标记线之间的距离也为 150 mm，根据火焰蔓延时间可计算火焰蔓延速率。

(二)水平法

适用于各类纺织品，测量在规定的试验条件下，单位时间内火焰蔓延的距离。所用的燃烧试验仪见图 11-5。

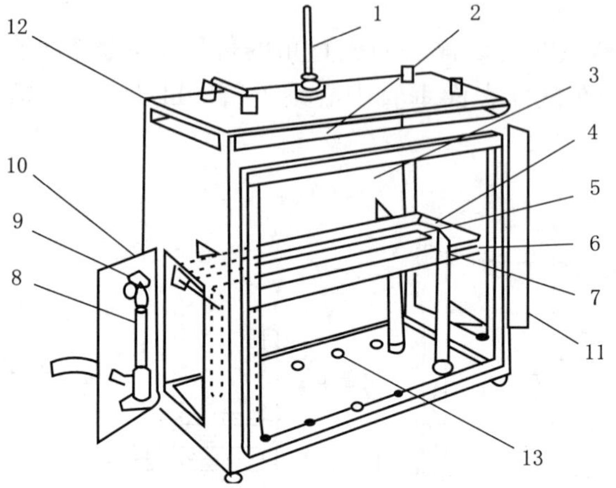

图 11-5　燃烧试验仪

1—温度计　2—通风槽　3—观察窗(耐热玻璃)　4—U 形试样夹　5—试样　6—试样夹导轨　7—标记线指示板　8—点火器　9—焰高标尺　10—左侧门　11—右侧门　12—顶盖　13—通风孔

燃烧试验仪是用不锈钢制成的，前面装有一个耐热玻璃观察窗，箱底部设有 10 个通风孔，顶部四周有一条通风槽。箱内有安放试样夹的水平导轨。试样夹由两块 U 形耐腐蚀金属框架组成，其内框尺寸为 330 mm×50 mm。试样夹的框架有三根标记线，标记线离试样点火处的距离分别为 38 mm、138 mm、292 mm。

试验时用气体点火器点燃，点火器管口顶端离试验面为 19 mm。若是起毛或簇绒试样，先把试样放在平整的台面上，用金属梳逆绒毛方向梳两次，使火焰能逆绒毛方向蔓延。用计时装置控制点火器对试样点火，点火时间为 15s，此时距试样从密闭容器内取出的时间必须在 1 min 以内。

试验的核心是测量火焰蔓延的时间和距离：火焰蔓延至第一根标记线时开始计时，蔓延至第三根标记线时停止计时。火焰蔓延距离为 254 mm。如火焰蔓延至第三根标记线前熄灭，即停止计时，并测定第一根标记线至火焰熄灭处的距离。最后计算试样火焰蔓延速率的最大值和平均值。

三、试样易点燃性测试

试样易点燃性用点燃试样所需的最少时间来表示。试样点着所需时间愈长，表示织物愈不易点燃。纺织品如服装、窗帘和帷幔织物等，使用时均呈垂直状态，所以纺织织物垂直向的易燃性能较好地表征该类纺织品的阻燃性质。按照 ISO 6940 的规定，织物垂直向试样易点燃性测定的装置为一个前开门式箱体，箱体的任一壁距离悬挂试样的位置至少 300 mm。试样尺寸有两种：80 mm×80 mm 和 200 mm×80 mm。分别适用于 1 号框架和 2 号框架。如图 11-6 所示，框架由金属材料制成，框架上有四枚针，用于固定试样。固定针直径不大于2 mm，长度至少 27 mm。试样应位于离框架至少 20 mm 的平面内，为使试样固定在固定针上，并悬离框架呈一平面，在固定针旁装有直径为 2 mm 的定位圆柱。为使试样平服悬挂在框架上，试验前用刚性平型模板放在试样上，模板上有位置和框架上固定针位置相一致的 2 mm 小孔，从孔中向试样做出标记。试样在试验前应进行调湿。试验时，将框架悬挂在试样箱内，点燃的位置非常重要，先采用表面点火方法，如果表面点火失败，则用边缘点火法。

用1号框架上的80 mm×80 mm试样试验，点火时间指试样在规定条件下位于火源中获得持续燃烧所需的最少时间。在移开火源后，火焰持续燃烧至少5 s。试验时要预先设定不同的点火时间，多次反复试验，记录点火时间设定值及试样是否被点着。如果试样被点着，则应适当减少点火时间的设定值，否则则适当增加点火时间设定值，直至逐步接近测得的所需最少点火时间。如果点火期间或移开火源5 s内，试样已燃烧至顶部边缘，则要用2号框架上的200 mm×80 mm试样重新试验。

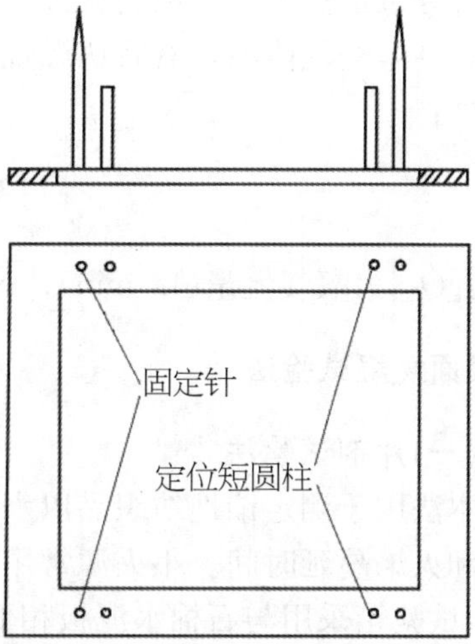

图 11-6 试样框架

框架1：$X=70$ 框架2：$X=190$

四、燃烧试验氧指数法

该方法近年来较为广泛采用。氧指数是指规定的试验条件下，在氧、氮混合气体中，材料刚好能保持燃烧状态所需要的最低氧浓度。按国家标准规定，试样恰好燃烧2 min自熄或损毁长度恰好为40 mm时所需要的氧的百分含量即为试样的氧指数值。氧指数的测定方法是将被夹持的试样垂直放入透明燃烧筒中，筒内有向上移动的氧氮气流，点燃试样上端，随即观察燃烧现象，并与规定的极限比较其持续燃烧时间或燃烧的距离。通过不同氧浓度中一系列试样的试验，可以测得最低氧浓度。图11-7所示为仪器的结构图（该仪器也可同时测烟雾密度），主要有点火器、燃烧筒、测量和气体供给等四部分。点火器为一内径为1～3 mm的管子，通以丙烷气体，在管端点火，火焰高度可用气阀调节，能从燃烧筒上方伸入点燃试样，合适的火焰高度为15～20 mm；燃烧筒的结构已如上述；

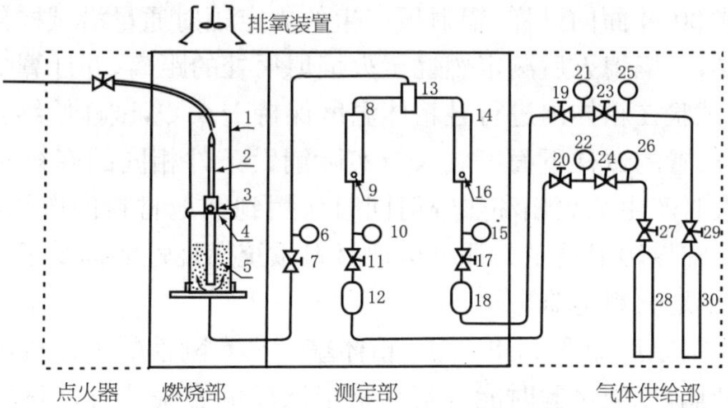

图 11-7 氧指数测定仪结构示意图

1—燃烧筒 2—试样 3—试样支架 4—金属网 5—玻璃珠 6—混合气体压力计 7—混合气体供给阀 8—氮气流量计 9,16—微调器 10—氮气压力计 11—氮气压力调节器 12,18—清净器 13—混合气体流量计 14—氧气流量计 15—氧气压力计 17—氧气压力调节器 19,20,27,29—阀 28—氮气钢瓶 30—氧气钢瓶测量部分包括流量计及控制装置;气体供给部分所用的气体是工业用氧气和氮气。计量后的氧、氮气体,经气体混合器后从燃烧筒底部送入燃烧筒。用下式计算氧指数[LOI],以表征其燃烧性:

$$[LOI](\%)=\frac{[O_2]}{[O_2]+[N_2]}\times 100 \tag{11-1}$$

式中:[O_2]为氧气流量(L/min);[N_2]为氮气流量(L/min)。

五、表面燃烧试验法

(一)片剂试验法

本法用于测定铺地纺织品以水平位置暴露于小火源时的表面燃烧性能,即试验后的损毁长度和火焰蔓延时间。小火源常用六次甲基四胺片剂,故称片剂试验法,按照 GB/T 11049 的规定,试验箱采用与石棉水泥板相似的硬质耐火绝缘板制成,厚度不小于 6 mm,箱体内部尺寸为 300 mm×300 mm×300 mm,箱顶敞开有一块用同一材料制成的可移动底板,结合处不漏气。试验时,将试验箱放入通风橱内。

经过调湿的试样(其尺寸为 230 mm×230 mm),放在试验箱底板上,上压金属框,四边应和试样对齐。然后将透明塑料放在金属压板中间,取一片六次甲基四胺片平放于试样中心后再去掉塑料板,用点火器或火柴的火焰与片剂表面轻轻接触,点燃片剂。此时立即启动秒表。应该注意的是:试样从容器或干燥器中取出至片剂点燃相隔的时间不应超过 2 min,否则应另取试样,重新试验。如点燃时片剂碎裂,则试验无效。当点燃的火焰或任何蔓延的火焰燃烧至熄灭,或让有焰或无焰燃烧蔓延至金属框压板孔的任何一边缘,则试验终止,立即停止计时。开启通风橱的排风扇,排除烟雾及有毒气体。用钢尺测量试样中心至损毁区边缘间的最大距离,并计算火焰蔓延时间。

试验结果以 8 块试样的损毁长度和火焰蔓延时间平均值和最大值表示。

(二)辐射热源法

对于铺地纺织品,ISO/DIS N 114 规定了临界辐射通量的测定,我国也制定了相应的国家标准。辐射热源法的基本原理是:在规定温度和尺寸的箱体中,以燃气为燃料的热辐射板与水平放置的试样倾斜成 30°并面向试样,辐射板产生的规定辐射通量沿试样分布。在规定的时间下用引火器点燃试样,火焰熄灭后测定燃烧至火焰熄灭处的距离,并计算临界辐射通量。这种试验方法的特点是,试验在箱体内进行且箱体温度保持 180 ℃,试样始终受到规定的辐射热作用,在试样夹上水平放置的试样下面可放入与实际铺设条件相同的底衬材料。这种试验装置模拟了室内发生大火时产生的火焰和热辐射同时作用到铺地材料的燃烧特性,更接近铺地材料的实际燃烧情况。临界辐射通量为评价铺地材料系统燃烧性能提供了依据。测得的临界辐射通量值愈大,说明铺地材料愈难燃烧。

辐射板试验仪结构原理如图 11-8 所示,箱体壁为具有刚性的绝缘抗热材料制成。箱体前面装有密封的耐火玻璃,以便试验时能观察到整个试样的燃烧状态。观察窗下方有一可紧闭的小门,可以移入或移出试样平台。箱体顶部装有排气管,装有耐高温风速计。辐射源为一块装于铸铁框内的多孔耐火材料板,辐射表面尺寸为 300 mm×450 mm。辐射板装于箱体内,其较长一边与水平放置的试样表面成 30°角。试验箱内装有 3.2 mm 铝铬热电偶,可以测量箱体内温度。引火器位置如图所示。试样放在试样夹内,试样夹框中试样暴露部分的尺寸为

200 mm×1 000 mm。

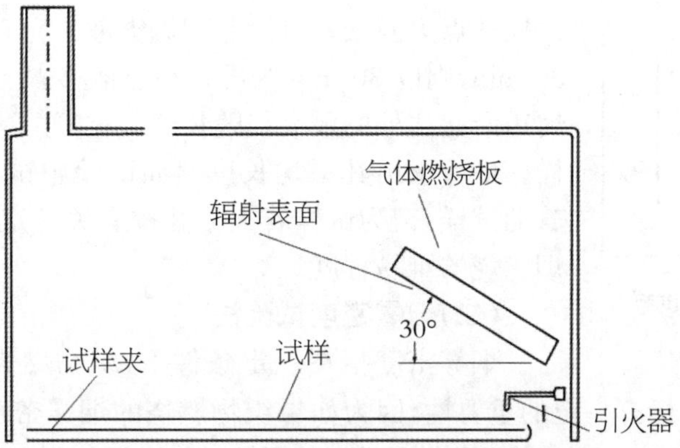

图 11-8 辐射板试验仪结构原理图

试验前首先用辐射高温计对沿试样长度方向的辐射热通量分布进行测定，从试样所受最大辐射热通量的一端开始，相距 100 mm、200 mm、……、900 mm 处的热通量测定结果，可得到通量分布图，该辐射热通量分布制成应符合标准辐射热通量分布要求，若不合规定，应调整燃气流量并平衡 30 min 再进行测定。为简化起见，一般校准 200 mm、400 mm、600 mm 处的辐射热通量值，应符合规定要求。

开始试验时先把试样夹置于洁净的工作台上，插入试样。在试样背面放置衬垫材料，用真空吸尘器清洁试样表面，把试样移入箱内。点燃引火器，调节燃气火焰，使蓝色的内层锥焰长度为 13 mm 。把引火器放在近试样夹内侧边缘处，放于试样之上 50 mm 处使火焰成水平，预热 2 min 后，再使引火器火焰与试样中心即 0 mm 标记处接触，10 min 后 ，把引火器移回至试样之上 50 mm 处。如引火器火焰施加后 10 min 内未能点着试样，熄灭引火器火焰，结束试验。对点着的试样，则继续试验，直至火焰熄灭。试验完成，即开门拉出试样平台，测量试样燃烧过的距离，记录至熄灭时的燃烧时间，从可移平台上移去试样和试样夹。根据热通量分布曲线，把试样燃烧过的距离转换成熄灭时的辐射热通量。

六、发烟燃烧和烟雾密度试验

(一)棉絮片发烟燃烧性能试验

对于棉絮片一类的松散填充材料，因纤维间有大量的空气存在，接近火源时容易着火。用发烟燃烧性能试验可测评棉絮片的易燃性能。

按 GB/ T 17597 的规定，棉絮片是一种以梳理、气流成网或其他方法形成的连续纤维网组成的含棉量不少于 75%的填充材料。将点火源放到两个相同的絮片之间进行试验，保持点火源和试样不被翻动，直到试样不再进行发烟燃烧或燃起明火而烧毁。测量从点火源往外的损毁距离，以评价棉絮片的易烧程度。

试验装置为四块围成箱体的挡风隔板和尺寸为 200 mm×200 mm 的一块木板。点火源为无过滤嘴卷烟，长度为(85±2)mm，质量为(1.1±0.1)g。试验时，先将 6 个(3 对)正方形(180±1)mm 絮片试样及 3 支点火源进行预调湿和调湿。然后取一块试样放置在木板上，5 min 后点燃一支点火源，立即将其放到试样中心，如图 11-9 所示，并开始计时。然后尽快将第

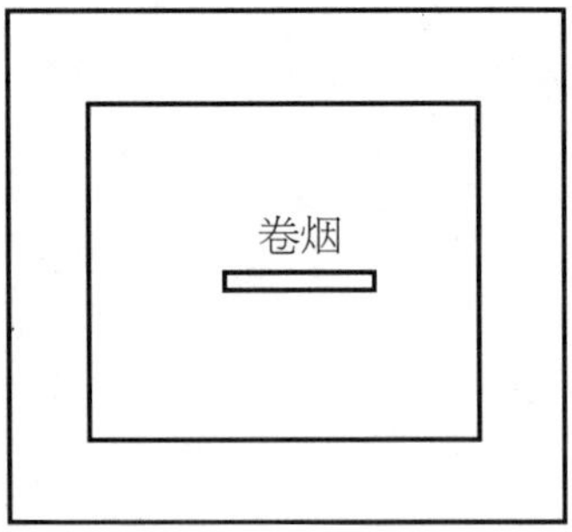

图 11-9 放置好的试样

二块试样覆盖上述试样及点火源，确保两块试样平整且上下对正。用挡风隔板围挡上述试样，使之正好位于挡风隔板中心。试样从点火源最初点燃起到烟雾散失完 5 min 后(如此时间不足 30 min，则以 30 min 为准)，小心地移去上试样，测量从点火源灰烬边沿起往外的最大损毁长度。重复上述步骤，直到做完 3 对试样。最后求出其平均长度。如试验中试样燃起明火，熄灭燃烧着的试样，记为试样着火。并按有关评定方法，评价棉絮片的发烟燃烧的难易程度。

(二)烟雾密度试验法

烟雾密度指在一定条件下，织物燃烧时产生的烟雾对视线的遮盖程度。这一指标有一定的重要性，因为如果织物燃烧的烟雾密度较高，发生火灾后，人们难以从安全门中逃出，也不易找到燃烧火源，以便及时将火源熄灭。烟雾密度一般可用光吸收程度或光密度等来测定。

在燃烧过程中，可见度的降低取决于烟雾粒子的大小和组成、烟雾的浓度、黏附性、分布状态和照明条件、折光指数等。燃烧发烟密度和燃烧速率紧密相关，并且和通风条件成反比例关系，一般难以从一次或有限的测定数据给予燃烧中产生的烟雾以十分明确的定义。然而，可以在精确的预定条件下，通过实验对各种不同材料的发烟进行比较。除光衰减和光密度的测试方法外，还可采用发烟量的测试，可以从燃烧测试装置的烟道中排出气体处通过一个过滤器，测定经过滤后的过滤器的增重，这样可测定烟粒子的多少。空气被连续不断地从排风装置中吸出，直至燃烧室内无烟存在为止。称重过滤器上烟粒子的毫克质量数代表发烟量，以燃烧样品的质量百分数表示。从燃烧室中取出样品的燃烧产物进行化学分析或生物毒性试验。

第二节　纺织品色牢度测试

所谓染色牢度或色牢度，是指纺织品在加工、试验、贮存或使用过程中保持其颜色稳定性的能力，包含不变色、不褪色和不沾色等。由于织物加工和服用的条件差别很大，要求又各有不同，故现行的试验方法通常是按作用的环境和条件，或模拟试验或综合试验，而得到染色牢度的评价。因此染色牢度试验方法的内容十分广泛。最常用的是耐洗、耐光、耐摩擦色牢度三项。耐汗渍、耐水浸、耐刷洗、耐熨烫、耐气候色牢度等项目也比较常用。实际工作中，主要是根据产品标准的要求和产品的最终用途来决定检测项目。例如，依据产品标准的规定，毛纺织产品必须测试耐日晒色牢度；活性染料色布应测试耐熨烫色牢度；针织汗衫应测试汗渍色牢度；遮阳伞用布应测试耐气候色牢度等。色牢度试验方法标准是按影响织物色泽的光、热、气体、溶液(溶剂)和机械作用等主要因素制定的。国际标准共有 83 个色牢度试验方法，ISO 105 在纺织品色牢度试验的通用标题下，包括如下部分：试验通则、耐光和气候色牢度、洗涤色牢度、干洗色牢度、水溶剂色牢度、标准贴衬织物、大气污染色牢度、颜色和色差的测量、漂白剂色牢度、热处理色牢度、其他试验(丝光色牢度、甲醛色牢度等)、染料特性(染浴中金属色牢度)等。

我国国家标准已等效采用部分国际标准，由于色牢度测试的项目较多，测试仪器的品种规格也较多，这里仅摘要介绍几种试验方法。

一、色牢度评定

(一)色牢度目测评定

目测评定是以试后样与原样两者之间以目测对比色差的大小为依据的。通常采用变色和沾色灰色样卡以及蓝色羊毛标准作为评定标准。

1. 评定变色用灰色样卡

基本灰卡由五对无光的灰色小卡片(或布片)所组成,根据可分辨的色差分为五个牢度等级,即5,4,3,2,1;在每两个级别中再补充半级,即4-5,3-4,2-3,1-2。就扩大成为五级九档灰卡。每对的第一组成均是中性灰色,其中仅牢度等级5的第二组成与第一组成相一致,其他各对的第二组成依次变浅,色差逐级增大,各级观感色差均经色度确定,规定如表11-1。

表11-1　评定变色用灰色样卡色度值

牢度级别	各级每对样卡		每对样卡第一组成与第二组成的色差
	第一组成	第二组成	(CIE LAB色差)
5	中性灰色	中性灰色	0　+0.2
(4-5)	↕ 中性灰色	↓ 逐级渐变浅	0.8　±0.2
4			1.7　±0.3
(3-4)			2.5　±0.35
3			3.4　±0.4
(2-3)			4.8　±0.5
2			6.8　±0.6
(1-2)			9.6　±0.7
1	中性灰色	浅灰色	13.6　±1.0

纸片或布片应是中性灰颜色,并应使用含有镜面反射的分光光度计测定。色度数据以CIE 1964补充标准色度系数(10°视场)和D_{65}光源计算。

每对第一组成的三刺激值Y应为12±1。

将纺织品原样和试后样各一块并列置于同一平面内并按同一方向靠紧,灰卡也靠近置于同一平面上。背景应是中性灰颜色,近似本灰卡1级和2级之间(近似蒙赛色卡N5)。如需避免背衬对纺织品外观的影响,可取原布二层或多层垫衬于原样和试后样之下。北半球用北空光照射,南半球用南空光照射,或用600 lx及以上的等效光源。入射光与织物表面约成45°角,观察方向大致垂直于织物表面。用灰卡的级差来目测评定原样和试后样之间的色差。

2. 评定沾色用灰色样卡

基本灰卡由五对无光的灰色或白色小卡片(或布片)所组成,根据可分辨的色差分为五个牢度等级,即5,4,3,2,1;在每两个级别中再补充半级,即4-5,3-4,2-3,1-2,就扩大成为五级九档灰卡。每对的第一组成均是白色,其中仅牢度等级5的第二组成与第一组成相一致,其他各对的第二组成依次变深,色差逐级增大,各级观感色差均经色度确定,规定如表11-2。

纸片或布片应是白色或中性灰色,并应用附有镜面组件的分光光度计加以测定。色度数据以CIE 1964补充标准色度系统(10°视场)和D_{65}光源计算。

表 11-2 评定沾色用灰色样卡色度值

牢度级别	各级每对样卡		每对样卡第一组成与第二组成的色差（CIE LAB 色差）
	第一组成	第二组成	
5	白色	白色	0 +0.2
(4-5)	白色 ↕	逐级渐变深 ↓	2.2 ±0.3
4			4.3 ±0.3
(3-4)			6.0 ±0.4
3			8.5 ±0.5
(2-3)			12.0 ±0.7
2			16.9 ±1.0
(1-2)			24.0 ±1.5
1	白色	浅灰色	31.4 ±2.0

每对第一组成的三刺激值 Y 应不低于 85。

沾色用灰色样卡的使用与上述变色用灰色样卡的使用方法相似。

3. 耐光耐气候色牢度蓝色羊毛标准

耐光耐气候色牢度蓝色羊毛标准是以规定深色的八种染料染于羊毛织物上而制成。标准共分八级，代表八个耐光耐气候色牢度等级：8 级、7 级、6 级、5 级、4 级、3 级、2 级、1 级。

蓝色羊毛标准在光的照射下，1 级褪色最严重，8 级最不易褪色。如果 4 级在光照射下，需要一定时间达到某种程度褪色，则在同样条件下，产生同等程度的褪色，3 级需一半的时间，而 5 级约需增加一倍的时间。

蓝色羊毛标准宜保存于干冷和暗处，隔离化学或其他燃气。在此情况下，可保存数年不变质。

(二)色牢度仪器评级

试样变色程度的仪器评级方法，适用于任何色牢度试验方法，但是试样用荧光增白剂溶液处理的，不能用该方法。

所用仪器有光谱光度测色计、三刺激色度计或测色色差计，它们能够测量输出 D_{65} 标准照明体 10°观察者下的色度数据。

仪器对未经处理的织物原样及经色牢度试验的试样进行测量，得到 CIE LAB 坐标的 L^*、a^*、b^*、C^*_{ab}、h^*_{ab} 值。若以下标 O 代表原样，下标 T 代表试样，则原样和试样的 CIE LAB 色差值 ΔL^*、Δa^*、Δb^*、ΔC^*_{ab}、ΔE^*_{ab}、ΔH^*_{ab} 值可用下列公式计算：

$$\begin{aligned}
\Delta L^* &= L^*_{T} - L^*_{O} \\
\Delta a^* &= a^*_{T} - a^*_{O} \\
\Delta b^* &= b^*_{T} - b^*_{O} \\
\Delta C^*_{ab} &= C^*_{ab,T} - C^*_{ab,O} \\
\Delta E^*_{ab} &= [(\Delta L^*)^2 + (\Delta a^*)^2 + (\Delta b^*)^2]^{\frac{1}{2}}
\end{aligned} \tag{11-2}$$

$$\Delta H^*_{ab} = [(\Delta E^*_{ab})^2 - (\Delta L^*)^2 - (\Delta C^*_{ab})^2]^{\frac{1}{2}} \tag{11-3}$$

式中：ΔL^* 为明度差；ΔC^*_{ab} 为饱和度差；ΔH^*_{ab} 为色调差；ΔE^*_{ab} 为总色差。

为了与目测评级进行对比，找出与目测评级级数相关色差值，需要对以上所得 ΔE_{ab}^{*} 进行公式修正，得到色差 ΔE_F 公式：

$$\Delta E_F = [(\Delta L^{*})^2 + (\Delta C_F)^2 + (\Delta H_F)^2]^{\frac{1}{2}} \tag{11-4}$$

ΔE_F 色差公式中 ΔC_F 按以下公式计算：

$$\Delta C_F = \Delta C_K / [1 + (20 \cdot C_M / 1000)^2] \tag{11-5}$$

式中：$\Delta C_K = \Delta C_{ab}^{*} - D$；$C_M = (C_{ab,T}^{*} + C_{ab,O}^{*})/2$；系数 $D = \Delta C_{ab}^{*} \cdot C_M \cdot e^{-x}/100$。

其中 x 值为：

若 $|h_M - 280| \leqslant 180 \quad x = [(h_M - 280)/30]^2$

若 $|h_M - 280| > 180 \quad x = [(360 - (h_M - 280|)/30]^2$

h_M 值的确定方法如下：

若 $|h_{ab,T}^{*} - h_{ab,O}^{*}| \leqslant 180 \quad h_M = (h_{ab,T}^{*} + h_{ab,O}^{*})/2$

若 $|h_{ab,T}^{*} - h_{ab,O}^{*}| > 180$ 且 $(h_{ab,T}^{*} + h_{ab,O}^{*}) < 360 \quad h_M = (h_{ab,T}^{*} + h_{ab,O}^{*})/2 + 180$

若 $|h_{ab,T}^{*} - h_{ab,O}^{*}| \leqslant 180$ 且 $(h_{ab,T} + h_{ab,O}^{*}) \geqslant 360 \quad h_M = (h_{ab,T}^{*} + h_{ab,O}^{*})/2 - 180$

ΔE_F 色差公式中 ΔH_F 按以下公式计算：

$$\Delta H_F = \Delta H_K / [1 + (10 \cdot C_M / 1000)^2] \tag{11-6}$$

式中：$\Delta H_K = \Delta H_{ab}^{*} - D$。

经计算所得 ΔE_F 值，由表 11-3 查出与目测法相应的仪器评级级数 GS。

表 11-3 变色牢度级数

计算出的 ΔE_F	报告的级数 GS	计算出的 ΔE_F	报告的级数 GS
<0.40	5	4.10～5.79	2-3
0.4～1.24	4-5	5.8～8.19	2
1.25～2.09	4	8.2～11.59	1-2
2.10～2.94	3-4	≥11.6	1
2.95～4.09	3	—	—

除了查表方法以外，还可根据以下公式，由 ΔE_F 计算 GS 值：

$$\text{若 } \Delta E_F > 3.40, GS = 5 - \lg(\Delta E_F/0.85)/\lg 2 \tag{11-7}$$

$$\text{若 } \Delta E_F \leqslant 3.40, GS = 5 - \Delta E_F/1.7$$

2001 年国家标准推荐纺织品色牢度计算采用 CMC($l:c$)色差公式，内容见第八章第四节，所得色差值 $\Delta E_{CMC(l:c)}$ 与目测评级间的关系有待进一步建立。

二、色牢度测试

(一)耐光色牢度测试

纺织品在使用时通常暴露在光线下。光能破坏染料从而导致众所周知的褪色，使有色纺织品颜色变浅发暗。还有一种不寻常的色泽变化,即光致变色现象:表现在当染料暴晒于强光下会迅速变色,而后转移到暗处时,又几乎会恢复到原来的颜色。还有许多试样经长时间暴晒,色调完全发生变化,例如黄色可以变成棕色,紫色可以变成蓝色。

耐光色牢度的试验方法,是将被试验的染色织物试样和标准色样同时在日光或其他人工光源光线下暴晒,暴晒后将试样的褪色程度与色样的褪色程度进行对比,得出对耐光色牢度的评价。在通常的试验标准中,其照射光源以日光为基础,但日光照射的试验周期长,使用不便,故又用人工光源,如日光碳弧灯、氙弧灯。将日光法和氙弧灯法介绍如下。

1. 日光法

试样与八个蓝色羊毛标准一起,在不受雨淋的规定条件下进行日光暴晒,然后将试样与八个蓝色羊毛标准进行对比,评定耐光色牢度。

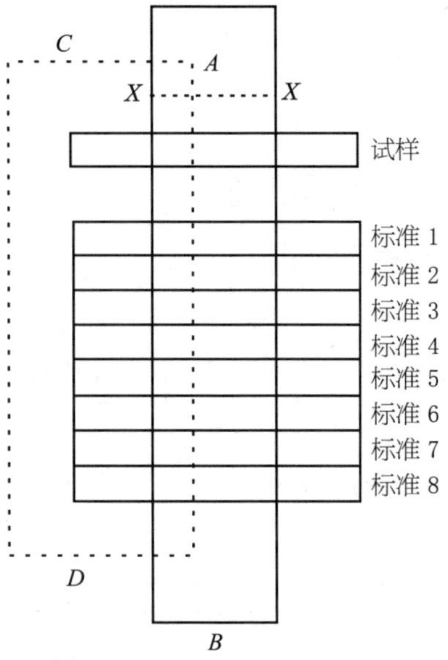

图 11-10 装样图

试验设备只需暴晒架,并盖以玻璃窗,玻璃和试样的最小允许距离为 50 mm,需有适当的通风。暴晒架向南,倾斜度约等于该地的纬度。

织物试样为长条形,尺寸不小于 60 mm×10 mm,如图 11-10 所示,将试样与一组 8 块蓝色羊毛标准按规定方式排列在一起,按附于硬卡上,安装在暴晒架上,并用内黑外白不透光的遮盖物,以一定遮光比例遮盖试样和蓝色羊毛标准,图中 AB 为不透光遮盖物,然后在日光下暴晒。暴晒时需要不时提起遮盖物检查试样的光照变色程度,直至试样的暴晒与未暴晒部分的色差相当于变色用灰卡的某一级时,终止暴晒,取出试样与蓝色羊毛标准,取下不透光遮盖物,在规定的光源和观察条件下进行耐光色牢度测定。如果试样变色程度相当于某一级蓝色标准的变色程度,其耐光色牢度即以该蓝色标准的级数表示。蓝色羊毛标准是用规定等级的 8 种不同耐光色牢度的蓝色染料染于羊毛织物上而制成,按耐光牢度不同分为 1 级到 8 级,8 级耐光牢度最大。

暴晒方法可以有五种,择一说明如下:

如图 11-10 所示,先用不透光遮盖物 AB 遮住试样的蓝色羊毛标准中段的三分之一部分进行暴晒,直到试样暴晒和未暴晒部分之间达到变色灰色样卡 4 级色差时,再用另一个不透光遮盖物 CD(虚线所示)遮盖试样和蓝色羊毛标准的左端三分之一部分后继续暴晒,再到试样的暴晒和未暴晒部分间的达到变色灰色样卡 3 级色差时停止暴晒。取出试样和蓝色羊毛标准,在规定光源和观察条件下,分别评定试样暴晒色差达到变色灰色样卡 4 级和 3 级时,与蓝色羊毛标准相比较评定得到的试样耐光牢度级别。

2. 氙弧灯法

纺织品试样与一组蓝色羊毛标准一起在人造光源下按规定条件暴晒,然后将试样与蓝色羊毛标准进行变色对比,评定色牢度。

氙灯色牢度仪有空冷式和水冷式两种,氙灯 1 500 W、2 500 W 或 4 500 W,相关色温为 5 500~6 500 K,滤光片透光率在 380~750 nm 之间至少为 90%,在 310~320 nm 之间则应降为 0。滤光器置于光源和试样及蓝色羊毛标准之间。温度传感器用黑板温度计(BPT)或标准黑板温度计(BST)。

正常条件标样的耐色牢度为 5 级,黑板温度最高为 45℃。暴晒方法也有五种,有一种方法与上述的日光法相似,唯试样尺寸有所不同,为不小于 45 mm×10 mm。

(二)耐气候色牢度测试

1. 室外暴晒法

将纺织品试样暴露于天然气候中,在不加任何保护的规定条件下进行露天暴晒,同时在同一地点将八块蓝色羊毛标准放在玻璃罩下暴晒。然后将试样与蓝色羊毛标准进行变色对比,评定色牢度。

由于室外暴晒的气候条件变化很大,故需在一年的不同季节内进行重复暴晒试验,然后取其平均值。试样用暴晒架基本同上,但不放玻璃。蓝色羊毛标准用暴晒架,架上罩有玻璃。织物试样尺寸不小于 100 mm×40 mm,需三块(其中一块为原样),并直接固定在暴晒架上。蓝色羊毛标准固定于硬卡上,遮盖其中间部分的三分之一,放在带有玻璃罩的架子上。将试样和蓝色羊毛标准每天同时暴晒 24 h,暴晒的天数视评定气候牢度的需要而定。暴晒方法有三种,择一说明如下:将试样和蓝色羊毛标准按上述条件进行暴晒,直到试样和原样间的色差达到灰色样卡 3 级;取出其中一块,再用另一个不透光遮盖蓝色羊毛标准左端的三分之一,继续暴晒,直到剩下的试样与原样间的色差达到灰色样卡 2 级;如果蓝色羊毛标准 7 级在此之前达到灰色样卡 4 级,则暴晒至此结束;清洗试样和原样,以备评级。

测试时,必须记录每天最高和最低的温度和相对湿度、降雨时间、总的给湿时间(雨和露)、总的辐射能和紫外辐射能。

2. 氙弧灯法

将纺织品试样与八个蓝色羊毛标准按规定条件在氙灯试验仪内进行喷淋暴晒,同时八个蓝色羊毛标准要用玻璃遮盖以防喷上雾水,然后将试样与蓝色羊毛标准对比,评定色牢度。

氙灯耐气候色牢度仪,与上述氙灯耐光色牢度仪相似,增加了喷淋装置等,试样喷雾用水应是 3 级水。暴晒条件为:干燥同期试验温度不超过 40 ℃。在与试样相同暴晒下测得的黑板温度不能超过干燥周期试验最高温度 20 ℃(最高标准黑板温度 50 ℃)。试样暴晒时,喷雾持续时间 1 min,干燥持续时间 29 min。尺寸不小于 45 mm×20 mm 的试样三块(其中一块作原样)。暴晒方法也有三种,有一种方法与上述的室外暴晒法相似。

(三)耐洗色牢度测试

染色的耐洗色牢度试验是将试样缝上贴衬织物(白布)组成组合试样,放入一定温度的洗涤液中,在机械搅拌下,按规定时间浸渍洗涤。由于洗涤方法及洗涤液多种多样,试验结果是一项有严格条件值含义的指标。影响试验结果的主要因素为:温度、液量、不锈钢球、时间和不锈钢球交互作用等。其中以温度的影响为最大。试验时对不同纤维不同品种的试样,应选择不同的试验温度。温度的确定主要依据纤维本身的耐热性能以及实际使用场合的要求。一般情况下,黏胶纤维织物、人造丝、真丝织物、毛织物的洗涤温度为 40 ℃;合成纤维产品为 60 ℃;棉、麻产品为 95 ℃,并加入 10 粒不锈钢球放在容器内;混纺、交织、复合产品的试验温度以产品中耐较低试验温度的纤维种类而定。如涤/棉织物其洗涤温度为 60℃以上,处理时间均为 30 min。

图 11-11 为一种耐洗色牢度仪作用原理示意图。仪器装有两根旋转轴杆的水浴锅构成。旋转轴呈放射形支承着多只容量为(550±50)mL 的玻璃或不锈钢容器,直径(75±5)mm,高

(125±10) mm。从轴中心到容器底部的距离为(45±10) mm。旋转轴及容器的转速为(40±2) r/min。水浴温度由恒温器控制，使试验溶液保持在(40±2)℃的规定温度。耐腐蚀的不锈钢珠，直径约为 6 mm。

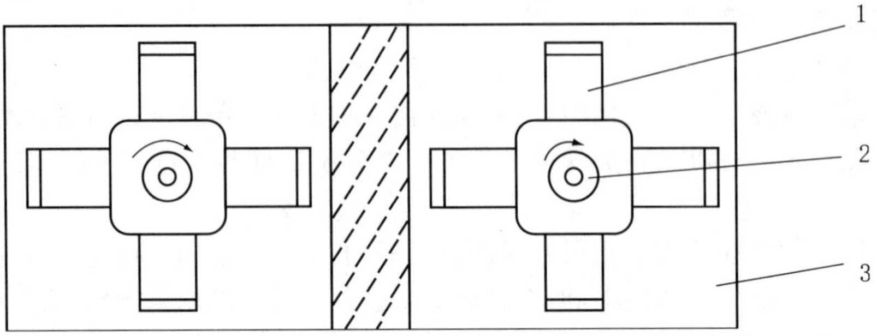

图 11-11　耐洗色牢度仪作用原理示意图

1—试验容器　2—旋转轴　3—水浴锅

测试时，将组合试样以及与组合试样质量比 50∶1 的洗涤试液(含标准洗涤剂 4 g/L)放入试验容器内(棉麻产品还需加 10 粒钢球)，并使试验容器密闭。将试验容器置于旋转架上，使它随旋转架以(40± 2)r/min 旋转速度在(40±2)℃(真丝织物、毛织物等)的热水内翻滚一定时间，模拟试样在热水中擦搓洗涤，最后与标准样卡对比，评定试样色牢度和贴衬织物的沾色级别。

(四)耐汗渍色牢度测试

由于汗水中各成分的含量不一定一致，因此难以制定统一的汗液标准。目前以组氨酸为主的人工汗液已为大家公认，我国采用 ISO 所推荐的酸、碱分别试验法。

试液配制：试液用蒸馏水配制，现配制现用。

碱液每升含：

L-组氨酸盐酸盐一水合物($C_6H_9O_2N_3 \cdot HCl \cdot H_2O$)	0.5 g
氯化钠(NaCl)	5 g
磷酸氢二钠十二水合物($Na_2HPO_4 \cdot 12H_2O$)	5 g 或
磷酸氢二钠二水合物($Na_2HPO_4 \cdot 2H_2O$)	2.5 g

用 c(NaOH)=0.1 mol/L 氢氧化钠溶液调整试液 pH 值至 8

酸液每升含：

L-组氨酸盐酸盐一水合物($C_6H_9O_2N_3 \cdot HCl \cdot H_2O$)	0.5 g
氯化钠(NaCl)	5 g
磷酸二氢钠二水合物($NaH_2PO_4 \cdot 2H_2O$)	2.2 g

用 c(NaOH)=0.1 mol/L 氢氧化钠溶液调整试液 pH 值至 5.5

进行汗渍色牢度试验的织物试样需与规定贴衬织物缝合，形成组合试样，试样尺寸为 100 mm×40 mm，织物试样夹在两块贴衬织物之间，并沿短边缝合，其中第一块贴衬织物用试样同类纤维制成，第二块贴衬织物则由表 11-4 规定的纤维制成。如织物试样为混纺或交织品织物，则第一块贴衬织物由试样主要含量的纤维制成，第二块用次要含量的纤维制成。

表 11-4　规定的贴衬织物

第一块贴衬织物	第二块贴衬织物	第一块贴衬织物	第二块贴衬织物
棉	羊毛	醋纤	黏纤
羊毛	棉	聚酰胺纤维	羊毛或黏纤
丝	棉	聚酯纤维	羊毛或棉
麻	羊毛	聚酯纤维	羊毛或棉
黏纤	羊毛	聚丙烯腈纤维	羊毛或棉

试验时将两套组合试样分别放入酸、碱两种人工汗液容器中，浴比为 50∶1，使其完全润湿，在室温条件下放置 30 min，必要时可稍加揿压和拨动，使试样均匀渗透，然后取出两套组合试样，用玻璃棒去除试样余液，将其分别放入两套汗渍牢度试验专用加压装置的夹板中，放上重锤。重锤质量 5 kg，试样受压 12.5 kPa。然后将经酸、碱人工汗液处理并呈加压状态的组合试样及加压装置放入温度为(37±2)℃的恒温箱中，4 h 后，取出组合试样，拆除缝线，展开组合试样，在不超过 60 ℃的空气中干燥，然后用灰色变色样卡和灰色沾色样卡评定试样的变色级别和贴衬织物的沾色级别。

(五)耐唾液色牢度测试

将试样与规定贴衬织物合在一起，于人造唾液中处理后去除试液，放在试验装置内两块平板之间并施加规定压力，然后将试样和贴衬织物分别干燥，用灰色样卡评定试样的变色和贴衬织物的沾色。

试液配制：试液用三级水配制，现配现用，每升溶液含：

乳　酸	$CH_3CH(OH) \cdot COOH$	3.0 g
尿　素	$H_2N \cdot CO \cdot NH_2$	0.2 g
氯化钠	$NaCl$	4.5 g
氯化钾	KCl	0.3 g
硫酸钠	Na_2SO_4	0.3 g
氯化铵	NH_4Cl	0.4 g

试样准备、仪器设备、贴衬织物、操作程序及评定方法都与耐汗渍色牢度测试相同。

(六)耐水色牢度测试

将组合试样置于三级水中，完全浸湿，沥去水液，将试样放入两块夹板中，使其受压 12.5 kPa。在温度(37±2)℃的恒温烘箱中放置 4 h，取出试样，悬挂在 60 ℃以下的空气中干燥，然后评定试样的变色和贴衬织物的沾色。

试样准备、仪器设备、贴衬织物、操作程序以及评定方法都与耐汗渍色牢度测试相同。

(七)耐摩擦色牢度测试

纺织品耐摩擦色牢度是考核印染织物质量的主要指标之一，有干摩擦和湿摩擦色牢度之分。最基本的试验原理是：用干的、用水或有机溶剂润湿的摩擦色牢度用摩擦布(白布)包在柱形的摩擦头上，在一定压力下对染色织物表面来回摩擦，这时纤维表面的色质和磨损的带色纤维脱落而使摩擦布沾色。耐摩擦色牢度，即以这种摩擦布沾色程度作为评价。影响磨损、沾色的因素很多，诸如负重或加压、纤维间摩擦力、动摩擦系数、表面粗糙度、纤维材料损伤、变形、摩擦热等。

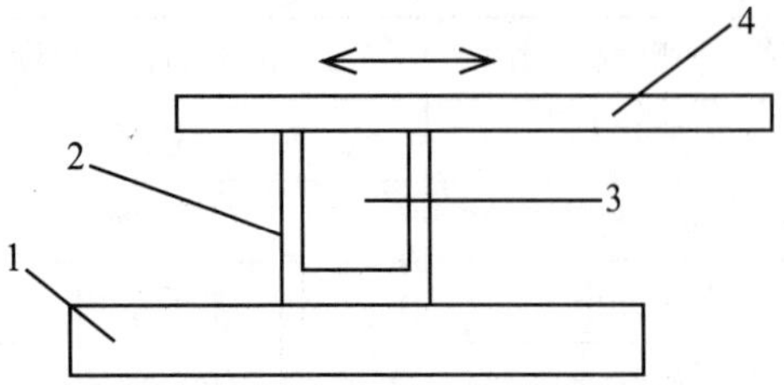

图 11-12　耐摩擦色牢度仪作用原理示意图

1—试样　2—摩擦色牢度用摩擦布(白布)

3—摩擦头　4—承重臂

摩擦色牢度仪作用原理如图 11-12 所示。用于绒类织物的长方形摩擦头，尺寸为 19 mm×25.4 mm；用于其他各种纺织品的圆形摩擦头，直径为(16±0.1)mm。摩擦头垂直压力为(9±0.2)N，直线往复动程为(104±3)mm，往复速度 60 次/min。每个试样测试时间为 10 s 内摩擦 10 次。

干摩擦试验时将试样平放固定在仪器的试验台上，然后将干的摩擦布固定在摩擦头上，试样的长度方向应与仪器的动程方向一致。湿摩擦试验时将干摩擦布用蒸馏水或有机溶剂浸透取出，经轧液挤压使含水量约达到 95%～105%，然后固定在摩擦头进行试验。摩擦试验后，将湿摩擦布放在室温下晾干，对干、湿摩擦布的沾色程度评级。

(八)耐热压(熨烫)色牢度测试

染色织物在热压时要出现变色或褪色，这种变色、褪色程度是以热压同时对其他织物的沾色来评定的。分干法试验、潮法试验和湿法试验三类，试验又按不同温度而分若干类，是按照纤维的类型和织物或服装的组织结构来确定的。如为混纺品，建议所用的温度与最不耐热的纤维相适应。通常使用三种温度：(110±2)℃、(150±2)℃、(200±2)℃。

耐热压色牢度仪作用原理如图 11-13 所示。具有能精确控制的电加热系统，常用温度为上述三种，并能赋予试样 4 kPa 的压力。如能达到上述要求，也可使用家用电熨斗。

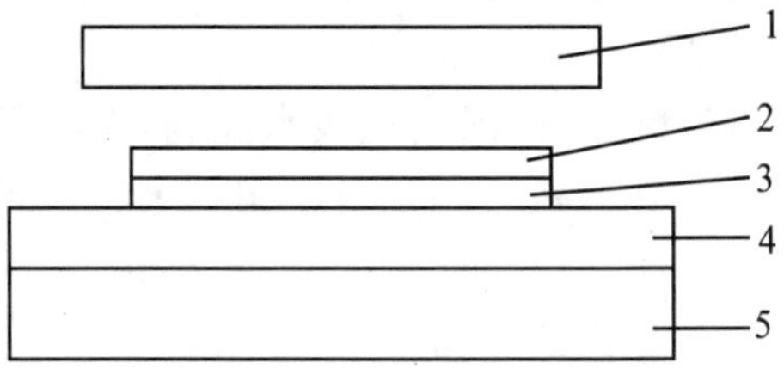

图 11-13　耐热压色牢度仪作用原理示意图

1—加热平板　2—棉贴衬布　3—试样

4—羊毛法兰绒垫　5—石棉板

试样尺寸为 40 mm×100 mm，棉贴衬织物尺寸与试样相同。

干压试验时，干试样上不放贴衬织物，直接压烫 15 s。

潮压试验时，干试样用一块湿的棉贴衬织物覆盖后，压烫 15 s。

湿压试验时，试样和棉贴衬织物先浸水，再经挤压使含自身质量的水分，把湿的棉贴衬织物放在湿的试样上，压烫 15 s。

最后立即用灰色样卡评试样的变色，再在标准大气中放 4 h，作一次评定，对棉贴衬织物沾色较重的一面用灰色样卡评定沾色等级。

(九)耐大气污染物色牢度测试

GB/T 11039《纺织品　色牢度试验　耐大气污染物色牢度》于 2005 年颁布，它对应于 ISO 105－G 部分，包括四个部分：《第 1 部分：氧化氮》；《第 2 部分：燃气烟熏》；《第 3 部分：大气臭氧》；《第 4 部分 高湿氧化氮》。现仅介绍《第 2 部分：燃气烟熏的色牢度测试》。

该试验方法测定除松散纤维之外的所有纺织品，对化学纯丁烷气或城市煤气燃烧所产生的大气氮氧化物暴露时颜色牢度。通过将燃料以规定的方法将纺织品染色至指定深度，和控制标样同时放置在燃气烟中，至控制标样的颜色变化到相当于褪色标准的颜色时结束。使用灰色样卡评定试样的变色，如果一个试验周期后观察不到试样变色，可继续进行规定次数、或者能使试样产生规定变色所需次数的试验周期。

气体可用化学纯丁烷气或城市人工煤气，仲裁试验须使用丁烷气。用气体燃烧器产生火焰，黄色火焰或蓝一绿火焰都可使用，但后者的煤烟量少。在火焰上方一定距离处放一块金属丝网，将其加热至红、白之间，可增加氮氧化物的生成百分率，加快控制标样和试样的褪色速度。黄铜、铁、蒙乃尔镍铜合金和不锈钢丝网的效果相同。

试验时将尺寸为 40 mm×100 mm 的试样和一块控制标样自由悬挂在烟熏试验仓内，彼此不接触也不与任何热金属面直接接触。点燃气体燃烧器，调节火焰和试验仓通风装置，使试验仓内的温度不高于 60 ℃并保持恒定。

试样的褪色随试验仓内温度而变，温度取决于规定试验段内的耗气量。在 60 ℃试验 8～12 h 所产生的褪色，醋酯纤维、三醋酯纤维和聚酯纤维上的燃料，在较低的相对湿度就会发生氮氧化物烟熏褪色，褪色程度与传统试验仓内接近 60 ℃的结果相同。其他纤维，例如聚酰胺、黏胶或棉花，必须在较高的相对湿度下试验才能达到实际穿用的褪色效果。提升试验仓内相对湿度的一种方法是在试验仓底面上放置盛水容器。

试样在试验仓内烟熏，直至在日光或等效的人造照明下对比，控制标样的颜色褪至与褪色标准相同时结束。从烟熏试验仓中取出试样，立即使用评定变色用灰色样卡对试样的变色进行初评。

将颜色有变化的试样及其各自的原样和控制标样，立即一起投入尿素缓冲溶液中浸 5 min。挤压脱液，完全浸入水中，在温度不超过 60 ℃的空气中干燥。干燥后，对照经尿素缓冲溶液处理过的试样的原样，使用灰色样卡评定每块试样的变色。如需保留试样或原样，须储存在暗处。

在第一周期试验后，将没有变色的试样因而也没有经过尿素缓冲溶液处理的试样，连同一片新的控制标样一起重新放入烟熏试验仓，继续进行试验，直到第二块控制标样的颜色褪色至褪色标准的颜色。

烟熏试验仓是一个封闭试验装置，可以具有各种合适的结构。试样置放在经过燃烧器且含有丁烷气燃烧烟气的空气环境中。设备中具有悬挂试样的合适支架，悬挂处只有极小量的试样直接接触热金属面。使用电机驱动风扇，推动气体在试样周围自由流动，或使用电机驱动试样架转动，确保所有试样能在尽可能相同的气体浓度、温度和湿度条件下试验。

通过调节顶部的可调排气孔以及气体燃烧器的火焰高度，来调节试验仓内的温度。温度、湿度也会随着试验仓所在房间的温湿度的变化而发生变化。

位于试验仓底部的安全型燃烧器所产生的烟气，被收集在试验装置内。试样悬挂臂在电动机驱动下以 2 min^{-1}的频率旋转，保证各试样能在相同的且可控制的条件下接受烟熏。推荐调节试验温度，使一次试验能在 7～16 h 内完成。

（十）其他色牢度测试

1. 耐海水色牢度测试

耐海水色牢度测试是评估纺织品耐海水的色牢度，适用于染色、印花或者其他着色的纺织品。基本测试原理是，将完全浸湿按规定制好的组合试样于人工配置的海水（30 g/L 的 NaCl 溶液）中，滴干后参照耐汗渍色牢度测试方法施加规定压力和干燥处理，用褪色灰卡和沾色灰卡在标准光源下（D_{65}人造光源），将试样与原样比较，评出试样褪色及标准多纤维贴衬织物的各纤维条沾色级别。

2. 耐氯化水色牢度测试

耐氯化水色牢度测试是测定各类染色纺织品耐氯化水的颜色坚牢度，适用于游泳衣、沙滩浴衣、毛巾等之类的纺织品。氯化水是指含有有效氯的溶液，例如游泳池的消毒水。根据客户要求和纺织品种类，采用不同浓度氯化水来测试，例如，每升 100 mg 有效氯，pH 值为 7.50±0.05 的次氯酸钠试液适用于游泳衣；每升 50 mg 有效氯，pH 值为 7.50±0.05 的次氯酸钠试液适用于游泳衣；每升 20 mg 有效氯，pH 值为 7.50±0.05 的次氯酸钠试液适用于浴衣和毛巾等辅料。基本测试原理是，首先把试样放入不锈钢容器中，并倒入按规定配制试液(氯化水)，浴比为 100:1，确保试样完全浸透，密封容器，然后将不锈钢容器装入回转式洗涤试验仪，在(27±2)℃水温中运行 1 h，接着从不锈钢容器中取出试样，吸去多余的溶剂，在室温下悬挂干燥，最后用变色灰卡评定变色程度。

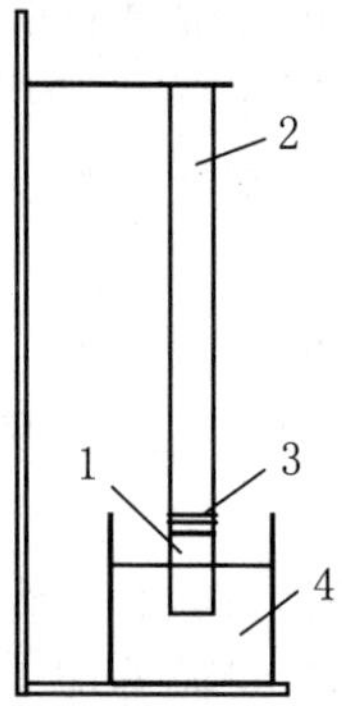

图 11-14　耐渗化色牢度测试方法原理示意图

1—试样　2—未染色棉布

3—缝线　4—溶液

3. 耐渗化色牢度测试

耐渗化色牢度测试是判断织物部分浸湿后，织物上的染料是否会产生转移，由此对织物的耐渗化色牢度进行判定。基本测试原理是，首先，将 5.0 cm×2.5 cm 大小的试样和 20.0 cm 以上×2.5 cm 大小的未染色棉布用线缝在一起，形成一个大小为 22.5 cm 以上×2.5 cm 的待测试样，然后，将试样的一部分浸入 100 mL 的 0.05%非离子表面活性剂溶液(或标准浓度洗剂液)的烧杯中，浸入深度约为 2.0 cm(图 11-14)，在室温下放置 2 h 后移走烧杯，接着，并在原状态下晾干被测试样，最后，在标准光源(建议采用 D_{65} 人造光源)下，用沾色灰卡评定颜色从被测试样转移到未染色棉布上的量(沾色的级别)。

4. 升华色牢度测试

升华色牢度测试是对染色纤维制品的染料升华情况进行检测。基本测试原理是，将复合试验片夹在不锈钢钢板间，安装在汗液试验机上，在规定的条件下进行干热处理后，测定试验片的变退色及贴衬的沾色程度，从而进行判定。复合试验片是为了判定试验片的沾色，选取 1 枚或者 2 枚贴衬和试验片缝合在一起。

5. 耐储色牢度测试

耐储色牢度测试是评定纺织品在长期储存过程中是否发生颜色转移，该方法也可用于评定一些与染整相关的潜在的色转移问题。某些染料比其他染料可能更易于转移，并且一些化学整理方法以及后整理条件也会加速色转移。基本测试原理是，将染色样品夹于预湿的多纤维贴衬和白色织物之间，置于汗渍色牢度测试仪中，在(24±3)℃的室温下放置 48 h，干燥后评级。另外，耐储色牢度测试的一种加速测试法是，准备好的组合试样放于汗渍色牢度测试仪，在(38±1)℃烘箱中放置 4 h 后评级。

6. 黄变色牢度测试

纺织品中常见的黄变主要有光黄变和酚黄变两种。前者是指由太阳光或紫外光照射而引起的纺织品表面颜色泛黄；后者是指由氧化氮或酚类化合物所引起的纺织品表面泛黄。因此，纺织黄变色牢度测试方法有光黄变测试方法和酚黄变测试方法两种。

光黄变测试方法与纺织品耐光色牢度的测试方法基本类似，仅使用的光源不同。其基本测试原理是，将一块长方形纺织品用遮光片遮住头尾部分，然后置于专用的试验箱内，在一定温湿度下，用太阳灯管或紫外线灯管对纺织品进行规定时间的照射，并观测试样光照部位颜色的变化情况，按灰色样卡评定样品的变色程度，从而判定纺织品耐光黄变的能力。测试示意图如图 11-15 所示。

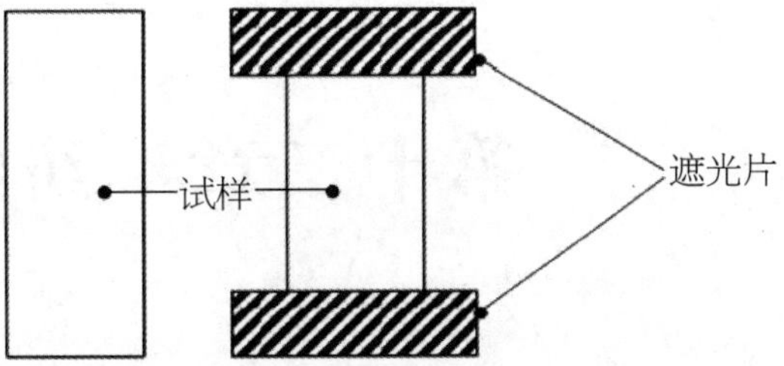

图 11-15 纺织品光黄变测试示意图

酚黄变测试的试验装置与常用的耐汗渍色牢度的测试仪器基本一致。其基本测试原理是，将被测试样与一块控制织物分别用含有苯酚的测试纸包裹之后夹在玻璃板之间，形成组合试样，施加一定压力后用聚乙烯薄膜裹紧置于规定温度的烘箱中，一段时间后移出，冷却后拆开聚乙烯薄膜，取出控制织物和试样立即用灰色样卡评定试样的沾色等级。如果控制织物的沾色达到预定值，则试样的沾色级别即为测试值，否则重新进行试验，测试示意图如图 11-16 所示。应注意：样品一经冷却应立即评级，因为在某些情况下可能变色。

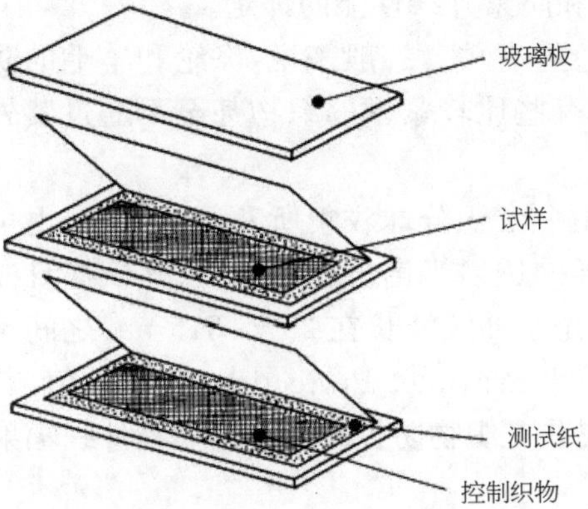

图 11-16 纺织品酚黄变测试示意图

本节描述了十几种比较重要的色牢度测试方法，另外还有耐水洗色牢度、耐干洗色牢度、耐次氯酸钠漂白色牢度、耐丝光色牢度、耐水斑色牢度、耐酸斑色牢度、耐碱斑色牢度、耐彩漂色牢度等测试方法，由于篇幅限制，在此不再赘述。

第十二章 纺织品其他性能测试

第一节 纺织品防紫外线性能测试

近年来，由于臭氧层的破坏，到达地面紫外线辐射增加，过量的紫外线对人体眼睛、皮肤和免疫系统造成损害，因此各国都在进行防护产品的开发和防紫外线性能的评定。

织物透过紫外线的性能与纤维种类、织物结构、颜色等有关。一般来说，涤纶和羊毛的防紫外线性能比棉织物好；织物越紧密，透过紫外线越少，有些比较紧密的织物甚至不通过紫外线；深色织物透过的紫外线比浅色织物少。

采用紫外线光源，仪器可采用平行光束照射试样，用一个积分球收集所有透射光线，也可采用光线半球照射试样，收集平行的透射光线，测试试样的透射光谱波长分布，求得试样日光紫外线波长在315～400 nm之间透射比 $T(UVA)$ 和日光紫外线波长在290～315 nm之间透射比 $T(UVB)$，并可计算试样的紫外线防护系数 UPF (Ultraviolet Protection Factor)值，其意义为皮肤无防护时计算出的紫外线辐射平均效应与皮肤有织物防护时计算出的紫外线辐射平均效应的比值，计算公式如下：

$$T(UVA) = \frac{1}{m}\sum_{\lambda=315}^{400} T(\lambda) \tag{12-1}$$

$$T(UVB) = \frac{1}{k}\sum_{\lambda=290}^{315} T(\lambda) \tag{12-2}$$

式中：$T(\lambda)$ 是波长为 λ 时的光谱透射比，也即透射辐通量与入射辐通量之比，取波长间隔 $\Delta\lambda$ 每5 nm测取读数；m是波长在315～400 nm之间按 $\Delta\lambda$ 测取 $T(\lambda)$ 的次数；k 是波长在290～315 nm之间按 $\Delta\lambda$ 测取 $T(\lambda)$ 的次数。

$$UPF = \frac{\sum_{\lambda=290}^{\lambda=400} E(\lambda)\times\varepsilon(\lambda)\times\Delta\lambda}{\sum_{\lambda=290}^{\lambda=400} E(\lambda)\times T(\lambda)\times\varepsilon(\lambda)\times\Delta\lambda} \tag{12-3}$$

式中：$E(\lambda)$ 为日光光谱照度，是指在地球表面所接受到的太阳发出的单位面积和单位波长的能量，单位为瓦每平方米纳米[$W/(m^2\cdot nm)$]；$\varepsilon(\lambda)$ 为与波长 λ 相关的红斑辐射效应，红斑指由各种物理或化学作用引起的皮肤变红。$E(\lambda)$ 和 $\varepsilon(\lambda)$ 的数据见表12-1。

试验 n 块试样，对于匀质材料至少要取4块有代表性试样，对非匀质色样或结构材料，每种颜色和每种结构至少要试两块试样。对于匀质材料，当样品的UPF值低于单个试样实测的UPF值中最低值时，则以试样最低的UPF作为样品的UPF值；对于具有不同颜色或结构的非匀质材料，应对各种颜色或结构进行测试，以其中最低的UPF值作为样品的UPF值。计算 n 个试样T(UVA)、T(UVB)、UPF的平均值，分别记为 $T(UVA)_{AV}$、$T(UVB)_{AV}$、UPF_{AV}。试样按我国国家标准GB/T 18830《纺织品 防紫外线性能的评定》方法测定，试样的UPF>40，且 $T(UVA)_{AV}<5\%$ 时，可称为“防紫外线”产品。

表 12-1 日光光谱辐照度和红斑效应

λ/(nm)	$E(\lambda)[W/(m^{-2}\cdot nm)^{-1}]$	ε(λ)	λ/(nm)	$E(\lambda)[W/(m^{-2}\cdot nm)^{-1}]$	ε(λ)
290	3.090×10^{-6}	1.000	350	5.590×10^{-1}	0.684×10^{-3}
295	7.860×10^{4}	1.000	355	6.080×10^{-1}	0.575×10^{-3}
300	8.640×10^{-3}	0.649	360	5.640×10^{-1}	0.484×10^{-3}
305	5.770×10^{-3}	0.220	365	6.830×10^{-1}	0.407×10^{-3}
310	1.840×10^{-1}	0.745×10^{-1}	370	7.660×10^{-1}	0.343×10^{-3}
315	2.280×10^{-1}	0.252×10^{-1}	375	6.635×10^{-1}	0.288×10^{-3}
320	3.140×10^{-1}	0.855×10^{-2}	380	7.540×10^{-1}	0.243×10^{-3}
325	4.030×10^{-1}	0.290×10^{-2}	385	6.055×10^{-1}	0.204×10^{-3}
330	5.320×10^{-1}	0.136×10^{-2}	390	7.570×10^{-1}	0.172×10^{-3}
335	5.135×10^{-1}	0.115×10^{-2}	395	6.680×10^{-1}	0.145×10^{-3}
340	5.390×10^{-1}	0.966×10^{-3}	400	1.010	0.122×10^{-3}
345	5.345×10^{-1}	0.810×10^{-3}			

注：日光辐照度 $E(\lambda)$ 和相对红斑效应 $\varepsilon(\lambda)$ 的数据引自欧盟标准 EN 13758。

现已有专门测试纺织品紫外线防护系数的紫外线可见分光光度计，它配备*UPF*附件、分析软件包、阳光防护软件包等。阳光防护软件包内设置多国检测标准，测试者只需要选定相关标准即可。

第二节 纺织品防辐射性能测试

电子技术广泛应用造成的电磁污染，已被公认为继大气污染、水质污染、噪音污染后的第四大公害。电磁辐射污染主要指脉冲放电、工频交变磁场、微波、射频电磁辐射等。过强的电磁波辐射会对人体产生严重的危害，为了避免电磁波辐射带来的损害，应对产生电磁波的电器采取屏蔽措施，人应远离电磁波发射源或使用各种防护用品，穿着电磁波防护面料制成的服装可以屏蔽或者吸收外界的电磁波辐射，以减少对人体的危害。

防电磁辐射织物的屏蔽效能与织物结构、屏蔽材料的特性、电磁波的频率和辐射源到屏蔽体的距离等因素有关，因此测试时要考虑辐射源的类型、电磁波的频率、人实际所处的电磁场环境，及测试方法的适用范围等。

电磁辐射源类型与材料到辐射源的距离有关，一般来说，当辐射源到屏蔽体的距离大于 $1/2\pi$ 波长时，辐射源为远场源或平面波源；小于 $1/2\pi$ 波长时，辐射源为近场源。

电器、电子通讯器材等产生的辐射频率的主要范围为几十 MHz 到几 GHz，相当于从米波到毫米波范围。由于电磁辐射的频率为连续的频谱，因而较难准确划分我们生活所处的电磁环境是远场还是近场。因此，测试抗电磁辐射织物的屏蔽效能应考虑实际生活时人所处的电磁环境，才能准确地评定抗电磁辐射织物的屏蔽效能。

根据 Schelkunoff 的屏蔽理论，当屏蔽板非常薄且面积为无限大的平面，入射波为垂直入射的平面波时，材料屏蔽效能（Shielding Effectiveness）表示为：

$$SE(\mathrm{dB}) = 20\lg(E_0/E_1) = 20\lg(H_0/H_1) = 10\lg(W_0/W_1) \tag{12-4}$$

式中：E_0、H_0、W_0 分别为空间某点上未加屏蔽时的电场强度、磁场强度和功率；E_1、H_1、W_1

分别为加屏蔽后该点的电场强度、磁场强度和功率。

其他防电磁辐射面料的电磁屏蔽性能指标主要有反射率 R、透过率 T、吸收率 A 等，各指标定义如下：

$$\text{反射率}\quad R(\%)=E_r^2/E_0^2=H_r^2/H_0^2=W_r/W_0 \tag{12-5}$$

$$\text{透过率}\quad T(\%)=E_t^2/E_0^2=H_t^2/H_0^2=W_t/W_0 \tag{12-6}$$

$$\text{吸收率}\quad A(\%)=1-R-T \tag{12-7}$$

式中：下标 r 代表反射；t 代表透射。

目前国内外关于抗电磁辐射织物屏蔽效能的测试方法有多种，概括起来主要以下几种方法：

一、同轴传输线法(ASTM-ES)

同轴传输线法是美国国家材料实验协会(ASTM)推荐的一种测量屏蔽材料的方法。该方法根据电磁波在同轴传输线内传播的主模是横电磁波这一原理，模拟自由空间远场的传输过程，对抗电磁辐射织物进行平面波的测定。其原理如图 12-1 所示。

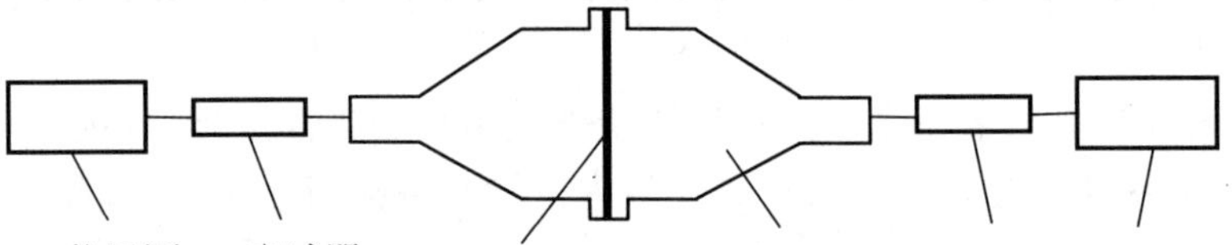

图 12-1　同轴传输线法原理示意图

采用此装置测试样品的参考试样屏蔽效应值与负载屏蔽效应值之差，即为被测样品的屏蔽效应。其优点是快速简便，测试过程中能量损失小，测试的动态范围较宽，可达 80 dB，适应范围的频率为 30 MHz～1.5 GHz；其缺点是只可以测试远场的辐射源，且重复性较差。

美国国家标准局(NBS)推荐的一种测量屏蔽材料的方法，也称为 ASTM D4935 测试法。这种方法的原理与同轴传输线相似，但不依赖于试样的电接触，克服了接触阻抗的影响，依靠位移电流通过法兰传输信号。因此重复性较好，也可以对表面非导电材料以及单面或两面有绝缘覆盖层的薄膜材料的屏蔽效能进行测试。但对试样厚度有一定要求，负载试样的厚度要小于 5 mm，其他的测试特点与 ASTM-ES-7 同轴传输线法相同。

同轴测试法的测试简便、动态范围高，因而目前是防电磁辐射织物屏蔽效能测试的主要方法之一。但随着被测试样厚度增加和测试频率为高频时，同轴测试法的测量误差较大，限制了同轴法在这些情况下的应用。

二、屏蔽室法

由电磁学知识可知，屏蔽室测试法是既非远场亦非近场或介于两者之间的一种方法。该方法的测试原理是测试有和无抗电磁辐射织物的阻挡时，接收信号装置测得的场强和功率值之差，即为屏蔽效能 SE，测试装置如图 12-2 所示。

该方法特点是测试透射率结果较为准确，测试结果也受抗电磁辐射织物与屏蔽室连接处的电磁泄漏影响，但屏蔽室等设备较为昂贵，测试频率的范围为大于 30 MHz；对织物的厚度没有太大的要求。

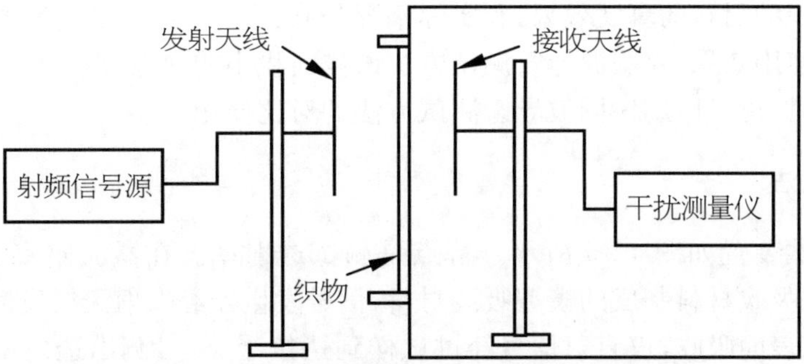

图 12-2 屏蔽室法测试原理示意图

在屏蔽室中，四面墙体和天棚、地面均粘贴高吸收材料制成的楔型吸波材料，信号发生器经发射天线发射的周边信号和旁瓣，均被六面墙地表面吸收，仅直射信号经过试样到达接受器，可测出透射率。信号源可以是电视机、微波炉或普通的信号源。

三、波导管测试法

由西安工程科技学院研制，仪器采用防电磁辐射测试装置，对样品的防电磁辐射效果进行了系统测试，由于样品都是以反射类型为主，仅测试其屏蔽效率。测试装置如图 12-3 所示。图中，1 为网络分析仪，频率范围 212～312 GHz，有一路输出端口 A，两路输入端口 B 和 C(B 为反射输入端口，C 为透射输入端口)；2 为信号输出发射器；3 为信号精密衰减器；4 为波导管，装有反射检测传感器；5 为样品测试窗口；6 为透射信号检测传感器。

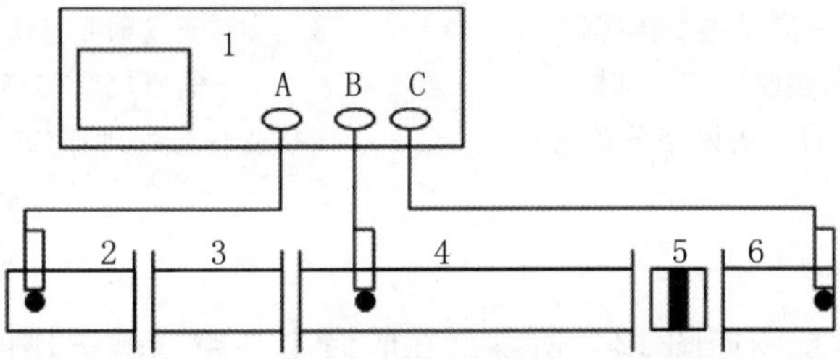

图 12-3 防电磁辐射测试装置原理示意图

测试装置所用测试频率为 2 250～2 650 MHz，中心频率为 2 450 MHz ，样品测试窗口尺寸为 104 mm×64 mm。

四、微波暗箱测试法

微波暗箱测试装置如图 12-4 所示。利用标量网络分析仪，采用特制的微波暗箱，网络分析仪的发射信号源经信号发射传感器在暗箱中发射，除直通信号外均被暗箱内壁吸收，并吸收全部发射波的旁瓣。直通的微波经试样后到达接受传感器，由网络分析仪接收处理并显示可以比较方便地测试各种指标，如反射率、透过率，并估计吸收率。微波暗室法一方面可以经济地达到和专业微波暗室相似的效果，另一方面，可以用来

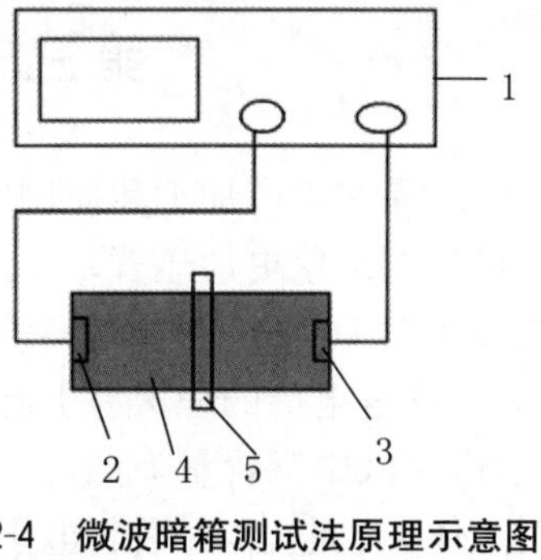

图 12-4 微波暗箱测试法原理示意图

1—网络分析仪 2—信号发射传感器
3—信号接受传感器 4—暗箱 5—试样

测试比较大的面积的材料的真实效果，和实际情况较接近。尤其可以定量地测试防电磁辐射纺织品及服装的使用效果，克服波导管测试方法试样面积小的缺点，试样面积尺寸相对比较可以大几十倍。同时，也可以用做同波导管测试方法的对比使用。

五、微波暗室测试法

微波暗室测试装置如图 12-5 所示。特点是测试透射率。在微波暗室中，四面墙体和天棚、地面均粘贴高吸收材料制成的楔型吸波材料，信号发生器经发射天线发射的周边信号和旁瓣，均被六面墙地表面吸收，仅直射信号经过试样到达接受器，可测出透射率。信号源可以是电视机、微波炉或普通的信号源，接受器可以是漏能仪，但此时测试频率比较单一。有人在暗室外现场演示，这是极危险的违规做法，必须给予重视和纠正。

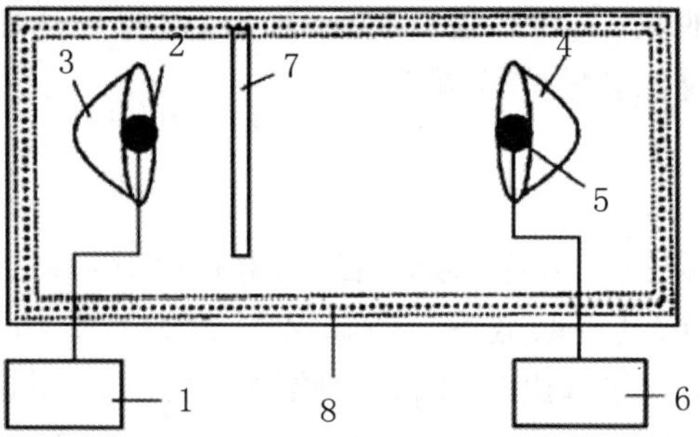

图 12-5 微波暗室测试法原理示意图

1—信号电源 2—信号发生器 3—发射雷达天线网
4—接受天线网 5—信号接受传感器
6—信号接受器(漏能仪) 7—试样
8—微波暗室(或 1,6 合并为网络分析仪)

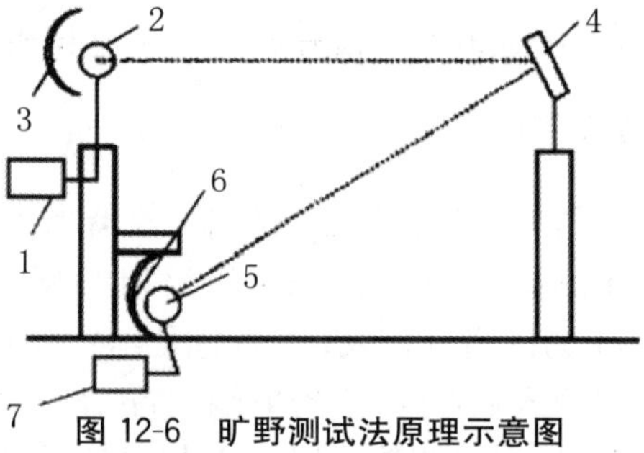

图 12-6 旷野测试法原理示意图

1—信号电源 2—信号发射传感器
3—发射雷达天线网 4—样品
5—信号接受传感器 6—接受天线
7—接受信号处理器(或 1,7 合并为网络分析仪)

六、旷野测试法

旷野测试法原理示意图如图 12-6 所示。在旷野中高空区域中建信号发射器及天线集束使旁瓣在旷野中散逸避免反射，被试样反射的微波束达到接受器检测。当试样处置平面反射率极高的对比样品作比照样品，可以测到雷达侦察的有效反射率。

第三节 纺织品抗静电性能测试

纺织品在生产加工和使用中易因摩擦和感应产生静电。回潮率普遍较低的合成纤维制品的电荷积聚现象更加显著。生产中纺织材料的带电现象常会导致纤维缠绕或堵塞机件、半制品或纱线发毛断头，织造时经纱开口不清，织物折叠不齐等现象，影响生产的顺利进行；纺织品使用中，静电电荷的积聚易引起灰尘附着，服装纠缠肢体产生黏附不适感，并可引起血液 pH 值上升，血液中钙含量降低、尿中钙含量增加，血糖升高、维生素 C 含量下降。较高的静电压可对人体产生电击，并引起电子元件损坏，甚至导致起火和爆炸。目前，纺织品抗静电的基本实现方式主要有以下三种：

(1)提高湿度，使织物表面具备水分保持性能可降低表面电阻。多用于纺织加工中，为了降低车间的静电危险，提高加工场地内的湿度，在降低静电的同时也降低尘埃、飞花毛羽等。

（2）降低表面电阻，将导电纤维融入纱线可以使电荷离域（接地）。导电纤维包括金属丝、有机高分子纤维（如聚酰胺或聚酯）、无机纤维等，其作为纺织产品的原材料，起到降低纺织织物和服装等产品的表面电阻的作用。

（3）加入助剂，包括纺丝油剂中加入抗静电剂、功能性整理助剂、新型抗静电柔软整理剂等。助剂加入纤维及其混纺纱，能降低纤维间因摩擦产生的静电量，还能减少纤维屈曲滞后性，改善织物的悬垂性，获得柔软的手感。

纺织品抗静电性能测试是通过织物起电容易度评估和织物电荷衰减测定来实现，主要有以下方法：

一、静电压半衰期法

化学纤维纺织品静电是引起静电灾害原因，实验证明，电荷量在 10^{-6} C/m² 以下时引起着火爆炸概率很小，抗静电纺织品的电荷量应控制在 7×10^{-8}C/m² 以下。

静电压半衰期法的原理是，使试样在高压静电场中带电至稳定后，断开高压电源，使其电压通过接地金属台自然衰减。测定其电压衰减为初始值之半所需的时间。测试装置如图 12-7 所示。

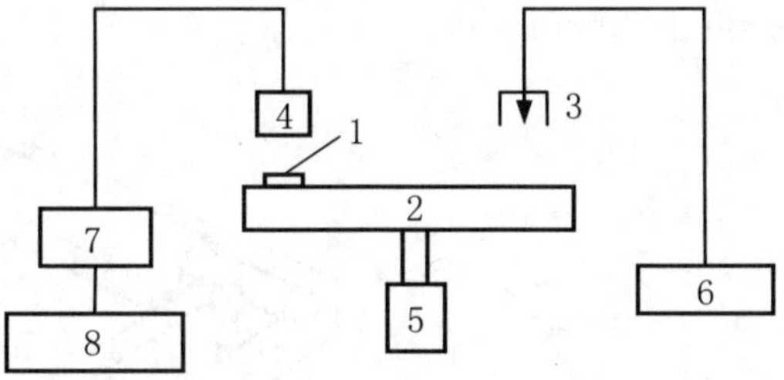

图 12-7 静电压半衰期法测试装置原理示意图

1—样品 2—试验平台 3—针电极 4—圆板状感应电极 5—电机
6—高压直流电源 7—放大器 8—示波器或记录仪

测试步骤：随机采样三块，尺寸为 4.5 cm×4.5 cm，测试前应对仪器进行标定，将样品夹于样品夹中，使针电极与样品上表面相距（20±1）mm，感应电极直径（28.0±0.5）mm，与样品上表面相距（15±1）mm。对样品表面进行消电处理。试验平台直径（200±4）mm，转速 1 000 r/min以上，驱动平台待转动平稳后，在针电极上加＋10 kV 高压。经 30 s 后断开高压开关，试验平台继续旋转，记录高压断开瞬间试样静电电压及其衰减至 1/2 所需时间，即半衰期（s）。同一样品进行两次测试，取平均值后得该样品的测量值。对三块样品进行同样测试，取平均值后得该组样品的测量值。

试样试验前应按规定进行洗涤、预烘和温湿度平衡。半衰期法测试的环境条件为：温度（20±2）℃，相对湿度（35±5）%，风速 0.1 m/s 以下。

二、织物摩擦电荷面密度法

织物摩擦电荷面密度法的原理是，用规定的摩擦材料摩擦试样使试样带电后，测定投入法拉第筒后试样的电位，再换算成单位面积上的带电量，单位以 C/m² 表示。

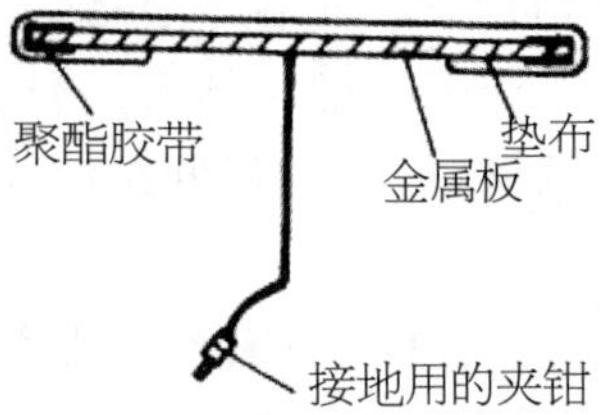

图 12-8　垫板

测定装置是由摩擦装置和电位测定装置组成。用尺寸 450 mm×350 mm 的锦纶平纹布作为摩擦布,以摩擦布的直向为卷绕方向,在直径为 25 mm、长度为 400 mm 的硬质聚氯乙烯管上缠绕 5 圈,并将摩擦布的两端拉紧塞进管内以构制成摩擦棒。摩擦布在裁剪前要按规定进行洗涤处理。先将 400 mm×450 mm 与摩擦布相同材料的织物,置于尺寸为 320 mm×300 mm 的金属垫板上,四周用胶带包裹,垫板用聚乙烯包皮线接地,见图 12-8。

每份样品需在匹布上裁取长度 100 cm 左右。按规定进行洗涤处理后,裁剪经、纬向试样各 3 块。幅宽小于 100 cm 的,距布边 1/10 幅宽处裁取;幅宽大于 100 cm 的,距布边 10 cm 处裁取。试样尺寸为 25 cm×40 cm。纵向的一端留出约 26 cm,将另一端缝成筒形,如图 12-9 所示。

将试样、垫板放置于台上,如图 12-10 所示。试验时用两手握住摩擦棒的两端,并均匀地对摩擦棒施加压力。将棒从前边向后拉以摩擦试样。在摩擦试样的过程中摩擦棒不得转动,每秒钟摩擦一次,反复进行 10 次。测定环境规定相对湿度为(30±3)%,温度为(20±2)℃。磨擦结束后,立即握持绝棒一端,使棒与试样及垫板保持平行地将试样提起,试样从垫板上揭离约 1 s,然后立即投入法拉第筒内。试样从揭离到投入法拉第筒内这段时间中,应注意使试样距离人体或其他物体不得近于 30 cm。

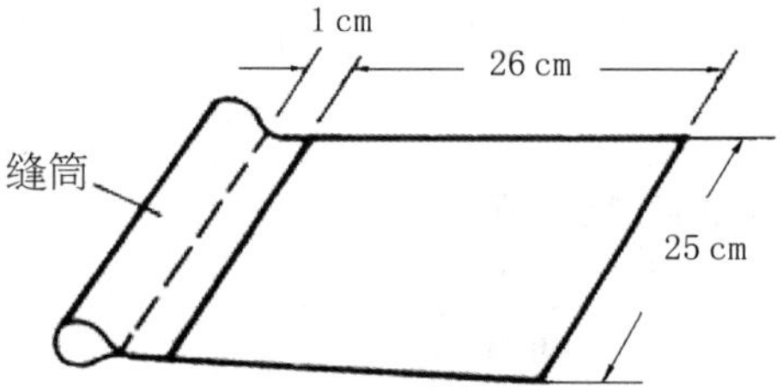

图 12-9　试样的缝制

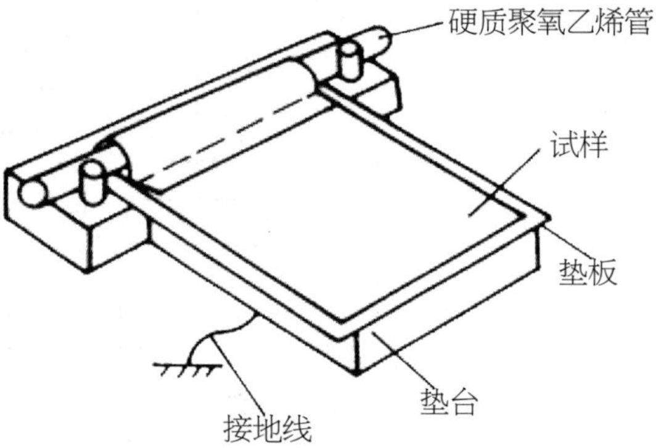

图 12-10　试样的安装

试样投入法拉第筒内后立即读取电位,由式(12-8)求出每块试样的电荷量,再由式(12-9)换算成试样带电电荷密度(C/m^2)。每块试样测定 5 次,每次测定前应用静电消除装置除去试样、摩擦棒及垫板上的静电。

$$Q = CV \tag{12-8}$$

$$q_0 = CV/A \tag{12-9}$$

式中:Q 为试样带电量(C),C 为苯乙烯电容器电容量(F),V 为电位计指示的电压值(V),q_0 为试样带电电荷密度(C/m^2),A 为试样被摩擦的面积(m^2)。

三、摩擦带电电压法

在一定的张力条件下,使样品与标准布相互摩擦,以此时产生的最高电压及平均电压对着装者内衣与外衣摩擦带电关系进行评价。测试装置如图 12-11 所示。

测试步骤:用 1.0 级接触式静电表对测量电极[极板直径(20±1)mm]上的电压进行标

定。使测量电极板与样品框平面相距(15±1)mm。随机采样四块，其中经向两块，纬向两块，将每块样品分为尺寸为 4 cm×8 cm 的四块，分别夹入转鼓的样品夹中。转速外径为(150±1)mm，宽(60±1) mm，转速 400 r/min。对夹于标准布夹间的尼龙、丙纶标准布消电，布夹宽(25±1)mm，左右布夹间距(130±3)mm，调节其位置，使之在 500 g 负载下，能与转鼓上的样品进行切线方向的摩擦。对样品进行消电，开动电机，带动转鼓旋转，在转速 400 r/min 的条件下，测量 1 min 内样品带电的最大值。改变样品的经、纬方向，再次进行测量。对四块样品分别测量后，取各测量值中的最大值及平均值，作为该织物的测量值。样品正、反面静电性能差异较大时，应对两个面均进行测量。

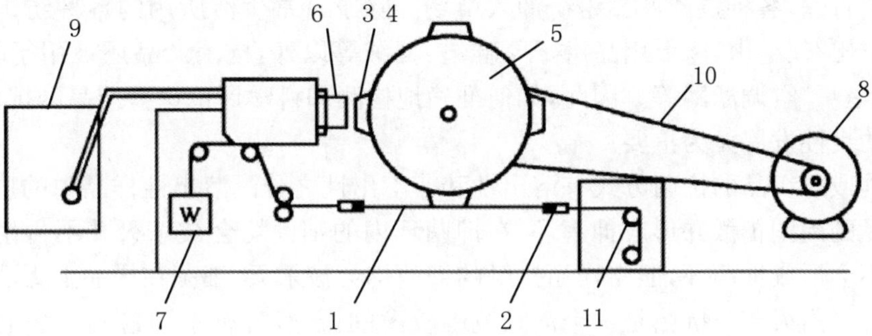

图 12-11　摩擦带电电压法测试装置原理示意图

1—标准布　2—标准布夹　3—样品框　4—样品夹框　5—金属转鼓　6—测量电极
7—负载　8—电机　9—放大器及记录仪　10—皮带　11—立柱导轮

四、工作服静电性能测试

(一)脱衣时的衣物带电

将脱下的工作服投入法拉第筒，测量其电量，即求得工作服对内衣摩擦的走电量。测试装置用法拉第筒系统。测试时测试者应站在绝缘台上，两手握紧衣摆，使工作服与化纤内衣摩擦十次后，迅速脱下工作服，投入法拉第筒。根据电压表的读数矿及测试系统的电容 C，按 $Q = CV$ 求出工作服的电量。同一样品进行三次测试，每次测试后对样品进行消电，确认其不带电后，再进行下一次测试。取三次测量的平均值为最终测量值。

(二)工作服的摩擦带电

其原理用滚筒烘干装置模拟工作服摩擦带电的情况。滚筒转鼓内径 460 mm 以上，纵深 350 mm 以上，口径 280 mm 以上，转鼓转速(50±10)r/min，转鼓叶片 3 片，转鼓内温度(60±10)℃，排气量 2 m^3/mm 以上，滚筒的内表面及盖子的内表面包覆有标准布。试验时将样品在模拟穿用状态下(扣上纽扣或拉链)放入摩擦装置，运转 15 min 后，启动手柄使装置倾斜，样品自动进入法拉第筒，用法拉第筒测出工作服带电量。也可戴绝缘手套直接取样品，此时样品应距法拉第筒以外的物体 300 mm 以上。重复五次以上操作，每次之间有 10 min 静置时间，并用消电器对样品及转鼓内的标准布进行消电处理，取五次测量的平均值为最终测量值。带衬里的工作服应将衬里翻转朝外，再次重复以上测试步骤，并将结果记入报告。试验环境条件为温度(20±2)℃，相对湿度(35±5)%，风速 0.1 m/s 以下。

第四节　纺织品抗菌性能测试

在生活中,人们不可避免地要接触到各种各样的细菌、真菌等微生物。这些微生物在合适的条件下会迅速生长繁殖,并通过接触等方式传播疾病,而一些对人类有害的微生物将影响人类的身体健康。近年来,随着生活水平提高,科技不断进步,人们对生活的质量要求越来越高,因此对纺织品提出了各种功能性要求。功能性纺织品的开发应用,成为纺织业发展的新热点,其中抗菌防臭产品的开发应用尤其迅速及广泛。抗菌纺织业蓬勃发展,抗菌纤维与抗菌纺织品倍受人们的青睐,各种抗菌产品纷纷涌入市场。除了日常生活所用的各种纺织品,如内衣、内裤、衬衫、T 恤衫、毛巾、床上用品、袜子、鞋垫、羽绒等以外,抗菌产品还被用于非穿着制品,如席子、汽车坐垫、空调滤网等。因此,如何准确地检测和科学评价这些产品的抗菌性能,对于抗菌纺织品的良性发展尤为重要。

抗菌纤维或纺织品的抗菌方式有溶出性和非溶出性之分。溶出性样品中的抗菌剂可在培养基上在样品的周围扩散并形成抑菌环,在抑菌环内的细菌均会被杀灭并不再生长。非溶出性样品周围不会形成抑菌环,但与样品接触的细菌均会被杀灭,细菌在样品上无法存活、繁殖,这种方式亦称吸附灭菌。抗菌是一个涉及范围较大的概念,各种不同检测方法的结果之间没有严格的可比性。由于实验条件不同以及测试者对标准理解程度的差异,导致抗菌测试结果相差很大。如何根据所选用的抗菌产品的类别和性能,合理地选择相应的抗菌检测方法具有非常重要的现实意义。

一、纺织品抗菌方法概述

抗菌是抑菌和杀菌作用的总称,抑菌是抑制微生物生长繁殖的作用,杀菌是指杀死微生物营养体和繁殖体的作用。纺织用抗菌剂是一类具有杀菌和抑菌性能的新型助剂,能够在一定时间内,使某些微生物(细菌、真菌、酵母菌、藻类及病毒等)的生长或繁殖保持在必要水平以下。纺织用抗菌剂应具有特点:具有广谱抗菌性;稳定性好,耐洗涤、耐磨损、耐热、耐光照,在产品有效使用期内不易分解失效;与基质的相容性或可加工性好,易添加到基材中,不变色,不降低产品使用价值或美感;安全性好,对健康无害,不造成对环境的污染,细胞不易产生耐药性。

纺织品的抗菌一般采用以下几种方式:一是采用后整理技术。后整理技术是将纤维、纱线、成品布或成衣置入含有抗菌剂的溶液中浸泡上浆,使其达到抗菌效果。该方法生产抗菌产品不耐洗涤,抗菌功能不持久,而且织物手感差,透气性降低,适用于一次性用品。二是采用有机物(包括天然有机物)抗菌剂添加,有机抗菌剂杀菌力强、效果好,缺点是毒性安全性差,易迁移,不耐高温,一般溶出型比较多,抗菌效果难以持久。有机抗菌剂一般在 200 ℃左右分解生成对人体有害的物质,并且还能使细菌产生抗药性。三是采用无机物添加,即载有铜、锌、银离子复合其他阳离子方式,还有采用陶瓷粉、活性炭与稀土材料,采用铜和锌材料纺丝的缺点是纤维容易变色,添加量比较大,降低了纤维的可纺性和可染性,降低了纤维的强度,抗菌效果也不够理想,添加稀土材料易造成对人体辐射伤害,缺少安全性。

抗菌纺织品的开发最早源于欧美与日本,而中国大规模的抗菌纺织品产业化开发始于 20 世纪 90 年代中期。开发最早而且一直延续至今的纺织品抗菌防霉防臭处理方法是后整理的方法，纺织品不管是原料纤维还是纱线或是织物甚至成衣均可通过后整理方式获得抗菌功效。纺织品生产上可以很方便地根据用户或最终用途的需要选择不同的抗菌剂生产出具有不同抗菌特性的纺织品，如抗细菌(革兰氏阳性菌、革兰氏阴性菌)、抗酵母菌、抗真菌、抗霉菌等。但是，在加工方便的同时，后整理方法也存在着一个致命的弱点，那就是抗菌效果的耐久性不理想，对于一些用即弃的纺织品，这个弱点尚且问题不大，但对那些需经常洗涤的衣着用品、床上用品以及装饰织物来说，经过若干次洗涤后抗菌效果就会大幅度下降甚至消失。虽然有的抗菌整理采用具有活性基团的抗菌剂以与纤维改性的方式获得抗菌效果，故到目前为止，用天然纤维制成的纺织品的抗菌处理仍以后整理方式为主。

20 世纪 80 年代开始出现通过化学纤维的高分子结构改性和共混改性的方法制取持久性抗菌纤维的方法，其中以共混方式为主，目前国际上大多数抗菌合成纤维基本上都采用含银沸石作为抗菌剂。此外，以湿纺或溶剂纺生产的抗菌醋酸纤维、抗菌黏胶纤维和抗菌腈纶纤维等也已出现，这些纤维在纺丝过程中以共混方式加入抗菌剂，故有持久的抗菌效果。还有，采用银、锌、铜等金属离子复合技术生产的抗菌纤维及其制品，在织物表面生成障碍体，防止微生物穿过织物，达到静态抑制菌的效果。

二、纺织品抗菌测试菌种

选择合适测试菌种须考虑因素有：相关标准、法规的要求；产品用途、产品宣称的抗菌效果；客户指定等。表 12-2 中的测试菌种是生活中普遍存在的微生物。做抗菌测试时主要采用革兰氏阳性菌、革兰氏阴性菌、霉菌和癣菌等。在实际操作中，由于金黄色葡萄球菌是无芽胞细菌中抵抗力最强的致病菌，可作为革兰氏阳性菌的代表。巨大芽胞杆菌是芽胞类细菌中常见的致病菌；枯草杆菌易形成芽胞，抵抗力强，可作为芽胞菌的代表。大肠杆菌分布相当广泛，已作为通常的革兰氏阴性菌的代表性菌种用于各种试验。黄曲霉、球毛壳霉作为规定的防霉试验用菌种，已列入我国国家标准，其他一些所选择的霉菌，则是侵蚀纺织品或高分子材料的常见霉菌。白色念珠菌是人体皮肤黏膜常见的条件致病性真菌，对药物具有敏感性，具真菌的特性，菌落酷似细菌，而不是细菌，又不同于霉菌，因具有酷似细菌的菌落，易于计数观察，常作为真菌的代表。

表 12-2 测试菌种

项目	分类	菌种
细菌	革兰氏阳性菌	金黄色葡萄球菌、巨大芽胞杆菌、枯草杆菌等
	革兰氏阴性菌	大肠杆菌、荧光假单胞杆菌等
真菌	霉菌	黑曲霉、黄曲霉、变色曲霉、橘青霉、绿色木霉、球毛壳霉、宛氏拟青霉、腊叶芽枝霉等
	癣菌	石膏样毛癣菌、红色癣菌、紫色癣菌、铁锈色小孢子菌、孢子丝菌、白色念珠菌等

为考核抗菌纺织品是否具有广谱抗菌效果，较合理的选择是按一定的比例，将有代表性的菌种配成混合菌种用于检测。目前大部分抗菌产品的抗菌性能，往往仅选择金黄色葡萄球菌、大肠杆菌和白色念珠菌，分别作为革兰氏阳性菌、革兰氏阴性菌和真菌的代表。但实际上，仅用这几种菌来代表织物的抗菌性能是远远不够的。

三、纺织品抗菌性能的评价

抗菌纺织品抗菌性能的评价是一个相对比较复杂的问题，不仅包括抗菌效率的评价，还涉及抗菌谱范围、抗菌效果的耐久性、抗菌剂的安全性、纤维或织物的外观及适用性等方面的评价。但由于涉及诸多前沿性问题，且牵涉面太广，尚无一致的认识，也未见统一的标准。表12-3列举几种具有代表性的、相对稳定的、可在多个实验室重复进行的测定方法。

表12-3　抗细菌效力测试方法

试验方法名称			定性或定量	评价依据
Halo法		AATCC-90	定性	阻止带宽度
		改良 AATCC-90(喷雾法)	定性	显色的程度
		改良 AATCC-90(比色法)	定量	显色的程度
		Petrocci 法	定量	阻止带
菌数减少法	浸渍法	AATCC-100	定量	菌减少率
		改良 AATCC-100	定量	菌减少率
		细菌增殖抑制法	定量	增殖抑制效果
		菌数测定法	定量	增减值差
		Latlief 法	定量	菌减少率
		Isquith 法	定量	菌减少率
		Majors 法	半定量	滴定值
		新琼脂平板法	定量	杀菌抑菌活性
	振荡法	振荡瓶法	定量	菌减少率
		改良振荡瓶法	定量	菌减少率
	其他方法	Quinn 法	定量	菌减少率
		平行划线法	定性	阻止带
		AATCC-147	半定量	阻止带宽度

纺织品抗菌测试方法分为定性测试方法和定量测试方法，以定量测试方法最为重要。

定性测试方法包括在织物上接种测试菌和用肉眼观察织物上微生物生长情况，它是基于离开纤维进入培养皿的抗菌剂活性，一般适于溶出性抗菌整理，如机织物、针织物、非织造织物和其他平面织物，但不适用于耐洗涤的抗菌整理。定性测试方法的基本原理是，将试样贴在细菌接种过的琼脂培养基上，经一段时间的培养后，观察细菌的生长情况以及试样周围是否形成抑菌带，并根据抑菌带的宽度评价被试样品的抗菌性能。但由于这些方法的具体技术条件存在一定的差异，从严格意义上讲，这些定性测试方法所得结果并无可比性。同时，由于样品的性状会影响到试样与培养基的接触程度，会带来一定的影响。对非溶出型的抗菌产品，采用此类评价方法显然也是不合理的。定性测试方法的优点是费用低、速度快，缺点是不能定量测定抗菌活性、结果不准确。

定量测试方法包括织物的消毒、接种测试菌、菌培养、对残留的菌落计数等，它适用于非溶出性抗菌整理织物，不适用于溶出性抗菌整理织物。定量法一般可被归结为吸收法，比较适用于溶出型抗菌纺织产品，如羽绒、纤维、纱线、织物和制品等。它们的原理、所用的菌种、操作步骤等基本相同，即将含有规定浓度的菌液加于纺织品试样和不含抗菌剂的对照样上，在规定的条件下培养一定时间后，对培养前后的试样和对照样用规定的洗脱液进行洗涤，再对洗脱液中的活菌计数，通过对比培养前后活菌个数的变化来评价样品的抗菌性能，但在评价结果的表示上，这些定量测试方法均有所不同。定量测试方法的优点是定量、准确、客观，缺点是时间长、费用高。

下面介绍几种常用抗菌测试方法，其中，定性测试方法有 AATCC-90 试验法、AATCC-90 喷雾法、AATCC-90 比色法、AATCC-30 试验法等；定量测试方法有 AATCC-100 试验法、振荡瓶法、AATCC-147 试验法等；国内有关纺织品抗菌性能测试方法有琼脂平皿扩散法、吸收法、振荡法等。

(一)定性测试方法

1. AATCC-90 试验法

又称晕圈试验法。此法是用于抗菌剂筛选的抗菌效力快速定性方法。原理是：在琼脂培养基上接种试验菌，再紧贴试样，在 37 ℃下培养 24 h 后，用放大镜观察菌类繁殖情况和试样周围无菌区的晕圈大小，与对照样的试验情况比较。此法一次能处理大量的试样，操作较简单，时间短。但也存在一些问题，如虽然规定了在一定时间内培养试验菌液，但是菌浓却没有明确的规定。另外，阻止带的宽度代表的是扩散性和抗菌效力，对于与标准织物比较是有意义的，但不能作为抗菌活力的定量评定。

2. AATCC-90 喷雾法

AATCC-90 喷雾法是对 AATCC-90 试验法改良之一，是在培养后的试样喷撒一定量 TNT 试剂，肉眼观察试样上菌的生长情况。其发色原理为 TNT 试剂因试验菌的琥珀酸脱氢酶的作用被还原，生成不溶红色色素而显红色，从而达到判定抗菌性的目的。该种方法的优点就是无论试样是否有抑菌圈形成，只要平板上有细菌生长，就会显出红色。

3. AATCC-90 比色法

AATCC-90 比色法也是对 AATCC-90 试验法改良，是在培养后试样上的菌洗出液中加入一定量的 TNT 试剂使发色，15 min 后用分光光度计测定 525 nm 处的吸光度，来求出活菌个数。但是以上两方法不适用于无琥珀酸脱氢酶的试验菌。

4. AATCC-30 试验法

AATCC-30 是对纺织材料抗霉菌和抗腐烂性能的评定。确定了纺织材料抵抗霉菌和耐腐烂的性能，以评定杀菌剂对纺织材料抗菌性能的有效性。分为土埋法、琼脂平板法及湿度瓶法等几种方法。

土埋法是指将样品(具有一定尺寸)埋在泥中一定时间后，测定样品的断裂强度。此法是用样品经土埋处理后所损失的断裂强度来表征其抗霉能力。

琼脂平板法是用来评估织物抵抗这类细菌能力的。该法是将含有培养基的琼脂平板均匀滴上一定量的分散有曲霉菌孢子的水溶液，然后将经非离子润湿剂处理的样品圆片放置其上，并在样片上均匀滴加一定量的上述水溶液，在一定的温度下放置一段时间，最后观察样品上霉菌的生长情况。它是用样品圆片上的霉菌面积来进行表征的。

湿度瓶法是将经过预处理的样品条悬挂置于一个有一定通风的、盛有一定量的分散有一定数目细菌孢子的水溶液的广口瓶中，在一定的温度下放置一段时间。此法也是用样品条上的霉菌面积进行表征。

(二)定量测试方法

1. AATCC-100 试验法

AATCC-100 是一种容量定量分析方法，适用于抗菌纺织品抗菌率的评价。

该法于 1961 年由 AATCC 委员会提出，1965、1981、1988、1993 年做了修订，是目前国外使用较广泛的抗菌性测试法之一。

该法原理为：在待测试样和对照试样上接种测试菌，分别加入一定量中和液，强烈振荡将菌洗出，以稀释平板法测洗脱液中的菌浓，与对照样相比计算织物上细菌减少的百分率。此法的缺点是：一次试验的检体不能太多，且花费时间较长；对于非溶出型试样，不能进行抗菌性能评价；没有详细规定中和溶液的成分；而且菌液中营养过于丰富，与实际穿着条件相差太大；容器太大，不易操作。

在吸收国内外经验的基础上，经过大量的实验，对其加以改进，形成了一套系统的定量测试方法体系，可以满足不同抗菌纺织品抗菌性能测试的需要，即改良 AATCC-100。

改良 AATCC-100 要点是：将 AATCC-l00 法的试样由直径为 4.8 cm 的圆形改为边长约 1.8 cm 的正方形，将其放入 30 mL 或 50 mL 带盖锥形瓶。用 0.85%冰冷生理盐水(0～4 ℃)代替 AATCC 肉汤稀释接种菌。将菌种从约 108～109 CFU/mL 稀释到 1×105～2×105 CFU/mL，制成接种菌液。用 20 mL，0.85%冰冷生理盐水代替中和剂洗涤试样。

用下式计算试样的抑菌活性和杀菌活性：

$$抑菌率(\%)=\frac{18\ h后空白对照样活菌数-18\ h后试样活菌数}{18\ h后空白对照样活菌数}\times 100 \qquad (12\text{-}10)$$

$$杀菌率(\%)=\frac{“0”时空白对照样活菌数-18\ h后试样活菌数}{“0”时空白对照样活菌数}\times 100 \qquad (12\text{-}11)$$

该种方法无论对于溶出型试样，还是非溶出型试样，都能进行抗菌测试，而且培养基的养分适合织物的使用条件。

改良 AATCC-90 要点是：在培养后试样上的菌洗出液中加入一定量的 TNT 试剂使发色，15 min 后用分光光度计测定 525 nm 处的吸光度，来求出活菌个数。

改良 AATCC-100 和改良 AATCC-90 都不适用于无琥珀酸脱氢酶的试验菌。

2. 振荡瓶法

振荡瓶法即 ShakeFlask 法，是美国道康宁公司为克服 AATCC-100 法的缺点而开发的可评价非溶出型纤维制品抗菌性能的一种方法。该方法适用于羽绒、纤维、纱线、织物，以及特殊形状的制品等各类纺织产品，尤其适用于非溶出型抗菌纺织产品。此法为增强试样与菌的接触，将样品投入盛有磷酸盐缓冲液的有塞三角瓶中，移入菌液后在一定条件下强烈振荡 1 h，取 1 mL 试验液，置于培养基上使细菌繁殖一定时间，检查菌落数与空白样品比较，计算细菌减少率。

该种方法的优点是可以适用于大多数试样，像粉末状、有毛或羽的衣服、凸凹不平的织物等都能使用，即使是水溶液中非溶出型的试样也能评价其抗菌性能。缺点是稀释液缺少微生物增殖所需用的养分，不符合穿着条件；培养时间短，试验菌几乎不能增殖，与日常穿衣时间相差太大；另外，振荡温度为 25 ℃，并非最佳培养温度。

振荡瓶法对亲水性的织物测试结果较准确，虽然也能测试吸水性差的织物，但准确度不是很高。对完全不吸水的纤维，特别是纱线状物或粉状、块状物品，重现性不大理想，根据振荡烧瓶法的优点，对其进行改良，要点如下：

将菌种从约108～109 CFU/mL每次10倍稀释到1.5×105～3.5×105 CFU/mL，第一次稀释用AATCC肉汤，第二次开始直到最后一次稀释用磷酸盐缓冲液，制成接种菌液。另外，在作10倍系列稀释时，用0.85%冰冷生理盐水代替牛肉汤。

3. AATCC-147 试验法

又称平行划线法，是对纺织品抗菌效力的半定量实验方法，可相对快速和方便地定性测试经抗菌整理的纺织材料的抗菌性能，可用来确定具有可扩散抗菌剂的纺织品的抗菌能力。可替代繁琐的AATCC-100。

AATCC-147试验法原理：将一定量的培养液（内含一定数目的金黄色葡萄球菌等细菌的孢子）滴加于盛有营养琼脂平板的培养皿中，使其在琼脂表面形成五条平行的条纹，然后将样品垂直放于这些培养液条纹上，并轻轻挤压，使其与琼脂表面紧密接触，在一定的温度下放置一定时间。此法是用与样品接触的条纹周围的抑菌区的宽度来表征织物的抗菌能力。

（三）国内有关纺织品抗菌性能测试方法

我国国家标准GB/T 20944《纺织品　抗菌性能的评价》参照上述国际测试方法，所采用的纺织抗菌性能评价方法主要有琼脂平皿扩散法、吸收法、振荡法等三种。这三种方法的抗菌测试原理、抗菌指标计算、抗菌效果评价等都是各不相同的，选择合适抗菌测试方法须考虑因素有：产品材质、吸水性等产品特性；抗菌剂特性，如溶出性和非溶出性；抗菌剂的作用机理；产品用途；产品使用国要求；客户要求等。

1. 琼脂平皿扩散法

该方法适用于机织物、针织物、非织造织物和其他平面织物，不适用于抗菌剂在试验琼脂上完全不扩散的试样，也不适用于抗菌剂与琼脂起反应的试样。原理：平皿内注入两层琼脂培养基，下层为无菌培养基，上层为接种培养基，试样放在两层培养基上，培养一定时间后，根据培养基和试样接触处细菌繁殖的程度，定性评定试样的抗菌性能。

（1）每个试样至少测量3处，并按式（12-12）计算试样的抑菌带宽度。

$$H=(D-d)/2 \tag{12-12}$$

式中：H为抑菌带宽度（mm）；D为抑菌带外径的平均值（mm）；d为试样直径（mm）。

（2）测定抑菌带后，用镊子将试样从琼脂培养基上移去，用显微镜检查试样下面接触区域的细菌繁殖情况。

（3）根据细菌繁殖的有无和抑菌带的宽度，按表12-4评价每个试样的抗菌效果。

表12-4　抗菌效果评价

抑菌带宽度（mm）	试样下面的细菌繁殖情况	描述	评价
>1	无	抑菌带大于1 mm.没有繁殖	效果好
0～1	无	抑菌带在1 mm之内，没有繁殖	
0	无	没有抑菌带.没有繁殖	
0	轻微	没有抑菌带，仅有少量菌落，繁殖几乎被抑制	效果较好
0	中等	没有抑菌带，与对照样相比，繁殖减少5至一半	效果有限
0	大量	没有抑菌带，与对照样相比，繁殖没有减少或仅有轻微减少	没有效果

注：①没有繁殖，即使没有抑菌带，也可认为抗菌效果好，因为活性物质的低扩散性阻止了抑菌带的形成；

②细菌繁殖的减少是指菌落数量或菌落直径的减少。

2. 吸收法

该方法适用于羽绒、纤维、纱线、织物和制品等各类纺织产品。原理:将试样与对照样分别用试验菌液接种。分别进行立即洗脱和培养后洗脱,测定洗脱液中的细菌数并计算抑菌值或抑菌率,以此评价试样的抗菌效果。试验所用试剂应是分析纯的或适用于微生物试验用的。试验用水应是用于制备微生物培养级的纯水,可用蒸馏、离子交换或用反渗装置过滤等方法制取,应无毒和无抑菌物质。

(1)细菌数的计算。根据两个平皿得到的菌落数,按式(12-13)计算细菌数:

$$M = Z \times R \times 20 \tag{12-13}$$

式中:M 为每个试样的细菌数;Z 为两个平皿菌落数(CFU)的平均值;R 为稀释倍数;20 为洗脱液的用量(mL)。

(2)试验有效性的判定。根据式(12-14)计算细菌增长值 F,当 F 大于或等于 1.5 时,试验判断为有效;否则试验无效,重新进行试验。

$$F = \lg C_t - \lg C_0 \tag{12-14}$$

式中:F 为对照样的细菌增长值;C_t 为 3 个对照样接种并培养 18～24 h 后测得的细菌数的平均值;C_0 为 3 个对照样接种后立即测得的细菌数的平均值。

(3)抑菌值的计算。对于试验有效的,按式(12-15)计算抑菌值,修约至小数点后一位。

$$A = \lg C_t - \lg T_t \tag{12-15}$$

式中:A 为抑菌值;T_t 为 3 个试样接种并培养 18～24 h 后测得的细菌数的平均值。

(4)抑菌率的计算。如果需要,按式(12-16)计算抑菌率 Y,数值以百分率(%)计,修约至整数位。

$$Y(\%) = \frac{C_t - T_t}{C_t} \times 100 \tag{12-16}$$

(5)结果的表达。以抑菌值或抑菌率的计算值作为结果。当抑菌值或抑菌率计算值为负数时,表示为“0”;当抑菌率计算值>99%时,表示为“>99%”。

(6)抗菌效果的评价。当抑菌值≥1 或抑菌率≥90%,样品具有抗菌效果。当抑菌值≥2 或抑菌率≥99%,样品具有良好的抗菌效果。

3. 振荡法

该方法适用于羽绒、纤维、纱线、织物,以及特殊形状的制品等各类纺织产品,尤其适用于非溶出型抗菌纺织产品。原理:将试样与对照样分别装入一定浓度的试验菌液的三角烧瓶中,在规定的温度下振荡一定时间,测定三角烧瓶内菌液在振荡前及振荡一定时间后的活菌浓度,计算抑菌率,以此评价试样的抗菌效果。

(1)活菌浓度的计算。根据两个平板得到的菌落数,按式(12-17)计算每个试样烧瓶内的活菌浓度(保留两位有效数)。

$$K = Z \times R \tag{12-17}$$

式中:K 为每个试样烧瓶内的活菌浓度(CFU/mL);Z 为两个平板菌落数的平均值;R 为稀释倍数。

(2)试验有效性的判断。根据式(12-18)计算试验菌的增长值 F。对金黄色葡萄球菌及大肠杆菌等细菌,当 F 大于或等于 1.5;对白色念珠菌,当 F 大于或等于 0.7,且对照烧瓶中的活菌浓度比接种时的活菌浓度增加时,试验判定为有效。否则试验无效,需重新进行试验。

$$F = \lg W_t - \lg W_0 \tag{12-18}$$

式中：F 为对照样的试验菌增长值；W_t 为 3 个对照样 18 h 振荡接触后烧瓶内的活菌浓度的平均值(CFU/mL)；W_0 为 3 个对照样“零”接触时间烧瓶内的活菌浓度的平均值(CFU/mL)。

(3)抑菌率的计算。振荡接触 18 h 后，比较对照样与抗菌织物(或未抗菌处理织物)试样烧瓶内的活菌浓度，按式(12-19)计算抑菌率(保留两位有效数)。

$$Y(\%) = \frac{W_t - Q_t}{W_t} \times 100 \tag{12-19}$$

式中：Y 为试样的抑菌率；W_t 为 3 个对照样 18 h 振荡接触后烧瓶内的活菌浓度的平均值(CFU/mL)；Q_t 为 3 个抗菌织物(或 3 个未抗菌处理织物)试样 18 h 振荡接触后烧瓶内的活菌浓度的平均值 (CFU/mL)。

(4)结果的表达。以抑菌率的计算值作为结果。当抑菌率计算值为负数时，表示为“0”；当抑菌率计算值≥0 时，表示为“≥0”。

(5)抗菌效果的评价。对金黄色葡萄球菌及大肠杆菌的抑菌率≥70%，或对白色念珠茵的抑菌率≥60%，样品具有抗菌效果。

另外，由于大部分真菌无法计数菌落数，因此，纺织品抗真菌(防霉)性能的评价主要通过观察试样接触真菌后，在一定的温湿度条件下，经过一定时间以后真菌在试样上的生长情况来评定的。抗霉菌效力测定方法如表 12-5 所示。

表 12-5 抗霉菌效力测定方法

试验方法	定性或定量	评价依据
JIS Z 2911 抗霉性法	定性	菌发育情况
AATCC-3	定性	强度残留率
AATCC-90	定性	阻止带宽度
AATCC-147	半定量	阻止带宽度
平行划线法	定性	阻止带
增湿瓶法	定性	菌生长情况
真菌生长抑制法	半定量	对菌生长抑制
真菌生长繁殖阻止效果法	半定量	菌生长程度
真菌定量评价法(滤纸接触法)	半定量	菌生长程度
白癣菌生长繁殖阻止效果法	定量	菌减少率

第五节　纺织品防螨、防虫蛀性能测试

随着人们物质生活水平的提高，对生活环境提出了更高的要求，如何防治普遍存在于家居环境中的螨虫成为现代生活的新课题。螨虫有尘螨、谷螨、刺螨等很多种类，如书柜或衣箱等房间中的灰尘会使人打喷嚏、流鼻涕等过敏反应，灰尘中的主要过敏就是尘螨。螨虫在一般家庭中大量存在，如寄生在家具、地毯、坐垫、衣物、毛绒玩具等物品上，以食屑、皮屑、毛发等为食，在温度 20～25℃、相对湿度 60%～80%的全暗环境下生长。研究发现，螨虫对人的危害主

要是引起过敏症和皮脂炎。螨虫的存在还会使哮喘等过敏性疾患的发生率迅速增加，特别是对婴幼儿危害尤其严重。儿童哮喘有90%是由螨虫引起的，这是由于儿童在接触被褥、床垫、毛毯、地毯、布玩具时也接触了螨虫，在趴着睡觉或滚着玩耍时会直接吸入螨虫及其粪便和尸体。螨虫最容易寄生在人的额面部，包括眼、鼻周围、唇、头皮等，其次是胸、颈等处，引起皮炎、癣疥、传染病、痒疹的情况也时有发生，因而防螨问题令人大伤脑筋。防螨纺织品的开发应用消除或减轻了螨虫对人类健康带来的危害，将具有良好的发展前景。随着新型防螨整理剂的研制成功和新型防螨技术的开发应用，防螨纺织品的应用范围不断扩大，对防螨纺织品质量的评价方法也在日趋成熟。

一般而言，纺织品防虫蛀性能主要是指毛纺织品防虫蛀性能。羊毛在各种天然纤维中是一种深受人们喜爱的天然蛋白质纤维，但在储存和服用期间，羊毛及其制品易发生蛀蚀。纯毛织物，特别是纯毛地毯最易被蛀蚀，而羊毛与合成纤维的混纺织物对生物的敏感性较小。随着人民生活水平的提高，大量的毛和毛制品进入普通家庭，同时住宅结构、建筑物及室内环境变化越来越适合衣料害虫的生育。因此，在羊毛生产品上增加防蛀功能，做到安全、经济势在必行，防蛀整理已成为当前发展毛织物功能化整理的必不可少的一部分。防蛀也是国际羊毛局对羊毛地毯的强制要求。因此，建立了羊毛纺织品防虫蛀评价方法来综合评定羊毛纺织品的防虫蛀性能。

一、纺织品防螨方法

纺织品防螨方法主要有三类：一是不让螨虫繁殖，如杀螨法、诱杀法；二是不让螨虫接近，如驱避法；三是不让螨虫侵入，如阻断法。其中驱螨法是重要的防螨措施。纺织品防螨整理方法分为化学防螨和物理防螨两大类，其中化学防螨法是将防螨剂与纺织品相结合，以达到防螨的目的，其又包括杀螨法和驱螨法，物理防螨主要是阻螨法。杀螨法最直接有效，可以从根源上减少螨虫的危害，但其缺点是被杀死的螨虫遗骸可能会再次引发人体的过敏反应。驱螨法和阻螨法是通过驱除和阻止螨虫，而达到降低螨虫危害的效果，但是其不能从根本上降低起居环境中螨虫的密度。

(一)化学防螨

防螨整理剂是具有杀灭或驱除螨虫功能的药剂，目前市场上新开发的防螨整理剂大多以驱除螨虫为主，同时对螨虫具有一定的杀灭性能。用于纺织品的防螨整理剂要具有以下四种性能，即对螨虫具有高度活性、对人体具有很好的安全性、对纺织纤维具有广泛的适用性、对纺织品的后整理和日常护理具有耐久。常用的防螨整理剂主要包括脱氢醋酸、芳香族羧酸酯类、甲苯酰胺系化合物、有机磷系等有机整理剂和柏树精油等天然驱避剂。化学防螨法有后整理法、功能纤维法等。

后整理法是最早用于纺织品防螨处理的方法，也是目前应用最广的一种。常规的整理技术有喷淋、浸轧、涂层等，关键在于防螨剂的选择和配制。防螨剂的种类决定了产品的防螨效果，最优配比的表面活性剂和助剂保证防螨剂与纺织品结合的牢固性，从而达到耐久的防螨效果。后整理法生产防螨织物的工序简单，易于实现，适用范围广，不仅可用于涤纶、腈纶、黏胶等化学纤维，还可以用于棉、毛等天然纤维产品的防螨处理，因而得到广泛的应用，并且经久不衰。然而这种防螨产品由于防螨剂附着在织物的表面，耐洗涤性能差，洗涤后的防螨效果下降比较明显，而且防螨整理对织物的舒适性有影响。因此，目前的研究热点集中在加强防螨剂与纺织品的结合力，提高产品的耐久性，以及对舒适性的影响。为了解决这个问题人们采用包括微胶囊化技术、黏合技术、交联技术等在内的各种技术，使防螨整理剂能在纤维表面形成一层弹性膜，从而具有较好的耐久性。

功能纤维法是一种新的防螨处理方法，是在原丝的制造阶段将防螨剂加入纤维中，赋予纤维功能性。具体的操作方法有两种：一种是在聚合物聚合时加入防螨剂制成母粒后再进行纺丝；另一种方法是在纺丝原液或者纺丝过程中将防螨剂添加到成纤聚合物中，经纺丝制得防螨纤维，或者对纤维进行化学改性使其具防螨效果，采用功能纤维生产的防螨织物，防螨剂镶嵌在纤维内部，在穿用和洗涤纺织品的过程中，表面一层防螨剂被洗掉，又有新的防螨剂从内溶出补充，在织物表面又形成一层新的防螨层，发挥防螨作用，从而体现出优良的耐洗性。但是由于棉、毛等天然纤维不需要经过纺丝工序，限制了功能纤维法在天然纤维中的应用。目前天然纤维织物的防螨处理除了采用后整理法，还可以与防螨功能纤维混纺生产防螨纱线，从而用于防螨织物的织造。

(二)物理防螨

物理防螨主要是使用高密度织物，阻止螨虫和其他过敏原的入侵，也可以将螨虫和人体皮屑隔离，切断其食物来源，抑制螨虫的繁殖，促使其死亡，达到防螨的目的。螨虫成虫的体长约为 100～500 μm，螨虫粪便的大小约为 10～40 μm，经过试验证实，织物的孔径在 53 μm 以下就可以阻止尘螨通过，当孔径在 10 μm 以下时，就可以阻止尘螨排泄物通过。高密织物法不仅可以避免或者较少地使用化学试剂而使产品更具有安全性，而且不会因洗涤影响产品的防螨效果，具有优异的耐久性。

二、纺织品防螨效果评价

测定纺织品上螨虫数量的传统方法主要是采用电清扫机吸引纺织制品上的螨虫并统计其数量。此种方法操作麻烦，耗费时间且准确率不够稳定。因此，应建立一种快速、规范的统一方法与标准。国内外的纺织品防螨性能测试标准中，采用的评价方法主要有四种(见表 12-6)，分别为螨虫死亡率评价法、驱避率评价法、抑制率评价法和通过率评价法，其中以螨虫死亡率评价法和驱避率评价法的应用较多。螨虫死亡率评价法的试验方法有螨虫培殖法、残渣接触法(夹持法)和螺旋管法。驱避率评价法的试验方法有大阪府公共卫生研究所法、阻止侵入法、地毯协会法和玻璃管法等。

表 12-6 织物防螨评价方法的分类

效果评价	评定方法	试验方法	评价标准
杀灭螨虫效果	以螨虫的死亡率评价	螨虫培殖法	死亡率 60%～90%
		残渣接触法(夹持法)	死亡率 90%以上
		螺旋管法	死亡率 50%～90%
驱避螨虫效果	以驱避率评价	大阪府公共卫生研究所法	驱避率 70%～90%
		阻止侵入法	驱避率 80%以上
		地毯协会法	—
		玻璃管法	—
		引诱法	驱避率 60%以上
其他	抑制螨虫繁殖率评价	培养基混入法	繁殖抑制率 60%以上
	螨虫通过率评价	通过率测定法	—

(一)螨虫死亡率评价法的试验方法

1.螨虫培殖法。

适用于测定纺织制品的防螨功能，这种方法是将防螨织物裁成直径 6 cm 的圆片，放入培养皿底部，放入一定数量的螨虫(100 只)和培养基，一定时间后用显微镜观察，求出螨虫死亡率。

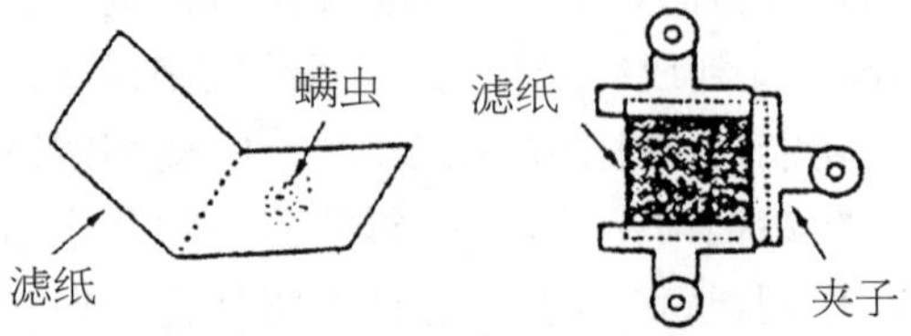

图 12-12　残渣接触法示意图

2.残渣接触法(夹持法)

如图 12-12 所示，用药剂处理滤纸，将滤纸裁成一定大小，对折成为 10 cm×10 cm 的纸片，中间放入 30 只螨虫，三面用夹子夹住，以防螨虫逃逸。然后在 25℃、相对湿度 75%的条件下，放置 24 h 后，测定螨虫的死亡率。

3.螺旋管法

在 5 mL 容量的玻璃螺旋管中放入防螨试样 200 mg，放入一定数量的螨虫和培养基，在一定时间后，测螨虫的死亡率。

(二)驱避率评价法的试验方法

1.大阪府公共卫生研究所法

这种方法适用于被面、床单、非织造布等薄型面料。将 7 只培养皿的皿壁相互接触，然后放在硬纸板上使其位置得以固定。在周围 6 只培养皿内间隔放置经过药物处理和未处理(对照)的待测纤维或织物，使其铺满皿底并达约 0.4 cm 厚，其上各放一直径约 2 cm 的滤纸，滤纸上面各试虫饲料 0.05 g。在中心皿放入试虫约 5 000 只。将上述硬纸板放进大小适中的平底容器中的架条上。在平底容器底部存有饱和食盐水，以充分浸润脱脂棉，架条放在脱脂棉上，防止硬纸板受潮，然后将容器盖好。平底容器放进 25℃的恒温箱中，使容器内保持(25±1)℃，相对湿度为 75%，培养 24 h。恒温处理后，取出周围的 6 个培养皿，然后用食盐水浮游法分别测定其螨虫数，再按下式计算其驱避率。

$$\text{驱避率}(\%)=\left(1-\frac{\text{处理组的试虫数}}{\text{对照组的试虫数}}\right)\times 100 \qquad (12\text{-}20)$$

2.阻止侵入法

适用于对地毯防螨功能的评价。如图 12-13 所示，取大小两个塑料培养皿。大皿外径 90 mm，高 15 mm；小皿外径 35 mm，高 10 mm。大皿内放入有螨虫达 10 000 只的培养基，均匀分布。中间放小皿，小皿内放置切好的防螨地毯试样并放粉末饲料(没有螨虫)，用食盐水调湿度为 75%。在(25±1)℃全暗条件的恒温器内，饲育 24 h，计算生存的螨虫数。用对比试样进行同样的试验，反复进行 5 次，用各试验的活螨合计值计算出驱避率。对于对比试样，如果螨虫数不超过 1 000 只则此试验无效。

$$\text{驱避率}(\%)=\frac{\text{对照区螨虫数}-\text{试验区螨虫数}}{\text{对照区螨虫数}}\times 100 \qquad (12\text{-}21)$$

3.玻璃管法

这种方法适用于防螨絮棉的评价。如图 12-14 所示，取长度为 100 mm、壁厚 1 mm、内径为 20 mm 的玻璃管一段，一侧粘贴胶带纸，均匀附着 0.01 g 粉末饲料，先后塞入 0.025 g 未加工棉(厚 5 mm)和 0.04 g 防螨絮棉(厚 20 mm)，在另一端 40 mm 以内放入 10 000 只螨虫，用高密度织物封住端口。将这一玻璃管在温度 25℃、相对湿度(75±5)%的全暗条件下放置 48 h，求出驱避率。

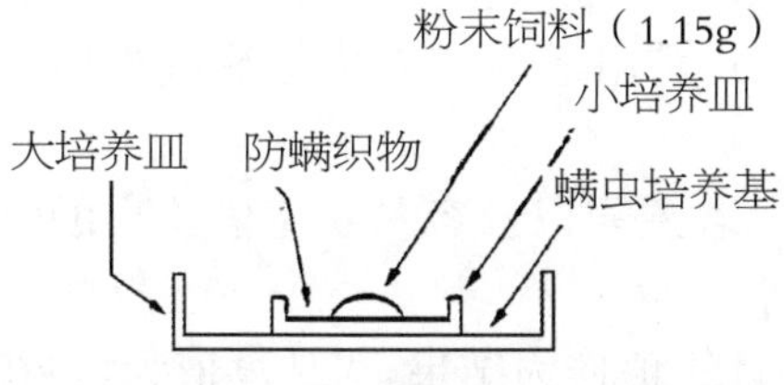

图 12-13 阻止侵入法示意图

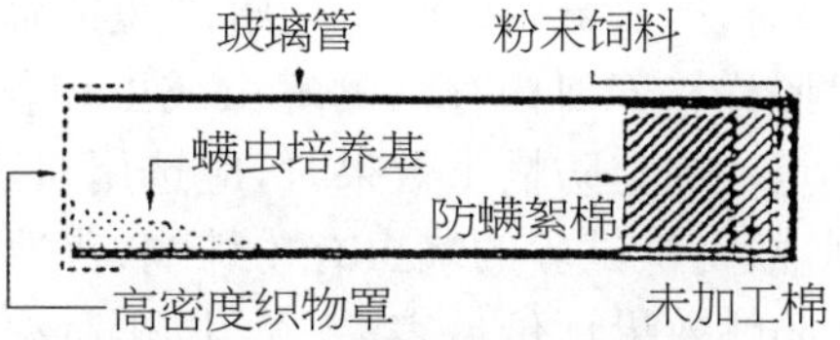

图 12-14 玻璃管法示意图

我国国家标准 GB/T 24253《纺织品 防螨性能的评价》采用螨虫死亡率评价法和驱避率评价法两种方法，相应的试验方法为螨虫培殖法和大阪府立公共卫生研究所法，也分别称为抑制法和驱避法，其具体试验步骤如下：

抑制法试验步骤是：首先在有盖的容器内放入一块厚 10 mm，边长约 200 mm 的海绵，注入适量的饱和食盐水（水的高度恰好浸没海绵），然后在 6 个培养皿内分别放入 3 个试样和 3 个对照样，将试样均匀、平整、紧密地铺放于培养皿的底部，并在试样上均匀地分散放入 0.05 g 螨虫饲料，接着向 6 个培养皿中各放入 150 只存活的螨虫，将 6 个培养皿分别放在容器盒内的海绵上，培养皿之间的距离大于 10 mm（图 12-15），最后盖上容器盒的上盖，将容器盒置于恒温恒湿培养箱中，温度为（25±5）℃，相对湿度（75±5）%，根据需要培养 7 d、14 d、28 d 或 42 d 后，用解剖镜观察并记录培养皿内存活的螨虫成虫和若虫数量。如果对照样培养皿内存活的螨虫数量少于 150 只，重新进行全部的试验。

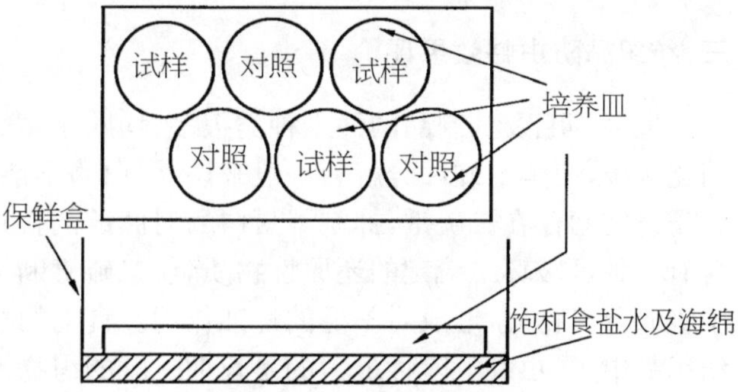

图 12-15 抑制法示意图

驱避法试验步骤是：首先在有盖的容器内放入一块厚 10 mm，边长约 200 mm 的海绵，注入适量的饱和食盐水（水的高度恰好浸没海绵），然后取 7 个培养皿，将一个培养皿放在黏板中央为中心培养皿，其余 6 个培养皿围绕中心培养皿成花瓣状均匀放置，并在每个培养皿之间的边缘处用相同宽度的透明胶带黏住（起到桥梁作用），将 7 个培养皿固定在黏板上，接着在外围的 6 个培养皿内分别间隔地放入试样和对照样，试样均匀、平整、紧密地铺放于培养皿的底部，并在试样的中央放入 0.05 g 螨虫饲料，在中心培养皿上放入（2 000±200）只存活的螨虫，最后将已放入试验螨虫和饲料的黏板组合件放在海

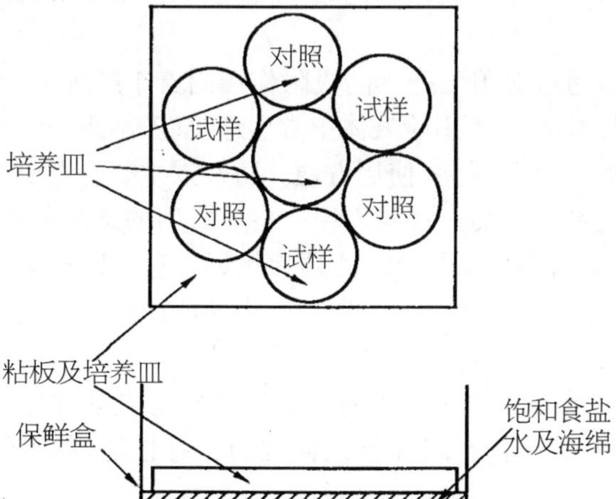

图 12-16 驱避法示意图

绵上(见图 12-16),盖上容器盒的上盖,置于恒温恒湿培养箱中,温度为(25±5)℃,相对湿度(75±5)%,培养 24 h 后,用解剖镜或体视显微镜观察并采用适当的方法计数试样培养皿内和对照样培养皿内存活的螨虫成虫和若虫数量。

测定防螨虫效果时,应选用对药剂敏感性有显著差异以及容易从室内检出的螨虫为原则,故可供试验的螨虫有粉蛛螨、普通谷螨、南瓜螨等。

防螨效果评价见表 12-7。以驱避率(或抑制率)的计算值作为结果,当计算值为负数时,表示为“0”;当计算值>99%时,表示为“>99%”。

表 12-7 防螨效果评价表

驱避率或抑制率	防螨效果描述
≥95%	样品具有极强的防螨效果
≥80%	样品具有较强的防螨效果
≥60%	样品具有防螨效果

三、纺织品防虫蛀效果评价

危害羊毛及其制品的蛀虫种类很多,均属于鳞翅目或鞘翅目昆虫。这些昆虫都具有变异消化系统,使羊毛蛀蚀分解。一般来说,蛋白酶不能分解羊毛纤维的角蛋白,因为羊毛纤维大分子链之间存在二硫键,抑制了蛋白酶对肽链的接近和分解作用。而食毛蛀虫的消化系统内含有一种可破坏二硫键的还原性物质,使二硫键断裂,促进高度交联的羊毛蛋白质分解,并从中吸收营养物质,形成对羊毛的蛀蚀作用。食毛的蛀虫都喜欢生活在阴暗的地方,所以在羊毛纺织品中,受虫蛀危险性最大的是长期贮藏的织物,如夏天收藏的羊毛毯、羊毛内衣等,或者一些不常翻动的毛织品,如地毯、壁毯和装饰物等。沾污的毛制品受虫蛀的危险性更大,这是因为羊毛本身并不能提供蛀虫生存所需要的全部食物,而有机污物中往往含有蛀虫所需要的食物。

羊毛及其制品防蛀方法有很多,可分为物理法和化学法。物理法中常用的有紫外线照射及冷藏法两种,可以杀死幼虫,效果虽好,但只是临时的措施。化学方法主要包括羊毛化学改性和防蛀剂化学整理。目前,使用效果最好的是防蛀整理剂。防蛀剂整理是一种可以工业普及的防蛀方法。

防蛀剂整理是以有杀虫、防虫能力的物质,通过对羊毛纤维的吸附作用固着于纤维上,产生防蛀作用。防蛀剂要求驱虫效果好、低毒、对人体安全、不影响人体正常生理机能,不影响织物色泽、染色牢度和手感,且耐洗、耐晒、无环境污染、不沾污设备、使用方便。防蛀剂主要有有机氯化物防蛀剂、氯化联苯醚类防蛀剂、氯菊酯类防蛀剂等三类。目前市场上主要采用的是氯菊酯类,它在酸性染浴中有良好的稳定性,和毛纺常用染料染色所需 pH 值颇为接近。它可以与染料同浴处理,如媒介染料、弱酸性染料及毛用活性染料等,一般不发生竞染、阻染和色花现象。

纺织品防虫蛀效果评价分为定性测试方法和定量测试方法。定性测试方法是根据试样的外观损害程度及幼虫成活情况综合评定试样的防虫蛀性能,如利用生物分析防虫蛀性能的方法。定量测试方法是测试试样中氯菊酯类防虫蛀剂含量来评价试样的防虫蛀性能,如毛纺织品中防虫蛀剂含量化学分析方法。

(一)利用生物分析防虫蛀性能的方法

我国发布了纺织行业标准 FZ/T 20004《利用生物分析防虫蛀性能的方法》,该标准适用于测试含有不同比例动物纤维及其混纺织品的防虫蛀性能。利用生物分析防虫蛀性能的方法原理是，将防虫蛀处理与未防虫蛀处理的试样分别放入蛀虫的幼虫，在规定的温湿度条件下避光放置 14d，测定其质量变化，评估试样的外观损害程度及幼虫成活情况，综合评定每一试样的防虫蛀性能。

根据不同产品的用途及不同国家对防虫蛀强度等级要求规定如下：

第一级强度：抵抗幕衣蛾；

第二级强度：抵抗幕衣蛾、褐色家蛾；

第三级强度：抵抗幕衣蛾、家具地毯甲虫；

第四级强度：抵抗幕衣蛾、家具地毯甲虫、袋衣蛾(L)及袋衣蛾(Meyrick)；

第五级强度。抵抗幕衣蛾、袋衣蛾(L)及袋衣蛾(Meyrick)、家具地毯甲虫、黑毛皮蠹及褐色家蛾。

(二)毛纺织品中防虫蛀剂含量化学分析方法

我国发布了纺织行业标准 FZ/T 20003《毛纺织品中防虫蛀剂含量化学分析方法》，该标准适用于含有不同比例动物纤维及其混纺织品中氯菊酯类防虫蛀剂含量的测试。该方法原理是，用化学方法从防虫蛀试样中萃取氯菊酯制备成溶液，经稀释后在特定的试验条件下用液相色谱仪进行分析，然后将试验结果与一组标准强度的防虫蛀剂溶液试验结果比较(它们是用同一色谱仪在相同条件下得出的)。

第十三章　纺织品生态安全测试

第一节　概　　述

随着人们环境保护和安全健康意识的提高，纺织品中各种有害物质越来越引起世界各国的重视。有证据表明：纺织品中的有害物质会直接对人体产生伤害，表现为过敏性、致癌性及造成基因破坏性等。纺织品生产加工及废弃处理过程中也可能对环境造成污染。因此，开发对生态、环境以及消费者安全无害的绿色生态产品已成为一种主要的市场导向。

从严格意义上来说，生态纺织品是指纺织原料的获取、纤维制造、纺织印染等后整理加工、最终使用废弃处理等一系列过程中，不产生或最低程度地降低对环境的污染，对人体无害、有益健康的纺织品。

在国际上，一些行业协会、地区性民间组织、大型生产企业或第三方公证检测机构，根据各自国家或地区的法律法规、标准，推出了各种与生态纺织品有关的标签和相应的检测标准及授权使用该标签的审核程序。*Eco-Tex Standard* 是由欧盟执委会于 1994 年委托丹麦制定的纺织品生态标准，它要求考核纺织品从纤维种植或生产、纺纱、织造、染整、服装制造到废弃处理的整个生命周期中对人体健康和生态环境的影响，即符合该标准的产品可悬挂 Eco Label 标志。*Oko-Tex Standard* 100 是由奥地利纺织研究院在 1991 年底提出的，并由国际纺织品生态研究和检验协会颁布，该协会在欧盟国家共有 13 个独立研究检验机构(实验室)，这些会员单位承接送检申请并承担检测工作。*Oko-Tex Standard* 100 主要是检测控制纺织品上的有害物质，以避免在使用中对人体健康产生危害。

Oko-Tex Standard 100 对纺织品中有害物质给出了明确的定义：所谓有害物质是指存在于纺织品或附件中并有最大限量，或者在通常或按规定使用条件下会对人体产生某种影响，根据现有的科学知识水平推断，会损害人类健康的物质。由于 *Oko-Tex Standard* 100 对不同产品的有害物质控制量标准不同，因此，该标准将产品按最终用途分为以下四类：

(1)产品分类 I：婴儿用产品。婴儿用产品是指除了皮革服装之外的所有用于制作婴儿或直至两岁的儿童用品的产品、基本材料和辅料。

(2)产品分类 II：直接与皮肤接触的产品。直接与皮肤接触的产品是指那些穿着时大面积与皮肤直接接触的产品，如制服、衬衣、内衣等。

(3)产品分类 III：不直接与皮肤接触的产品。不直接与皮肤接触的产品是指那些穿着时只有小部分直接与皮肤接触的产品，如外表充填材料、衬料等。

(4)产品分类 IV：装饰材料。标准所述的装饰材料是指包括原材料和辅料在内的所有用于装饰的，如台布、墙面覆盖物、家具布、窗帘、室内装饰织物、地毯和床垫等产品。

与 *Oko-Tex Standard* 100 配套的 *Oko-Tex Standard* 200 是关于检验程序的标准，该标准包括 10 项测试项目的具体操作程序和技术规范，具体有 pH 值、甲醛、可萃取的重金属、杀虫剂含量、含氯酚含量、对人体生态不利的染料、含氯有机载体、色牢度、挥发性和有臭味化合物发散气味及可感觉气味检测。

我国在2002年发布了GB/T 18885《生态纺织品技术要求》，该标准的适用范围是纺织产品，不涉及原料及生产。2003年发布了GB 18401《国家纺织品基本安全技术规范》并与2005年1月1日开始强制执行，2010年该标准进行了修订。该标准规定了纺织产品的基本安全技术要求、试验方法和检验规则，适用于在我国境内生产加工、销售和使用的服用和装饰用纺织产品。标准中将产品分为三类，A类：婴幼儿用品；B类：直接接触皮肤的产品；C类：非直接接触皮肤的产品。考核项目有甲醛含量、pH值、色牢度(耐水、耐汗、耐干摩擦和耐唾液)、异味和可分解芳香胺染料。

GB18401—2010《国家纺织品基本安全技术规范》中对产品基本技术安全要求见表13-1。

表13-1 纺织产品的基本安全技术要求

项目		A类	B类	C类
甲醛含量/(mg/kg)≤		20	75	300
pH值[a]		4.0～7.5	4.0～8.5	4.0～9.0
色牢度[b]/级≥	耐水(变色、沾色)	3—4	3	3
	耐酸汗渍(变色、沾色)	3—4	3	3
	耐碱汗渍(变色、沾色)	3—4	3	3
	耐干摩擦	4	3	3
	耐唾液(变色、沾色)	4	—	—
异味		无		
可分解芳香胺染料[c]		禁用		

a. 后续加工工艺中必须要经过湿处理的产品，pH值可放宽至4.0～10.5。

b. 洗涤褪色型产品，本色及漂白产品和扎染、蜡染等传统的手工着色产品不考核染色牢度不要求。

c. 在还原条件下染料中不容许分解出的致癌芳香胺可见GB 18401附录C。

生态纺织品检测认证是对纺织品是否符合生态纺织品的技术要求的认定，同时作为市场经济的手段。检测机构根据规定的抽样方案，对一批产品进行抽样检验，根据检验结果判断该批产品是否符合标准或技术规范。纺织品生态标签的使用必须经过严格的检测和评定程序，由经授权的专业检验机构，按照确定的检测项目和对申请者提交的样品进行检测，并可能按附加的要求对生产环境和生产过程进行评估后才能授权在其申请的某种产品上使用该标签。

对于通过*Oko-Tex Standard* 100标准测试和认证的企业，可获得授权在纺织品上悬挂注明有"按*Oko-Tex Standard* 100检验不含有害物质的可信赖的纺织品"的标签。该标签不是质量标签，它只是表明产品的生产过程满足该标准所规定的各种条件，并且该产品及其检验过程处于Oko-Tex监督之下。

我国国内企业也可通过向中国纤维产品质量认证中心提出申请意向，通过认证检查等步骤取得"生态纺织品检测"证书。取得生态纺织品认证的意义在于能证明产品在其原料生产、产品设计、产品制造及提供服务等方面均实施了有效的质量保证体系控制，产品的质量得到持续保证，产品中那些在通常使用条件下会对人们产生某种影响、根据现有科学水平推断会损害人类健康的物质不会超过最大限量，从而证明该产品是可以信赖的。

第二节 纺织品中有害物质的检测方法

纺织品上的有害物质含量大多属于微量甚至是痕量分析的范围，因此检测时需要采用各种具有很高灵敏度的现代化、智能化分析仪器和联用技术，如气相色谱(GC)、高效液相色谱(HPLC)、质谱(MS)、原子吸收光谱(AAS)、红外光谱(IR)以及 GC-MS 联用、HPLC-MS 联用、GC-IR 联用、GC-IR-MS 联用等等，这些仪器及技术的应用使得纺织品上微量甚至是痕量有害物质的检测成为可能。

一、甲醛含量

用于纤维素纤维为主的织物的防缩、防皱的交联剂是游离甲醛的主要来源。由于含甲醛的织物制成服装后，在人们的穿着过程中会逐渐释放出游离甲醛，通过人体呼吸道及皮肤接触对呼吸道黏膜和皮肤产生强烈的刺激，引发呼吸道和皮肤炎症。甲醛对眼睛也有强烈的刺激。甲醛对生物细胞的原生质是一种毒性物质，游离甲醛的生态毒性在棉纺织品上尤为严重，它可与生物体内的蛋白质结合，改变蛋白质结构并将其凝固。有报道称甲醛可能会诱发癌症。因此，各国的法规或标准均对产品的游离甲醛含量做了严格的规定。

甲醛含量检测普遍采用比色分析法，其检测又分为两种情况。一种是游离甲醛检测，用于模拟人体在穿着过程中织物释放甲醛的定量测定法；另一种是释放甲醛检测，用于模拟织物在仓贮和压烫过程中释放甲醛的定量测定。两种情况的甲醛萃取方法不同。

(一)游离水解甲醛的水萃取法

经过精确称量的试样，在 40 ℃水浴中萃取一定时间，从织物上萃取的甲醛被水吸收，然后萃取液用乙酰丙酮显色，显色液用分光光度计比色测定其甲醛含量。

取剪碎后的试样 1 g，放入 250 mL 带塞子的碘量烧瓶或三角烧瓶中，加 100 mL 水，盖紧盖子，放入 40 ℃水浴 60 min，每 5 min 摇瓶一次，用过滤器过滤至另一碘量烧瓶中制得所需水萃取样液。如果甲醛含量太低，增加试样量至 2.5 g，以确保测试的准确性。

用单标移液管吸取 5 mL 过滤后的样品溶液和 5 mL 标准甲醛溶液分别放入不同试管中，各加 5 mL 乙酰丙酮溶液摇动。

把试管放在 40 ℃水浴中显色 30 min，然后取出，常温下放置 30 min，用 5 mL 蒸馏水加等体积的乙酰丙酮作空白对照，在分光光度计 412 nm 波长处测定吸光度。

考虑到样品溶液的不纯或褪色，取 5 mL 样品溶液放入另一试管，加 5 mL 三级水代替乙酰丙酮，用相同的方法处理及测量此溶液的吸光度，用校正后的吸光度数值，通过工作曲线查出甲醛含量(g/mL)。

(二)释放甲醛蒸汽吸收法

一个已称重的织物试样，悬挂于密封瓶中的水面上，放入控温烘箱内规定时间，被水吸收的甲醛，用乙酰丙酮显色，显色液用分光光度计比色测定其甲醛含量。

试验瓶底放 50 mL 水，用金属丝网篮或其他手段将一块试样悬于测验瓶水面之上，盖紧瓶盖，放入 49 ℃烘箱中 20 h，取出试瓶，冷却 30 min，从瓶中取出试样和网篮或其他支持件，再盖紧瓶盖，将瓶摇动以混合瓶侧任何凝聚物。

将 5 mL 乙酰丙酮试剂移入试管或其他合适的烧瓶，并在另外一支试管中注入 5 mL 乙酰丙酮试剂作空白试验。从每只样品保持瓶中吸 5 mL 萃取液加至试管中，做空白试验则加 5 mL 蒸馏水于试管中，混合摇匀将试管放入 40 ℃水浴中 30 min，冷却后在波长 412 nm 处测吸光度，根据吸光度从甲醛标准溶液工作曲线上查得对应样品的甲醛含量(g/mL)。

二、禁用偶氮染料

偶氮染料本身不致癌，只有在人体穿着的条件下，还原分解成致癌芳香胺中间体，并被人体吸收才有可能产生致癌作用。目前市场上流通的合成染料品种约有 2000 种，其中约 70%的合成染料是以偶氮化学为基础的，它们可能会还原出致癌芳香胺的染料品种(包括某些颜料和非偶氮染料)约为 210 种。此外，某些染料从化学结构上看不存在致癌芳香胺，但由于在合成过程中中间体的残余或杂质分离不完善而仍可能被检测出存在致癌芳香胺，从而使最终产品无法达到生态纺织品的要求。

1994 年 7 月，德国政府首次以立法的形式禁止生产、使用和销售可还原出致癌芳香胺的偶氮染料以及使用这些染料的产品，荷兰政府和奥地利政府也发布了相应的法令。我国根据德国 DIN 53316 标准制定了“纺织品禁用偶氮染料的检测方法”系列，并于 1998 年底公布了国家标准。目前，禁用偶氮染料的监控已成为国际纺织品贸易中最重要的品质控制项目之一，也是生态纺织品最基本的质量指标之一。

纺织品禁用偶氮染料测定的国家标准为 GB/T 17592《纺织品　禁用偶氮染料的测定》。

该方法为将纺织品放入柠檬酸盐缓冲溶液介质中用连二亚硫酸钠还原分解以产生可能存在的禁用芳香胺，用适当的液—液分配柱提取溶液中的芳香胺，浓缩后用合适的有机溶剂定容，用配有质量选择检测器的气相色谱仪(GC/MSD)进行测定。必要时选用另外一种或多种方法对异构体进行确认。用高压液色谱-二极管阵列检测器(HPLC/DAD)或气相色谱－质谱仪进行定量。

精确称取 1.0 g 试样置于反应器中，加入 16 mL 预热到 70 ℃的柠檬酸盐缓冲溶液，将反应器密闭，用力振摇，使所有试样浸润于液体中，置于水浴中在 70 ℃下保温 30 min，使所有的织物充分润湿。然后打开反应器，加入 3.0 mL 连二亚硫酸钠溶液，并立即密闭振摇，将反应器再于 70 ℃水浴中保温 30 min，取出后 2 min 内冷却到室温。

用玻璃棒挤压反应器中试样，将反应液全部倒入提取柱内，任其吸附 15 min，用 4×20 mL 乙醚分四次洗提反应器中的试样，每次需混合乙醚和试样，然后将乙醚洗液注入提取柱中，控制流速，收集乙醚提取液于圆底烧瓶中。将上述收集的盛有乙醚提取液的圆底烧瓶置于真空旋转蒸发器上，在 35 ℃左右的低真空下浓缩至近 1 mL，再用缓氮气流驱除乙醚溶液，使其浓缩至近干，然后进行仪器测试分析。

(一)气相色谱/质谱定性分析

准确移取 1 mL 甲醇或其他合适的溶液，加入浓缩至近干的圆底烧瓶中，混匀静置。然后分别取 1 L 标准工作液与试样溶液注入色谱仪。通过比较试样与标样的保留时间及特征离子进行定性。必要时选用另外一种或多种方法对异构体进行确认。

(二)定量分析

1. HPLC/DAD 分析方法

准确移取 1 mL 甲醇或其他合适的溶液，加入浓缩至近干的圆底烧瓶中，混匀静置。然后分别取 1 L 标准工作液与试样溶液注入色谱仪，进行定量分析。

2. GC/MS分析方法

准确移取1 mL内标溶液,加入浓缩至近干的圆底烧瓶中,混匀静置。然后分别取1 L标准工作溶液与试样液注入色谱仪,可选用离子选择方式进行定量分析。

三、萃取液的pH值

由于人体皮肤带有一层弱酸性以防止疾病侵入,因此纺织品的pH值在中性至弱酸性即pH值略低于7之间对皮肤最有益。

若印染加工中化学药剂未经过充分水洗,织物上的酸碱度过高,超出皮肤适合的pH值范围,会对皮肤产生刺激和腐蚀作用。通过最终酸(碱)化作用和充分水洗,可使纺织品萃取液中pH值控制在安全范围内。*Oko-Tex Standard* 100及我国生态纺织品标准中规定,对婴儿及直接接触皮肤纺织品的pH值应控制在4.0～7.5。

纺织品pH值测定的国家标准为GB/T 7573《纺织品　水萃取液pH值的测定》。在室温下,用带有玻璃电极的pH计测定纺织品水萃取液的pH值。称取质量为2 g的试样,放入三角烧杯瓶中,加入100 mL三级水或去离子水,摇动烧瓶,使试样润湿,然后在振荡机上振荡1 h。

水萃取液pH值的测定可选择下列两种方法中的一种,试验必须在相同的温度下进行,该温度应接近室温并不得高于室温5 ℃。

(一)摩尔顿型电极系统

在室温下标定pH计。用三级水或去离子水冲洗电极直至所显示的pH值稳定为止。此步骤将需要相当数量的三级水。将第一份萃取液倒入烧杯,注意应使玻璃电极的玻璃泡全部浸于液面下,盖上烧瓶。电极稳定3 min后读取pH值。倒掉烧杯中的溶液,重新注入第一份萃取液,盖上烧瓶,电极稳定1 min后记录pH值。重复以上操作,直至pH值达到最稳定值,倒掉第一份萃取液。不清洗电极,将第二份萃取液倒入烧杯内,电极的玻璃泡应浸于液面下,立即记录pH值。倒掉旧液,重新注入第二份萃取液,读取pH值。重复以上操作,直至显示的pH值达到最稳定值,精确至最邻近的0.1并记录该值,倒掉第二份萃取液。按照以上步骤测定第三份萃取液。

(二)浸没式电极系统

在室温下标定pH计,冲洗电极直至显示的pH值在5 min内的变化不超过0.05,如果超过,则需更换玻璃或参比电极。将第一份萃取液倒入烧杯中,立即将电极浸入液面下至少1 cm,用一玻璃棒搅动萃取液,直至pH值达到最稳定值。将第二份萃取液倒入烧杯中,不用冲洗电极,直接将其浸入液面下至少1 cm,静置,直至pH值达到最稳定值,精确至最临近的0.1并记录该值。按照以上步骤测定第三份萃取液。第二、三份水萃取液测得的pH值的平均值最终结果,精确到0.05。

四、染色牢度

染色牢度并不是致毒的因素,它之所以会出现在标准规范中,是由于染料应持久地固着在织物上而不转移到人体上造成伤害。由于水洗和摩擦使衣服上的染料脱落到身体上,导致汗液和唾液中酶的生物催化作用分解染料,特别是婴儿服装,由于婴儿喜欢咬嚼和吮吸衣物,可能通过唾液吸收有害物质。

我国纺织品色牢度检验中相应的方法标准是 GB/T 5713《纺织品　色牢度试验耐水色牢度》、GB/T 3922《纺织品耐汗渍色牢度试验方法》、GB/T 3920《纺织品　色牢度试验　耐摩擦色牢度》、GB/T 18886《纺织品　色牢度试验　耐唾液色牢度》等。

国内外生态纺织品标准和我国 GB 18401《国家纺织品基本安全技术规范》都把耐水、耐汗渍、耐摩擦、耐唾液色牢度纳入标准的要求范围。有关色牢度的试验方法见本书第十一章。

五、重金属含量

某些重金属在微量时是维持生命必不可少的物质，但在高浓度时则对人体是有毒的。纺织品上可能残留的重金属主要有锑、砷、镉、铬、钴、铜、镍、汞等。纺织品上的残留重金属通过与人体接触会被人体所吸收，重金属一旦被人体吸收，就会积累在内脏、骨骼及脑中。当受影响的器官中重金属累积至一定程度后便会对健康造成巨大的损害。此种情况对儿童的损害尤为厉害，因为儿童对重金属有较高的消化吸收能力。

纺织品上的重金属来源除了少量是由植物在生长过程中从土壤或大气中吸收以及由各种化学助剂所带入以外，主要来自于某些含重金属的染料。

纺织品重金属测试的国家标准 GB/T 17593《纺织品　重金属的测定》包括四个部分：《第1部分：原子吸收分光光度法》(2006)；《第2部分：电感耦合等离子体原子发射光谱法》(2007)；《第3部分：六价铬分光光度法》(2006)；《第4部分：砷、汞 原子荧光分光光度法》(2006)。

(一)原子吸收分光光度法

试样用酸性汗液萃取，在对应的原子吸收波长下，用石墨炉原子吸收分光光度计测量萃取液中镉、钴、铬、铜、镍、铅、锑的吸光度，用火焰原子吸收分光光度计测量萃取液中铜、锑、锌的吸光度，对照标准工作曲线确定相应重金属离子的含量，计算出纺织品中酸性汗液可萃取重金属含量。

样液制备精确称取 4 g 试样并置于具塞三角烧杯中，加入 80 mL 酸性汗液将纤维充分浸湿，放入 37 ℃恒温水浴振荡器中振荡 60 min 后取出，静置冷却至室温，过滤后作为测试用样液。

将浓度为 10 mg/mL 的标准工作溶液用水逐级稀释成适当浓度的系列工作溶液。分别在 228.8 nm(Cd)、240.7 nm(Co)、357.9 nm(Cr)、324.7 nm(Cu)、232.0 nm(Ni)、283.3 nm(Pb)、217.6 nm(Sb)、213.9 nm(Zn)波长下，用石墨炉原子吸收分光光度计，按浓度由低至高的顺序测定系列工作溶液中镉、钴、铬、铜、镍、铅、锑的吸光度；或用火焰原子吸收吸收分光光度计，按浓度由低至高的顺序测定系列工作溶液中铜、锑、锌的吸光度，以吸光度为纵坐标，元素浓度(g/mL)为横坐标，绘制工作曲线。

按所设定的仪器相应波长上，测定空白溶液和样液中各待测元素的吸光度，从工作曲线上计算出各待测元素的浓度。

(二)电感耦合等离子体原子发射光谱法

电感耦合等离子体发射光谱法是利用高频感应电流产生的高温将反应气加热、电离，形成等离子体，样品由载气带入雾化系统进行雾化后，进入等离子体的通道，在高温和惰性气氛中被充分蒸发、原子化、电离和激发，发射出所含元素的特征谱线，根据特征谱线鉴别样品中含有某种元素，并根据强度确定样品中相应元素的含量。这种方法具有速度快、灵敏度高、抗干扰性强、线性范围宽、可同时或依次测量多种重金属元素等优点，适合快速大量试样的测试。

试样同酸性汗液萃取后，将标准工作溶液用水逐级稀释成适当浓度的系列工作溶液。根据实验要求和仪器情况设置仪器分析条件，点燃等离子体焰炬，待焰炬稳定后，在相应波长下按浓度由低到高的顺序测定系列工作溶液中各待测元素的光谱强度。以光谱强度为纵坐标，元素浓度(g/mL)为横坐标，绘制工作曲线。

按所设定的仪器条件，测定空白溶液和样液中各待测元素的光谱强度，从工作曲线上计算出各待测元素的浓度。

(三)六价铬　分光光度法

试样用酸性汗液萃取，将萃取液在酸性条件下用二苯基碳酰二肼显色，用分光光度计测定显色后的萃取液在540 nm波长下的吸光度，计算出纺织品中六价铬的含量。

样液萃取制备方法同前。然后移取20 mL样液加入1 mL磷酸溶液后，再加入1 mL显色剂混匀；另取20 mL水，加1 mL显色剂和1 mL磷酸溶液，作为空白参比溶液。室温下放置15 min，在540 nm波长下测定显色后样液的吸光度，该吸光度记为A_1。

考虑到样品溶液的不纯和褪色，取20 mL的样液加2 mL水混匀，水作为空白参比溶液，在540 nm波长下测定空白样液的吸光度，该吸光度记为A_2。

计算试样的校正吸光度：$A=A_1-A_2$ 用校正后的吸光度数值，通过工作曲线查出六价铬浓度，计算试样中可萃取的六价铬含量。

(四)砷、汞 原子荧光分光光度法

用酸性汗液萃取试样后，加入硫脲—抗坏血酸将五价砷转化为三价砷，再加入硼氢化钾使其还原成砷化氢，由载气带入原子化器中并在高温下分解为原子态砷。在193.7 nm荧光波长下，对照标准曲线确定砷含量。

样液萃取制备方法同前。然后用玻璃砂芯漏斗过滤，吸取5.00 mL萃取液，加入5.00 mL硫脲-抗坏血酸混合液摇匀，得到砷试液。吸取5.00 mL萃取液，加入0.50 mL硝酸，再加入1.00 mL高锰酸钾溶液，用酸性汗液定容至10.00 mL，摇匀后静至1 h，得到汞试液。

砷测定以硼氢化钾溶液作为还原剂，同时以硝酸溶液作为洗液，进行仪器测定。在193.7 nm处测定标准系列溶液的荧光强度，以浓度为横坐标，荧光强度为纵坐标，绘制标准曲线。同样条件下测量砷试液，与标准工作曲线比较定量。

汞测定以硼氢化钾溶液作为还原剂，同时以硝酸溶液作为洗液，进行仪器测定。在253.7 nm处测定标准系列溶液的荧光强度，以浓度为横坐标，荧光强度为纵坐标，绘制标准曲线。同样条件下测量汞试液，与标准工作曲线比较定量。

六、五氯苯酚残留量

五氯苯酚是纺织品最主要的防霉剂，它是一种毒性化合物，对人和动物有致畸和致癌作用。虽然目前世界上已有许多国家明令禁止使用，但实际上它仍在被大量使用。生态标准中对纺织品上残留的五氯苯酚的浓度限量规定为0.5 mg/kg，所以是痕量分析。

测定原理是用碳酸钾溶液提取试样，提取液经乙酸酐乙酰化后以正己烷提取，用气相色谱—质谱法及气相色谱法测定，可得到被分析物的化学结构。

七、农药残留量

纺织品上的杀虫剂、除草剂之类的农药一般都是在天然植物生长过程中为防止病虫害和根除杂草而使用后所带入并残留的。通过煮练、漂白和水洗等湿加工可去除一部分，但最终少量残留在纺织品上的杀虫剂却有毒性，为致癌因素之一。

农药残留量可用气相色谱一质谱法及气相色谱法测定。

在气相色谱法中有火焰离子化检测器(FI)、电子捕获检测器(ECD)，氮磷检测器(NPD)、质谱检测器(MSD)等多种检测器，其中 ECD 对有机氯杀虫剂十分灵敏，而 NPD 则对有机磷杀虫剂十分灵敏。

测试原理是试样经石油醚索氏提取，浓缩定容后，用配有电子俘获检测器的气相色谱仪(GC/ECD)测定，外标法定量，采用气相色谱一质谱(GC/MSD)选择离子检测进行确证。

八、含氟化合物

全氟辛烷磺酸(PFOS)和全氟辛酸(PFOS)都是人工合成的表面活性剂，这类化合物具有很高的化学、生物和热稳定性。因该类化合物具有拒水拒油特性，可以被用作表面活性剂而广泛地应用于印染、涂料等纺织领域。全氟辛烷基磺酰化物和全氟辛酸及其盐是难以降解的有机污染物，它在环境中具有高持久性，随着时间的推移，它同样会在环境中聚集和在人体与动物组织中强烈累积它具有很高的生物蓄积性和多种毒性，因此受到广泛关注和重视，欧盟规定制成品中的全氟辛烷基磺酰化物的含量不能超过质量的 0.005 %(即 50 mg/kg)。

对全氟辛烷基磺酰化物(PFOS)和全氟辛酸(PFOA)的检测可采用溶剂萃取后用色谱/质谱法进行检测。

九、气味

标准对纺织品上的挥发性物质释放也作了明确规定。还规定产品不得有发霉、高沸点汽油、鱼腥、芳香烃和香水等特殊气味。气味过重表明纺织品上有过量的化学品残留，有可能对健康造成危害。

检测原理为将试样放在规定环境中，采用嗅觉评判方法，利用人的嗅觉来判定其所带有的气味，评判人员应是经过一定训练和考核的专业人员。若嗅出规定所不容许的气味，则判定为不合格。

十、其他有害物质

1. 含氯有机载体

在涤纶以及合成纤维的纺织工艺中常用作染色载体，研究表明，这些含氯芳香族化合物对环境有害，对人体有潜在的致畸和致癌性。*Oko-Tex Standard* 100 列出了 10 种氯化有机载体(5 种含氯苯，5 种含氯甲苯)。有机溶剂萃取，萃取液被清洁后，用气相色谱(质谱 MSD 或捕获检测器 ECD)进行检测。

2. 有机锡

有机锡在玩具制造中主要用作纺织品、木材、皮革、塑料等材料的抗菌防腐剂。三丁基锡(TBT)是一种用于抗微生物整理的有机锡化合物，在纺织工业中一直被用于防止汗液的微生物分解及相应的鞋袜和运动服装散发出难闻的气味。二丁基锡(DBT)和单丁基锡(MBT)是应用相当广泛的有机锡化合物，如作为聚氯乙烯稳定剂的中间体、电镀的催化剂以及多种聚氨酯的催化剂。可使用气相色谱质谱联用仪(GC-MSD)检测三丁基锡(TBT)、二丁基锡(DBT)

和三苯基锡(TPhT)。

3. 阻燃剂

阻燃剂被怀疑是致癌物质，与雌激素类似，稳定、耐热，但很容易在生物的组织内积聚。Oko-Tex100 规定 5 种阻燃剂即：多溴联苯(PBB)、三-(2,3 二溴丙基)磷酸盐(TRIS)、三-(1-氮杂环丙基)氧化磷(TEPA)、五溴联苯醚(pentaBDE)和八溴联苯醚(octbBDE)。用气相色谱质谱联用仪(GC-MSD)测定。

4. 增塑剂(邻苯二甲酸盐)

增塑剂是一类增加聚合物树脂的可塑性、增强制品柔软性的助剂，可通过呼吸、饮食和皮肤接触直接肝肾功能下降、进入人和动物体内，可导致动物存活率降低、体重减轻、血中红细胞减少，具有致突变性、致癌性、致畸性。用有机溶剂对试样进行萃取，萃取液用气相色谱质谱联用仪(GC-MSD)分析，以检测增塑剂的含量。

5. 含氯酚

Oko-Tex 规定测试五氯苯酚(PCP)、四氯苯酚(TeCP)和邻苯基苯酚(OPP)。PCP 是纺织品、皮革制品的传统防霉防腐剂，动物试验证明，PCP 是一种毒性物质，对人体具有致畸和致癌性。其他几个含氯酚对人体和环境也同样有害。含氯酚可使用气相色谱质谱联用仪(GC-MSD)或气相色谱电子捕获检测器(GC-ECD)检测。

第三节　纺织品中有害物质的测试仪器

一、色谱分析

色谱法(Chromatography)又称色层法或层析法，是一种物理化学分离方法。色谱分离技术与适当的检测手段相结合，就构成了色谱分析法。采用色谱分析法能较好地分离用化学分离法和化学沉淀法所不能分离的那些物理、化学性质相似的同系物和异构体等复杂组分。

色谱法中共有固定相和流动相两相，其中，固定相为色谱柱内不移动的、起分离作用的物质，它可为固体或液体，流动相为色谱柱中用以携带试样和洗脱组分的物质，它也可为气体或液体。因此色谱法可分为四类：气-固色谱(GSC)，气-液色谱(GLC)，液-固色谱(LSC)和液-液色谱(LLC)。用气体作为流动相的色谱法称为气相色谱法，故统称为气相色谱(GC)；用液体作为流动相的色谱法称为液相色谱法，统称液相色谱(LC)。

(一)气相色谱

在气相色谱法(Gas Chromatograph，GC)中，流动相气体为载体，载体以一定流速携带气体样品或经汽化后的样品一起进入色谱柱进行分离，分离后的试样流出色谱柱进入检测器，经检测并记录得到色谱图。

1. 气相色谱法分离原理

试样各组分在色谱柱中的分离有两种情况。

(1)气固色谱。气固色谱固定相是一种多孔性的且具有大表面积的吸附剂，流动相是载气。当试样由载气流带入色谱柱时，各组分立即被吸附剂所吸附，因为载气是不断流过吸附剂的，某些被吸着的组分又会被载气洗脱下来。洗脱的组分随载气继续前进时，又被前面的吸附剂所吸附，这样反复进行吸附和洗脱。由于被测物质各组分的性质不同，它们在吸附剂中的吸附能力也不同，难被吸附的组分容易洗脱而逐渐走在前面，易被吸附的组分不易洗脱而落在后面。经过一段时间后，试样中各组分就彼此分离。

(2)气液色谱。固定相为柱体表面涂渍固定液的液膜，流动相为载气。当载气携带试样进入色谱柱与固定液接触时，气相中的被测组分便溶解在固定液中，载气连续流经色谱柱，某些溶解在固定液中的被测组分又会挥发至前面的载气中。这样多次反复地溶解、挥发、再溶解、再挥发。由于各组分在固定液中的溶解能力不同，溶解度大的组分停留在色谱柱中的时间长，往前移动慢；溶解度小的组分停留在色谱柱中的时间短，往前移动快。经过一定时间后，混合物便分离为各单组分。

2. 气相色谱仪

气相色谱仪主要由气路系统、进样系统、分离系统、温控及检测系统和记录系统所组成，如图 13-1 所示。

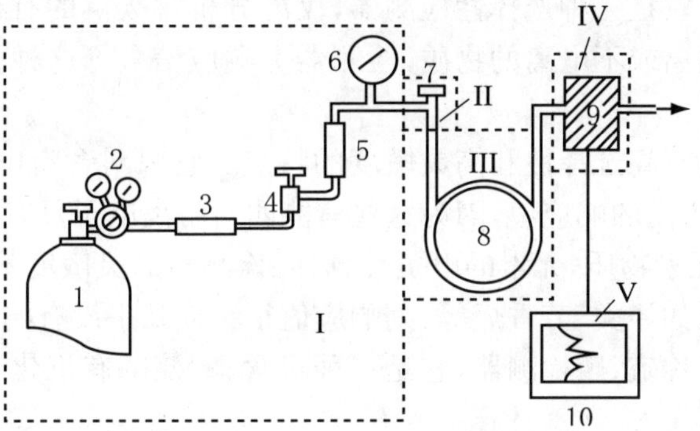

图 13-1 气相色谱流程图

1—高压钢瓶 2—减压阀 3—载气净化干燥管 4—针形阀 5—流量计
6—压力表 7—进样器 8—色谱柱 9—检测器 10—记录仪

(1)气路系统。气路系统是一个载气连续运行的密闭的管路系统。气相色谱中常用的载气有氢气、氮气和氦气等，这些气体一般都由高压钢瓶供给。载气的净化主要通过净化器来完成，净化剂按需要选择：除去载气中烃类杂质，可选用活性炭或分子筛；载气相对湿度大时，选用硅胶净化管串联 4 A(孔径 42～47 μm)或 5 A 孔径 (49～56 μm)分子筛净化管，以除去载气中的水分。载气的流速要求保持恒定。

(2)进样系统。进样系统包括进样器和气化室两部分。

①进样器。根据试样的状态不同，采用不同的进样器。对于气体试样，一般常使用旋转式或推拉式六通阀进样；也可使用医用 0.05 mL、1 mL、2 mL、5 mL、10 mL 注射器进样，此法简便，但重现性差。对于液体试样，一般采用微量注射器进样，常用的规格有 1 μL、5 μL、10 μL 和 50 μL。对于固体试样，一般先溶解于适当试剂中，然后用微量注射器进样。毛细管柱要求的试样量为 10^{-3}～10^{-2} μL 数量级，这样少的试样必须采用分流器进样。

②气化室。一般由一根在管外绕有加热丝的不锈钢管制成，其作用是将液体或固体试样瞬间气化为蒸汽。

(3)分离系统。分离系统由色谱柱组成，是色谱仪的核心部分，色谱柱通常可分为填充柱和毛细管柱两类。

(4)检测系统。检测系统主要是指检测器,它是色谱仪的关键部件。检测系统将经色谱柱分离后的各组分的浓度转变成易被测量的电信号,如电压、电流等,然后送至记录器记录下来。

常用的检测器有热导检测器、氢火焰离子化检测器、电子捕获检测器及火焰光度检测器等。

热导检测器的特点是结构简单、稳定性好、线性范围宽、操作简便、应用范围广,对无机物、有机物都能进行分析,而且分离出来的组分不被破坏。其主要缺点是灵敏度较低。

氢火焰离子化检测器是利用氧气与空气燃烧生成的火焰为能源。当有机化合物进入火焰时,由于离子化反应而生成许多离子。如果在火焰上下方放一对电极,并施加一定电压,则产生的离子流就可以被检测出来,从而对进入火焰中的有机物质进行定量。它对大多数有机化合物都有很高的灵敏度(检出限可达 10^{-12} g/s),能检出 10^{-9}g/s 级的化合物,且响应时间快、线性范围广,特别适于和毛细管柱相匹配。该检测器的缺点主要是试样被破坏、分离的组分无法进行收集;此外,由于它是一种选择性检测器,仅能分析含碳氢的有机化合物,对非烃类、惰性气体或在火焰中难电离或不电离的物质,检测器无响应信号。这种检测器是目前应用最广泛的检测器之一。

电子捕获检测器具有高选择性和高灵敏度的特点。它只对含有电负性元素(如卤素、硫、磷、氮、氧)的官能团有很高的响应值,因为这些官能团对游离电子具有亲和力。它能测出含约 10^{-14} g/mL 的电负性元素物质,元素的电负性越强,检测器的灵敏度就越高;而对不含电负性元素它的官能团的物质如烃类、芳香烃等,则响应值很小或几乎没有响应。

火焰光度检测器又称硫、磷检测器,它是一种对含磷、硫的有机化合物具有高选择性和高灵敏度的质量型检测器。

(5)温度控制系统。温度直接影响色谱柱的选择性和分离效率,并影响检测器的灵敏度和稳定性等。由于气化室、色谱柱和检测器工作时都各有不同的温度要求,因此应用恒温器分别控制它们的温度。

若色谱柱在某一温度条件下难以对样品中各组分进行完全分离,可采用程序升温的方法对样品进行分离,即控制色谱柱的温度随时间由低到高地变化,使沸点不同的组分分别在其最佳柱温下流出,从而改善分离效果,缩短分析时间。

(6)放大与记录系统。将检测器输出的信号放大、记录,绘制出色谱图,常见的色谱图是洗脱法色谱图,试样中各组分经色谱过程分离后,利用组分的物理和化学特性,直接或间接记录下来的组分含量随时间变化的流出曲线,即组分含量随时间或移动距离而分布的谱图,它的色谱峰是与各被分离组分相对应的,如果分离得完全,有多少组分就会出现多少个色谱峰。

3. 气相色谱法的特点

(1)应用范围广。在操作温度下不分解的物质,不论气体、易挥发的液体及沸点不太高的固体都可用于分析。一般用于分析摩尔质量小于 400 的有机物,也可分析部分无机物,约有 20%的有机物可用它分析。对于不易挥发的高分子可以用裂解法分析裂解产物。对于某些金属离子可以转化成易于挥发的卤化物或金属螯合物后再分析。

(2)分离效能高。能分析沸点十分接近的多组分复杂混合物,对同位素、烃类异构体也有较强的分离能力。

(3)灵敏度高。灵敏度高低主要是指检测器的灵敏度,目前高灵敏检测器可检出 10^{-13} 的物质,一般的检测器可测 10^{-6}～10^{-9} 级的杂质,连最简单的热导池检测器也能测定低至万分之一的样品。

(4)速度快。一般几分钟至几十分钟可完成一次分析,并能自动画出色谱峰,并打印出分析结果。

(5)操作简便。气相色谱仪操作简单,结果的解释与处理也简便迅速。

气相色谱法的不足之处在于缺乏标准试样时做定性分析较困难,而且不能直接分析难挥发和受热易分解的物质。采用化学衍生手段,可以扩大它的应用范围。

(二)高效液相色谱

高效液相色谱(High Performance Liquid Chromatography,HPLC)是以高压液体作流动相达到分离及分析的柱色谱法。

以液体为流动相的色谱分析法称为液相色谱分析法,是现代分析化学中最重要的分离分析方法之一。传统的液相色谱法由于使用粗颗粒的填料,不均匀的填充,依靠重力使流动相流动,因而它的分析速度慢,分离效率低,已不能适应现代分离分析的需要。

高效液相色谱法采用高压液体作流动相(最高达 800 kgf/cm^2)并采用了新型固定相和连续自动检测系统,从而具有快速、高效特点。

高效液相色谱仪的典型结构如图 13-2 所示。仪器由输液系统、进样器、色谱柱、检测器、组分收集和数据处理系统等部分组成。

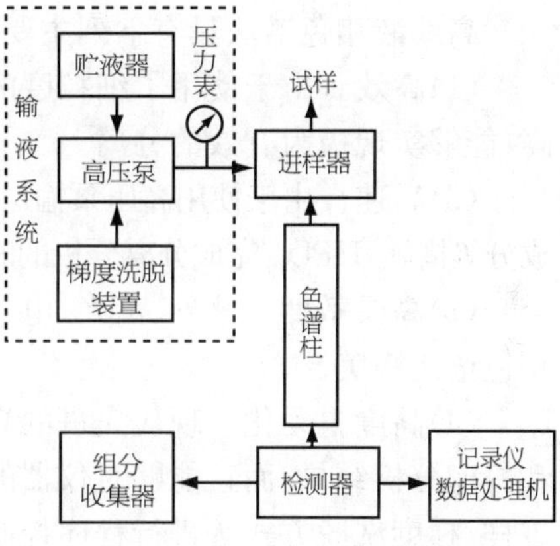

13-2 高效液相色谱仪的典型结构示意图

高速液相色谱法按固定相的聚集状态可分为液—液色谱(LLC)和液—固色谱(LSC);按分离原理可分为分配色谱、吸附色谱、离子交换色谱和凝胶色谱。

HPLC 检测器有两种基本类型:溶质(选择性)检测器和总体(普通)检测器。溶质检测器仅对被分离组分的物理或物理化学特性有响应,属于这类检测器的有紫外、荧光、电化学检测器等。总体检测器对试样和淋洗液总的物理或物理化学特性有响应,属于这类检测器的有示差折光率、电导检测器。

1. 紫外检测器

紫外检测器是 HPLC 中应用最广泛的一种检测器,适用于对紫外光(或可见光)有吸收的样品。紫外检测器灵敏度比较高,通用性较好,但要求溶剂对所选择的波长无吸收。

近年来发展了光电二极管阵列紫外检测器,这种检测器不仅灵敏度很高(5×10^{-12} g/mL),而且光谱分辨率极高(1 nm);由于采用了全息光栅,扫描很快,故可获得三维(吸光度、波长、时间)谱图;流动相流量、温度等影响很小,适合梯度洗脱,结构也不太复杂。但受溶剂极限波长(不吸收紫外光的最小波长)限制。

2. 荧光检测器

许多化合物具有天然荧光,在一定激发条件下,荧光强度与物质浓度成正比,所以荧光检测器是一种选择性很强的检测器,适于稠环芳烃族化合物、酶、氨基酸、维生素、色素、蛋白质等荧光物质的测定。其灵敏度高,检出限可达 $10^{-12}\sim10^{-13}$ g/cm^{-3},比紫外检测器高出 2~3 个数量级。缺点是应用范围有限。

3. 示差折光率检测器

根据其工作原理,可分偏转式和反射式两种。偏转式基于折射率随着介质成分变化而变化,当入射角不变,则光束的偏转角是流动相(介质)中成分变化的函数,因此测量折射角偏转值的大小,就可得到试样的浓度。

折光率是物质的物理特性,所以,示差折光率检测器是一种通用型检测器。主要缺点是对温度变化敏感,且不能用于梯度洗脱。

4. 电导检测器

电导检测原理是测试物质在介质中电离后电导率的变化,从而测定电离物质的含量。电导检测受温度影响比较大,要求有恒温装置。其缺点是在 pH>7 后不灵敏。

高效液相色谱法具有下列主要特点:

(1)高效。由于使用了细粒度的高效填充剂和均匀填充技术,高效液相色谱法分离效率极高,能够实现极为有效的分离。

(2)高速。由于使用高压泵输送流动相,采用梯度洗脱装置,用检测器在柱后直接检测洗出液成分等措施,HPLC 完成分离分析的时间只需几分钟到几十分钟,比经典液相色谱法要快得多。

(3)高灵敏度。紫外、荧光、电化学等高灵敏度检测器的使用,使 HPLC 的灵敏度可与气相色谱法媲美。

(4)高度自动化。现代先进的高效液相色谱仪配有计算机,不仅能够自动处理数据、绘图和打印分析结果,而且能够对仪器的全部操作包括流动相选择、流速、柱温、检测器波长选择。进样、梯度洗脱方式等进行程序控制,成为全自动化的仪器。

相对于气相色谱法,高速液相色谱克服了气相色谱法要求样品挥发性大、热稳定性好的局限,可用于分离高沸点、相对分子质量大、热稳定性差的有机化合物,特别适用于大分子量的高分子化合物;也可用于各种离子型化合物的分离与分析;它还可以用多种溶剂作为流动相,对于性质和结构类似的物质,分离的可能性比气相色谱法更大。

二、质谱分析

质谱(Mass Spectrometry,MS)是利用分析物质形成离子后按荷质比的不同在质量分析器中分离并测定其强度,以达到定性、定量分析的一种分析手段。高真空下,具有高能量的电子流等碰撞加热汽化的样品分子时,分子中的一个电子(价电子或非价电子)被打出生成阳离子自由基,这样的离子继续破碎会变成更多的碎片离子,把这些离子按照质量(m)与电荷的比(m/e,质荷比)的大小顺序分离并记录的装置称为质谱分析仪。测得的谱图称为质谱图。

从分子离子的质量数可以求分子量,从生成碎片离子的破碎方式可以得到很多有关分子结构的信息。这种通过对样品的质量与强度的测定,进行成分和结构分析的方法称为质谱分析法。

(一)质谱仪结构及其原理

根据用途不同,质谱分析用的仪器分为有机化合物分析用质谱仪(其离子源采用电子轰击源或化学电离源)和无机化合物分析用质谱仪(其离子源采用高频火花源或激光电离源)。质谱仪一般都由离子源、质量分析器、离子检测器和一个高真空系统组成。图 13-3 是以电子轰击源为离子源的质谱仪示意图。

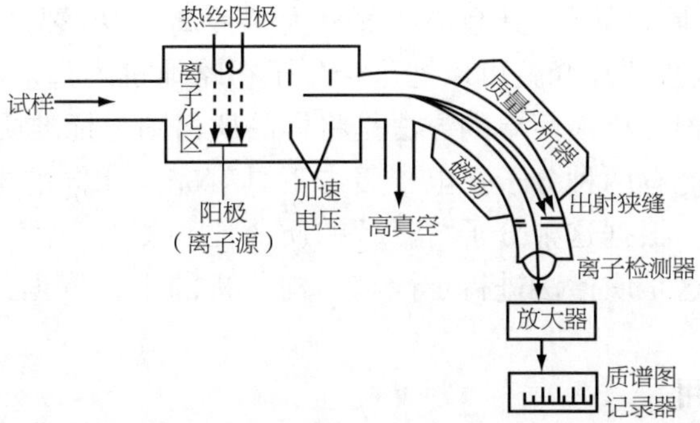

图 13-3　以电子轰击源为离子源的质谱仪示意图

当气体分子或固体、液体的蒸汽分子（或原子）在低压下引入电离室时，受到离子源中从热丝（钨丝）阴极向阳极发射的电子束的轰击。如轰击电子的能量大于分子的电离能时，分子将失去一个电子而产生电离，通常称为分子离子或母体离子；如果电子束的能量足够高，则可以打断分子中各个化学键，而产生各种各样的分子裂片阳离子、离子分子复合物、阴离子和中性碎片。利用加速极与离子室之间的静电场，可将这些阳离子进行加速和聚集成离子束并进人质量分析室。而阴离子和中性碎片则被真空系统抽走。

质量分析器利用电磁场对电荷的偏转性质将来自离子室的离子束按其质荷比大小顺序分别聚焦和分辨开，从而实现质量色散的目的。

不同离子其质荷比的大小不同，被磁场偏转的程度也不同，因此，各种离子按其质荷比被分成不同的离子束，每束离子由相同质荷比的离子组成。

不同质荷比的每束离子依次地通过出射狭缝（又称收集狭缝），进入离子检测器并转变为相应的电流，经放大即可由记录器显示质谱图。质谱图中，以横坐标表示离子的质荷比（m/e），纵坐标表示离子的相对丰度（即阳离子的相对量），如图 13-4 所示。相对丰度是以图中最强的离子峰的峰高为 100%，此峰称为基峰，其他离子的峰高与基峰相比所占的百分数称为相对丰度。

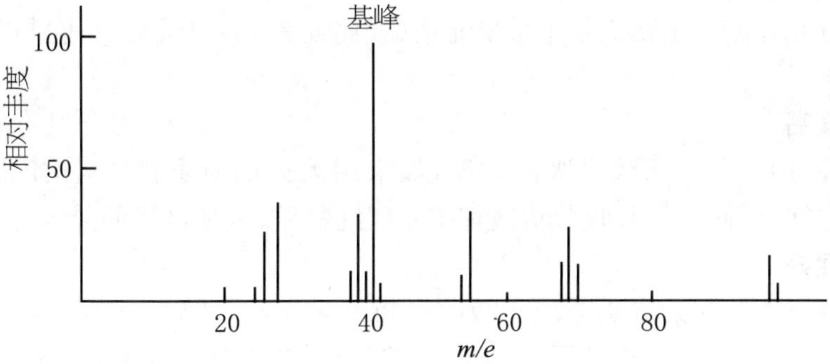

图 13-4　用相对丰度表示的质谱图

（二）质谱分析

分子受电子轰击失去一个电子所形成的正离子称为分子离子或母体离子，它在质谱图中产生相应的质谱峰称为母峰。它一般位于质荷比最高的位置。如形成的分子离子较稳定，则此峰的丰度也相对较强，通常分子离子峰所处的质荷比值即为该化合物的分子量。

一个化合物的质谱，除母峰外，其余绝大部分为裂片离子峰，裂片离子峰的相对丰度与分子结构有密切关系，由这些裂片峰就可以把这个分子粗略地拼凑起来。

进行质谱定性与结构分析最简单的方法是将样品质谱图与标准质谱图直接比较。

在一般情况下不可能有两种分子在电子轰击下具有完全相同的电离和断裂，因此可把质谱图视为分子的“指纹”。根据这种分子“指纹”的质荷比和相对强度等差别，就可以识别复杂化合物中的各种分子。这是质谱法进行定性和结构分析的主要依据，而质谱峰的强度则是进行定量分析的依据。

(三)质谱分析的应用

质谱可广泛用于有机分子结构测定。当试样极微量时，质谱几乎是唯一能确定结构的方法。随着仪器与技术的发展，它不仅可以获得大多数有机物的质谱，而且还可以获得热不稳定和不挥发化合物，如分子量一万或更大的肽的质谱。

质谱仪可以与各种分离技术联用，例如气相色谱－质谱联用(GC-MS)、液相色谱－质谱联用(LC-MS)等。气(液)相色谱可以很有效地把样品中各个组分分离，但不能给出关于各级分结构的信息。把气(液)相色谱与质谱分析联结起来，用气(液)相色谱把混合物的各组分分离后，再用MS质谱对各组分逐个进行分析的方法称为色谱－质谱联用分析法。这种方法使用样品量很少，成为复杂多组分化合物结构定性与定量分析极有效的手段。

三、原子吸收分光光度法

原子吸收分光光度法(Atomic Absorption Spectrophotometry，AAS)是基于物质产生的原子蒸气在某特定波长光的辐射下，利用原子外层电子对光的特征吸收这一现象，测量原子蒸气对光辐射能的吸收程度，可以推断出样品中所含元素浓度的一种吸光分析方法。

用原子吸收分光光度法进行分析时，一般先将试样进行预处理；然后进入原子化器，试样中被测元素在高温下发生离解而转变成气态原子状态并吸收由光源辐射出来的特征谱线；最后通过分光系统由检测器对获得的光谱强度进行检测，从而得到被测元素的含量和特征谱线强度减弱程度之间的相互关系。

原子吸收分光光度法主要应用于微量元素(金属元素)的定量分析，它与其他的分析技术相比有如下优点：

(一)灵敏度高

一般可测量 $10^{-6}\sim10^{-9}$ 数量级的浓度，如采用无火焰原子化法，测定的绝对量可低到 $10^{-8}\sim10^{-12}$ g之间，因此原子吸收分析适宜于做超纯物质、微量试样的分析。

(二)选择性好

在大多数情况下共存元素不对原子吸收分析产生干扰，所以一般不需要分离共存元素。在无火焰原子吸收光谱法中，有时可以用纯标准溶液制作的校正曲线来分析不同试样。

原子吸收谱线较发射光谱谱线少得多，谱线重叠干扰很少。所以原子吸收分析比化学分析或发射光谱分析等都有较好的选择性，准确度也较好。

(三)重现性较好

火焰原子化法的重现性比较好，一般可使相对偏差控制在1%以内。无火焰原子化法，因测定量小，相对偏差一般较大些。若仪器性能良好，测试条件控制严格，同一样品的重复测定，其变动可控制在千分之几。

(四)测定元素范围广泛

目前原子吸收光谱法测定的元素已超过70种,这是一般分析方法所不能及的。

虽然原子吸收分光光度法有很多优点,但它也有不足之处,如通常每个元素都要有自己的灯作为光源,因而附件较多,同时也使操作不便;另外对某些易形成稳定化合物的元素(P、B、Nb等)检测能力较差。随着原子吸收分析技术的发展,使得这种方法的分析对象大大增加,如用间接法可对许多难原子化的金属元素、卤素和其他非金属元素甚至一些有机化合物进行分析。

第四节 纺织品服装物理安全性测试

纺织品服装物理安全性是指外观参数、强度、色牢度、燃烧等物理性能符合某些健康保护性法规、法律、标准等规定。国际贸易中的纺织品物理安全性召回案例很多:单在2010年8月份,欧盟宣布了74起纺织品和服装召回,大多数主要的召回产品是婴幼儿服装,召回原因是易引发束缚窒息,不透气、易吞咽等。美国在2010年上半年对华召回的27起纺织服装产品,召回原因皆为绳带超标和小部件脱落导致的窒息危险。纺织品服装物理安全性主要包括小部件(绳带、拉链、尖点硬物、饰品等)、燃烧性(阻燃性)、色牢度(染料)等。小部件一般是指14岁以下年龄儿童使用的服装小部件。燃烧性和色牢度在本书其他章节已作介绍,在此不在赘述。

服装设计、材料和结构要求是,服装设计和大小需依据儿童相对年龄的人体测量数据,材料和小部件的性能能够使后期护理程序大大减少。在评估服装材料和小部件时,后期护理的类型和频繁程度是很重要的。织物的选择原则是组成服装的织物不能给使用者带来机械危险。如必要,改变服装的结构使织物不产生的机械危险。如果使用以下织物类型,需特别注意服装织物的位置,穿着者的年龄和服装最终使用的类型。①有整体洞或开放结构的织物,例如,钩编针织或花边,这些能引起手指或其他身体的部件夹住而引起局部出血伤害。②网孔织物,作为男童泳衣的内衬会引起夹伤,使用洞尺寸小于1.5 mm的柔软手感的织物减少危险。③绒面织物,首先考虑绒毛的长度,保持力,在服装上的位置,和最终使用者的年龄,特别是12个月以下儿童使用的服装。④提花织物,在设计12个月儿童服装时,浮线没有剪且长度超过10 mm的提花织物不能用在手脚区域。⑤有小部件缝在上面的织物,需足够牢固,测试小部件时,织物不能被撕破,如必要,在连接小部件的织物使用加强材料。另外,服装中的填料和泡沫不能包含坚硬或尖锐的物体。在加工时要确保足够的缝份,且服装的接缝缝头必须非常牢固,能完全封住填料或泡沫。

一、纺织品服装小部件物理安全性要求

纺织品服装小部件有纽扣、蝴蝶结、标签、徽章、绒球、流苏(穗的意思)、珠子、亮片、揿扣、磁铁、黏合扣、松紧带、拉链、绳带、绣花、嵌花等,其物理安全性要求如下:

(1)纽扣。只有通过BS 4162机械安全性测试的纽扣才可以用在儿童服装上。内部组件及表面不应该有尖锐边缘。应特别注意多成分钮扣,因为其分解后易露出存在潜在危险的小部件。不应该与食物有任何相似的地方。确保备用纽扣不会引起额外危险。

(2)面料类饰物,包括蝴蝶结和标签。面料类饰物(如丝带)的末端应确保不能脱散。热封或激光裁剪的面料标签、徽章或袢不能有尖锐边缘。面料类饰物的长度应满足BS EN 14682标准对绳带长度的要求。

(3)橡胶或软塑料装饰,包括标签、徽章和袢。此类装饰用在36个月以下儿童服装时需注意以下方面:线迹密度,针迹留下的孔眼可能导致小部件部分脱落;材料的裂解,这些材料在热、洗衣机洗涤等环境下可能裂解。

(4)绒球和流苏。纱线剪切而成的绒球和流苏不应该用在36个月以下儿童服装上,因为纤维和纱线易脱落。

(5)闪光装饰片、珠子和其他类似小部件。36个月以下儿童服装上的闪光装饰片、珠子和其他类似小部件不能用手缝或链状针迹刺绣(如提花工艺)到服装上,因为其很难保证此类部件附着的牢固性。用机器缝制闪光装饰片是比较安全的,确保每片平整最少要用3针缝纫。手缝闪光装饰片或珠子时,建议每10针就锁定一次针迹。

(6)亮片和热融部件。这些部件的牢固性会受到许多因素的影响,如花式织物的表面(起绒、罗纹等表面不匀织物)、高密度织物、某些面料后整理(如防污处理)、某些服装结构(如口袋、绣花、嵌花和印花)等,这些因素产生的不匀表面可能导致表面压力不等。建议服装生产商有专门的记录程序监控这些部件附着的牢固性,同时,部件供应商需提供部件黏合的相关信息,如温度、时间和压力,以便监控好工作环境。

(7)揿扣和类似小部件。设计师选择使用时应考虑以下因素:选择合适的扣合件,如柱式扣合件不应该用在针织物中,应该用环圈式扣合件;扣合件不能用在接缝和不均匀面料厚度区域;扣合件号型要与压缩织物的厚度相匹配;必要时对面料加固确保面料的牢固性,如加入黏衬;扣合件要与电子探测笔相容,如选择与电子探测笔不触发的非磁性金属材料。建议生产商提供揿扣测试的数据报告,记录服装上揿扣的情况和位置,并核查揿扣是否存在上述问题。此外,数据报告应该记录揿扣在某一厚度面料上使用多大冲力可以使揿扣在该面料上的附着力最大,以便在生产中核查。建议有与揿扣相关的使用说明,确保揿扣的安全。同时,在此类金属制品缝制到服装之前时,最好单独对其进行金属检测,检验其是否与金属探测器触发。

(8)磁铁。磁铁配件不应儿童服装上使用。

(9)松紧部分。服装中松紧部分所选松紧带要有一定强度,也要有足够的延伸性。此外,松紧带的长度要适合穿着者的目标尺寸,不能太紧,婴儿装尤其要注意这个问题。生产说明中须指出松紧部分的最大和最小拉伸尺寸,生产过程中确保维持此尺寸。

(10)黏合扣。12个月及以下儿童服装上的黏合扣建议使用柔软的材料。黏合扣的钩扣部分要远离儿童身体,避免擦伤儿童皮肤。建议黏合扣部件修成圆角,把擦伤危险减至最小。

(11)拉链。拉链性能应满足BS 3084标准的要求,A、B、C、D等各型号拉链也应按该标准指引进行使用,超轻拉链(型号A)不应在36个月以下儿童服装中使用。当拉链接触到皮肤时,建议用带有塑料上下掣的塑料拉链。拉链上止和拉链牙不应该有毛刺和尖的边缘。建议在使用拉链的部位加入内贴边,特别是脸脖子部位。5岁及以下男童服装,最好不要把功能性拉链用在服装的门襟部位。可考虑使用替代的裤子结构,如黏合扣门襟、假门襟或松紧腰带。设计男童带拉链门襟的裤子时,建议有一个至少20 mm宽的内贴边,在底部通过门襟开口处缝合起来,避免夹伤男童生殖器,此外,塑料齿拉链可减少受伤的严重性。

(12)绳带、细绳和条带。BS EN 14682标准规范了儿童服装对绳索和抽绳的要求,包括表演服装和滑雪服。例如,对0~7岁(身高134 cm以下)儿童,袖摆处束带、功能性或装饰性绳索的伸出长度不超过7.5 cm,系在腰间的拉绳、装饰绳或者功能性绳子宽度不小于30 mm;对7~14岁(身高134~182 cm的男孩和身高134~176 cm的女孩)儿童,袖摆处束带、功能性或装饰性绳索的伸出长度不超过 14 cm，任何环绳/线圈的周长不能超过 75 mm。

(13)领带。传统领带不适合 5 岁以下儿童使用。该年龄段的儿童领带应设计为容易解开的形式，可在围颈带使用黏合扣或可用夹子夹住的扣件。

(14)连袜服装。连袜服装适用于不穿鞋子的学走路儿童，应考虑提高服装在脚部的抗滑阻力，如可用袜底加贴摩擦系数较大的材料，加强防滑性。

(15)帽子。12 个月以下婴儿睡衣不应该设计帽子。12 个月以下婴儿服装的帽子不应该由不透气材料制成，因为有窒息的危险。带帽服装和某些头饰可能限制儿童的视觉和听力，当设计这类服装时，考虑尽可能地减少此类危险。

(16)绣花和嵌花。建议在刺绣反面使用黏衬或垫料。绣花和嵌花上的线圈长度不能形成环线圈。绣花和嵌花正反面不应该有超过 10 mm 的浮线。

(17)石磨洗。对 36 个月以下儿童服装，服装口袋或卷边中残留的石渣或其他渣滓易对儿童造成哽咽危险，因而建议使用替代的处理过程，如酶洗工艺。对 36 个月以上儿童服装，可以采取措施防止口袋或卷边中残留石渣或其他渣滓，如在洗之前先缝合口袋，并且在检验时翻出所有口袋和卷边进行清洗。

二、纺织品服装部件脱落强度的测试方法

纺织品服装部件脱落强度的测试方法是服装成品测试的试验室基本方法，也可用来测试服装设计和生产环节的服装和服装配件。原理是，上夹具夹住服装部件，下夹具夹住衣服，等速拉长，使上下夹具分离直至服装部件脱落，记录脱落的力值和破坏模式。现以纽扣脱落强度测试为例进行说明。

测试装置如图 13-5 所示。带槽形板的纽扣盒，用来测试的部件包括纽扣、大头扣、绒球和珠子。纽扣盒需有足够的尺寸可以调节测试的部件，但纽扣盒的形状和尺寸不是主要的。槽形板由厚为(1.65±0.15)mm 的金属板制成，槽宽尺寸大小要求是被测试的部件可在槽形板上移动且不伤害部件和服装的连接物(如缝线或纽扣杆)。

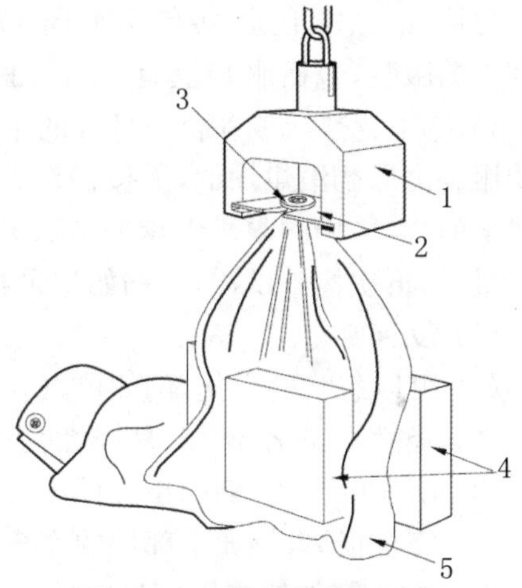

图 13-5　纽扣脱落强度测试装置原理示意图

1—纽扣盒　2—槽型板　3—测试中的纽扣　4—平板面夹具装置　5—服装

强力测量采用等速伸长仪(CRE)，显示和记录测试样品破裂的力值，力值误差≤±1%，精确度为±10%，速度 100 mm/min 的等速伸长，隔距在 1.0 mm 至 75 mm 之间可任意调节，隔距误差为±0.5 mm。

纽扣脱落强度测试步骤是，首先在仪器顶部安装带合适槽形板的钮扣盒，在底部安装平板面夹具装置，调整上下距离为(20±0.5)mm，然后将钮扣滑入槽形板中，注意不要损坏缝线或纽扣杆，接着将纽扣下服装的主要部分折叠为织物的双层厚，夹入下夹具中，再接着下夹具等速向下移动，直至服装部件从上夹具中脱落，最后记录脱落的力值和破坏模式。

三、纺织品服装无法抓握部件安全性测试方法

纺织品服装无法抓握部件安全性测试是测定纺织品服装小部件的耐久性，包括洗涤和干

燥程序。因为不是测试服装的性能,洗涤测试条件比普通洗涤条件要激烈。原理是,检查测试样品或相关样品,形成包括位置、连接方式和所有连接部件的情况的详细报告,相关样品保持没有被处理过时原始状态,仅洗涤和干燥测试样品,再次检查样品上的小部件,比较洗涤干燥前后的小部件状态和任何变化。

纺织品服装无法抓握部件安全性测试步骤是:

首先,检查每个试样的每个小部件,记录它们的位置、连接方式和状态。比较所有的测试样品和参考样品,记录任何不同点。

然后,加 40 L 水到洗衣机中,加热到的对应温度[测试使用的洗涤温度需高于服装的最高建议洗涤温度(10±2)℃,仅能手洗的服装使用(40±2)℃],保持这个温度,并用温度计确认,加入陪洗布,使试样和陪洗布总质量为(1.0±0.05)kg,加入(40±1)g 磷酸盐洗涤剂和(10±1)g 过硼酸钠洗衣机中。

接着,开动机器约 1 min 去除粉末状,加入试样,开动机器(15±1)min,保证测试过程中,试样在水中运动,15 min 洗涤循环后,从洗衣机中取出试样,在冷水中漂洗,保证去除所有的洗涤剂,脱水 1 min 去除多余的水。

再接着,试样干燥,共有两种干燥方法:①热熔或黏合小部件的干燥方法是有热熔或黏合小部件的服装,包括服装上有“不能翻滚烘燥”标签字样或记号的服装均需按最热设置烘燥 90 min;②不含热熔或黏合小部件的干燥方法是不含热熔或黏合小部件的服装,如果护理标签标明服装可以翻滚烘燥的,需按护理标签建议设置翻滚烘燥,如果护理标签标明服装不可以翻滚烘燥的,需采用网眼烘干盘平铺晾干。

最后,再次检查试样,与初始记录相比较。记录以下变化:

(1) 没有变化。

(2) 可以忽略的变化,例如可以看出变化但小部件连接很安全。

(3) 轻微的变化,例如可发觉的小部件的松动。

(4) 明显的变化,例如小部件连接方式的明显断裂或服装的破裂。

(5) 完全损坏,例如小部件的完全脱离。

对每个小部件的变化,记录损坏的方式,例如热熔和黏合件的损坏(脱离)、缝线的断裂、小部件的断裂、服装的断裂。

第十四章　纺织纤维鉴别和混纺比测定

第一节　纺织纤维鉴别

在纺织生产管理或产品分析中，常常要对各种状态下的纤维材料进行鉴别，有呈散纤维状态的纺织原料，也有各道工序生产的半成品或成品。由于化学纤维的大量发展，加之混纺品种的日益增多，使纺织成品的花色品种更为繁多。因此，对纺织材料进行系统鉴别是一项非常重要而复杂的工作。

行业标准《纺织纤维鉴别试验方法》规定了九种定性鉴别试验方法的适用范围、仪器与工具、试剂与试液、试验准备和试验程序等。

一、基本原理和试验程序

根据各种纤维特有的物理、化学等性能，采用不同的分析方法对样品进行测试，通过对照标准照片、标准谱图及标准资料来鉴别未知纤维的类别。

纺织纤维鉴别测试方法，一般有燃烧法、显微镜法、溶解法、含氯含氮呈色反应法、熔点法、密度梯度法、红外光谱法及双折射法等。通常情况下，先采用显微镜法将待测纤维进行大致分类。其中天然纤维素纤维（如棉、麻等）、部分再生纤维素纤维（如黏纤等）、动物纤维（如羊毛、羊绒、兔毛、驼绒、羊驼毛、马海毛、牦牛绒、蚕丝等），这些纤维因其独特的形态特征用显微镜法即可鉴别。合成纤维、部分人造纤维（如莫代尔、莱赛尔等）及其他纤维在经显微镜初步鉴别后，再采用燃烧法、溶解法等一种或几种方法进行进一步确认后，最终确定待测纤维的种类。

取样的正确与否对于检验结果至关重要，所取试样应具有充分的代表性。若发现试样存在不均匀性，如面料中存在类型、规格或颜色不同的纱线时，则应按每个不同的部分逐一取样。当试样上附着的整理剂、涂层、染料等物质可能掩盖纤维的特征，干扰鉴别结果的准确性时，应选择适当的溶剂和方法将其除去，但要求这种处理方法和所使用的溶剂不得损伤纤维或使纤维的性质有任何改变。

二、燃烧法

根据纤维靠近火焰、接触火焰和离开火焰时的状态及燃烧时产生的气味和燃烧后残留物特征来辨别纤维类别。试验时，从样品上取试样少许，用镊子夹住，缓慢靠近火焰，观察纤维对热的反应（如熔融、收缩）情况。再将试样移入火焰中，使其充分燃烧，观察纤维在火焰中的燃烧情况。然后将试样撤离火焰，观察纤维离火后的燃烧状态。当试样火焰熄灭时，嗅闻其气味。待试样冷却后观察残留物的状态，用手轻捻残留物。各种纤维燃烧状态见表 14-1。

表 14-1　各种纤维燃烧状态的描述

纤维种类	燃烧状态			燃烧时的气味	残留物特征
	靠近火焰时	接触火焰时	离开火焰时		
棉	不熔不缩	立即燃烧	迅速燃烧	纸燃味	呈细而软的灰黑絮状
麻	不熔不缩	立即燃烧	迅速燃烧	纸燃味	呈细而软的灰白絮状
蚕丝	熔融卷曲	卷曲、熔融、燃烧	略带闪光燃烧有时自灭	烧毛发味	呈松而脆的黑色颗粒
动物毛绒	熔融卷曲	卷曲、熔融、燃烧	燃烧缓慢有时自灭	烧毛发味	呈松而脆的黑色焦碳状
竹纤维	不熔不缩	立即燃烧	迅速燃烧	纸燃味	呈细而软的灰黑絮状
黏纤、铜氨纤维	不熔不缩	立即燃烧	迅速燃烧	纸燃味	呈少许灰白色灰烬
莱赛尔纤维、莫代尔纤维	不熔不缩	立即燃烧	迅速燃烧	纸燃味	呈细而软的灰黑絮状
醋纤	熔缩	熔融燃烧	熔融燃烧	醋味	呈硬而脆不规则黑块
大豆蛋白纤维	熔缩	缓慢燃烧	继续燃烧	特异气味	呈黑色焦碳状硬块
牛奶蛋白改性聚丙烯腈纤维	熔缩	缓慢燃烧	继续燃烧有时自灭	烧毛发味	呈黑色焦碳状,易碎
聚乳酸纤维	熔缩	熔融缓慢燃烧	继续燃烧	特异气味	呈硬而黑的圆珠状
涤纶	熔缩	熔融燃烧冒黑烟	继续燃烧有时自灭	有甜味	呈硬而黑的圆珠状
腈纶	熔缩	熔融燃烧	继续燃烧冒黑烟	辛辣味	呈黑色不规则小珠,易碎
锦纶	熔缩	熔融燃烧	自灭	氨基味	呈硬淡棕色透明圆珠状
维纶	熔缩	收缩燃烧	继续燃烧冒黑烟	特有香味	呈不规则焦茶色硬块
氯纶	熔缩	熔融燃烧冒黑烟	自灭	刺鼻气味	呈深棕色硬块
偏氯纶	熔缩	熔融燃烧冒烟	自灭	刺鼻药味	呈松而脆的黑色焦碳状
氨纶	熔缩	熔融燃烧	开始燃烧后自灭	特异气味	呈白色胶状
芳纶 1414	不熔不缩	燃烧冒黑烟	自灭	特异气味	呈黑色絮状
乙纶	熔缩	熔融燃烧	熔融燃烧液态下落	石蜡味	呈灰白色蜡片状
丙纶	熔缩	熔融燃烧	熔融燃烧液态下落	石蜡味	呈灰白色蜡片状
聚苯乙烯纤维	熔缩	收缩燃烧	继续燃烧冒黑烟	略有芳香味	呈黑而硬的小球状
碳纤维	不熔不缩	像烧铁丝一样发红	不燃烧	略有辛辣味	呈原有状态

续表

纤维种类	燃烧状态			燃烧时的气味	残留物特征
	靠近火焰时	接触火焰时	离开火焰时		
金属纤维	不熔不缩	在火焰中燃烧并发光	自灭	无味	呈硬块状
石棉	不熔不缩	在火焰中发光,不燃烧	不燃烧,不变形	无味	不变形,纤维略变深
玻璃纤维	不熔不缩	变软发红光	变硬,不燃烧	无味	变形,呈硬珠状
酚醛纤维	不熔不缩	像烧铁丝一样发红	不燃烧	稍有刺激性焦味	呈黑色絮状
聚砜酰胺纤维	不熔不缩	卷曲燃烧	自灭	带有浆料味	呈不规则硬而脆的粒状

三、显微镜法

用显微镜观察未知纤维的纵面和横截面形态,对照纤维的标准照片和形态描述来鉴别未知纤维的类别。

(一)纵面观察

将适量纤维均匀平铺于载玻片上,加上一滴透明介质(注意不要带入气泡)盖上盖玻片,放在生物显微镜的载物台上,在放大倍数 100～500 倍条件下观察其形态,与标准照片或标准资料对比。

(二)纤维切片制作

1. 使用哈氏切片器

哈氏切片器可制作厚度 10～30 μm 的纤维切片,其结构示意图见图 14-1。操作时将哈氏切片器的紧固螺丝 4 松开,拔开定位销子 5,将螺座 6 旋转到与金属板凹槽 2 成垂直位置,抽出金属板凸舌 1。将一小束纤维试样梳理整齐,紧紧夹入哈氏切片器的凹槽中间,以锋利刀片先切去露在外面的纤维,然后装好上面的弹簧装置,并旋紧螺丝。然后稍微转动刻度螺丝 3,将露出的纤维切去。再稍微旋一下螺丝 3,用挑针滴一小滴 5%火棉胶溶液,待蒸发后,用刀片小心地切下切片。

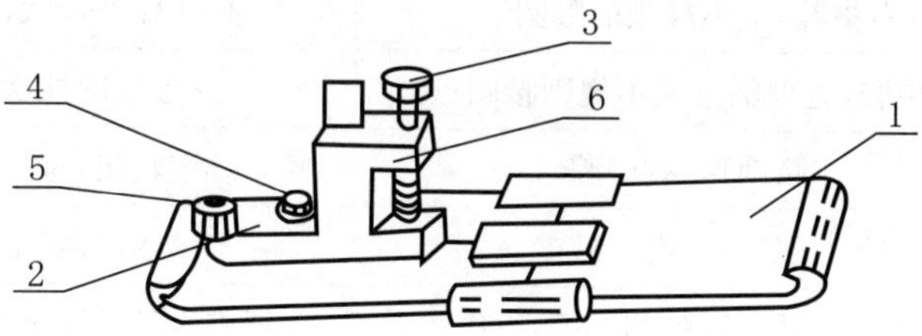

图 14-1 哈氏切片器结构示意图

1—金属板凸舌 2—金属板凹槽 3—刻度螺丝 4—紧固螺丝 5—定位销 6—螺座

2. 使用回转式切片机

回转式切片机采用隐蔽式无声棘轮、曲柄滑动机及精度较高的导轨导送标准块,能连续切割厚度均匀的纤维切片,切片厚度的调节范围为 1～40 μm。其结构示意图参见图 14-2。操作时取一束纤维,用手扯法将纤维束整理平直,先放入 80%乙醇、无水乙醇、乙醚乙醇(1∶1)混合液和 3%～5%火棉胶液中处理,取出晾干后进行石蜡包埋。然后将包埋修整好的纤维蜡块,黏合在木块上。将木块的一头夹在标本固定架上,转动蜡块固定螺丝,将蜡块夹紧与切片刀平行,调节到蜡块与刀口靠近。将回转式刀片机的调节器校正至需要刀片的厚度,一般纤维切片 6～10 μm 最为适宜。顺时针摇动手轮,使木块上下移动,切成带状的连续切片。

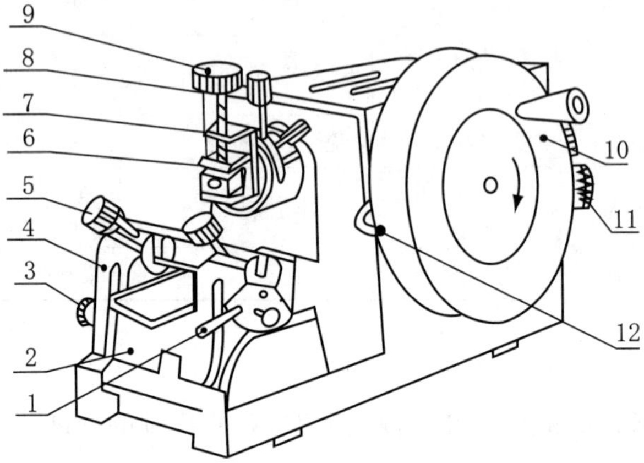

图 14-2　回转式切片机结构示意图

1—切片刀倾斜角度调整扳手　2—滑动刀座　3—刀座进限旋钮　4—刀座锁紧杆　5—切片刀固定旋钮
6—蜡块横向调整旋钮　7—蜡块固定器锁扳手　8—蜡块固定螺钉
9—蜡块竖向调整旋钮　10—旋转手轮　11—切片厚度调节旋钮　12—手轮停止旋转手轮

(三)横截面观察

将切好的纤维横截面切片置于载玻片上,加上一滴透明介质(注意不要带入气泡),盖上盖玻片,放在生物显微镜的载物台上,在放大倍数 100～500 倍条件下观察其形态,与标准照片或标准资料对比。

各种纤维横截面和纵面的特征见表 14-2。各种纤维横截面和纵面的形态显微照片可参见行业标准 FZ/T 01057.3 附录 C。

14-2　各种纤维的横截面、纵面形态特征

纤维名称	横截面形态	纵面形态
棉	有中腔,呈不规则的腰圆形	扁平带状,稍有天然转曲
丝光棉	有中腔,近似圆形或不规则腰圆形。	近似圆柱状,有光泽和缝隙
苎麻	腰圆形,有中腔	纤维较粗,有长形条纹及竹状横节
亚麻	多边形,有中腔	纤维较细,有竹状横节
大麻	多边形、扁圆形、腰圆形等,有中腔	纤维直径及形态差异很大,横节不明显
罗布麻	多边形、腰圆形等	有光泽,横节不明显
黄麻	多边形,有中腔	有长形条纹,横节不明显
竹纤维	腰圆形,有空腔	纤维粗细不匀,有长形条纹及竹状横节
桑蚕丝	三角形或多边形,角是圆的	有光泽,纤维直径及形态有差异

续表

纤维名称	横截面形态	纵面形态
柞蚕丝	细长三角形	扁平带状，有微细条纹
羊毛	圆形或近似圆形（或椭圆形）	表面粗糙，有鳞片
白羊绒	圆形或近似圆形	表面光滑，鳞片较薄且包覆较完整，鳞片间距较大
紫羊绒	圆形或近似圆形，有色斑	除具有白羊绒形态特征外，有色斑
兔毛	圆形、近似圆形或不规则四边形，有髓腔	鳞片较小与纤维纵向呈倾斜状，髓腔有单列、双列、多列
羊驼毛	圆形或近似圆形，有髓腔	鳞片有光泽，有的有通体或间断髓腔
马海毛	圆形或近似圆形，有的有髓腔	鳞片较大有光泽，直径较粗，有的有斑痕
驼绒	圆形或近似圆形，有色斑	鳞片与纤维纵向呈倾斜状，有色斑
牦牛绒	椭圆形或近似圆形，有色斑	表面光滑，鳞片较薄，有条状褐色色斑
黏纤	锯齿形	表面平滑，有清晰条纹
莫代尔纤维	哑铃形	表面平滑，有沟槽
莱赛尔纤维	圆形或近似圆形	表面平滑，有光泽
铜氨纤维	圆形或近似圆形	表面平滑，有光泽
醋纤	三叶形或不规则锯齿形	表面平滑，有沟槽
牛奶蛋白改性聚丙烯腈纤维	圆形	表面平滑，有沟槽和/或微细条纹
大豆蛋白纤维	腰子形（或哑铃形）	扁平带状，有沟槽和疤痕
聚乳酸纤维	圆形或近似圆形	表面平滑，有的有小黑点
涤纶	圆形或近似圆形及各种异形截面	表面平滑，有的有小黑点
腈纶	圆形，哑铃状或叶状	表面光滑，有沟槽和（或）条纹
变性腈纶	不规则哑铃形、蚕茧形、土豆形等	表面有条纹
锦纶	圆形或近似圆形及各种异形截面	表面平滑，有小黑点
维纶	腰子形（或哑铃形）	扁平带状，有沟槽
氯纶	圆形、蚕茧形	表面平滑
偏氯纶	圆形或近似圆形及各种异形截面	表面平滑
氨纶	圆形或近似圆形	表面平滑，有些呈骨形条纹
芳纶 1414	圆形或近似圆形	表面平滑，有的带有疤痕
乙纶	圆形或近似圆形	表面平滑，有的带有疤痕
丙纶	圆形或近似圆形	表面平滑，有的带有疤痕
聚四氟乙烯纤维	长方形	表面平滑

续表

纤维名称	横截面形态	纵面形态
碳纤维	不规则的炭末状	黑而匀的长杆状
金属纤维	不规则的长方形或圆形	边线不直,黑色长杆状
石棉	不均匀的灰黑糊状	粗细不匀
玻璃纤维	透明圆珠形	表面平滑、透明
酚醛纤维	马蹄形	表面有条纹,类似中腔
聚砜酰胺纤维	似土豆形	表面似树叶状

四、溶解法

利用纤维在不同温度下的不同化学试剂中的溶解特性来鉴别纤维。试验时,将少量纤维试样置于试管或小烧杯中,注入适量溶剂或溶液,在常温(20～30 ℃)下摇动 5 min(试样和试剂的用量比至少为 1∶50),观察纤维的溶解情况。但对有些在常温下难于溶解的纤维,需做加温沸腾试验。将装有试样和溶剂或溶液的试管或小烧杯加热至沸腾并保持 3 min,观察纤维的溶解情况。

常用纺织纤维的部分溶液溶解性能见表 14-3。

表 14-3(a) 常用纺织纤维的溶解性能

纤维	溶液(溶剂)											
	95%～98%硫酸		70%硫酸		60%硫酸		40%硫酸		36%～38%盐酸		15%盐酸	
	24～30 ℃	煮沸	24～30 ℃	煮沸	24～30 ℃	煮沸	24～30 ℃	煮沸	24～30 ℃	煮沸	24～30 ℃	煮沸
棉	S	S_0	S	S_0	I	S	I	P	I	P	I	P
麻	S	S_0	S	S_0	P	S_0	I	S_0	I	P	I	P
蚕丝	S	S_0	S_0	S_0	S	S_0	I	S_0	P	S	I	P
动物毛绒	I	S_0	I	S_0	I	S_0	I	S_0	I	P	I	I
黏纤	S_0	S_0	S	S_0	P	S_0	I	S	S	S_0	I	P
莱赛尔纤维	S_0	S_0	S	S_0	S	S	I	S_0	S	S_0	I	P
莫代尔纤维	S_0	S_0	S	S_0	S	S	I	S	S	S_0	I	P
铜氨纤维	S_0	S_0	S_0	S_0	S_0	S_0	I	S_0	I	S_0	I	P
醋纤	S_0	S_0	S_0	S_0	S	S_0	I	I	S	S_0	I	S
三醋纤	S_0	S_0	S_0	S_0	S	S_0	I	I	S	S_0	I	P
大豆蛋白纤维	P	S_0	P	S_0	P	S_0	I	S_0	P	S_0	P	S_0
牛奶蛋白改性聚丙烯腈纤维	S	S_0	I	S_0	I	S_0	I	I	I	I	I	I

续表

纤维	溶液(溶剂)											
	95%～98%硫酸		70%硫酸		60%硫酸		40%硫酸		36%～38%盐酸		15%盐酸	
	24～30 ℃	煮沸	24～30 ℃	煮沸	24～30 ℃	煮沸	24～30 ℃	煮沸	24～30 ℃	煮沸	24～30 ℃	煮沸
聚乳酸纤维	S	S_0	I	S	I	I	I	I	I	I	I	I
涤纶	S	S_0	I	P	I	I	I	I	I	I	I	I
腈纶	S	S_0	S	S_0	I	S_0	I	I	I	I	I	I
锦纶 6	S	S_0	S	S_0	S	S_0	S_0	S_0	S_0	S_0	S	S_0
锦纶 66	S_0	S_0	S	S_0	S	S_0	S	S_0	S_0		I	
氨纶	S	S_0	S	S	I	S_0	I	P	I	I	I	I
维纶	S	S_0	S	S_0	S	S_0	P	S_0	S_0		I	S
氯纶	I	I	I	I	I	I	I	I	I	I	I	I
偏氯纶	I	I	I	I	I	I	I	I	I	I	I	I
乙纶	I	□	I	□	I	□	I	I	I	I	I	I
丙纶	I	□	I	□	I	□	I	I	I	I	I	I
芳纶	P	S	I	I	I	I	I	I	I	I	I	I
碳纤维	I	I	I	I	I	I	I	I	I	I	I	I

表 14-3(b)　常用纺织纤维的溶解性能

纤维	溶液(溶剂)											
	1 mol/L次氯酸钠		5%氢氧化钠		60%～68%硝酸		88%甲酸		99%冰乙酸		氢氟酸	
	24～30 ℃	煮沸	24～30 ℃	煮沸	24～30 ℃	煮沸	24～30 ℃	煮沸	24～30 ℃	煮沸	24～30 ℃	煮沸
棉	I	P	I	I	I	S_0	I	I	I	I	I	—
麻	I	P	I	I	I	S_0	I	I	I	I	I	—
蚕丝	S	S_0	I	S_0	S	S_0	I	I	I	I	I	—
动物毛绒	S	S_0	I	S_0	△	S_0	I	I	I	I	I	—
黏纤	I	P	I	I	I	S_0	I	I	I	I	I	—
莱赛尔纤维	I	I	I	I	I	S_0	I	I	I	I	I	—
莫代尔纤维	I	I	I	I	I	S_0	I	I	I	I	I	—
铜氨纤维	I	I	I	I	I	S_0	I	I	I	I	I	—
醋纤	I	I	I	P	S	S_0	S_0	S_0	S	S_0	I	—

续表

纤维	溶液(溶剂)											
	1 mol/L 次氯酸钠		5% 氢氧化钠		60%~68% 硝酸		88% 甲酸		99% 冰乙酸		氢氟酸	
	24~30 ℃	煮沸	24~30 ℃	煮沸	24~30 ℃	煮沸	24~30 ℃	煮沸	24~30 ℃	煮沸	24~30 ℃	煮沸
三醋纤	I	I	I	P	S	S_0	S_0	S_0	S	S_0	I	—
大豆蛋白纤维	I	S	I	I	S	S_0	I	S	I	I	I	—
牛奶蛋白改性聚丙烯腈纤维	I	P	I	I	S	S_0	I	S	I	I	I	—
聚乳酸纤维	I	I	I	I	□	S_0	I	□	I	P	I	—
涤纶	I	I	I	I	I	I	I	I	I	I	I	—
腈纶	I	I	I	I	S	S_0	I	I	I	I	I	—
锦纶 6	I	I	I	I	S_0	S_0	S_0	S_0	I	S_0	I	—
锦纶 66	I	I	I	I	S_0	S_0	S_0	S_0	I	S_0	I	—
氨纶	I	I	I	I	I	S	I	S_0	I	S	I	—
维纶	I	P	I	I	S_0	S_0	S	S_0	I	I	I	—
氯纶	I	I	I	I	I	I	I	I	I	I	I	—
偏氯纶	I	I	I	I	I	I	I	I	I	I	I	—
乙纶	I	I	I	I	I	□	I	I	I	I	I	—
丙纶	I	I	I	I	I	I	I	I	I	I	I	—
芳纶	I	I	I	I	I	I	I	I	I	I	I	—
碳纤维	I	I	I	I	I	I	I	I	I	I	I	—

表 14-3(c) 常用纺织纤维的溶解性能

纤维	溶液(溶剂)									
	铜氨		65% 硫氰酸钾		N,H-二甲基甲酰胺		丙酮		四氢呋喃	
	24~30 ℃	煮沸	24~30 ℃	煮沸	24~30 ℃	煮沸	24~30 ℃	煮沸	24~30 ℃	煮沸
棉	S	—	I	I	I	I	I	I	I	I
麻	S	—	I	I	I	I	I	I	I	I
蚕丝	S	—	I	I	I	I	I	I	I	I
动物毛绒	I	—	I	I	I	I	I	I	I	I
黏纤	S_0	—	I	I	I	I	I	I	I	I

续表

纤维	溶液(溶剂)									
	铜氨		65%硫氰酸钾		N,H-二甲基甲酰胺		丙酮		四氢呋喃	
	24~30 ℃	煮沸	24~30 ℃	煮沸	24~30 ℃	煮沸	24~30 ℃	煮沸	24~30 ℃	煮沸
莱赛尔纤维	P	—	I	I	I	I	I	I	I	I
莫代尔纤维	S	—	I	I	I	I	I	I	I	I
铜氨纤维	S	—	I	I	I	I	I	I	I	I
醋纤	I	—	I	I	S	S_0	S_0	S_0	S_0	S_0
三醋纤	I	—	I	I	S	S_0	P	P	P	S_0
大豆蛋白纤维	I	—	I	I	I	I	I	I	I	I
牛奶蛋白改性聚丙烯腈纤维	I	—	I	S_0	I	P	I	I	I	I
聚乳酸纤维	I	—	I	P	I	S/P	I	P	P	P
涤纶	I	—	I	I	I	S/P	I	I	I	I
腈纶	I	—	I	S_0	S/P	S_0	I	I	I	I
锦纶 6	I	—	I	I	I	S/P	I	I	I	I
锦纶 66	I	—	I	I	I	I	I	I	I	I
氨纶	I	—	I	I	I	S_0	I	I	I	I
维纶	I	—	I	I	I	I	I	I	I	I
氯纶	I	—	I	I	S_0	S_0	I	P	S_0	S_0
偏氯纶	I	—	I	I	I	S_0	I	I	S_0	S_0
乙纶	I	—	I	I	I	I	I	I	I	I
丙纶	I	—	I	I	I	I	I	I	I	I
芳纶	I	—	I	I	I	I	I	I	I	I
碳纤维	I	—	I	I	I	I	I	I	I	I

注：S_0——立即溶解；S——溶解；P——部分溶解；P_{SS}——微溶；□——块状；I——不溶解；△——溶胀。

五、含氯含氮呈色反应法

含有氯、氮元素的纤维用火焰、酸碱法检测，会呈现特定的呈色反应。

(一)含氯试验

取干净的铜丝，用细砂纸将表面的氧化层除去，将铜丝在火焰中烧红立即与试样接触，然后将铜丝移至火焰中，观察火焰是否呈绿色，如含氯就会呈现绿色的火焰。

(二)含氮试验

试管中放入少量切碎的纤维，并用适量的碳酸钠覆盖，在酒精灯上加热试管，试管口放上红色石蕊试纸。如红色石蕊试纸变蓝色,说明有氮存在。部分含氯含氮纤维的呈色反应见表 14-4。

表 14-4 部分含氯含氮纤维的呈色反应

纤维名称	Cl(氯)	N(氮)	纤维名称	Cl(氯)	N(氮)
蚕丝	×	√	锦纶	×	√
动物毛绒	×	√	氯纶	√	×
大豆蛋白纤维	×	√	偏氯纶	√	×
牛奶蛋白改性聚丙烯腈纤维	×	√	腈氯纶	√	×
聚乳酸纤维	×	√	氨纶	×	√
腈纶	×	√			

注:√——有;×——无。

六、熔点法

合成纤维在高温作用下,大分子间键接结构产生变化,由固态转变为液态。通过目测和光电检测从外观形态的变化测出纤维的熔融温度即熔点。不同种类的合成纤维具有不同的熔点,依此鉴别纤维的类别。

试验时,取少量纤维放在两片盖玻片之间,置于熔点仪显微镜的电热板上,并调焦使纤维成像清晰。升温速率为 3~4 ℃/min,在此过程中仔细观察纤维形态变化。当发现玻璃片中的大多数纤维熔化时,此时的温度即为熔点。若用偏光显微镜,调节起、检偏振镜的偏振面相互垂直,使视野黑暗,放置试样使纤维的几何轴在直交的起偏振镜和检偏振镜间的 45°位置上。熔融前纤维发亮,而其他部分黑暗,当纤维一开始融化,亮点即消失,这时的温度即为熔点。

各种合成纤维的熔点见表 14-5。

表 14-5 各种合成纤维的熔点

纤维名称	熔点范围(℃)	纤维名称	熔点范围(℃)
醋纤	255~260	三醋纤	280~300
涤纶	255~260	氨纶	228~234
腈纶	不明显	乙纶	130~132
锦纶 6	215~224	丙纶	160~175
锦纶 66	250~258	聚四氟乙烯纤维	329~333
维纶	224~239	腈氯纶	188
氯纶	202~210	维氯纶	200~231
聚乳酸纤维	175~178	聚对苯二甲酸丙二醇酯纤维(PPT)	228
聚对苯二甲酸丁二酯纤维(PBT)	226	—	—

七、密度梯度法

各种纤维的密度不同，根据所测定的未知纤维密度并将其与已知纤维密度对比来鉴别未知纤维的类别。将两种密度不同而能互相混溶的液体，经过混合然后按一定流速连续注入梯度管内，由于液体分子的扩散作用，液体最终形成一个密度自上而下递增并呈连续性分布的梯度密度液柱。用标准密度玻璃小球标定液柱的密度梯度，并作出小球密度－液柱高度的关系曲线（应符合线性分布）。随后将被测纤维小球投入密度梯度管内，待其平衡静止后，根据其所在高度查密度—高度曲线图即可求得纤维的密度。

轻、重两种溶液的密度值可根据待测样品的密度值范围而定，在实际测定时，轻液的密度比待测样品的密度值略低，重液的密度比待测样品的密度略高。这样可保证梯度管上下限值在要求范围内。配制完毕要在恒温槽内用密度计对溶液的密度进行校正。根据轻、重两种溶液质量相等的原理，轻、重液体体积比例有如下等式：

$$V_A \times \rho_A = V_B \times \rho_B$$

式中：V_A 为重液的体积（mL）；ρ_A 为重液的密度（g/cm^3）；V_B 为轻液的体积（mL）；ρ_B 为轻液的密度（g/cm^3）。

轻、重液体积 V_A 和 V_B 之和即密度梯度管的总体积 V 为已知，混合液的密度可按下式计算：

$$\rho = \frac{V_A \rho_A + (V - V_A)\rho_B}{V} \tag{14-1}$$

轻、重溶液可直接选用纯溶剂，但在更多情况下，需要把两种纯溶剂配成混合液才能满足要求。轻、重溶液配制好后，用量筒量取分别倒入梯度管配置装置的两只三角烧瓶内。开动磁力搅拌器将液体内部的气泡清除，然后按重、轻液次序，使液体以低于 5 mL/min 的流速沿梯度管的管壁缓缓流入梯度管中。待液体流完后，盖上盖子，将梯度管缓缓移入密度梯度测定仪中，投入标准密度玻璃小球，在（25±0.5）℃平衡 2 h 后即可使用测高仪测定玻璃小球的准确高度（精确至 1 mm），作出该梯度管的高度－密度曲线。该曲线应具有良好线性，否则需重新配制。

将试样整理成束，捻紧后制成直径为 2～3 mm 的纤维小球 5 个，放入称量瓶在烘箱中于（100±2）℃烘 1 h，热稳定性差的样品应在真空干燥箱内于（30±2）℃干燥 0.6 h。取出后盖上称量瓶盖子放入干燥器中冷却 10 min。把干燥后的纤维小球放入装有少量二甲苯的离心管中，在离心机上（转速 2 000 r/min）离心脱泡 2 min，投入已标定好的密度梯度管内，在其下沉时若有牵连可用金属细丝轻轻拨开。一般 3 h 即可达到平衡，但某些纤维可能需要较长时间才能达到平衡。然后用测高仪逐一测出小球的高度，由密度－高度关系曲线查出每个纤维小球的密度值，将试样的密度值与表 14-6 进行对比，确定纤维种类。

表 14-6　常用纺织纤维密度[(25±0.5)℃]

纤维名称	密度值(g/cm^3)	纤维名称	密度值(g/cm^3)
棉	1.54	锦纶	1.14
苎麻	1.51	维纶	1.24
亚麻	1.5	偏氯纶	1.70
蚕丝	1.36	氨纶	1.23

续表

纤维名称	密度值(g/cm³)	纤维名称	密度值(g/cm³)
羊毛	1.32	乙纶	0.96
黏纤	1.51	丙纶	0.91
铜氨纤维	1.52	石棉	2.10
醋纤	1.32	玻璃纤维	2.46
涤纶	1.38	酚醛纤维	1.31
腈纶	1.18	聚砜酰胺纤维	1.37
变性腈纶	1.28	氯纶	1.38
芳纶 1414	1.46	牛奶蛋白改性聚丙烯腈纤维	1.26
莫代尔纤维	1.52	大豆蛋白纤维	1.29
莱赛尔纤维	1.52	聚乳酸纤维	1.27

八、红外吸收光谱鉴别方法

当一束红外光照射到被测试样上时,该物质分子将吸收一部分光能并转变为分子的振动能和转动能。借助于仪器将吸收值与相应的波数作图,即可获得该试样的红外吸收光谱,光谱中每一个特征吸收谱带都包含了试样分子中基团和键的信息。不同物质有不同的红外光谱图。纤维鉴别就是利用这种原理,将未知纤维与已知纤维的标准红外光谱进行比较来区别纤维的类别。

试样制备方法简述如下:

(一)溴化钾制片法

将纤维整理成束,用哈氏切片器,将纤维切成长度小于 20 μm 的粉末,取 2～3 mg 和 100 mg 的溴化钾粉末混合,在玛瑙研钵中研磨 2～3 min,将磨碎均匀的混和物全部移至溴化钾压模中,在约 14 MPa 压力下,抽真空 2～3 min,即可得到一片较透明的片子(这一方法主要用于纤维素纤维、蛋白质纤维及溶剂难以溶解的合成纤维)。

(二)薄膜法(具体制备分两种方法)

1. 溶解铸膜

纤维试样溶解在合适的溶剂中,然后在晶体板(氯化钠、溴化钾或 KRS-5)上,用玻璃棒涂膜,并使试剂完全挥发后即可上机。这一方法主要用于锦纶 6、锦纶 66(溶于甲酸)、聚氯乙烯纤维(溶于二氧甲烷)、二醋酯纤维(溶于丙酮)、三醋酯纤维(溶于二氯甲烷)。

2. 融溶铸膜

将纤维试样夹在聚四氟乙烯板中,并置于两加热板之间,在实验室的压机上压制,即可获得薄而透明的薄膜。这一方法主要用于聚烯烃、聚酯、聚偏氯乙烯、锦纶 610、锦纶 1010 等。

各种试样的红外光谱的主要吸收谱带及其特性频率见表 14-7。

表 14-7 纺织纤维红外光谱主要吸收谱带及其特性频率表

编号	纤维种类	制样方法	主要吸收谱带及其特性频率(cm^{-1})
1	纤维素纤维	K	3450～3200,1640,1160,1064～980,893,671～667,610
2	动物纤维	K	3450～3300,1658,1534,1163,1124,926
3	丝	K	3450～3300,1650,1520,1220,1163～1149,1064,993,970,550
4	黏胶纤维	K	3450～3250,1650,1430～1370,1060～970,890
5	醋酯纤维	F	1745,1376,1237,1075～1042,900,602
6	聚酯纤维	F(热压成膜)	3040,2358,2208,2079,1957,1724,1242,1124,1090,870,725
7	聚丙烯腈纤维	K	2242,1449,1250,1075
8	锦纶 6	F(甲酸成膜)	3300,3050,1639,1540,1475,1263,1200,687
9	锦纶 66	F(甲酸成膜)	3300,1634,1527,1473,1276,1198,933,689
10	锦纶 610	F(热压成膜)	3300,1634,1527,1475,1239,1190,936,689
11	锦纶 1010	F(热压成膜)	3300,1635,1535,1467,1237,1190,941,722,686
12	聚乙烯醇缩甲醛纤维	K	3300,1449,1242,1149,1099,1020,848
13	聚氯乙烯纤维	F(二氯甲烷成膜)	1333,1250,1099,971～962,690,614～606
14	聚偏氯乙烯纤维	F(热压成膜)	1108,1075～1064,1042,885,752,599
15	聚氨基甲酸乙酯纤维	F(DMF 成膜)	3300,1730,1590,1538,1410,1300,1220,769,510
16	聚乙烯纤维	F(热压成膜)	2925,2868,1471,1460,730,719
17	聚丙烯纤维	F(热压成膜)	1451,1475,1357,1166,997,972
18	聚四氟乙烯纤维	K	1250,1149,637,625,555
19	芳纶 1313	K	3072,1642,1602,1528,1482,1239,856,818,779,718,684
20	芳纶 1414	K	3057,1647,1602,1545,1516,1399,1308,1111,893,865,824,786,664
21	聚芳砜纤维	K	1587,1242,1316,1147,1104,876,835,783,722
22	聚砜酰胺	K	1658,1589,1522,1494,1313,1245,1147,1104,783,722
23	酚醛纤维	K	3340～3200,1613～1587,1235,826,753
24	聚碳酸酯纤维	F(热压成膜)	1770,1230,1190,1163,833
25	维氯纶	K	3300,1430,1329,1241,1177,1143,1092,1020,690,614
26	腈氯纶	K	2324,1255,690,624
27	聚乙烯-醋酸乙烯共聚物	K	1737,1460,1369,1241,1020,730,719,608

续表

编号	纤维种类	制样方法	主要吸收谱带及其特性频率(cm^{-1})
28	碳素纤维	K	无吸收
29	不锈钢金属纤维	K	无吸收
30	玻璃纤维	K	1413,1043,704,451

注:①羊毛在 1 800～1 000 cm^{-1}之间皆为宽谱带;
②生丝在 1 710～1 370 cm^{-1}之间皆为宽谱带;
③各种纤维的吸收频率,按使用红外光谱仪的不同,差异约有±20 cm^{-1};
④改性纤维的红外光谱,除对原纤维的吸收外,同时叠加了改性物质的吸收谱带;
⑤制样方法一栏中,K 是溴化钾压片法,F 是薄膜法。

九、双折射率测定方法

由于纤维具有双折射性质,利用偏振光显微镜可分别测得平面偏光振动方向的平行于纤维长轴方向的折射率和垂直于纤维长轴方向的折射率,二者相减即得双折射率,由于不同纤维的双折射率不同,因此可以用双折射率大小来鉴别纤维。

采用浸没法时,纤维浸没在溶液中用显微镜观察,如果纤维的折射率和溶液的折射率不同,则在纤维边界可以看见一条明亮的光线——贝克线。当显微镜上移时,贝克线向折射率大的方向移动,镜筒下移时,贝克线向折射率小的方向移动。如果纤维折射率和溶液折射率相同,则贝克线消失。据此,可以区别纤维折射率和溶液折射率的大小,并可获得折射率和纤维折射率相同的溶液,然后利用折光仪测定这种溶液的折射率,从而求得纤维的折射率。这种测定纤维的折射率的方法,也称为贝克法。

应用贝克法测定纤维折射率时,需用单色平面偏振光,一般用钠光。为了使贝克线明显易认,所用物镜的数值孔径应该较小,并使光阑调小。应该指出,浸没法测得的纤维折射率是纤维表层的折射率。

为了精确地测定纤维的折射率,需要配制混合溶液。如果混合溶液的折射率是混合成分的直线函数,则应有如下关系:

$$n=\frac{(n_1v_1+n_2v_2)}{v_1+v_2} \tag{14-2}$$

式中:n_1,n_2 和 n 分别为两种溶液和混合溶液的折射率;v_1 和 v_2 为两种溶液的体积。

常用的溶液为:α-溴代萘(n=1.658),石蜡油(n=1.47),蒸馏水(n=1.333)。

为了获得准确的结果,在配制混合溶液时应注意下列几点:

(1)两种溶液的蒸发速度要求一致,且不能蒸发过快,以保持混合溶液的成分和折射率不变。

(2)应选择不会使纤维膨化的溶液,并力求其化学性质稳定。

(3)两种溶液的密度相近,可以任意混合,混合后的折射率是混合成分的直线函数。

(4)溶液洁净、无色泽、无毒、无特殊臭味。

必须注意,溶液的折射率随温度差异而变化,一般溶液的温度修正系数为−0.000 4/℃。因此,为了使测得的折射率正确到小数点后第三位,温度差异必须控制在±1℃的范围内;如果要正确到小数点后第四位,温度差异应控制在±0.1 ℃的范围内。除了温度应严格控制外,还必须注意湿度对折射率的影响。有些溶液易于吸湿，应和纤维一起在恒温恒湿条件下放置，使吸湿平衡。用浸没法测定纤维的折射率正确性可达 0.0005。

试验前，先进行偏振光显微镜中心校正，旋转载物台 90°，观察试样位置是否变动，如有变动应调节物镜的镜筒上方两只中心校正螺丝。再进行起偏振片的振动面校正，纤维放置位置以目镜十字线为准，必须使起偏振片振动面与十字线任一线一致。检偏振片与起偏振片成正交位置时视野最黑暗，说明起偏振片、检偏振片的振动面与目镜十字线任一线方向一致，反之需进行校正。浸没法测双折射在校正好起偏振方向（与十字线平行）后，将检偏振片移去。

试验时，将单根纤维放在载玻片上，再加上一滴浸油（一系列浸油，每种油的折射率递差 0.01），覆以盖玻片，放置载物台上。先用 80～100 倍显微镜观察，找出纤维，并转动载物台，使纤维与起偏器方向平行，再用 400～500 倍显微镜观察。调节焦距，同时观察贝克线变化情况，视野中贝克线向纤维外向移动，则浸液折射率高于纤维折射率，应更换折射率低的浸液，反之，贝克线向内移，则改用折射率高的浸液，并重复以上试验，直至贝克线看不见为止，此时测出纤维的折射率与浸油的折射率相等。由于浸油的折射率为已知的，亦即得出纤维的折射率 $n_{/\!/}$。接着再转动载物台 90°，用上述方法同时求出纤维折射率 $n_{\perp}$。纤维双折射率 $\Delta n = n_{/\!/} - n_{\perp}$。

各种纤维的折射率见表 14-8。

表 14-8　各种纺织纤维的折射率[(20±2)℃，RH=65%±2%]

纤维名称	平行折射率 $n_{/\!/}$	垂直折射率 $n_{\perp}$	双折射率 $\Delta n = n_{/\!/} - n_{\perp}$
棉	1.576	1.526	0.050
麻	1.568～1.588	1.526	0.042～0.062
桑蚕丝	1.591	1.538	0.053
柞蚕丝	1.572	1.528	0.044
羊毛	1.549	1.541	0.008
普通黏胶纤维	1.540	1.510	0.030
富强纤维	1.551	1.510	0.041
铜氨纤维	1.552	1.521	0.031
醋酯纤维	1.473	1.473	0.005
聚酯纤维	1.725	1.537	0.188
聚丙烯腈纤维	1.510～1.516	1.510～1.516	0.000
变性聚丙烯腈纤维	1.535	1.532	0.003
聚酰胺纤维	1.573	1.521	0.052
聚乙烯醇缩甲醛纤维	1.547	1.522	0.025
聚氯乙烯纤维	1.548	1.527	0.021
聚乙烯纤维	1.570	1.522	0.048
聚丙烯纤维	1.523	1.491	0.032
酚醛纤维	1.643	1.630	0.013
玻璃纤维	1.547	1.547	0.000
木棉纤维	1.528	1.528	0.000

第二节　混纺比测定方法

随着化学纤维的不断发展,采用化纤与棉、毛、麻、丝等天然纤维混纺和交织以及各种化纤混纺和交织愈来愈多,混纺和交织的目的,就在于发挥各种纤维的优良性能,取长补短,满足各种用途的不同要求,并且扩品种,降低成本。因此有了纤维混纺产品的混纺比测定,对于合理选配原料个准确检验产品具有重要的意义。

混纺比的测定方法很多,常用的是定量化学分析方法,广泛应用于二组分、三组分、四组分等纤维混纺产品。其基本原理是混纺产品的组分经定性鉴别确定后,选择适当的试剂溶解一种或几种组分,将不溶解的组分烘干、称重,从而计算出各组分纤维的百分含量。另一种是显微镜观察法,利用纤维不同的外观形态(包括横截面和纵面),将不同纤维区别开来,计其根数并测量直径,从而计算出各组分纤维的百分含量。

一、二组分纤维混纺产品定量化学分析方法

(一)预处理及试验结果计算

1. 试样的预处理

(1)一般预处理方法。主要去除纤维上的油脂、蜡,以及其他水溶性物质。

取试样 5 g 左右,放在索氏萃取器中,用石油醚萃取 1 h,每小时至少循环 6 次,待试样中的石油醚挥发后,把试样浸入冷水中,浸泡 1 h,再在(65±5)℃的水中浸泡 1 h,水与试样之比为 100∶1,并不时搅拌溶液,然后抽吸或离心脱水、晾干。

(2)特殊预处理方法。试样上的水方溶性浆料、树脂等非纤维物质,如不能用石油醚和水萃取,则需用特殊方法处理,同时要求这种处理对纤维组成没有影响。

2. 溶解试验测定混纺比的方法

将预处理的试样放入称量瓶内,盖子打开放入烘箱内,在(105±3)℃温度下烘 4～16 h,如烘干时间小于 14 h,则需烘至恒重。烘干后,盖上瓶盖迅速移入干燥器中冷却、称重,直至恒重。经溶解处理后,将不溶纤维放入已知质量的玻璃砂芯坩埚,放入烘箱内烘干后,盖上盖子迅速移入干燥器内冷却、称重,直至恒重。以上称重应在 2 min 内称完,精确至 0.0002 g。

3. 试验结果计算方法

(1)净干含量百分率的计算。

$$P_1=\frac{m_1 d}{m_0}\times 100 \tag{14-3}$$

$$P_2=100-P_1 \tag{14-4}$$

式中:P_1 为不溶解纤维的净干含量百分率(%);P_2 为溶解纤维净干含量百分率(%);m_0 为预处理后试样干重(g);m_1 为剩余的不溶纤维干重(g);d 为不溶纤维试剂处理质量修正系数,为不溶纤维处理前干重与处理后干重之比(当不溶纤维有质量损失时,d 值大于 1;质量有增加时,d 值小于 1,各种纤维的 d 值见表 14-9)。

(2)结合公定回潮率的含量百分率的计算。

$$P_m=\frac{P_1(1+a_1/100)}{P_1(1+a_1/100)+P_2(1+a_2/100)}\times 100 \tag{14-5}$$

$$P_n=100-P_m \tag{14-6}$$

式中:P_m 和 P_n 分别代表不溶纤维和溶解纤维结合公定回潮率的含量百分率(%);P_1 和 P_2 分

表 14-9 二组分混纺产品定量化学分析表

编号	纤维组成	应用方法	基本原理	d值
1	醋酯纤维与某些其他纤维	丙酮法	用丙酮溶解醋酯纤维	不溶纤维:1.00
2	某些蛋白纤维与其他纤维	次氯酸盐法	用次氯酸盐溶液把蛋白质纤维溶解	棉:1.03 其他:1.00
3	黏胶纤维、铜氨纤维或莫代尔纤维与棉	锌酸钠法	用锌酸钠试剂溶解黏胶纤维、铜氨纤维或莫代尔纤维	所有类型的棉:1.02
4	聚酰胺纤维与某些其他纤维	甲酸法	用甲酸溶液溶解聚酰胺纤维	苎麻:1.02 其他:1.00
5	醋酯纤维与三醋酯纤维	丙酮法	用丙酮水溶液把醋酯纤维溶解	三醋酯:1.01
6	醋酯纤维与三醋酯纤维	苯甲醇法	用苯甲醇把醋酯纤维溶解	三醋酯:1.00
7	三醋酯纤维或聚乳酸纤维与某些其他纤维	二氯甲烷法	用二氯甲烷把三醋酯纤维溶解	聚酯纤维:1.01 其他:1.00
8	纤维素纤维与聚酯纤维	硫酸法	用75%硫酸把纤维素纤维溶解	聚酯纤维:1.00
9	聚丙烯腈纤维、某些改性聚丙烯腈纤维、某些含氯纤维或某些弹性纤维与某些其他纤维	二甲基甲酰胺法	用二甲基酰胺把聚丙烯腈纤维、变性聚丙烯腈纤维、含氯纤维溶解	丝:1.00 其他:1.01
10	含氯纤维与其他纤维	二硫化碳/丙酮法	用二硫化碳和丙酮的共沸混合物把含氯纤维溶解	不溶纤维:1.00
11	醋酯纤维与含氯纤维	冰乙酸法	用冰乙酸把醋酯纤维溶解	含氯纤维:1.00
12	黄麻与动物纤维	含氯量测定法	通过对试样的含氯量测量以及两种组分已知的理论含氯量计算各组分的含量	—
13	聚丙烯纤维与其他纤维	二甲苯法	用沸的二甲苯把聚丙烯纤维溶解	不溶纤维:1.00
14	含氯纤维(氯乙烯均聚物)与某些其他纤维	硫酸法	用浓硫酸把不含氯的其他纤维溶解	聚氯乙烯纤维:1.00
15	丝与羊毛或其他动物纤维	硫酸法	用75%硫酸把丝溶解	羊毛:0.985
16	纤维素纤维与石棉	—	试样置于(450±10)℃下1 h以除去纤维素纤维	石棉纤维:1.02
17	聚氨酯弹性纤维与某些其他纤维	二甲基乙酰胺法	用二甲基乙酰胺把聚氨酯弹性纤维溶解	涤纶纤维:1.01

续表

编号	纤维组成	应用方法	基本原理	d 值
18	含氯纤维、某些改性聚丙烯腈纤维、某些弹性纤维、醋酯纤维、三醋酯纤维与某些其他纤维	环己酮法	用近沸点的环己酮把左列纤维溶解	蚕丝:1.01 聚丙烯腈纤维:0.98
19	黏胶纤维、某些铜氨纤维、莫代尔纤维或莱赛尔纤维与亚麻、苎麻	甲酸/氯化锌法	用甲酸/氯化锌把左列纤维溶解	亚麻:1.07 苎麻:1.00
20	聚乙烯纤维与聚丙烯纤维	环己酮法	用环己酮把聚丙烯纤维溶解	d:1.00
21	聚酯纤维与某些其他纤维	苯酚/四氯乙烷法	用苯酚/四氯乙烷法把聚酯纤维溶解	聚丙烯纤维:1.01
22	大豆蛋白复合纤维与某些其他纤维	见 GB/T 2901.101	—	—

别代表不溶纤维和溶解纤维的净干含量百分率(%);a_1 和 a_2 分别代表不溶纤维和溶解纤维的公定回潮率(%)。

(3)包括公定回潮率和预处理中纤维损失和非纤维物质除去量的百分率的计算。

$$P_A=\frac{P_1[1+(a_1+b_1)/100]}{P_1[1+(a_1+b_1)/100]+P_2[1+(a_2+b_2)/100]}\times100 \tag{14-7}$$

$$P_B=100-P_A \tag{14-8}$$

式中:P_A 和 P_B 分别代表不溶纤维和溶解纤维结合公定回潮率和预处理损失的含量百分率(%);P_1 和 P_2 分别代表不溶纤维和溶解纤维的净干含量百分率(%);a_1 和 a_2 分别代表不溶纤维和溶解纤维的公定回潮率(%);b_1 和 b_2 分别代表不溶纤维和溶解纤维的质量损失和/或溶解纤维中非纤维物质的去除率(%)。

若使用特殊处理,b_1 和 b_2 的数值必须从实际中测得,将纯纤维放在测试所用的试剂中测得,一般纯纤维不含有非纤维物质,除非有时在纤维制造时加入或天然伴生的物质。

(二)定量化学分析法

根据不同的混纺产品,即某种纤维与其他纤维的混纺产品,采用不同的化学分析方法,如表 14-9 所示。现举例简介如下:

1. 醋酯纤维与某些其他纤维的混合物(丙酮法)

用丙酮溶解醋酯纤维。

试验时,把试样放进具塞三角烧瓶中,每克试样加 100 mL 丙酮,摇动烧瓶(浸透试样),在室温下放置 30 min,每隔 10 min 摇动一次,然后轻轻倒出溶液,纤维残留物留在烧瓶中,用已知干燥质量的玻璃砂芯坩埚过滤。试样再重复处理 2 次(共萃取 3 次),但每次只需 15 min,处理总时间为 1 h。用丙酮清洗不溶纤维至玻璃砂芯坩埚中,抽吸排液,再用丙酮将玻璃砂芯坩埚装满,利用重力排液,最后,用抽吸装置排液,把不溶纤维及玻璃砂芯坩埚烘干、冷却、称重。

计算时,不溶纤维的 d 值均为 1.00。

2. 某些蛋白质纤维与某些其他纤维的混合物(次氯酸盐法)

羊毛、化学处理过的羊毛、其他动物纤维、蚕丝、酪朊再生蛋白质纤维和下列纤维混合可用本方法：棉、铜氨纤维、黏胶纤维、莫代尔纤维、聚丙烯腈纤维、含氯纤维、聚酰胺纤维、聚酯纤维、聚丙烯纤维、玻璃纤维和弹性纤维。如果织物中几种蛋白纤维同时存在，则此方法只能得出它们的总量而不能得到各自的量。

用次氯酸盐溶液把蛋白质纤维溶解。

试验时，将试样放入三角烧杯中，每克试样加入 100 mL 次氯酸盐溶液，使试样充分浸湿，在(20±2)℃下剧烈振荡 40 min，然后把烧杯中不溶纤维用少量次氯酸盐溶液放到已知干量的玻璃砂芯坩埚中，真空抽吸排液，然后用水清洗、稀乙酸溶液中和，最后用水连续清洗不溶纤维，每次清洗液靠重力排液后，再用真空抽吸排液。将玻璃砂芯坩埚及不溶纤维烘干、冷却、称重。

计算时，棉的 d 值为 1.03，其余纤维的 d 值为 1.00。

3.黏胶纤维、铜氨纤维或莫代尔纤维与棉的混合物(锌酸钠法)

用锌酸钠试剂溶解黏胶纤维、铜氨纤维或莫代尔纤维。

试验时，将试样放入具塞三角烧瓶中，每克试样加 150 mL 新配制的锌酸钠稀溶液，盖上瓶塞，在机械振荡器上振荡(20±1)min，用已知干燥质量的玻璃砂芯坩埚过滤溶液，抽吸三角烧瓶去除过量的液体，用镊子把不溶纤维放回具塞三角烧瓶中，加入 100 mL 稀氨水，在机械振荡器上振荡 5 min。再用同一已知质量的玻璃砂芯坩埚过滤溶液，用水清洗烧瓶中的不溶纤维倒入坩埚中，用 100 mL 稀乙酸溶液清洗坩埚和残留物，并用水彻底冲洗，每次洗液靠重力排液后，再用真空抽吸排液，最后烘干、冷却、称重。

计算时，所有类型的棉纤维的 d 值都为 1.02。

4.聚酰胺纤维与某些其他纤维混合物(甲酸法)

用甲酸溶液溶解聚酰胺纤维。

试验时，把试样放入三角烧杯中，每克试样加入 100 mL 甲酸溶液，盖上瓶塞，摇动烧瓶浸湿试样，放置 15 min，并不时摇动。用少量甲酸溶液清洗已知质量的过滤坩埚，过滤三角烧瓶中的纤维，把不溶纤维移入过滤坩埚中，用真空抽吸排液，依次用甲酸溶液、热水清洗，稀氨溶液中和，最后利用冷水洗涤不溶纤维，每次洗液加完后，靠重力排液，然后利用真空抽吸，最后将过滤坩埚和不溶纤维烘干、冷却、称重。

计算时，苎麻纤维的 d 值为 1.02，其他纤维的 d 值均为 1.00。

二、三组分纤维混纺产品定量化学分析方法

混纺产品经定性鉴定后，用预处理方法去除非纤维物质。然后按个别溶解或顺序溶解的方法，对产品的各组分加以分离及定量。

混纺产品中各种纤维的质量，以混纺产品总质量中三种纤维的百分率表示。设三种纤维为 A、B、C，以净干质量为基准，结合公定回潮率和预处预中质量损失率。

在各种纤维混纺产品溶解时，对其中某一种纤维可选择性的溶解，有四种方法。

(一)方法 1

先从第一个试样中溶解去除 A 纤维；再从第二个试样除去 B 纤维。分别对未溶纤维称重，从溶解失重，分别算出溶解纤维 A、B 的含量百分率，不溶纤维 C 的百分含量可从差值中求出。

(二)方法 2

从第一个试样中，溶解去除 A 纤维，剩余的不溶纤维为 B+C，再从第二个试样中，溶解去

除 A+B 纤维，剩余不溶纤维为 C。对第一个试样不溶纤维称重，从溶解失重，算出 A 纤维的百分率。称出第二个试样的不溶纤维质量，从溶解失重算出 C 纤维，则 B 纤维的百分率可从差值中求出。

(三)方法 3

先从第一个试样中，溶解去除纤维 A+B，剩余的不溶纤维为 C，在第二个试样中溶解去除纤维 A+C，剩余的不溶纤维为 A，B 纤维的百分率可以从差值中求出。

(四)方法 4

同一个试样，经前后两次顺序溶解处理，分别将两种纤维去除。其步骤是将试样称重后，先溶解 A 纤维，从溶解失重，算出溶解纤维的百分率。再将剩余的 B、C 两种纤维中的一种纤维溶解掉，再称出剩余的不溶纤维，在溶解中的质量损失可算出 B 纤维溶解纤维的百分率。C 纤维从差值中求出。

前三种为个别溶解法，后一种是顺序法，不同方案有不同的计算公式。在选用溶解方案时，可根据具体情况采用。

混纺产品上的非纤维物质，有天然伴生的，也有在纺织工艺过程中添加的。这些非纤维物质在分析过程中会部分或全部溶解。计算时，这部分物质将被算在溶解纤维的质量中，为了避免这种误差，在分析之前，必须去除试样中的非纤维物质。三组分混纺产品定量化学分析方法如表 14-10 所示。

表 14-10　三组分混纺产品定量化学分析表

编号	纤维组成			采用方案	应用方法
	第一组分	第二组分	第三组分		
1	羊毛或其他动物纤维、丝	黏胶、铜氨、高湿模量纤维	棉、苎麻、亚麻	1 和/或 4	碱性次氯酸钠法 甲酸/氯化锌法
2	羊毛或其他动物纤维、丝	聚酰胺 6 或聚酰胺 66	棉、黏胶、铜氨、高湿模量纤维、苎麻	1 和/或 4	碱性次氯酸钠法 80%(m/m)甲酸法
3	羊毛、其他动物纤维、丝	含氯纤维	棉、黏胶、铜氨、高湿模量纤维	1 和/或 4	碱性次氯酸钠法 二硫化碳/丙酮法
4	羊毛、其他动物纤维	聚酰胺 6、聚酰胺 66	聚酯、聚丙烯、聚丙烯腈、玻璃纤维	1 和/或 4	碱性次氯酸钠法 80%(m/m)甲酸法
5	羊毛、其他动物纤维或丝	含氯纤维	聚酯、聚丙烯腈、聚酰胺、玻璃纤维	1 和/或 4	碱性次氯酸钠法 二硫化碳/丙酮法
6	丝	羊毛或其他动物纤维	聚酯纤维	2	75%(m/m)硫酸法碱性次氯酸钠法
7	聚酰胺 6 或聚酰胺 66	聚丙烯腈	棉、黏胶、铜氨或高湿模量纤维、苎麻	1 和/或 4	80%(m/m)甲酸法 二甲基甲酰胺法
8	含氯纤维	聚酰胺 6、聚酰胺 66	棉、黏胶、铜氨或高湿模量纤维	1 和/或 4	二甲基酰胺和 80%(m/m)甲酸法或二硫化碳/丙酮和 80%(m/m)甲酸法

续表

编号	纤维组成			采用方案	应用方法
	第一组分	第二组分	第三组分		
9	聚丙烯腈	聚酰胺 6、聚酰胺 66	聚酯	1 和/或 4	二甲基甲酰胺法 80%(m/m)甲酸法
10	醋酯纤维	聚酰胺 6、聚酰胺 66	棉、黏胶、铜氨、高湿模量纤维	4	丙酮法 80%(m/m)甲酸法
11	含氯纤维	聚丙烯腈	聚酰胺 6 或聚酰胺 66	2 和/或 4	二硫化碳/丙酮法二甲基甲酰胺法
12	含氯纤维	聚酰胺 6 或聚酰胺 66	聚丙烯腈	1 和/或 4	二硫化碳/丙酮法 80%(m/m)甲酸法
13	聚酰胺 6 或聚酰胺 66	棉、黏胶、铜氨、高湿模量纤维、苎麻	聚酯	4	80%(m/m)甲酸法 75%(m/m)硫酸法
14	醋酯纤维	棉、黏胶、铜氨、高湿模量纤维	聚酯	4	丙酮法 75%(m/m)硫酸法
15	聚丙烯腈	棉、黏胶、铜氨、高湿模量纤维、苎麻	聚酯	4	二甲基甲酰胺法 75%(m/m)硫酸法
16	醋酯纤维	羊毛、其他动物纤维、丝	棉、黏胶、铜氨、高湿模量纤维、聚酰胺、聚酯、聚丙烯腈	4	丙酮法 碱性次氯酸钠法
17	三醋酯纤维	羊毛、其他动物纤维、丝	棉、黏胶、铜氨、高湿模量纤维、聚酰胺、聚酯、聚丙烯腈	4	二氯甲烷法 碱性次氯酸钠法
18	聚丙烯腈	羊毛、其他动物纤维、丝	聚酯	1 和/或 4	二甲基甲酰胺法 碱性次氯酸钠法
19	聚丙烯腈	丝	羊毛和其他动物纤维	4	二甲基甲酰胺法 75%(m/m)硫酸法
20	聚丙烯腈	羊毛、其他动物纤维、丝	棉、黏胶、铜氨、高湿模量纤维、苎麻	1 和/或 4	二甲基甲酰胺法 碱性次氯酸钠法
21	羊毛、丝、其他动物纤维	棉、黏胶、铜氨、高湿模量纤维、苎麻、亚麻	聚酯	4	碱性次氯酸钠法 75%(m/m)硫酸法
22	黏胶、铜氨、高湿模量纤维	棉、苎麻、亚麻	聚酯	2 和/或 4	甲酸/氯化锌法 75%(m/m)硫酸法
23	聚丙烯腈	黏胶、铜氨、高湿模量纤维	棉、苎麻	4	二甲基甲酰胺法 甲酸/氯化锌法
24	含氯纤维	黏胶、铜氨纤维、高湿模量纤维	棉	1 和/或 4	二硫化碳/丙酮法和甲酸/氯化锌法或二甲基甲酰胺法和甲酸/氯化锌法

续表

编号	纤维组成			采用方案	应用方法
	第一组分	第二组分	第三组分		
25	醋酯纤维	黏胶、铜氨、高湿模量纤维	棉	4	丙酮法甲酸/氯化锌法
26	三醋酯纤维	黏胶、铜氨、高湿模量纤维	棉	4	二氯甲烷法甲酸/氯化锌法
27	醋酯纤维	丝	羊毛、其他动物纤维	4	70%(V/V)丙酮法 75%(m/m)硫酸法
28	三醋酯纤维	丝	羊毛、其他动物纤维	4	二 氯甲烷法 75%(m/m)硫酸法
29	醋酯纤维	聚丙烯腈	棉、黏胶、铜氨、高湿模量纤维	4	丙酮法 二甲基甲酰胺法
30	三醋酯纤维	聚丙烯腈	棉、黏胶、铜氨、高湿模量纤维	4	二氯甲烷法 二甲基甲酰胺法
31	三醋酯纤维	聚酰胺 6 或聚酰胺 66	棉、黏胶、铜氨、高湿模量纤维	4	二氯甲烷法 80%(m/m)甲酸法
32	三醋酯纤维	棉、黏胶、铜氨、高湿模量纤维	聚酯	4	二氯甲烷法 75%(m/m)硫酸法
33	醋酯纤维	聚酰胺 6、聚酰胺 66	聚酯、聚丙烯腈	4	丙酮法 80%(m/m)甲酸法
34	醋酯纤维	聚丙烯腈	聚酯	4	丙酮法 二甲基甲酰胺法
35	含氯纤维	棉、黏胶、铜氨、高湿模量纤维	聚酯	4	二甲基甲酰胺法和 75%(m/m)硫酸法或二硫化碳/丙酮法和 75%(m/m)硫酸法

注:当采用方案 4 时,首先用第一种试剂溶解除去第一组分纤维。

混纺织物中各组成的含量百分率计算先以净干重含量百分率为基准,然后用公定回潮率作校正。根据需要还可从预处理中质量损失来计算。试验结果以两次试验的平均值表示,若两次试样测得结果的绝对值大于1%时,应进行第三个试样试验,试验的结果以三次试验的平均值表示。各方法的计算公式如下:

(一)方法 1

$$P_1=[\frac{d_2}{d_1}-d_2\times\frac{r_1}{m_1}+\frac{r_2}{m_2}\times(1-\frac{d_2}{d_1})]\times100 \tag{14-9}$$

$$P_2=[\frac{d_4}{d_3}-d_4\times\frac{r_2}{m_2}+\frac{r_1}{m_1}\times(1-\frac{d_4}{d_4})]\times100 \tag{14-10}$$

$$P_3=100-(P_1+P_2) \tag{14-11}$$

式中:P_1、P_2 和 P_3 分别为 A 纤维、B 纤维和 C 纤维的净干含量百分率(%);m_1 和 m_2 分别为第一试样和第二试样预处理后干重(g);r_1 为第一个试样经第一种试剂溶解 A 纤维后不溶纤维的干重(g);r_2 为第二个试样经第一种试剂溶解 B 纤维后不溶纤维的干重(g);d_1 为第一个试样中 B 纤维经第一种试剂处理后质量变化修正系数;d_2 为第一个试样中 C 纤维经第一种试剂处理后质量变化修正系数;d_3 为第二个试样中 A 纤维经第二种试剂处理后质量变化修正系数;d_4 为第二个试样中 C 纤维经第二种试剂处理后质量变化修正系数。

(二)方法 2

$$P_1=100-(P_2+P_3) \tag{14-12}$$

$$P_2=100\times\frac{d_1r_1}{m_1}-\frac{d_1}{d_2}\times P_3 \tag{14-13}$$

$$P_3=\frac{d_4r_2}{m_2}\times 100 \tag{14-14}$$

式中:P_1、P_2、P_3、m_1 和 m_2 定义与方法 1 相同;r_1 为第一个试样经第一种试剂处理后不溶(B+C)纤维的干重(g);r_2 为第二个试样经第二种试剂处理后不溶 C 纤维的干重(g);d_1 为第一个试样中 B 纤维经第一种试剂处理后质量变化修正系数;d_1 为第一个试样中 C 纤维经第一种试剂处理后质量变化修正系数;d_2 为第二个试样中 C 纤维经第二种试剂处理后质量变化修正系数。

(三)方法 3

$$P_1=\frac{d_3r_2}{m_2}\times 100 \tag{14-15}$$

$$P_2=100-(P_1+P_3) \tag{14-16}$$

$$P_3=\frac{d_2r_1}{m_1}\times 100 \tag{14-17}$$

式中:P_1、P_2、P_3、m_1 和 m_2 定义与方法 1 相同;r_1 为第一个试样经第一种试剂处理后不溶 C 纤维的干重(g);r_2 为第二个试样经第二种试剂处理后不溶 A 纤维的干重(g);d_1 为第一个试样中 C 纤维经第一种试剂处理后质量变化修正系数;d_2 为第二个试样中 A 纤维经第二种试剂处理后质量变化修正系数。

(四)方法 4

适用于同一个试样,经连续两次处理,分别把两种纤维溶解除去。

$$P_1=100-(P_2+P_3) \tag{14-18}$$

$$P_2=100\times\frac{d_1r_1}{m}-\frac{d_1}{d_2}\times P_3 \tag{14-19}$$

$$P_3=\frac{d_2r_1}{m}\times 100 \tag{14-20}$$

式中:P_1、P_2 和 P_3 定义与方法 1 相同;m 为试样预处理后的干重(g);r_1 为试样经第一种试剂处理溶解 A 纤维后剩余 B、C 纤维的干重(g);r_2 为试样经第二种试剂处理溶解 B 纤维后剩余 C 纤维的干重(g);d_1 为经第一种试剂处理后 B 纤维质量变化的修正系数;d_2 为经第一种试剂处理后 C 纤维质量变化的修正系数;d_3 为经第一、二种试剂处理后 C 纤维质量变化的修正系数。

各组分结合公定回潮率和预处理质量损失的含量百分率为:

$$A=1+\frac{a_1+b_1}{100} \tag{14-21}$$

$$B=1+\frac{a_2+b_2}{100} \tag{14-22}$$

$$C=1+\frac{a_3+b_3}{100} \tag{14-23}$$

$$P_A=\frac{P_1A}{P_1A+P_2B+P_3C}\times100 \tag{14-24}$$

$$P_B=\frac{P_2B}{P_1A+P_2B+P_3C}\times100 \tag{14-25}$$

$$P_C=\frac{P_3C}{P_1A+P_2B+P_3C}\times100 \tag{14-26}$$

式中:P_A、P_B 和 P_C 分别代表A纤维、B纤维和C纤维结合公定回潮率和预处理质量损失的含量百分率(%);P_1、P_2 和 P_3 分别代表A纤维、B纤维和C纤维的净干含量百分率(%);a_1、a_2 和 a_3 分别代表A纤维、B纤维和C纤维公定回潮率(%);b_1、b_2 和 b_3 分别代表A纤维、B纤维和C纤维在预处理中质量损失百分率。

当采用特殊预处理时,则必须测出各种单一纤维处理中的质量损失率 b_1、b_2、b_3。一般正常预处理用石油醚和水萃取,则修正系数 b_1、b_2、b_3 除了未漂白的棉、苎麻、大麻,它们在预处理中的损失为4%,聚丙烯为1%外,其他纤维通常忽略不计。

有关四组分纤维混纺产品定量化学分析方法见纺织行业标准FZ/T 01026—2009。

三、山羊绒及其他动物纤维混纺比测定方法

(一)投影显微镜法

特种动物纤维、绵羊毛混合物含量的测定,是根据特种动物纤维与绵羊毛的鳞片结构特征,在投影显微镜下分辨出各类纤维,并分别记录其根数,同时测量其直径,通过公式计算出特种动物纤维与绵羊毛的质量百分比。

1.采样

供试验用的样品,应从同一品种、同一批号中抽取。

(1)散纤维试样。按总批量包数的50%,采用多点法抽取约50g的测试样品。将测试样品分为两份,一份为测试的代表性样品,另一份为备样。

(2)纱线试样。从10个筒子纱或绞纱中间截取约20cm长的纱段至少150根。然后将纱线从中部剪断分成两份试样,一份为试验的代表性样品,另一份为备样。

(3)机织物试样。距布边10cm处梯形取三块5cm×10 cm的试样并标明经纬向。沿经向将其从中间剪断平分成为两份,一份为试验的代表性样品,另一份为备样。

(4)针织物试样。将针织物拆成纱线,截取20cm长纱段至少150根。然后将纱线从中部剪断分成两份试样,一份为试验的代表性样品,另一份为备样。

2.深色试样褪色处理

对于在投影显微镜下难以清晰辨别鳞片结构特征的深色试样,可按下述方法进行褪色处理。试剂:平平加O;试样与试剂的比例为1∶1;浴比为1∶200;以30~40℃的蒸馏水将平平加O溶化于烧杯中,放入试样,煮沸,沸煮20 min;沸煮过程中若水分蒸发过多,可添加一些蒸

馏水；用冷水冲洗试样，烘干后即可测试。

3. 制样

(1)散纤维。将试样平铺于试验台上，用镊子在不同部位等量镊取约 200 mg 纤维(不少于 20 点)，混合并平分成三个试验样品。每个试样都整理成束，并按纤维的长短排列成长度分布图，沿图的底线分成 20 mm 为一组，每组等量抽取一小束纤维平行置于载玻片上，加上少量甘油或液体石蜡，盖上盖玻片。每个试样中的纤维根数不少于 1 500 根。

(2)纱线。将试验样品均匀分成三份，每份用哈氏切片器或双刀片切断，每根纱线只能切一次，不得重复切取，切得的 0.4 mm 左右长纤维片段全部放置载玻片上，不得丢失。滴入适量液体石蜡或甘油，用镊子搅拌，使之均匀分布在介质内，然后盖上盖玻片。盖时注意，应先去除多余的介质混合物，保证覆上盖玻片后不会有介质从中挤出，以免纤维流失。每个试样所测纤维根数不少于 1 500 根。

(3)机织物。将试验样品拆出经纬纱并分别称重，然后取纱段至少 150 根按上述纱线的制样方法制片。每个试样所测纤维根数不少于 1 500 根。

(4)针织物。拆出纱线后，按纱线操作。

4. 测量

将待测的试样放在投影仪的载物台上，盖玻片面对显微镜物镜，调整到纤维图像清晰。载物台水平方向及垂直方向以 0.5 mm 间隔移动(散纤维试样测量时载物台只需水平移动)，观察进入屏幕的各类纤维。根据下列纤维的形态结构特征鉴别其类型测量各类纤维直径，并分别记录各类纤维的根数。每个片子共数 1 500 根以上纤维。

山羊绒纤维直径大于 30 μm，牦牛绒纤维直径大于 35 μm，驼绒纤维直径大于 40 μm，兔毛纤维直径大于 30 μm 的观测纤维，分别测量平均直径和纤维根数。

(1)山羊绒。山羊绒鳞片边缘光滑，类似环状包覆于毛干，覆盖间距比羊毛大，鳞片密度为 60～80 个/mm，鳞片较薄，紧抱于毛干，开张角较小，横截面多为规则的圆形。

(2)兔毛。兔毛基本上都有髓质层，仅有极少数部分的细毛无毛髓，绒毛的毛髓呈断续状和单列梯状，其横截面为非圆形，呈不规则四边形，中间有一个空腔。粗毛的毛髓呈梯状，有双列、三列、四列，极少数的可达到十列以上，其横截面呈腰圆形或椭圆形，中间有一个至数个空腔，兔毛的鳞片多为木纹斜条形。

(3)马海毛。马海毛鳞片扁平，很少重叠，表面光滑，纤维的截面形状呈椭圆形或近似圆形。

(4)骆驼绒。驼绒纤维表面鳞片较少，呈不完全覆盖，边缘光滑，鳞片密度为 40～90 个/mm，具有天然色泽，其截面形状大都近似圆形。

(5)牦牛绒。牦牛绒纤维的鳞片开张角较小，鳞片密度为 100～130 个/mm，毛色为黑色、棕褐色。

(6)绵羊毛。细羊毛的鳞片多呈环状，每个鳞片形成一个环套，套在毛干周围，一个鳞片的根部由另一个鳞片的梢部覆盖。粗毛多呈瓦状和龟裂状。细羊毛的鳞片密度约为 80～110 个/mm，粗毛在 50 个/mm 左右。鳞片厚度约为 0.5～1 μm，开张角较大。截面多为椭圆形。

5. 试验结果计算

(1)平均直径。

$$\overline{d}=A+\frac{\sum(F\times D)}{\sum F}\times I \tag{14-27}$$

$$S=\sqrt{\frac{\sum(F\times D^2)}{\sum F}-\left[\frac{\sum(F\times D)}{\sum F}\right]^2}\times I \tag{14-28}$$

$$CV(\%)=\frac{S}{\overline{d}}\times 100 \tag{14-29}$$

式中：$\overline{d}$为纤维平均直径(μm)；A 为假定平均直径(μm)；F 为纤维直径测量根数；D 为相对假定算术平均数之差；I 为组距 2.5(μm)；S 为标准差(μm)；CV 为变异系数。

(2)各组分纤维质量百分比计算。

$$P_i(\%)=\frac{N_i(d_i^2+S_i^2)\rho_i}{\sum[N_i(d_i^2+S_i^2)\rho_i]}\times 100 \tag{14-30}$$

式中：P_i 为某组分纤维质量百分比；N_i 为某组分纤维的计数根数；d_i 为某组分纤维平均直径(μm)；S_i 为某组分纤维平均直径标准差(μm)；ρ_i 为某组分纤维的密度(g/cm³)(常用动物纤维密度见表 14-11)。

表 14-11　常用动物纤维密度表

纤维种类		密度(g/cm³)	纤维种类	密度(g/cm³)
山羊绒		1.30	牦牛绒	1.32
兔毛	绒毛	1.10	骆驼绒	1.31
	粗毛	0.95	马海毛	1.32
绵羊毛		1.31	—	—

(3)机织物中某组分纤维质量百分比计算。

$$P_i(\%)=\frac{P_{iT}\times W_T+P_{iW}\times W_W}{W_T+W_W}\times 100 \tag{14-31}$$

式中：P_i 为机织物中某组分纤维质量百分比；P_{iT} 为某组分纤维在机织物经纱中的质量百分比；P_{iW} 为某组分纤维在机织物纬纱中的质量百分比；W_T 为机织物试样中经纱的质量；W_W 为机织物试样中纬纱的质量。

(二)扫描电镜法

使用扫描电子显微镜对山羊绒、绵羊毛及其混合纤维与混纺产品中各类纤维含量进行定量分析的方法。适用于山羊绒、绵羊毛及其混合纤维与混纺产品。也适用于下列各类纤维和它们的混纺产品：马海毛、驼绒、兔毛和牦牛绒等。

该方法是使用扫描电子显微镜的二次电子像，依据山羊绒、绵羊毛的鳞片结构特征，即鳞片形状(绒毛表面上排列有规则的片状物)、密度(每毫米纤维长度的鳞片数目)、鳞片厚度(纤维边缘的鳞片高度)的差异进行鉴别。在鉴别的基础上，通过荧光屏准确地测定各类纤维的直径和根数，把直径和根数与它们相应的密度一起代入公式计算，即可得出各类纤维的含量(质量百分数)。

第十五章　纤维结构分析

第一节　电子显微镜分析

采用波长比光波短得多的电子束为光源的电子显微镜具有极高的分辨本领，其应用已扩展到了自然科学的各个领域，可对材料的显微组织形态、晶体结构和微区化学成分等方面进行分析以研究材料结构与性能的关系。

显微镜的分辨能力可根据下列公式计算：

$$\delta=0.61\lambda/A$$

式中：λ 为光波的波长；A 为物镜的数值孔径。

$$A=n\sin\alpha$$

式中：n 为试样和物镜间介质的折射率（空气 1、水 1.33、甘油 1.47）；α 为试样和射入物镜边缘光线间的夹角。

利用可见光的光学显微镜的分辨能力可达 1～0.2 μm，若要提高显微镜的分辨能力，可采用更短波长的光源及提高数值孔径。由于数值孔径值的变化范围很小，因此对分辨能力的影响是有限的，要获得高分辨率的图像可采用波长极短的电子束。光学显微镜和电子显微镜对纺织纤维的分辨范围如图 15-1 所示。

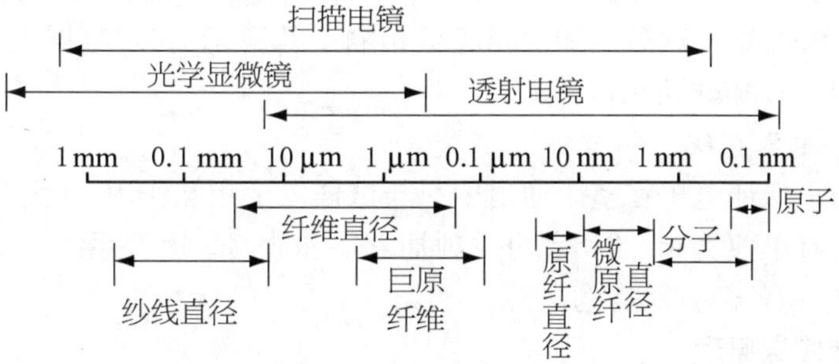

图 15-1　光学显微镜和电子显微镜对纺织纤维的分辨范围

可应用于纺织材料研究的电子显微镜有透射电镜、扫描电镜、环境扫描电镜及原子力显微镜等。

一、透射电子显微镜

用波长极短的电子束作为光源，用电磁透镜聚焦成像的电子光学仪器叫透射电子显微镜，简称透射电镜（Transmitting Electron Microscope，TEM）。

(一)透射电子显微镜结构

透射电子显微镜结构上是由电子光学系统、真空系统和电源系统三大部分组成。

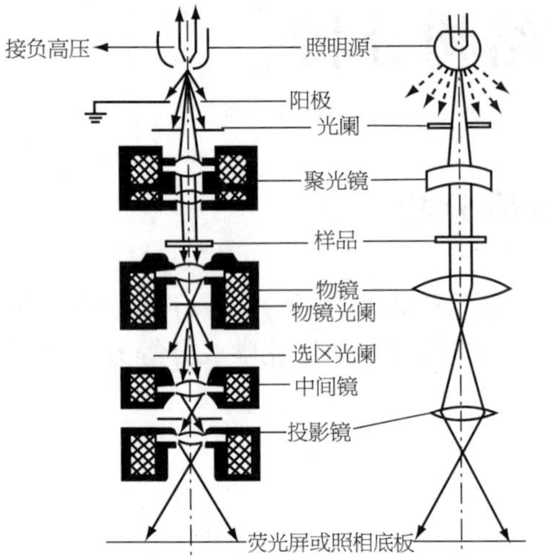

(a) 透射电镜　　(b) 光学显微镜

图 15-2　透射显微镜结构原理和光路

1. 电子光学系统

整个系统从结构上看类似于透射光学显微镜，自上而下排列着由电子枪、聚光镜等组成的照明部分；由物镜、中间镜、投影镜及试样室等组成的成像放大部分；由观察室、观察屏和照相装置等组成显像部分，如图 15-2 所示。

在照明部分中，电子枪发出电子束。聚光镜具有增强电子束的密度和再一次将发散的电子会聚起来的作用，从而使射到试样上的电子束截面变小，使电子束直径、强度和电子动能满足显微镜要求。对放大倍率为数十万倍的高性能电镜，为得到一束几乎平行的直径为几个微米的电子束来照射试样，需要第一、第二聚光镜。

成像放大部分是由物镜、中间镜、投影镜和试样室组成。物镜是获得第一幅具有一定分辨本领放大电子像的电子透镜，透射电镜分辨本领的好坏，很大程度上取决于物镜的优劣。中间镜和投射镜的作用是将来自物镜的电子像进行放大，最后显示在观察屏上得到高放大倍率的电子像。物镜、中间镜和投射镜三者各自放大倍数相乘为透射电镜的总放大倍率。中间镜除了起放大镜作用外，还起衍射镜的作用。试样室内的试样台承载试样和移动试样，设有试样倾斜旋转装置。在特殊情况下，试样室内可分别装设加热、冷却、变形试样台，以对试样进行动力学研究。

显像部分由用于观察的荧光屏和照相机构组成。观察屏和照相底板放在投射镜的像平面上，由于电镜的焦深大，尽管观察屏和照相底板相隔十几厘米，在观察屏上聚焦后，将屏掀起，在照相底板上照相，照片依然清晰。

2. 真空系统和电源系统

真空系统是为了保证电子在整个通道中只与试样发生相互作用，在大多数电镜中，照相室和观察室之间都装有单独气阀，照相室可单独抽真空和放气。电源系统由稳压、稳流及保护电路组成，提供透射电镜各部分所需的电源。

(二)质厚衬度成像原理

质量厚度衬度(简称质厚衬度)是建立在非晶体样品原子对入射电子的散射和透射电镜小孔径角成像基础上，解释非晶样品电镜图像衬度的理论依据。

所谓“衬度”是指成像的光强反差，差别越大，衬度越高，它取决于电子光学系统投影到荧光屏或照相底片上相应区域的电子强度差别。

入射电子束穿过样品时可能被散射。当一个电子穿透非晶体薄样品时，将与样品发生相互作用，由于电子质量比原子核小得多，所以原子核对入射电子的散射作用一般只改变电子的运动方向，而能量基本没有变化，这种散射叫做弹性散射。当一个电子与孤立的核外电子发生散射作用时，由于两者质量相等，散射过程不仅使入射电子改变运动方向，还发生能量变化，这种散射叫非弹性散射。弹性散射是透射电子显微镜成像的基础，而非弹性散射引起的色差将使背景强度增高，图像衬度降低。

当电子的散射角大于某个临界角时，该电子就不能通过物镜光阑，因此只有散射角小于临界角的电子参与成像。由于透过样品不同区域的电子束强度不同，在荧光屏或照相底片上就呈现图像衬度。电子束强度差别越大，图像衬度就越好。

对于非晶体样品来说，入射电子透过样品时样品原子核库仑电场越强(样品原子序数或密度越大)，遇到的原子数目越多(或样品越厚)，被散射到物镜光阑外的电子就越多，能通过物镜光阑参与成像的电子强度就越低。实际应用中可将重金属喷射在样品表面或渗入样品内部，即金属投影或电子染色，经过投影或染色的复型图像衬度要比由单一材料制成的复型图像衬度高得多。

(三)试样制备

为了能够用透射电镜研究纺织材料，必须制备足以允许电子穿透的薄样品。一般来说，电子束穿透固体样品的能力，主要取决于加速电压(或电子能量)和样品的原子序数。加速电压越高，样品原子序数越低，电子束可穿透的样品厚度越大。对于透射电镜常用的 50～100 kV 电子束来说，样品厚度控制在 100～200 nm 为宜。

目前普遍采用的样品制备方法是制备所谓的“复型”，即把样品表面显微组织浮雕复制到一种很薄的膜上。然后把复制薄膜(复型)放到透射电镜中去，对其组织结构进行间接的观察。常用的复型材料是塑料和真空蒸发沉积碳膜，它们都是非晶体。

1. 纤维表面复型的试样制备方法

一般可用二级复型法制作纤维样品，如用 Formvar-C 二级复型。

Formvar(聚乙烯醇缩甲醛)常温时能在丙酮作用下变软，用作中间复型材料较为理想。Formvar-C 二级复型程序如图 15-3 所示。

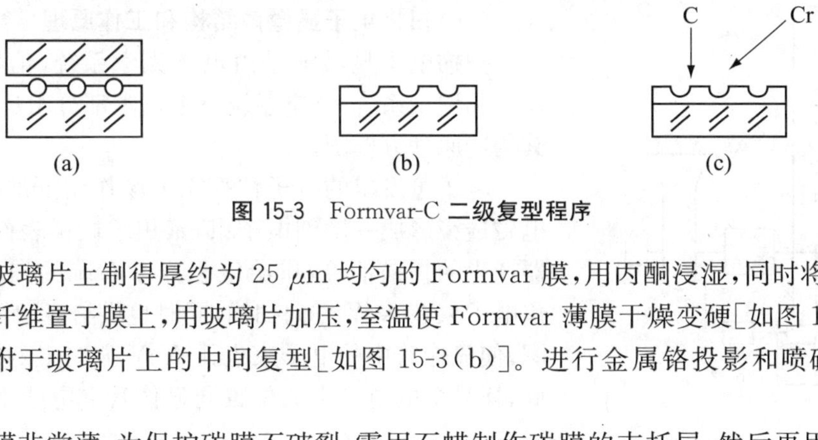

图 15-3 Formvar-C 二级复型程序

首先在玻璃片上制得厚约为 25 μm 均匀的 Formvar 膜，用丙酮浸湿，同时将在丙酮中浸过数分钟的纤维置于膜上，用玻璃片加压，室温使 Formvar 薄膜干燥变硬[如图 15-3(a)]。去除纤维得到附于玻璃片上的中间复型[如图 15-3(b)]。进行金属铬投影和喷碳[如图 15-3(c)]。

由于碳膜非常薄，为保护碳膜不破裂，需用石蜡制作碳膜的支托层，然后再用二氯乙烷将 Formvar 溶解，对二氯乙烷温和加热溶解石蜡，碳膜飘浮于二氯乙烷溶液中，用铜网捞出，烘干后即可用于透射电镜观察。

2. 超薄切片法

超薄切片法是用超薄切片机将包埋在固化介质中的试样进行超薄切片，然后把切片放入透射电镜，是观察样品内部结构最直接的方法。

用于透射电镜的切片厚度必须在 200 nm 以下，这一方面是因为电子穿透物质的能力非常弱；另一方面是因为电镜的场深大，若切片超出一定厚度，图像相互重叠，无法观察到内部结构。

纤维试样的超薄切片法包括:包埋、修形、切片及电子染色等过程。

将纤维包埋于某种介质中成柱状,包埋介质必须是一种强力黏结剂,如环氧树脂等;然后对柱状介质的形状进行修整;放入超薄切片机切片。按进刀方式的不同,超薄切片机有两种类型:机械式和热膨胀式,热膨胀式精度较高,可切得 100 nm 甚至 10 nm 以下的超薄切片。

直接将切片用于观察还不能得到满意衬度的电子图像,必须对试样进行合理的电子染色,使重金属原子渗入试样,以增强试样对电子束的散色能力,并且渗入的重金属的分布应随试样各部位结构的不同而不同,从而得到不同的电子密度,大大增强图像的衬度,较好地显示出样品的结构。

例如研究羊毛角朊结构时,由于羊毛角朊中的二硫键在无定性的基质中的含量比有序结构的微纤中多得多,因而可对试样用四氧化锇(OsO_4)进行电子染色,使羊毛角朊原来包含二硫键多的结构区域具有更大的电子密度,提高衬度。

透射电镜的操作十分方便。只要转动旋钮就能方便地改变相应透镜放大倍数或聚焦。利用装在镜筒外的样品移动杆,控制样品在一个精确的平面上平移,以选择不同的视域供观察记录。

二、扫描电子显微镜

扫描电子显微镜(Scanning Electron Microscope,SEM)的成像原理类似电视摄影显像方式,是用细聚焦电子束在样品表面扫描时激发的某些物理信号来调制成像的,它具有样品制备简单、放大倍数连续调节范围大、景深大、分辨率较高等特点。在纺织科学领域内,以接收纺织材料的二次电子信号观察形貌为主,可有效地进行样品表面形态的分析。

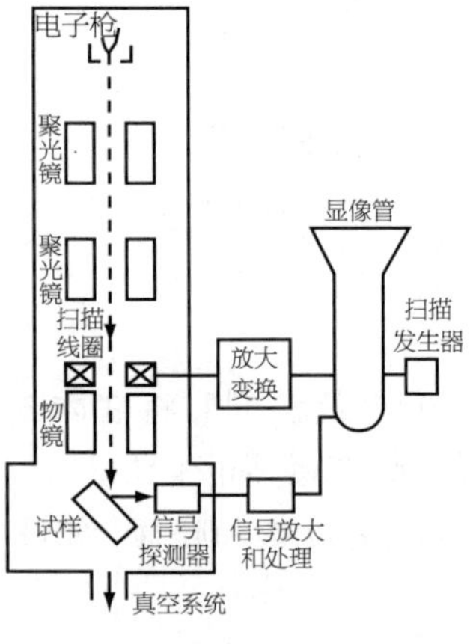

图 15-4 扫描电镜构造原理方框图

(一)扫描电子显微镜结构和工作原理

扫描电子显微镜是由电子光学系统,信号收集、图像显示和记录系统,真空系统三个基本部分组成。图 15-4 为其构造原理方框图。

电子枪发出的电子在高压电场作用下加速,经过三级电磁透镜形成一微细电子束,聚焦于试样表面。扫描发生器产生的扫描信号,供给电子光学系统的扫描线圈,使聚焦电子束在 X、Y 方向扫描,同时也供给显像管上的扫描线圈,使显像管中的电子束也作 X、Y 方向上的同步扫描,因此,样品上的电子束的位置同显像管上电子束的位置一一对应。

被加速的高能电子束激发样品产生各种物理信号,其强度随样品表面特征而变,经检测放大后可作为调制信号,在显示器上获得能反映样品表面各种特征的扫描像。

扫描电镜的主要组成包括:电子光学系统(电子枪、电磁透镜和样品室等),扫描系统(扫描信号发生器、放大控制器等电子学线路以及相应的扫描线圈等),信号检测放大系统,图像显示和记录系统,真空系统以及电源系统等。

(二)扫描电子显微镜主要性能

1. 放大倍率

在扫描电镜中,电子束在样品表面上扫描与阴极射线管电子束在荧光屏上扫描保持精确同步,若电子束在样品表面上扫描振幅为 A_Z,阴极射线管电子束在荧光屏上扫描振幅为 A_C,那么在荧光屏上扫描像放大倍率 M 等于 A_C/A_Z,A_Z通过扫描放大控制器来调节。目前大多数高性能的扫描电镜放大倍数是 20 倍～20 万倍,使用最多的是 500～5 000 倍。放大倍数连续可调,非常方便。

2. 分辨率

扫描电镜的分辨率有两重意义:对微区成分分析而言,它是指能分析的最小区域;对成像而言,它是指能分辨两点之间的最小距离。

3. 场深

场深(焦深)是指一个沿轴距离,当试样在这个距离内改变位置时图像没有显著的模糊。扫描电镜中,由于扫描电子束发散度很小,致使场深较大,成像有立体感。可以直接观察样品凹凸不平的表面形貌,扫描电镜的场深比光学显微镜大得多。所以它特别适用于粗糙表面的观察和分析。

(三)扫描电子显微镜形貌像衬度的形成

表面形貌衬度是利用对样品表面形貌变化敏感的物理信号作为调制信号得到的一种像衬度。在入射电子束作用下被轰击出来并离开样品表面的样品的核外电子叫二次电子。二次电子信号主要来自试样表面层 5～10 nm 深度范围,对样品的表面形貌十分敏感,其信号强度随样品表面法线与入射电子束间的倾角增大而增大。由于样品不同微区的法线与入射电子束倾角不同,产生的二次电子信号产额也不同,所以在扫描像上形成貌像衬度。

图 15-5 为根据上述原理画出的产生二次电子形貌衬度的示意图。图中样品上 B 面的倾斜度最小,二次电子产额最少,亮度最低;C 面的倾斜度最大,二次电子产额最多,亮度最大。

此外在电子检测器正偏压吸引下,二次电子可以走弯曲轨迹到达检测器,这不仅增大了有效收集立体角,提高二次电子信号强度,而且使得背向检测器的那些区域产生的二次电子,仍有相当一部分可以通过弯曲的轨迹到达检测器,这有利于显示背向检测器的样品区域细节,而不至于形成阴影。

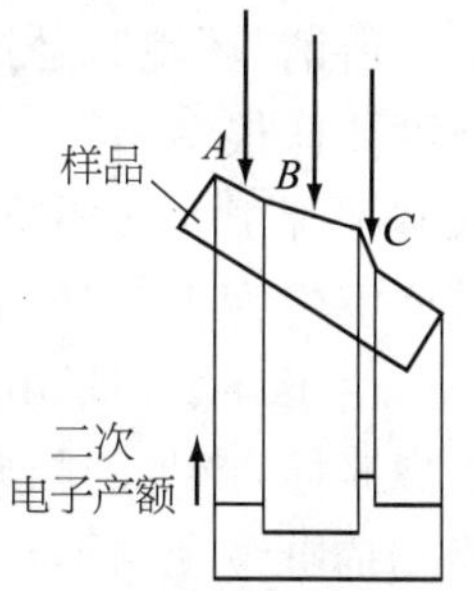

图 15-5 二次电子形貌衬度的示意图

(四)纺织材料试样制备

对各类不同形状的样品,按不同观察要求制样方法各有区别,制样时要根据试样的不同对其进行不同的处理,为了获得清晰的二次电子像,防止或减少样品充电需对样品表面进行导电处理,如喷镀导电金属等,常用的镀膜方法有真空镀膜法和溅射镀膜法。

1. 试样制备方法

利用扫描电镜进行物质微观结构分析时,样品本身的形貌和样品制备工艺对成像质量将有直接的影响,故应根据样品形态和性质的不同而采用相应的制备工艺。

(1)对于粉末状试样,可先在试样架上涂上黏合剂,然后将粉末状试样压黏在试样架上,待黏合剂干后,再用吹气球吹掉黏合不牢的粉末状试样。

(2)观察纤维表面形态时,可将纤维用双面胶黏在样品架上。若是观察纤维试样断面,通常是将纤维用双面胶黏在台阶式试样架上,然后切断断面观察,以求断面的平整;也可以先切取纤维横向切片,然后再用双面胶黏在平台式试样架上,经喷涂后用于观察。由于纤维在切断时常会产生纤维变形或刀片划痕,因此可将纤维经过液氮冷冻后折断纤维,再对纤维进行处理。

(3)对于织物试样,可剪成小片后用双面胶黏在试样架上进行处理、观察。

2. 试样导电处理方法

(1)真空镀膜法。在真空镀膜仪中,金属在真空中加热到急剧蒸发,蒸发的金属附着于样品表面。

(2)溅射镀膜法。在惰性气体的低真空中进行辉光放电时,由于离子冲击,阴极位置(金属)有飞散现象,称为溅射。这时把样品放在阴极附近,飞来的金属原子(或分子)就会附着在金属表面而形成薄膜,用这种方法形成金属薄膜称为溅射镀膜法,现已得到广泛应用。

(3)其他方法。除上述两种方法外,还可采用消静电剂代替喷镀金属层改善试样导电性能,这种方法简化了试样的准备工作。扫描电子显微镜的样品,有时也可以用复型法制备。

三、环境扫描电子显微镜

(一)环境扫描电子显微镜基本原理

环境扫描电子显微镜(Environment Scanning Electron Microscope,ESEM)是近年开发出来并应用于各技术领域的,其基本工作原理与扫描电镜相同,但弥补了扫描电镜的许多不足,它与普通扫描电镜的主要差别在于它的物镜下极靴处有一压差光阑,这使得在保证电子枪区高真空的同时,样品室的真空度在环境范围以内,使观测过程是在"环境"条件下进行的。

所谓"环境",是指这种工作方式下样品室的真空度比传统的扫描电镜高真空方式下的真空度要低很多,有一定的气体流动,但与大气环境相比仍有较大距离,因此,ESEM 的环境方式并不等于大气环境,根据需要试样可处于压力为 1～2 600 Pa 不同气氛的低真空环境中,与试样室内为 10^{-3}Pa 的常规高真空扫描电镜不同,所以也可称为低真空扫描电镜(LV-SEM)。

由于环境扫描电镜的样品室不是真空状态,试样发射出的二次电子会与周围的空气发生电离碰撞,产生的阳离子与试样表面的电子中和,阻止了试样表面电子集聚的产生,所以用环境扫描电镜观测不导电的试样时无需进行导电物质的喷涂。

在这种低真空环境中,绝缘试样即使在高加速电压下也不会因出现充、放电现象而无法观察,潮湿的试样则可保持其原来的含水自然状态而不产生形变。

(二)环境扫描电子显微镜的主要性能特点

与普通扫描电镜相比,环境扫描电镜具有以下优点:

(1)它可在高真空、低真空和环境三种方式下工作,这就解决了普通扫描电镜由于必须在真空状态下才能成像所带来的问题,因此可在很低真空的相当环境的方式下直接观察新鲜的生物样品,还可在 100%的相对湿度下对各种试样进行观察。

(2)环境扫描电镜的样品不会由于挥发性物质的挥发,水分的蒸发造成破坏,因此,它的样品适用范围很宽,理论上几乎可以观测所有的试样。

(3)由于不需要对试样进行喷镀,也大大降低了由于镀层对试样微细结构的影响;样品在检测前也无需进行清洗、干燥、冷冻和固定,使制样工作大大简化,使试样在自然状态下接受检验，有利于获取更客观的信息。

(4)图像柔和。因为样品室里有一定的气体流动，这就使得电于束与样品相互作用产生的扫描电子较少，信噪比降低，但只要具体使用时掌握好某些参量，就可变劣势为优势，得到柔和的图像。

(三)环境扫描电镜使用中应注意的问题

(1)环境方式下对样品的观察和记录操作要尽可能地快，这样可减少样品内水分的蒸发而使样品的变形降至最低。

(2)虽然样品台上一次可同时放多个样品，但在低真空方式下，建议最好一次放一个样品，以确保样品不会因在样品室中停留的时间长而变形。

(3)环境方式工作时可接上制冷台，这样可保证样品的新鲜度，使样品所含的游离水处于临界状态。

四、原子力显微镜

原子力显微镜(Atomic Force Microscope，AFM)的特点是具有原子级的极高分辨率，能够实时地观察单个原子在物质表面的排列状态和与表面电子行为有关的物理、化学性质，在表面科学、材料科学、生命科学等领域的研究中有着重大的意义。

(一)原子力显微镜的原理

原子力显微镜是基于微探针对被测样品进行扫描成像的。微探针的针尖直径只有几个埃大小，当微探针与物体接触时，微小的针尖与物体原子之间由于距离小而产生原子排斥力。物体是由类似球形的原子组成，针尖在原子顶部时，距离最小，原子排斥力最大，而针尖在两原子之间低谷上方时，原子排斥力最小，因此微探针在物体表面扫描时，排斥力的变化经放大后可得到材料中原子及其分布的图像。

(二)原子力显微镜的主要特点

(1)原子级高分辨率，在平行和垂直于样品表面方向的分辨率分别可达 0.1 nm 和 0.01 nm，即可以分辨出单个原子，具有原子级的分辨率。

(2)可实时地得到实空间中表面的三维图像，可用于具有周期性或不具备周期性的表面结构研究。这种可实时观测的性能可用于表面扩散等动态过程的研究。

(3)可以观察单个原子层的局部表面结构，而不是整个表面的平均性质。因而可直接观察到表面缺陷、表面重构、表面吸附体的形态和位置，以及由吸附体引起的表面重构等。

(4)可在真空、大气及常温等不同环境下工作，甚至可将样品浸在水和其他溶液中，不需要特别的制样技术，并且探测过程对样品无损伤。这些特点适用于研究样品和在不同试验条件下对样品表面的评价，例如对于多相催化机理、超导机制、电化学反应过程中电极表面变化的监测等。

(5)配合扫描隧道谱可得到有关表面结构的信息，例如表面不同层次的态密度、表面电子阶、电荷密度波、表面势垒的变化和能隙结构等。

五、各种电子显微镜在纺织领域的应用

(一)透射电镜与普通扫描电镜的常规检测

1. 纤维内部结构的观察

透射电子信号可用于了解纤维内部结构，如用透射电镜研究角朊纤维内部结构。通过扫

描电镜,可观察纤维内部结构,如内部空腔或大裂缝结构;也可将一根纤维沿轴向剥开,可看到纤维内部的原纤结构。

破碎降解是分析纤维内部结构的又一方法。这种方法就是用机械的、超声波的或其他物理方法,并用酸、碱或其他化学试剂对样品进行化学降解的方法将纤维破碎降解,然后通过一定的处理,用电镜观测碎片的形态结构。

扫描电镜方法由于仪器本身分辨本领的限制,不管采取多么好的试样制备方法,也不能观察到在透射电子显微镜中不难看到的微纤结构和基本原纤结构。

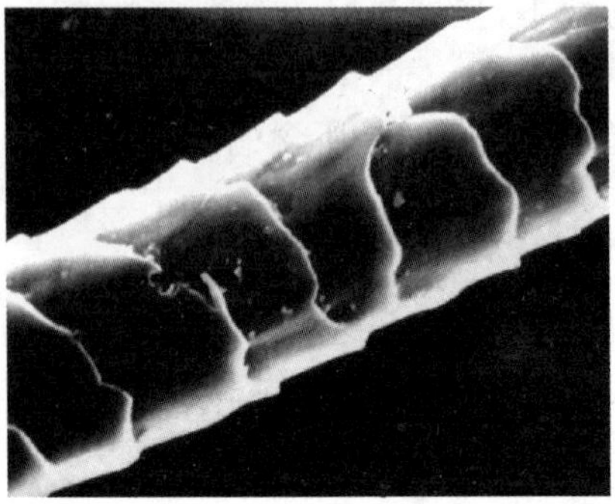

图 15-6 羊毛纤维的扫描电镜照片

2. 试样表面形态的观察

由于扫描电镜具有放大倍数大,分辨率高,景深大,图像清晰,立体感强,样品制备也较容易等特点,所以特别适用于纤维的表面形态观察,羊毛纤维的扫描电镜照片如图 15-6 所示。

扫描电镜也可以直观地研究纤维在纺纱过程中彼此之间的关系和形态,纱线在织物中的排列形态和彼此之间的分布关系,观察分析纱线和织物的结构。

用扫描电镜可观察各种改性用添加剂在纤维中的分散情况,研究添加剂分散情况与纤维性能之间的关系。

使用生物、化学或物理的手段对纤维试样进行刻蚀后,也能用于扫描电镜观察。刻蚀花样常常反映材料结晶和超分子结构取向度的情况。

3. 纤维断裂的动态研究

扫描电镜的大场深和大视场可清晰显示纤维断裂面的三维形貌,在较高放大倍数下又能观察断裂面局部区域的微细结构。这种图像有助于研究裂缝的产生、发展,以及寻找裂缝源。

(二)环境扫描电镜的特殊应用

1. 液体与试样相互作用的观测

在环境扫描电镜的样品室上,可加装能三维移动的显微注射器,液体可通过显微注射器加到试样上以获得带有液体的试样的图像。如将 0.05 mL 的水加到聚酯纤维织物上,可观察到织物并不吸收水分,水滴在织物表面凝结成明亮的小点,5 min 以后水滴蒸发。但对同样的聚酯纤维织物,采用 10%NaOH 溶液处理 1 小时后,再进行同样的试验,在试样的表面观察不到水滴,说明处理后的试样更易吸水。可见,可用环境扫描电镜研究材料的吸水性能。

2. 观测加水试样随温度的变化情况

在环境扫描电镜中,用电子扫描高温试样加热系统代替通常的样品台,可对正在观测的试样进行加温,温度范围可由室温达到 1 000 ℃,可动态观测试样随温度、水分的变化而变化的情况,并拍摄记录,由此可见利用环境扫描电镜可进行各种模拟测试,观察试样吸湿放湿,加热冷却时的微观变化,以利于进一步了解性能变化的机理。

3. 观测纤维在水中膨胀的情况

由于环境扫描电镜的样品室允许一定压力气体的存在,且用来观察的样品是很少量的,因此可仅仅通过调节显微镜中温度和压力两个试验参数来控制水分的凝聚和蒸发,然后可分析已膨胀的和干燥的纤维的影像以计算面积的增大,观察吸水和脱水时样品表面的物理变化以深入研究材料的吸水性。

应用这一原理，可以观测纤维吸水时横截面积的变化情况。用光学显微镜研究纤维的吸湿膨胀性能时，纤维的边界位置较难确定，从而影响到测试的准确性。环境扫描电镜的成像清晰，纤维横截面的边界较易确定，使得观测结果稳定，误差减小。

在这种观测中需要注意的是试样表面凝结的水量的大小，因为形成图像的电子信号是由材料的表层分子形成的，纤维表面的水层会遮盖纤维的横截面，使之不能清晰成像。所以必须能够在试样表面形成水凝结层之前，对试样是否已达到最大吸水做出准确判断，迅速测试并记录测试结果，才可保证试样最大膨胀率试验结果的准确。

(三)原子力显微镜在纺织测试中的应用

(1)研究纳米纺织材料的表面或界面在纳米尺度上表现出来的物理性质。

(2)可用接触式的原子力显微镜测得蜡状纺丝油剂如抗静电剂、润湿剂等的分布和厚度轮廓，用脉冲力模式原子力显微镜测得纳米级的纺丝油剂的黏附力和弹性模量以提供油剂层的分布和组成。

(3)可用于材料超分子结构的形态学研究，可提供超分子聚集成形的三维形态。

第二节 红外光谱分析技术

红外光谱(Infrared Spectrometry，IR)是一种选择性吸收光谱，通常是指有机物分子在一定波长红外线的照射下，选择性地吸收其中某些频率的光能后，用红外光谱仪记录所得到的吸收谱带。红外光谱分析是研究物质分子结构与红外吸收间关系的一种重要手段，可有效地应用于分子结构的分析。它在高聚物结构测定方面得到越来越来广泛的应用，是高聚物表征和结构性能研究的基本手段之一。

红外光谱法主要研究在振动中伴随有偶极矩变化的化合物。除了单原子和同核分子之外，几乎所有的有机化合物在红外光区均有吸收。红外吸收带的波长位置与吸收谱带的强度，反映了分子结构上的特点，可以用来鉴定未知物的结构或确定其化学基团；而吸收谱带的吸收强度与分子组成或化学基团的含量有关，可用以进行定量分析和纯度鉴定。由于红外光谱分析特征性强，对气体、液体、固体试样都可测定，并具有试样量少、分析速度快、不破坏试样的特点，因此，红外光谱法常用于鉴定化合物和测定分子结构，并进行定性和定量分析。

一、红外吸收光谱基本原理

(一)基本原理

红外光谱波数范围约为 12 800～10 cm^{-1}，或按波长的不同，将红外线分为近红外(0.75～2.5 μm)、中红外(2.5～25 μm)与远红外(25～1 000 μm)三个区域。其中，近红外线处于可见光区到中红外光区之间，该光区的吸收带主要是由低能电子跃迁、含氢原子团伸缩振动的倍频及组合频吸收产生。近红外辐射最重要的用途是对某些物质进行定量分析，它的测量准确度及精密度与紫外、可见吸收光谱相当。中红外线与分子内部的物理过程及结构关系最为密切，绝大多数有机化合物和无机离子的基频吸收带出现在中红外光区，由于基频振动是红外光谱中吸收最强的振动，对于解决分子结构和化学组成中的各种问题最为有效，因而中红外区是红外光谱中应用最广泛的部分，常用于分子结构的研究与化学组成的分析。

根据量子学说的观点,物质在入射光的照射下,分子吸收光能量时,其能量的增加是跳跃的,所以,物质只能吸收一定能量的光量子。两个能级间的能量差(ΔE)与吸收光的频率(ν)服从波尔公式:

$$\Delta E = E_2 - E_1 = h\nu$$

式中:E_1、E_2为低能态和高能态;h 为普朗克常数($h = 6.626 \times 10^{-34}$ J·s);ν 为光波的频率(s^{-1})。

由上式可知,若低能态与高能态之间的能量差愈大,则所吸收的光的频率愈高;反之,所吸收的光的频率愈低。

与光谱有关的能量变化是分子的转动能、振动能和分子的电子能量。当一束具有连续波长的红外光照射到被测物质上时,该物质的分子将吸收其中某些波长的红外线的能量,并只能把这些能量转变为分子的振动能量和转动能量,不会引起电子的跳动,所以,红外吸收光谱又称振动转动光谱,即红外吸收光谱是分子的振动能量与转动能量光谱,它源于分子振动、转动能级的跃迁而引起的吸收。

把分子中每一个振动频率归属于分子中一定的键或基团,最简单的分子振动称为简谐振动,振动频率与原子间键能呈正相关,与质量呈负相关,此时为基频吸收。实际过程中会产生倍频、合频吸收。实际分子中有原子间相互作用的影响及转动的影响使得吸收谱带变宽、位移。相同的化学键或基团在不同的分子构型中,它们的振动频率改变不大,这一频率称为某一键或基团的特征振动频率,其吸收谱带称为特征吸收谱带。

连续波长的红外线经过试样后,由于物质的分子对红外线的选择性吸收,在原来连续谱带上某些波长的红外线强度降低,得到红外吸收光谱图。红外光谱吸收峰与分子及分子中各基团的不同的振动形式相对应,从吸收峰的位置和强度,可得到此种分子的定性及定量的数据,就可以确定分子中不同的键或基团,确定其分子结构。

(二)产生红外吸收的条件

两个能级间的跃迁只能在电偶极矩改变不等于零时才能发生。红外光谱中能引起偶极矩变化的振动称为红外活性的;不能引起偶极矩变化的振动称为非红外活性的,因此,同核双原子分子没有红外吸收光谱,如 O_2、N_2等气体,这就给实际测试工作带来很大方便,不必考虑空气中同核双原子的影响。

二、红外光谱仪

红外光谱仪是记录通过样品的红外光的透射率或吸光度随波数变化的装置。主要有色散型红外分光光度计和干涉型傅里叶变换光谱仪两类,目前以干涉型傅里叶变换光谱仪为主。

(一)色散型红外光谱仪

色散型红外光谱仪一般由光源、单色器、检测器、放大器及记录装置组成,如图 15-7 所示。

红外光源发出高强度连续波长红外光,经棱镜、光栅等单色器使光波色散,把复合光分为单色光,经分光成两束能量相同的光,分别照射并透过样品槽和参比槽,若样品对红外光产生了吸收,则通过样品槽的红外光与通过参比槽的红外光间产生能量差异,且这种差异与光的波长有关,经过放大,依次对单色光的强度进行测定,就可得到样品的整个红外吸收光谱图。

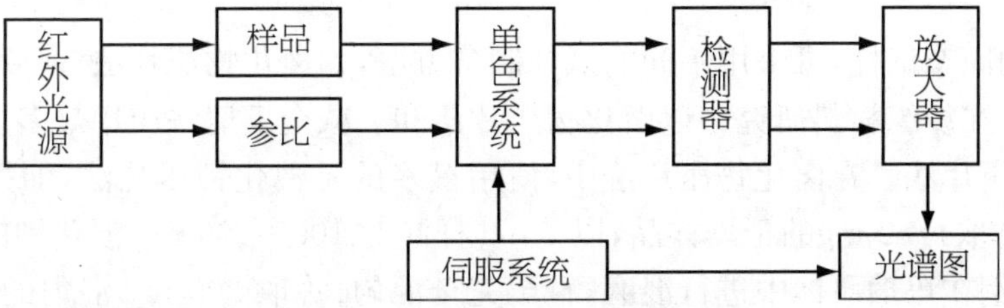

图 15-7 色散型红外光谱仪结构框图

(二)傅里叶变换光谱仪

典型的傅里叶变换光谱仪由五个部分组成,即红外光源、干涉仪系统、样品室、红外探测器系统、数据处理及显示系统,如图 15-8 所示。

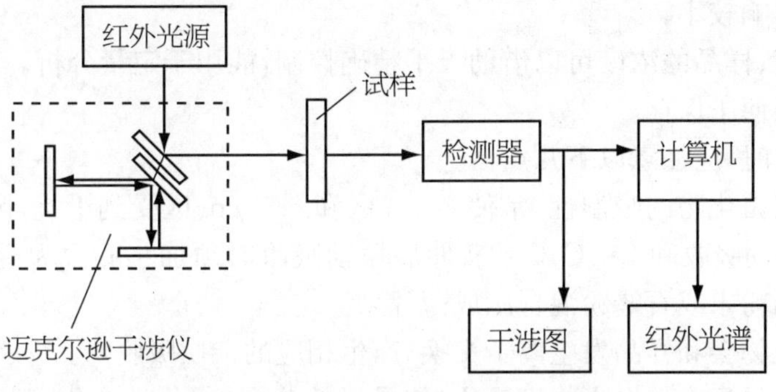

图 15-8 傅里叶变换光谱仪结构框图

傅里叶变换红外光谱仪属大型精密仪器,是利用光相干性原理设计的干涉型红外分光光度计。它用迈克耳逊干涉仪,使光谱信号做到"多路传输",它先得到的是光源的干涉图,然后根据傅里叶变换函数,利用计算机将干涉信号经傅里叶数学变换转换成普通光谱信号,亦即是将以光程差为函数的干涉图像转换成以波长为函数的光谱图,因此能在同一时刻收集光谱中所有频率的信息,在一分钟内能对全部光谱扫描近千次,因此大大提高了灵敏度和工作效率。

傅里叶变换光谱仪测量具有时间短、输出能量大、波数精度高、光谱范围宽、数据处理功能多、分辨能力高及样品取用量少等优点。

三、制样

(一)制样要求

制样方法对红外光谱图的质量影响很大,试样制备时一般要注意以下几方面:

(1)试样的浓度或厚度要适当,否则吸收光谱过强或过弱,影响光谱图质量。

(2)试样要保持干燥,水分会对光谱产生干扰。

(3)试样必须纯净,杂质会使光谱分析变得复杂。

(4)在与标准红外光谱对照时,必须选择相同的制备方法。

(二)常用的几种制样方法

1. 液态试样

对于液体试样可以装入密封液槽后进行分析,但由于大部分有机溶剂在红外区均有很多较强的吸收谱带,所以很少用溶液法测量高聚物的红外光谱图。

2. 固态试样

对于不同的固态试样,可采用不同的试样制备方法,如卤化物压片法、薄膜法、糊状法及衰减全反射法等。在纺织材料研究中以卤化物压片法和衰减全反射法应用最多。

(1)卤化物压片法。在卤化物压片法中,使用最多的是溴化钾压片法,即把固体试样磨细至 2 μm 左右;称取1～2 mg的干燥样品,以 1 mg 样品对 100～200 mg 溴化钾的比例称取干燥溴化钾粉末,并倒在玛瑙研钵中进行混磨,直至完全混匀;称取 200 mg 混匀的混合物,放进压模,然后用模具加压形成透明的试样片。

压片法操作简单,需要样品少,较易控制样品的厚度和光谱的强度。压片法在固体样品中是比较常用的一种方法,它有很多优点:

①没有溶剂、糊剂的吸收干扰,能一次完整地获得样品的吸收光谱。

②散射光的影响较小。

③薄片的厚度、样品的浓度可以借助天平精确控制,能用于定量分析。

④压成的样品便于保存。

但采用压片法时,应注意以下几点:

①由于碱金属卤化物的吸湿性,常使 3 μm 区和 6.1 μm 区受到干扰,因此在解释 O—H、N—H 键的伸展振动吸收和 C=C、C=N 伸展振动吸收时须加小心。为避免这种干扰,有时也使样品和聚乙烯粉末或石蜡粉混合压成薄片来测定。

②碱金属卤化物会和样品发生离子交换,产生相应的杂质吸收峰。

③样品在压片过程中会发生物理变化(如晶形的改变)或化学变化(部分分解),使谱图面貌出现差异。

④如溴化钾吸湿性较强,即使在干燥箱中进行样品的混磨工作,其红外光谱中仍不可避免地有水的吸收峰出现。为去除水分的干扰,可以在相同条件下研磨纯溴化钾粉末,制成一补偿片。

(2)衰减全反射法。衰减全反射法(Attenuated Total Reflection),简称 ATR。该法也称为内反射光谱法(Internal Reflection Spectroscopy),简称 IRS。

该法的原理是:当一束光线由光密介质(全反射晶体)进入光疏介质(试样)时,如果入射角大于临界角,则这一束光线在界面上产生全反射。在全反射过程中,光束会稍穿入反射表面后再反射出来,反射表面吸收红外光,因此这种全反射实际上是衰减的,一次衰减全反射吸收的能量很小,所得光谱的吸收谱带很弱,为了增强吸收谱带,必须增加全反射的次数,即多次衰减全反射,多次衰减全反射示意图如图 15-9 所示。

由于试样的折射率不同,要获得优良的 ATR 光谱图,选择适当的衰减全反射晶体和入射角度是十分重要的。另外,试样和晶体之间的接触情况对光谱图也有很大的影响。

用衰减全反射法所获得的信息大都为试样表层信息,通常作为表面分析技术。

对于大部分天然纤维,中红外穿透力较弱,一般穿透深度在微米级,很难直接测量它们的红外透射光谱,若用破坏性制样方法,很可能引起变异,从而失去有用信息,因此常用衰减全反射法直接对纤维进行红外光谱测量,如将长丝卷绕在框架上测试等,样品准备简单,无破坏性,可用于合成纤维的鉴定、定量分析和取向研究。

对织物及涂层等,一般用透射法测量往往很困难,使用红外分光光度计的衰减全反射附件

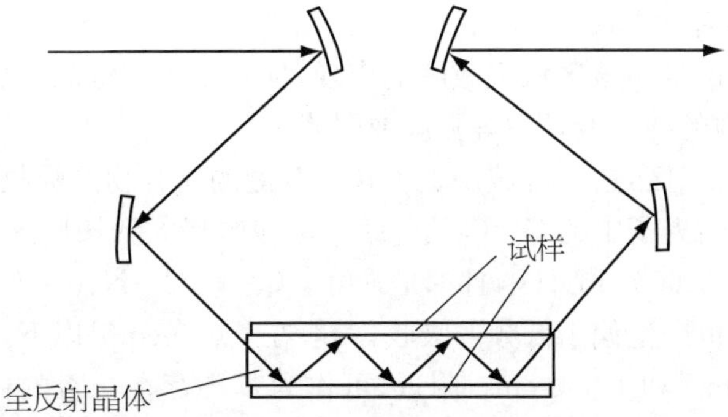

图 15-9 多次衰减全反射

装置，可以很方便地测得其红外光谱图。

(3)薄膜法。对于热塑性高分子材料可以热压成膜，但压膜时要注意膜的两面不能太光滑，否则会产生光干涉现象。对可溶于溶剂的试样，选择适当溶剂溶解试样，然后将溶剂倒在玻璃片上，待溶剂挥发后成一均匀薄膜即可。对于熔点低不易分解的试样，还可以用熔融办法制取薄膜。

(4)糊状法。先将试样磨细(约 2μm)，然后混合石蜡油、六氯丁二稀等糊剂，调成糊状均匀涂在溴化钾片上或可拆液槽后窗片上，选择糊剂时要注意它的吸收区域不干扰试样的光谱图。糊状法的优点是简单迅速，适用于大多数固态试样，缺点是不适于进行定量分析，且试样难于回收。

四、红外分析

(一)红外光谱识谱的一般程序

1. 分区

将红外光谱划分成两个区：4 000～1 333 cm^{-1}称为基团特征吸收区，常用的基团伸缩振动大都在该区，一般用于基团定性分析或定量分析；1 333～650 cm^{-1}称为指纹区，分子骨架振动及某些单键伸缩振动和弯曲振动引起的谱带大都在此区，该区谱带复杂，有的谱带同分子结构对应关系不清，而有的谱带对整个分子结构的微小变化很灵敏，结构很相似的化合物在该区也能鉴别，故指纹区对于判断有机物结构来说是一个关键区，因此，不同化合物在该区有特有的吸收谱带，犹如人的指纹，定性鉴别常用此区光谱进行核对。

(1)将特征吸收区划分为以下三个波区进行检查

①4 000～2 500 cm^{-1}区：该区域的吸收峰表征有含氢原子的官能团(伸缩振动)存在，如 OH(3 700～3 200 cm^{-1})、COOH(3 600～2 500 cm^{-1})、NH(3 500～3 300 cm^{-1})等。为了确证这些基团的存在，还要查证是否存在相应的 C—O、C═O、C—N 相关吸收峰。

炔氢出现在 3 300 cm^{-1}附近，而烯氢、芳氢及小环氢出现在 3 100～3 000 cm^{-1}附近，原则上以 3 000 cm^{-1}作为界线。若在 3000 cm^{-1}以上有 C—H 吸收峰，可以推测该化合物是不饱和的；若在 3 000 cm^{-1}以上无吸收峰则表明该化合物是饱和的。

甲基与亚甲基吸收峰在 2 950～2 850 cm^{-1}区，而且在 1 455 cm^{-1}处也有吸收峰。1 390～1 350 cm^{-1}的谱带是甲基的特征峰，该谱带不存在则表明化合物可能是脂环(或开链烃两端有其他取代基)，不存在甲基。

3 100～3 000 cm^{-1}和 2 950～2 850 cm^{-1}区吸收峰的同时出现，表明化合物既含有饱和的

CH 也含有不饱和或芳环的 CH。

②2 500～2 000 cm^{-1}区：该区域吸收峰的出现，反映了含三键的化合物(如—C≡C—、C≡N 的存在)，在该区域内的峰一般是中等强度或弱峰。

③2 000～1 333 cm^{-1}区：这一区域反映了含有双键的化合物的吸收。酸酐、酰、卤、酯、醛、酮、核酸、酰胺、醌和羧酸离子中的 C═O 的伸缩振动吸收峰大致按照这里所排的次序，由高到低，依次出现在 1 870～1 600 cm^{-1}区，且都是强峰。C═C、C═N、N═O(烯、芳环、氮杂环及硝基化合物等)在此区域也产生偏于低频的吸收，一般在 1 650 cm^{-1}以下。苯环在此区域的两个特征峰出现在 1 600 cm^{-1}和 1 500 cm^{-1}附近，可作为苯环存在与否的标志。若 C═C 处在链的中间或对称位置，将出现极弱的峰或不显吸收。在 1 650～1 550 cm^{-1}区还包括 NH 变形振动峰。

(2)将指纹区分为以下两个波区进行检查：

①1 333～900 cm^{-1}区：该区域包括 C—O、C—N、C—F、C—P、C—Si、P—O、Si—O 等单键的伸缩振动吸收和 C═S、S═O、P═O 等重键的伸缩振动吸收以及 $HC(CH_3)_2$、—CHRC═CH_2和—CHR═CHR′(反式)骨架或变形振动吸收。其中包括的化合物很广泛，如醇、醚、羧酸、酯、胺、有机氟、磷、硫及硅等化合物。这个区域的吸收反映了化合物的整体性特征很强。

②900～650 cm^{-1}区：这一区域的吸收可以指示$(CH_2)_4$的存在，反映双键的取代程度、构型(顺式或反式)，苯环上取代基的位置以及是否含氯或溴等。

2. 查峰

在确定了化合物的类型和可能含的基团后，可以查各基团特征吸收峰的位置，并考虑影响特征频率移动的规则及相关峰，进一步研究结构细节。

3. 对比

按以上两步确定了化合物的可能结构以后，再与标准图谱或标样在同样条件下测定的红外光谱对照，并结合核磁共振、质谱、紫外光谱及元素分析等结果做出最后的确定。

(二)利用红外光谱推测有机化合物结构需注意的问题

第一，红外光谱仪必须校正，以便使吸收谱带可以在其固有的频率或波长处观察到；光谱图应该是使用相当纯的化合物得到的；谱图必须能足够分辨和有足够的强度，还要详细说明样品的处理方法。如果使用溶剂，则应指出是什么溶剂及其浓度和吸收池的厚度。

第二，红外光谱主要是获得有机化合物官能团的结构信息。红外光谱可供利用的主要参数有三个：吸收峰的位置、吸收峰的强度和吸收峰的形状。

第三，要抓住主要矛盾，即先特征峰后一般峰，先强峰后次强峰，再中强峰、弱峰。同时要注意峰的形状。

第四，在优先注意特征峰的同时，还要注意相关峰，因为要肯定一个官能团的存在，单凭一个特征峰下结论常常不可靠，所以，要充分利用红外光谱图中提供的信息，尽可能把官能团的相关峰都找到。

第五，在一个化合物分子中，各官能团或化学键的存在不是彼此孤立的而是相互影响的。因此，一个官能团的特征吸收峰的位置及峰形常常由于处在不同的化合物中而有所变动。

(三)标准红外谱图

在红外定性分析中，无论是已知物的验证，还是未知物的鉴定，虽然可通过其光谱进行解析加以推断，但往往都需要借助于纯物质的标准光谱作最后对比核定。标准红外光谱的来源除可将得到的纯物质测其光谱外，也可从标准红外光谱图获得。由于测试仪器及操作方法不同，标准图谱也不是完全一致的，但对同一分子来讲，其特征吸收频率的位置及相对强度顺序是相同的，因此，利用标准图谱进行定性分析时，应允许合理性差异的存在。

常见的红外标准图谱有萨德勒(Sadtler)红外谱图集，在其图谱的分类中有纤维类、纺织物化学品类、染料和颜料以及无机物等。

较先进的红外光谱仪存有各种材料的红外光谱图数据库，可对所测试样进行计算机检索，较方便、准确。

(四)红外定性分析

对某一化合物的红外光谱进行分析时应了解红外光谱吸收峰的特征，如峰的位置、形状和相对强度，再采用下列方法进行判断。

1. 直接查对谱图

这种方法往往最直接、可靠。目前有很多有关高聚物材料的红外光谱图集，可根据有关样品的来源、性能等情况，结合图谱特征，就可初步区分样品的类别，然后再和这一类高聚物的红外谱图一一核对，就能够做出判断。

2. 否定法

如果已知某波数区的谱带对于某个基团是特征的，那么当这个波数区没有出现谱带时，就可判断在分子中不存在这个基团。

3. 肯定法

如果某试样的光谱图不能直接辨认，必须对它进行详细的分析。分析谱图时，一般都从谱图中主要的强吸收谱带开始，因为它往往对应化合物中主要的官能团，也就可以特征地反映化合物的结构，然后再分析其他特征的谱带，有时对一些弱的谱带往往不好解释。

在某些波数区域，很多基团的吸收谱带都会出现，从一个谱带不容易得到肯定的结论，常需根据一个基团的特征振动频率，从几个波数区域谱带的组合来判断该基团的存在。

(五)定量分析

特征吸收谱带的强度，除与分子结构有关外，还与光程中所含的分子数有关，因此通过特征吸收谱带的强度测量，可计算所含分子数的多少，即红外定量分析。

红外定量分析是根据朗伯—比耳定律进行的。在分析中，一般是在谱带吸收最大的位置上来测量光密度的。当单色光通过样品时，若入射光强度是 I_0，透射光强度是 I，则有：

$$A=\lg(I_0/I)=\lg(1/T)=abc$$

式中：A 为光密度；T 为透过率($T=I/I_0$)；a 为吸收系数；b 为样品厚度；c 为样品浓度。

测量光密度的方法很多，最简单的基线法如图 15-10 所示。在谱带两侧透过率最高处 a、b 两点作切线，然后从谱带吸收最大的位置 c 作横坐标的垂线，和 0%线交点为 e，和切线 ab 的交点为 d，则 de 的长度为 I_0，ce 的长度为 I，经计算可得到光密度 A。

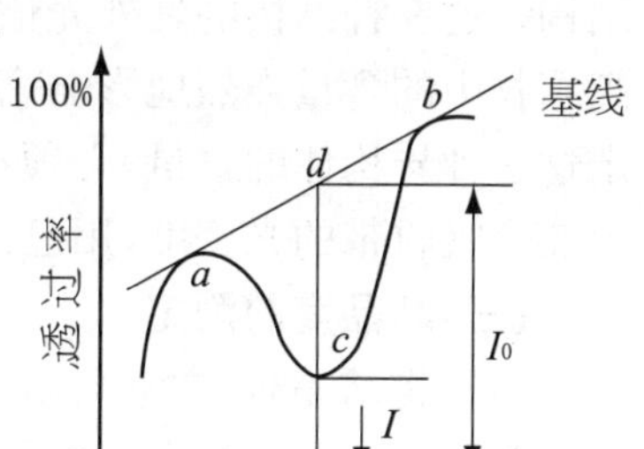

图 15-10　基线法

当样品中各组分的谱带彼此重叠时，为了精确地测量各谱带的强度，可用计算的方法把彼此重叠的谱带分解成单一谱带，或利用计算机分峰。

把代表样品所含各组分的纯物质分别配成一系列已知浓度的样品,测定各自分析波数处的光密度,以浓度为横坐标,相应光密度为纵坐标,得到工作曲线。在样品分析中,只要测定相应分析波数处的光密度,就可根据工作曲线得到未知样品的浓度。

五、红外吸收光谱法在纺织研究中的应用

在纺织材料研究中的应用主要有:纤维鉴别,高聚物结构分析,混纺纤维的定量分析,分析纤维变化和织物树脂整理,高聚物结晶度的测定等,其中最常用的是纤维鉴别及分析纤维变化和织物树脂整理。

(一)纤维鉴别

不同结构的高聚物,均有其特征的吸收光谱,根据样品谱图所出现的特征吸收峰的位置并对照高聚物的红外光谱系统表即可鉴别出未知样品为何种高聚物。

各种主要组织纤维的基团特征吸收谱带如表 15-1 所示。

表 15-1 各种纺织纤维基团特征吸收谱带

振动形式	波数(cm^{-1})	振动形式	波数(cm^{-1})
OH 伸缩振动(形成氢键)	3 500~3 300	OH 面内变形振动(纤维素)	1 325
C═N 伸缩振动(聚丙烯腈)	2 240	OH 面外变形振动(纤维素)	640
C═O 伸缩振动(聚酯)	1 725	C—O 伸缩振动(纤维素)	1 110
C—O 伸缩振动(聚酯)	1 250,1 110	N—H 伸缩振动(酰胺基)	3 320~3 270
苯环 C═O 伸缩振动	1 650,1 500	N—H 面内变形振动(酰胺基)	1 530
苯环 C—H 面外变形振动	1 900~700	C—Cl 伸缩振动(聚氯乙烯)	635
CH 变形振动(纤维素)	1 370	—	—

主要纺织纤维的基团特征吸收谱带如图 15-11 所示。

(二)测定高聚物主链结构

以聚丁二烯为例。聚丁二烯具有三种不同的异构体,即顺式-1,4、反式-1,4 和 1,2 加成链结构。这三种结构的红外光谱图有很大的差异,其谱线的吸收带各不相同。这三种异构体在高聚物中的含量强烈地影响高聚物的性能,因而对异构体进行定量测定非常必要。要定量测定这三种异构体的含量,必须找到这三种结构的纯组分标准样品,根据郎伯-比尔定律分别测得三个吸收带的光密度,用已测得的光密度测量高聚物中各异构体的含量。

(三)结晶度的测定

高聚物结晶时,常常会出现非晶态高聚物所没有的新的红外吸收谱带,即“晶带”。当高聚物的晶体熔融时,该谱带的强度将有所下降;在高聚物熔融完毕时所出现的特有吸收谱带为“非晶带”。比较高聚物在高度结晶时及它在熔融状态下的红外光谱,根据这些光谱的差别,可通过测量一个结晶带和一个非晶带的相对吸收强度的方法来计算高聚物的结晶度。

(四)取向度的测定

高分子链上的某些官能团具有一定的方向性,它对振动方向不同的红外光也有不同的吸收率,也会表现出二色性,这种二色性叫作红外二色性。红外二色性所反映的是纤维大分子的取向情况。因此,可用红外二色性去研究大分子链的取向结构。

（五）纤维内不同化学成分的测量

根据不同化学键的特征吸收峰的不同，其特征吸收峰的增强或减弱可用于分析化学成分的变化，并可以根据不同处理后结构和成分的变化，推出纺织材料的性质变化。

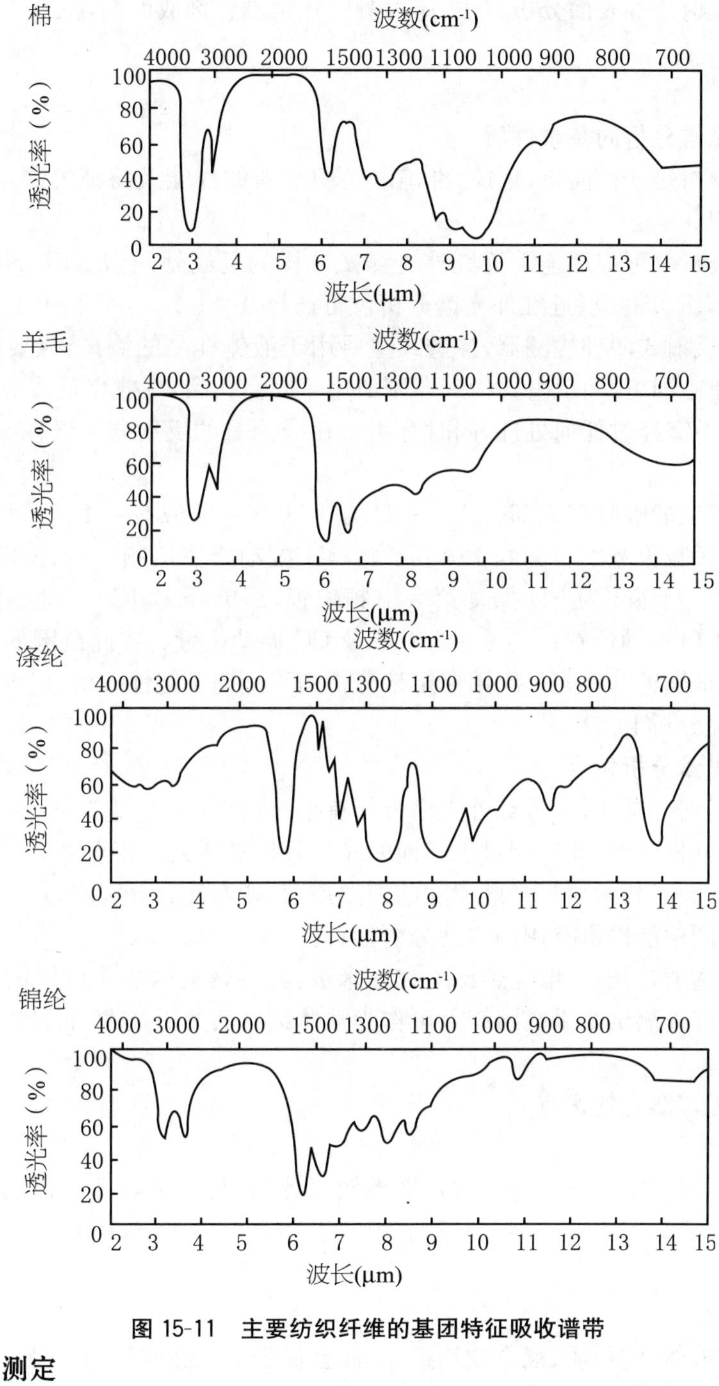

图 15-11 主要纺织纤维的基团特征吸收谱带

（六）混纺比测定

在混纺纱混纺比测定中，首先选定某一特征吸收谱带作为测定依据，这一特征吸收谱带只在混纺纱的某一种纤维中存在，其他纤维是没有的。然后做出各种不同比例的混纺纱的红外吸收光谱，从这些光谱中得出光密度与混纺比的对应关系图。以后在同一台仪器上（不同仪器对应关系要重做)可以对某一未知混纺比纱线作红外吸收光谱,从这个吸收光谱中读出的光密度,根据关系图直接找到该纤维的混纺百分比。

(七)染整剂测量

通过衰减全反射法等表面分析方法,还可测定化学染整剂或助剂含量。

六、近红外光谱分析

(一)近红外光谱分析的基本性质

近红外光谱分析是一种简单、快捷、准确的纺织材料的性能及特征的测量方法,近年来开始广泛应用于纺织。

近红外光谱分析仪可应用连续近红外光测试试样的近红外光谱 NIR(Near Infrared),如目前较新的美国 NIR 6500 型近红外光谱分析仪可选择 0.4~1.1 μm 和 1.1~2.5 μm 红外光范围,有穿透式和反射式两种检测器,穿透式主要用于液体样品的测试,只要将数毫升液体样品倒入石英玻璃瓶中即可,而反射式检测器则应用于固体样品,将数克至数十毫克待测物直接置于标准圆盘中,不需经过任何处理,同时有用于在线测量的反射式光纤探头,可置于待测物上方进行在线测量。

在近红外光区域的吸收带大部分为 C—H、O—H、N—H 或 S—H 伸缩振动的复频吸收、第一倍频、第二倍频吸收范围。如 0.738 μm 为 OH 振动第三倍频位置;0.779 μm 为 NH 振动第三倍频位置;1.74 μm 为 SH 振动第一倍频位置,1.9 μm 为 C=O 振动第二倍频位置;2.2 μm为 CH 及 CO 振动位置;2.5 μm 为 CH 及 CC 振动位置。在此范围的吸收带较宽且有较高重叠性,因此早期近红外光只应用在定量分析而不运用于定性分析,现今已克服上述之缺点而可应用在定性分析上。

(二)近红外光谱分析特点

与普通红外光谱分析相比,近红外光谱分析有很多特点:

(1)纤维成分分析方面,此法相对于其他的光谱分析法最大的特点之一是可对其图谱进行一阶、二阶微分,加大了相同材料光谱图间的细微差别,从而使其分辨能力更强、更准确。

(2)红外光谱图中能提供有用的定性分析信息。

(3)近红外穿透力较强,一般穿透深度在毫米级,其穿透力取决于试样的紧密程度及光谱仪的具体情况,近红外测试结果在纺织上可作为整体结构的分析技术,而且近红外也可以采取大试样,简化了试验。

(三)近红外光谱测定的优点

1. 可测试项目多

可用于纺织材料鉴定:棉含糖量分析,洗毛效果评估,化纤热处理过程之研究,混纺比,含水率,含油率,浆料成分鉴定,上浆率分析,非织造织物黏着剂分析,棉布丝光率分析及布面树脂分析等方面。

2. 样品适用性广

无论是固体、液体、纯物质、混合物均适用,而且极少作样品前处理,只需极少量样品即可。此法属于非破坏性检测技术,不破坏样品。

3. 检测迅速

这种方法无损而快捷,样品准备简单,系统自动分析时间短,可于三十几秒钟内完成测量分析，更适于质量和工艺控制。

4. 可在线测试

可根据样品的特性选择穿透式或反射式检测，与光纤系统连线增加检测方式，用于在线检测极为方便。

七、红外显微镜

红外显微镜是近年来发展起来的现代化仪器，用红外显微镜鉴别纺织纤维，使纺织纤维鉴别变得快捷、准确。它是根据不同的纤维，其分子结构不同，在红外光谱区域内所产生的吸收位置不同，从而产生不同的红外光谱，利用这些光谱就可判别出是哪种纤维，尤其是在判别化学纤维的种类上有着独到的优势。

实验时将纤维分别置于红外显微镜下，调整好纤维的位置和焦距，使之在电脑显示屏上显现清晰的纤维图像，可对纤维测显微镜透视红外光谱图。

不同纤维由于它们各自的结构不同，所产生红外的特征吸收谱带也不同，因此，用红外显微镜光谱法很容易将各种纤维区分开来。

与传统的纤维鉴别方法相比，用红外显微镜鉴别纤维免去了传统的纤维鉴别需用多种手段综合分析的麻烦。与一般红外光谱仪相比，红外显微镜鉴别纺织纤维勿需进行样品处理，可直接测得高水准的红外光谱图。与一般显微镜相比，红外显微镜不仅能看到各种纤维的外现，而且能直接测得纤维的结构，从而鉴别出纤维的类型。因此，用红外显微镜鉴别纺织纤维有着其他仪器和方法所不可替代的优势，其最大的特点是快速、准确、不破坏样品。

第三节　X 射线衍射分析

X 射线衍射法是获取物质中结构信息的重要研究方法之一，在研究高分子材料的固态结构，尤其是研究晶体内在结构方面显示出诸多优势。在纺织材料的研究中，X 射线衍射学有着广泛的应用，如鉴别纤维、测定晶体结构、研究晶体的完善性及测定晶体取向及颗粒大小分析等。

一、X 射线的性质

德国物理学家伦琴偶然发现了非可见的、但能使照相底片感光、使荧光物质发光、并有极大穿透能力的射线，即 X 射线。1912 年，劳厄等人利用晶体作为天然光栅，发现了晶体的 X 射线衍射现象，并确定了 X 射线的电磁波性质及波长范围为 0.001～10 nm。

X 射线具有波长短，光子能量大两个基本特性，所以，X 射线与物质相互作用时产生的效应和可见光完全不同，在物质的微观结构中，原子和分子的距离（0.1～1 nm）正好落在 X 射线的波长范围内，所以物质（特别是晶体）对 X 射线的散射和衍射能够反映丰富的微观结构信息，因此，X 射线衍射方法是当今研究物质微观结构的主要方法。

X 射线的产生，通常是用高速电子束轰击阳极靶面，如果能量足够高，靶内一些原子的内层电子会被轰出，使原子处于能级较高的非稳定激发态，内层轨道上的空位将被离核更远轨道上的电子所补充，从而使原子能级降低，这时，多余的能量便以光子的形式辐射出来，产生了 X 射线，用照相底片或计数管能定量地测出它的强度。

从X射线管中产生的X射线具有较宽的波长分布，X射线谱分连续X射线谱和特征X射线谱两部分。

连续光谱又称为“白色”X射线，包含了从短波限λ_m开始的全部波长，其强度随波长变化连续地改变，从短波限开始随着波长的增加强度迅速达到一个极大值，之后逐渐减弱趋向于零，连续光谱的短波限λ_m只决定于X射线管的工作高压。

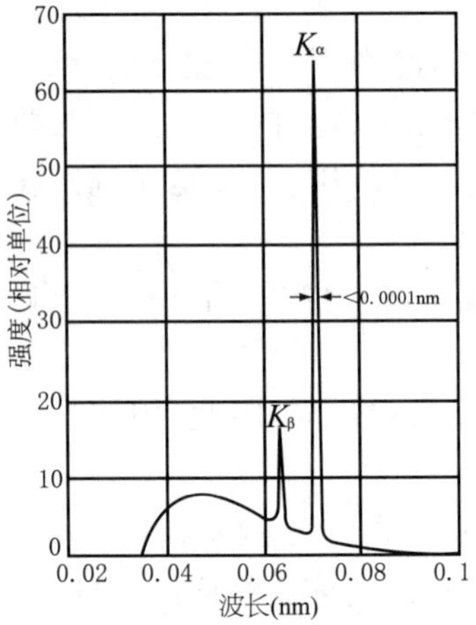

图 15-12 特征光谱X射线谱

特征X射线谱是在连续谱的基础上产生的，它由一定波长的若干X射线谱组成。如果在X射线管中保持电流一定，将管电压逐渐增加，则在连续谱的基础上产生波长一定的谱线，构成特征X射线谱。通常将开始产生标识谱线的临界电压称为激发电压。当电压继续增加时，标识谱线的波长不变，只是强度相应地增加。

特征光谱的波线的波长范围随阳极靶材料的元素特征而定，其波长只与原子处于不同能级时发生电子跃迁的能级差有关，而原子的能级是由原子结构决定的，因此，这些有特征波长的辐射(特征光谱)能反映出原子的结构特点。图15-12所示是钼靶K系特征X射线谱。它有两个强度高峰，分别位于波长为0.063 nm和0.071 nm处。前者称为K_β辐射，后者称为K_α辐射。

实验时常使用滤光器提取所需的特征X射线。在X射线多晶体衍射工作中，主要是利用K_α系辐射源。X射线谱中的连续谱只能增加衍射花样的背景，因此，实际工作中总是希望特征谱线强度与连续谱强度的比越大越好。

一束X射线通过物质时会发生散射，X射线的散射是电磁波迫使电子的运动状态发生改变而产生的过程，可分为相干反射和非相干反射。X射线在晶体中产生的衍射现象，是其散射的一种特殊表现，由于X射线被晶体各原子的电子散射是相干散射波，它们之间的干涉作用使得空间某些方向上的波始终保持互相叠加，于是在这个方向上可以观察到衍射线，而在另一些方向上的波始终是互相抵消的，于是就没有衍射线产生。所以X射线在晶体中的衍射现象实际上是大量的原子散射波互相干涉的结果，每种晶体所产生的衍射花样，都反应出晶体内部的原子分布规律。通过在X射线衍射现象与晶体结构之间建立起定性和定量的关系可分析晶体内部结构的各种问题。

二、X射线衍射的几何原理

联系X射线衍射方向与晶体结构之间关系的方程有两个：劳埃(Laue)方程和布拉格(Bragg)方程。前者基于直线点阵，而后者基于平面点阵，这两个方程实际上是等效的。

(一)劳埃方程

一列等距排列的原子对入射X射线的衍射，如图15-13所示。当入射角为α_0，在α_0角处观测散射线的叠加强度。相距为a_0的两个原子散射的X射线光程差为$a_0(\cos\alpha_h-\cos\alpha_0)$，当光程差为零或等于波长的整数倍时，散射波的波峰和波谷分别互相叠加而强度达到极大值。光程差为零时，干涉最强，此时入射角等于出射角，衍射称为零级衍射。

晶体结构是一种三维周期结构，设有三行不共面的原子列，其周期大小分别为 a_0、b_0、c_0，入射 X 射线同它们的交角分别为 α_0、β_0、γ_0，当衍射角分别为 α_h、β_k、γ_I 时，则必定满足下列的条件：

$$a_0(\cos\alpha_h-\cos\alpha_0)=h\lambda$$

$$b_0(\cos\beta_k-\cos\beta_0)=k\lambda$$

$$c_0(\cos\gamma_I-\cos\gamma_0)=I\lambda$$

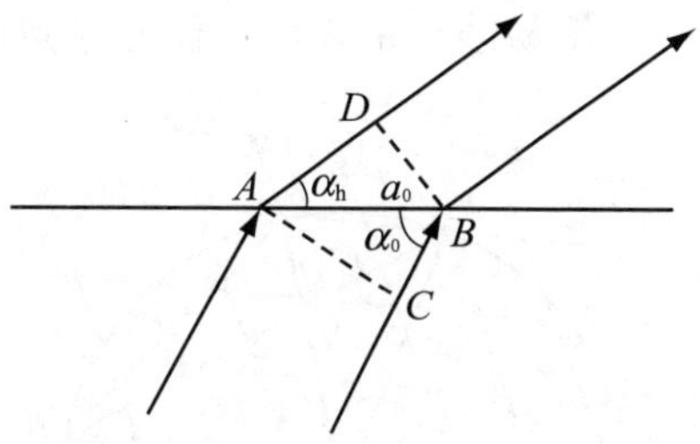

图 15-13 原子对列入射 X 射线的衍射

式中：h,k,I 为整数(可为零和正或负的数)，称为衍射级数；λ 为入射线的波长。

以上三式是晶体产生 X 射线衍射的条件，称劳埃方程。衍射级数 h,k,I 的整数性决定了晶体衍射方向的分立性，每一套衍射指标规定了一个衍射方向。

(二)布拉格方程

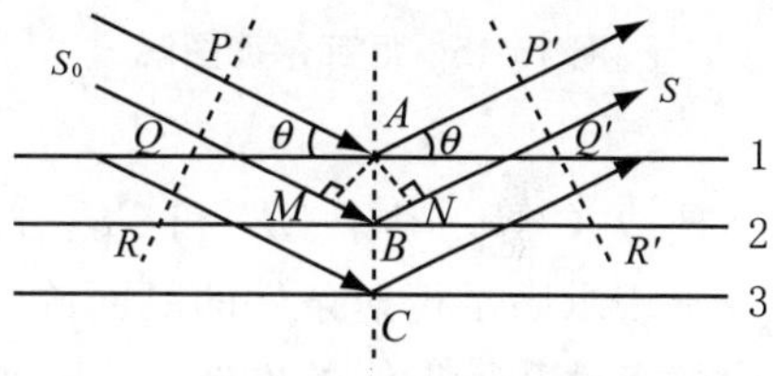

图 15-14 布拉格方程的推导

晶体的空间点阵可划分为一组平行且等间距的平面点阵(hkI)，或称晶面。同一晶体不同指标的晶面在空间的取向不同，晶面间距也不同。设有一组晶面，间距为 $d_{(hkI)}$，一束平行 X 射线射到该晶面族上，入射角为 θ_0，对于每一个晶面散射波的最大干涉强度的条件应该是：入射角和散射角的大小相等，且入射线、散射线和平面法线三者在同一平面内，如图 15-14 所示。因为在此条件下光程都是一样的，图中入射线 S_0 在 P、Q、R 处的相位相同，而散射线 S 在 P'、Q'、R' 处仍是同相，这是产生衍射的必要条件。

相邻晶面产生衍射的条件，如图 15-14 所示的晶面 1,2,3，间距为 $d_{(hkI)}$。相邻两个晶面上的入射线和散射线的光程差为：$MB+BN$。而 $MB=BN=\sin\theta_n$，即光程差为 $2d_{(hkI)}\sin\theta_n$，当光程差为波长 λ 的整数倍时，相干散射波就能互相加强从而产生衍射。由此得晶面族产生衍射的条件为：

$$2d_{(hkI)}\sin\theta_n=n\lambda$$

式中：n 为 1,2,3,…整数；θ_n 为对应某 n 值的衍射角；n 为反射级数。

上式称为布拉格方程，是晶体学中最基本的方程之一。

三、倒易点阵和厄瓦尔德图解

倒易点阵是在晶体点阵的基础上按照一定的对应关系建立起来的空间几何图形。每种空间点阵都存在着与晶体点阵相对应的倒易空间点阵，它是晶体点阵的另一种表达形式。

如果用 a、b、c 表示晶体点阵的基本平移矢量，用 a^*、b^*、c^* 来表示倒易点阵的基本平移矢量。倒易点阵与晶体点阵的基本对应关系为：$a^*\cdot b=a^*\cdot c=b^*\cdot a=b^*\cdot c=c^*\cdot a=c^*\cdot b=0$；$a^*\cdot a=b^*\cdot b=c^*\cdot c=1$。从这个基本关系出发，可推导出倒易点阵基本平移矢量 a^*、b^*、c^* 的方向和长度。

倒易空间点阵中的阵点称为倒易结点。从倒易点阵原点向任一个倒易结点所连接的矢量称为倒易矢量，用符号 r^* 表示。

如果晶体点阵与倒易点阵具有共同的坐标原点，则晶体点阵中的晶面在倒易点阵中可用一个倒易结点来表示。倒易结点的指数用它所代表的晶面的面指数(干涉指数)标定。晶体点阵中晶面取向和晶面间距这两个参量在倒易点阵中只用倒易矢量一个参量就能综合地表示出来。

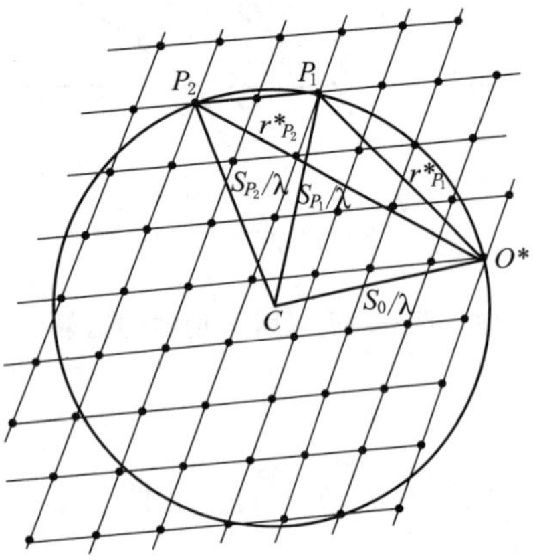

图 15-15 厄瓦尔德图解

利用这种对应关系可以由任何一个晶体点阵建立起一个相应的倒易点阵,反过来由一个已知的倒易点阵运用同样的对应关系又可以重新得到原来的晶体点阵。

厄瓦尔德提出了倒易点阵中衍射条件的图解法,称为厄瓦尔德图解。其作图方法如图15-15所示,沿入射线方向作长度为 $1/\lambda$(倒易点阵周期与$1/\lambda$采用同一比例尺度)的矢量 S_0/λ,使该矢量的末端落在倒易点阵的原点 O^*。以矢量 S_0/λ 的起端C 为中心,以$1/\lambda$为半径画一球,称为反射球,凡是与反射球面相交的倒易结点(P_1和 P_2)都能满足衍射条件而产生衍射。由反射球面上的倒易结点与倒易点阵原点,反射球中心可连接衍射矢量三角形$\triangle P_1O^*C$、$\triangle P_2O^*C$ 等。其中 CP_1和 CP_2分别为倒易结点 P_1和 P_2的衍射方向。倒易矢量 r^*p_1、r^*p_2 分别表示满足衍射条件的晶面族的取向和面间距。可见,厄瓦尔德图解法可同时表达产生衍射的条件和衍射线的方向。

从上述产生衍射的条件可以看出,并不是随便把一个晶体置于 X 射线下都能产生衍射现象。例如,一束单色 X 射线照射一个固定不动的单晶体,就不一定能产生衍射现象,因为在这种情况下,反射球面完全有可能不与倒易结点相交。因此,在设计实验方法时,一定要保证反射球面能有充分的机会与倒易结点相交,才能产生衍射现象。因此要使反射球面扫过某些倒易结点,这样,反射球面永远有机会与倒易结点相交而产生衍射。这就必须使反射球面或晶体其中之一处于运动状态或者相当于运动状态。

符合上述条件的实验方案有以下几种:

(1)用单色 X 射线照射转动的晶体,使反射球永远有机会与某些倒易结点相交。这种衍射方法称为转动晶体法。

(2)用多色(连续)X 射线照射固定不动的单晶体。在衍射实验中,X 射线管是固定不动的,因此入射线方向也是不动的,即反射球是不动的。但是,由于连续 X 射线有一定的波长范围,因此就有一系列与之相对应的反射球连续分布在一定的区域。凡是落到这个区域内的倒易结点都能满足衍射条件。所以,这种情况也就相当于反射球在一定范围内运动,从而使反射球面永远有机会与某些倒易结点相交。这种实验方法称为劳厄法。

(3)用单色入射线照射多晶体试样。多晶体中,由于各晶粒的取向是杂乱分布的,因此,固定不动的多晶体就其晶粒间的位向关系而言,相当于单晶体转动的情况。在实验过程中尽管多晶体试样不动,也完全可以使反射球有充分的机会与某些倒易结点相交,如果多晶体转动,就更增加了这种机会。这样的实验方法称为多晶体衍射方法。

四、纤维 X 射线衍射的实验方法

(一)照相法

利用单色 X 射线照射纤维试样,并采用垂直于 X 射线的平板照相机记录衍射线。照相法时间长，往往需要 10～20 h；衍射线强度靠照片的黑度来估计，准确度不高；但设备简单，价格便宜，在试样非常少的时候，如 1 mg 左右时也可以进行分析。纤维高聚物 X 射线衍射图有两种：

1. 粉末图

构成纤维的高聚物大都是结晶不完善的小结晶或小晶区组成，如果它们在纤维试样中的分布是完全混乱的，则该纤维试样在宏观上呈现各向同性，当一束单色 X 射线照射到这些纤维试样发生衍射时，可得到与低分子晶体的粉末图相似的衍射图，即粉末图，如图 15-16(a)。

2. 纤维图

对于大多数纤维，纤维中的微晶粒不是杂乱无章排列的，而是与纤维轴向呈一取向分布，但周向无取向，分布机率相同，当一束平行单色 X 射线照射到伸直平行的纤维束上时，其中凡能满足布拉格定律的晶面，都发生衍射，衍射图为一系列分布在层线上的衍射斑点所构成。由于实际纤维取向并非是完全的，使衍射斑点扩展成干涉弧，干涉弧越宽，晶体的取向度越低，这种图形称为纤维图，如图 15-16(b)所示。根据层线间的距离可算出沿纤维轴方向的等同周期，把所有的衍射点指标化后，可以求出单胞参数，进一步分析可推导出晶体的结构。

图 15-16　纤维高聚物 X 射线衍射图

(二)X 射线衍射仪法

对 X 射线衍射强度也可以通过它在气体中产生的电离作用或在固态中产生的荧光作用制成各种辐射探测器来进行测量，用辐射探测器来进行这种记录工作的全套设备叫 X 射线衍射仪，它主要由 X 射线发生装置、测角仪、计数管及记录仪等组成，如图 15-17 所示。衍射仪对衍射线强度的测量是利用电子计数器(计数管)直接测定的。计数器的种类很多，但都是将进入计数器的衍射线强度变换成电流或电脉冲，这种变换电路可以记录单位时间里的电流脉冲数，脉冲数与 X 射线的强度成正比，于是可以较精确地测定衍射线的强度，如图 15-18 所示。衍射仪至少要 0.5 g 试样。衍射仪法的优点较多，如可以记录晶体衍射的全部信息、速度快、强度相对精确、信息量大、精度高及分析简便等，需要迅速确定晶体取向、晶粒度时更为有效。

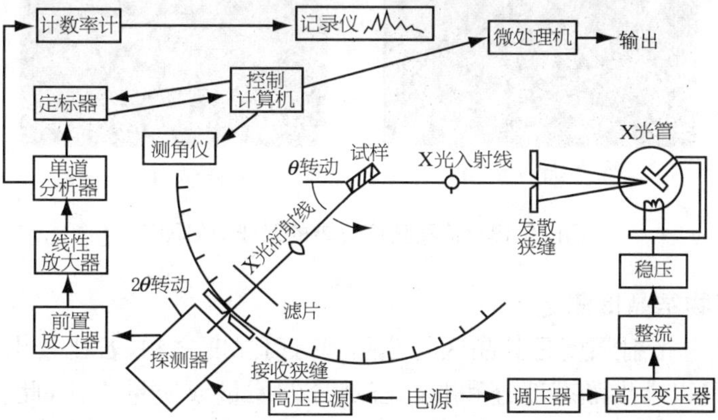

图 15-17　衍射仪结构图

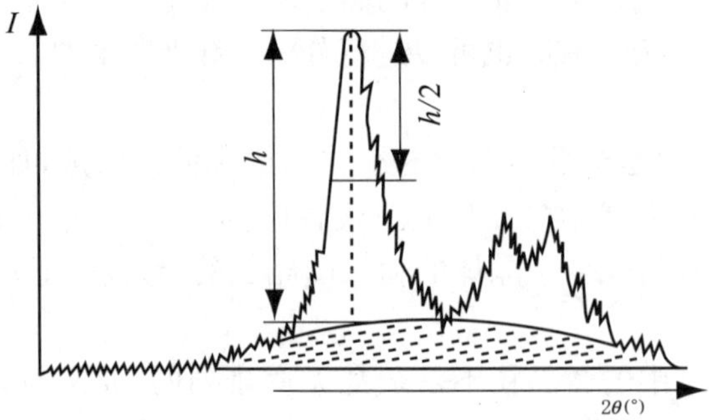

图 15-18　纤维的 X 射线衍射强度分布

(三)试样及其制备

1. 粉末试样

粉末试样的粒度必须很细(10 μm 以下),在试样制备中,最好不要在粉末中加黏结剂,可直接把粉末放于试样板的凹槽中,然后用适当的压力把它压实,并使表面光滑。

2. 线材样品

对于纤维等线材试样,须将它们平行密集地排列在试样板上,然后使纤维轴与衍射仪轴呈直角将试样插在试样架上。

3. 薄膜样品

将薄膜一层一层黏合至所需要的厚度,但一定要保证层与层间贴合紧密,不要有空隙或折缝。

五、X 射线衍射法在纺织研究中的应用

(一)纤维鉴别

不同种类纤维的 X 射线衍射图有各自的特征,因此可以用来鉴别纤维。棉和黄麻纤维的射线衍射图谱如图 15-19 所示。

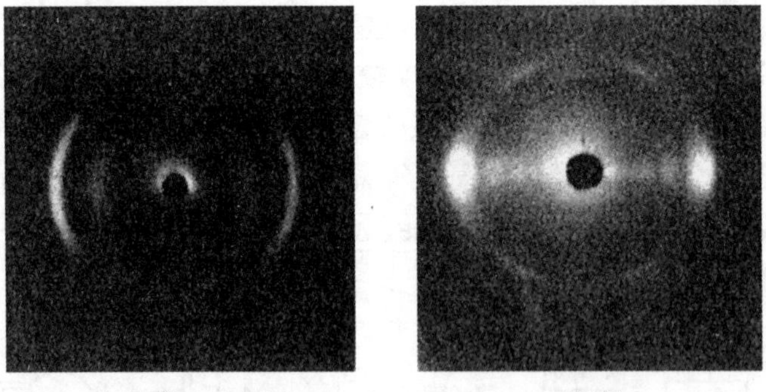

棉　　黄麻

图 15-19　棉和黄麻纤维的射线衍射图谱

(二)纤维高聚物结晶度测定

纤维对 X 射线总衍射强度是其晶区与非晶区衍射强度之和,若比较出晶态部分和非晶态部分散射强度,就可以求出晶态部分和非晶态部分的质量或质量之比,此即 X 射线衍射法测

结晶度的原理。

1. 由无定形散射强度测定结晶度

假定无定形部分含量正比于无定形散射晕圈的强度，那么如果能获得 100%的无定形样品，则可以此样品为标准求得结晶度 X_C。

$$X_C=\frac{W_a-W'_a}{W_a}=\frac{I_a-I'_a}{I_a}$$

式中：W_a，I_a 为 100%的无定形试样的质量和散射晕圈的积分强度；W'_a，I'_a 为待测的部分晶体试样的无定形部分的质量和散射晕圈的积分强度。

如果改变无定形含量后，散射曲线形状不变，只是峰值变化的话，则可用某一特定 2θ 处的非晶散射峰值之比来表示无定的含量。

2. 测定结晶度的经验方法

测得各种纤维素纤维的衍射强度曲线，然后将它们化为标准强度曲线，由于各种纤维素纤维的化学组成相同，可知各种样品的标准强度曲线下的面积相等。

图 15-20(a)是亚麻的标准衍射强度曲线。将曲线的两端与 $2\theta=29°$处的极小值连接成直线，这就是晶区与非晶区对样品衍射强度贡献的分界线。因此图上部的阴影部分即为晶区衍射的积分强度，记为 S_c；曲线底部阴影区为需修正的非相干散射，而点线所示为需修正的空气散射。进行此两项修正后，分界线在 $2\theta=17°$附近有一极大值，其高度 A_m即作为样品中非晶区含量的相对度量。将各种纤维的 A_m、S_c值标在同一张图上，即得到图 15-20(b)，该图的纵坐标为 A_m，横坐标为 S_c，可以看出各数据点基本上在一条直线上。沿该直线越靠近右下部，结晶度越高；而越靠近左上部，结晶度就越低。图上有两个点"○"是最可靠点。

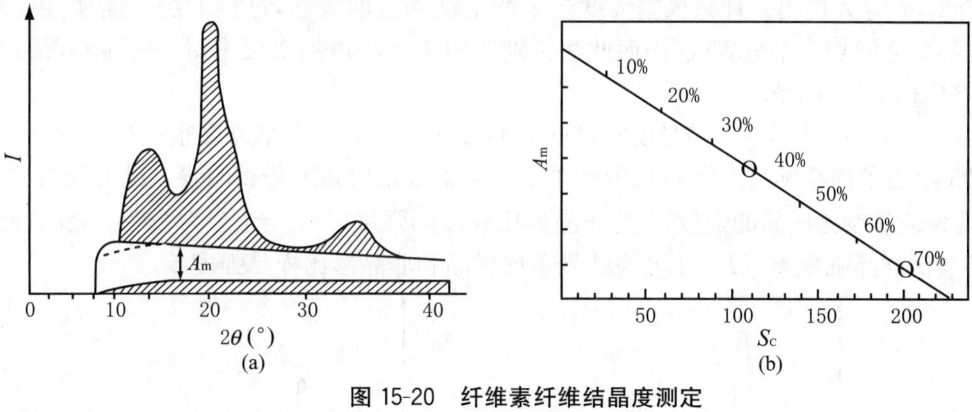

图 15-20 纤维素纤维结晶度测定

目前常见的方法是根据图 15-20(a)中有关面积为比例计算出结晶度。例如将棉纤维制成粉末样，用衍射仪收集衍射强度曲线，经过各种修正后的强度如图 15-21所示。确定晶区-非晶区分界线的方法为：将 $2\theta=6°$、$32°$及 $51°$等处连接成光滑曲线作为分界线。设衍射曲线下的总面积为 S，衍射曲线与分界线之间的面积为 S_c，则该样品的结晶度为：

$$X_c=S_c/S \tag{15-1}$$

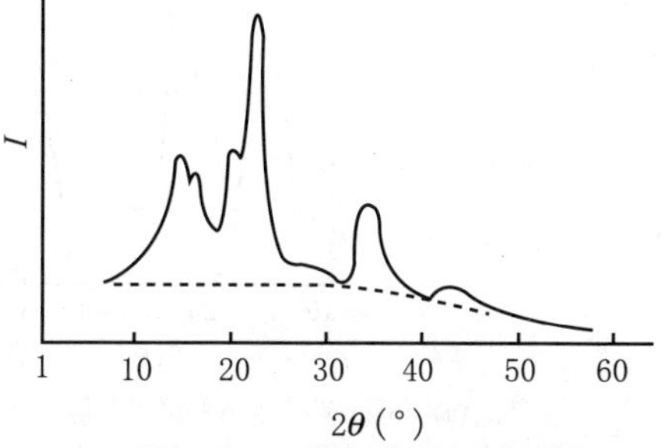

图 15-21 棉纤维结晶度测定

以上确定晶区-非晶区分界线的方法带有相当大的随意性,因此给出的结晶度数据绝对意义较差,但可以对一系列同种纤维内部有序程度进行比较。

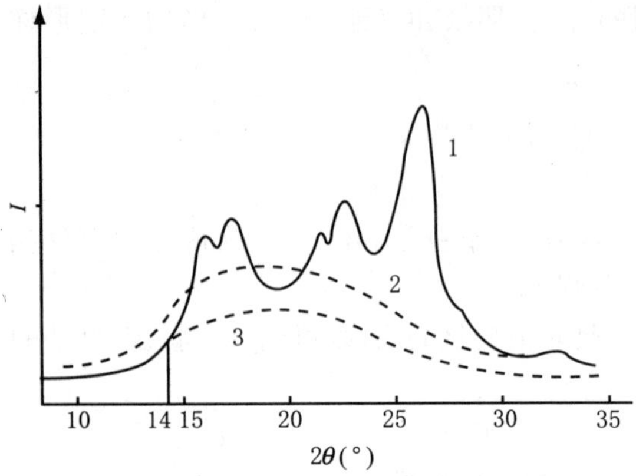

图 15-22 经验方法测涤纶的结晶度

涤纶纤维可获得 100%非结晶样品,确定晶区-非晶区分界线的可靠性就会得到很大的提高。将涤纶剪碎后压入样品架,对在衍射仪上测得强度数据经各种修正后,如图 15-22 中的曲线 1 所示。另将涤纶卷绕丝剪碎,按同样的实验条件和处理步骤得到其强度曲线,即为图中的曲线 2。可以认为卷绕丝的结晶度为零。

现做两点假设:涤纶被测样品中非晶区的散射强度曲线的形状与卷绕丝相同;在涤纶样品的衍射曲线上某点(通常认为是 $2\theta=20°$处)或某一段(通常认为是 $2\theta\geqslant14°$处)只有非晶区的贡献,此时分别求出 2θ 小于等于 14°范围内曲线 1 与曲线 2 下的面积,将两面积之比用 k 表示,将曲线 2 上各点的纵坐标分别乘以 k,则得曲线 3 为晶区-非晶区分界线。求出曲线 1 下的总面积 S 及曲线 1 与曲线 3 之间的面积 S_c,代入式(15-1)即可得到结晶度。

凡是可以制得百分之百非晶样品的纤维,它们的结晶度均可用这种办法测出。测定结果的可靠性首先取决于上述假设是否合理。

3. 结晶度指数

Wakelin 等人提出一种只根据强度差来测定结晶度的方法,这种方法不需要在结晶部分和非晶部分之间划一个分界线,因而此法特别适用于无法得到或很难得到完全结晶或完全非晶的"参比标准物"的情况。

在这一方法中使用一个结晶度很低的非晶参比样品和一个结晶度很高的结晶参比样品。图 15-23 绘出了棉纤维结晶和非晶参比样品的 X 射线衍射强度分布曲线。设 I_u为待测样品的强度,I_c为结晶参比样品的强度,I_a为非晶参比样品的强度。$(I_u-I_a)_j$为 $2\theta=j$ 处的待测样品和非晶参比样品强度差,$(I_c-I_a)_j$为结晶参比样品和非晶参比样品强度差。

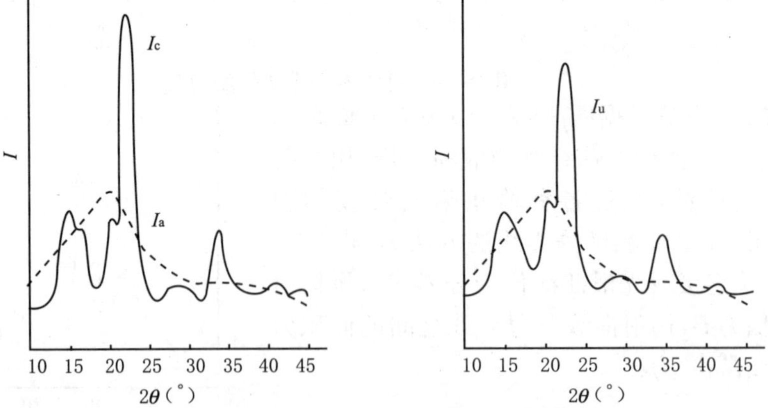

(a) 标准结晶样品(实线)与标准非晶样品(虚线)　(b) 棉纤维(实线)与标准非晶样品(虚线)

图 15-23 棉纤维 X 射线衍射曲线

用(I_u-I_a)对(I_c-I_a)作图，得一直线：

$$(I_u-I_a)=C_i(I_c-I_a)+B$$

式中：C_i为该直线的斜率，即相关结晶度指数，简称结晶度指数；B 为该直线在纵坐标上的截距。

B 值在理论上应该等于零，而实际上，B 值往往是一个小的数值，该值愈小愈好，若 B 值过大表明误差大，应加以消除。图 15-24 为典型棉纤维试样的(I_u-I_a)和(I_c-I_a)的相关图，结晶度指数为 83%。

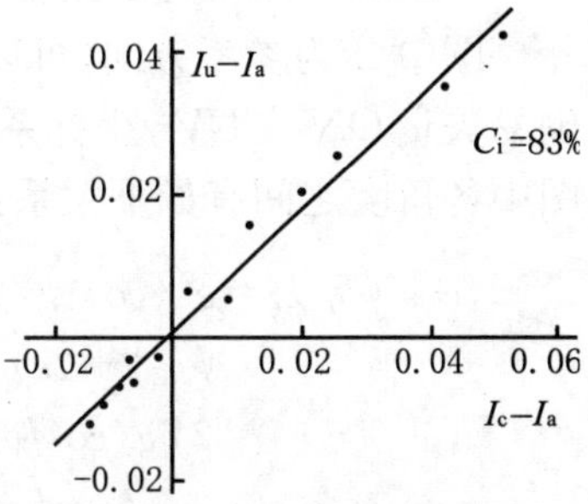

图 15-24 典型棉纤维样品的(I_u-I_a)和(I_c-I_a)的相关图

4. 计算机分峰法测结晶度

高聚物的 X 射线衍射图谱中，晶相衍射峰往往相互重叠，且又与弥散的非晶散射峰叠加在一起，某些高聚物中会同时存在不同的晶型。如果能把一个结晶高聚物的衍射强度曲线分解为各不同晶峰和非晶峰，则会得到更多的有关高聚物结构的信息。计算机为分解各种曲线的叠加峰提供了快速、准确的方法。

(三)纤维高聚物取向度测定

1. X 射线衍射法测取向度的原理

假定微晶粒在纤维中的分布可用微晶粒中的某些晶面族的取向分布来表示，而晶面族在不同方位取向的数量与该晶面族相应的衍射线的强度分布成比例，测定出衍射线的强度分布，即可求出微晶粒长轴的取向分布和平均取向度。

纤维中的晶区以微粒的形式分布在非晶区中，当晶区中的各个微粒的 c 轴完全与纤维轴 Z 平行时则认为该纤维的晶区达到完全取向，如图 15-25(a)所示。当纤维晶区中各晶粒的 c 轴与纤维轴 Z 轴之间大致平行时，就是一种不完全取向状态，此时大部分晶粒的 c 轴将与 Z 轴方向有一定程度的偏离，如图 15-25(b)所示。而当晶区完全非取向时，晶粒的 c 轴在空间中完全随机取向，取向球球面上倒易矢量端点的密度处处相等，并与反射球球面相交的圆上各点都可以产生衍射，因此往往可以根据纤维图上衍射弧伸展的程度，估计该纤维的晶区取向的好坏，弧伸展的角度越大，取向度越差。

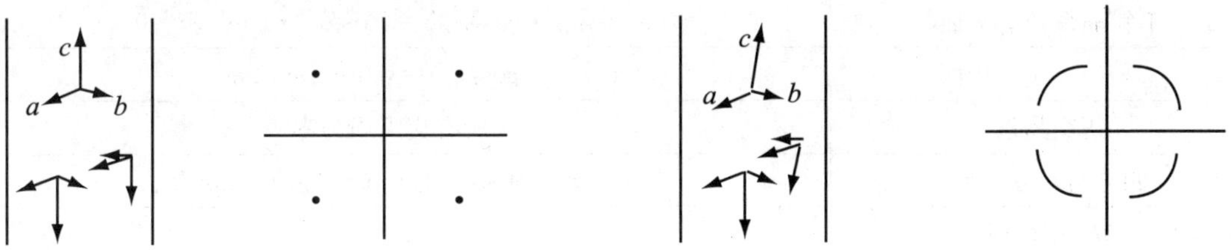

(a) 晶区完全取向与X射线衍射　　(b) 晶区不完全取向与X射线衍射

图 15-25 晶区取向与 X 射线衍射

2. 测定取向度实验

用单色 X 射线垂直照射伸直平行的纤维束试样，用照相法或衍射仪法来记录衍射线。用衍射仪法时，将样品架上的纤维束试样以入射 X 射线为旋转轴，由竖直到某一角度连续缓慢地转动，测出 $I(\phi)$ 曲线，或用每转动一定的 ϕ 角测出强度 I，然后将 I 对 ϕ 作图，得 $I(\phi)$分布曲线。

在纤维的X射线衍射图中,子午线上的衍射弧的强度都比较弱,有时甚至完全没有,用以测定取向度较困难。所以往往用测量赤道线上的衍射弧的强度分布作为测量取向度的根据。

3. 非正交晶系纤维的取向度测定

Wilchinsky 研究了用于对非正交晶系纤维计算取向因子的模型,如图 15-26 所示。

图中 Z 为参考方向(可以是纤维轴),a、b、c 为晶轴,倒易矢量 ON 在 UVc 坐标系中的余弦分别为 e、f、g。则图中各角度之间有如下关系:

$$\langle\cos^2\phi_{hkl,Z}\rangle = e^2\langle\cos^2\phi_{U,Z}\rangle + f^2\langle\cos^2\phi_{V,Z}\rangle + g^2\langle\cos^2\phi_{c,Z}\rangle + 2ef\langle\cos\phi_{U,Z}\cdot\cos\phi_{V,Z}\rangle + 2fg\langle\cos\phi_{V,Z}\cdot\cos\phi_{c,Z}\rangle + 2eg\langle\cos\phi_{c,Z}\cdot\cos\phi_{U,Z}\rangle \tag{15-2}$$

式中:尖括号表示平均值。

各个晶轴相对于参考方向 Z 的取向因子为:

$$f_{a,Z} = 1/2(3\langle\cos^2\phi_{a,Z}\rangle - 1)$$
$$f_{b,Z} = 1/2(3\langle\cos^2\phi_{b,Z}\rangle - 1)$$
$$f_{c,Z} = 1/2(3\langle\cos^2\phi_{c,Z}\rangle - 1)$$

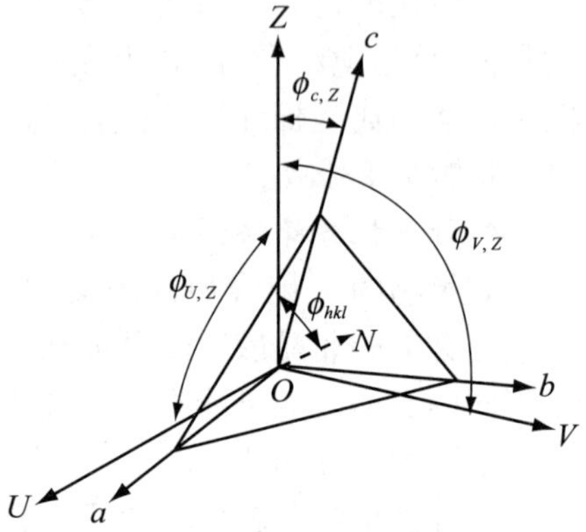

图 15-26 表示结晶高聚物取向度的 Wilchinsky 模型

因为 c 轴与分子链平行,在上式中有着根本意义的是$\langle\cos\phi_{c,Z}\rangle$,$c$ 轴对参考方向 Z 的取向度表示分子链对 Z 轴的取向度。等式中的$\langle\cos^2\phi_{hkl,Z}\rangle$可以通过实验测定晶面($hkl$)的强度分布而获得,而 e、f、g 对同一个晶面可以由晶体结构的知识算出来。同时有:

$$\langle\cos^2\phi_{U,Z}\rangle + \langle\cos^2\phi_{V,Z}\rangle + \langle\cos^2\phi_{c,Z}\rangle = 1 \tag{15-3}$$

由于晶体往往存在一定的对称性,式(15-2)可以得到简化,如表 15-2 所示。

表 15-2 晶体对称性造成的式(15-2)的简化

对称性条件	简化的结果
单斜晶系,$b\perp ac$ 面	$\langle\cos\phi_{U,Z}\cdot\cos\phi_{V,Z}\rangle = \langle\cos\phi_{V,Z}\cdot\cos\phi_{c,Z}\rangle = 0$
$c\perp ab$ 面	$\langle\cos\phi_{V,Z}\cdot\cos\phi_{c,Z}\rangle = \langle\cos\phi_{c,Z}\cdot\cos\phi_{U,Z}\rangle = 0$
正交晶系	所有交叉项为零
四方与六方晶系	所有交叉项为零,且$\langle\cos^2\phi_{U,Z}\rangle = \langle\cos^2\phi_{V,Z}\rangle$
hko 型衍射	$g=0$
ool 型衍射,$c\perp a$ 与 b	$e=f=0$
绕 c 轴的无限取向	所有交叉项为零,且$\langle\cos^2\phi_{U,Z}\rangle = \langle\cos^2\phi_{V,Z}\rangle$

当存在表 15-2 中所列的关系时,为求出$\langle\cos^2\phi_{c,Z}\rangle$所需要的方程数目将减少,将这些方程与式(15-3)联立可得$\langle\cos^2\phi_{c,Z}\rangle$,进而求得取向因子 $f_{c,Z}$。

4. 取向度指数表示取向度

计算取向度因子时,数据的处理是很繁琐的。如果只是比较相对取向度,或作为控制生产工艺过程中半成品或成品品质指标的手段，取向度的绝对数值是不重要的，可以用取向度指数来表示取向度。

用X射线照相法或X射线衍射仪测得子午线上的衍射弧的强度分布或强度分布曲线，强度分布曲线中最大强度值的一半处的位向角宽度为h，取向度指数R可由下式求得：

$$R=\frac{\pi-h}{\pi}$$

完全取向时，衍射强度最大值的位向角宽度在理论上应等于零，此时$R=1$；当完全混乱排列时，$h=\pi$，则$R=0$。

图15-27为鲁棉1号和中棉10号两个品种棉纤维的衍射图强度分布曲线，由此可以计算棉纤维的取向指数。鲁棉1号仅为55.49，而中棉10号为67.11，相差达11.62。

由于取向大则双折射率相差也大，上述测试结果也说明了为什么鲁棉1号的双折射率(0.034 9)小于中棉10号的双折射率(0.040 5)。

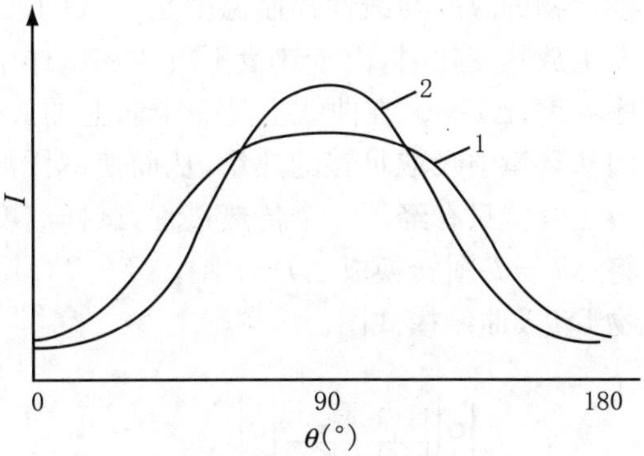

1—鲁棉1号　2—中棉10号

图15-27　两种棉纤维衍射强度分布曲线

第四节　热分析技术

热分析(Thermal Analysis)是在程序控制温度下测量物质的物理性质与温度关系的一种技术。程序控制温度是指按某种规律加热或冷却，通常是线性升温和降温。物质包括原始试样和在测量过程中由化学变化生成的中间产物及最终产物。由于物质在受热过程中要发生各种物理、化学变化，可用各种热分析方法测试这种变化，由此进一步研究物质的结构和性能之间的关系，反应规律等，在纺织领域热分析技术也有广泛应用。

热分析主要用于研究物质的晶型转变、熔融及升华等物理性质和分解、氧化及还原等化学性质。热分析方法根据所测物理量的不同有不同种类，在纺织材料的研究中，最常用的是差热分析(DTA)、差示扫描量热法(DSC)和热重分析(TG)等。

一、差示热分析技术

(一)差热分析技术

差热分析(Differential Thermal Analysis，DTA)是在程序控制温度下测量物质与参比物之间的温度差与温度(或时间)关系的一种技术。

物质在加热或冷却过程中会发生物理变化或化学变化，与此同时，往往还伴随吸热或放热现象。有晶型转变、沸腾、蒸发、熔融等物理变化及氧化还原、分解等化学变化。有些物理变化虽然无热效应发生但有比热容等物理性质变化，如玻璃化温度转变等。差热分析正是在物质这类性质基础上建立的一种技术。

1. *差热分析测量原理*

如图15-28所示。将试样与参比物分别放在两只坩锅里，坩锅底部装有一对热电偶，并同极串联接成差热电偶用于测量试样及参比物的温度。在试样和参比物的比热容、导热系数和质量等相同的理想情况下，以线性程序温度同时对它们加热并测量它们各自的温度。试样和参比物的温度及它们之间的温度差随程序温度(或时间)的变化如图 15-29 所示，图中参比物的温度始终与程序温度相同，试样温度则随吸热和放热的发生而产生变化，与参比物间产生温度差 ΔT。当试样在升温过程中没有发生热效应且与程序温度间不存在温度滞后时，试样和参比物的温度与线性控制温度是一致的，ΔT 为零，$\Delta T-T(t)$ 曲线为一条水平基线。当试样发生放热变化时，由于热量不可能从试样中瞬间释放出来，因此，试样温度向高温方向偏离程序温度，$\Delta T>0$，在曲线上是一个向上的放热峰。当试样发生吸热变化时，由于试样不可能瞬间从环境中吸取足够的热量，从而使试样温度低于程序温度，$\Delta T<0$，在曲线上是一个向下的吸热峰。只有经历一个传热过程，试样温度才能回复到与程序温度相同。由于是线性升温，可将 $\Delta T-T$ 图转换成 $\Delta T-t$ 图，$\Delta T-T(t)$ 图即为差热曲线(DTA 曲线)。图 15-30 所示为高聚物 DTA 曲线模式图。

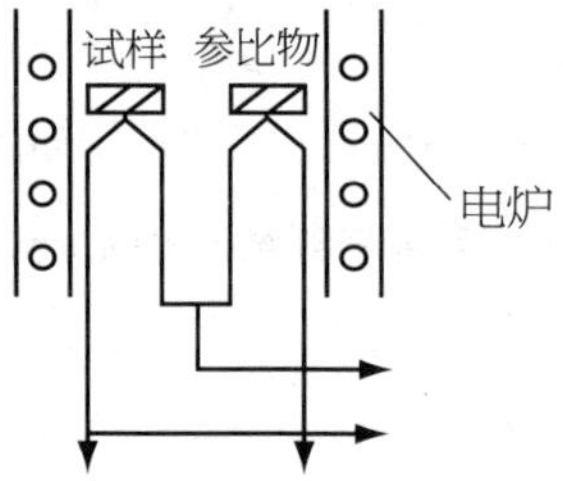

图 15-28 差热分析测量原理

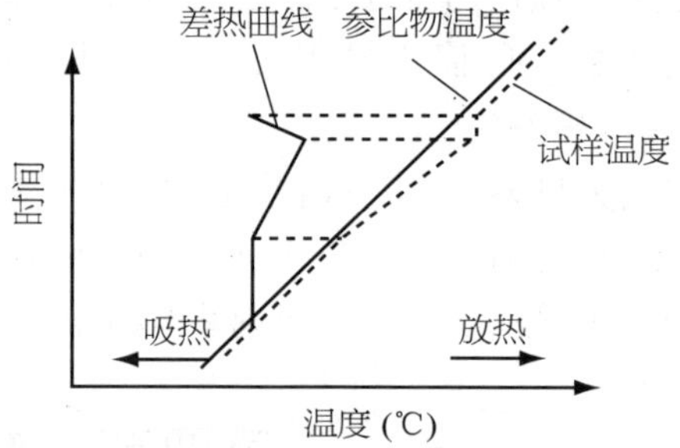

图 15-29 温度差随程序温度(或时间)的变化

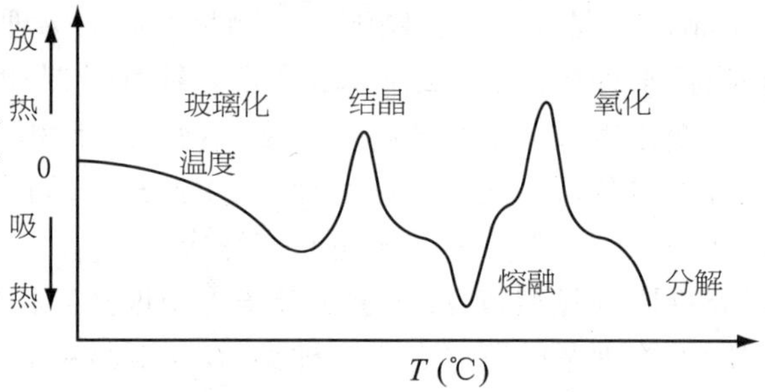

图 15-30 高聚物 DTA 曲线模式图

2. 差热曲线

差热曲线直接提供的信息主要有峰的位置、峰的面积及峰的形状和数目。通过它们不仅可以对物质进行定性和定量分析，还可以研究变化过程的动力学。

峰的位置是由导致热效应变化的温度和热效应的种类(吸热或放热)决定的。前者体现在峰的起始温度上，后者体现在峰的方向上。不同物质的热性质是不同的，相应地差热曲线上的峰的位置、峰的形状和数目也不一样。因此可以用差热分析对物质进行定性分析。峰的面积和变化过程的热效应有直接联系，而热效应的大小又取决于活性物质的质量，因此峰面积与热效应的关系是差热分析的一个基本理论问题。

求峰面积时，可以热效应的始点和返回基线之点分别作为积分的上、下限，对温差进行积分。但由于反应前后基线常常不一致，给测量带来一定困难。对于这种情况，几种常用的确定面积包围线的方法如图 15-31(a)、(b)、(c)所示。

峰面积的范围确定后，可用称量法、数格法、求积仪法及计算机处理计算其大小，所得结果的误差分别约为 2%、2%～4%、4%和 0.5%。

差热曲线上的峰只是表示了试样的热效应情况，它的基线偏离反映了试样热容的改变。因此，差热曲线只能提供有限的试样变化的物理、化学信息，若要获得更多信息还可以采用与其他测试方法联用的手段。

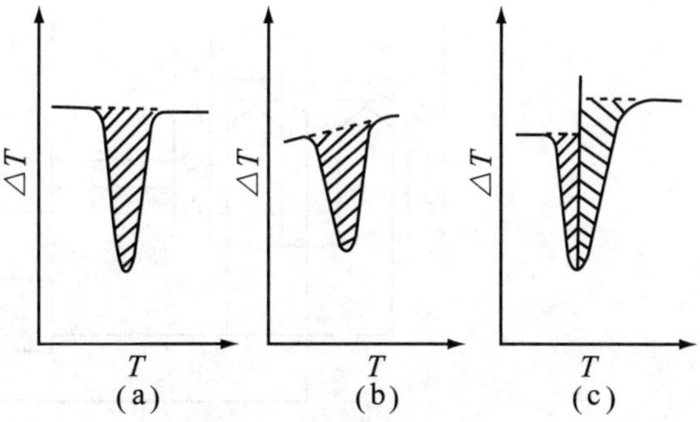

图 15-31 峰面积求法

(二)差示扫描量热法

差示扫描量热法(Differential Scanning Calorimeter，DSC)是在程序控制温度下测量输入到物质和参比物的能量差与温度(或时间)关系的一种技术。根据测量方法，又分成两种基本类型：功率补偿型和热流型，常用以功率补偿型为主，测得的曲线称为差示扫描量热曲线(DSC 曲线)，见图 15-32。

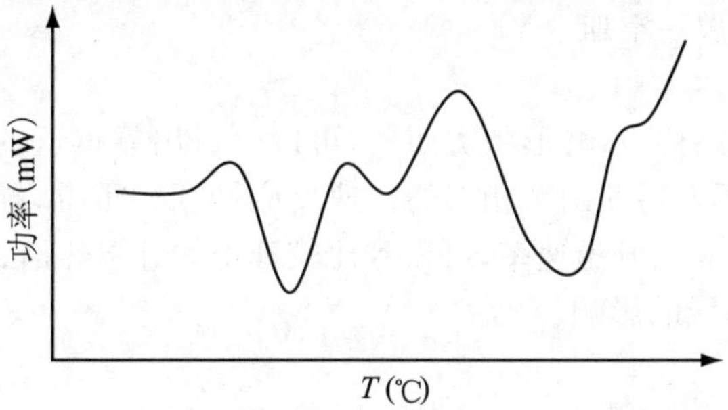

图 15-32 DSC 曲线

功率补偿型差动热分析仪原理与差热分析相似，所不同的是在试样和参比物的容器下边，各设置了一组补偿加热丝，在回路中增加一个补偿器，如图 15-33 所示。当物质在加热过程中，由于热效应而出现温差 ΔT 时，通过微伏放大器和热量补偿器，使流入补偿加热丝的电流发生变化。当试样吸热时，试样温度 T_s 下降，热量补偿放大器使电流 I_s 增大；当试样放热时，则参比物温度 T_r 较低，热量补偿放大器使 I_r 增大。直至试样与参比物之间的温度达到平衡，温差 $\Delta T \to 0$。可见试样反应时所发生的热量变化，由电流功率来进行补偿，所以只要测得功率大小，就可以知道吸收或释放热量的多少。用上述使试样与参比物的温差始终保持为零的工作原理得到的 DSC 曲线反映了输入试样和参比物的功率差与试样和参比物的平均温度即程序温度(或时间)的关系。其峰面积与热效应成正比。

用 DSC 测量时，试样质量一般不超过 10 mg。试样微量化降低了试样内的温度梯度，试样支持器较小，装置热容量也相应降低，有利于热量传递，提高了仪器的定量分析性能。

(三)差示热分析测试影响因素

差示热分析法实验结果的准确性，除与实验操作的准确性有关外，还受许多因素的影响，不同的实验条件，DTA、DSC 曲线上峰的形状、位置及峰的面积和数目都可能发生变化。

影响因素主要分为两类：一是仪器因素，如加热速率、加热炉形状、气氛、记录纸速度、热电偶在试样中的位置等；另一类是样品因素，如试样粒度大小、质量、填充密度和稀释度等。

1. 参比物

参比物在实验温区内应具有热稳定的性质，为获得尽可能与零线接近的基线，需要选择与

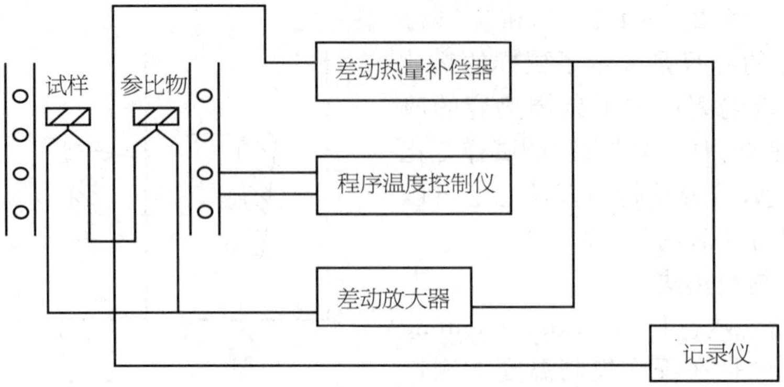

图 15-33　功率补偿型 DSC 原理图

试样导热系数尽可能相近的参比物。常用的 α-氧化铝(Al_2O_3)、MgO 和 NaCl 均有吸湿性，吸湿后会影响差热曲线起始段的真实性。当所用的试样量很少(0.1 毫克至几毫克)也可以不用参比物，而在参比物侧仅放一空皿。

2. 升温速率

升温速率低时，基线漂移少，峰形状宽而矮，可以分辨出靠得近的变化过程；速率高时，峰形尖锐，基线漂移明显，还容易使两个相邻的快速反应峰互相重叠，导致分辨能力下降。对纺织纤维，一般用 10 ℃/min 的升温速率，可得到比较理想的升温热谱。图 15-34 为升温速率对未拉伸聚酯纤维 DTA 曲线的影响。

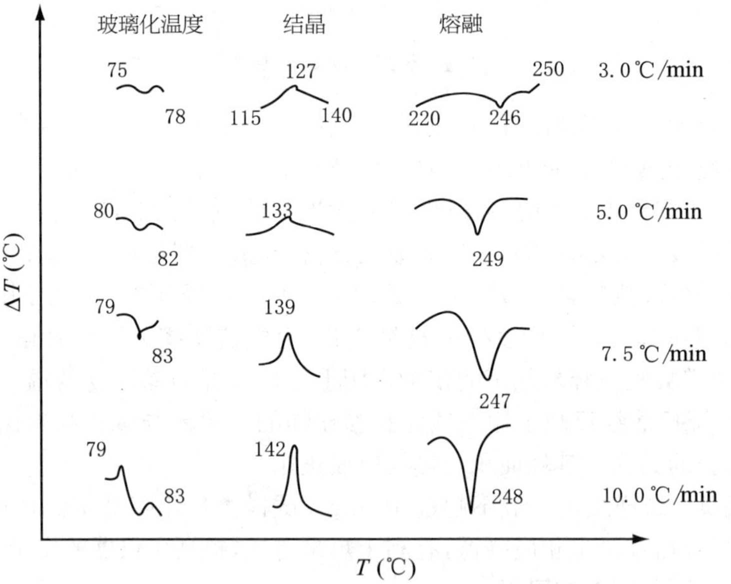

图 15-34　升温速率对未拉伸聚酯纤维 DTA 曲线的影响

3. 气氛

气氛对差热分析的影响由气氛与试样间的变化关系所决定，当试样的变化过程有气体释出或能与气氛组分作用时，气氛对差热曲线的影响就特别明显。图15-35表示棉纤维在空气中测得的 DTA 曲线，可以看出，在 110 ℃左右有一明显的吸热峰，约 260 ℃开始又出现很大的放热峰，随后是强烈的放热，直至 500 ℃。在氮气中，氧化放热峰几乎完全被遮盖住，仅仅在

380 ℃左右还存在着一个弱的放热峰，基于对纤维素分解时裂解产物的研究，认为 111 ℃处的吸热峰是棉纤维素吸附水分蒸发的结果，260 ℃开始的吸热峰反映出热和空气中氧的作用下，棉纤维上羰基和 C—H 键断裂，发生高分子降解的过程，最后试样完全被氧化，差热曲线迅速向放热的方向移动。

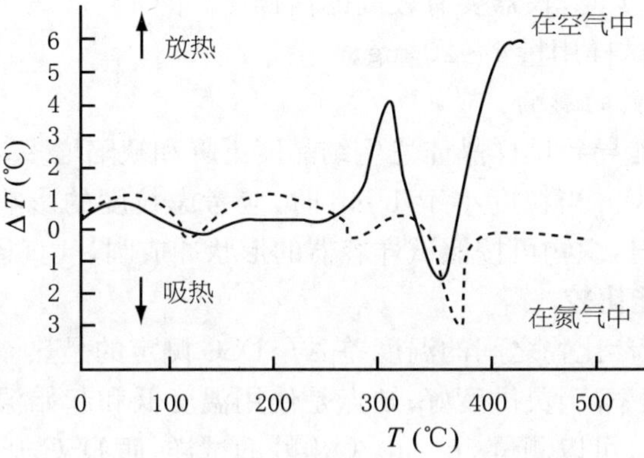

图 15-35　棉纤维的 DTA 曲线

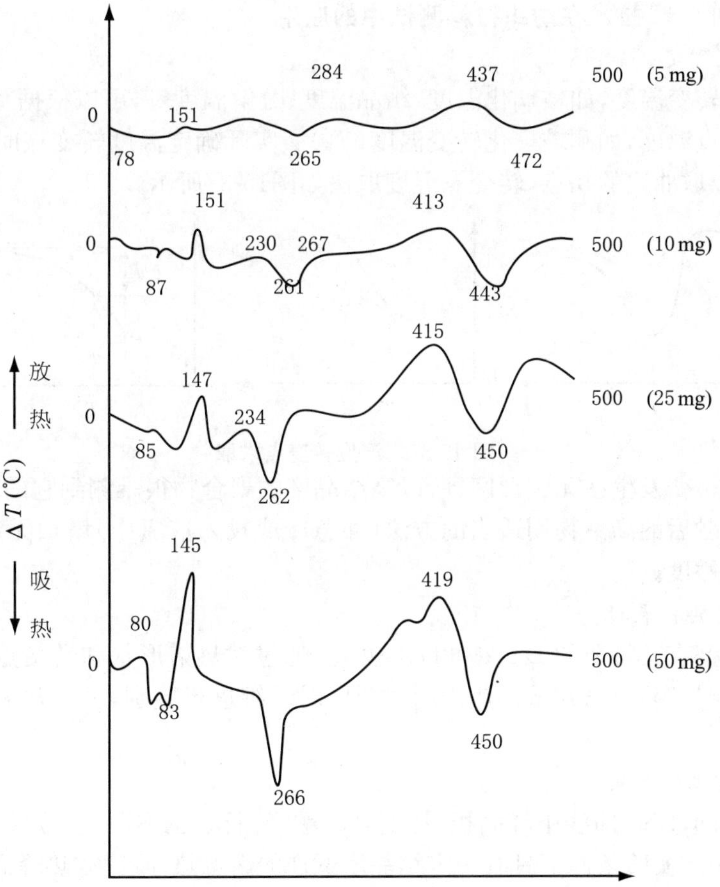

图 15-36　试样用量对未拉伸聚酯纤维 DTA 曲线的影响

4. 试样量的影响

试样量对热效应的大小和峰的形状有明显的影响，一般试样量增加，峰面积增大，并使基线偏离零线的程度增大。试样量太多，可能引起转变温度的位移，并造成试样内部由于热传导不良而产生温度梯度，导致变化过程所需的时间延长，从而改变了峰的位置。试样量少，所得结果的真实性好，但试样量少时，仪器要有较高的信噪比。图 15-36 表示试样用量对未拉伸聚酯纤维 DTA 曲线的影响，试样用量 1～20 mg。

5. 试样粒度和填装松紧的影响

在粉碎试样的过程可能导致试样晶体发生结晶度下降和缺陷增多，使试样内能增加，峰向低温方向移动和峰面积减少。当粒度小于 1 μm 时，应考虑粒度的影响。实验时纤维试样通常可切成 1 mm 左右的碎屑，织物可按照试样容器的形状冲成圆片(直径为 4～5 mm)。

(四)DTA 与 DSC 性能比较

DTA 测定的是试样和参比物之间的温度差 ΔT；DSC 测定的是热流速率 $\mathrm{d}H/\mathrm{d}t$。DSC 的主要优点是定量方便、分辨率高、灵敏度好；缺点是使用温度低和起始温度高，如室温为 20 ℃时，DTA 从 20 ℃开始升温，可以测量 30～40 ℃出峰的试样，而 DSC 开始升温后只能测 80 ℃以后的峰；此外 DSC 仪器精密、结构复杂并且价格昂贵。DTA 仪使用时故障少些。

(五)DTA 和 DSC 技术在纺织材料测试中的应用

1. 热学性能测定

主要测试各转变温度，如玻璃化温度、结晶温度、分解温度等，可以根据基线变动位置确定材料结构相转变点温度，如测玻璃化转变温度(T_g)。实际确定温度转变点时可以取基线突跃的中间点，也可以取曲线的拐点，转变点温度取法如图15-37所示。

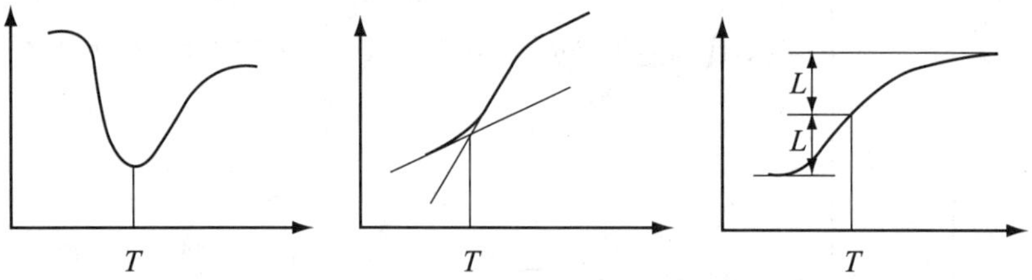

图 15-37　温度转变点求取

由于玻璃化转变发生在无定形区，所以高结晶度的聚合物很难测到它的玻璃化温度，因此实验上常常把熔融后的高聚物用适当的方法(如急冷或投入液氮中)增加无定形部分的含量，以提高测试的灵敏度。

2. 纤维的鉴别和表征

每一种纤维都有其特征的 DTA 和 DSC 热谱，通过对热谱形状和转变点温度分析及一些化学计算(如熔融热等)与已知试样热谱图对照可对纤维进行鉴别，一些常见纤维的热谱如图 15-38 所示。

3. 纤维混纺比的测定

纤维品种不同，DSC 曲线中峰面积(特别是熔融峰面积)也不同。一定纤维的熔融吸热峰面积，反映了在一定实验条件下具有一定结晶度试样的熔融热，凝固放热峰面积反映了凝固热(即结晶热)。而熔融热和凝固热与纤维质量有直接关系，因此对于两种纤维的混合物，如果其中一种纤维的熔融吸热峰或凝固放热峰处于另一种纤维的无热效应区域，并且在加热过程中，两种纤维没有或仅有很小的相互作用，便有可能通过混合物的 DSC 曲线中某一种纤维熔融峰

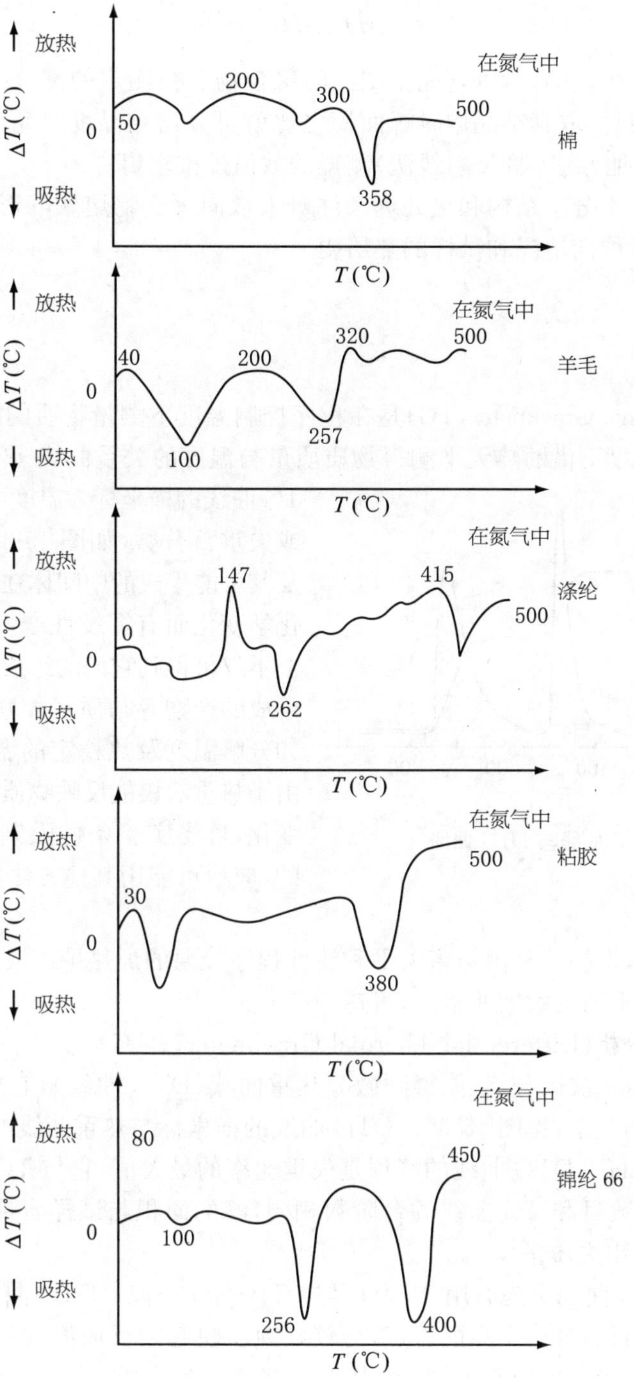

图 15-38 常见纤维的 DTA 曲线

面积或凝固峰面积对混合比进行定量分析。

4. 研究纤维的结晶和取向结构

用测定 DSC 曲线上结晶熔融峰的面积，可以很精确估计部分结晶纤维试样的结晶熔融热，如果能够完全知道结晶的纤维的结晶熔融热 ΔH，那么利用所测到的部分结晶纤维试样的结晶熔融热 ΔH^* 之比，便可测到试样的结晶度 f_c：

$$f_c = (\Delta H / \Delta H^*) \times 100$$

由于仪器常数是固定的，所以若完全结晶的聚合物和被测定的部分结晶聚合物在同一条件下进行测定，那么只要取其结晶熔融峰面积之比就可算出结晶度。完全结晶的纤维试样的ΔH^*值，一般是用其他方法(如X射线法)测得的数值外推求得。

组成高聚物的基本分子结构和热处理条件对未取向聚合物熔融峰形状影响很大，据此可以研究纤维经拉伸后取向情况和试样的热历史。

二、热重分析

(一)热重分析

热重分析(Thermal Gravimeter，TG)是在程序控制温度下测量物质的质量与温度关系的技术。即在程序控制温度下借助热天平测得物质质量与温度的关系曲线-热重曲线(TG)的技术。

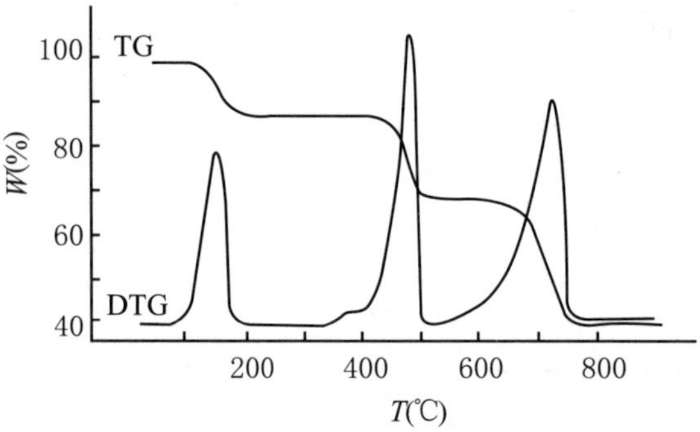

图 15-39　TG 曲线与 DTG 曲线

TG 曲线的横坐标为温度或时间，纵坐标为质量或失重百分数，如图 15-39 所示。当原始试样及其可能生成的中间体在加热过程中因物理或化学变化而有挥发性产物释出时，从热重曲线上不仅可得到它们的组成、热稳定性、热分解及生成的产物等与质量相联系的信息，也能得到如分解温度及热稳定的温度范围等其他信息。由于热重法仅能反映物质在受热条件下的质量变化，且受实验条件限制，得到的信息是有限的，应尽可能用其他方法如X射线分析等作进一步的补充。

热重分析仪的基本构造是由精密天平和线性程序控温的加热炉组成。热天平主要有立式和卧式两种，立式天平的灵敏度非常高，可达10^{-7}g。

(二)微分热重分析(Differential Thermal Gravimeter，DTG)

对热重曲线进行一次微分，就能得到微分热重曲线(DTG 曲线)，它反映试样质量的变化率和温度(或时间)的关系，见图 15-39。DTG 曲线的横坐标与热重曲线的相同，纵坐标是失重速率 dm/dt 或 dm/dT。DTG 曲线的峰顶是失重速率的最大值，它与 TG 曲线的拐点相对应，DTG 曲线上的峰的数目和 TG 曲线的台阶数相同，峰的面积与试样质量变化成正比，因此可从 DTG 的峰面积算出失质量。

DTG 曲线比 TG 曲线更为有用，因为它与 DTA 曲线类似。DTG 曲线不仅能反映 TG 曲线所包含的信息，还具有分辨率高的特点，可较好地反映起始反应温度，达到最大反应速度的温度及终止反应温度等。但由于 DTG 受其他许多因素的影响，它的应用仅限于质量变化很迅速的反应，主要用于定性分析，或确定失重过程的特征点。

与差热分析情况类似，影响热重法的因素主要有试样量与状态、升温速率、气氛及仪器的结构性能等。

(三)热重分析在纺织上的应用

热重分析在纺织上主要可用于研究纺织材料的热稳定性、氧化降解性能、含水量及添加剂含量的测定、反应机制、混合物体系的定量分析等。

1. 纺织材料的热稳定性比较

TG 可用于快速、定量地评定纺织材料的相对热稳定性，在实际工作中较为常用。

评定聚合物热稳定性时，可以用曲线直接进行比较，也可以采用起始分解温度(T_D)、半寿命温度(失重 50%时的温度 $T_{50\%}$)及达到最大分解时的温度(T_{max})。

以热重法比较材料的热稳定性时，和差示热分析法相似，必须注意其测试气氛。如气氛不同，反应机理就不同，从而影响曲线形状和特征温度。

2. 定量分析方面的应用

热重分析法可用于定量测定水分及助剂含量，如测定天然纤维和合成纤维的含水率，纤维的表面油剂、消光剂、抗静电剂及织物的整理剂等含量，还可以用于纤维组分的定量分析。

热重法分析纤维或织物的含水量，其精度可和烘箱法相比，但测试时间要短得多，一般仅需要 30～40 min。

3. 组分的定量分析

微分热重技术(DTG)可较精确地对组分含量进行定量分析，通常以单个峰面积对总面积之比作为定量的基础。图 15-40 为具有重叠失重试样的组分分析的典型例子，图中经过点 ABC 的曲线所围面积作为总面积 S(DTG 曲线下所包含的面积)，绘有阴影的峰对应 A 物质的失重，峰面积为 S_A，如试样总的失重为 M(%)，则组分 A 的百分含量为：

$$A(\%)=M\cdot S_A/S$$

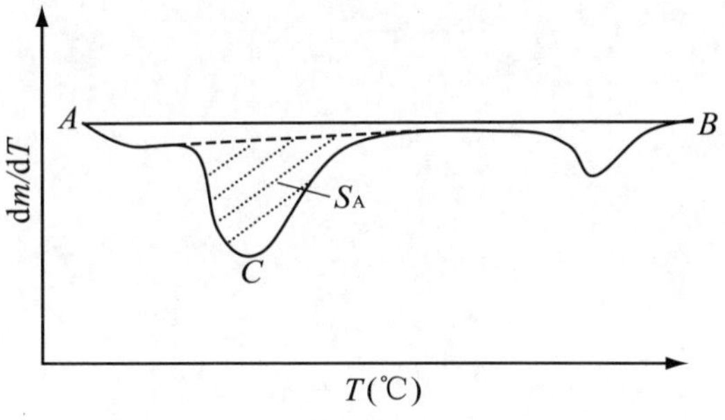

图 15-40 具有重叠失重试样的组分